W0263018

Das Konzept „erfolgreich studieren" entspricht einer zentralen Herausforderung der Lehrenden und Studierenden von heute: Es stehen immer geringere Zeitbudgets fürs Vermitteln und Lernen zur Verfügung, während gleichzeitig der Wissensumfang und die Komplexität von Wissen stetig zunehmen. Am Anfang jedes Kapitels finden Sie die Lernziele in einen kurzen Text erklärt und mit drei Punkten konkretisiert. Pro Lernziel gibt es mindestens ein Beispiel und eine Aufgabe. Bei der Aufgabe wird nur die Lösung angezeigt, den Lösungsweg der Aufgaben finden Sie auf dem Onlineportal. Dort gibt es auch weitere Aufgaben. Wichtige neue Begriffe sind kursiv gesetzt und werden erklärt. Typografische Hervorhebungen weisen auf „gefährliche" Stellen, wo leicht Lernfehler entstehen können. Am Ende jedes Kapitels wird der Inhalt durch Verständnisfragen und Aufgaben wiederholt.

Weitere Bände in der Reihe ▶ http://www.springer.com/series/16244

Nina Schwab

Konfliktkompetenz im Bauprojektmanagement

Konfliktrisiken vermeiden – Konfliktpotenziale nutzen

Nina Schwab
Leipzig, Deutschland

Ergänzendes Material zu diesem Buch finden Sie auf http://extras.springer.com.

ISSN 2524-8693   ISSN 2524-8707   (electronic)
erfolgreich studieren
ISBN 978-3-658-27088-9   ISBN 978-3-658-27089-6   (eBook)
https://doi.org/10.1007/978-3-658-27089-6

Die Deutsche Nationalbibliothek verzeichnet diese Publikation in der Deutschen Nationalbibliografie;
detaillierte bibliografische Daten sind im Internet über http://dnb.d-nb.de abrufbar.

Springer Vieweg
© Springer Fachmedien Wiesbaden GmbH, ein Teil von Springer Nature 2019

Lektorat: Karina Danulat

Springer Vieweg ist ein Imprint der eingetragenen Gesellschaft Springer Fachmedien Wiesbaden GmbH
und ist ein Teil von Springer Nature.
Die Anschrift der Gesellschaft ist: Abraham-Lincoln-Str. 46, 65189 Wiesbaden, Germany

Vorwort

Wer Bauprojekte realisieren möchte, sollte Konflikte lieben lernen!

Laut Statistischem Bundesamt 2018 wurden an deutschen Amts-, Landes- und Oberlandesgerichten 2017 rund 41.000 Bau-/Architektensachen (ohne Honorarsachen) erledigt. Ein Blick in die Presse der letzten Jahre bestätigt, dass der Begriff Bauprojekt im Zusammenhang mit Konflikten in allen erdenklichen Konstellationen auftaucht, was das Bermudadreieck der Großprojekte BER, Elbphilharmonie und Stuttgart 21 ebenso betrifft wie Kleinprojekte in der Lokalpresse. Konflikte sind Bauprojekten inhärent und bedeuten ein großes Risiko für die Realisierung innerhalb der geplanten Kosten-, Termin- und Qualitätsziele.

Durch die negative Konnotation des Begriffes „Konflikt" wird dem Thema dennoch in erster Reaktion Ablehnung und -so lange möglich- Ignoranz entgegengebracht. Die bewusste Integration eines Konfliktmanagements in Planungs- und Bauprozesse unterstützt jedoch nicht nur bei der Konfliktprävention. Durch eine Steuerung können Konflikte die Projektziele unterstützen, akute Konflikte „minimalinvasiv" zu einer Lösung geführt und die Akzeptanz eines Bauprojektes gefördert werden.

Dieses Lehrbuch – gezielt für das Bauwesen zusammengestellt – verschafft eine multidisziplinäre Theoriebasis, zeigt konzeptuelle Ansätze für Handlungsoptionen auf und führt über Beispiele und Übungen an die praktischen Bestandteile des Konfliktmanagements heran. Es soll Lust machen, mit Konflikten zu arbeiten und gibt einen Werkzeugkoffer an die Hand, der handlungsfähig macht.

Konfliktkompetenz ist eine Schlüsselqualifikation im Bauwesen. Daher richtet sich dieses Lehrbuch an alle, die in der Bauprojektrealisierung Verantwortung übernehmen sollen und wollen.

Zur Konfliktkompetenz gehört die reflektierte Entwicklung einer offenen Haltung gegenüber Konflikten und praktisches Training der sprachtaktischen Fähigkeiten. Diese sollten möglichst früh in die Ausbildung integriert werden. Da der Autorin die Anspannung durch die fachlichen Notwendigkeiten in den Bachelorstudiengängen bewusst ist, zeigt das Lehrbuch zum einen insbesondere in den Übungen die Möglichkeit einer Integration in die Fachdisziplinen auf, zum anderen beschränkt es sich auf eine prägnante Übersicht, die bei Bedarf in den Spezialgebieten vertieft werden kann.

Es ist an der Zeit, ein auf das Bauwesen zugeschnittenes Konfliktmanagement in den Ausbildungskanon aufzunehmen, um der hohen Erwartungshaltung an den Baumeister gerecht werden zu können.

Nina Schwab

Inhaltsverzeichnis

Konfliktmanagement in der Bauprojektrealisierung

Konflikte gibt es in jedem Bauprojekt. Wenn z. B. die Handwerker eines Gewerkes erst 2 Monate später als geplant auf die Baustelle kommen können. Da es Verzögerungen auf der vorherigen Baustelle gab, wird es Kommunikationsbedarf mit diesem Gewerk geben, aber auch mit den von den Vorarbeiten abhängigen Folgegewerken und dem Bauherrn, der ggf. wiederum mit der Bank seine Finanzierung entsprechend dem Zeitplan des Bauprojektes geplant hat. Um Projekte zielorientiert zu steuern, ist es daher für den Projektleiter essenziell, auch Konflikte zu steuern. Es ist erstaunlich, dass z. B. in den 25 prominentesten, akkreditierten Vollzeitstudiengängen der Architektur in Deutschland der Begriff Konflikt in den Modulplänen gar nicht auftaucht. Und das, obwohl Konfliktkompetenz sowohl in den Qualitätsstandards der Ausbildung, als auch im zu honorierenden Leistungsbild von Architekten und Ingenieuren gefordert wird. Konfliktmanagement ist ein sehr breites Arbeitsfeld. Die Inhalte für den Projektleiter in der Bauprojektrealisierung müssen daher spezifisch zugeschnittene Komponenten sein. Da Bauprojekte mit ihren Konflikten bisher auch ohne einen ganzheitlichen Blick auf das Thema realisiert wurden ist klar, dass Konfliktmanagement Schnittstellen zu anderen Disziplinen des Bauprojektmanagements, wie z. B. dem Nachtragsmanagement, hat.

Lernziel

Dieses Kapitel stellt den Zusammenhang für Sie her und Sie können:
Die grundlegenden Begriffe Konflikt und Management erklären und für den Zusammenhang Konfliktmanagement in der Bauprojektenrealisierung spezifizieren.
Die unterschiedlichen Arbeitsansätze mit Konflikten in der Bauprojektrealisierung differenzieren.
Die Relevanz der Disziplin Konfliktmanagement für Ihr Berufsbild erklären.
Den inhaltlichen Umfang von Konfliktmanagement als Disziplin für das Bauprojektmanagement darstellen.

1.1 Konfliktmanagement

1.1.1 Konflikt

Der Begriff *Konflikt* (lat. conflictus = Zusammenstoß, Kampf bzw. confligere = zusammenschlagen, zusammenprallen) hat im üblichen Sprachgebrauch eine negative Konnotation und wird häufig mit seiner Ursache oder Austragungsform gleichgesetzt. Die (meist negative) Bewertung führt dabei zu einer Vorverurteilung und erschwert eine ergebnisoffene Bearbeitung des Konfliktes. Der negativen Sicht kann allerdings die Perspektive entgegengesetzt werden, dass Konflikte Chancen für Veränderungen und Entwicklungen oder geradezu ein Motor dafür sind. Daher ist es wichtig, Konflikte neutral als einen sozialen Tatbestand zu begreifen. (vgl. Bonacker und Imbusch 2010, S. 68 f.)

🛈 Ein Konflikt ist ein neutraler Tatbestand. Er kann Chance und/oder Risiko sein.

Konflikte sind omnipräsent und der Begriff wird entsprechend für vielfältige Konstellationen verwendet. Daher ist eine Differenzierung des Konfliktes über seine Dimensionierung auf vier Ebenen (vgl. Bonacker und Imbusch 2010, S. 69) sinnvoll:

1. Individuum: intrapersonale (psychische) Konflikte

> **Beispiel**
>
> Sie erhalten das Angebot eine Munitionsfabrik zu realisieren und wissen nicht, ob Sie das mit Ihren pazifistischen Werten vereinbaren können.

2. Gesellschaft: interpersonale (soziale) Konflikte

> **Beispiel**
>
> Die Anwohner in der Nähe Ihrer Baustelle beschweren sich über Lärm und Verschmutzung der Fahrbahn. In Ihrem Team wiederum geben sich zwei Unternehmen gegenseitig die Schuld dafür.

3. Gesellschaft: innergesellschaftliche (soziale) Konflikte

> **Beispiel**
>
> Leipzig erlebt seit einigen Jahren einen Boom. Stadtviertel werden durch Sanierungen mit entsprechender Auswirkung auf die Mietpreise aufgewertet. Dadurch werden die ursprünglichen Bewohner durch wohlhabendere Bevölkerungsschichten verdrängt (Gentrifizierung). Es entstehen Viertel für Arme und Reiche und damit Parallelgesellschaften (Segregation). (vgl. Schönian 2018, o. S.)

4. (Staaten-) System: internationale Konflikte

> **Beispiel**
>
> Äthiopien will Ende 2019 den größten Staudamm Afrikas am Oberlauf des Nils in Betrieb nehmen, um mit den angeschlossenen Wasserkraftwerken die Industrialisierung und wirtschaftliche Entwicklung des Landes zu forcieren. Neben Kritik aus ökologischer Sicht sieht sich vor allem Ägypten bedroht, das in seiner Wasserversorgung vom Nil abhängig ist. (vgl. Naceur 2018, o. S.)

Soziale Konflikte definiert Glasl (2013, S. 17) folgendermaßen:

> „Ein sozialer Konflikt ist eine Interaktion zwischen Aktoren (Individuen, Gruppen, Organisationen usw.) wobei wenigstens ein Aktor eine Differenz bzw. Unvereinbarkeit im Wahrnehmen und im Denken bzw. Vorstellen und im Fühlen und im Wollen mit dem anderen Aktor (den anderen Aktoren) in der Art erlebt, dass beim Verwirklichen dessen, was der Aktor denkt, fühlt oder will eine Beeinträchtigung durch einen anderen Aktor (die anderen Aktoren) erfolge."

Es handelt sich also bei sozialen Konflikten immer um eine Interaktion zwischen Menschen, bei der zumindest eine Seite die Bedrohung empfindet, von der anderen Seite beeinträchtigt werden zu können.

Im Bereich sozialer Systeme findet diese Interaktion mit der Kommunikation von Gedanken und Gefühlen (immateriell) statt, womit ein (sozialer) Konflikt auch als Kommunikationsprozess definiert werden kann. Wird ein Thema nicht in die Kommunikation eingebracht, kann kein Konflikt stattfinden, d. h. ein Konflikt wird emergent, wenn sich die Aufmerksamkeit der Kommunikation auf das konfliktträchtige Thema fokussiert und damit die widerstreitenden Positionen vertreten werden können. Ein Konflikt ist ein Zustand der Unentschiedenheit, der erst durch eine Entscheidung beendet wird. (vgl. Simon 2015, S. 11 ff.)

❶ **Soziale Konflikte sind Kommunikationsprozesse.**

❓ **Reflexions-Aufgabe**
Wie stehen Sie Konflikten gegenüber (Angst, Abneigung, Vermeidung, Vergnügen, …)?
Welche anderen Begriffe fallen Ihnen für einen sozialen Konflikt ein?
War Ihnen zu Beginn Ihres Studiums (Architektur, Bauingenieurwesen, etc.) bewusst, dass Konflikte zum „Alltagsgeschäft" Ihres Berufsbildes gehören? Wie geht es Ihnen, wenn Sie diese Tatsache ernsthaft als Teil Ihrer täglichen Arbeit sehen?

1.1.2 Management

Management (lat. manus = Hand und agere = führen, leiten) hat eine institutionelle und eine funktionale Ebene. Mit institutionell ist z. B. das Leitungsteam einer Gesellschaft gemeint. Aus der funktionalen Perspektive ist Management die Steuerung eines Leistungsprozesses durch die fünf Aufgaben
1. Planung,
2. Organisation,
3. Personaleinsatz,
4. Führung und
5. Kontrolle

mit einer klaren Zielorientierung. Der Planung wird dabei die Primärfunktion zugeschrieben, da alle anderen Aufgaben inhaltlich-funktional am Ergebnis der Planung ausgerichtet werden. (vgl. Steinmann et al. 2013, S. 6 ff.; ◻ Abb. 1.1)

1.1.3 (Bau-) Projekte

Der Begriff *Projekt* (lat. proiectus = das Ausgestreckte, Nach-Vorne-Geworfene; vgl. Entwurf) wird in der DIN 69901 (01.2009) definiert und ist durch
- Zielvorgaben,
- Ressourcenbegrenzung (Zeit, Personal, Kapital),
- Projektspezifische Organisation, und insbesondere durch die
- Einmaligkeit der Bedingungen in ihrer Gesamtheit gekennzeichnet.

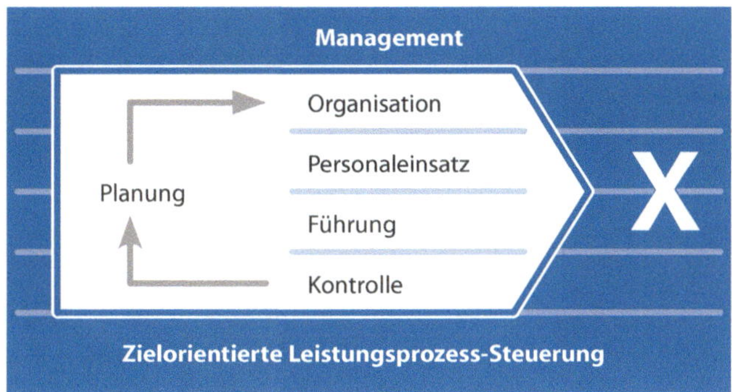

☑ **Abb. 1.1** Aufgaben den Managements

In der Projektmanagementliteratur werden häufig zwei weitere Punkte (vgl. Greiner et al. 2009, S. 1) genannt, die
- Komplexität der Aufgabe und
- Interdisziplinarität des Teams.

Bauvorhaben teilen im Wesentlichen diese Merkmale und können daher Bauprojekte genannt werden. Unter *Bauen* ist dabei der physische Eingriff in den Raum gemeint, also unterschiedliche Dimensionen von einer Haltestelle, über das Einfamilienhaus, bis hin zu Infrastrukturgroßprojekten sowie städtebaulichen Entwicklungsprojekten.

Bauprojekte kann man in die Phasen
- Entwicklung,
- Realisierung,
- Nutzung und
- Verwertung (Umwidmung, Abriss) unterteilen,

wobei die Projektentwicklung die Aufgabe hat, Zielvorgaben zu prüfen und zu spezifizieren, das Projektmanagement oder -steuerung die Realisierung verantwortet und das Gebäude- und Property und Assetmanagement die Nutzung organisieren (vgl. Kochendörfer et al. 2018, S. 5 f.). In der aktuellen Fachliteratur ist auffallend, dass die „Verwertung" zwar immer Bestandteil der Lebenszyklusbetrachtung von Bauprojekten ist, aber kaum in Prozesse oder Verantwortungszuordnungen einbezogen wird.

Um die Zielorientierung für den Leistungsprozess in der Verantwortung des Projektleiters, die Realisierung des Bauprojektes zu gewährleisten, wird das Projekt über ein Dreieck aus Kosten-, Termin- und Qualitätszielen definiert. Dadurch wird es kontrollierbar und ermöglicht den koordinierten Einsatz der fünf Aufgaben zur Zielerreichung. Da Projekte zeitlichen Grenzen unterliegen beinhalten das Bauprojekt-Management neben den fünf Aufgaben auch die Initiierung und den Abschluss des Projektes (vgl. DIN 69901-5, 2009).

Wenn man von einem Projekt spricht, hat man oft ein materielles Resultat im Kopf. Konflikte entstehen ggf. um einen materiellen Gegenstand, dennoch finden sie als Kommunikation von Gedanken und Gefühlen im Immateriellen statt. Man kann somit von immateriellen Projekten sprechen.

❗ **Konflikte sind immaterielle Projekte, die sich insbesondere durch ihre Einmaligkeit auszeichnen.**

Ebenso wie das Projektmanagement, stellt das Konfliktmanagement eine hohe Anforderung an die Flexibilität, Erlerntes dem spezifischen Kontext anzupassen (Dekontextualisierung). Und nicht zuletzt: sowohl ein Projekt, als auch ein (gemanagter) Konflikt kann scheitern.

1.1.4 Konflikt-Management

Die Analogie von (Bau-) Projektmanagement und *Konfliktmanagement* wird eklatant, wenn man die Definition von Projekten mit einem Konflikt vergleicht:

- Jeder Konflikt ist in der Gesamtheit seiner Bedingungen einmalig.
- Die Zielvorgabe ist eine Entscheidung.
- Auch die Realisierung eines Konfliktes ist zeitlichen, finanziellen und personellen Bedingungen unterworfen.
- Auch bei einem Konflikt kann man von einer projektspezifischen Organisation sprechen, da jeder Beteiligte eine andere Rolle einnimmt. Der Ablauf ist nur dann konfliktspezifisch organisiert, wenn diese Aufgabe jemand bewusst übernimmt.
- Konflikte sind komplex, da fachliche und rechtliche Fragen durch den menschlichen Faktor ergänzt werden.
- Ein Konflikt ist insofern interdisziplinär, als dass auch hier unterschiedliche Teilaspekte (z. B. baufachliche und psychologische) zusammengeführt werden müssen, um zu einem Ergebnis zu kommen.

Für eine Definition von Konfliktmanagement werden die beiden einzelnen Begriffe Konflikt im Sinne eines immateriellen Projektes und Management herangezogen. Die Leistung des Managements soll es sein, Konflikte zu bearbeiten. Konflikte sind Kommunikationsprozesse. Der Leistungsprozess des Konfliktmanagements ist damit ein Kommunikationsprozess. Ein Konflikt wird mit einer Entscheidung beendet. Das bedeutet das Ziel des Leistungsprozesses ist eine Entscheidung. Die fünf Aufgaben sind dem Begriff Management immanent und bleiben daher gleich. Damit kann Konfliktmanagement folgendermaßen definiert werden:

> Konfliktmanagement ist die Steuerung von Kommunikationsprozessen durch die fünf Aufgaben Planung, Organisation, Personaleinsatz, Führung und Kontrolle mit dem Ziel der Entscheidungsfindung. Die Prozesse müssen im Einzelnen initiiert und abgeschlossen werden.

Wie der Konflikt an sich, ist auch diese Definition neutral zu betrachten. Es wird keine Aussage dazu getroffen, in welcher Form die Entscheidung fällt, ob sie gut oder schlecht ist bzw. ob die Betroffenen zufrieden mit ihr sind oder nicht. Eine Entscheidung kann auch sein, dass es zu diesem Zeitpunkt und in dieser Konstellation keine Lösung für einen Konflikt gibt.

1.1.5 Einsatzbereiche von Konfliktmanagement

So vielfältig wie der Begriff Konflikt eingesetzt wird, so vielfältig sind auch die Einsatzbereiche von Konfliktmanagement. Dennoch lassen sich Bereiche abgrenzen, die spezifisches Fachwissen z. B. in Bezug auf rechtliche Rahmenbedingungen, Begriffe, Strukturen oder Verfahren voraussetzen. Die Bandbreite zeigen folgende Beispiele, wobei sich der Oberbegriff oft an einer der verwendeten Interventionsformen, der Mediation, orientiert.

(Einzel-) *Coaching* ist die Unterstützung durch eine andere Person einen eigenständigen Lösungsweg für einen intrapersonalen Konflikt zu finden. Wenn Sie z. B. eine Projektleiterstelle übernehmen und Zweifel an ihrer Führungskompetenz haben oder diese verbessern möchten. *Coach* ist keine geschützte bzw. qualitätsgesicherte Berufsbezeichnung, daher ist eine aufmerksame Auswahl zu treffen. Ein Coaching ersetzt keine Therapie bei psychischen Erkrankungen.

Die Friedens- und Konfliktforschung befasst sich mit dem Konfliktmanagement im internationalen Kontext, auch als *Friedensmediation* bezeichnet. Hier werden mithilfe einer dritten Partei Prozesse entwickelt und durchgeführt, um z. B. bei inner- und interstaatlichen Problemen den Konflikt von einem bewaffneten (Krieg) zu einem unbewaffneten (Verhandlung) zu transformieren und langfristige, von allen Seiten akzeptierte, Lösungen zu finden.

Die Bandbreite für einen spezifischen Einsatz bei sozialen Konflikten ist immens:

Familienmediationen legen ihren Schwerpunkt auf eine Aufrechterhaltung der Beziehung in Familie und familienähnlichen Strukturen. Sie werden immer häufiger bei Trennungen eingesetzt, wenn die Beziehung der Eltern zur Schonung der Kinder stabilisiert werden soll. Weitere Bereiche sind Erbstreitigkeiten oder Generationenkonflikte in Familienunternehmen.

Online-Streitbeilegung (engl. *Online Dispute Resolution (ODR)*) ist eine Variante die insbesondere auf kostengünstige Effizienz setzt. Sie wird z. B. von der EU bei Verbraucherstreitigkeiten angeboten.

Der *Täter-Opfer-Ausgleich* (TOA) unterstützt einen direkten Kommunikationsprozess zwischen Täter und Opfer u. a. mit dem Ziel, eine tatsächlich empfundene Wiedergutmachung der Verletzung zu erreichen. Die Opferperspektive wird stärker berücksichtigt als im reinen Strafrecht. In der Literatur zum TOA wird häufig auf eine der ältesten Rechtssammlungen, den *Codex Hammurabi* verwiesen, der direkt in seinen Gesetzen (ohne Kommunikationsprozess) eine Entschädigung des Opfers vorschreibt, z. B.: „Wenn ein Bürger einem Bürger Silber, Gold oder alles sonstige zur Verwahrung hingibt und dieser es ihm ableugnet, so weist man es diesem Bürger nach, und er gibt alles, was er abgeleugnet hatte, doppelt." (Codex Hammurabi 2013 § 124, S. 56)

Ein sehr breites Feld ist die *Wirtschaftsmediation*, die von der Unterstützung bei Verhandlungen über Firmenübernahmen bis zur Teamentwicklung reicht.

Auch Rechtswissenschaftler und Anthropologen setzen sich mit Konfliktmanagement auseinander, nämlich im Rahmen traditioneller Konfliktmittlungsverfahren. Ziele sind u. a. die Entwicklung, Funktion und Rolle des Rechts für die Gemeinschaft zu verstehen, aber auch außergerichtliche Konfliktbeilegung mit Verfahren und Techniken zu bereichern. Teilweise gibt es auf den ersten Blick kuriose Vorgehen, wie z. B. der *nith,* ein Singstreit mit spöttischen Versen über den Gegner, der bei den Grönland-Inuit stellvertretend für den Konflikt vor Publikum ausgetragen wird und den der mit dem letzten Wort gewinnt (vgl. Wesel 1985, S. 133 f.). Das Reden (Singen), sich lautstark vor Publikum „Luft machen", wird in vielen Gesellschaften verwendet, um die Eskalation in einen physischen Konflikt zu verhindern. Ein weiteres starkes Element in der Konfliktbearbeitung ist eine Ritualisierung dieser Verfahren oder der Einsatz von Ritualen an sich, wie z. B. auch der Handschlag nach Beendigung eines Konfliktes.

Die dargestellte Bandbreite verdeutlichen die Notwendigkeit, die fachlichen Inhalte von Konfliktmanagement auf einen Bereich zuzuschneiden. Dennoch lohnt sich ein „Blick über den Tellerrand", denn die kreativen Möglichkeiten der Interventionsformen und der manchmal gut einsetzbare Humor können auch Lust auf die Arbeit mit Konflikten machen.

1.1.6 Konfliktmanagement für Bauprojekte

Der Zielrahmen von Bauprojekten ist ein Dreieck aus Kosten, Terminen und Qualität. Die Herausforderung des Projektleiters ist es, die Zielvorgabe, den Bauherrenwunsch, klarzustellen, und den Rahmen dafür einzuhalten. Konflikte innerhalb diese Leistungsprozesses können sich auf alle drei Punkte auswirken und den Rahmen sprengen (Abb. 1.2).

Dabei können Konflikte als *Risiko* einwirken:

Gibt es z. B. eine strittige Rechnung, bei der der Auftraggeber eine Zahlung verweigert, kann es passieren, dass der Auftragnehmer unmotiviert und mit verminderter Qualität weiterarbeitet, was Auswirkungen sowohl auf Termine als auch auf Qualität haben kann.

Oder die Zielvorstellung des Bauherrn ist nicht klar abgestimmt und definiert. Im Bauverlauf müssen immer wieder Änderungen und Korrekturen vorgenommen werden, was sich sowohl auf den Terminplan als auch den Kostenplan auswirkt.

Oder als *Chance:*

Es gibt einen fachlichen Konflikt zu einer Detailausführung zwischen dem Architekten und dem Handwerksmeister. Über diesen Konfliktpunkt wird gemeinsam gestritten und mit Ideen auf die verschiedenen kritischen Argumente reagiert, was zu einer kostengünstigeren, qualitativ hochwertigeren Variante führt.

Die Handlungsebene im Bauprojekt sind interpersonale (soziale) Konflikte, Konflikte zwischen den Menschen, die Einfluss auf die Zielerreichung des Projektes haben. Dieser Fokus schließt aber weder aus, dass intrapersonale, innergesellschaftliche oder interkulturelle Aspekte der Hintergrund eines interpersonalen Konfliktes im Projekt sein

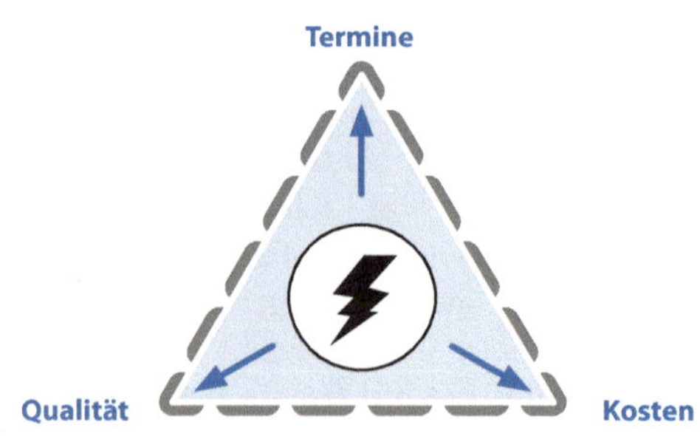

Abb. 1.2   Konflikteinwirkung auf die Projektziele

können, noch dass ein Bauprojekt einen intrapersonalen, einen innergesellschaftlichen oder einen internationalen Konflikt verursachen kann.

> ❶ **Die Handlungsebene des Bauprojektmanagers sind interpersonale (soziale) Konflikte.**

Das Konfliktmanagement für Bauprojekte erfolgt auf zwei Ebenen:

Liegt ein konkreter Konfliktfall innerhalb der Beteiligten des Bauprojektes vor, ist das *Primärziel* die Entscheidungsfindung. Der Kommunikationsprozess muss gezielt für diese Entscheidungsfindung geplant, organisiert, der notwendige Personeneinsatz festgelegt, geführt und kontrolliert werden. Das Konfliktmanagement ist damit die Primärfunktion.

Das Primärziel für den Bauprojektmanager bleibt aber die Realisierung des Bauprojektes, d. h. die Primärfunktion ist zielorientiert das Bauprojektmanagement. Da sich Konflikte jedoch auf die Zielgrößen des Bauprojektes auswirken, benötigt der Projektleiter die Kompetenz, das Konfliktmanagement als Sekundärfunktion in seine fünf Managementaufgaben, insbesondere die Planung, zu integrieren. Konfliktmanagement wird hier zu einem Bestandteil des Bauprojektmanagements. Dadurch hat es inhaltliche Schnittstellen mit etablierten fachlichen Themen des Bauprojektmanagements wie z. B. dem Risiko- oder dem Nachtragsmanagement. Da es sich um eine Steuerung der Kommunikationsprozesse handelt, gibt es ebenfalls Schnittstellen zu Themenfeldern wie Projektsteuerung oder Führung.

Das Konfliktmanagement im Rahmen einer Bauprojektrealisierung hat vier *Interventionsrichtungen*, Perspektiven aus denen die Arbeit mit den Konflikten erfolgen kann:

1. *Konflikt-Prävention*: Vermeidung von Konflikten, die ein Risiko für die Bauprojektziele darstellen (destruktive Konflikte) und im Vorfeld festgelegte und im Projektteam kommunizierte und akzeptierte Regulierungsregeln zu auftretenden Konflikten (Konfliktmanagement als Sekundärfunktion).
2. *Konflikt-Provokation*: Inszenierung der Diskussion als Entscheidungsprozess in Bezug auf das Projektziel insbesondere zur Qualitätsvalidierung (fachliche, kooperative Konflikte) (Konfliktmanagement als Sekundärfunktion).
3. *Konflikt-Integration*: Einplanung von Konfliktprozessen in das Bauprojektmanagement in Bezug auf Dauer und Beteiligte als Bestandteil des Qualitäts- und Risikomanagements und zur Erstellung valider Termin- und Kostenpläne (Konfliktmanagement als Sekundärfunktion).
4. *Konflikt-Realisierung*: Durchführung von (Sach-) Konflikten mit transparenter Entscheidungsfindung zum geplanten Zeitpunkt, Durchführung (auch delegiert) von eingeplanten Risiko-Konflikten ohne Gefährdung der Projektziele, Durchführung (auch delegiert) von ungeplanten Konflikten mit möglichst geringer Gefährdung des Projektziels (Konfliktmanagement als Primärfunktion).

> ❶ **Die Arbeit mit Konflikten in der Bauprojektrealisierung erfolgt aus vier Perspektiven:**
> - **Konflikt-Prävention**
> - **Konflikt-Provokation**
> - **Konflikt-Integration**
> - **Konflikt-Realisierung**

1.1.7 Konfliktmanagementsysteme

Konfliktmanagement ist ein ganzheitlicher Ansatz, der sowohl eine entsprechende Grundeinstellung benötigt, als auch systemisch, alle Arbeitsebenen einbeziehend, zu begreifen ist. Der Aufwand bzw. Umfang der Systeme und Spezialisierungsgrad der Beteiligten ist abhängig von der Projektgröße. Unternehmen (dauerhaft) und Großprojekte (zeitlich begrenzt) rechtfertigen den Einsatz von *Konfliktmanagementsystemen*, die speziell designt werden und differenziert nach unternehmensinternen Strukturen und externen Schnittstellen aufzubauen sind. Komponenten von Konfliktmanagementsystemen sind z. B. eine Konfliktanlaufstelle und eine systematisierte Maßnahmen- und Verfahrenswahl im Konfliktfall. Einige Unternehmen entwickeln hierfür z. B. onlinebasierte Beratungselemente, in die der Mitarbeiter Parameter des Konfliktes strukturiert eingibt und einen erklärenden Vorschlag für ein Verfahren erhält, das für diesen Konflikt am besten geeignet scheint. Im Sinne eines Systems, das in seiner Operabilität gemanagt wird, sind weitere Bestandteile die Identifikation und Bewertung des vorhandenen Konfliktpotenzials, Verfahrensstandards, Qualitätssicherung, Koordination und Controlling entsprechend der Bewertung (vgl. Pflugbeil 2017, S. 56). Das Controlling ist ein großer Unsicherheitsfaktor dieser Systeme: der Kosten-Nutzen-Faktor ist durch viele weiche Faktoren wie z. B. der Unternehmensmehrwert durch die Außenwirkung schwer berechenbar. Damit bleibt der Einsatz eines Konfliktmanagementsystems immer auch eine Werteentscheidung.

Den Aufbau von Konfliktmanagementsystemen und eine qualifizierte Auswahl von externen, professionellen Konfliktbegleitern, wird vermehrt als Aufgabe des Bauprojektmanagements begriffen, weshalb der *Ausschuss der Verbände und Kammern der Ingenieure und Architekten für die Honorarordnung e. V. (AHO)* 2018 in seinem Heft 37 neben den Leistungsbeschreibungen auch Vergütungsansätze zur Verfügung stellt.

1.2 Konfliktmanagement im Berufsbild des Bauprojektmanagers

1.2.1 Berufsbild Bauprojektmanager

Der Begriff *Beruf* wird in der Alltagssprache und in wissenschaftlichen Definitionen sehr unterschiedlich belegt. Entsprechend der Bundesagentur für Arbeit (BA) liegt der Berufsklassifikation 2010 ein Berufsverständnis mit drei wesentlichen Merkmalen zugrunde:

- „Der Berufsbegriff ist tätigkeits- und nicht personenbezogen.
- „Beruf" zeichnet sich durch ein Bündel von Tätigkeiten aus.
- „Beruf" wird durch zwei zentrale Dimensionen konstituiert: Berufsfachlichkeit und Anforderungsniveau". (BA 2011, S. 26)

Es gibt etwa 150 über Bundes- und/oder Ländergesetze geschützte bzw. reglementierte Berufe in Deutschland, die überwiegend durch eine akademische Ausbildung bestimmt werden. Der Architekten- und der Ingenieurberuf gehören zu den geschützten akademischen Tätigkeiten, wohingegen der (Bau-) Projektmanager keine geschützte Berufsbezeichnung ist. (vgl. Pahl 2017, S. 248 ff.)

❗ **(Bau-) Projektmanager ist keine geschützte Berufsbezeichnung.**

In der Berufsklassifikation 2010 der BA werden Projektleiter, Projektmanager, Projektsteuerer und Projektplaner dem Anforderungsniveau „komplexe Spezialistentätigkeiten" zugeordnet allerdings mit der Berufsfachlichkeit „Unternehmensorganisation und -strategie". Die Berufsbezeichnung Kommunikationsorganisator wird berufsfachlich mit Werbung und Marketing in Verbindung gebracht. Separat aufgeführt sind der Konfliktberater und der Konfliktmanager als Berufe in der „nicht ärztlichen Psychotherapie mit hoch komplexen Tätigkeiten". Keine dieser Klassifikationen unterstützt eine Herleitung, inwieweit Leistungen des Konfliktmanagements zum Berufsbild eines Bauprojektmanagers gehören.

Geht man von der Primärfunktion, der Realisierung eines Bauprojektes, aus, kann man auf den *Professionalisierungsgrad* der Architekten- und Ingenieurberufe zurückgreifen. Entsprechend der Kennzeichnung von Professionen sind Architekten und Ingenieure in Kammern organisiert, die Qualitätsstandards über die Definition der Anforderungen an Zugangswege, Leistungsbewertung und Kontrolle festlegen. Die Leistungen werden über reglementierte Honorare vergütet. Die Ausbildungen erfolgen auf akademischem Niveau und orientieren sich in ihren praktischen Tätigkeiten an (ethischen) Verhaltensregeln (vgl. Pahl 2017, S. 209 f.). Die Anforderung und Erwartungshaltung inwieweit Konfliktmanagement im Berufsbild des Bauprojektmanagers verankert ist, wird also auf Basis akademischer, (honorar-) rechtlicher und ethischer Standards von Architekten und Ingenieuren hergeleitet. Da es vielfältige akademische Ausbildungswege im Zusammenhang mit der Gestaltung von Raum gibt (Architektur, Bauingenieurswesen, Verkehrsingenieurswesen, Stadtplanung, Landschaftsarchitektur, usw.) wird weiterhin der Begriff (Bau-) Projektmanager verwendet.

1.2.2 Akademische Ausbildung – Qualifikationsrahmen und Kompetenzen

Die akademische Ausbildung in Deutschland unterliegt einem Standard, der als Vergleichsmaßstab für die Beurteilung der Qualität angesetzt wird. Dieser Standard legt formale Kriterien, fachlich-inhaltliche Kriterien und ein Verfahren zur Überprüfung dieser Kriterien (Akkreditierungsverfahren) fest.

Ein Teil der formalen Kriterien wurde von den europäischen Bildungsministern 1999 in der *Bologna-Erklärung* aufgestellt und ist im *Hochschulrahmengesetz (HRG)* aufgenommen. Dieser beschränkt sich auf die Zweigliedrigkeit der Abschlüsse (Bachelor/Master), die Mindestdauer von drei Jahren für den ersten berufsqualifizierenden Abschluss und die Einführung eines Leistungspunktesystems. Da die Länder in Deutschland entsprechend dem Grundgesetz (Art. 30 GG) Kulturhoheit besitzen, obliegt ihnen die Verantwortung zur näheren Bestimmung weiterer formaler Kriterien (z. B. Zugangsvoraussetzungen, Abschlüsse, Abschlussbezeichnungen, Modularisierung) und der fachlich-inhaltlichen Kriterien per Rechtsverordnung.

Fachlich-inhaltliche Kriterien für Ausbildungsstandards sind in sogenannten *Qualifikationsrahmen* in Form von Lernergebnissen festgehalten. Die Orientierung für Mitgliedsstaaten der EU sind der Europäische Qualifikationsrahmen für lebenslanges Lernen (EQR) und der Vorschlag für eine Empfehlung des Europäischen Rates zu Schlüsselkompetenzen für lebensbegleitendes Lernen (EQR SK). Die Kultusministerkonferenz (KMK) als gemeinsames Organ der Länder zur bildungspolitischen Koordination hat auf dieser Basis den Deutschen Qualifikationsrahmen für lebenslanges Lernen (DQR) mit einem erläuternden Handbuch entwickelt und beschlossen.

1

EQR und DQR ordnen die Lernergebnisse in acht Niveaus, wobei Niveau 6 dem Bachelor oder (geprüftem) Meister und Niveau 7 dem Master als Qualifikation entspricht. Der zentrale Begriff zur Kategorisierung der Inhalte ist *Kompetenz,* der daher im Folgenden vorab erläutert wird.

Aus sozialwissenschaftlicher Sicht wird unter Kompetenzen „die bei Individuen verfügbaren oder durch sie erlernbaren kognitiven Fähigkeiten und Fertigkeiten, um bestimmte Probleme zu lösen, sowie die damit verbundenen motivationalen, volitionalen [freiwillig-zielgerichtet] und sozialen Bereitschaften und Fähigkeiten um die Problemlösungen in variablen Situationen erfolgreich und verantwortungsvoll nutzen zu können" (Weinert 2014, S. 27 f.) verstanden.

Über die Existenz von *Schlüsselkompetenzen* besteht Konsens, wobei in der berufspädagogischen Literatur allein 654 unterschiedliche Fähigkeiten als Schlüsselqualifikationen bezeichnet werden (vgl. Ufert 2015, S. 26). Schlüsselkompetenzen sind „allgemein erwerbbare Fähigkeiten, Wissenselemente und Strategien, die dem Individuum vor dem Hintergrund individueller Disposition den Erwerb von Kompetenzen für den Transfer auf neue Situationen erlauben, sodass eine Handlungsfähigkeit entsteht, die es ermöglicht, sowohl individuellen Bedürfnissen als auch gesellschaftlichen Anforderungen gerecht zu werden." (Ufert 2015, S. 26) Die Differenzierung von Schlüsselkompetenzen wird in der Literatur unterschiedlich gehandhabt.

Zu den allgemein erwerbbaren Fähigkeiten sozio-kommunikativer Schlüsselkompetenz gehört neben Reflexionsfähigkeit, Teamfähigkeit, Argumentationsfähigkeit und der Fähigkeit zum Perspektivwechsel insbesondere Kommunikationsfähigkeit und Konfliktlösungsfähigkeit (vgl. Ufert 2015, S. 90). Die Fähigkeit, unterschiedliche Kommunikationsregeln zu verstehen und konstruktiv in unterschiedlichen Umgebungen zu kommunizieren, Verhandlungen zu führen, Empathie zu empfinden und Konflikte zu bewältigen, ordnet der EQR SK dem Schlüsselkompetenz-Paket „Persönliche, soziale und Lernkompetenz" zu.

❗ Kommunikationsfähigkeit und Konfliktlösungsfähigkeit sind Schlüsselkompetenzen.

Nicht nur reaktiv mit Konflikten umzugehen, sondern Ansätze zur Planung und Durchführung von Projekten zu kennen und effektive Kommunikation aktiv z. B. zur Problemlösung einzusetzen, ordnet der EQR SK der Schlüsselkompetenz „Unternehmerische Kompetenz" zu.

Der DQR kategorisiert die Inhalte über ein *4-Säulen-Kompetenzmodell.* Die Fachkompetenz besteht aus den Säulen Wissen und Fertigkeiten, die Personale Kompetenz aus den beiden Säulen Sozialkompetenz und Selbstständigkeit. Ein Bestandteil des DQR ist der spezifisch für Hochschulen aufgebaute Deutsche Qualifikationsrahmen für Hochschulabschlüsse (HQR), bei dem qualitativ Stufe 1 dem Niveau 6 und Stufe 2 dem Niveau 7 entspricht. ◨ Abb. 1.3 zeigt den Aufbau der Qualifikationsrahmen im Überblick.

In seinen übergreifenden Beschreibungen der Lernziele für Sozialkompetenz greift der DQR den Begriff Konflikt nicht auf, der HQR nur einmal auf Stufe 2 (Master), indem er das Erkennen von Konfliktpotenzialen und das Reflektieren und Durchführen situationsadäquater Lösungsprozesse fordert. Zentrales Thema im Bereich der Sozialkompetenz ist jedoch sowohl im DQR als auch im HQR die Kommunikation und Kooperation. In den Niveaus 6, 7 bzw. Stufen 1, 2 werden Aufgaben beschrieben, die auf eine Verantwortung für die Steuerung von Kommunikationsprozessen schließen lassen,

EQR	Kenntnisse	Fertigkeiten	Kompetenz	
DQR	Fachkompetenz		Personale Kompetenz	
	Wissen	Fertigkeiten	Sozialkompetenz	Selbständigkeit
HQR Kompetenz-Modell	Wissen und Verstehen	Einsatz / Anwendung und Erzeugung von Wissen	**Kommunikation und Kooperation**	Wissenschaftl. Selbstverständnis, Professionalität

EQR / DQR	HQR	**Beispiele der zugeordneten Qualifikationen (DQR)**
Niveau 1		Berufsvorbereitungsjahr (BVJ)
Niveau 2		Berufsfachschule
Niveau 3		Duale Berufsausbildung (2-jährig)
Niveau 4		Duale Berufsausbildung (3- und 3-1/2-jährig)
Niveau 5		IT-Spezialist (Zertifiziert)
Niveau 6	Stufe 1	Bachelor, Meister (geprüft)
Niveau 7	Stufe 2	Master
Niveau 8	Stufe 3	Promotion

Abb. 1.3 Kompetenzen und Level der Qualifikationsrahmen im Überblick

z. B. vorausschauend mit Problemen im Team umgehen, leiten von Gruppen im Rahmen komplexer Aufgabenstellungen, Probleme und Lösungen argumentativ vertreten, Reflexion und Berücksichtigung unterschiedlicher Sichtweisen und Interessen.

> **Die akademischen Standards in Deutschland stellen an Bachelor- und Masterabsolventen den Anspruch, Kommunikationsprozesse steuern zu können.**

Speziell für Studiengänge der Architektur (inkl. Innenarchitektur, Landschaftsarchitektur, Stadt-/Raumplanung) hat der *Akkreditierungsverbund für Studiengänge der Architektur und Planung (ASAP)* fachliche Kriterien zusammengestellt. Der ASAP bleibt im Anspruch an eine Verantwortungsübernahme des Bachelors in Kommunikationsprozessen hinter denen des DQR und HQR zurück, betont aber auch, dass der Bachelor nicht zum Beruf des Architekten qualifiziert. Der ASAP referenziert sich bei seinem Qualifikationsrahmen zum einen auf die europäische Richtlinie zur Anerkennung von Berufsqualifikationen (BARL), zum anderen auf die *Union Internationale des Architectes (UIA)*.

Die UIA hat gemeinsam mit der UNESCO 2011 die *Charter for Architectural Education* (UIA-Charta) aufgestellt, um eine Richtlinie für eine global gleichwertige, hochwertige Ausbildung zu schaffen. Sie unterteilt die zu erzielenden Befähigungen des Architekten in die drei Bereiche Entwerfen (design), Wissen (knowledge) und Fähigkeiten (skill). Auch hier lässt sich über die Formulierungen auf die Verantwortung zur Steuerung der Kommunikationsprozesse schließen: Im Bereich Entwerfen wird erwartet, Informationen zu generieren, Probleme zu definieren und kritisch zu analysieren, um die nächsten Schritte zu entscheiden. Dazu wird die Fertigkeit verlangt, in interdisziplinären Teams zu kollaborieren und Ideen auf Basis der Zusammenarbeit nachhaltig zu kommunizieren. Die Klärung der Aufgabenstellung und Analyse der Grundlagen ordnet sie dem soziologischen Fachwissen zu („[…] to work with clients and users that represent society's needs"; „ability to develop a project brief through definition of the needs of society users and clients […]" (UNESCO/UIA 2011, II.4.2.2, S. 4)).

Ein weiterer Punkt der UIA-Charta ist interessant: Sie stellt an den Architekten auch die Anforderung, ein professioneller Projektmanager zu sein. Analog zu der Klassifikation der BA wird dabei eher der betriebswirtschaftliche Schwerpunkt Unternehmensorganisation und -strategie betont („understanding of business principles and their application to the development of built environments, project management and the functioning of a professional consultancy" (UNESCO/UIA 2011, II.4.2.6, S. 4)).

> ❗ Die UIA fordert im internationalen Ausbildungsstandard von Architekten die Steuerung von Kommunikationsprozessen und die Übernahme von Managementaufgaben ein.

1.2.3 Leistungsbilder für Architekten und Ingenieure – die HOAI

Die Aufgaben die zur Realisierung eines Bauprojektes von den Verantwortlichen erwartet werden sind in der *Honorarordnung für Architekten und Ingenieure (HOAI)* getrennt nach Grundleistungen und Besonderen Leistungen beschrieben. Die HOAI ist eine Verordnung des Bundes und damit verbindliches Preisrecht (mit Ausnahmen) für Planungsleistungen im Bauwesen. Die Leistungen sind zwar in der HOAI beschrieben, bindende Wirkung für den Umfang der geschuldeten Leistungen hat jedoch der Vertrag nach Architekten- und Ingenieurvertragsrecht im Bürgerlichen Gesetzbuch (BGB) (vgl. Homepage AHO 2018).

Die HOAI gliedert sich in die fünf Teile Allgemeine Vorschriften (1), Flächenplanung (2), Objektplanung (3), Fachplanung (4) und Übergangs- und Schlussvorschriften (5). Die Honorare für Grundleistungen der Flächen-, Objekt- und Fachplanung sind in den Teilen 2 bis 4 dieser Verordnung verbindlich geregelt (§ 3 Abs. 1 HOAI). Grundleistungen, die zur ordnungsgemäßen Erfüllung eines Auftrags im Allgemeinen erforderlich sind, sind in *Leistungsbildern* erfasst. Die Leistungsbilder gliedern sich in *Leistungsphasen* (Lph.) gemäß den Regelungen in den Teilen 2 bis 4 (§ 3 Abs. 2 HOAI). Detailliert sind sie in den Anlagen (A) 2 bis 8 und 10 bis 15 dargestellt. Die Struktur der HOAI ist in ◘ Abb. 1.4 dargestellt. Die Lph. werden in ◘ Abb. 8.2 noch einmal aufgegriffen und dargestellt.

Der Begriff Konflikt taucht in der HOAI hauptsächlich in den Grundleistungen der Landschaftsplanung in den frühen Planungsphasen auf. Beim Landschaftsplan und Landschaftsrahmenplan wird das Feststellen von Nutzungs- und Zielkonflikten erwartet (A4 Lph. 2e und A7 Lph. 2e). In der Lph. 3 des Landschaftspflegerischen Begleitplans wird eine Konfliktanalyse und eine Konfliktminderung erwartet (A7), im Pflege- und Entwicklungsplan das Beschreiben von Zielkonflikten mit bestehenden Nutzungen (A8, Lph. 2d,e). Die Begriffe, Umfang und Vorgehen für diese Leistung sind dabei nicht weiter erläutert.

Im HOAI-Teil Objektplanung findet sich der Begriff Konflikt nur in der Lph. 2 Gebäude und Innenräume, bei dem das Abstimmen der Zielvorstellungen, mit dem Hinweisen auf Zielkonflikte, in den Grundleistungen verlangt wird (A10.1). Anders verhält es sich jedoch, wenn man den Blickwinkel einnimmt, dass Konflikte Kommunikationsprozesse sind. Betrachtet man die Beschreibung der honorierten Grundleistungen auf diese Weise, stellt man fest, dass die Steuerung der Kommunikationsprozesse zur

HOAI				
Teil		**Abschnitt**		**Leistungsbild Grundleistungen**
1	Allgemeine Vorschriften			
2	Flächenplanung	1	Bauleitplanung	A2 Flächennutzungsplan
				A3 Bebauungsplan
		2	Landschaftsplanung	A4 Landschaftsplan
				A5 Grünordnungsplan
				A6 Landschaftsrahmenplan
				A7 Landschaftspfl. Begleitplan
				A8 Pflege- und Entwicklungsplan
3	**Objektplanung**	1	**Gebäude u. Innenräume**	**A10 Gebäude u. Innenräume**
		2	Freianlagen	A11 Freianlagen
		3	Ingenieurbauwerke	A12 Ingenieurbauwerke
		4	Verkehrsanlagen	A13 Verkehrsanlagen
4	Fachplanung	1	Tragwerksplanung	A14 Tragwerksplanung
		2	Technische Ausrüstung	A15 Technische Ausrüstung
5	Übergangs- und Schlussvorschriften			

Abb. 1.4   Aufbau der HOAI

Projektrealisierung in fast allen Leistungsphasen von dem Verantwortlichen erwartet wird. Dazu gehören das Klären der Aufgabenstellung und die Abstimmung der Zielvorstellungen (z. B. A10.1 Lph. 1a, A11.1 Lph. 1a, 2b), Verhandlungen mit Behörden und das Führen von Bietergesprächen (z. B. A10.1, Lph. 2 f., 3d, 7d) und Koordination und Integration der Leistung anderer fachlich Beteiligter (z. B. A10.1 Lph. 2a, 3b, 5c, 6c, 8c). Besonders konfliktträchtig ist die dynamische Lph. 8, die Objektüberwachung und Dokumentation. In dem Leistungsbild lassen sich jedoch auf den ersten Blick keine Hinweise zur Verantwortung von Kommunikationsprozessen finden. Der Bezug wird daher in einem späteren Kapitel hergestellt.

Die Leistungsbilder der Fachplanung und Beratungsleistungen in der HOAI benennen bei den kommunikativen Leistungen größtenteils die Mitwirkungspflicht, nicht jedoch die Verantwortung dafür (z. B. A14.1 Lph. 2d,e).

> ❗ **Die Steuerung von Kommunikationsprozessen zur Bauprojektrealisierung ist entsprechend HOAI Bestandteil der Grundleistungen im Leistungsbild des verantwortlichen Architekten/Ingenieurs.**

Zur HOAI ist aktuell anzumerken, dass sie unabhängig von einer möglichen Orientierung zum Umfang der Leistungen durch die Beschreibung der Leistungsbilder, als Honorarordnung auf dem Prüfstand steht: Die EU-Kommission hat Klage gegen Deutschland erhoben und der Generalanwalt empfahl am 28. Februar 2019 der Klage im Verfahren vor dem Europäischen Gerichtshof (EuGH) stattzugeben. Begründung dazu ist der Verstoß der Regelungen zu den Mindest- und Höchstsätzen der HOAI gegen höherrangiges EU-Recht, da sie in unzulässiger Weise die Niederlassungsfreiheit dadurch beeinträchtigen, dass Architekten und Ingenieure nicht die Chance haben, sich über niedrige Preise am Markt zu etablieren. (vgl. Bayerische Ingenieurkammer Bau 2019)

1.2.4 Leistungsbilder für Bauprojektmanagement – der AHO

Der AHO hat das Ziel die HOAI zu erhalten und weiterzuentwickeln. Darüber hinaus fördert der AHO zur Fortentwicklung des Vergaberechts sowie des Architekten- und Ingenieurvertragsrechts den Dialog mit Gesetzes- und Verordnungsgebern sowie mit privaten und öffentlichen Auftraggebern, um den Interessen aller Beteiligten bei seiner Aufgabe gerecht zu werden. (vgl. AHO Homepage 2018)

Insbesondere arbeitet der AHO daran, die Leistungsbilder von Architekten und Ingenieuren als Orientierung für eine Honorierung klar zu differenzieren. Da in der Realität zunehmend Projektmanagementleistungen erwartet werden, hat er zusätzlich zu der HOAI eine *Leistungs- und Honorarordnung Projektmanagement in der Bau- und Immobilienwirtschaft (HOPM)* geschaffen. Bei der Abgrenzung der Leistungsbilder wurde dabei versucht, Überschneidungen der Grundleistungen zu vermeiden, während bei den Besonderen Leistungen Überschneidungen zwischen HOAI und HOPM vorgesehen werden mussten (vgl. AHO 2014, S. 2).

AHO und der *Deutschen Verband der Projektmanager in der Bau- und Immobilienwirtschaft (DVP)* orientieren sich bei Projektmanagement-Leistungen an der DIN 69901-5 (2009) mit allen (technisch-wirtschaftlichen) Führungsaufgaben, -organisationen, -techniken und -mittel für die Initiierung, Definition, Planung, Steuerung und den Abschluss von Projekten. Sie unterteilen *Projektmanagement*-Leistungen nach Verantwortungsgrad in Leistungen der *Projektsteuerung* und der *Projektleitung*. Projektsteuerungsleistungen sind Unterstützungsleistungen für den Bauherrn in beratender Funktion als Stabsstelle, während Projektleitung Unterstützungsleistungen mit Organisations-, Entscheidungs- und Durchsetzungsfunktion (Linienfunktion) sind. (vgl. AHO 2014, S. 9; DVP 2018, § 2)

> ❗ **Projektmanagement-Leistungen setzen sich aus Leistungen der Projektsteuerung (beratende Stabstelle) und der Projektleitung (Entscheidungsbefugnis) zusammen.**

Die Grundstruktur des AHO für das Leistungsbild Projektsteuerung sind die fünf Projektstufen
- 1 Projektvorbereitung,
- 2 Planung,
- 3 Ausführungsplanung,
- 4 Ausführung und
- 5 Projektabschluss,

jeweils aufgeteilt in die fünf Handlungsbereiche
- A Organisation/Information/Koordination/Dokumentation,
- B Qualitäten/Quantitäten,
- C Kosten/Finanzierung,
- D Termine/Kapazitäten/Logistik und
- E Verträge/Versicherungen.

In den Grundleistungen der Projektsteuerung taucht der Begriff Konflikt nicht auf. Die Aufgaben liegen schwerpunktmäßig im Entwickeln, Abstimmen, Überprüfen, Analysieren und Fortschreiben konzeptueller bzw. struktureller Rahmenparameter wie dem Terminplan, Kostenplan oder Versicherungskonzepten. In allen fünf Projektphasen gehören zu dieser Arbeitsabfolge allerdings auch zum einen die

Kommunikationsstruktur im Projekt inklusive des Informations-, Berichts- und Protokollwesens, zum anderen das Entscheidungsmanagement. Ebenfalls in der Verantwortung des Projektsteuerers liegt die Empfehlung eines (IT-gestützten) Projektkommunikationssystems und die Bewertung dessen ordnungsgemäßer Nutzung.

❗ **Projektsteuerer verantworten den konzeptuellen Aufbau und die projektbedingte Weiterentwicklung der Kommunikationsstruktur.**

Das Leistungsbild der Projektleitung des AHO ist dagegen im Hinblick auf die Arbeit mit Konflikten deutlich. So gehört u. a. dazu:

„Konfliktmanagement zur Ausrichtung der unterschiedlichen Interessen der Projektbeteiligten auf einheitliche Projektziele hinsichtlich Qualitäten, Kosten und Terminen, u. a. im Hinblick auf
- die Pflicht der Projektbeteiligten zur fachlich-inhaltlichen Integration der verschiedenen Planungsleistungen und
- die Pflicht der Projektbeteiligten zur Untersuchung von alternativen Lösungsmöglichkeiten" (AHO 2014, S. 23);

Der Projektleiter trägt ebenfalls die Verantwortung für spezifische Kommunikationsprozesse wie das Leiten von Projektbesprechungen, das Herbeiführen erforderlicher Entscheidungen und das Führen von Verhandlungen.

❗ **Projektleiter verantworten das Konfliktmanagement im Hinblick auf gemeinsame Projektziele. Sie führen Kommunikationsprozesse wie Besprechungen und Verhandlungen mit dem Ziel der Entscheidungsfindung.**

Auf die zunehmende Nachfrage nach alternativen Streitbeilegungsmethoden – alternativ zu langwierigen und teuren Gerichtsprozessen in Bausachen – hat der AHO 2018 mit Heft Nr. 37, Konfliktmanagement in der Bau- und Immobilienwirtschaft, reagiert.

Der AHO betont die notwendige Differenzierung von *internen Konflikten* (unter Akteuren der Parteien, die in Bezug auf das Projekt in direktem (vertraglich geregelten) Leistungsaustausch stehen) und *externen Konflikten* (mit z. B. Anwohnern, deren Interessen von dem Projekt berührt werden ohne dass sie über ein vertragliches Verhältnis Bezug zu dem Projekt haben). Zudem sieht der AHO den zielorientierten Umgang mit Konfliktfällen als eine Querschnittsaufgabe über alle Funktionsbereiche und Hierarchieebenen hinweg, weil das Konfliktmanagement situativ passend für die Projektphase und die Projektstruktur sein muss.

❗ **Im Bauwesen sind interne Konflikte (Vertragspartner im Projekt) und externe Konflikte (mit Projektbetroffenen) differenziert zu betrachten und zu bearbeiten.**

Der AHO beschreibt fakultative, beispielhafte Leistungsbilder erstens für spezielle (Konflikt-) *Prozessbegleiter* (-gremien) und *Streitlöser*, und zweitens für Beratungsleistungen der Parteivertreter (externe Dienstleister wie z. B. Architekten und Ingenieure). Die Leistungsbilder teilt er auf in *Öffentlichkeitsbeteiligung (externe Konflikte)* und *Alternative Streitbeilegung im Rahmen der Projektabwicklung (interne Konflikte)*. Beratungsleistungen im Bereich der Öffentlichkeitsbeteiligung sind im Wesentlichen durch die HOAI beschrieben, dennoch kommt bei Hinzunahme externer Prozessbegleiter ein Mehraufwand auf die Planer zu. Daher werden in allen 5 Projektphasen insbesondere das Mitwirken (z. B. Zuarbeit von Informationen) und die Teilnahme an Terminen als zusätzliche Konfliktmanagement-Aufgaben aufgenommen. Interessant ist die Einteilung der Beratungsleistungen in der Alternativen Streitbeilegung. Die AHO verlässt die Struktur der Projektphasen und ordnet die Leistungen unabhängig des Vorgehens nach der Konfliktlösungsstufe: Konfliktprävention (1) – Vorbereitung Konfliktbearbeitung (2) – Konfliktbearbeitung (3) – Konfliktnachbehandlung (4).

Der AHO macht deutlich, dass Verantwortliche in der Bauprojektrealisierung ein Grundlagenwissen zu Konfliktmanagement und seinen Spezifika im Bauwesen haben müssen. Er macht aber auch deutlich, dass damit verbundene Mehrleistungen nicht automatisch in den Grundleistungen von Architekten, Ingenieuren oder Projektmanagern enthalten sind und dass eine Vielzahl von spezifischen Aufgaben im Konfliktmanagement an Externe mit entsprechenden Fachqualifikationen vergeben werden müssen.

> **Entsprechend AHO benötigen Verantwortliche im Bauwesen Grundkenntnisse des Konfliktmanagements in Bezug auf interne und externe Konflikte. Leistungen des Konfliktmanagements sind jedoch nur teilweise über die HOAI abgedeckt und müssen gesondert beauftragt und vergütet werden.**

1.2.5 Berufsethos im Bauprojektmanagement

Unter *Berufsethos* versteht man die sittlichen und moralischen Werte mit denen sich eine Berufsgruppe identifiziert. Bekannt ist z. B der hippokratische Eid bei Ärzten, der mit Elementen wie Schweigepflicht und dem Gebot, Kranken nicht zu schaden, noch heute ethisch wirkt.

Der DVP hat 2018 einen Ethikkodex als verbindliche Berufsordnung für seine Mitglieder verfasst. Er impliziert eine akademische Ausbildung als Architekt oder Ingenieur indem er darauf verweist, dass der Ethikkodex ergänzend zu den Berufsordnungen der Kammern und Verbände gilt. Projektmanagement setzt sich auch hier aus Projektsteuerung und Projektleitung zusammen. In Bezug auf externes Konfliktpotenzial erwartet er in § 3 Abs. 1 vom Projektmanager zu berücksichtigen, dass seine Leistungen Auswirkungen auf Dritte haben können. Sie sollen daher Gemeinwohlbelange in ihren Entscheidungen einbeziehen. Das setzt voraus, Kenntnis über deren Interessen in Kommunikationsprozessen, sogenannten Beteiligungsverfahren, zu erlangen. Noch klarer wird der DVP in Bezug auf interne Konflikte in § 3 Abs. 2, in dem er einen partnerschaftlichen Umgang mit allen Projektbeteiligten fordert und einen Beitrag zu einer möglichst zeitnahen und außergerichtlichen Schlichtung von Konflikten. Ein partnerschaftlicher Umgang kann sich z. B. auf die Vertragsform, aber auch auf die allgemeine Haltung und Kultur in einem Projekt beziehen. Zeitnah bedeutet u. a., dass Konflikte früh erkannt werden müssen, und außergerichtlich, dass das Wissen um mögliche andere Verfahrensweisen vorhanden sein muss.

Ein weiteres Dokument formuliert ein Berufsethos, die *Guidelines for the UIA Accord on Recommended International Standards of Professionalism in Architectural Practice Policy on Ethics and Conduct* (UIA-Codex) der UIA. Hier wird von dem Architekten explizit gefordert, seine Kunden zu Streitbeilegungsverfahren zu beraten, die alternativ zu dem Weg vor ein staatliches Gericht eingeschlagen werden können. Die Beratungsleistung zu *ADR-Verfahren (Alternative Dispute Resolution;* ▶ Abschn. 2.3) ist folgendermaßen formuliert: „All Architects shall make clients aware of the dispute resolution procedures available […]: conciliation, mediation, arbitration or any other alternative to resolution by a competent court" (UIA 2011, 3.14 S. 5).

❗ Im Berufsethos des Architekten bzw. Bauprojektmanagers sind auf nationaler und internationaler Ebene Themen des Konfliktmanagements verankert.

❓ War Ihnen bewusst, dass für Ihr zukünftiges Berufsbild Ethik-Kodizes bestehen? Wenn Sie sie lesen (s. Link-Tipps), können Sie sich damit identifizieren? Führen diese Kodizes Ihrer Meinung nach zu einem höheren Professionalisierungsgrad?

1.3 Konfliktmanagement-Komponenten für die Bauprojektrealisierung

1.3.1 Komponenten des Konfliktmanagements

Bisher wurde dargestellt, wie vielfältig Konfliktmanagement ist und dass das Management von Konflikten Teil der Aufgaben des Bauprojektmanagers ist. Eine pauschale Einführung in das Konfliktmanagement wäre daher zu weitgreifend und nicht zielorientiert. Die Inhalte des Konfliktmanagements müssen gezielt für die Bauprojektrealisierung zugeschnitten sein. Dazu wird es hier in sogenannte *Konfliktkompetenz-Komponenten* eingeteilt. Diese differenzieren fachliche Inhalte und unterscheiden sich auch in der notwendigen Lehr- und Lernmethode. Es bedeutet nicht, dass die einzelnen Komponenten ausschließlich im Bauprojektmanagement eingesetzt werden können, sondern sie stellen eine relevante Auswahl für das Aufgabengebiet dar.

Es gibt drei Typen von Komponenten: *Theorie-Komponenten* sind wissensbasiert wie z. B. konflikttheoretische oder psychologische Grundlagen. *Konzept-Komponenten* stellen Rahmenparameter für Prozesse vor, die projektspezifisch neu entworfen werden müssen wie z. B. in den Partizipationsprozessen. *Praxis-Komponenten* stellen Interventionsformen wie Verhandlung und Moderation vor, die eine zielorientierte Führung durch die Kommunikation unterstützen. Sicherlich liegt auch diesen ein fachliches Wissen zugrunde, die Kompetenz der situativen Anwendung wird aber insbesondere durch praktische Übungen erlangt.

Analog zu den Komponenten gibt es Wissens-Aufgaben und Konzept-Aufgaben, die sich jeweils am Ende des Kapitels befinden. Praxis-Aufgaben sind direkt den vorgestellten Techniken zugeordnet. Konfliktmanagement hat viel mit der inneren Haltung zu tun. Daher gibt es einen weiteren Aufgabentyp, die Reflexions-Aufgabe, die sich ebenfalls innerhalb der Kapitel befindet.

Für die Identifizierung der Komponenten wird von zwei Perspektiven ausgegangen. Erstens werden die Grundleistungen der HOAI (2013) mit Schwerpunkt auf der Objektplanung (Gebäude und Innenräume) im Hinblick auf die Verantwortung von Kommunikationsprozessen betrachtet. Entsprechend internationalen akademischen und berufsethischen Standards und den realitätsnahen Anforderungen werden zweitens die Managementaufgaben mit den Grundleistungen des Projektmanagements nach AHO (2014) mit Schwerpunkt auf der Objektplanung (Hochbauten, Ingenieursbauwerke, Verkehrsanlagen, Anlagenbauprojekte) und inklusive externer Konflikte im Hinblick auf Konfliktmanagement-Komponenten geprüft.

1.3.2 Praxis-Komponenten der HOAI

Die in der HOAI beschriebenen Leistungsbilder zeichnen durchweg kooperative Prozesse aus, was grundsätzlich die Fähigkeit zu einer konstruktiven Konfliktlösung beinhaltet. Das wiederum setzt voraus, dass der Projektleiter die Haltung zu einer offenen Kommunikation, die Förderung von Empathie und der Bereitschaft zur Anerkennung der Sichtweise und der Interessen des anderen, der Stärkung einer vertrauensvollen, freundlichen Einstellung der Konfliktpartner untereinander und der Begünstigung kreativer Denkprozesse bei der Konfliktlösung hat (vgl. Baros 2004, S. 213 f.).

Die Komponenten werden im Folgenden aufgeteilt in die fünf Phasen nach AHO unter Zuordnung der neun Lph. nach HOAI dargestellt. Die Zuordnung der Komponenten ist nur als Schwerpunkt zu verstehen, da es sich um sich wiederholende und im Projektverlauf an Komplexität zunehmende Kommunikationsstrukturen handelt. So muss man z. B. zu Projektbeginn den eigenen Auftrag und in der Planungsphase die Genehmigungsfähigkeit des Projektes verhandeln, also jeweils Verhandlungsführung beherrschen.

1.3.2.1 Projektvorbereitung

Die Projektvorbereitung ist weitreichender auszulegen als nur die Lph. 1 (Grundlagenermittlung) der HOAI. Je nach Projektgröße geht der Lph. 1 eine Projektentwicklung mit Analyse und Variantenentscheiden voran, zumindest jedoch die eigene Auftragsgenerierung, sozusagen als Leistungsphase 0. Die erste kommunikative Hürde liegt darin, den potenziellen Kunden von sich als Fachmann zu überzeugen. Als Komponente für Kommunikationsprozesse lässt sich *Gesprächsführung* mit dem Schwerpunkt auf *Überzeugung* identifizieren. Der nächste Schritt ist dann, die Vertragsgestaltung für die Auftragserteilung auszuhandeln, wozu man Kompetenzen in *Verhandlungsführung* benötigt.

Um eine Leistung vertraglich zu vereinbaren ist es sinnvoll, deren Inhalt definiert zu haben. Entsprechend Leistungsbild HOAI ist eine „Klärung der Aufgabenstellung nach den Vorgaben des Auftraggebers" bereits eine zu vergütende Leistung in Lph. 1. Bei der Definition der Aufgabenstellung trifft die Laienperspektive des Bauherrn auf die Fachperspektive des Bauprojektmanagers. Um eine Transparenz für die Beteiligten zu erreichen ist eine prozessual strukturierte Gesprächsführung notwendig, die die Interessen aller transparent macht.

Die Komponenten Verhandlungsführung und Gesprächsführung mit Schwerpunkt auf *Prozessführung*, Überzeugen und *Interessentransparenz* sind Praxis-Komponenten, die der Projektleiter in der Konflikt-Realisierung einsetzt. Innerhalb dieser Prozesse kann er aber auch Konflikte provozieren, um zu bestimmten Entscheidungen zu kommen. Ziel, insbesondere auch der Interessentransparenz, ist eine Prävention von Konflikten. Wenn z. B. klar ist, ob ein Objekt als Eigenheim oder als Wertanlage geplant werden soll, ergeben sich für den Entwurf andere Prioritäten, die direkt berücksichtigt werden können und nicht in einem späteren Stadium (nach größerem Ressourcenverbrauch) zu einem Konflikt führen.

1.3.2.2 Planung

In den Planungsphasen (Vor-, Entwurfs-, Genehmigungs-, Ausführungsplanung) der Lph. 2 bis 5 kommt zu dem Auftraggeber und dem Planer ein weiterer Kreis an Akteuren hinzu, die an der Planung fachlich Beteiligten. Deren Leistungen müssen abgestimmt, koordiniert und in die Gesamtplanung integriert werden. Mit unterschiedlichem Fachwissen treffen unterschiedliche Prioritäten zur Lösung von Planungsfragen aufeinander. Diese Gespräche müssen von dem Projektleiter moderiert werden, um die unterschiedlichen Konsequenzen von Entscheidungen transparent zu machen und dadurch qualitativ hochwertigen Lösungen zu finden.

Die *Moderation* ist eine Praxis-Komponente die der Projektleiter realisierend mit der Möglichkeit zur Konflikt-Provokation einsetzt.

Neben der Moderation ist in der Planungsphase insbesondere Verhandlungsführung Teil des Leistungsbildes. Der Auftrag mit den Behörden über die Genehmigungsfähigkeit des Projektes zu verhandeln zieht sich von der Vor-, über die Entwurfs-, bis zu den abschließenden Verhandlungen der Genehmigungsplanung.

1.3.2.3 Ausführungsvorbereitung

Wenn die Planungsleistungen abgeschlossen sind, sind in der Lph. 6 vorbereitend zur Vergabe die Leistungsbeschreibungen zu erstellen. Akteure sind hier ebenfalls der Projektleiter und die Fachplaner. Inhalte dieser Abstimmungen sind weniger fachliche Auseinandersetzungen als eine Koordination der Schnittstellen zwischen den Beteiligten bereits im Hinblick auf den Bauablauf.

In der Lph. 7 ist der Architekt verantwortlich bei der Auftragserteilung der Bauleistung mitzuwirken und die entsprechenden Bietergespräche zu führen. Die bauausführenden Unternehmen treten als neue Akteure hinzu, die fachlich integriert werden müssen und mit denen verhandelt werden muss. Eine Zunahme der Komplexität bzw. in diesem Falle des Aufwandes der Verhandlungen ist hier nicht nur von der Projektgröße abhängig, sondern auch von der gewählten Vertrags- und Vergabestruktur.

1.3.2.4 Ausführung

Leistungsphase 8, die Bauüberwachung, ohne einen konkreten Hinweis zu Kommunikationsaufgaben, ist nicht nur die mit dem höchsten Prozentsatz vergütete, sondern auch die konfliktträchtigste im Projektablauf (vgl. Pflugbeil 2017, S. 39). Ersten treffen hier alle Akteure aufeinander, insbesondere zur Abnahme der Bauleistungen, zweitens herrscht hier die größte Dynamik und drittens entsteht hier der finanzielle Druck. Daher ist die Bauausführung auch die aktivste Phase für das Nachtragsmanagement. Der Projektleiter als Kommunikationsschnittstelle muss Erreichbarkeit gewährleisten, um zur Sicherung des Bauablaufs bei auftretenden Schwierigkeiten extrem schnell eine Lösung zu finden und eine Entscheidung zu treffen. Insbesondere bei großen Projekten, wenn die Bauüberwachung durch mehrere Personen erfolgt und koordiniert werden muss, ist es bei auftretenden Problemen sinnvoll, die Moderation mit *Kreativitätstechniken* zu unterstützen, die schnell einen Lösungsspielraum als Basis zur Entscheidung bieten.

Kreative Denkprozesse begleiten das gesamte Projekt. Der Einsatz von Kreativitätstechniken ist eine Praxis-Komponente, da die Kombination aus passendem Zeitpunkt zur passenden Technik, Motivation und Führung der Beteiligten und strukturierte Visualisierung, also die Aufgaben des Moderators, einige Übung erfordert. Der Einsatz kann im Konfliktfall realisierend für eine Lösungsoption oder aber präventiv für das Finden einer gemeinsamen Sachlösung eingesetzt werden.

1

1.3.2.5 Projektabschluss

Auch im Leistungsbild der Lph. 9, der Objektbetreuung, ist kaum ein Begriff zur Kommunikation zu finden. Diese entschleunigte Phase betrifft allerdings mit der Nachverfolgung der Gewährleistung alle Akteure des Projektes. Eine gute Dokumentation der Entscheidungsprozesse und der Ausführung ist die Grundlage, um auftretenden Ansprüchen schnell die Verursacher zuzuweisen und lang andauernde Konflikte in Bauschadens-Prozessen zu vermeiden.

> ❗ **Aus den Grundleistungen der Objektplanung der HOAI lässt sich insbesondere auf Praxis-Komponenten schließen:**
> 1. **Gesprächsführung**
>   - **Prozessführung**
>   - **Interessentransparenz**
>   - **Überzeugung**
> 2. **Verhandlungsführung**
> 3. **Moderation & Kreativitätstechniken**

Die Praxis-Komponenten, die hohe kommunikative Fähigkeiten mit dem Umfeld voraussetzen, verordnet die UIA sogar als methodischen Bestandteil der Kompetenz des Entwerfens.

1.3.3 Konzept-Komponenten im Projektmanagement der AHO

Die Aufgaben des Managements sind zirkulierend zu betrachten mit dem Schwerpunkt auf der Planung. Ist ein Projekt initiiert, plant man z. B. eine Besprechungsstruktur, organisiert die Besprechungen und legt den Personaleinsatz dafür fest, man führt die Besprechungen. Über die Kontrolle stellt man fest, ob die Planung valide ist: Sind es zu viele oder zu wenige Besprechungen, sind die aussagekräftigen Personen anwesend, sind zu viele Personen anwesend, stimmen die Inhalte? Entsprechend muss die Planung geändert werden und der Ablauf der Aufgaben beginnt von vorne bis zum Projektabschluss. Die Wiederholung der Aufgaben zeigt sich auch in den Grundleistungen für Projektsteuerer der AHO (2014), da die Aufgaben in jeder Projektphase auftauchen. Der Handlungsbereich Organisation, Information, Koordination und Dokumentation bezieht sich auf alle Handlungsbereiche und ist der Schwerpunkt für Kommunikationsprozesse. Die über die HOAI validierten Praxis-Komponenten werden als Voraussetzung angesehen. In der Projektsteuerung überwiegen die Konzept-Komponenten.

1.3.3.1 Strukturierung der Kommunikationsprozesse

Der Projektsteuerer ist verantwortlich, die Kommunikationsstruktur für das Informations-, Berichts-, und Protokollwesen vorzuschlagen (initiieren), abzustimmen (planen), umzusetzen (organisieren), im Projektverlauf zu überprüfen (kontrollieren) und mit Projektende abzuschließen.

Die Komplexität der Kommunikationsstruktur ist von dem Projekt an sich und seiner Größe abhängig. ◼ Abb. 1.5 zeigt beispielhaft, wie sich die Anzahl der Kommunikationswege nur an einer Schnittstelle der Projektvorbereitungsphase erheblich dadurch erhöht, dass auf beiden Seiten die Anzahl der Beteiligten zunimmt und Konfliktpotenzial innerhalb der Parteien entstehen kann.

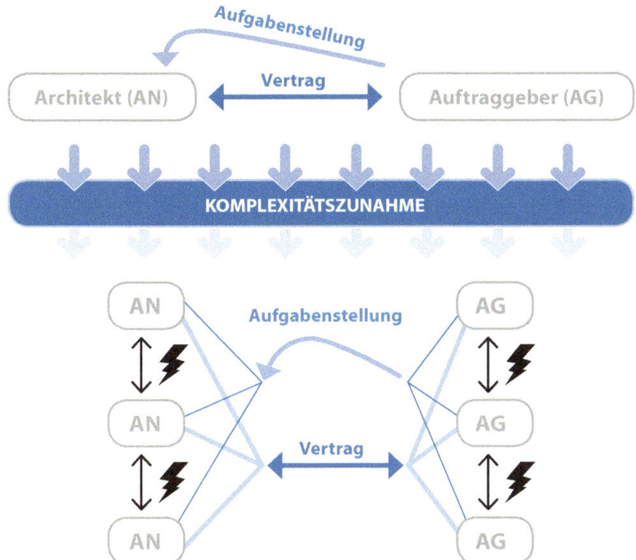

Abb. 1.5 Komplexitätszunahme der Kommunikation durch die Anzahl der Akteure

Diese Schnittstellen müssen strukturiert und die gegebenenfalls bestehenden Interessenkonflikte der Auftraggeber aufgedeckt und zu einer Entscheidung mit gemeinsamer Zieldefinition geführt werden. ■ Abb. 1.6 zeigt drei Möglichkeiten dafür auf. Wird wie in Variante 1 keine Regelung bei mehreren Auftraggebern und Auftragnehmern geschlossen, erhöht sich das Risiko negativer Auswirkung von Konflikten auf den Projektverlauf, z. B.: Die Aufgabenstellung ist nicht transparent für alle Bauherren und muss im Projektverlauf mehrfach geändert werden; einzelne Themen werden nicht mit allen sondern in einzelnen Gruppen besprochen und führen zu unterschiedlichen Wissensständen; Konflikte durch unterschiedliche Interessen, Prioritäten oder Zielvorstellungen sind nicht direkt offenkundig und verhindern dadurch eine Entscheidungsfindung im Zeitplan; Differenzen zwischen den Architekten (in gemeinsamer Runde oder durch zeitgleiche Anfragen zu einem Thema) verunsichern die Bauherren und wirken fachlich unseriös. Variante 2 zeigt eine Komplexitätsreduktion, bei der auf beiden Seiten Vertreter institutionalisiert werden zwischen denen die Kommunikation stattfindet. Konflikte und ihre Auswirkung auf den Prozess sind damit im Verantwortungsbereich der jeweiligen Partei. Variante 3 stellt nur auf Seite der Architekten einen Vertreter auf. Dieser wiederum muss dann die Auftraggeberseite mit Gesprächen bei einer gemeinsamen Definition der Zielvorgaben unterstützen.

Um diese Aufgabe zu erfüllen, kann der Projektsteuerer auf verschiedene organisatorische Elemente zurückgreifen. Konfliktverhalten wird durch Regelmechanismen und eine Institutionalisierung gesteuert. Eine projektspezifische Organisationsvorgabe mit Projektstrukturplan (ebenfalls seine Aufgabe) ist Basis, um ein Organisationsdiagramm (Abk.: *Organigramm*) zu erstellen und daraus eine *Kommunikationsmatrix* zu entwickeln, die die Kommunikationswege reglementiert. Die Austragungsplattform für Konflikte können *Besprechungen* sein, die wiederum durch Reglementierungen effizient werden. An dieser Stelle kann der Projektsteuer auch zwei weitere seiner Aufgaben, das Entscheidungsmanagement und das Änderungsmanagement einbinden.

1

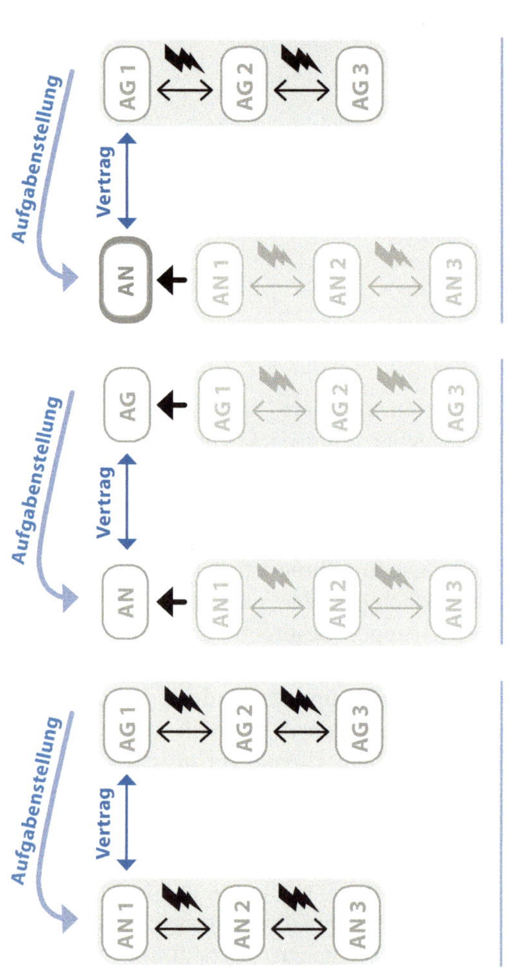

 Abb. 1.6   Beispiele der Kommunikationsstruktur zur Komplexitätsreduktion

Die Steuerung der Kommunikation über eine Struktur ist eine Konzept-Komponente die integrativ in das Bauprojektmanagement eingebunden werden muss und konfliktpräventiv wirkt. Sie setzt sich aus verschiedenen Elementen wie Kommunigramm und Besprechungsstruktur zusammen und muss projektspezifisch entworfen und nachgehalten werden.

Schnittstellen mit anderen Bauprojektmanagement-Disziplinen sind das Entscheidungs- und Änderungsmanagement (nach AHO) als integraler Bestandteil der Kommunikationsprozesse. Das rechtzeitige Erkennen von Konfliktpotenzial (in gut strukturierten Besprechungen) ist eine essenzielle Schnittstelle zum Risikomanagement, bei dem der Projektsteuerer daher auch mitwirkt. Organisatorische Methoden finden sich im auch im klassischen Projektmanagement mit dem Schwerpunkt Schnittstellenmanagement, Besprechungsformate, die während der Bauausführung Transparenz in die einzelnen Arbeitsschritte bringen und damit Konflikte durch gegenseitige Beschuldigung vorbeugen.

1.3.3.2 Dokumentation der Kommunikationsprozesse

Bestandteil der Kommunikationsstruktur für das Informations-, Berichts-, und Protokollwesen ist auch eine *Dokumentation* derselben. Die Dokumentation von Planung, Ausführung und Entscheidung kann Konflikte maßgeblich verkürzen oder auflösen, indem der auslösende Sachverhalt nachweislich aufgeklärt werden kann. Bei Projekten die mehrere Jahre in Anspruch nehmen ist die Anzahl an Unterlagen (Plänen, Protokollen, etc.) immens. Um im Konfliktfall schnell Transparenz zu den getroffenen Entscheidungen zu bekommen, muss der Projektsteuerer nachvollziehbare *Datenstrukturen* etablieren und eine Auswahl zu einem angemessenen Projektkommunikationssystem treffen.

Die Dokumentation mit Datenstrukturen und -systemen ist eine Konzept-Komponente, da sie insbesondere für die Projektgröße angemessen konzipiert sein muss. Sie dient vor allem der Konfliktprävention und ist ebenfalls integrativ in die anderen Prozesse einzubinden.

1.3.3.3 Verträge und Versicherungen

Der Projektsteuerer bereitet die Abstimmung und Inhalte der Planerverträge vor, strukturiert und begleitet das Vergabeverfahren und hält die Vertragserfüllung nach. Die Basis dafür legt er mit der Aufgabe, bei der Festlegung der Projektziele mitzuwirken und diese Vorgaben zu dokumentieren.

Verträge sind zum Vertragen da. Aus Sicht des Konfliktmanagements sollte Ziel der Planung bereits hier sein, eine kooperative Haltung der Vertragspartner zueinander aufzubauen und Einigkeit über das zu erreichende Ziel herzustellen. Eine große Rolle spielt dabei die *Vertragsgestaltung*. Hier können z. B. *Kooperationsmodelle* vereinbart werden, gemeinsame (Konflikt-) *Entscheidungsgremien* für das Projekt institutionalisiert werden oder andere alternative Streitbeilegungsverfahren als erste Option festgelegt werden.

Die Vertragsgestaltung ist eine Konzept-Komponente, da aus verschiedenen Elementen angemessen und im Rahmen der rechtlichen Möglichkeiten gewählt werden muss. Sie wirkt im Wesentlichen präventiv.

Sowohl die UIA als auch der DVP erwarten Kenntnisse zu den Möglichkeiten in der Vertragsgestaltung. Dennoch kommt zu den Schnittstellen mit den Bauprojektmanagement-internen Disziplinen Vergabestruktur, Vertragsmanagement und Nachtragsmanagement die fachfremde Schnittstelle mit (Bau-) Vertragsrecht hinzu. Die

1

tatsächliche Durchführung der alternativen Verfahren liegt im Bereich Konfliktmanagement mit externen Prozessbegleitern.

1.3.3.4 Projekt-Externe Konflikte

Eine relevante Komponente ist durch die Reduzierungen auf die Grundleistungen in der Objektplanung bisher nur über den Ethikkodex des DVP aufgetaucht: *Partizipationsprozesse.* Grundsätzlich gibt es bei der Gestaltung von Raum, auch bei kleinen Bauprojekten, immer Menschen, die nicht direkt beteiligt aber von den Auswirkungen betroffen sind. Bei Großprojekten, insbesondere im Infrastruktur- und Städtebau, ist die Anzahl an Betroffenen immens. Ein Eingriff in ihr Lebensumfeld ohne eine Möglichkeit der Mitgestaltung empfinden viele als Bedrohung ihrer Autonomie. Daher sind diese Projekte wie auch das Beispiel Stuttgart 21 gezeigt hat, sehr konfliktträchtig und mit Termin- und Kostenrisiken belastet. Partizipationsprozesse nehmen Einfluss auf das Konfliktverhalten der Betroffenen gegenüber dem Projekt, sie zu entwickeln und einzuplanen ist Bestandteil zur Erreichung des Projektziels.

Partizipationsprozesse sind ebenfalls eine Konzept-Komponente, da die rechtlichen Rahmenparameter und tatsächlichen Möglichkeiten projektspezifisch angepasst und entworfen werden müssen. Die Komponente ist insbesondere Konflikt-Prävention und durch die Beteiligung externer Kommunikationsexperten Konflikt-Realisation.

Die Koordination der umfangreichen Prozesse mit teilweise großem zeitlich Vorlauf kann auch unter dem Begriff Stakeholdermanagement zusammengefasst werden.

❗ **Aus den Anforderungen an ein Bauprojektmanagement lassen sich folgende Konzept-Komponenten herleiten:**
   1. **Organisation**
      − **Steuerung der Kommunikation**
      − **Dokumentation**
   2. **Vertragsgestaltung**
   3. **Partizipationsprozesse**

1.3.4 Wissens-Komponenten als Kontext

Konfliktmanagement als wissenschaftliche Disziplin hat einige Themenfelder, die als Basiswissen für den Zusammenhang notwendig sind. Präventiv Konflikte zu erkennen und bestehende Konflikte zu organisieren wird durch eine Konfliktanalyse unterstützt. Hat man den Konflikt verstanden, gibt es unterschiedliche Möglichkeiten bzw. Verfahrensformen zu intervenieren. Grundlage in Konflikten bleibt aber das menschliche Verhalten, das mit einigen psychologischen Aspekten im Hinblick auf Konflikte beleuchtet wird. Das betrifft sowohl die Entwicklung der eigenen Persönlichkeit, als auch Motivation und Dynamik von Teams z. B. für eine Führung hin zu einer gemeinsamen Zieldefinition. Diese Themengebiete sind zusammengefasst in der Wissens-Komponente *Grundlagen der Konflikttheorie.*

Konflikte im Bauprojekt sind Kommunikationsprozesse. Die Komponente *Grundlagen der Kommunikation* hat einen *Wissens-Teil,* der theoretische *Modelle* vorstellt, die in der Realität ein Verständnis für die Prozesse und eine zielorientierte Kommunikation ermöglichen. Aus diesen Modellen heraus ergeben sich Störfaktoren, die den Prozess an sich betreffen. *Methoden* zur Kommunikation, die als Basis einer kooperativen Projekt-arbeit zur Konflikt-Prävention beitragen, werden in dem *Praxis-Teil* Grundlagen der Kommunikation vorgestellt.

❗ **Wissens-Komponenten als Basis für das Konfliktmanagement in der Bauprojekt-realisierung:**
   1. **Grundlagen Konflikttheorie**
   2. **Grundlagen Kommunikation**

Link-Tipp

■■ Einsatzbereiche Konfliktmanagement
International:
Auswärtiges Amt: ► https://www.auswaertiges-amt.de/de/aussenpolitik/themen/krisenpraevention/4-mediation
UN (Agenda für Frieden): ► http://www.un.org/depts/german/friesi/afried/a47277-s24111.pdf
OSZE: ► https://www.osce.org/conflict-prevention-and-resolution
Familie: ► https://www.bafm-mediation.de/
ODR-Verbraucher: ► https://ec.europa.eu/consumers/odr/main/?event=main.home2.show
TOA: ► https://www.toa-servicebuero.de/

■■ Normen
HOAI 2013: Honorarordnung für Architekten und Ingenieure. BGBl. I 2013, 2333 – 2340. ► https://www.gesetze-im-internet.de/hoai_2013/HOAI.pdf
ROG (2008) Raumordnungsgesetz vom 22. Dezember 2008 (BGBl. I S. 2986), Zuletzt geändert durch Art. 2 Abs. 15 G v. 20.07.2017 I 2808. ► https://www.gesetze-im-internet.de/rog_2008/index.html

■■ Qualifikation
ASAP: Akkreditierungsverbund für Studiengänge der Architektur und Planung. *Qualifikationsrahmen Architektur.* Juni 2016. ► https://www.asap-akkreditierung.de/images/dokumente/de/qualifikationsrahmen_architektur.pdf
BA: Bundesagentur für Arbeit. *Klassifikation der Berufe* 2010. Band 1: Systematischer und alphabetischer Teil mit Erläuterungen. ► https://statistik.arbeitsagentur.de/Statischer-Content/Grundlagen/Klassifikation-der-Berufe/KldB2010/Printaus-gabe-KldB-2010/Generische-Publikationen/KldB2010-Printversion-Band1.pdf
BARL: EU-Berufsanerkennungsrichtlinie. Richtlinie 2013/55/EU des Europäischen Parlaments und des Rates vom 20. November 2013 zur Änderung der Richtlinie 2005/36/EG über die Anerkennung von Berufsqualifikationen [...]. ► https://eur-lex.europa.eu/eli/dir/2013/55/oj?locale=de
Bologna-Reform: Der Europäische Hochschulraum. Gemeinsame Erklärung der Europäischen Bildungsminister. 19. Juni 1999, Bologna. ► https://www.bmbf.de/files/bologna_deu.pdf

1

DQR: *Deutscher Qualifikationsrahmen* für lebenslanges Lernen. Arbeitskreis Deutscher Qualifikationsrahmen (AK DQR), 22. März 2011. ► https://www.dqr.de/media/content/Der_Deutsche_Qualifikationsrahmen_fue_lebenslanges_Lernen.pdf
DQR-Handbuch: *Handbuch zum Deutschen Qualifikationsrahmen.* Struktur – Zuordnungen – Verfahren –Zuständigkeiten. Bund-Länder-Koordinierungsstelle für den Deutschen Qualifikationsrahmen für lebenslanges Lernen. ► https://www.kmk.org/fileadmin/pdf/PresseUndAktuelles/2013/131202_DQR-Handbuch__M3_.pdf
DVP: Deutscher Verband der Projektmanager in der Bau- und Immobilienwirtschaft e. V. *Ethikkodex* 2018. ► http://www.dvpev.de/de/ethikkodex-des-dvp. Zugegriffen: 14. Dezember 2018
EQR: *Europäischer Qualifikationsrahmen* für lebenslanges Lernen. Empfehlung des Rates vom 22. Mai 2017 über den Europäischen Qualifikationsrahmen für lebenslanges Lernen […] (2017/C 189/03). ► https://eur-lex.europa.eu/legal-content/DE/TXT/?qid=1543920176676&uri=CELEX:32017H0615(01)
EQR SK: *Schlüsselkompetenzen.* Europäische Kommission, Brüssel, den 17.01.2018: Vorschlag für eine Empfehlung des Rates zu Schlüsselkompetenzen für lebenslanges Lernen. ► https://eur-lex.europa.eu/resource.html?uri=cellar:395443f6-fb6d-11e7-b8f5-01aa75ed71a1.0010.02/DOC_1&format=PDF. Und Anhang: ► https://eur-lex.europa.eu/resource.html?uri=cellar:395443f6-fb6d-11e7-b8f5-01aa75ed71a1.0010.02/DOC_2&format=PDF
HQR: *Qualifikationsrahmen für deutsche Hochschulabschlüsse.* Beschluss der Kultusministerkonferenz am 16.02.2017. ► https://www.dqr.de/media/content/HQR_Stand_16.02.2017.pdf
UNESCO/UIA: United Nations Educational, Scientific and Cultural Organization/Union Internationale des Architectes. *UIA-Charta:* Charter for Architectural Education. Revised Edition, Tokyo 2011. ► https://etsab.upc.edu/ca/shared/a-escola/a3-garantia-de-qualitat/validacio/0_chart.pdf
UIA: Union Internationale des Architectes. *UIA-Codex:* Guidelines for the UIA Accord on Recommended International Standards of Professionalism in Architectural Practice Policy on Ethics and Conduct. Beirut 2011. ► https://www.united-architects.org/assets/files/media-files/UIA%20Code%20of%20Ethics-Accord_0.pdf Zugegriffen: 16.05.2019

? **Wissens-Aufgaben**
Welche Funktion erfüllt das Konfliktmanagement im Bauprojekt? Welche Aufgaben sind im Hinblick auf diese Funktion zu erfüllen? Nennen Sie drei wesentlichen Merkmale für die Konflikte, die davon betroffen sind.
Benennen und beschreiben Sie die vier Interventionsrichtungen, die Perspektiven aus denen die Arbeit mit Konflikten in der Bauprojektrealisierung erfolgen kann.
Warum ist Konfliktmanagement als Disziplin für das Berufsbild des Bauprojektleiters (Architekt, Bauingenieur, …) relevant?
Benennen Sie die Komponenten aus denen sich der Inhalt des Konfliktmanagements für das Bauprojektmanagement zusammensetzt – differenziert und falls möglich mit Einsatzbeispiel entsprechend HOAI (Leistungsbild Gebäude und Innenräume).

Literatur

AHO (Hrsg) (2014) Projektmanagementleistungen in der Bau- und Immobilienwirtschaft. Schriftenreihe Heft Nr. 9. Bundesanzeiger Verlag, Berlin

AHO (Homepage 2018) Ausschuss der Verbände und Kammern der Ingenieure und Architekten für die Honorarordnung e. V. ► https://www.aho.de/wir-uber-uns/tatigkeiten-und-ziele/ und ► https://www.aho.de/themen/hoai/. Zugegriffen: 13. Dez. 2018

AHO (Hrsg) (2018) Konfliktmanagement in der Bau- und Immobilienwirtschaft. Schriftenreihe Heft Nr. 9. Bundesanzeiger Verlag, Berlin

Baros W (2004) Konfliktbegriff, Konfliktkomponenten und Konfliktstrategien. In: Sommer G, Fuchs A (Hrsg) Krieg und Frieden. Handbuch der Konflikt- und Friedenspsychologie. Beltz, Weinheim, S 208–221

Bayerische Ingenieurkammer Bau (2019) HOAI-Vertragsverletzungsverfahren: Generalanwalt beim EuGH hält Mindest- und Höchstsätze für EU-rechtswidrig. ► https://www.bayika.de/de/aktuelles/meldungen/2019-02-28_HOAI-Vertragsverletzungsverfahren-Generalanwalt-beim-EuGH-haelt-Mindest-und-Hoechstsaetze-fuer-EU-rechtswidrig.php. Zugegriffen: 02. Mai 2019

Bonacker T, Imbusch P (2010) Zentrale Begriffe der Friedens- und Konfliktforschung: Konflikt, Gewalt, Krieg, Frieden. In: Imbusch P, Zoll R (Hrsg) Friedens- und Konfliktforschung. Eine Einführung. VS Verlag, Wiesbaden, S 67–142

Bundesagentur für Arbeit (BA) (2011) Klassifkation der Berufe 2010 – Band 1: Systematischer und alphabetischer Teil mit Erläuterungen. ► https://www.arbeitsagentur.de/datei/Klassifikation-der-Berufe_ba017989.pdf. Zugegriffen: 17. Nov. 2019

Codex Hammurabi i. d. Ü. v. Eilers W (2013) Die Gesetzesstele Hammurabis. Marixverlag, Wiesbaden

DIN 69901 (Hrsg) (2009) Projektmanagement – Projektmanagementsysteme (Teil 1 bis 5). Beuth, Berlin

Glasl F (2013) Konfliktmanagement. Ein Handbuch für Führungskräfte, Beraterinnen und Berater. Haupt, Bern

Greiner P, Mayer PE, Stark K (2009) Baubetriebslehre – Projektmanagement. Erfolgreiche Steuerung von Bauprojekten. Vieweg + Teubner, Wiesbaden

Kochendörfer B, Viering MG, Liebchen JH (2018) Bau-Projekt-Management. Grundlagen und Vorgehensweisen. Springer, Wiesbaden

Naceur SP (2018) Streit um den Nil. Äthiopien gräbt Ägypten das Wasser ab. NTV Online am 4. März 2018. ► https://www.n-tv.de/politik/Athiopien-graebt-Agypten-das-Wasser-ab-article20318633.html. Zugegriffen: 05. Dez. 2018

Pahl J-P (2017) Berufe, Berufswissenschaft und Berufsbildungswissenschaft. Bertelsmann, Bielefeld

Pflugbeil S (2017) Entwicklung eines Konfliktmanagementsystem-Ansatzes für temporäre Projektorganisationen im Bauwesen. Metzner, Frankfurt a. M.

Schönian V (2018) Ist Leipzig noch das Paradies? Zeit Online am 23. Juli 2018. ► https://www.zeit.de/2018/26/leipzig-boom-immobilienmarkt-mietpreise/komplettansicht. Zugegriffen: 05. Dez. 2018

Simon FB (2015) Einführung in die Systemtheorie des Konflikts. Carl-Auer, Heidelberg

Steinmann H, Schreyögg G, Koch J (2013) Management. Grundlagen der Unternehmensführung. Konzepte – Funktionen – Fallstudien. Springer, Wiesbaden

Ufert D (Hrsg) (2015) Schlüsselkompetenzen im Hochschulstudium. Eine Orientierung für Lehrende. Budrich, Opladen

Weinert FE (2014) Vergleichende Leistungsmessung in Schulen – eine umstrittene Selbstverständlichkeit. In: Weinert FE (Hrsg) Leistungsmessungen in Schulen. Beltz, Weinheim, S 17–31

Wesel U (1985) Frühformen des Rechts in vorstaatlichen Gesellschaften. Suhrkamp, Frankfurt a. M.

Grundlagen der Konflikttheorie

© Springer Fachmedien Wiesbaden GmbH, ein Teil von Springer Nature 2019
N. Schwab, *Konfliktkompetenz im Bauprojektmanagement*, erfolgreich studieren,
https://doi.org/10.1007/978-3-658-27089-6_2

Die Konflikttheorie ist eine Basis-Komponente des Konfliktmanagements für die Bauprojektrealisierung, da ihre Themen Wissen vermitteln, das in jeder der anderen Komponenten Anwendung finden kann. Theorien sind Modelle der Realität, die z. B. über Definitionen und Systematisierungen das Wissen zu einem Gegenstand möglichst umfassend organisieren. Konflikte sind Gegenstand verschiedener wissenschaftlicher Disziplinen mit entsprechend unterschiedlichen Perspektiven. An dieser Stelle werden drei Themenblöcke aufgegriffen, die bei der Arbeit mit Konflikten relevant sind. Zuerst werden einige psychologische Aspekte vorgestellt, die für die menschlichen Dimension im Konfliktfall und das eigene Konfliktverständnis sensibilisieren soll. Wenn Sie z. B. in einer Vertragsverhandlung von der Emotion Angst beeinflusst werden, kann Sie das leichter nach einem „Anker"-Angebot des Gegenübers greifen lassen, als wenn Sie sich sowohl Ihrer Emotionen als auch der Existenz von Heuristiken bewusst sind. Um eine Konfliktkultur nicht nur theoretisch strukturieren, sondern auch praktisch leben zu können, ist das Bewusstsein der – und die Arbeit an – der eigenen Persönlichkeit essenziell. Das zweite Themenfeld ist die Konfliktanalyse, ein Instrumentarium das dabei unterstützt, Konflikte zu verstehen, einzuordnen und unterschiedlichen Bearbeitungsmöglichkeiten zuzuordnen. Als Beispiel dazu zwei Extreme, die die Unterschiedlichkeit der Konflikte verdeutlichen und dennoch beide mithilfe einer Konfliktanalyse strukturiert werden können: Sie planen den Bau einer Umgehungsstraße und wollen präventiv Konflikte mit Betroffenen vermeiden, oder zwei konkurrierende Unternehmen auf Ihrer Baustellen haben begonnen, sich gegenseitig zu sabotieren und behindern den Bauablauf. Das dritte Themenfeld, Interventionsformen, sind Verfahren mit denen Konflikte bearbeitet werden können. Ein Konfliktbearbeitungsverfahren wäre z. B. ein staatliches Gerichtsverfahren, wobei es in diesem Kapitel eben um Alternativen zu diesem Prozess geht.

> **Lernziele**
>
> Am Ende dieses Kapitels haben Sie einen Überblick zu der Arbeit mit Konflikten:
> Sie kennen psychologische Aspekte, die einerseits Hintergrund für Konfliktverhalten Beteiligter sind, andererseits die Arbeit an der eigenen Konfliktkompetenz ermöglichen.
> Sie können Konflikte differenzieren und kennen drei Werkzeuge, um einen Konflikt zu analysieren und dadurch organisiert zu betrachten.
> Sie kennen verschiedene Verfahren zur Streitbeilegung alternativ zu staatlichen Gerichtsprozessen und können diese entsprechend ihrem Weisungscharakter einer Eskalationsstufe des Konfliktes zuordnen.
> Sie können den Prozess einer Mediation beschreiben, Einsatzbereiche der Mediation bei Bauprojekten identifizieren und kennen die Vorteile für den Einsatz von Dispute Boards in der Projektrealisierung.

2.1 Psychologische Aspekte

2.1.1 Psychologie und Auswahl der Aspekte

Die *Psychologie* erforscht das menschliche Denken (Kognition), Fühlen (Emotionen) und Verhalten (vgl. Fischer et al. 2014, S. 142). Wenn Sie z. B. im Konflikt mit jemandem liegen, denken Sie „Was erlaubt der sich eigentlich mir gegenüber!", Sie fühlen Ärger und Sie verhalten sich ihm gegenüber in Wortwahl und Tonfall aggressiv.

Neben dem Beschreiben, Erklären und Vorhersagen geht es in der Psychologie auch darum, Einfluss auf das Geschehen zu nehmen (vgl. Gerrig 2015, S. 4 ff.). Auch im Konfliktmanagement ist es u. a. Aufgabe, Einfluss auf das Geschehen, das Konfliktverhalten der beteiligten Menschen, zu nehmen. Um den Menschen im Konflikt besser zu verstehen und „behandeln" zu können benötigen Sie Kenntnisse psychologischer Parameter, von denen folgende in diesem Kapitel dargestellt werden:

- Kognition und Wahrnehmungsverzerrungen
- Emotionen
- Verhaltensmuster im Konflikt
- Grundbedürfnisse und Motivation
- Persönlichkeit

2.1.2 Kognition und Wahrnehmungsverzerrungen

Kognition (lat. cognitio = Erkenntnis) umfasst alle geistigen Aktivitäten, das Wissen und Denken. Die dazugehörigen Themenfelder Aufmerksamkeit, Intelligenz, Wahrnehmung, Sprache, Problemlösen und Gedächtnis werden heute in der Kognitionswissenschaft interdisziplinär zwischen Philosophie, Neurowissenschaft, Linguistik, Psychologie und Informatik erforscht (vgl. Gerrig 2015, S. 286 f.).

Grundlage der kognitiven Perspektive ist, dass das Verhalten eines Menschen (Output) nicht direkt von einem vorangegangenem Umweltereignis (Input) beeinflusst wird, sondern ein Informationsverarbeitungsprozess (kognitiver Prozess) vorgeschaltet ist (vgl. Gerrig 2015, S. 15). Diese Prozesse können automatisiert sein und unbewusst ablaufen, oder aber kontrolliert, was eine Steuerung ermöglicht und damit als Kriterium für den freien Willen des kognitiven Systems gelten kann (vgl. Kluwe 2003, S. 95). Kognitive Prozesse sind individuell, das heißt Menschen reagieren nicht direkt auf eine objektiv beschreibbare Realität, sondern auf ihre subjektive Interpretation der Umwelt (vgl. Zimbardo 1999 S. 13).

Am Ende eines kognitiven Prozesses steht also ein Urteil bzw. eine Entscheidung die das folgende Verhalten bestimmt. Der Mensch als nutzenmaximierendes Individuum, ein homo oeconomicus, müsste dazu emotionslos alle Alternativen mit ihren Eintrittswahrscheinlichkeiten gegeneinander abgewogen haben (vgl. Weeth 2018, S. 9). Im Alltag ist diese Variante unrealistisch da Zeit und Informationen fehlen. Daher greift der Mensch auf sogenannte *Heuristiken* zurück, unbewusst eingesetzte, informelle Faustregeln, die die Komplexität der Urteilsfindung reduzieren und schnell zu Lösungen führen (vgl. Gerrig 2015, S. 322). Durch diese automatisierte Alltagserleichterung können jedoch Fehler in der Wahrnehmung einer Situation entstehen, sogenannte *kognitive Verzerrungen* (engl. *bias*). Die Kenntnis von folgenden Heuristiken ist für das Konfliktmanagement sinnvoll:

▪▪ Verfügbarkeitsheuristik
Der Mensch greift auf individuelle Statistiken zurück um die Wahrscheinlichkeit eines Ereignisses zu beurteilen. Abhängig ist er dabei von der Verfügbarkeit des Ereignisses in seinem Gedächtnis. Eine Verzerrung oder eine Beeinflussung kann über den Einsatz von Variablen erfolgen die in keinem direkten Zusammenhang mit der tatsächlichen Eintrittswahrscheinlichkeit stehen, wie zum Beispiel über Werbung oder einseitige Medienberichterstattung. (vgl. Fischer et al. 2014, S. 144)

2

> **Beispiel**
>
> Eine Erinnerung verankert sich stärker im Gedächtnis, wenn man eine Tätigkeit,
> z. B. das Reinigen einer Baustelle am Feierabend, selbst ausführt. Das kann zu der
> Wahrnehmung führen, dass man es häufiger macht als die Kollegen und damit einen
> Konflikt provozieren.

▪▪ Repräsentativitätsheuristik

Der Mensch kategorisiert bzw. typologisiert für seine Entscheidung, d. h. er ordnet etwas einer Kategorie zu, nur weil es Eigenschaften besitzt die typisch für die Kategorie sind (vgl. Gerrig 2015, S. 325). Klassisch sind hier Stereotype und Vorurteile.

> **Beispiel**
>
> Holz verorten wir in der Kategorie gut brennbarer Stoffe. Dadurch schließen wir
> darauf, dass Holzbauten einer höheren Brandgefährdung unterliegen als Bauten
> mit anderen Konstruktionsmaterialien. Tatsächlich ist das Brandentstehungsrisiko
> unabhängig vom verwendeten Konstruktionsbaustoff (vgl. Winter 2018, o. S.).

▪▪ Ankerheuristik

Der Mensch orientiert sich in seinen Einschätzungen an einem (irrelevanten) Ausgangswert oder einer (irrelevanten) Information. Sein Urteil ist an dem vorliegenden Wert, oft einer Zahl, verankert. (vgl. Gerrig 2015, S. 326 f.)

> **Beispiel**
>
> Ihnen liegt ein Angebot für eine Bauleistung in Höhe von 20 T€ vor. Sie verhandeln
> und entscheiden sich für einen Vertragsabschluss bei 18 T€. Alternativ holen Sie
> sich für die gleiche Bauleistung 3 Angebote ein und haben dann ein Angebot von
> 20 T€ und zwei in Höhe von 15 T€ vorliegen. Wie hoch wäre ein zufriedenstellendes
> Verhandlungsergebnis jetzt?

▪▪ Expertenheuristik

Der Mensch verlässt sich (blind) auf das Urteil eines ausgewiesenen Experten bzw. macht die Glaubwürdigkeit am Status einer Person fest (vgl. Fischer et al. 2014, S. 144).

> **Beispiel**
>
> Sie fragen einen Gartenbauingenieur nach der besten Bepflanzung für Ihren Garten
> in einer steinigen Hanglage (ohne seine Erfahrung in dem speziellen Bereich zu
> prüfen). Alternativ könnten sie die Nachbarn mit ähnlichen Gärten fragen und sich
> funktionierende Beispiele ansehen.

▪▪ Unterstützung bei der Entscheidungsfindung: Der Rahmungseffekt

„Eine *Rahmung* ist eine besondere Beschreibung der Wahlsituation." (Gerrig 2015, S. 327) Dabei wird versucht Informationen so wiederzugeben (zu rahmen), dass sie die Entscheidungsfindung des Gegenübers beeinflussen. Es ist daher sinnvoll Informationen oder Sachverhalte aus verschiedenen Perspektiven zu beschreiben.

> **Beispiel**
>
> Ein Zulieferer hat eine Termintreue in der Lieferung von Baumaterial von 75 % und wirbt damit auf seiner Homepage. Ein befreundeter Projektleiter erzählt ihnen von seinem Problem durch 25 % verspätete Materiallieferungen mit demselben Zulieferer.

Die Rahmung ist ebenfalls relevant, wenn sie als Projektleiter in der realisierenden Rolle einen Kommunikationsprozess führen.

Konfliktparteien interpretieren, rahmen, den Konflikt entsprechend ihrem individuellen kognitiven Prozess. Dieser Rahmen (engl. frame) erlaubt sehr persönliche Blicke auf die Interessen und Bedürfnisse der jeweiligen Person. Konfliktmanagement beinhaltet auch die Menschen zu unterstützen, den Konflikt bzw. ihren Umgang damit umzudeuten und aus einer anderen Perspektive wahrzunehmen (engl. *reframing*). (vgl. Engel und Korf 2005, S. 36)

Die Heuristiken zeigen, dass der Mensch in zwei kognitiven Systemen arbeitet. Dem automatischen System, das schnell, unbewusst, unkontrolliert und assoziierend arbeitet und dem reflektierenden System, das langsam, kontrolliert, angestrengt und bewusst arbeitet (vgl. Thaler und Sunstein 2016, S. 34). Dass ein Großteil des Seelenlebens unbewusst abläuft, ist eine der bekannten Ideen Sigmund Freuds. Ähnlich wie bei einem Eisberg, bei dem ca. 85–90 % der Masse unter Wasser sind und nur eine kleine Spitze sichtbar, entstehen bei einem Menschen Gedanken und Verhaltensweisen nur zu einem kleinen Teil in bewusst logischer Konsequenz, während sie tatsächlich zu einem weitaus größeren durch frühere Entwicklungsphasen (z. B. genetische Vererbung, Verdrängte Konflikte, traumatische Erlebnisse) unbewusst und irrational beeinflusst werden. (vgl. Ruch und Zimbardo 1974, S. 366; Zimbardo et al. 2016, S. 590)

❓ Reflexions-Aufgabe

Wann haben Sie das letzte Mal auf eine der Heuristiken zurückgegriffen? Gehen Sie davon aus, dass Sie es bewusst wahrnehmen, wenn Sie eine einsetzen?

❓ Praxis-Aufgabe

Setzen Sie eine der Heuristiken in einem Gespräch ein (z. B. einen „Anker" beim nächsten Flohmarkt oder unterstreichen Sie eine Argumentation mit einem (real existierenden?) Experten).

Verwenden Sie den Rahmungseffekt bei sich selbst: Wenn Sie das nächste mal etwas (auch in Gedanken, positiv oder negativ) bewerten, beschreiben Sie den gleichen Sachverhalt mit „umgekehrtem" Vorzeichen.

2.1.3 **Emotionen**

Emotionen (lat. emovere = herausbewegen, emporwühlen) werden als ein komplexes Muster zeitgleicher Veränderungen des Organismus definiert, die die fünf Komponenten Kognition, physiologische Regulation, Motivation, motorischer Ausdruck und Gefühl umfassen. Sie sind die Reaktion auf die Bewertung eines individuell als bedeutsam wahrgenommenen Ereignisses und führen zu einem oft expressiven Verhalten. (vgl. Otto et al. 2000, S. 15 f.; Zimbardo 1999, S. 359)

Konflikte beinhalten häufig starke Emotionen wie Ärger oder Traurigkeit. Diese Emotionen können verhindern, das eigentliche Problem auf den Punkt und damit zu einer Klärung zu bringen. Der Konfliktmanager, der die Menschen durch einen Konflikt führen will, hat damit auch die Aufgabe, die Parteien bei der Bewältigung ihrer Emotionen zu unterstützen. (vgl. Engel und Korf 2005, S. 36) Der erste Schritt dazu ist es, die Emotionen des Gegenübers zu erkennen und benennen zu können. Es gibt eine Vielzahl an Emotionen wie Trauer, Traurigkeit, Ekel, Furcht, Verachtung, Liebe, Freude, Glück, Überraschung, Scham, Schuld, Frustration, Wut, Stolz, usw. Die folgenden Beispiele zeigen mögliche negative Auswirkung auf die Leistung im Projekt:

■■ **Angst**

Angst kennzeichnet sich durch ein „Gefühl des Angespanntseins, Erlebnis des Bedrohtwerdens und verstärkte Besorgnis" (Krohne 1996, S. 8) aus. Risiko: Angst übt oft einen negativen Effekt auf die Leistung aus, da die kognitiven Prozesse mit aufgabenirrelevanten Inhalten belastet sind (vgl. Stöber und Schwarzer 2000, S. 193).

■■ **Ärger**

Ärger kann verschiedene Ursachen und Äußerungsformen haben. Risiko: Ärger über sich selbst, nach innen gerichtet, bindet Aufmerksamkeit und behindert eine konstruktive Mitarbeit. Ärger nach außen gerichtet, gegen andere, reduziert die Kooperationsbereitschaft und stört eine (sachliche) Teamarbeit. (vgl. Montada und Kals 2001, S. 140) Anhaltender Ärger kann sich auf die Gesundheit (z. B. depressive Zustände, kardiovaskuläre Erkrankungen, Krebsleiden (vgl. Hodapp 2000, S. 204 ff.)) auswirken und den Krankenstand negativ beeinflussen.

■■ **Neid und Eifersucht**

Neid entsteht, wenn „wir uns missgünstig mit anderen Personen vergleichen und ihnen ihre überlegenen Leistungen, oder was immer wir wertschätzen, missgönnen. Zu diesem Urteil der Unterlegenheit kommt das Verlangen, die überlegenen Qualitäten selbst zu besitzen, und der Wunsch, der andere hätte sie nicht." (Hupka und Otto 2000, S. 272) *Eifersucht* kann in allen Beziehungskonstellationen vorkommen und ist die Furcht etwas Wertvolles (oft in Bezug auf Liebe oder Anerkennung) an einen Rivalen zu verlieren (vgl. Hupka und Otto 2000, S. 272). Risiko: „Eifersucht überlagert sachliche Lösungsversuche, weil die Beziehungsprobleme Priorität haben." (Montada und Kals 2001, S. 139) Neid führt beim Neider zu feindlichen Gefühlen und Gefühlen der Ungerechtigkeit. Konzentrieren Neider sich innerlich auf die Ungerechtigkeit, kann das zu Depressionen führen. (vgl. Hupka und Otto 2000, S. 274) Entsteht durch den Neid Schadenfreude ist das hinderlich für eine gemeinsame Zielerreichung im Projekt.

❗ **Emotionen des Gegenübers zu erkennen, zu benennen und sie anzuerkennen sind wesentlicher Bestandteil der Konfliktkompetenz.**

❓ **Praxis-Aufgabe**
Stellen Sie sich vor einen Spiegel. Zählen Sie 8 Emotionen auf und machen Sie die entsprechende Mimik dazu. Achten Sie darauf, dass es kein Verhalten (z. B. aggressiv) und keine körperliche Beschreibung (z. B. angespannt) ist. Falls es Ihnen schwer fällt so viele Emotionen zu benennen, helfen Sie sich mit dem Rad der Emotionen (s. Link-Tipp). Spiegeln Sie in den nächsten fünf Gesprächen, die Sie führen, Ihrem Gegenüber seine/ihre Emotion (benennen Sie sie, z. B.: Kann es sein, dass du gerade traurig bist? Schämst du dich dafür? Sind sie frustriert, weil…?). Reflektieren Sie, wie sich das Gegenüber verhält.
Benennen Sie in den nächsten 5 Gesprächen, die Sie führen, Ihre eigenen Emotionen (Ich fühle mich schuldig, weil…, Ich bin glücklich, weil…). Reflektieren Sie, wie sich Ihr Gegenüber verhält. Reflektieren Sie, wie es Ihnen selbst damit geht.

2.1.4 Verhaltensmuster im Konfliktfall

In der Psychologie wird versucht das Verhalten eines Menschen vorherzusagen, indem die Persönlichkeit über beschreibende Eigenschaften des Verhaltens kategorisiert wird. Diese Merkmale, sogenannte *Traits*, disponieren die Person dazu sich in verschiedenen Situationen konsistent zu verhalten. Ist ein Trait Ehrlichkeit bzw. ist jemand ehrlich, kann man demnach davon ausgehen, dass die Person in einem Test nicht abschreibt und im ÖPNV mit einem gültigen Ticket unterwegs ist. Aus dieser Theorie heraus hat Hans Eysenck über eine Clusterung der Traits den Persönlichkeitskreis entwickelt, in dem er die vier Grundmuster für das menschliche Verhalten aus der antiken Temperamentenlehre übernimmt: phlegmatisch, melancholisch, sanguinisch und cholerisch. Neuer ist das *Fünf-Faktoren-Modell,* das das menschliche Verhalten über die Faktoren Extraversion, Verträglichkeit, Gewissenhaftigkeit, Neurotizismus und Offenheit für Erfahrungen in gegensätzlichen Ausprägungen darstellt (z. B. Gewissenhaftigkeit auf einer Skala von u. a. verantwortungslos bis verantwortungsvoll). In der Psychologie ist die Theorie kritisch gesehen, da über den Fokus auf die Disposition die Situation vernachlässigt wird (wenn ein Mensch eine bestimmte Disposition in eine spezielle Situation mitbringt, dann wird er sich entsprechend verhalten) und Verhalten zwar identifiziert und beschrieben werden kann, es jedoch keine Erklärung für die Entstehung oder eine Persönlichkeitsentwicklung gibt. (vgl. Gerrig 2015, S. 506 ff.)

Diese statische Sicht der Persönlichkeitsstruktur kann jedoch im Konfliktfall genutzt werden, da sie sich auf einen gegenwärtigen Zeitpunkt bezieht. Der Konfliktmanager ist mit bestimmten *Verhaltensmustern* im Konflikt konfrontiert, auf die er unterschiedlich reagieren muss. Ein Teil seiner Aufgabe besteht darin, die Konfliktparteien zu unterstützen, ein für sie im Konflikt hilfreiches Verhalten zu erkennen und dazu zurück zu finden (vgl. Engel und Korf 2005, S. 36). Die Einordnung der Muster folgt in etwa den genannten Traits bzw. Faktoren, lässt aber ebenfalls eine „weiche" Einordnung zu, indem es einen zweidimensionalen Raum aufmacht. ◼ Abb. 2.1 zeigt, dass dieser erstens den Fokus auf das „Ich" legt, der eigenen Durchsetzungskraft oder Selbstbehauptung, zweitens den Fokus auf das Verhältnis zum Anderen, der Hilfsbereitschaft und der offen-kooperativen Einstellung. Den daraus entstehenden Extremmöglichkeiten werden

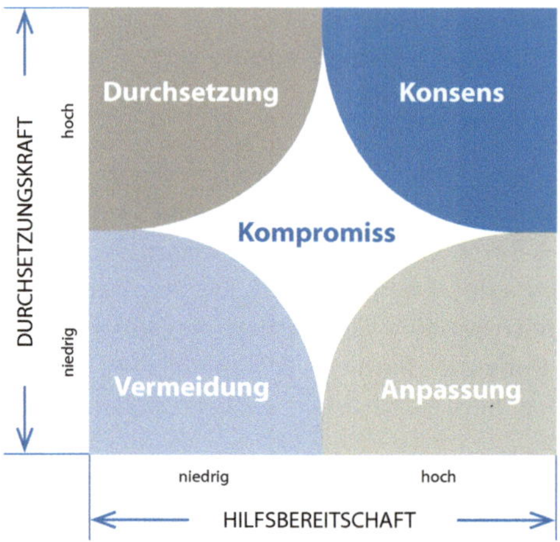

◻ Abb. 2.1   Verhaltensmuster im Konflikt

die Verhaltensmuster im Konfliktfall zugeordnet, z. B. wird ein Mensch mit geringem Durchsetzungswillen und geringem Interesse an dem Anderen zu einem phlegmatischen Konflikt-Vermeider. So entstehen die fünf Verhaltensmuster Vermeidung (ausweichen), Anpassung (nachgeben), Durchsetzung (wetteifern), Kompromiss (suchend) und Konsens (zusammenwirkend), wobei der Konsens im Fünf-Faktoren-Modell etwa mit der Offenheit für neue Erfahrungen korreliert. Die Verhaltensmuster im Konfliktfall werden in der Praxis z. B. beim Thomas-Kilmann Conflict Mode Instrument (TKI®) verwendet (s. Link-Tipps). Die verschiedenen Persönlichkeitstypen sind auch relevant in Bezug auf die überzeugende Gesprächsführung und den Einsatz von Verhandlungstaktiken.

■■ Vermeidung

Der Vermeider kann sich weder behaupten noch ist er hilfsbereit. Er stößt den Kommunikationsprozess um einen Konfliktgegenstand nicht an und weicht der Kommunikation darüber aus. Ein Vorteil des Verhaltens ist es, dass die Energie auf wichtigere Prozesse fokussiert werden kann, ein Nachteil ist es, dass eine Lösung des Konfliktes verhindert wird.

Im Bauprojekt sind Vermeider riskant, wenn z. B. Lieferketten nicht eingehalten werden und um den Konflikt zu vermeiden erst darüber kommuniziert wird, wenn das „Kind in den Brunnen gefallen ist" und keine Gegensteuerungsmaßnahmen mehr möglich sind. Vermeider müssen durch gute Beobachtung erkannt und dann aktiv in die Kommunikation einbezogen werden. Ggf. ist auch eine Abstimmung von Kommunikationsregeln (Wann bzw. wie oft, was an wen zu kommunizieren ist) sinnvoll.

■■ Anpassung

Der Angepasste hat keine Selbstbehauptung, kommt dem Gegenüber sehr hilfsbereit entgegen und gibt schnell nach. Ein Vorteil dieses Verhaltens sind harmonische Beziehungen, ein Nachteil ist, dass wenig Chancen auf positive Veränderungen durch Ideenentwicklung beim konstruktiven Streiten bestehen.

Anpassung kann im Projektverlauf teilweise sogar notwendig sein, wenn zum Beispiel für ein Vorgehen eine Entscheidung gefallen ist und unter Zeitdruck Arbeiten fertig gestellt werden müssen. Der Umgang mit dem Angepassten hängt stark von seiner Position im Projekt ab: wenn er Entscheidungen fällen muss und (Konstruktions-) Vorschläge von ihm erwartet werden, ist das Risiko hoch, dass weiche und unklare Aussagen zu Verwirrungen in der Zielorientierung führen. Bei Angepassten besteht das Risiko, dass sie ausgenutzt werden, durch ihre Selbstaufgabe frustriert sind und damit als aktive Projektbeteiligte ausfallen.

▪▪ Durchsetzung

Der Wettkämpfer hat eine hohe Selbstbehauptung und will seine Ideen mit Macht durchsetzen, wozu er auch Druck auf das Gegenüber ausübt. Seine Grundeinstellung ist ein Win-Lose-Modell, er „muss" gewinnen, der andere verliert. Vorteil seines Verhaltens sind Geschwindigkeit und Aktivität, Nachteile sind, dass Blockaden durch andere entstehen, die er nicht „mitnimmt" und er isoliert im Projektumfeld wird.

Wettkämpfer halten das Projekt dynamisch und können viele Ideen einbringen. Dazu muss man ihnen Raum geben, die Idee in der Auseinandersetzung ernst nehmen, hinterfragen, evtl. auch gezielt nach Schwachstellen, und ihm ggf. die Verantwortung für die Umsetzung geben.

▪▪ Kompromiss

Das Verhalten des Kompromisssuchenden ist ausgewogen zwischen Vermeidung, Anpassung und Durchsetzung. Vorteil ist die Lösungsorientierung, Nachteil ist, dass ein Mittelweg wenig Möglichkeit auf die Generierung von Mehrwert lässt.

Durch einen Austausch der Interessen zwischen den Konfliktparteien kann der Kompromisssuchende zur Generierung neuer Ideen im Sinne eines Konsenses angeregt werden.

▪▪ Konsens

Eine Zusammenwirkung entsteht durch hohe Kooperation und hohes Durchsetzungsvermögen. Das heißt bei einer Lösungsfindung sind die Interessen aller Beteiligten berücksichtigt und die Lösung wird argumentativ stark vertreten. Der Vorteil des aktiven, konsensuellen Verhaltens ist die Generierung von Mehrwert und Lösungen, die von allen Beteiligten akzeptiert werden, eine Win-Win-Lösung. Nachteil, insbesondere im Projekt, ist der Bedarf an zeitintensiven Prozessen und die Notwendigkeit von Transparenz der Interessen aller Beteiligter.

Konsensuelle Teamarbeit erfordert neben einer Einstellung zum Win-Win auch die (Kommunikations-) Fähigkeiten und eine entsprechende Organisationskultur mit Stichworten wie Fehlerkultur, Streitkultur und flachen Hierarchien.

❓ Reflexions-Aufgabe

Wie ordnen Sie Ihr eigenes Konfliktverhalten ein?

Was sind die Vorteile – was sind die Nachteile Ihres Verhaltens? Machen Sie sich eine Pro- und Kontraliste.

Was muss passieren, um Ihr Verhalten zu ändern und Sie Richtung Kompromiss suchend oder gar zusammenwirkend zu „bewegen"? (Sie können die Übung auch gut in einer kleinen Gruppe, zum Beispiel in Ihrer Familie, machen).

2.1.5 Bedürfnis und Motivation

Motivation (lat. movere = bewegen) ist die Bezeichnung für alle Prozesse die ablaufen, um physische und psychische Aktivitäten anzustoßen, zu verändern oder aufrecht zu erhalten (vgl. Gerrig 2015, S. 420). Als Motivationsquelle hat Abraham Maslow die grundlegenden menschlichen *Bedürfnisse* identifiziert und in fünf Ebenen hierarchisch geordnet. Ist eines dieser Bedürfnisse befriedigt, motiviert es nicht mehr zu weiteren Aktivitäten. Damit sind unbefriedigte Bedürfnisse auch die Wurzel eines Konfliktes, sie motivieren ihn zu führen und beeinflussen das Konfliktverhalten.

Die ◘ Abb. 2.2 zeigt, dass die Basis der *Bedürfnishierarchie* nach Maslow die physiologischen Bedürfnisse wie Nahrung, Trinken, Sexualität bilden. Erst wenn diese befriedigt sind tut sich als Motivationsquelle die nächste Ebene, die Sicherheitsbedürfnisse wie Stabilität, Geborgenheit, Schutz, Angstfreiheit auf. Darauf folgen die Bedürfnisse nach Bindung (Liebe, Zuneigung, Zugehörigkeit), nach Wertschätzung (Selbstachtung und Achtung anderer, Kompetenz, Selbstvertrauen) und nach Selbstverwirklichung (seine Potenziale entfalten, Sinn). (vgl. Maslow 1981, S. 62 ff. und Gerrig 2015, S. 425 f.)

Während davon auszugehen ist, dass die physiologischen Bedürfnisse die Basis bleiben, können die hierarchischen Ebenen individuell und kulturell bedingt variieren.

Konflikte haben immer eine sachliche Ebene, das Thema um das gestritten wird, und eine persönliche Ebene, die Einstellungen und Annahmen, die die Parteien in die Situation einbringen. Um für Konflikte nachhaltige Lösungen zu finden ist es notwendig, die Bedürfnisse der Beteiligten zu identifizieren und im Rahmen der Lösung zu berücksichtigen. Nur dann ist die Motivationsquelle für diesen Konflikt auf Dauer behoben.

Der *Gefühlsradar* in ◘ Abb. 2.3 zeigt die drei grundlegenden Verkettungen von bedrohtem Bedürfnis, vorherrschender Emotion und entwickeltem Verhaltensmuster im Konfliktfall.

2.1.6 Teamdynamik und Motivation

Die Steuerung der *Teamdynamik* und Motivation Einzelner in und Gruppen im Gesamten ist ein breites wissenschaftliches Feld insbesondere in Bezug auf Führungskompetenz. Zwei Punkte daraus werden für das Konfliktmanagement herausgegriffen:

- der „Lebenszyklus" eines Teams und
- Motivation und Führung über SMARTe Ziele.

Ein Team (altenglisch = Gespann) ist eine Gruppe von Menschen, die gemeinsam an einem Ziel arbeitet. Es wird formal aufgestellt und arbeitet oft interdisziplinär über einen längeren Zeitraum zusammen. Die Teammitglieder agieren dabei formal gleichberechtigt innerhalb eines definierten Rahmens mit einem hohen Maß an Selbstorganisation. Wechselseitige Abhängigkeiten machen eine Kooperation notwendig, die in einer direkten Kommunikation stattfindet. Diese Zusammenarbeit erfolgt in Teamgrößen von 3–12 Personen. (vgl. Glatz und Graf-Götz 2018, S. 42) Sicherlich können Teambetrachtungen weitaus größere Personenzahlen umfassen, z. B. 250 Teammitglieder für ein großes Bauprojekt, hier muss das Gesamtziel allerdings zur Komplexitätsreduktion in Teilziele strukturiert werden, damit eine selbstorganisierte, kooperative Zusammenarbeit für das Team möglich ist.

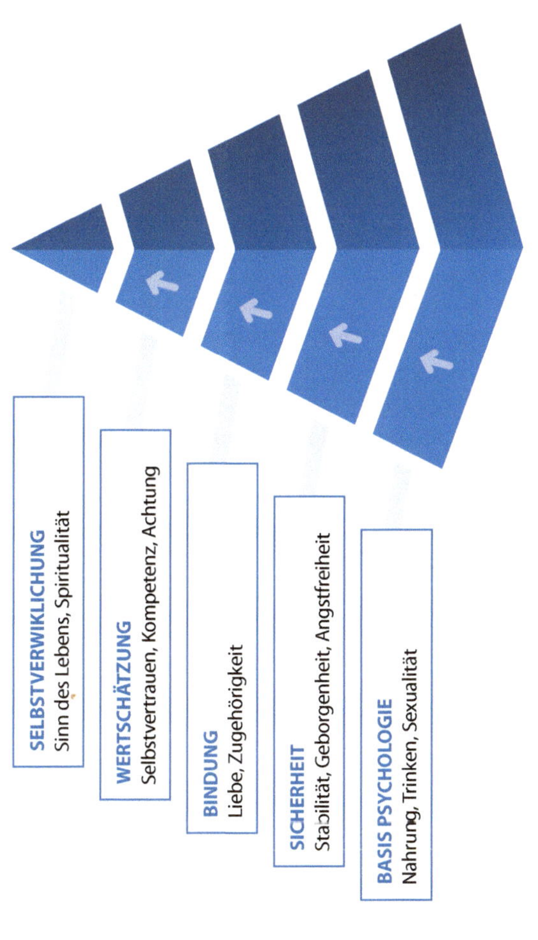

Abb. 2.2 Bedürfnishierarchie nach Maslow

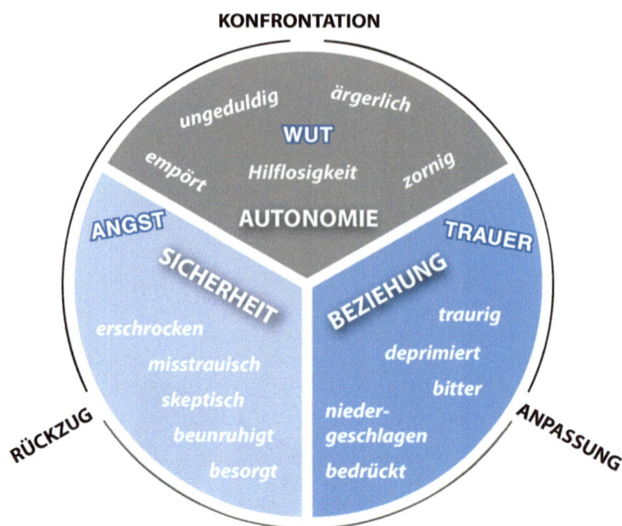

◘ Abb. 2.3   Gefühlsradar. (Quelle: adaptiert und mit freundlicher Genehmigung von Tilman Metzger: Präsentation im Rahmen einer Mediationsausbildung, Frankfurt (Oder) 2017)

Neben den spezifischen Konflikten, die in Teams entstehen, unterliegt die Teamentwicklung von der Aufstellung bis zur Auflösung des Teams einem Grundprozess in fünf Phasen (vgl. Morgenstern und Landes 2013, S. 405 ff.):

1. *Forming*: Phase der Orientierung und Anpassung der einzelnen an das Team. Führende Eingriffe können durch eine Forcierung des gegenseitigen Kennenlernens, Transparenz zum und Identifizierung mit dem gemeinsamen Ziel und Entwicklung des Rahmens in Form von Regeln und Prozessen erfolgen.

2. *Storming*: Ist die konfliktträchtige Phase, die der Teamleiter einkalkulieren muss. Es geht um die Rollenfindung innerhalb der Gruppe, bei der Selbstbild und Fremdbild kollidieren können. Selbstbehauptung, Identitätssuche in der Gruppe führen zu Macht- und Kompetenzgerangel. Führender Eingriff ist eine Sensibilisierung der Teammitglieder für diese Phase, Aufbau einer Konfliktkultur durch Akzeptanz der Konflikte, eine beharrliche Rückführung auf die Sachebene und Ausformung der gemeinsamen Regeln.

3. *Norming*: Die allgemeine Akzeptanz der sich in der Konfliktphase entwickelten Rollen und Regeln führt zu einem Verbundenheitsgefühl mit dem Team und Fokussierung auf die gemeinsame Aufgabe. Führender Eingriff ist jetzt das optimale Aufgaben-Matching zu den etablierten Rollen und ein Argumentationsverhalten auf Beziehungsebene (Team).

4. *Performing*: Das Team ist gemeinsam stark in der Umsetzung und Arbeit am Ziel, dadurch dass die Rollen klar sind, Aufgaben und Kompetenzen passend abgesteckt und wenig Energie in Identitätskonflikte fließt. Der führende Eingriff muss erreichen, das Leistungslevel durch Motivation, z. B. feiern von Erfolgen, hoch zu halten.

5. *Adjourning*: Ein Auflösungsprozess setzt ein, wenn das Ziel zum größten Teil erfüllt ist. In der Bauprojektarbeit z. B. dann, wenn die großen konstruktiven Erfolge gefeiert sind und die (lästige) Restabwicklung wie Schlussrechnungen, Dokumen-

tation, strittige Nachträge usw. fleißig aber ruhmlos abgearbeitet werden muss. Ein weiteres Risiko zur Teamauflösung bzw. Distanzierung einiger Teammitglieder ist, wenn es keine Herausforderungen oder Möglichkeiten zur persönlichen Weiterentwicklung gibt. Führende Eingriffe sind hier auf mehreren Ebenen möglich, z. B. Akquise neuer Aufgaben für das Team und damit neue Verantwortungsverteilung, Entwicklungsvereinbarungen mit den einzelnen Mitgliedern, Transparenz zu den Möglichkeiten des Einzelnen im Team, bevor Frust durch Stillstand entsteht.

Eine Motivation des Einzelnen im Team – oder auch für das Team gemeinsam – kann über eine *SMARTe Zieldefinition* z. B. im Rahmen einer jährlichen Mitarbeitervereinbarung erfolgen. Ist diese inhaltlich entsprechend gefüllt, wird der Einzelne gefordert, aber nicht überfordert. Er ist selbstverantwortlich (sollte die Bedürfnisse Wertschätzung und ggf. Selbstverwirklichung betreffen), dabei Teil des Ganzen (sollte das Bedürfnis Bindung betreffen) und kann sich „sicher" fühlen, denn Verantwortung und Rolle sind klar definiert, er wird im Gesamtkontext „gebraucht". SMARTe Ziele sind (vgl. Schulenburg 2018, S. 191):

- **S**pezifisch – **S**pecific: konkret formuliert
- **M**essbar – **M**easurable: Einheiten für eine quantitative/qualitative Beurteilung
- **A**nspruchsvoll – **A**chievable: nicht einfach zu erreichen, eine Herausforderung
- **R**ealistisch – **R**easonable: erreichbar, im Bereich des Möglichen
- **T**erminiert – **T**ime Bound: mit einem Zeitpunkt zur Zielerreichungsmessung

---

Beispiel SMARTe Zielvereinbarung:

Entwicklung von Key Performance Indicators für die Messung der Kostenstabilität im Projekt bis 03. Jahr (30 % vom Gesamtziel).
Abstimmung und Etablierung der Leistungskennzahlen im Team (Kenntnis und Verständnis) bis 07. Jahr. (30 % vom Gesamtziel)
Prozessuale und systemische Integration der Kennzahl in einen monatlichen Sachstandbericht bis 12. Jahr. (40 % vom Gesamtziel)

2.1.7 Persönlichkeit

Die gemeinsame Arbeit mit Menschen und den Konflikten, die dabei entstehen, benötigen eine gewisse innere Haltung, Empathie für den Menschen und Selbstreflexion als Arbeitsinstrument, die eigene Persönlichkeit weiterzuentwickeln. Konfliktmanagement ist also auch immer eine Arbeit an und mit sich selbst.

■ ■ Haltung & Wertschätzung

Haltung ist eine innere Einstellung aus der heraus Handlungen ausgeführt und moralisch bewertet werden. Eine Haltung ist eingeübt und relativ konstant. Daher wird sie auch als Lebensstil definiert, eine vom Individuum gewählte und beibehaltene Verhaltensform mit der auf Lebenssituationen reagiert wird. (vgl. Brockhaus 2006, S. 763) Bewerten sie moralisch z. B. Alter mit Respekt, werden Ihre Handlungen gegenüber älteren Personen entsprechend ausfallen, z. B. den Sitzplatz im ÖPNV frei geben, Ratschläge einholen, ausreden lassen, die Tür aufhalten, usw.

Haltung bedeutet einen Standpunkt einzunehmen. Das ist mit einer äußeren Klarheit verbunden, durch die das Gegenüber sehen kann, wofür man steht. Ist dieser Standpunkt authentisch, ist das auch ein Zeichen innerer Klarheit. (vgl. Ade und Schroeter 2015, S. 184)

Eine Haltung entwickelt sich aus Erfahrungen die man sammelt, aber auch durch Übung. Um mit Konflikten zu arbeiten ist es wichtig diese als Entwicklungsmoment zu verstehen und damit einhergehende Gefühle und Gedanken die allgemein als negativ gelten, wertungsfrei zuzulassen. Das beinhaltet konflikthaften Spannungen mit Gelassenheit gegenüber zu stehen und die darin enthaltene Aggressivität anzunehmen und aufzugreifen. (vgl. Ade und Schroeter 2015, S. 185)

Im Zusammenhang mit konfliktbezogenen Kommunikationsmethoden wird oft von einer wertschätzenden Haltung gegenüber anderen Menschen gesprochen. *Wertschätzung* ist ein Grundbedürfnis des Menschen, das das Selbstwertgefühl steigert und damit die Aufnahmefähigkeit und Kooperationsbereitschaft erhöht. Wertschätzung kann man zeigen, indem man (vgl. Alter 2018, S. 25):
1. …sich bemüht, den anderen zu verstehen, z. B. vorab seine Perspektive einnimmt und Fragen für ihn vorbereitet, die ihn seine Sichtweise darlegen lassen.
2. …den Wert der Gedanken, Gefühle und Handlungen des Gegenübers anerkennt. Verständnis bedeutet noch nicht Einverständnis.
3. …mit Worten und Taten Anerkennung kommuniziert, indem man sich Verständnisquittungen einholt, den anderen ausreden lässt und Gesagtes spiegelt.
4. …dem Gesagten und Sprechenden tatsächlich einen Wert beimisst. Heuchelei zur Manipulation an dieser Stelle zerstört langfristig die Vertrauensbasis und Glaubwürdigkeit des Sprechers.

▪▪ Authentizität

Authentizität (lat. authenticus = glaubwürdig, zuverlässig verbürgt) bei einem Menschen bedeutet, dass dieser bei sich selbst ist, sich nach außen so verhält, wie ihm innerlich zumute ist. Voraussetzung dafür ist, dass er sich selbst, seine Haltung, erkennt. Um authentisch zu sein müssen die drei Bereiche der Persönlichkeit übereinstimmen (kongruent sein): Erstens das innere Erleben (was ich denke und fühle), zweitens das Bewusstsein (was ich davon aktiv und bewusst mitbekomme) und drittens die Kommunikation (was ich davon nach außen mitteile). (vgl. Schulz von Thun 2014, 1, S. 131)

Authentizität ist für die soziale Kommunikation insofern relevant, dass bei einer Inkongruenz der drei Bereich die kognitiven Prozesse belastet werden und damit weniger Kapazität für die Wahrnehmung des Gegenübers haben. Wenn ich z. B. sehr traurig bin, mich aber auf einer Party als selbstbewussten und glücklichen Menschen darstelle, ist das anstrengend und kostet Kraft. Diese Kraft geht der Aufmerksamkeit für mein Gegenüber verloren.

▪▪ Empathie

Empathie ist die Fähigkeit sich in andere Personen einzufühlen (affektiv) und ihre Emotionen zu verstehen (kognitiv) (vgl. Wallbott 2000, S. 370).

Empathie zeigt sich durch eine körperlich zugewandte Haltung und einen offenen, respektvollen Blick. Das Kommunikationstempo zeichnet sich durch Ruhe und Geduld für den einzelnen Menschen und seine individuelle Perspektive aus. (vgl. Ade und Schroeter 2015, S. 186 f.)

In der Konfliktarbeit aber auch als Führungskompetenz ist eine empathische Haltung notwendig, um zu verstehen, worum es den Beteiligten und Betroffenen tatsächlich geht. Dennoch ist es notwendig die Balance zu halten zwischen menschlichem Mitgefühl und professioneller Distanz (vgl. Ade und Schroeter 2015, S. 187). Als Entscheidungsinstanz Projektleiter muss man die Emotionen anderer auch aushalten und verkraften können. Um zu überprüfen in wie weit die eigene Persönlichkeit diesem Balanceakt gewachsen ist bzw. ob und wie Veränderungspotenzial aktiviert werden kann, ist die Kompetenz der Selbstreflexion hilfreich. „Nur wenn eine Führungskraft die eigene Psychologie versteht und sich entsprechend regulieren kann, wird sie auch erfolgreich sein bei der Führung anderer Menschen durch einen Konflikt" (Fischer et al., ZKM 5/2014, S. 143).

■■ Selbstreflexion

Selbstreflexion ist die Kompetenz das eigene Denken, Fühlen und Verhalten nachzuvollziehen, zu bewerten und aus diesen Erkenntnissen heraus steuernd einzugreifen und damit einen Lernprozess zu vollziehen. Selbstreflexion ist eine „Selbstführung" (Arndt und Richter 2009, S. 35). Foucault bezeichnet die Methoden auf sich (und sein Selbst) einzuwirken und es nach dem eigenen Willen zu transformieren, also zu schaffen, als „Künste der Existenz" (vgl. Foucault 1995, S. 18). Reflexion ist kulturell geprägt und impliziert Werte wie Offenheit, Flexibilität und Veränderungsbereitschaft (vgl. Patera 2001, S. 228).

Selbstreflexion benötigt Zeit und Regelmäßigkeit. Hilfreich ist es dabei, die professionelle Expertenhaltung zu verlassen und die Haltung eines nichtwissenden, neugierigen Kindes einzunehmen. Der Blick von außen auf sich selbst ist eine Art Metaebene, die den Mut erfordert eigene Emotionen zu erkennen, zuzulassen und als Ressource für neue Ideen zu verwenden (vgl. Patera 2001, S. 228 f.). Zur Selbstreflexion greift man eine bestimmte Situation auf, über die man reflektieren will.

Die Frage lautet: Wie erfolgreich war mein Handeln in Bezug auf mein Ziel?

1. Was war das Ziel? (War es das richtige Ziel? In welchem Kontext steht es? Ist es vereinbar mit meinen Werten? Warum habe ich dieses Ziel gehabt? …)
2. Habe ich das Ziel erreicht? (Komplett oder nur zum Teil? Was hat gefehlt und stört mich das? Warum habe ich es erreicht? …)
3. Was habe ich gut gemacht? (Warum war das gut?)
4. Was habe ich nicht gut gemacht? (was daran war nicht gut?)
5. Welche Handlungsalternativen hätte ich gehabt? (Warum habe ich diese nicht eingesetzt? Welche Vor- bzw. Nachteile hätten diese gehabt, welche Risiken? …)

In dem Prozess ist es wahrscheinlich, dass man Fragen nicht abschließend beantworten kann, dass „Wahrheiten" nebeneinander existieren und es nicht nur eine Lösung gibt. Diese Offenheit muss man zulassen und aushalten können (Ambiguitätstoleranz) (vgl. Patera 2001, S. 229).

Selbstreflexion kann man durch Rückmeldungen aus Beobachtungen der Menschen in seinem Umfeld oder extern, durch einen Dritten oder eine Gruppe, unterstützen lassen (kollegiale Beratung, (Gruppen-)Supervision).

❶ Kommunikationsprozesse: Planung – Durchführung – Selbstreflexion → Verbesserung!

❓ Praxis-Aufgabe
Bereiten Sie diese Übung zur Selbstreflexion vor, indem Sie sich einen geeigneten Ort auswählen und einen Zeitrahmen vorgeben. Bereiten Sie einen Zettel mit den 5 Fragen vor und setzen sich ein Ziel, z. B. jeweils drei Punkte zu finden.
Versetzen Sie sich in ein eigenes Konfliktgespräch, das bei Ihnen gedanklich noch nachwirkt und bearbeiten Sie die Fragen, indem Sie sich Stichpunkte als Ergebnis notieren.

2.2 Konfliktanalyse

2.2.1 Aufgaben der Konfliktanalyse

Konflikte haben unterschiedliche Gründe, Konstellationen und Ausprägungen. Eine *Konfliktanalyse* dient dazu,

- einen Konflikt zu verstehen
- Information zu organisieren
- die Themen, die im Kommunikationsprozess gelöst werden müssen, klarzustellen und zu priorisieren
- eine dem Konflikttyp angemessene Prozessgestaltung und Interventionsform auszuwählen.

Die Analyse kann als Vorbereitung von dem Prozessverantwortlichen, mithilfe eines unbeteiligten Supervisors oder mit den Konfliktparteien gemeinsam gemacht werden. Wird sie mit den Konfliktparteien gemeinsam gemacht, besteht zusätzlich die Möglichkeit

- Verständnis für die Beweggründe des Anderen aufzubringen und zur Zusammenarbeit zu motivieren (vgl. Engel und Korf 2005, S. 93).

Eine Konfliktanalyse kann ebenso wenig statisch sein wie ein Konflikt. Sie kann zu Beginn, als Momentaufnahme und Diskussionsgrundlage erstellt werden, muss dann aber im Prozessverlauf dynamisch weiterentwickelt werden. Sie muss individuell für jeden Konflikt anders zugeschnitten werden und stellt immer nur eine Annäherung dar.

Zusätzlich zu einer Konfliktanalyse können Konflikte anhand polarisierender Adjektive (vgl. Bonacker und Imbusch 2010, S. 70 ff.) in ihrer Ausprägung beschrieben und typologisiert werden (◘ Abb. 2.4).

Es gibt unterschiedliche Werkzeuge, die eine strukturierte Analyse unterstützen. Im Folgenden werden drei davon vorgestellt, die auf Basis des Konfliktradars von Reiss (vgl. 2016, S. 237) den Konflikt von drei Seiten angehen:

1. Wer sind die Konfliktakteure?
2. Warum oder worum wird gestritten, was ist der Konfliktgegenstand?
3. Wie wird gestritten, wie ist das Konfliktverhalten?

KONFLIKT-AUSPRÄGUNGEN	
teilbar	**unteilbar**
Der Konflikt erlaubt ein Kooperationsspiel (Ergebnis mit positivem Gesamtgewinn für beide) ODER es handelt sich um ein Nullsummenspiel (Gewinn des einen führt zum Verlust des anderen).	
echt	**unecht**
Der Konflikt dient als Mittel zur Erreichung eines Zieles ODER wird zur "Spannungsentladung" genutzt.	
legitim	**nicht legitim**
Der Konflikt / die Austragungsform findet im Rahmen von Normen eines Sozialsystems statt ODER überschreitet gesellschaftliche Konsensualität.	
objektiv	**subjektiv**
Der Konflikt betrifft die Verteilung von Ressourcen (Geld, Status, …) ODER hat als Basis eine bereits vorherrschende Einstellung (Feindschaft…).	
symmetrisch	**asymmetrisch**
Die Machtverhältnisse der Konfliktparteien sind gleichwertig ODER unterschiedlich (betrifft verschiedene Bezugsebenen).	
latent	**manifest**
Der Konflikt ist für die Konfliktparteien noch nicht erkennbar ODER er wird bereits offen ausgetragen.	
antagonistisch	**nicht antagonistisch**
Die Konfliktparteien stehen sich unversöhnlich und kompromisslos ODER kompromissbereit gegenüber.	
institutionalisiert	**informell**
Die Mittel der Konfliktaustragung sind durch formale Regeln kanalisiert / normiert ODER sie sind nicht bekannt / offen.	
konsensual	**dissensual**
Es besteht Einigkeit über das zu erreichende Ziel ODER es liegt eine unterschiedliche Zielorientierung vor.	
konstruktiv	**destruktiv**
Konfliktparteien sehen den Konfliktausgang als positiv für sich ODER mindestens eine sieht ihn als negativ für sich.	

Abb. 2.4   Typologisierung durch die Konflikt-Ausprägung

2.2.2 Perspektive 1: Die Konfliktakteure

Die *Konfliktakteure* werden über folgende drei Fragen eruiert:

- Wer ist am Konflikt beteiligt?
- Wer ist von dem Konflikt betroffen?
- Wer nimmt auf den Konflikt Einfluss (ggf. ohne direkt in Erscheinung zu treten)?

Die direkt Beteiligten sind oft leicht zu erkennen, etwas Fantasie wird bei den Betroffenen von den Auswirkungen des Konflikts benötigt, schwerer und erst im Verlauf der ersten Gespräche sind Einflussnehmer festzustellen. Man kann hier z. B. mit Hypothesen arbeiten, die die notwendigen Informationen provozieren. Typische Konfliktakteure bei Bauprojekten (hier als Institution benannt, je nach Konstellation bei einer Bearbeitung dann auf den einzelnen Menschen zu beziehen) sind:

- Öffentliche Ämter
- Auftraggeber/Bauherr
- Planungsbüros
- Bauunternehmen
- Mieter/Nutzer
- Versicherungen und Banken (Einfluss)
- Anwohner/Nachbarn zur Baustelle (Betroffene)

Die Konfliktakteure könne über die *Beteiligungsstruktur* weiter differenziert werden:
- Zwei Einzelpersonen, die miteinander einen Konflikt haben (Einpersonen-Parteien)
- Zwei Gruppen, die miteinander einen Konflikt haben (Mehrpersonen-Parteien)
- Mehrere Personen oder Gruppen, die miteinander einen Konflikt haben (mehrere Parteien)
- Personen, die einen Konflikt als Stellvertreter für andere austragen (Stellvertreter-Parteien)

Im nächsten Schritt muss die *Beziehung* der Parteien untereinander geklärt werden:
- In welchem Verhältnis stehen sie zueinander?

In der ◘ Abb. 2.5 werden die Beziehungs-Möglichkeiten für eine grafische Bearbeitung dargestellt, bei der die Kreise die Parteien darstellen, je größer, desto mächtiger in Bezug auf den Streitgegenstand:
- Eine vorhandene Beziehung
- Eine Allianz (eine besonders starke Beziehung)
- Eine informelle Verbindung
- Eine unterbrochene Beziehung („Funkstille")
- Eine durch einen Konflikt gestörte Beziehung
- Eine Einflussnahme auf einen anderen (dominante Machtstellung) und
- Eine Einflussnahme auf eine der Parteien ohne direkt in den Konflikt einbezogen zu sein.

Diese Frage unterstützt die Typologisierung: Wo auf dem Kontinuum zwischen antagonistisch (unversöhnlich und kompromisslos) und nicht antagonistisch (kompromissbereit) stehen sich die Parteien gegenüber? Handelt es sich um einen Konflikt mit symmetrischem oder asymmetrischem Machtverhältnis? (Achtung bei der Bewertung von Machtverhältnissen, die um nur einige Beispiele zu nennen Ressourcen wie Geld und Zeit aber auch Sprachgewalt, Wissen oder ein soziales Netzwerk sein können.).

■■ WERKZEUG: Conflict Mapping

Wenn ein konkreter Konflikt vorliegt ist das *Conflict Mapping* (oder *Actor-Relationship-Mapping*) ein Werkzeug, um die Akteure in Relation zu dem Konfliktthema zu setzen und deren Beziehungen untereinander darzustellen. Die Visualisierung mit der Verwendung der Symbole stellt eine gute Grundlage für weitere Diskussionen dar und unterstützt herauszufinden, ob alle für die Konfliktklärung notwendigen Parteien „am Tisch" sitzen. Die Visualisierung zeigt auch auf, an welcher Stelle noch Informationsbedarf für das Konfliktverständnis besteht. In der Bauprojektrealisierung ist es insbesondere ein gutes Reflexionsinstrument vor der tatsächlichen Konfliktbearbeitung um herauszufinden, wer ggf. die Einflussnehmer auf das Konfliktverhalten einzelner sind (z. B. ein Druck ausübender Vorgesetzter mit einer eigenen Interessenlage).

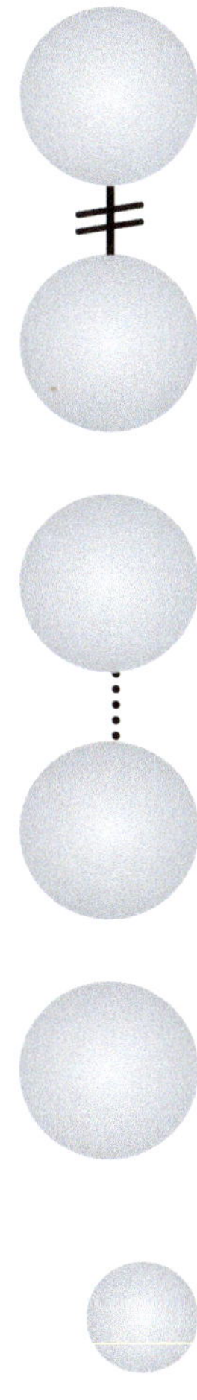

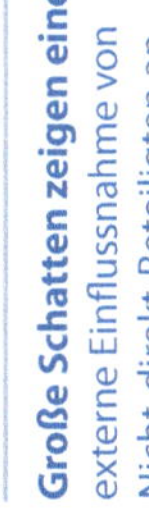

Abb. 2.5 Symbole für das Conflict Mapping

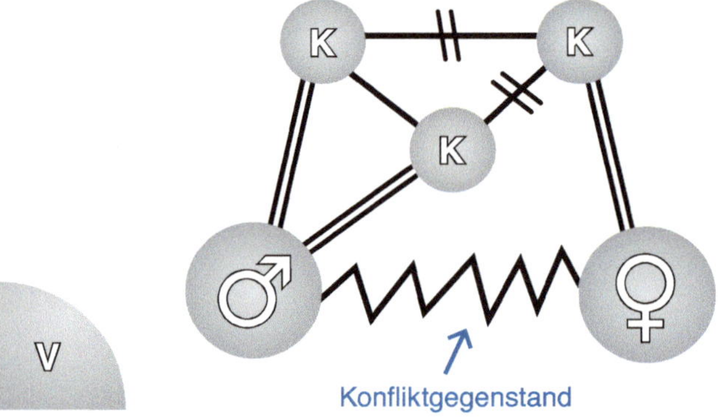

▫ Abb. 2.6   Conflict-Mapping zum Beispiel

Conflict Mapping wird auch für Konfliktanalysen in komplexen internationalen Konflikten eingesetzt. Wichtig ist zu entscheiden, was, zu welchem Zeitpunkt und aus welcher Perspektive dargestellt werden soll und sich selbst (bzw. das eigene Unternehmen) auf der Darstellung in Kontext zu setzen (vgl. Fisher et al. 2000, S. 22).

Beispiel: Entwurf eines Einfamilienhauses

Ihre Bauherren sind ein Ehepaar, das sich über den Entwurf des Einfamilienhauses streitet. Der Mann möchte einen relativ großen Sportraum im Erdgeschoss mit Gartenzugang. Die Frau möchte lieber ein großes Wohnzimmer und den Sportraum im Souterrain. Das Ehepaar hat drei Kinder. Zwei davon unterstützen den Vater, eins die Mutter, was sich auch auf deren Beziehung untereinander auswirkt.
Es stellt sich die Frage, ob es weitere Einflussnehmer gibt. Sie fragen, wozu das separate Zimmer im Erdgeschoss noch sinnvoll sein könnte. Mit weiteren vertiefenden Fragen äußert der Ehemann, dass es auch ein Gästezimmer für seinen Vater sein soll, der einen großen Teil der Finanzierung für das Haus übernommen hat. Eine Skizze zu dem Fall könnte aussehen wie in ▫ Abb. 2.6.

❓ Praxis-Aufgabe
Suchen Sie sich einen Konflikt in Ihrem Umfeld oder aus der Presse und erstellen Sie ein Conflict Mapping mit den Symbolen. In wie weit unterstützt Sie das bei dem Verständnis für den Konflikt und evtl. Ihr weiteres Vorgehen?

2.2.3 Perspektive 2: Der Konfliktgegenstand

Der *Konfliktgegenstand* ist sozusagen die sachliche Ebene des Konflikts und kann über die drei Punkte
- Beschreibung
- Orientierung
- Historie

eingegrenzt werden.

In der Beschreibung geht es erst einmal um Informationen zu dem Thema, quasi die Überschrift des Konflikts. Worum geht es?

Bei der Orientierung spielt zum einen die Dimensionierung (die Eingrenzung auf einen sozialen Konflikt ist bereits erfolgt) zum anderen der Inhalt eine Rolle. Der Konfliktinhalt kann auf die drei Themenbereiche

- Ressourcen (Verteilung knapper Güter, z. B. Geld oder Macht),
- Interessen (konkrete Ziele, Wünsche, Bedürfnisse auch in Bezug auf die Beziehung) oder
- identitätsbasierte Werte (Selbstbilder, Glauben, Normen),

geclustert werden, wobei die Inhalte selten isoliert in einem Konflikt auftreten (vgl. Redlich und Freitag 2015, S. 32 ff.). Die Kommunikationsprozesse in der Bauabwicklung sind in den ersten Leistungsphasen interessenlastig, während bei der Vergabe und in der Bauausführung Ressourcen (bzw. Schuldzuweisung bei Abweichungen von geplantem Zeit- und Geldeinsatz über Verursachungsketten) dominieren. Die folgenden, typischen *Konfliktinhalte* i. A. a. Pflugbeil (vgl. 2017, S. 37) bei der Planung, Durchführung und Nutzung von Bauprojekten zeigen die Schwierigkeit einer klaren Trennung der Themenbereiche:

- *Zielkonflikte:* Die Prioritäten der Beteiligten sind durch unterschiedliche Interessen im Hinblick auf das Ziel anders gelagert.
- *Lösungs- bzw. Strategiekonflikte:* Der Mitteleinsatz zur Zielerreichung wird insbesondere durch unterschiedliches fachliches Wissen und subjektive Risikobewertung kontrovers gesehen.
- *Vergütungskonflikte:* Diese entstehen z. B. durch die wechselseitige Ignoranz wirtschaftlicher Erfordernisse und unterschiedliche Bewertung von Vergütungsansprüchen (s. a. ▶ Abschn. 8.3 Nachtragsmanagement).
- *Zuständigkeitskonflikte:* Verantwortlichkeiten an Schnittstellen sind nicht klar kommuniziert und abgegrenzt. Zudem fehlt eine partnerschaftliche Einstellung zur Projektverantwortung, Schuldzuweisungen sind das Resultat.
- *Verteilungskonflikte:* Differenzen über die Verteilung knapper Ressourcen (Geld, Anerkennung) aber auch der Aufteilung von Projektrisiken führt zu Spannungen.
- *Beziehungskonflikte:* Die Einstellung der Parteien zueinander mit schlechten Erfahrungen und mangelndem Vertrauen führt zu Beziehungskonflikten, die durch unterschiedliche Kommunikationsstile und Persönlichkeiten verstärkt werden.
- *Intrapersonale Konflikte:* Wenn intrapersonale Konflikte (z. B. die Rolle im Projekt stimmt nicht mit den eigenen Werten überein) zu einer mangelnden Identifizierung mit dem Projekt führen, wirken sie sich auf das Arbeitsverhalten und damit auch gegenüber Kunden und Kollegen aus. Diese projektbezogenen Identitätskonflikte betreffen den Bauprojektmanager im Rahmen der sozialen Konflikte.

Die *Konflikthistorie* sucht nach dem auslösenden Faktor des Konflikts und betrachtet die Dauer mit Tatpunkten. Wann ist was passiert, was den Konflikt beeinflusst hat?

Die Typologisierung unterstützt die Eingrenzung des Konfliktgegenstandes mit folgenden Gegensatzpaaren: Handelt es sich um einen legitimen Konflikt innerhalb der gesellschaftlichen Normen oder um einen illegitimen? Ist er objektiv zu betrachten (Ressourcen) oder stark subjektiv (Werte) geprägt? Ist es ein echter Konflikt zur Erreichung eines konsensualen Zieles oder ein unechter Konflikt zur Spannungsreduktion oder einer Uneinigkeit über das Ziel an sich?

Parties	Issues	Interest / Needs	Fears	Means	Options
Parteien	**Thema / Problem**	**Interessen / Bedürfnisse**	**Ängste**	**Mittel / Argumente**	**Optionen**
Mutter	großer Wohnraum	Raum für Zusammenkunft der Familie, Feiern; Bedürfnis Bindung	wird verantwortlich für die Pflege des Vaters gemacht	Notwendigkeit gemeinsamer Aktivität für Ehe (ohne Sportraum); Hinweis auf gleiche Behandlung der Elternteile (ihre Eltern müssten auch einziehen); Forderung Hausbau an Finanzmittel des Ehepaares anzupassen ohne Abhängigkeiten	Sportraum gemeinsam nutzen; Vereinbarung zur Pflege des Vaters; Größe der geplanten Feiern in etwa angeben und Möglichkeiten vom Architekten darstellen lassen
Vater	Sportzimmer im EG	Raumqualität als Motivation; Umnutzung für Vater möglich; Bedürfnis Selbst-verwirklichung und Bindung	Ablehnung seines Vaters; Hilfe bei der Finanzierung entfällt	Druckmittel: Absicherung durch Finanzhilfe; Gesundheitsvorsorge Sport	Kalkulation ohne Finanzhilfe; Gespräch mit Vater, was er sich im Alter wünscht
Kind 1	…	…	…	…	…
…					
…					
…					

◘ Abb. 2.7   Needs-Fears-Mapping an Beispiel „Entwurf eines Einfamilienhauses"

▪▪ WERKZEUG: Needs-Fears-Mapping

Wenn das Konfliktthema, die Überschrift, klar ist, kann der Konfliktinhalt durch die individuellen Blickwinkel der Parteien immer noch stark differieren.

Das *Needs-Fears-Mapping*, (ein Abgleich der Bedürfnisse und der Ängste, die die Parteien zum Konflikt motivieren), ermöglicht hier Transparenz, so wohl zu der unterschiedlichen Sichtweise der Parteien, als auch die Kombination der berührten Inhaltsebenen. Es gibt verschiedene Anwendungsformate: Jede Partei füllt es vorbereitend als eine Art angeleitete Selbstreflexion aus, oder man nimmt einen Perspektivwechsel vor und füllt es hypothetisch für die andere Partei aus, oder man bearbeitet es gemeinsame mit Moderation durch eine dritte Partei (vgl. Mason und Rychard 2005, S. 10; Abb. 2.7).

❷ Praxis-Aufgabe

Gehen Sie von einem persönlichen Konflikt in Ihrem Umfeld aus oder suchen Sie sich ein Beispiel in der aktuellen Presse.

Machen Sie ein Needs-Fears-Mapping zuerst aus Ihrer eigenen Perspektive, dann als Perspektivwechsel aus der Sicht des Gegenübers (bzw. für die Parteien in dem Beispiel aus der Presse). Ist es ein eigener Konflikt, gehen Sie ggf. auf den anderen zu und fragen nach, ob Ihre Sichtweise zutrifft.

Sie dürfen hier hypothetisch (für die anderen Parteien) arbeiten! Geht man mit dieser Vorlage an die Konfliktbearbeitung, sind genau die Hypothesen die Ansatzpunkte, die beim Nachfragen entweder bestätigt oder geändert werden und damit zum „Aha-Erlebnis" und Verständnis führen.

2.2.4 Perspektive 3: Das Konfliktverhalten

Das *Konfliktverhalten* betrifft die aktuelle Form der Ausführung und Handlungen der Konfliktparteien und die Dynamik zwischen den Parteien.

Die Ausführung eines Konfliktes kann verschiedenen Regelungsmechanismen unterliegen, zum Beispiel institutionalisierten und legitimen Vorgaben oder aber informellen, nicht-legitimen Gewohnheiten.

Die Konfliktdynamik bzw. die Konfliktentwicklung starten ab dem Moment, an dem ein Konflikt den Parteien bewusst wird, er also nicht mehr latent, sondern manifest vorhanden ist. Die Eskalation wird u. a. davon beeinflusst, ob eine Partei den Konfliktausgang als destruktiv, also die eigenen Interessen negativ beeinflussend, wahrnimmt, oder einen konstruktiven Ausgang erwartet. Ist der Konflikt manifest kann er entsprechend dem aktuellen Verhalten der Parteien den neun Stufen der *Konflikteskalation nach Glasl* eingruppiert werden, wie es in ◘ Abb. 2.8 zu sehen ist. Neben dem Eskalationsgrad unterstützt eine weitere Differenzierung die Zuordnung einer angemessenen Interventionsform, der gemeinsame Verhaltensstil, der die Interaktion dominiert.

1 VERHÄRTUNG
Standpunkte verhärten sich zeitweise, Spannungen sind bewusst, noch keine starren Parteien und die Überzeugung, dass die Spannungen durch ein Gespräch lösbar sind

2 DEBATTEN, POLEMIK
Polarisation im Denken / Fühlen / Wollen; verbale Gewalt: quasi-rational mit Oberton und Unterton; Versuche, Dritte für sich zu gewinnen; Schwarz-Weiß-Denken und gegenseitige Abwertung

3 TATEN statt WORTE
"Reden hilft nicht mehr" - Diskrepanz verbales / nonverbales Verhalten, nonverbal dominiert: schaffen vollendeter Tatsachen; Gruppenbildung; keine Empathie, Misstrauen, Dehumanisation

4 ANSEHEN und KOALITIONEN
Gerüchte und Image-Kampagnen; gegenseitig in negative Rollen manövrieren, werben um Anhänger

5 GESICHTSVERLUST
öffentliche und direkte Gesichtsangriffe, Vorwürfe des Verrats, Verbrechens; ausstossen, verbannen, Ekel; Ideologien, Werte und Prinzipien

6 DROHSTRATEGIEN und ERPRESSUNG
Erpressung, Drohung, Ultimaten setzen, Stress

7 VERNICHTUNGSSCHLÄGE
keine menschlichen Qualitäten; eigene Verluste werden als Gewinn bei einem begrenzten Vernichtungsschlag gegen den anderen betrachtet

8 ZERSPLITTERUNG
Desintegration und totale Zerstörung des feindlichen Gegnersystems

9 GEMEINSAM in den ABGRUND
"Kein Weg zurück", totale Konfrontation, eigene Vernichtung O.K., solange es den Gegner auch zerstört

◘ **Abb. 2.8** Eskalationsstufen nach Glasl

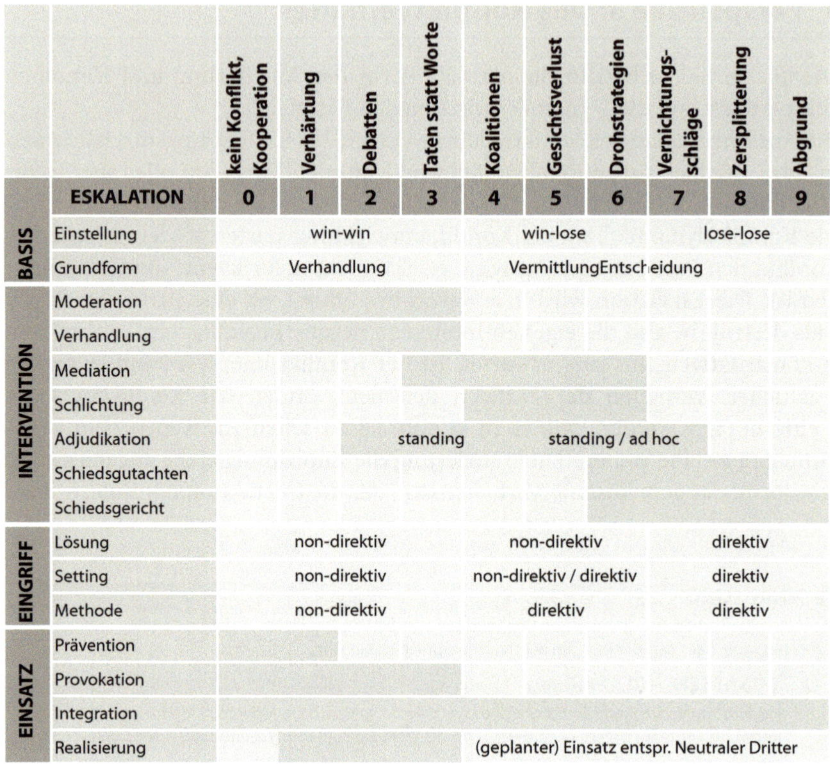

	ESKALATION	kein Konflikt, Kooperation	Verhärtung	Debatten	Taten statt Worte	Koalitionen	Gesichtsverlust	Drohstrategien	Vernichtungs-schläge	Zersplitterung	Abgrund
		0	1	2	3	4	5	6	7	8	9
BASIS	Einstellung		win-win				win-lose			lose-lose	
	Grundform		Verhandlung				VermittlungEntscheidung				
INTERVENTION	Moderation										
	Verhandlung										
	Mediation										
	Schlichtung										
	Adjudikation			standing			standing / ad hoc				
	Schiedsgutachten										
	Schiedsgericht										
EINGRIFF	Lösung		non-direktiv				non-direktiv			direktiv	
	Setting		non-direktiv				non-direktiv / direktiv			direktiv	
	Methode		non-direktiv				direktiv			direktiv	
EINSATZ	Prävention										
	Provokation										
	Integration										
	Realisierung				(geplanter) Einsatz entspr. Neutraler Dritter						

Abb. 2.9   Eskalation und Intervention am Bau

Diese Interaktionsform kann den markanten Gegensatz eines heißen und eines kalten Konfliktes einnehmen. Bei einem *heißen Konflikt* herrscht eine Atmosphäre der Überaktivität und Überempfindlichkeit, explosive Formen von Angriff und Verteidigung sind für jeden sichtbar. Dabei sind die Parteien in einer Begeisterungsstimmung und werden von Idealen gelenkt, die sie anderen überstülpen wollen. Übertrieben positive Selbstbilder und überschätzte Potenz verfolgen Erreichungsziele, bei denen sich niemand in den Weg stellen darf. Bei der aktiven aber labilen (einer Beruhigung folgt eine weitere Explosion) Interaktion entwickelt sich eine starke Führerzentrierung. Bei einem *kalten Konflikt* herrscht eine Lähmung aller sichtbaren Aktivitäten vor. Enttäuschung, Desillusionierung und Frustration werden heruntergeschluckt und wirken sich destruktiv auf das Selbstbild aus. Gefühle von Machtlosigkeit führen zu Sarkasmus und Zynismus. Oft wird die Organisation (das Projektteam) von der Vermeidungshaltung angesteckt und es etablieren sich Normen und Prozedere, die ein gegenseitiges Ausweichen begünstigen. (vgl. Glas 2013, S. 76 ff.)

▪▪ WERKZEUG: Eskalationsleiter

Die Eskalationsleiter ist insofern hilfreich, dass die Zuordnung einer Eskalationsstufe über die Beschreibung des Verhaltens im zweiten Schritt dabei unterstützt, eine Interventionsform entsprechend ▸ Abb. 2.9 auszuwählen.

> **❓ Reflexions-Aufgabe**
> Nehmen Sie Konflikte in Ihrer Umgebung bewusst wahr, indem Sie sie grob
> (vereinfacht auf drei Stufen) auf der Eskalationsleiter zuordnen.

2.3 Interventionsformen

2.3.1 Intervention

Eine *Intervention* (lat. intervenire = dazwischentreten, eingreifen) ist ein Eingriff in einen Konfliktfall, der von einem körperlichen Trennen der Parteien damit sie getrennte Wege gehen, über eine moderierte Diskussion bis zu einer gemeinsamen Entscheidungsfindung bis hin zu einem bewaffneten Eingriff, einem Krieg, reichen kann.

Je stärker ein Konflikt eskaliert ist, desto direktiver („härter") muss die Interventionsform sein, da die Selbstheilungskräfte der Parteien nicht mehr ausreichend sind. Der *Weisungs-Charakter* einer Intervention bezieht sich auf die drei Aspekte (vgl. Glasl 2013, S. 447):

1. Inhalt (Streitpunkt, Lösung)
   - Non-direktiv: Drittpartei unterstützt bei der Lösungssuche
   - direktiv: Drittpartei gibt eine Lösung vor
2. Setting (Interaktion der Parteien, Beziehung)
   - Non-direktiv: Drittpartei spiegelt das Verhalten und schlägt Änderungen vor
   - Direktiv: Drittpartei gestaltet die Beziehung im Prozess verbindlich
3. Methode (Vorgehen, Verfahren)
   - Non-direktiv: Drittpartei schlägt eine Methode vor
   - Direktiv: Drittpartei schreibt eine Methode vor

Glasl (vgl. 2013, S. 317 f.) differenziert vier prinzipielle *Interventionsrichtungen:* Präventive Interventionen und kurative Interventionen, die jeweils de-eskalierend oder eskalierend eingesetzt werden können.

Präventive Interventionen beziehen sich auf Instrumente der Organisation und Führung (vgl. Glasl 2013, S. 315) und zählen damit zu den (Bauprojekt-) Managementaufgaben. Interventionen eskalierend einzusetzen (was mit Respekt geschehen sollte) kann z. B. sinnvoll sein, wenn ein schwelender Konflikt die Arbeitsprozesse für den Projektverlauf behindert, und erst die offene Austragung des Konfliktes eine dauerhafte Lösung ermöglicht.

Für den kurativen Einsatz, also zur Lösung vorhandener Konflikte, haben sich verschiedene Vorgehensweisen entwickelt.

2.3.2 ADR-Verfahren

Alternative-Dispute-Resolution (ADR)-Verfahren, Streitbeilegungsverfahren alternativ zu staatlichen Gerichtsprozessen, entwickelten und institutionalisierten sich historisch betrachtet zuerst in den USA im Bereich des kollektiven Arbeitsrechts. Zu Beginn des 19. Jahrhunderts organisierten sich vermehrt die Arbeiter („labor"), um mit Streiks die Unternehmen („management") unter Druck zu setzen. Bei diesen

Interessensstreitigkeiten in Tarifauseinandersetzungen zwischen Arbeitgebern und Gewerkschaften waren auch systemrelevante Wirtschaftszweige mit Auswirkungen auf die Gesellschaft betroffen, wie z. B. die Eisenbahnunternehmen. Im Sinne eines Labor-Managements wurden daraufhin der Railway Labor Act 1926 mit einer obligatorischen, und der Labor Management Relations Act 1947 mit einer freiwilligen alternativen Streitbeilegungsform erlassen. (vgl. Lemke 2001, S. 90 f., 99) Ein weiterer Bereich für den Einsatz alternativer Streitbeilegungsverfahren entwickelte sich aus den sozialen Veränderungen der 60er und 70er Jahre in den USA. Die Bürgerrechtsbewegung, deren Erfolg verschiedene Gesetze, die ermöglichten sich gegen die Verletzung seiner Rechte gerichtlich zu wehren, waren, in Kombination mit einer verstärkten Mobilität, die im Gegensatz zu gewachsenen Strukturen anonymere Nachbarschaften hervorrief, führte zu einem sprunghafte Anstieg von Verfahren. Diese Masse konnte das Justizsystem nicht mehr stemmen, woraufhin die Gemeinden in Eigeninitiative kommunale Anlaufstellen (Neighbourhood Justice Centers) zur Klärung regionaler Konflikte anboten. (vgl. Hollingshead Corbett und Corbett 2011, S. 460)

> ❗ **ADR-Verfahren werden**
> - **mithilfe eines neutralen Dritten,**
> - **außerhalb staatlicher Gerichtsverfahren und**
> - **ohne eine bindende, rechtskräftige Entscheidung (Weg zu Gericht bleibt offen) durchgeführt.**

Aktuell haben ADR-Verfahren in der Baubranche in Deutschland von jährlich ca. 2000 Verfahren im Gegensatz zu den ca. 70.000 Gerichtsverfahren noch einen recht geringen Stellenwert (vgl. AHO 2018, S. 1). Die Vorteile insbesondere der Zeit- und ggf. Kostenersparnis lassen aber vermuten, dass sich das in Zukunft ändern wird. Die *Streitlösungsordnung für das Bauwesen (SL Bau)* verweist auf folgende Konfliktlösungs-Verfahren mithilfe eines Dritten:
- Mediation
- Schlichtung
- Adjudikation
- Schiedsgutachten
- Schiedsgerichtverfahren

Schiedsgutachterverfahren nach § 317 BGB und Schiedsgerichtsverfahren gehören wegen ihrer bindenden Entscheidung nicht zu den ADR-Verfahren, werden wegen der Relevanz für das Bauprojektmanagement im Folgenden aber mit erläutert.

Die Interventionsformen Moderation und Verhandlung können ADR-Verfahren sein, wenn sie von einem neutralen Dritten durchgeführt werden. Da sie aber originäre Aufgaben des Projektleiters sind werden sie in separaten Kapiteln vorgestellt.

2.3.3 Intervention: Mediation

Es gibt eine in der Literatur vielfach verwendete Geschichte, die die Intention der *Mediation* gut versinnbildlicht und die Differenz zwischen Kompromiss und Konsens verdeutlicht:

> **Beispiel**
>
> Zwei Schwestern streiten sich lauthals über die letzte übriggebliebene Orange.
> Die Mutter schreitet ein und teilt als Kompromiss die Orange in zwei Hälften und gibt
> jeder Schwester eine halbe. Der Konflikt ist beigelegt.
> Alternativ: Die Mutter fragt die beiden Schwestern jeweils warum sie die Orange
> gerne haben möchten. Die eine sagt, dass sie die Schale benötigt, um einen Kuchen
> zu backen. Die andere sagt, dass sie sich einen Saft pressen möchte. Im Konsens
> bekommt also eine Schwester den Saft einer ganzen Orange und die andere Schwester
> die Schale einer ganzen Orange.

Die Mediation hat mit der europäischen Mediationsrichtlinie 2008 und dem daraus entwickelten deutschen Mediationsgesetz (MediationsG) 2012 an Bekanntheit und Relevanz gewonnen. Da der Projektmanager sowohl prozessuale als auch kommunikative Techniken aus der Mediation anwenden kann, wird das Verfahren umfänglicher vorgestellt.

Die Mediation ist ein strukturiertes Verfahren (direktiv oder non-direktiv, je Eskalationsgrad), in dem ein unabhängiger, neutraler Dritter (Mediator, lat. mediator = Mittelsperson) die Konfliktparteien in ihrer Kommunikation unterstützt, um zu einer eigenständigen Lösung (non-direktiv) zu kommen. Mediator ist keine geschützte Berufsbezeichnung, seit 2016 existiert jedoch eine Verordnung die regelt, wer sich zertifizierter Mediator nennen darf. Das MediationsG legt u. a. noch folgende Rahmenparameter für die Mediation fest:

- Vertraulichkeit (§ 1; betrifft das Verfahren, alle Beteiligten) und Verschwiegenheitspflicht des Mediators (§ 4)
- Freiwilligkeit (an der Teilnahme mit dem Recht auf vorzeitige Beendigung der Mediation) und Eigenverantwortlichkeit (in Bezug auf die Kommunikationsfähigkeit und Willen zur Lösungsfindung) der Parteien (§ 2)
- Allparteilichkeit (§ 2; allen Parteien gleichermaßen verpflichtet) und keine Entscheidungsbefugnis (§ 1) des Mediators

Der Ablauf einer Mediation kann nach der ersten Kontaktaufnahme mit einer Vorprüfung des Falls in Bezug auf Passgenauigkeit des Verfahrens und des Mediators in folgende fünf Phasen[1] unterteilt werden:

1. Eröffnung des Verfahrens
2. Bestandsaufnahme
3. Bearbeitung der Konfliktfelder
4. Lösungsfindung
5. Abschluss des Verfahrens

■■ 1 – Eröffnung des Verfahrens

Es wird Transparenz zu dem Verfahren, dem Ablauf und der Rollenverteilung hergestellt. Es werden Regeln aufgestellt und eine erste Überschrift zum Thema gefunden.

---

1 Die 5 Phasen entsprechen dem Ausbildungskanon „Mediation und Konfliktmanagement" an der Europa-Universität Viadrina. Frankfurt an der Oder.

Ziel in diesem Prozessschritt ist es, den Beteiligten Sicherheit durch Vertrauen in das Verfahren und den Mediator zu geben und eine Arbeitsbereitschaft herzustellen. Zielprodukt ist die konkrete Beauftragung des Mediators mit einem Vertrag.

▪▪ 2 – Bestandsaufnahme

Der Konflikt wird über die Erzählung der Parteien erfasst (Positionen, Fakten, Infos, Eskalationsgrad, Beziehung, Organisationsstrukturen, Arbeitsabläufe, Zuständigkeiten, Unklarheiten, …). Positionen (fixe Standpunkte der Parteien) werden in Themen (Überschriften, die noch keinen Lösungsansatz implizieren) umformuliert. Die Themen werden priorisiert und ergeben als Zielprodukt des Prozessschrittes eine (vorläufige) Themen-Agenda. Am Ende der Phase sollte die Autonomie der Parteien gestärkt sein und durch das erste „Loswerden" der eigenen Geschichte eine Entspannung eintreten.

▪▪ 3 – Bearbeitung der Konfliktfelder

Phase drei kann je nach Konfliktfall der emotionalste für die Beteiligten sein. Zielprodukt ist das Interessenprofil der Parteien zu erstellen. Dazu müssen die Bedürfnisse hinter den jeweiligen Positionen aufgedeckt und in Interessen (lösungsoffen) umformuliert werden. Prozessual sollte in diesem Teil die Transformation von „Fronten" in gegenseitiges Verständnis, Anerkennung und Kooperation erfolgen.

▪▪ 4 – Lösungsfindung

In der kreativen Phase werden Ideen/Lösungsoptionen generiert, gesammelt und bewertet und einvernehmliche Lösungen verhandelt. Zielprodukt ist ein Maßnahmenplan.

▪▪ 5 – Abschluss des Verfahrens

Die Ergebnisse werden zusammengefasst und formuliert. Zielprodukt ist die Abschlussvereinbarung zwischen den Parteien, die Vertrags-Charakter haben kann. Je nach Vereinbarung kann der Mediator danach auch die Implementierung begleiten.

Die Phasen sind nicht starr zu begreifen, sie hängen vom Mediationsstil des Mediators, dem Konflikt an sich und seiner Dynamik ab, manchmal müssen Phasen in Schleifen wiederholt werden. Zudem kann im Anschluss an die Mediation auch die Begleitung der festgelegten Schritte oder Überprüfung der Nachhaltigkeit der Konfliktlösung durch den Mediator festgelegt werden.

▪▪ Mediation in Bauprojekten

Mediationen können im Bauprojektmanagement an ganz unterschiedlichen Stellen zum Einsatz kommen (vgl. Hammacher et al. 2014):

- im förmlichen Verwaltungsverfahren der Bauleitplanung
- zwischen Auftraggeber und Auftragnehmer
- zwischen Investoren und Mietern
- zwischen Architekten und Ingenieuren
- zwischen Partnern/Gesellschaftern oder Mitarbeitern in Bürogemeinschaften
- in Baugemeinschaften
- in Wohneigentümergemeinschaften
- in Bezug auf die Leistungsphasen: bei der Abnahme von Leistungen

- als fixen Bestandteil eines institutionalisierten Konfliktmanagements in komplexen Bauprojekten

Die Mediation in Bauprojekten kann als Verhandlung mit einem neutralen Dritten gesehen werden mit der Besonderheit, dass dieser entsprechende technische Sachkenntnis hat und der Ablauf besonders strukturiert werden muss, damit eine schnelle Entscheidung für den weiteren Projektverlauf gewährleistet werden kann (vgl. Lembcke 2013, S. 28).

Zwei definierte Abwandlungen der Mediation sind die Klärungshilfe und die Güteverhandlung:

■■ Klärungshilfe

Die *Klärungshilfe* ist ein Stil der Mediation, die ihren Schwerpunkt auf dem stark emotionalen und provozierenden „Dialog der Wahrheiten" hat. Damit soll Konfliktklarheit erzielt werden, die Voraussetzung für nachhaltige Lösungen bei andauernden Beziehungen wie etwa Elternschaft oder Arbeitsteams ist. (vgl. Prior und Thomann 2015, S. 294)

■■ Güteverhandlung

Der Einsatz eines Güterichters ist in der Zivilprozessordnung (ZPO) § 278 geregelt.

Einer mündlichen Gerichtsverhandlung soll ein Prozess vorausgehen, der die gütliche Einigung versucht. Ist dies nicht außergerichtlich erfolgt, kann das Gericht das Erscheinen der Parteien bei einer *Güteverhandlung* anordnen. Der Güterichter ist ein für die Güteverhandlung bestimmter, nicht entscheidungsbefugter Richter, der in der Verfahrensgestaltung flexibel ADR-Methoden inklusive Mediation einsetzen kann.

2.3.4 Intervention: Schlichtung

Die *Schlichtung* ist ein außergerichtliches Streitbeilegungsverfahren, das rechtlich nicht näher definiert oder von der Mediation abgegrenzt ist. Insbesondere bei Verbraucherstreitigkeiten gibt es jedoch sogenannte Schlichtungsstellen. Ein vertraglich bestellter Schlichter hat zwar rechtlich keine Entscheidungskompetenz, fokussiert sich aber auf die Lösung, darauf, einen (von ihm erwarteten) Lösungsvorschlag zu unterbreiten. Dieser wird häufig nach einer Widerspruchsfrist bindend. In seinem Verfahren kann der Schlichter interessenorientiert entsprechend der Mediation vorgehen – muss er aber nicht. (vgl. Röthemeyer 2013, S. 47 ff.) Eine Schlichtung ist vertraulich, genaue Konditionen des Verfahrens müssen vertraglich z. B. über eine Verfahrensordnung geregelt werden (vgl. Patzig 2017, S. 27).

2.3.5 Intervention: Adjudikation

Die *Adjudikation* ist ein außergerichtliches Streitbeilegungsverfahren, in dem ein neutraler, sachverständiger Dritter durch eine summarische Sachverhaltsprüfung eine vorläufig bindende Entscheidung trifft. Durch die vorläufig bindende Entscheidung, die später durch ein (Schieds-) Gericht korrigierbar ist, handelt es sich um ein schnelles Verfahren mit kurzen Fristen. (vgl. Patzig 2017, S. 21 und Lembcke 2013, S. 192) Die Schnelligkeit und Vertraulichkeit des Verfahrens ist darauf ausgelegt, den Bauprozess so gering wie möglich durch Konflikte zu beeinflussen. Die Akzeptanz des Verfahrens hängt jedoch stark von der Auswahl der Adjudikatoren ab. Diese können einzeln oder als Gremium (z. B. Jurist, Bautechniker, Architekt), ad hoc im Streitfall oder projektbegleitend eingesetzt werden. (vgl. Patzig 2017, S 21 ff.)

In England ist die Adjudikation ein Standard bei Bauprojekten und unterliegt gesetzlichen Regelungen. Das englische Adjudikations-Verfahren ist nach deutschem Recht als Schiedsgutachten (§§ 317 ff. BGB) einzuordnen, da den Parteien insbesondere an einer schnellen Entscheidung mit Verzicht auf weiteren Schutz der Regelungen des Schiedsgerichtsverfahrens gelegen ist (vgl. Lembcke 2013, S. 209, 223). Da es keine entsprechende Regelung im deutschen Recht gibt, muss die Adjudikation über die Vertragsgestaltung geregelt werden (vgl. Lembcke 2013, S. 195), wobei einige Punkte festzulegen sind, wie z. B.:

- Einsatzzeitpunkt und -dauer, Fristen
- Kostenverteilung
- Auswahl einer Verfahrensordnung
- Auswahl des Adjudikators/der Adjudikatoren für ein Gremium
- Rechte und Pflichten des Adjudikators
- Wirksamkeit und Verbindlichkeit der Entscheidung
- Prüfungskriterien und Nachweisführung
- Kommunikationsregeln
- Einbeziehung Dritter

Die Entscheidungsgremien werden oft mit dem englischen Begriff *Dispute Boards* bezeichnet, wobei zwei Varianten zu unterscheiden sind. Der *Dispute Adjudication Board (DAB)* trifft entsprechend der Adjudikation Entscheidungen, die vorläufig bindend sind. Der *Dispute Review Board (DRB)* wurde erstmals 1975 in den USA baubegleitend eingesetzt und gibt lediglich nicht bindende Empfehlungen. (vgl. Elwert und Flassak 2010, S. 174 ff.) Im internationalen FIDIC-Bauvertrag sind diese Funktionalitäten ab 2017 im *Dispute Avoidance/Adjudication Board (DAAB)* zusammengefasst. Bereits 2003 hat der Informationsdienst des Bayerischen Bauindustrieverbandes e. V. die Baubegleitende Einigungsstelle (BEST) mit nicht bindenden Einigungsvorschlägen implementiert und entsprechend ergänzende Vertragsmusterklauseln zur Verfügung gestellt (vgl. BBIV 2003, S. 17). Für komplexe Großbauprojekte liegt die Tendenz in Bezug auf die Wirksamkeit in Deutschland aktuell bei einem baubegleitenden *„Standing Board"*, wobei eine standardmäßige Einführung insbesondere bei öffentlichen Auftraggebern einigen Schwierigkeiten unterworfen ist (s. a. Abschn. 8.5.7).

2.3.6 Intervention: Schiedsgutachten (-verfahren)

Beim *Schiedsgutachten* wird ein neutraler Experte (oder Expertengremium) gemeinsam von den Streitparteien beauftragt, um die für eine Entscheidung notwendigen Tatsachen festzustellen und in einem Gutachten schriftlich festzuhalten. Ein Schiedsgutachter trifft damit keine umfängliche Entscheidung über den Streitgegenstand, sondern klärt eine für die Konfliktregelung relevante Sachfrage. Daher kann ein Schiedsgutachten auch

Bestandteil eines ADR-Verfahrens sein, um ein blockierendes Sachthema zu klären (vgl. Greger 2013, S. 43).

Das Schiedsgutachten ist kein Verfahren an sich, da es ebenfalls keine gesetzlichen Regelungen zum Vorgehen gibt. Sein Einsatz setzt eine detaillierte vertragliche Vereinbarung zwischen den Konfliktparteien voraus. (vgl. Greger 2013, S. 43 f.) Klassischerweise trifft der Schiedsgutachter eine Entscheidung entsprechend § 317 BGB nach „billigem Ermessen", die entsprechend § 319 BGB gerichtlich überprüft werden kann, die Entscheidung beansprucht also die üblicherweise vertraglich festgelegte Verbindlichkeit, ist aber nicht rechtskräftig (vgl. Patzig 2017, S. 26 f.; Lembcke 2013, S. 49).

Im Bauwesen eignen sich Schiedsgutachten z. B. für die Feststellung von Baumängeln, Bauschäden und deren Ursachen, oder die Bewertung einer zum Stichtag erbrachten Leistung und ausstehender Restarbeiten (vgl. Elwert und Flassak 2010, S. 170).

2.3.7 Intervention: Schiedsgericht (-sverfahren) (engl. Arbitration)

Schiedsgerichtsverfahren finden vor nichtstaatlichen Privatgerichten statt und sind über §§ 1025 ff. ZPO geregelt. Die Entscheidung, der Schiedsspruch, hat entsprechende § 1055 ZPO die Wirkung eines rechtskräftigen gerichtlichen Urteils.

Schiedsgerichtsverfahren sind international im Rahmen größerer Bauprojekte eine häufig getroffene Vereinbarung außerhalb der staatlichen Gerichtsbarkeit. Der Vorteil für die Konfliktparteien gegenüber dem staatlichen Gericht ist die Möglichkeit, Fachexperten als Schiedsrichter auszuwählen. (vgl. Elwert und Flassak 2010, S. 168 f.) Verschiedene Institutionen wie die Deutsche Institution für Schiedsgerichtsbarkeit e. V. (DIS) oder die Internationale Handelskammer (ICC) mit dem ICC International Court of Arbitration unterstützen bei der Durchführung der Verfahren.

In Anlehnung an die Schiedsverfahren haben sich das Medarb-Verfahren und die *Final-Offer-Arbitration* entwickelt. *Medarb* bedeutet Mediation, die wenn sie scheitert zwingend von einem Schiedsverfahren gefolgt wird. Bei dem Final-Offer entscheidet der Schiedsrichter zwischen dem jeweils letzten Entscheidungsvorschlag der Streitparteien. (vgl. Patzig 2017, S. 26)

2.3.8 Intervention mit einem Nicht-neutralen Dritten

Diese Interventionsform ist bauspezifisch. Die Vergabe- und Vertragsordnung für Bauleistungen Teil B (VOB/B) eröffnet in § 18 Abs. 2 die Möglichkeit zu einem *Anrufungsverfahren*. Wenn es sich um einen öffentlichen Auftraggeber handelt, hat der Auftragnehmer die Möglichkeit, die nächste vorgesetzte Stelle anzurufen. Er muss gehört und ihm muss innerhalb von 2 Monaten schriftlich geantwortet werden. Die von der Behörde getroffene Entscheidung gilt als anerkannt, wenn der Auftragnehmer nicht innerhalb von 3 Monaten widerspricht. Während der Dauer des Verfahrens ist die Verjährung gehemmt.

In der Praxis wird dieses Verfahren selten gewählt, wahrscheinlich wegen mangelnden Vertrauens in einen nicht-neutralen Dritten (vgl. Elwert und Flassak 2010, S. 172).

2

2.3.9 **Vor- und Nachteile von ADR-Verfahren**

ADR-Verfahren werden kontrovers diskutiert. Im Folgenden finden Sie einige Argumente die in diesen Diskussionen angeführt werden und bei einer Verfahrensentscheidung bewusst sein sollten.

Vorteile staatlicher Gerichtsverfahren (vgl. Risse 2012, S. 76 ff.):

- staatlicher Richter: Autorität, von Parteien und Streitinhalt unabhängig, Qualität der Ausbildung gewährleistet
- Verfahren nach festen Regeln (ZPO): Transparenz, Fairness durch Gleichbehandlung, in langem demokratischen Prozess entwickelt, Durchsetzbarkeit gewährleistet
- Öffentlichkeit des Verfahrens: Vertrauen der Bürger in das Rechtssystem (nichts hinter verschlossenen Türen); Schaffung von Präzedenzfällen und damit Weiterentwicklung des gesellschaftlichen Gesetzeswerkes
- Entscheidungsmaßstab „Recht": Ergebnis prognostizierbar, objektiv vergleichbar, verhaltenssteuernder Maßstab in der Gesellschaft wird aufrecht erhalten

Vorteile bzw. Ziele durch den Einsatz der ADR-Verfahren:

- Vertraulichkeit: der Rahmen der Mitwisser wird selbst festgelegt (Relevanz z. B. für die Reputation eines Bauunternehmens oder Ingenieurbüros)
- Achtung der Beziehung: anhaltende Beziehungen (z. B. Mietergemeinschaft, Bauunternehmen bis Baustellenende oder in weiteren Projekten) werden berücksichtigt
- Geschwindigkeit: schnelle Lösungen im Gegensatz zu langwierigen Prozessen an den überlasteten staatlichen Gerichten (Baufortschritt)
- gesellschaftliche (oder zumindest projektinterne) Transformation durch Entwicklung einer Streitkultur
- Selbstbestimmung: Wahrung der Autonomie (Bedürfnis) in der Lösungsfindung
- Zugang zur staatlichen Gerichtbarkeit bleibt offen

2.3.10 **Eskalation und Intervention im Bauprojektmanagement**

In der ◘ Abb. 2.9 werden die verschiedenen Interventionen inklusive der Eingriffsstärke und den vier Einsatzebenen des Bauprojektmanagers den Eskalationsstufen eines Konfliktes zugeordnet. In der schematischen Darstellung sind die Grenzen vereinfacht, in der Realität sind diese jedoch fließend und konfliktspezifisch zu sehen. Wichtig für den Einsatzzeitpunkt des Bauprojektmanagers ist die Erweiterung um die Eskalationsstufe 0, denn insbesondere präventive und integrative Maßnahmen können gut implementiert werden, wenn eine gemeinsame Einigung z. B. auf das Vorgehen im Konfliktfall ohne die kognitive „Ablenkung" durch einen vorhandenen Konflikt möglich ist. Diese vorausschauende Arbeit ist mit der in der Disziplin Risikomanagement zu vergleichen. Auch eine Konfliktprovokation für Fachkonflikte erfolgt bestenfalls aus einer kooperativen Grundstimmung des Teams heraus und wird dann „ausgefochten" also realisiert. Der Einsatzzeitpunkt der Adjudikation ist abhängig von der Vereinbarung mit dem Gremium, ob es sich um ein standing board handelt, das das Projekt dauerhaft begleitet und bereits vor einer hohen Eskalationsstufe eingeschaltet werden kann, oder ob es sich um ein ad hoc Gremium handelt, das erst bei einer höheren Eskalationsstufe dazu gerufen wird.

Der Einsatz des Bauprojektmanagers ist auf den vier Ebenen differenziert zu betrachten. Die Integration in sein Bauprojektmanagement sollte er für alle Eskalationsstufen sicherstellen. Prävention und Provokation sind seine ureigensten Aufgaben zur Optimierung der Projektziele Zeit, Kosten und Qualität. Seine Interventionsformen dazu sind die Moderation und Verhandlung. Für die Konfliktrealisierung ist ein hoher Grad an Selbstreflexion notwendig: Was kann ich selber und wo ist es sinnvoll, dass ich es selber mache. Das ist insbesondere eine Frage der Rolle, in der er sich im Einzelfall befindet. Ist er selbst Konfliktbeteiligter (im Team) muss er den Zeitpunkt abschätzen, ab wann ein neutraler Dritter notwendig ist. Auch bei externen Konflikten bzw. den Partizipationsprozessen entstehen Interessenkonflikte, die Betroffenen empfinden den Projektleiter als nicht neutral und entziehen ihm das Vertrauen. Gerade bei höher eskalierten Konflikten der Stufe 3/4 muss er einschätzen, in wie weit er die kommunikativen Fähigkeiten z. B. mediativ einzugreifen besitzt und ob er noch als „neutraler" Dritter wahrgenommen wird. Nicht zu vergessen ist, dass als Führungskraft auch Entscheidungen von ihm erwartet werden, also ein direktiver Eingriff. Der Einsatz ist abhängig vom Führungsstil und der Abwägung, ob ein Konflikt mit einer Entscheidung tatsächlich beigelegt ist oder später zu weiteren Problemen im Team führt.

Reflexions-Aufgaben
Welche Vor- und Nachteile sehen Sie für den Einsatz der Adjudikation in einem Bauprojekt?

Link-Tipp

■■ Normen
BGB: Bürgerliches Gesetzbuch. Ausfertigungsdatum: 18.08.1896. Bürgerliches Gesetzbuch in der Fassung der Bekanntmachung vom 02. Januar 2002 (BGBl. I S. 42, 2909; 2003 I S. 738), das zuletzt durch Artikel 7 des Gesetzes vom 31. Januar **2019** (BGBl. I S. 54) geändert worden ist. ▶ https://www.gesetze-im-internet.de/bgb/BGB.pdf
EU-RiL Mediation: Richtlinie 2008/52/EG des Europäischen Parlamentes und des Rates vom 21. Mai 2008 über bestimmte Aspekte der Mediation in Zivil- und Handelssachen. ▶ https://eur-lex.europa.eu/LexUriServ/LexUriServ.do?uri=OJ:L:2008:136:0003:0008:DE:PDF
MediationsG: Mediationsgesetz vom 21. Juli 2012 (BGBl. I S. 1577), geändert durch Artikel 135 der Verordnung vom 31. August **2015** (BGBl. I S. 1474). URL: ▶ https://www.gesetze-im-internet.de/mediationsg/MediationsG.pdf
VOB/B: Vergabe- und Vertragsordnung für Bauleistungen. Teil B: Allgemeine Vertragsbedingungen für die Ausführung von Bauleistungen. In der Fassung 2016 […].
▶ https://dejure.org/gesetze/VOB-B

2

> **ZMediatAusbV:** Verordnung über die Aus- und Fortbildung von zertifizierten Mediatoren […] vom 21. August **2016.** ► https://www.bgbl.de/xaver/bgbl/start.xav#__bgbl__%2F%2F*%5B%40attr_id%3D%27bgbl116s1994.pdf%27%5D__1558088322653
> **ZPO:** Zivilprozessordnung. In der Fassung der Bekanntmachung vom 05.12.2005 (BGBl. I S. 3202, ber. 2006 S. 431, 2007 S. 1781) zuletzt geändert durch Gesetz vom 31.01.2019 (BGBl. I S. 54) m.W.v. 16.02.**2019.** ► https://dejure.org/gesetze/ZPO
> **SL Bau 2016:** Streitlösungsordnung für das Bauwesen. Deutsche Gesellschaft für Baurecht e. V. ► https://www.dg-baurecht.de/fileadmin/SL_Bau/2016-08-23_Endfassung_Streitloesungen_SL_Bau.pdf.
>
> ■■ Weiteres
> **BBIV:** Bayrische Bauindustrie Verband. Baubegleitende Einigungsstelle (BEST). Ein Projekt der Bayerischen Bauindustrie. (2003). ► https://www.bauindustrie-bayern.de/fileadmin/Webdata/Downloads/Verbandsmagazin/id030403.pdf
> **Rad der Emotionen/Robert Plutchik:** z. B. ► http://www.seminarhaus-schmiede.de/pdf/gefuehle-skript.pdf (S. 11)
> **TKI:** Thomas-Kilmann Conflict Mode Instrument®. ► http://www.kilmanndiagnostics.com/sites/default/files/TKI_Sample_Report.pdf; ► http://www.kilmanndiagnostics.com
> Zugegriffen: 17.05.2019

❷ Wissens-Aufgaben

Was motiviert Menschen, sich konfliktär zu verhalten? Welche Emotionen können vorherrschen und welche Verhaltensmuster entwickeln sich daraus?

Erläutern Sie die Begriffe Haltung, Authentizität, Empathie und die Kompetenz der Selbstreflexion, auch in ihrer Relevanz für Konflikte.

Welche Aufgabe hat eine Konfliktanalyse? Aus welchen Perspektiven und mit welchen drei Werkzeugen können Sie einen Konflikt analysieren? Nennen Sie mind. fünf der Gegensatzpaare, mit denen Konflikte in ihrer Ausprägung beschrieben werden können.

Nennen Sie fünf Konfliktbearbeitungsverfahren in der Reihenfolge ihrer Interventions-Härte und die Eskalationsstufe eines Konfliktes, für den Sie das Verfahren empfehlen würden.

Beschreiben Sie den prozessualen Ablauf und Inhalte der einzelnen Phasen einer Mediation. Nennen Sie fünf Beispiel-Konstellationen, wann Sie sie im Konfliktfall in Bezug auf Bauprojekte einsetzen könnten.

Welche Einsatz-Varianten eines Dispute Boards sind im Rahmen einer Adjudikation vorstellbar?

Literatur

Ade J, Schroeter K (2015) Ein Balanceakt: Haltung in der Mediation. In: Freitag S, Richter J (Hrsg) Mediation – das Praxisbuch. Denkmodelle, Methoden und Beispiele. Beltz, Weinheim, S 184–194

AHO (Hrsg) (2018) Konfliktmanagement in der Bau- und Immobilienwirtschaft. Schriftenreihe Heft Nr. 37. Bundesanzeiger Verlag, Berlin

Alter U (2018) Grundlagen der Kommunikation für Führungskräfte. Springer, Wiesbaden

Arndt F, Richter A (2009) Steuerung durch diskursive Praktiken. In: Göhler G, Höppner U, De La Rosa S (Hrsg) Weiche Steuerung. Studien zur Steuerung durch diskursive Praktiken, Argumente und Symbole. Nomos, Baden-Baden, S 27–73

Bonacker T, Imbusch P (2010) Zentrale Begriffe der Friedens- und Konfliktforschung: Konflikt, Gewalt, Krieg, Frieden. In: Imbusch P, Zoll R (Hrsg) Friedens- und Konfliktforschung. Eine Einführung. VS Verlag, Wiesbaden, S 67–142

Brockhaus (2006) Enzyklopädie, Bd.11. Brockhaus, Leipzig

Elwert U, Flassak A (2010) Nachtragsmanagement in der Baupraxis. Grundlagen – Beispiele – Anwendung. Vieweg + Teubner, Wiesbaden

Engel A, Korf B (2005) Negotiation and mediation techniques for natural resource management. Food and Agriculture Organisation. United Nations. Rom. ► https://peacemaker.un.org/sites/peacemaker. un.org/files/NegotiationandMediationTechniquesforNaturalResourceManagement_FAO2005.pdf. Zugegriffen: 13. Nov. 2018

Fischer J, Fleckenstein B, Fischer P (2014) Psychologie der Mediation: Wissenschaftlich-psychologische Techniken für Mediatoren. ZKM 5:142–146

Fisher S, Abdi DI, Ludin J, Smith R, Williams St, Williams Su (2000) Working with conflict. Skills and strategies for action. Zed Books & Responding to Conflict, Burmingham

Foucault M (1995) Der Gebrauch der Lüste. Sexualität und Wahrheit 2. Suhrkamp, Frankfurt a. M.

Gerrig RJ (2015) Psychologie. Pearson Deutschland, Hallbergmoos

Glasl F (2013) Konfliktmanagement. Ein Handbuch für Führungskräfte, Beraterinnen und Berater. Haupt, Bern

Glatz H, Graf-Götz F (2018) Handbuch Organisation gestalten. Für Praktiker aus Profit- und Non-Profit-Unternehmen, Trainer und Berater. Beltz, Weinheim

Greger R (2013) Schiedsgutachten: Konfliktmanagement mit Sachverstand. ZKM Zeitschrift für Konfliktmanagement 2:43–47

Hammacher P, Erzigkeit I, Sage S (2014) So funktioniert Mediation in Planen + Bauen. Mit Fallbeispielen und Checklisten. Springer, Wiesbaden

Hodapp V (2000) Ärger. In: Otto JH, Euler HA, Mandl H (Hrsg) Emotionspsychologie. Ein Handbuch. Beltz, Weinheim

Hollingshead Corbett WE, Corbett JR (2011) Community Mediation in Economic Crises: The Reemergence of Precarious Sustainabilty. Nev. Law J. 11:458-480. ► https://scholars.law.unlv.edu/cgi/viewcontent.cgi?referer=https://www.google.com/&httpsredir=1&article=1167&context=nlj. Zugegriffen: 19. Mai 2019

Hupka RB, Otto JH (2000) Neid und Eifersucht. In: Otto JH, Euler HA, Mandl H (Hrsg) Emotionspsychologie. Ein Handbuch. Beltz, Weinheim

Kluwe RH (2003) Kognition. In: Kluwe RH (Hrsg) Psychologie von A–Z. Die sechzig wichtigsten Disziplinen. Elsevier, München

Krohne HW (1996) Angst und Angstbewältigung. Kohlhammer, Stuttgart

Lembcke M (Hrsg) (2013) Handbuch Baukonfliktmanagement. Mediation, Schlichtung, Adjudikation, Schiedsgutachten. Wolters Kluwer, Köln

Lembke M (2001) Mediation im Arbeitsrecht. Grundlagen, Techniken und Chancen. Verlag Recht und Wirtschaft, Heidelberg

Maslow AH (1981) Motivation und Persönlichkeit. Rowohlt, Reinbek

Mason S, Rychard S (2005) Conflict analysis tools. Swiss Agency for Development and Cooperation (SDC). Conflict Prevention and Transformation Division (COPRET). ► http://www.css.ethz.ch/content/dam/ethz/special-interest/gess/cis/center-for-securities-studies/pdfs/Conflict-Analysis-Tools. pdf. Zugegriffen: 26. Nov. 2018

Montada L, Kals E (2001) Mediation. Ein Lehrbuch für Psychologen und Juristen. Beltz, Weinheim

Morgenstern C, Landes M (2013) Teamentwicklung. In: Landes M, Steiner E (Hrsg) Psychologie der Wirtschaft. Springer, Wiesbaden

Otto JH, Euler HA, Mandl H (2000) Begriffsbestimmungen. In: Otto JH, Euler HA, Mandl H (Hrsg) Emotionspsychologie. Ein Handbuch. Beltz, Weinheim

Patera M (2001) Reflexionskompetenz – Qualitätskriterium für (künftige) MediatorInnen. ZKM 5:226–229

Patzig J (2017) Streitlösungsmodell für die Bauprojektabwicklung. Konfliktmanagement mithilfe bedarfsoptimierter Adjudikation. Lang, Frankfurt a. M.

Pflugbeil S (2017) Entwicklung eines Konfliktmanagementsystem-Ansatzes für temporäre Projektorganisationen im Bauwesen. Metzner, Frankfurt a. M.

2

Prior C, Thomann C (2015) Klärungshilfe. Die drei unverzichtbaren Merkmale Auftragsklärung, Dialog und Erklärung. Konfliktdynamik 4:294–303

Redlich A, Freitag S (2015) Drei Konfliktformen – Ressourcenkonflikte, Interessenkonflikte und identitätsbasierte Wertekonflikte. In: Freitag S, Richter J (Hrsg) Mediation – Das Praxisbuch. Denkmodelle, Methoden und Beispiele. Beltz, Weinheim

Reiss M (2016) Konfliktradar. Konfliktdynamik 3:236–242

Risse J (2012) Konfliktlösung durch Gerichtsprozesse: Benchmark für alle ADR-Verfahren. ZKM 3:75–79

Röthemeyer P (2013) Die Schlichtung – ein Stiefkind der Gesetzgebung. ZKM 2:47–51

Ruch FL, Zimbardo PG (1974) Lehrbuch der Psychologie. Springer, Berlin

Schulenburg N (2018) Exzellent präsentieren. Die Psychologie erfolgreicher Ideenvermittlung – Werkzeuge und Techniken für herausragende Präsentationen. Springer, Wiesbaden

Schulz von Thun F (2014) Miteinander reden: 1. Störungen und Klärungen. Allgemeine Psychologie der Kommunikation. Rowohlt, Reinbek

Stöber J, Schwarzer R (2000) Angst. In: Otto JH, Euler HA, Mandl H (Hrsg) Emotionspsychologie. Ein Handbuch. Beltz, Weinheim

Thaler RH, Sunstein CR (2016) Nudge. Wie man kluge Entscheidungen anstößt. Ullstein, Berlin

Wallbott HG (2000) Empathie. In: Otto JH, Euler HA, Mandl H (Hrsg) Emotionspsychologie. Ein Handbuch. Beltz, Weinheim

Weeth A (2018) Kognitive Verzerrungen bei Managemententscheidungen. Dissertation. Springer, Wiesbaden

Winter F (2018) Brandschutz im Holzbau. Informationsdienst Holz. Urbaner Holzbau. ► https:// informationsdienst-holz.de/urbaner-holzbau/kapitel-4-der-zeitgenoessische-holzbau/brandschutz-im-holzbau/. Zugegriffen: 16. Nov. 2018

Zimbardo PG, Gerrig RJ (1999) Psychologie. Springer, Berlin

Zimbardo PG, Johnson RL, McCann V (2016) Schlüsselkonzepte der Psychologie. Pearson, Hallbergmoos

Grundlagen der Kommunikation

© Springer Fachmedien Wiesbaden GmbH, ein Teil von Springer Nature 2019
N. Schwab, *Konfliktkompetenz im Bauprojektmanagement*, erfolgreich studieren,
https://doi.org/10.1007/978-3-658-27089-6_3

Trailer

Konflikte sind Kommunikationsprozesse. Daher liegt es erstmal nahe, dass ein grundlegendes Verständnis von Kommunikation, dem Austausch von Informationen, für das Konfliktmanagement in der Bauprojektrealisierung notwendig ist.

Nun gilt allerdings nicht der Umkehrschluss, dass jeder Kommunikationsprozess auch gleich ein Konflikt sein muss. Aber: Prozesse haben Fehlerquellen – und Fehler führen oft zu Konflikten. Ein Prozess setzt sich aus verschiedenen Schritten oder Elementen zusammen, die voneinander abhängig sind. Liegt bei nur einem eine Störung vor, ist das, was am Ende des Prozesses entsteht, nicht das beabsichtigte Ergebnis. Stehen auf Ihrer Baustelle z. B. die Fliesenleger bereit, aber die Lieferung der Bodenplatten steht aus, kann das u. a. daran liegen, dass sie zu spät bestellt wurden, der Transport wegen des Wetters nicht möglich war oder aber die Fliesenleger nicht über den aktualisierten Terminplan informiert wurden. Kennen Sie die einzelnen Prozessschritte, können Sie die Fehlerquelle lokalisieren und den Fehler analysieren. Das ist die Grundlage, ihn beim nächsten Mal zu vermeiden und den Prozess zu optimieren.

Störungen im Kommunikationsprozess können zu Missverständnissen führen die Konflikte verursachen. Diese Konflikte haben keinen handfesten, sachlichen Inhalt, sie entstehen rein aus dem System heraus, sie sind prozess- bzw. systemimmanent. Kennen Sie die Prozesselemente mit typischen Fehlerursachen und kennen Sie die Methoden, diese zu verhindern, haben Sie die Möglichkeit konfliktpräventiv zu wirken.

Der Begriff Kommunikation findet in vielen Bereichen Verwendung. Daher wird er im ersten Teil des Kapitels eingegrenzt, der Umfang der zwischenmenschlichen Kommunikation verdeutlicht und auch der spezielle Bereich im Bauwesen, die Architekturkommunikation, kurz erläutert. Im zweiten Teil werden in einem Modell die Elemente des Kommunikationsprozesses dargestellt und in zwei weiteren Modellen typische Störfaktoren abgebildet. Der dritte Teil befasst sich mit Modellen zur Kommunikation, die auf einer Haltung und einem Vorgehen beruhen, die für eine kooperative und konfliktpräventive Kommunikation entwickelt wurden. Der vierte Teil verbindet die theoretischen Grundlagen und stellt die einzelnen Prozesselemente mit typischen Störfaktoren vor. Zum Schluss werden kommunikative Methoden vorgestellt, die allgemein konfliktpräventiv im Kommunikationsprozess wirken.

Lernziel

Wenn Sie sich mit den Inhalten dieses Kapitels befasst haben:

Können Sie den Begriff Kommunikation erklären und In Bezug auf Ihren Fachbereich spezifizieren.

Kennen Sie die Elemente im zwischenmenschlichen Kommunikationsprozess und ihre typischen Fehler.

Können Sie Ihre eigene Haltung im Kommunikationsprozess mit den vorgestellten Modellen vergleichen und feststellen, ob sich das auf Ihr Vorgehen – analog der Modelle – auswirkt.

Können Sie Werkzeuge bzw. kommunikative Elemente zur Konfliktprävention im Kommunikationsprozess beschreiben.

3.1 Kommunikation

3.1.1 Begriff und wissenschaftliche Einordnung

Kommunikation (lat. communicare = gemeinschaftlich tun; communicatio = Mitteilung), der Austausch von Informationen, ist im akademischen Kontext im Wesentlichen in den drei sehr unterschiedlichen Bereichen Technik, Betriebswirtschaftslehre und Sozialwissenschaften zu finden. Je nach wissenschaftlicher Schwerpunktsetzung haben diese dann entsprechende Schnittstellen.

> **!** **Kommunikation ist der Austausch von Informationen, der verbal und non-verbal stattfinden kann.**

Die *Kommunikationstechnologie* (auch Medien- oder Informations- und Kommunikationstechnologie) befasst sich mit allen technischen Hilfsmitteln, mit denen Informationen ausgetauscht werden können. Darunter fallen Fachbereiche wie Drucktechnik, Funktechnik, Mikroelektronik, Technische Informatik oder allgemein Kommunikationsnetze. Funktionierende und aufeinander abgestimmte Kommunikationstechnik ist heute eine Arbeitsgrundlage. Das dazu notwendige Know-how und der Aufwand (z. B. Übertragung großer Datenmengen, Zugriffsrechte und Datensicherheit, Videokonferenzen) sind insbesondere bei großen Projekten nicht zu unterschätzen. Für das Konfliktmanagement ist der konzeptionelle Ansatz im Bereich Dokumentation und Software-Auswahl relevant, die technische Sicht ist nicht Bestandteil dieses Buches.

Marketing, in dem auch viele Kommunikationsthemen auftauchen, ist ein spezieller Bereich der Betriebswirtschaftslehre. *Kommunikationspolitik bzw. -strategie* ist z. B. ein Schwerpunkt im Bereich der Unternehmensführung. Ein weiterer Bereich des Marketings ist die Umsetzung in der Werbung über Medien und deren Gestaltung. Speziell für das Marketing im Bauwesen etabliert sich auch die Architekturkommunikation. Eine Berufsbezeichnung für diese Inhalte ist der Kommunikationswirt. Die Schnittstelle zu diesem Buch ist die überzeugende Gesprächsführung. Sich selbst, eine Idee oder ein Projekt gut „zu verkaufen" hat insofern etwas mit Konfliktprävention zu tun, dass, tut man es auf manipulative oder unlautere Weise, Konflikte vorprogrammiert sind.

Kommunikationswissenschaft ist eine spezielle Sozialwissenschaft. Sie erforscht die Voraussetzungen, Abläufe und Folgen des menschlichen Zusammenlebens mit dem Schwerpunkt auf dem zwischenmenschlichen Austausch von Informationen. Die Erkenntnisse wie z. B. die Entwicklung von Modellen der – und zur – Kommunikation sind Grundlagenwissen für das Marketing, aber auch das Konfliktmanagement. Die theoretischen Inhalte der Kommunikationswissenschaft begründen viele Vorgehensweisen in der praktischen Anwendung.

3.1.2 Bestandteile von Kommunikation

> **!** **„Man kann nicht *nicht* kommunizieren." (Watzlawick 2000, S. 51)**

Dieses bekannte Zitat von Paul Watzlawick gibt bereits einen Hinweis auf die Bandbreite der „Dinge", mit denen zwischenmenschliche Kommunikation stattfindet. Hilfreich ist dabei die Unterscheidung in verbale und non-verbale Kommunikation.

Verbale Kommunikation sind gesprochene und geschriebene Worte. Dazu gehören auch (Sprach-) Laute und Worte in ihrem Zusammenhang als Sätze.

Die Sprache an sich ist vielfältig: z. B. spreche ich Deutsch oder Englisch, eine wissenschaftliche Fachsprache (unter Verwendung vieler Fach- und Fremdwörter) oder eine vulgäre Umgangssprache (unter Verwendung vieler Kraftausdrücke und Schimpfwörter), anspruchsvoll (lange Sätze mit vielen Nebensätzen) oder einfach (kurze, klare Sätze), einen Dialekt (mit regionalen Ausdrücken) oder einen Soziolekt (mit Ausdrücken einer sozialen Gruppe).

Non-verbale Kommunikation bezieht sich auf alle Dinge, die etwas aussagen, ohne Worte zu sein. Das sind zum einen Zeichen, Signale und Symbole, zum anderen alle paralinguistischen Phänomene.

Zeichen, Signale und Symbole sind insofern „einfacher" als Sprache, da sie oft unmissverständlicher sind, wie z. B. eine rote Ampel. Auch der Ausdruck eines geschriebenen Wortes variiert z. B. durch Untergrund, Schreibstil, Farbe und Größe der Schrift. Paralinguistik betrifft alle sprachbegleitenden Erscheinungen wie Lautstärke, Sprechtempo, Pausen, Atmung, aber auch Blick, Gestik, Mimik, Körperhaltung oder Körperbewegung. All diese Attribute senden Signale zusätzlich zu den Worten mit dem tatsächlichen Inhalt. Darauf beruft sich auch Watzlawick (vgl. 2000, S. 50 f.): ein Mensch kommuniziert nicht nur mit Worten, sondern auch mit seinem Verhalten. Da man sich nicht *nicht* verhalten kann, kann man auch nicht *nicht* kommunizieren.

3.1.3 Architekturkommunikation

Architekturkommunikation befasst sich mit der Vermittlung von Architektur, der Kommunikation über Architektur. Dabei geht es weniger um die pragmatischen Rahmenparameter wie Raumprogramm, Standort oder Budget, sondern eher um das Hervorrufen von Emotionen, einem Raum-Gefühl. Statt herauszufinden, was es ist, soll ein Ausdruck gefunden werden, wie es ist. Dazu müssen die drei Punkte Repräsentationstechnik, Medium und Adressat koordiniert in Kontext gesetzt werden und wesentlich, für die Sprache der Architektur sensibilisiert werden.

Repräsentationstechniken sind z. B. Modell, Zeichnung, Collage, digitale Visualisierung (2D, 3D, animiert) bis hin zur erweiterten Realität (engl. augmented reality). Mit der Technik entscheidet sich auch, welche Sinne angesprochen werden. Basis ist überall die visuelle Wahrnehmung, Objekt, Modell und Collage bieten mit der Integration von Texturen zusätzlich auch eine haptische Rückmeldung. Filme bieten die Möglichkeit, das Hören anzusprechen. Der Geruchssinn kann z. B. bei einem Modell aus Ton, den Geruch des Raumes der Präsentation, dem Parfüm des Repräsentanten oder gezielter in der augmented reality angesprochen werden.

Das *Medium* über das die Architektur vermittelt werden soll ist ebenso vielfältig und kann je Auftrag auch vorgegeben sein, z. B.: Buch, Zeitschrift, Ausstellung, Plakat, Internetseite, Internetblog, Film, Flyer. Möglich ist aber auch eine verbale Präsentation in einer Konferenzsituation, womit auf den Vortragenden alle Bestandteile der menschlichen Kommunikation inkl. der Kleidung zukommen und also nicht nur die Sprache der Architektur, sondern die Sprache über die Architektur wichtig wird.

All diese Dinge müssen auf das Ziel der Kommunikation und den *Adressatenkreis* abgestimmt sein. Ziel kann z. B. sein einen Wettbewerb zu gewinnen, für einen Kauf zu überzeugen, im Gesamtbild den Stil eines Planungsbüros am Markt zu positionieren,

Wunschwelten zu suggerieren, oder Kritikpunkte zur Lösungsfindung darzustellen. Dabei muss der Wissens- und Erfahrungshorizont der Adressaten berücksichtigt werden, z. B. benötigt die Darstellung und Sprache in einer Fachzeitschrift eine andere Passung als in einem Lifestyle-Magazin.

Auch der *ästhetische Kontext,* der Rahmen, kommuniziert. Als Beispiel der Wirkkraft stellen Sie sich vor, ein Bild bei Ihnen zu Hause wird in ein Museum gehängt. Dort hängt es alleine an einer großen Wand oder unter hundert anderen Bildern. Oder eine Bild ihrer dreijährigen Tochter wird in einem barocken Goldrahmen präsentiert. Dass der Kontext alles andere als neutral ist, zeigt O`Doherty im Verhältnis des Kontextes (Museumsraum) zum tatsächlichen Inhalt (Bild) in seinem Werk „Inside the White Cube" (vgl. O'Doherty 1996).

Die Parameter mit denen Architektur spricht sind z. B. Form, Maßstab, Licht, Material, Textur, Anordnung und Farbe. Die Attribute mit denen Emotionen – konsistent oder kontrahiert- hervorgerufen werden können sind z. B. Helligkeit und Dunkelheit, Chaos und Ordnung, Leichtigkeit und Schwere, Handarbeit und Fertigteil, Kombination (Ensemble) und Vereinzelung, bebaut und leer, ornamentiert und schlicht, einsam und überfüllt, bunt und eintönig, kraftvoll und zart, weich und hart.

> Architekturkommunikation ist die Vermittlung von Architektur mit dem Ziel, durch eine auf Repräsentationstechnik, Medium, Ziel und Adressatenkreis abgestimmte architektonische Sprache eine emotionale Resonanz hervorzurufen.

3.2 Modelle der Kommunikation – System

3.2.1 Das Sender-Empfänger-Modell

Das *Sender-Empfänger-Modell,* oder nach den Erfindern *Shannon-Weaver-Modell,* ist das grundlegende Modell von Kommunikation. Das verwendete Vokabular macht seine ursprüngliche Entwicklung im Bereich der Informationstheorie (Nachrichtentechnik) deutlich, bevor es von der Soziologie für die zwischenmenschliche Kommunikation übernommen wurde. Auf ◘ Abb. 3.1 erkennt man die sechs technisch notwendigen Bestandteile für das Grundprinzip Senden-und-Empfangen-einer-Information:

1. Einen Sender (Absicht, Informationsquelle) (S)
2. mit Sendegerät (Kodierer bzw. Möglichkeit und Fähigkeit zur Kodierung) (K),
3. einen Empfänger (Adressat, Nachrichtenziel) (E)
4. mit Empfangsgerät (Dekodierer bzw. Möglichkeit und Fähigkeit zur Dekodierung) (D),
5. eine Information/Nachricht/Inhalt und

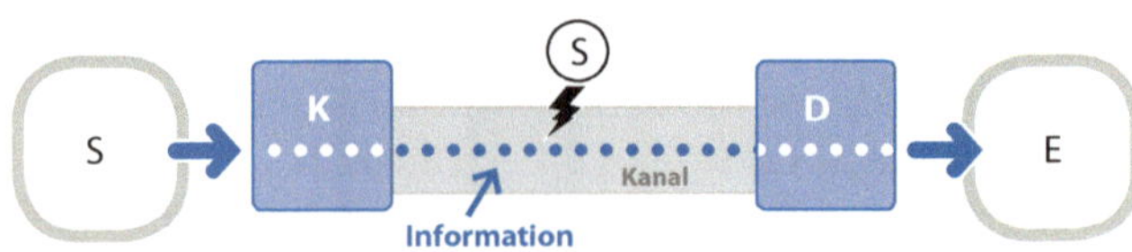

◘ **Abb. 3.1**   Sender-Empfänger-Modell nach Shannon und Weaver

6. einen Kanal bzw. ein Medium, über das die Information übermittelt wird.
   Das Sender-Empfänger-Modell stellt die Störung (das Rauschen) als ein separates, lokalisierbares Element dar, das aus technischer Sicht zu beheben ist.
7. Störung (S)
   Da die Technik von Menschen zur Kommunikation mit einem Zweck verwendet wird, wurden die Bestandteile um zwei Parameter erweitert (vgl. Schäfer 2005, S. 18):
8. ein gemeinsames Kodierungsverfahren/Zeichensystem (zur Lokalisierung von semantischen Problemen) und
9. einen Kontext, in dem die Kommunikation erfolgt (um mit einer Nachricht Verhalten in gewünschter Weise, effektiv zu beeinflussen).

❗ Das Sender-Empfänger-Modell vereinfacht die Lokalisierung einer Störung im Kommunikationsprozess.

3.2.2 Das Kommunikationsquadrat von F. Schulz von Thun

Friedemann Schulz von Thun hat das Sender-Empfänger-Modell im Sinne der zwischenmenschlichen Kommunikation weiterentwickelt, indem er den Inhalt einer Nachricht („Anatomie einer Nachricht" (vgl. 2014a, S. 27 ff.)) auf vier Seiten aufschlüsselt. Vier Ebenen, die der Sender in der Nachricht übermitteln kann, und vier Ebenen, die der Empfänger dekodieren oder interpretieren kann. Die vier Seiten, daher auch der Name *Kommunikationsquadrat* oder *Vier-Ohren-Modell,* sind wie in ◗ Abb. 3.2 dargestellt:
1. Der Sachinhalt (Worüber ich informiere),
2. die Beziehung (Was ich von dir halte und wie wir zu einander stehen),
3. der Appell (Wozu ich dich veranlassen möchte) und
4. die Selbstoffenbarung (Was ich von mir selbst kundgebe).

Die vier Ebenen einer Nachricht werden im Folgenden an dem Beispielsatz „Das Bad ist zu klein" im Rahmen eines Auftraggeber-Architekten Gesprächs in der Entwurfsplanung dargestellt.

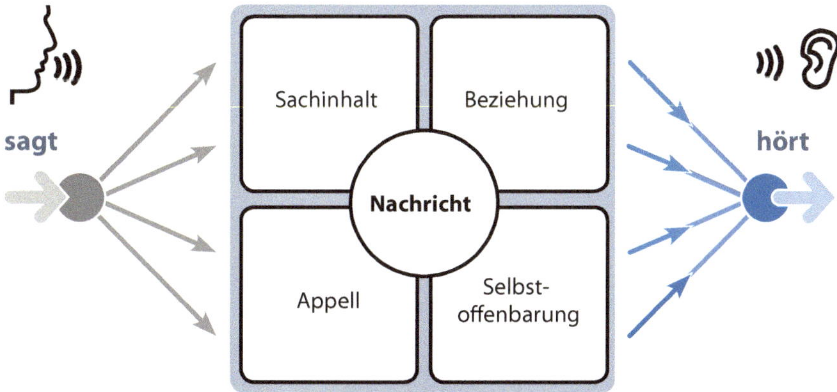

◗ **Abb. 3.2** Kommunikationsquadrat nach F. Schulz von Thun

Die *Sachebene* bezieht sich pragmatisch, bewertungsfrei und emotionslos auf Fakten oder Daten. Diese können, werden sie mit dem *Sach-Ohr* aufgegriffen, nach den Kriterien Wahrheit (wahr/richtig oder unwahr/falsch), Relevanz und Verständnis (ausreichend erläutert oder unzureichend dargelegt) überprüft werden.

Beispiel

Sender: Das Bad ist zu klein.
Empfänger *(Sach-Ohr):* Sachverhalt, das Bad ist zu klein. Prüfung:
- Wahrheit: Ist das Bad wirklich zu klein?
- Relevanz: Benötige ich diese Information für die weitere Planung?
- Verständnis: Fehlen mir Informationen? (Ja: Was genau ist mit zu klein gemeint, wie viel Raum oder ggf. wofür benötigt der Bauherr ihn?)

Die *Beziehungsebene* beinhaltet Aussagen über die Verhältnisse zwischen Sender und Empfänger. Sie drückt aus, was die Menschen gegenseitig voneinander halten und kann z. B. beeinflusst sein von Macht, Status oder Hierarchieordnung, aber auch emotionalen Bindungen wie Liebe, Hass oder Anerkennung. Der Sender übermittelt eine Du-Botschaft (das halte ich von dir) und eine Wir-Botschaft (das kann ich dir so sagen, weil unser Verhältnis so ist). Das *Beziehungs-Ohr* ist sehr empfindlich, da der Empfänger Betroffener der Aussage ist. Die Gemütsverfassung des Empfängers ist daher ausschlaggebend für den ankommenden Inhalt.

Beispiel

Sender: Das Bad ist zu klein. (implizierte Haltung/Beziehung: Du hast keine Ahnung von einer ordentlichen Badekultur. Ich bin dein Auftraggeber und sage dir einfach, was du zu tun hast.)
Empfänger *(Beziehungs-Ohr):* Jetzt habe ich schon wieder einen Fehler gemacht, in seinen Augen mache ich ja alles falsch. Ich muss ihn aber als Kunden behalten. Oder: Die Zusammenhänge habe ich ihm mehrfach erklärt, er ist zu blöd das zu verstehen. Ich bin der Fachmann und kompetenter als er.

Die *Appell-Ebene* beinhaltet eine Aufforderung zur Veränderung im Denken, Handeln oder Fühlen, die der Sender mitteilen möchte bzw. der Empfänger so versteht.

Beispiel

Sender: Das Bad ist zu klein. (implizierte Aufforderung: Plane es um.)
Empfänger *(Appell-Ohr):* Plane ein größeres Bad ein.

Die *Ebene der Selbstoffenbarung* beinhaltet Informationen über den Sender einer Nachricht. Diese setzen sich aus *gewollter Selbstdarstellung* und *ungewollter Selbstenthüllung* zusammen (vgl. Schulz von Thun 2014a, S. 29) und geben Bedürfnisse, Emotionen,

Werte, Einstellungen und Qualitäten des Senders Preis. Das *Selbstoffenbarungs-Ohr* des Empfängers hört aus der Nachricht etwas über den Sender heraus, nicht über sich selbst.

> **Beispiel**
>
> Sender: Das Bad ist (doch viel) zu klein. (Selbstdarstellung: Ich kann mir ein großes Bad leisten./Selbstenthüllung: Die Zeit im Badezimmer hat einen hohen Stellenwert in meinem Tagesablauf.)
> Empfänger *(Selbstoffenbarungs-Ohr)*: Was für ein Angeber. Oder: Genießer.

❗ Komplexitätszunahme: Informationen in der zwischenmenschlichen Kommunikation werden auf unterschiedlichen Ebenen gesendet und auf unterschiedlichen Ebenen empfangen.

❓ Praxis-Aufgabe

Setzen Sie sich mit einem Kollegen oder Kommilitonen zusammen und bringen Sie jeder eine aktuelle Arbeit (Entwurf, Konzept, etc.) von sich mit. Bitten Sie den anderen jeweils um eine Bewertung/Kritik (nur ein Punkt/ein Satz).
Danach arbeitet jeder einen Moment für sich: Auf einen Zettel schreiben Sie sich wörtlich die Aussage, die Sie gemacht haben, ordnen Sie einer der 4 Seiten einer Nachricht zu und ergänzen, was in Ihrer Aussage aus Ihrer Sicht auf den drei anderen Seiten der Nachricht „mitgeschwungen" hat. Dann nehmen Sie sich einen zweiten Zettel, schreiben oben wortwörtlich die Aussage Ihres Kollegen (die Kritik an Ihrer Arbeit) darauf, ordnen sie einer Ebene zu und ergänzen, was Sie in den drei anderen Ebenen gehört haben. Versuchen Sie dabei möglichst ehrlich mit sich selbst zu sein. Danach vergleichen Sie Ihre Aufzeichnungen miteinander. An welchen Stellen hat der andere etwas vollkommen anderes gehört, was man selber glaubte auf dieser Ebene zu übermitteln? Versuchen Sie gemeinsam herauszufinden, woran es gelegen hat.

3.2.3 Das Modell der Transaktionsanalyse

Als *Transaktion* bezeichnete Eric Berne, der Begründer der *Transaktions-Analyse,* die Grundeinheit aller sozialer Verbindungen, also der Moment, in dem ein Mensch einen anderen wahrnimmt und darauf reagiert (vgl. Harris 1996, S. 27). Der Ursprung des Modells liegt in der Psychotherapie, es differenziert eine Nachricht über die Verfassung, in der sich ein Mensch befindet. Diese kann im Gespräch wechseln und bewirkt simultane Veränderungen, die sich auf das gesamte Verhalten wie Vokabular, Körperhaltung, Mimik und Gestik auswirken. Die Transaktions-Analyse ist die Methode zur Untersuchung dieser Veränderungen. Sie unterscheidet dazu die Persönlichkeit eines Menschen in die drei Zustände:

1. Eltern-Ich
2. Kindheits-Ich
3. Erwachsenen-Ich

Als Beispiel wird auch hier die Situation mit dem Satz „Das Bad ist zu klein" verwendet. Um die Zustände aufzuzeigen wird dargestellt, welche Dialoge sich innerlich abspielen könnten.

Das *Eltern-Ich* besteht aus der riesigen Datenmenge der Dinge, die ein Kind etwa bis zum fünften/sechsten Lebensjahr aus seiner Umgebung (insbesondere durch die Eltern) aufnimmt und unreflektiert als Wahrheit annimmt. Diese ganz individuellen Aufzeichnungen sind ein im Zustand der absoluten Abhängigkeit eines Kindes von seiner Umwelt angelerntes (Über-) Lebenskonzept. Es besteht auch aus den ganzen Appellen der Erziehung: Nein! Das darfst du nicht! Das ist böse! Und später mit komplizierteren Inhalten: Hunde sind böse! Du darfst nicht lügen! Man schmeißt kein Essen weg! Du musst etwas leisten sonst fällst du durchs System!

Das Eltern-Ich agiert als „Bestimmer" und sendet seine Appelle an das „untergeordnete" Kind.

> **Beispiel 1: Eltern-Ich trifft auf Reaktion Kindheits-Ich (Komplementär-Transaktion)**
>
> Sender: „Das Bad ist zu klein. Planen sie es um!"
> Empfänger: „Ich werde das sofort korrigieren." (Empfängt das Eltern-Ich (Du hast einen Fehler gemacht. Du bist nicht gut genug. Nur wenn du keine Fehler machst wirst du wieder beauftragt (liebt man mich). Das darf mir nicht passieren, sonst verärgere ich den Kunden.) und reagiert komplementär aus der angesprochenen Rolle des Kindes.)

Das *Kindheits-Ich* ist ebenfalls ein unlöschbarer Datensatz, der in der Kindheit entsteht. Es ist die innere Perspektive des Kindes auf äußere Ereignisse, die durch die Unfähigkeit des Denkens in Zusammenhängen aus Gefühlen besteht, ein gefühltes Lebenskonzept. Es vereint die Gegensätze eines *Ich-bin-Ok-Ichs* und eines *Ich-bin-nicht-OK-Ichs*. Der positive Datensatz des Kindheits-Ich stammt aus der Neugier, Abenteuerlust und all den positiven Gefühlen, die beim Entdecken der Welt entstehen. Hinzu kommen Wärme und Geborgenheit der elterlichen Nähe. Gleichzeitig entsteht der negative Datensatz, denn der Drang des Kindes alles zu ergreifen, draufzuhauen, Gefühle laut auszudrücken, seinen Darm zu entleeren, wenn der Körper es sagt, gegen diese Urbefriedigungen besteht ständig die Forderung der Umwelt (den Eltern), sie zu unterdrücken. Der Verzicht auf sie wird mit Anerkennung belohnt. Das Kindheits-Ich eines Erwachsenen kann sich einstellen, wenn vergleichbare Kindheitssituationen der Hilflosigkeit, (scheinbar) ausweglosen Situationen, vorliegen. Gefühle der Frustration, Zurückweisung oder Verlassenheit stellen sich ein. (vgl. Harris 1996, S. 40 ff.)

Das Kindheits-Ich agiert in trotziger Gegenwehr/Angriff (schnell beleidigend) oder aus einer schwachen Haltung heraus.

In Beispiel 2 ist eine Überkreuz-Transaktion dargestellt, d. h. der Empfänger reagiert aus einem anderen inneren Zustand heraus als dem adressierten. Klassisch ist die Frage nach einer Information aus dem Erwachsenen-Ich heraus, das auf jemanden trifft, der z. B. durch Stress in einem schwachen Zustand ist und aus dem Kindheits-Ich trotzig antwortet („Weißt du wo die Unterlagen sind?" – „Da wo du sie hingeschmissen hast!"). Dies ist die konflikträchtige Transaktionsform.

> **Beispiel 2: Kindheits-Ich trifft auf Reaktion Kindheits-Ich (Überkreuz-Transaktion)**
>
> Sender: „Das Bad ist doch zu klein, das sieht man doch sofort!"
> Empfänger: „Das Bad ist genauso klein wie sie es haben wollten (trotzig)!"

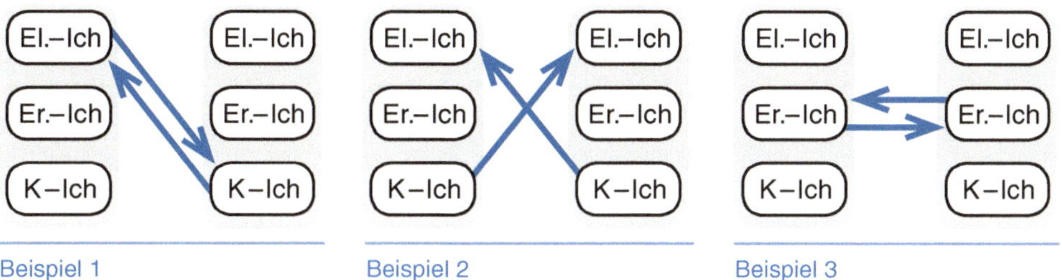

Abb. 3.3   Kommunikationsrichtungen entsprechend der Transaktionsanalyse für die Beispiele 1–3

Das *Erwachsenen-Ich* entwickelt sich ab etwa dem 10. Lebensmonat. Die Informationen für diesen Datensatz werden durch Erkunden und Probieren verschafft und verarbeitet, Handlungen beginnen einer Absicht oder Entscheidung zu unterliegen. Es entsteht ein gedachtes Lebenskonzept. Durch einen andauernden Realitätsprüfung entwickelt sich das Erwachsenen-Ich, zu dem dann auch aktualisierte, bestätigte Eltern-Ich-Daten und aktualisierte, situationsgemäße Kindheits-Ich-Daten gehören. (vgl. Harris 1996, S. 43 ff.) Ein situationsadäquates Kindheits-Ich ist z. B. bei einer Trauerfeier zu weinen, also das Gefühl Traurigkeit zu zeigen, während den Freund auf der Straße laut anzuschreien, also Wut zu zeigen, gesellschaftlich nicht anerkannt ist.

Das Erwachsenen-Ich agiert reflektiert und der Situation angemessen.

Beispiel 3: Erwachsenen-Ich trifft auf Reaktion Erwachsenen-Ich

Sender: „Das Bad ist zu klein, ich benötige mehr Abstellflächen." (Erwachsenen-Ich: Aus meiner bisherigen Nutzung von Bädern weiß ich, welche Funktionen mir wichtig sind, es fehlt Raum für eine Ablagefläche. Wir sind in der Planung, also können wir es jetzt noch ändern.)
Empfänger: „Die Anpassung der Fläche ist mit der Konsequenz möglich, dass das Schlafzimmer etwas kleiner wird." (Erwachsenen-Ich: Der Planungsstatus ermöglicht noch eine Änderung. Die Änderung ist möglich, hat aber Konsequenzen auf die angrenzenden Flächen.)

Die Kommunikationsrichtungen entsprechend der Transaktionsanalyse anhand der drei Beispiele sind in Abb. 3.3. dargestellt.

Komplexitätszunahme: Eine Information hängt – sowohl beim Senden als auch beim Empfangen – von dem inneren Zustand ab, indem sich ein Mensch befindet.

3.2.4 Das Common-Ground-Modell

Das Kommunikationsmodell *Common-Ground* setzt am Kontext an, in dem die Kommunikation stattfindet. Es wurde von den Sprachwissenschaftlern Clark, Brennan und Schäfer in den 90ern entwickelt. Das Bild zum Verständnis des Modells sind zwei Kreise, die den jeweils subjektiven Bezugsrahmen des Senders und des Empfängers darstellen, ihre jeweilige Lebenswelt. Bezugsrahmen können z. B. Alter, Ausbildung,

Freundeskreis, Hobbys, Unternehmenszugehörigkeit, etc. sein. Diese beiden Kreise überschneiden sich und in der Schnittmenge befindet sich der Common Ground wie z. B. das Verwenden der gleichen Fachsprache aufgrund des gleichen Studiums. Es handelt sich um (vorab) geteilte Informationen. Das Vorhandensein eines Common Ground, wenigstens in Form einer Annahme (z. B. wenn ein Teamkollege um den Terminplan bittet, dass es sich um den Plan für das gemeinsame Projekt handelt, auch wenn er es nicht explizit äußert), ist nur die Ausgangsbasis, für eine Koordination des (Kommunikations-) Prozesses ist jedoch eine ständige Erweiterung des Common Grounds, ein wechselseitiger Austausch von Informationen, notwendig. Die Inhalte der Erweiterung sind abhängig von der Absicht, dem Ziel der Kommunikation. (vgl. Clark und Brennan 1991, S. 127 ff.)

Je größer der Common Ground, der geteilte Kontext in Bezug auf das Ziel der Nachricht ist, desto effizienter funktioniert die Verständigung (vgl. Verhein-Jarren et al. 2018, S. 21). Je unterschiedlicher die individuellen Bezugsrahmen, z. B. ein Gespräch zwischen einem selbstständigen Architekten und einem IT-Techniker aus einem Großkonzern zur Implementierung einer Software für ein Bauprojekt), desto mehr Zeit muss investiert werden, den Common Ground zielorientiert für das Gespräch herzustellen.

> **!** **Ausgangsbasis für einen Informationsaustausch ist das Vorhandensein eines gemeinsamen Bezugsrahmens, der durch den Austausch zunehmend erweitert wird.**

3.3 Modelle zur Kommunikation – Haltung

3.3.1 Gewaltfreie Kommunikation (GFK) nach M. Rosenberg

Die *Gewaltfreie Kommunikation (GFK)* nach Marshall B. Rosenberg geht von der Grundeinstellung aus, dass der Mensch ein natürliches Einfühlungsvermögen besitzt und den Wusch eines respektvollen, aufmerksamen Gebens von Herzen hat. Auf Basis einer bewussten Haltung zu den vier Komponenten

1. Beobachtungen
2. Gefühle
3. Bedürfnisse und
4. Bitten

setzt die GFK an einer Veränderung des Sprachstils an mit dem Ziel, weder uns selbst noch andere zu verletzen. Der Kommunikationsprozess geht dabei von der Ich-Perspektive, in der man sich mithilfe der 4 Komponenten klar ausdrückt, und dem Perspektivwechsel, in dem man mithilfe der 4 Komponenten aufmerksam zuhört, aus: Ich beobachte (nicht bewerte!) eine konkrete Handlung, die mein Wohlbefinden beeinträchtigt, ich fühle bei der Beobachtung eine bestimmte Emotion, aus diesem Gefühl entsteht bei mir ein Bedürfnis oder ein Wunsch und ich möchte daher um eine konkrete Handlung bitten. Und der Perspektivwechsel: Was beobachtest du, was fühlst und brauchst du, worum bittest du, um dein Leben zu verschönern. (vgl. Rosenberg 2016, S. 18 ff.)

> **Beispiel**
>
> Ich ärgere (Gefühl) mich darüber, dass hier 3 offene Werkzeugkoffer und einige Nägel im Durchgangsbereich liegen (Beobachtung), weil mir die Sicherheit auf der Baustelle (Bedürfnis, Hintergrund) wichtig ist. Bitte räumen Sie das direkt auf und achten Sie in Zukunft darauf (Bitte zur Handlung).

Dieses Denkmuster bzw. Kommunikationsmuster soll die *lebensentfremdende Kommunikation,* deren Formen gesellschaftlicher Standard sind, ersetzen. Als lebensentfremdende Kommunikationsmuster identifiziert Rosenberg (vgl. 2016, S. 29 ff.):

Moralische Urteile: Moralische Urteile sind Verurteilungen, weil sich jemand nicht nach den eigenen Vorstellungen oder Werten verhält. Dazu gehören Schuldzuweisungen, Niedermachen, Beleidigungen, In-Schubladen-stecken, Kritik, Vergleiche und Diagnosen. Sie entstehen aus einer Einteilung der Welt in Schwarz und Weiß, durch eine Haltung, in der es nur richtig oder falsch gibt und die Ursache von Konflikten im Fehlverhalten des anderen liegt. Beispiele: Das Problem mit dir ist, dass du immer zu spät kommst. Du hast Vorurteile gegenüber dem anderen Unternehmen. Du bist zu unzuverlässig um einen Terminplan zu erstellen.

Vergleiche anstellen: Das Denken in Vergleichen übt eine große Macht auf unsere Stimmung aus und blockiert damit die Einfühlsamkeit mit sich selbst und anderen. Ein übliches und mittlerweile oft kritisiertes Beispiel dazu sind die perfekten Körper der Models in der Werbung.

Verantwortung leugnen: Jeder ist für seine Gedanken, Gefühle und Handlungen selbst verantwortlich. Es gibt jedoch einige Sprachkonstruktionen, oftmals in Kombination mit dem Wort „müssen", die eine Verleugnung der eigenen Verantwortung einfach machen. Beispiele für diese Sprache ohne Wahlmöglichkeit sind das Diktat einer Autorität (Ich habe den Maßstab der Möblierung auf dem Plan manipuliert, weil mein Chef mir das befohlen hat.), Gesellschafts-/Gruppendruck (Ich habe studiert, weil das in meiner Familie so üblich ist.) oder unkontrollierbare Impulse (Ich musste die Wand einfach rot anmalen.).

Wünsche und Bitten in Form von Forderungen formulieren: Forderungen sind eine Form der Machtausübung, die durch Bestrafung bei Gegenwehr verschärft werden können. Sie können Menschen aber nicht dazu bringen, etwas auch tun zu wollen.

Die lebensentfremdenden Formen provozieren Konflikte durch Gegenwehr oder behindern das Finden von Lösungen, da das Denken in Alternativen blockiert ist. Nur die Sprachmuster der GFK zu trainieren ist nicht ausreichend, da die authentische Haltung notwendig ist, um sich in allen Kommunikationsbestandteilen (auch ganz ohne Worte) konsistent zu zeigen.

❗ Die GFK verwendet ein Kommunikationsmuster – Beobachtung → Gefühl → Bedürfnis → Bitte aus der Haltung des „guten" Menschen heraus.

3.3.2 **Themenzentrierte Interaktion (TZI) nach R. C. Cohn**

Die *Themenzentrierte Interaktion (TZI)* von Ruth Cohn stammt wissenschaftlich aus der Psychologie und baut ebenso wie die GFK auf einem Modell *zur* Kommunikation auf, in dem die drei Parameter

1. Ich (jede einzelne Person)
2. Wir (Interaktion in der Gruppe) und
3. Thema (alle Lernstoffe, Arbeitsaufgaben, etc.),

mit gleicher Wichtigkeit behandelt werden und in Balance zu sein haben. Die drei Parameter werden durch den *Globe* gefasst, der das gesamte Umfeld (kulturell, politisch, …) darstellt, das den einzelnen und die Gruppe beeinflusst. Damit ähnelt die ■ Abb. 3.4 dem Projekt-Dreieck, bei dem ebenfalls die einzelnen Parameter einander beeinflussen.

Um dieses Dreieck in Balance zu halten, sind die Haltung, die in sogenannten Axiomen beschrieben ist, Postulate und Hilfsregeln angegeben.

Die drei *Axiome* sind werteähnliche Grundregeln, die keines Beweises bedürfen, und lauten (Cohn 1992, S. 120):

1. „Der Mensch ist eine psycho-biologische Einheit. Er ist auch Teil des Universums. Er ist darum autonom und interdependent. Autonomie (Eigenständigkeit) wächst mit dem Bewusstsein der Interdependenz (Allverbundenheit). (…)"
2. „Ehrfurcht gebührt allem Lebendigem und seinem Wachstum. (…) Das Humane ist wertvoll; (…)"
3. „Freie Entscheidung geschieht innerhalb bedingender innerer und äußerer Grenzen. Erweiterung dieser Grenzen ist möglich. (…)"

Aus dieser Haltung heraus lassen sich zwei *Postulate* entwickeln, die das Paradox der Freiheit im Rahmen von Abhängigkeiten aufgreifen (vgl. Cohn 1992, S. 120 ff.):

1. „Sei dein eigener Chairman, der Chairman deiner selbst." Chairman bedeutet hier sich selbst zu leiten (zu wissen welches innere Ich gerade die Vorhand hat, welchen Grenzen man unterliegt), aber auch Vertreter der Interessen der Einzelnen in einer Gruppe zu sein. Um die Position erfüllen zu können, muss man sich der Rahmenbedingungen durch den Globe bewusst sein und Situationen als Angebot für eine verantwortliche Entscheidung für sich selbst und andere betrachten.

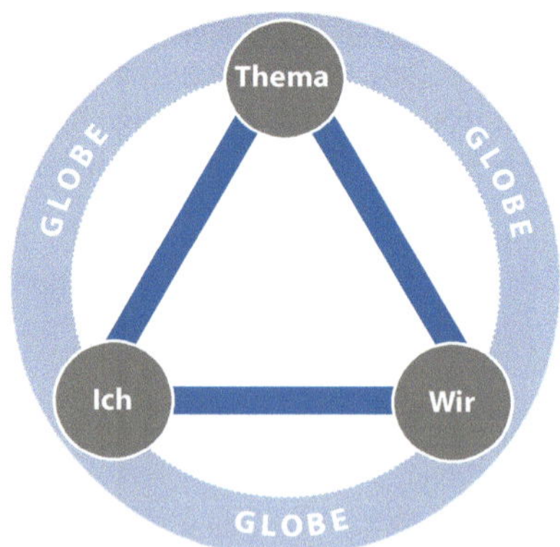

■ **Abb. 3.4**   TZI-Dreieck

2. „Störungen haben Vorrang." Dieses Postulat ist in der Bearbeitung von Konflikten essenziell. Die Wirklichkeit des einzelnen Menschen verlangt Anerkennung, denn sie beeinflusst einzelne Handlungen und damit eben auch die Aufgabenstellung des Teams. Dieses Postulat wird von der *Maxime* geführt, dass „die Realität den Vorrang hat". In einem Realisierungsprozess müssen Entscheidungen manchmal schnell und kompromisslos getroffen werden. Auch hier muss eine Balance gewahrt werden.

Die *Hilfsregeln* der TZI sind tatsächlich als Hilfe für die Kommunikation zu begreifen, die situationsspezifisch eingesetzt aber auch ad absurdum geführt werden können. Cohn nennt folgende (1992, S. 124 ff.):

1. „Vertritt dich selbst in deinen Aussagen; sprich per „Ich" und nicht per „Wir" oder per „Man"."
2. „Wenn du eine Frage stellst, sage warum du fragst und was deine Frage für dich bedeutet. Sage dich selbst aus und vermeide das Interview."
3. „Sei authentisch und selektiv in deinen Kommunikationen. Mache dir bewusst, was du denkst und fühlst, und wähle, was du sagst du tust."
4. „Halte dich mit Interpretationen von anderen so lange wie möglich zurück. Sprich stattdessen deine persönlichen Reaktionen aus."
5. Sei zurückhaltend mit Verallgemeinerungen."
6. „Wenn du etwas über das Benehmen oder die Charakteristik eines anderen Teilnehmers aussagst, sage auch, was es dir bedeutet, dass er so ist, wie er ist (d. h. wie du ihn siehst)."
7. Seitengespräche haben Vorrang. Sie stören und sind meist wichtig. Sie würden nicht geschehen, wenn sie nicht wichtig wären."
8. „Nur einer zur gleichen Zeit bitte."
9. „Wenn mehr als einer gleichzeitig sprechen will, verständigt euch in Stichworten, über was ihr zu sprechen beabsichtigt."

Die TZI geht davon aus, das Vorgehen im ersten Schritt mit sich selbst zu trainieren. Grundsätzlich ist es für das Leiten von Gruppen gedacht und kann daher auch als Basis für die Moderation betrachtet werden. Einige der Hilfsregeln werden als Methoden zur Konfliktprävention im Kommunikationsprozess wieder aufgegriffen.

❶ Wichtig
Die TZI setzt bei der Kommunikation auf eine Balance der Perspektiven
→ Ich – Wir – Thema in einem Kontext.
Der Einzelne reagiert aus seinem Spannungsfeld von Autonomie und Interdependenz heraus, weshalb Störungen Vorrang haben müssen, um zurück zur Balance zu finden. Einsatzschwerpunkt ist die Gruppe.

3.3.3 Wertebasierte Verhaltensregeln – Der Knigge

Der *Knigge* löst im ersten Moment vielleicht Missmut in Erinnerung an die Maßregelungen der Kindheit aus (Sitz gerade! Rede nicht mit vollem Mund! Sprich in ganzen Sätzen!) oder sogar einen zynischen Gesichtsausdruck, wenn man in Zeiten der Emanzipation einer Frau die Tür aufhält. Adolph Freiherr von Knigge verfasste 1788 allerdings kein starres Korsett aus Benimmregeln, sondern ein Buch „Über den Umgang mit Menschen".

Intention des Knigge ist es, sich flexibel umzuformen, sich ungezwungen im Ton jeder Gesellschaft bewegen zu können, ohne die Eigentümlichkeit des eigenen Charakters zu verlieren und sich selbst bemerkbar zu präsentieren, ohne den Neid anderer zu erwecken (vgl. Ueding 2001, S. 27 ff.). Diese zwischenmenschliche Kommunikation zielt auf eine Konfliktprävention (soziale und intrapersonale Konflikte) durch angemessenes Verhalten, das im Wesentlichen auf Tugenden und Werten beruht. Zentral ist dabei, Situation und Menschen als Gegebenheit zu erkennen, sich darauf einzustellen und damit umzugehen. Es geht nicht darum, den anderen zu erziehen, oder sein Verhalten zu beeinflussen. Die im Hinblick auf die positiven Auswirkungen für einen Selbst begründeten, *allgemeinen Verhaltensempfehlungen* sehen dann z. B. so aus:

- „Interessiere Dich für andre, wenn Du willst, daß andre sich für Dich interessieren sollen!" (Ueding 2001, S. 44) (Werte sind z. B. Respekt, Aufmerksamkeit, Einfühlungsvermögen, Achtsamkeit)
- „Sei vorsichtig im Tadel und Widerspruche! Es gibt wenig Dinge in der Welt, die nicht zwei Seiten haben." (Ueding 2001, S. 48) (Werte sind z. B. Bedachtsamkeit, Zurückhaltung)
- „Sei, was Du bist, immer ganz und immer derselbe." (Ueding 2001, S. 68) (Werte sind z. B. Authentizität, Geradlinigkeit, Verlässlichkeit, Stetigkeit)

Folgende Themen stellt Knigge differenziert in drei Buchteilen dar, da sie entsprechend seiner Erfahrungen prädestiniert für Störungen sind und ein spezifisches Verhalten benötigen:

1. Der Charakter des Einzelnen („Über den Umgang von Leuten mit verschiedenen Gemütsarten, Temperamenten und Stimmungen des Geistes und des Herzens" wie z. B. Herrschsüchtige, Windbeutel, Zanksüchtige, Launenhafte, Unverschämte)
2. Der Beziehungsstatus (z. B. Eltern, Eheleute, Verliebte, Personen von verschiedenem Alter, Dienstherren (Arbeitgeber), Nachbarn)
3. Die Gesellschaftsschicht (Stände) (z. B. Geistliche, Gelehrte, Künstler, die „Großen der Erde", Fürsten, Vornehme, Reiche)

Eine detaillierte Vorstellung der drei Themen würde den Rahmen dieses Buches sprengen. Im Folgenden werden zwei Punkte herausgegriffen an denen deutlich wird, dass der Knigge vielleicht nicht sprachlich, aber sehr wohl inhaltlich, zeitgemäß im Sinne des Konfliktmanagements ist.

Grundlegend für ein authentisches und angemessenes Auftreten in jedem Umfeld ist für Knigge die „Haltung zu und der Umgang mit sich selbst". Ansätze und angedeutete Werte, die er hierzu ausführt und die der Selbstreflexion bedürfen, sind z. B.:

- „Die Pflichten gegen uns selbst sind die wichtigsten und ersten (…)", sein „eigenes Ich" kultivieren; (Ueding 2001, S. 82) (Werte sind z. B.: Selbstwert, Selbstbewusstsein, Entwicklungswille)
- „Sorge für die Gesundheit Deines Leibes und Deiner Seele; aber verzärtele beide nicht." (Ueding 2001, S. 83) (Werte sind z. B.: Verantwortungsbewusstsein, Disziplin, Selbstbeherrschung)
- „Respektiere Dich selbst, wenn Du willst, dass andre Dich respektieren sollen." (Ueding 2001, S. 84) (Werte sind z. B.: Respekt, Selbstwert)

- „Stimme Dich auch herab von der Begierde zu herrschen, eine glänzende Hauptrolle zu spielen." (Ueding 2001, S. 84) (Werte sind z. B.: Bescheidenheit, Respekt, Bedacht, Demut)
- „Sei Dir selbst ein angenehmer Gesellschafter." (Ueding 2001, S. 86) (Werte sind z. B.: Heiterkeit, Gelassenheit, Neugier, innerer Antrieb)

Der zweite Punkt betrifft konkret Konflikte bzw. Konfliktparteien. Die Verhaltensregeln für das „Betragen gegen Leute in Feindschaften" werden von Knigge aus zwei Perspektiven heraus aufgestellt.

1. Das eigene Verhalten, Verhaltensregeln (vgl. Ueding 2001, S. 248 ff.):
- Kränke niemanden vorsätzlich!
- Sei wohlwollend, dienstfertig, verständig, vorsichtig, gerade und ohne Winkelzüge in allen Handlungen!
- Mache keinen Schritt zum Nachteil eines anderen!
- Zerstöre keines Menschen Glückseligkeit!
- Verleumde niemanden!
- Verschweige das Böse, das du über Mitmenschen weißt!
- Klage nie über die Verfolgung von Feinden (es kann ihre Anzahl erhöhen)!
- Sei nicht hitzig oder grob in Wort und Schrift gegen Feinde! Entweder klärt die Zeit den Konflikt, oder du musst ganz allein, mutig, schnell, gerade und öffentlich antreten.
- Man muss verzeihen können auch ohne darum gebeten zu werden!

Mit diesem wertebasierten Verhalten kann nicht erreicht werden, keine Feinde zu haben. Vielmehr ist es Spiegel der inneren Haltung keinen Anlass zur Feindschaft (zu Konflikten) geben zu wollen.

2. Der Umgang mit verfeindeten Parteien, Vorsichtsregeln (vgl. Ueding 2001, S. 253 ff.):
- Vermeide den Umgang mit zwei verstrittenen Parteien gleichzeitig! (Riskiere kein langes (Vertrauens-) Verhältnis!)

Beispiele Bauprojektrealisierung

Vermeiden Sie zwei direkte Konkurrenten gleichzeitig an einer Baustelle zu beschäftigen. Es besteht das Risiko gegenseitiger Sabotage.
Versuchen Sie bei einer Teamzusammenstellung, insbesondere bei einem kleinen Team, keine „Feinde" zu kombinieren. Das Risiko ist hoch, dass der Konflikt die Sacharbeit behindert.
Vermeiden Sie (z. B. im Bauüberwachungsteam) im Konflikt liegenden Personen gemeinsam die Verantwortung zu übertragen. Es besteht das Risiko von Konkurrenzkampf statt Teamwork.

- Lässt sich der Umgang mit den verstrittenen Parteien nicht vermeiden, mische dich nicht in die bestehende Streitigkeit ein! Kommuniziere klar, dass nicht darüber gesprochen wird.

> **Beispiel Bauprojektrealisierung**
>
> Zwei Unternehmen in Ihrem Bauprojekt führen aktuell einen Rechtsstreit zu einem Fall außerhalb Ihres Projektes. Sprechen Sie das Thema an und stellen sicher, dass es die Arbeit in Ihrem Projekt nicht beeinflusst.

- Keine Zweizüngigkeit!

> **Beispiel Bauprojektrealisierung**
>
> Zwei Ihrer Teamkollegen liegen im Konflikt. Stellen Sie sicher, dass Sie nicht z. B. in Einzelgesprächen unterschiedliche bzw. überhaupt Stellung beziehen (Achtung: Interpretation des Gegenübers.) Es besteht das Risiko, dass Sie als Beteiligter in den Konflikt verwickelt werden.

- Prüfe, ob der Konflikt mithilfe eines Dritten leicht zu klären ist. Falls nein, lass dich nicht darauf ein, Versöhnung stiften zu wollen. Es besteht das Risiko, es sich mit beiden Parteien zu verderben.
- Falls eine Entscheidung notwendig ist, ist sie für den zu treffen, bei dem der Verstand sagt, er sei im Recht. Lass dich bei der Entscheidung nicht von anderen Dingen beeinflussen.

Die wertebasierten Verhaltensregeln, die Knigge im Detail, situationsspezifisch und praxisnah ausführt, hat Kant (S. 421, Online) in seinem kategorischen Imperativ zusammengefasst: „Handle nur nach derjenigen Maxime, durch die du zugleich wollen kannst, daß sie ein allgemeines Gesetz werde." Dieses ethische Prinzip ist hat ein volkstümliches Äquivalent: „Was du nicht willst, das man dir tu, das füg auch keinem andern zu." Das Grundprinzip findet sich auch in der Bibel: „Und wie ihr wollt, dass euch die Leute tun sollen, so tut ihnen auch." (Lukas 6, 31) Und „Alles nun, was ihr wollt, dass euch die Leute tun sollen, das tut ihr ihnen auch!" (Matthäus 7, 12).

> ❶ „Der Knigge" entwickelt Verhaltensempfehlungen in Bezug auf den Umgang mit Menschen begründet mit den nachhaltig positiven Auswirkungen für einen selbst. Anwendungsschwerpunkt ist die Arbeit an sich selbst.

3.3.4 Neurolinguistische Programmierung (NLP)

Die *Neurolinguistische Programmierung (NLP)* wurde in den 1970ern von Richard Bandler (Gestalttherapie) und John Grindler (Linguistik) mit der Absicht entwickelt, aus den theoretischen Ansätzen eine praxisorientierte Schulungseinheit zu entwickeln. Das Kommunikationskonzept soll insbesondere zum Selbstcoaching und Coaching verwendet werden und dazu dienen, die Beziehung zu anderen zu verbessern und an eigenen Zielen und Ängsten zu arbeiten. Die eingesetzten Methoden reichen von strukturierten Selbstgesprächen bis hin zu Hypnose. Auffällig bei der NLP ist ein eigenständiger Sprachgebrauch für die einzelnen Methoden, die teilweise auch in anderen Kommunikationsmodellen vorkommen. *Stephan Landsiedel* hat in ca. 77 Mini-Tutorials ein Lexikon Basiswissen NLP bei YouTube veröffentlicht, auf dessen Inhalte hier zurückgegriffen wird. NLP wird hier bei der Haltung in der Kommunikation verortet, weil auch die NLP mit ihren praktisch orientierten Methoden auf Grundannahmen, den sogenannten *Prädispositionen* aufbaut. Diese sind u. a.:

- Die Landkarte ist nicht das Gebiet. (Jeder hat sein eigenes subjektives Weltbild.)
- Menschen treffen in ihrem Weltbild und mit ihren Möglichkeiten stets die beste Wahl.
- Hinter jedem Verhalten steckt eine positive Absicht.
- Menschen haben alle Ressourcen in sich, die sie für eine Veränderung brauchen.
- In der Kommunikation gibt es keine Fehler, sondern nur Feedback.

Im Folgenden werden drei Elemente der NLP herausgegriffen:

1. *Rapport:* Rapport ist das zentrale Element der NLP und meint die gute Beziehung zu einer anderen Person. Basis dazu ist die Gleichheit (Sprache, Hobbys, Interessen etc.) für deren Herstellung es gezielte Strategien gibt. Methoden, um den Rapport herzustellen, werden beim Thema Überzeugung (▸ Abschn. 4.4.3) noch einmal aufgegriffen.
2. *Metamodell der Sprache:* Das Metamodell der Sprache sind Fragetechniken, die in ca. 20–22 Muster geordnet sind und die den Informationsgehalt einer Aussage prüfen. Namen dieser Muster sind z. B. Monster, Komplexe Äquivalenz, Ursache und Wirkung oder Tilgung beim Vergleich. Einige der Fragetechniken werden behandelt, allerdings nicht unter den Begriffen der NLP sondern der allgemeinen Fachliteratur zu Fragetechniken.
3. *Ökologiecheck:* Der Ökologiecheck ist ein Prüfsystem, mit dem jede avisierte Verhaltensänderung auf positive und negative Konsequenzen hinterfragt wird. Relevant ist dabei der Umfang, denn es werden die Konsequenzen für einen selbst, das direkt betroffene Gegenüber und das System darum geprüft, um zu einer Win-Win-Win-Situation zu kommen.

❶ NLP ist ein praxisorientiertes Kommunikationskonzept, das auf den sogenannten Prädispositionen aufbaut. Einsatzschwerpunkt der systematischen Methode ist das Coaching und Selbstcoaching.

❓ Reflexions-Aufgabe

Mit welcher der vorgestellten Modelle zur Kommunikation, der zugrunde liegenden Haltungen, können Sie sich am ehesten identifizieren? Was daran finden Sie gut und was fehlt Ihnen? Wenn Sie davon ausgehen, dass Ihre Haltung ein recht stetiges Element ist, das aber langsam durch Erfahrung und Übung weiterentwickelt werden kann, was denken Sie welchem Modell Sie sich annähern und als eigene Haltung verinnerlichen könnten?

❓ Praxis-Aufgabe

Stellen Sie Ihr eigenes (aktuelles) Modell zur Kommunikation auf.

- Benennen Sie ähnlich der Axiome der TZI oder Prädispositionen der NLP grundlegende Aussagen zu Ihrem Weltbild.

3

- Schreiben Sie Punkte zur Haltung zu sich selbst und den daraus resultierenden Umgang mit sich auf (ähnlich wie der Knigge).
- Schließen Sie aus Ihren Aufzeichnungen auf einige Verhaltensregeln, die sich daraus für Sie ergeben und die Ihnen wichtig sind, mit denen Sie sich aus Ihrer inneren Haltung heraus identifizieren können (ähnlich der Hilfsregeln TZI, Verhaltensregeln Knigge).

Im Hinblick auf den Umgang mit Konflikten: an welchem Punkt ihres Modells würden Sie eine Veränderung für hilfreich halten?

3.4   Konfliktrisiko Kommunikationsprozess

3.4.1   Störquellen im Kommunikationsprozess

Störquellen im Kommunikationsprozess zu erkennen ist deshalb wichtig, weil sich dadurch eine Vielzahl von Konflikten vermeiden oder leicht aufklären lässt. Das Sender-Empfänger-Modell berücksichtigt alle am Prozess beteiligten Positionen und wird daher in den folgenden Kapiteln für eine Lokalisierung herangezogen. Das Modell verfolgt allerdings ein technisches Problem in einem linearen Prozess der Nachrichtenübertragung vom Sender zum Empfänger. Um es – vereinfacht als Modell – auf kognitive, soziale, emotionale und handlungsspezifisch menschliche Prozesse übertragen zu können, benötigt man die weiteren Modelle – der und zur – Kommunikation für eine Analyse.

Zwischenmenschliche Kommunikation hat sehr wohl auch eine technische Dimension, denn Telefon- oder Webkonferenzen, WhatsApp und Co. sind Bestandteil der Kommunikation im (Berufs-) Alltag. Das Sender-Empfänger-Modell hat dafür volle Relevanz, denn funktionierende Technik ist eine Basis, hier aber nicht Thema.

Elementarer Bestandteil des Sender-Empfänger-Modells ist die separat lokalisierte Störung bzw. das Rauschen. Übertragen auf die zwischenmenschliche Kommunikation lässt sich das mit einem Sachkonflikt vergleichen, ein konkretes Konfliktthema, für das eine Lösung gefunden werden muss. Wenn z. B. die Baustelleneinfahrt für die notwendigen Fahrzeuge zu schmal ist und das Nachbargrundstück genutzt werden muss, kann das ein Konfliktthema sein, das erst einmal ganz unabhängig von dem Kommunikationsprozess ist und einer Klärung bedarf. Störungen, die sich aus dem Prozess der Kommunikation selbst begründen, systemimmanente Störungen, sind potenzielle Konfliktrisiken denen man entsprechend präventiv entgegnen kann: eine Vermeidung oder Aufklärung von Missverständnissen.

Nicht als Störquelle wird hingegen die Information oder Nachricht betrachtet. Ähnlich wie der Konflikt ist sie erstmal neutral und hängt in ihrem Aussagegehalt von der Aufklärung zwischen den anderen Elementen im Prozess ab. Sie kann den konkreten und tatsächlich zu bearbeitenden Konflikt beinhalten, oder aber auch nicht.

❗ **Störungen im Kommunikationsprozess (systemimmanent) sind potenzielle Konfliktrisiken (**◻ **Abb. 3.5).**

gedacht	**IST NICHT**	gesagt
gesagt	**IST NICHT**	gehört
gehört	**IST NICHT**	verstanden
verstanden	**IST NICHT**	einverstanden
einverstanden	**IST NICHT**	ausgeführt
ausgeführt	**IST NICHT**	beibehalten

Abb. 3.5   Kommunikationshürden nach Konrad Lorenz

3.4.2 Störquelle: Sender und Empfänger

Wenn man den Sender und Empfänger als separate Einheiten betrachtet geht es um das Innenleben der einzelnen Personen, das als Störquelle in Betracht kommen kann.

Die drei Modelle zur Kommunikation geben hier Anhaltspunkte, da ihre Basis die Haltung, die innere Einstellung ist. Sowohl der Sender beim Senden als auch der Empfänger beim Verstehen (wollen) verfolgen eine Absicht. Diese kann über die Kommunikation auch auf manipulative Weise durchgesetzt werden. Es können Informationen verschwiegen werden, z. B. dem Autokäufer, dass es sich um einen Unfallwagen handelt, oder Nachrichten in einer Doppeldeutigkeit überbracht werden, die dem Empfänger eine bestimmte Interpretation suggeriert. Sprache an sich kann auch als Machtinstrument eingesetzt werden, was der Running Gag in Krimis verdeutlicht, wenn die Gerichtsmediziner ihre Fachsprache den Kommissaren übersetzen müssen. Ein Beispiel in Arbeitsteams kann ein gezieltes Verschweigen von Informationen sein, um sich z. B. im Rahmen eines Konkurrenzkampfes bei einem Auftrag einen Vorteil zu verschaffen. Systematisches Verschweigen von Informationen im Berufsumfeld kann als Mobbing ausgelegt werden. Andersherum kann auch Absicht sein, bestimmte Dinge zu „überhören". Die mit der Kommunikation verfolgte Absicht kann also ein Konfliktrisiko sein.

Neben der Absicht kann die aktuelle Verfassung eines Menschen eine Störung des Senders oder Empfängers sein. Das Modell der Transaktionsanalyse zeigt drei Möglichkeiten des Ich (Eltern, Kind, Erwachsener) auf. Menschen können fast jederzeit in den Zustand des Kindheits-Ichs oder Eltern-Ichs verfallen (vgl. Harris 1996, S. 42), so individuell wie die Datensätze sind, so individuell sind die Auslöser. Wenn zu viele negative Informationen auf einen zukommen, z. B. in einem Konfliktfall, kann sich das überforderte Erwachsenen-Ich zurückziehen bzw. unter solchen Druck geraten, dass die Emotionen wieder die Kontrolle übernehmen. Nicht jeder Mensch und nicht in jeder Situation kann sich hier selbst regulieren. Auch Schulz von Thun (vgl. 2014b, S. 21 f.) setzt für eine klare (gleich ob konfliktpräventiv oder konfliktklärend) Kommunikation eine Selbstklärung voraus. Für die Pluralität des Menschen hat er die Metapher des *Inneren Teams* geprägt, das in einer Art der Selbstreflexion organisiert und geführt werden kann.

> **❶ Die kognitiv bewusste Absicht und der unbewusst innere Zustand des Menschen können eine „Störquelle" bei Sender und Empfänger im Kommunikationsprozess sein.**

3.4.3 Störquelle: Sende- und Empfangsgerät

In der zwischenmenschlichen Kommunikation (nicht die technische Ebene) sind der Sender und das Sendegerät bzw. der Empfänger und das Empfangsgerät lokal gesehen identisch, die kognitiven Prozesse im Gehirn kodieren und dekodieren eine Nachricht. Prozessual gesehen ist es nicht identisch, einfach gesagt: man sagt nicht unbedingt, was man meint.

Die Verarbeitung von Nachrichten kann erstens schlicht durch Krankheit (Fieber) oder Drogen (Alkohol) beeinträchtigt sein. Das Kommunikationsprozesse in diesem Zustand nicht zielführend sein können und leicht in Konflikten enden muss nicht weiter diskutiert werden. Übernimmt man Verantwortung in Kommunikationsprozessen, sollte man bei entsprechender Beobachtung eine Fortführung auf einen späteren Zeitpunkt verschieben.

Zweitens, das macht das Kommunikationsquadrat von Schulz von Thun klar, kann die (De-) Kodierung auf verschiedenen Ebenen erfolgen. Prozessuale Konflikte entstehen, wenn beide Geräte nicht auf der gleichen Ebene miteinander kommunizieren. Wenn auf der gleichen Ebene kommuniziert wird, eine Beziehungsnachricht gesendet wird und eine Beziehungsnachricht ankommt, kann das ein deutliches Zeichen für einen Beziehungskonflikt sein. Der ergibt sich jedoch nicht aus dem prozessualen Ablauf der Kommunikation und kann nicht durch eine Aufklärung von Missverständnissen geklärt bzw. vermieden werden.

Die Nachrichtenebene steht natürlich in direktem Zusammenhang mit dem inneren Zustand des Senders und des Empfängers entsprechend der Transaktionsanalyse, der Einfluss auf den über die (De-)Kodierung verpackten Informationsgehalt der Nachricht nimmt. Intrapersonale Konflikte, wenn z. B. das Erwachsenen-Ich bei der Überprüfung der Altdaten des Eltern-Ich ständig auf Widersprüche mit der Realität trifft, können die kognitiven Prozesse aus-, bzw. überlasten (vgl. Harris 1996, S. 51). Dann bleibt wenig Kapazität für eine gute oder kreative Kodierung bzw. Dekodierung, für die z. B. eine passende Wortwahl, schnelle Perspektivwechsel oder Empathie notwendig wären.

❗ Die Störungsanfälligkeit bei der (De-) Kodierung ist im Wesentlichen vom Bewusstseins- und Gemützustand der eingesetzten „Geräte" abhängig.

3.4.4 Störquellen: Kanal – Kongruenz einer Nachricht

Der Kanal im Sender-Empfänger-Modell ist eindimensional, in der sozialen Kommunikation wird jedoch auf vielen Kanälen (Bestandteile von Kommunikation) gleichzeitig gesendet. Eine Nachricht ist dann *kongruent,* wenn alle Bestandteile (z. B. Wortwahl, Tonfall und Mimik) in die gleiche Richtung weisen. Eine Nachricht ist *inkongruent,* wenn sich die gesendeten Signale widersprechen. Der Sender kommuniziert immer auf mehreren Kanälen, die eine Nachricht durch Ergänzung oder Widerspruch qualifizieren. Mit Qualifikation ist also gemeint, dass die Kanäle sich gegenseitig eine Interpretationshilfe geben, wie die Botschaft auf dem anderen Kanal zu verstehen ist. (vgl. Schulz von Thun 2014a, S. 39f.) Ergänzend zu der Sprache/Worten gehören dazu folgende Parameter:

1. Art der Formulierung

Beispiel

Sie stehen in einem Bebauungsgebiet (Einfamilienhäuser) ohne gestalterische Auflagen und werden nach Ihrem Eindruck gefragt (Kontext). „Großartig diese Freiheit. Ein wunderbar harmonisches Ensemble."
Die Art der Formulierung (übertriebene Wortwahl mit harmonisch, Ensemble) qualifiziert die Aussage nur in Kombination mit dem Kontext in inkongruenter Weise, wirkt hier aber unterstützend, um die Aussage als ironisch interpretieren zu können.

---

2. Tonfall

Beispiel

Ein Zimmermann hat Ihnen auf der Baustelle eine raffinierte Detaillösung skizziert. Klar, deutlich und laut sagen Sie „Hervorragende Idee!"
Tonfall und Aussage qualifizieren sich zu einer kongruenten Nachricht.

---

3. Körpersprache

Beispiel

Ein Kollege erklärt Ihnen etwas. Ihre Finger trommeln schnell auf dem Tisch, Ihr Kopf und Ihre Augen schweifen umher, Ihr Oberkörper zeigt Richtung Tür. Auf Frage des Kollegen sagen Sie: „Klar höre ich Ihnen zu!".
Die Körpersprache qualifiziert die Aussage als inkongruent. Ihr Kollege hat bereits aus Ihrer Körpersprache interpretiert, dass Sie nicht aufmerksam beim Thema sind und deshalb nachgefragt.

Diese primären Kanäle können mit verschiedenen Hilfskanälen verstärkt werden, die vor allem wenn es sich um geplante Situationen handelt eingesetzt werden können. Im Rahmen der Bauprojektrealisierung mit Hinblick auf Architekturkommunikation und Präsentation sind folgende relevant:
4. Farbe
5. Umgebung, Raum
6. Auftreten, Kleidung

Farben haben Einfluss auf die Gemütsverfassung eines Menschen und lösen automatisch und unbewusst Reaktionen und Assoziationen aus, die teilweise angeboren sind. Blau beruhigt und wird mit Himmel oder Wasser assoziiert, Rot regt an bis hin zur Aggression und wird mit Wärme und Liebe verbunden. Gelb hemmt Ängste und steht für Licht und Kommunikation. Teilweise hängen die Assoziationen und das, was wir über die Farbe wahrnehmen, von persönlichen Erfahrungen und dem aktuellen Gemütszustand ab. (vgl. Vollmar 2009, S. 15 f.) Damit nehmen Farben an unterschiedlichen

Stellen Einfluss im Kommunikationsprozess: gezielt am Produkt wie in der Architekturkommunikation, über die Farbgestaltung der Räume, in denen wir kommunizieren, bis hin zu der Kleidung, die wir tragen. Selbstverständlich kann im Alltag nicht auf jeden Augenblick mit einer Auswahl der Farbe reagiert werden. Aber sobald es sich um inszenierte Situationen handelt, wie eine Präsentation oder eine Verhandlung, kann die Farbe der Kleidung oder der Umgebung kongruent und die Nachricht unterstützend sein oder inkongruent und hinderlich.

> **Beispiel**
>
> Sie stellen Kindern einen Entwurf für einen Kindergarten vor, um sich spielerisch Rückmeldung der zukünftigen Nutzer zu holen. Ihre Kleidung ist schwarz und Sie nutzen dazu Ihren in kalten Farben gehaltenen Konferenzraum.
> Die Intention der Kommunikation wird mit den Farben grau und schwarz als inkongruent qualifiziert.

Raum und Umgebung bieten weitere Gestaltungsmöglichkeiten als die Farbe. Temperatur, Größe, Tischform, Versorgung (Getränke, Kekse?) etc. All das sendet in seiner Kombination Signale, die die Nachricht unterstützen können. Sind diese Signale inkongruent, stellen sie einen Störfaktor im Kommunikationsprozess dar.

> **Beispiel**
>
> Sie sind mit sechs Personen in einer Vertragsverhandlung und können sich nicht über die Formulierung einer Passage einigen. Sie sagen: „Lassen sie uns das gemeinsam formulieren!"
> A: Sie sitzen an einem runden Tisch, jeder hat eine Tasse Kaffee vor sich und es liegt Arbeitsmaterial in der Mitte des Tisches.
> B: Sie sitzen in einem übergroßen, kalten Konferenzraum an der Front eines langen Tisches, trinken ihren Kaffee.
> C: Sie sitzen auf der Couchecke mit einem kleinen Beistelltisch im Vorzimmer (Durchgangsbereich).
> Nur Variante A qualifiziert die Aussage in kongruenter Weise.

Auch in Zeiten der Individualisierung sendet die Kleidung bzw. die äußere Erscheinung kommunikative Signale. Allerdings hängen die Signale sehr stark vom Umfeld und der Situation ab.

> **Beispiel**
>
> Sie möchten die Vertragsverhandlung für einen großen Auftrag übernehmen und sagen Ihrem Chef „Ich bin ein vertrauenswürdiger, fachlich und kommunikativ versierter Verhandlungspartner."
> A: Ihr Äußeres ist gepflegt, Sie tragen einen zurückhaltenden Anzug und haben einen pfiffigen Haarschnitt.

> B: Sie wirken ungepflegt, die Kleidung ist schmutzig und die Fingernägel abgekaut.
> Variante B unterstützt die Nachricht nicht, Kleidung und Äußeres sind inkongruent zu
> der Aussage.

Störungen im Kommunikationsprozess entstehen aber nicht nur wenn auf den verschiedenen Kanälen inkongruente Signale gesendet werden, sondern auch wenn nur wenig Kanäle zur Verfügung stehen. Verwenden wir Kommunikationsmittel durch die einige der Kanäle entfallen, fehlen Möglichkeiten zur Qualifikation der Nachricht und dem Empfänger wird die Interpretation schwerer gemacht. Daher ist es nicht verwunderlich, dass sich mittlerweile bei Mails und anderen Textnachrichten Emoticons durchgesetzt haben, die versuchen, fehlenden Tonfall und Körpersprache mit Mimik zu ersetzen, um Stimmung und Gefühl auszudrücken. Ein rein wortbasierter Text kann mit der Ergänzung von Emoticons eine andere Interpretation verlangen: „Ein OK, ich komme!" mit dem Emoticon, der die Augen nach oben verdreht, ergänzt dann „Wenn es sein muss!", der mit dem mit roten Wangen lächelnden Emoticon ein „Ich freue mich!".

Durch die Vielzahl an Kanälen ergeben sich unterschiedliche Varianten für eine Interpretation, die in der ◼ Abb. 3.6 noch einmal dargestellt sind:

1. Alle Kanäle senden das gleiche Signal. Die Nachricht ist kongruent.
2. Ein Teil der Kanäle kann fehlen und muss interpretiert werden. Ein Ersatz für einen Kanal (z. B. ein Emoticon) kann unterstützen, die Nachricht im Sinne des Empfängers zu verstehen.
3. Die Kanäle senden verschiedene Signale. Die Nachricht ist inkongruent und muss interpretiert werden. Sind die Signale gezielt gegensätzlich kann es das Stilmittel Ironie sein bzw. der Empfänger kann es ironisch auffassen, obwohl es vielleicht nicht so gemeint war. Unterschiedliche Signale können absichtlich gesendet werden, um beide Interpretationsmöglichkeiten offen zu lassen. Damit kann sich der Sender immer „aus der Affäre ziehen":
   „Kann ich mich auf darauf verlassen, dass du das Angebot noch heute zur Post bringst?" – „Weißt du doch!"
   - Ist das Angebot bei der Post: Ja, klar kannst du dich auf mich verlassen.
   - Ist das Angebot nicht bei der Post: Nein, du weißt doch selbst wie oft ich unpünktlich bin.
4. Inkongruente Signale können aber auch diffus und ein Zeichen der Unklarheit des Senders und damit Unklarheit der Nachricht sein.

3.4.5 Störquelle: Zeichensystem

Ein *Zeichen* ist etwas, das für etwas anderes steht. Ein *System* (griech./lat. = systema) ist ein aus mehreren Teilen (Zeichen) zusammengesetztes und gegliedertes Ganzes. Ein *Zeichensystem* ist ein aus sinnlich wahrnehmbaren Sachverhalten (Sichtbares, Hörbares, …) zusammengesetztes Ganzes, das durch

- eine geregelte Struktur (Syntax) und eine
- zugewiesene Bedeutung (Semantik) eine
- Funktion bzw. Wirkung (Pragmatik) beim Empfänger hat.

3

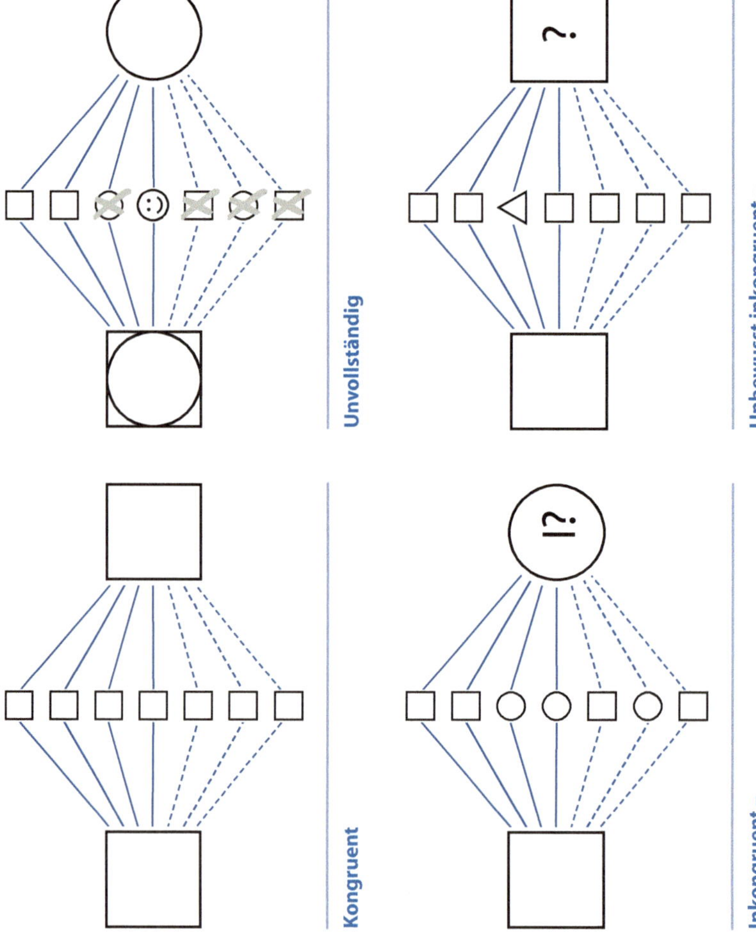

Abb. 3.6 Kongruenz einer Nachricht

Das Zeichen z. B. seinen Teller leer zu essen kann für den Gastgeber je nach Sozialisierung bedeuten: Es hat geschmeckt oder es hat nicht gereicht.

Für Sender und Empfänger müssen die wahrnehmbaren Sachverhalte, Syntax, Semantik und Pragmatik gleich sein, damit das Zeichensystem keine Störquelle im Kommunikationsprozess darstellt.

Freiherr von Knigge nennt als Initial für sein Buch u. a. den Umstand, dass ein angemessenes Verhalten vom Ort und den regionalen Sitten, Gebräuchen und Eigenarten abhängig ist. Das Verhalten ist Bestandteil des Zeichensystems in der Kommunikation. Dieser Punkt wird besonders im interkulturellen Kontext bedeutend, da, auch wenn man sich auf die gleiche Sprache z. B. Englisch für die Kommunikation geeinigt hat, weitere, unterschiedliche Zeichensysteme verwendet werden. In international zusammengesetzten Teams und Projekten ist eine landesspezifische Vorbereitung als Konfliktprävention sinnvoll. Der *Business-Knigge,* Benimmregeln im kulturellen Kontext ohne die ursprüngliche Intention des Knigge, kann sich z. B. auf das Verhalten in folgenden Bereichen beziehen:

- Kontaktanbahnung
- Begrüßung/Anrede/Status-Symbole
- Geschäftskultur
- Tischkultur/Essen/Trinken
- Dresscode

Haben Sie z. B. Geschäftsverhandlungen in den Vereinigten Arabischen Emiraten und erwarten deutsche Pünktlichkeit, verlieren Sie nie die Geduld. Terminverschiebungen sind eine Probe, denn Ungeduld gilt als Zeichen von Schwäche und Drängeln gilt als unhöflich. (vgl. Oppel 2012, S. 141)

Gesten, nonverbale Zeichen zur Verständigung mit unserem Körper, haben als Zeichensystem ebenfalls Konfliktpotenzial. Was für den Taucher ein OK ist, ist eine Beleidigung in Brasilien, Spanien und Griechenland. Das Victory-Zeichen, in Europa zumeist als Sieg verstanden, bedeutet mit der Handfläche zum Gegenüber etwa den doppelten Mittelfinger in Großbritannien, Irland und Neuseeland. Alles super, Daumen hoch, ist eine Beleidigung in Afghanistan, Irak, Iran und Nigeria. (vgl. Prenzel 2018, S. 26)

Farben als visuelle Zeichen haben neben ihrer psychischen Wirkung auch eine kulturell bedingte symbolische Bedeutung. Kulturell ist im europäischen Raum Schwarz die Farbe der Trauer und des Todes. Im asiatischen Raum kommt dieser Bedeutung Weiß zu. Ein weiteres Beispiel ist die Farbe Gelb, der nach der Bauhaus-Farbenlehre das Dreieck als Form zugeordnet wird. Volkstümlich steht sie für Sonne und Gott aber auch Neid und Feigheit, in einer modernen Symbolik steht Gelb für Intellekt und Kommunikation (vgl. Vollmar 2009, S. 27).

3.4.6 Störquelle: Kontext

Schulz von Thun sieht den *Kontext* ebenso wie die Art der Formulierung, den Tonfall und die Körpersprache als einen wesentlichen Parameter für die Kongruenz einer Nachricht (vgl. 2014a, S. 39 f.).

> **Beispiel**
>
> Sie machen mit einem Kollegen ein Aufmaß am Rohbau und stellen eine signifikante Abweichung fest. Sie sagen: „Die Bautoleranzen sind minimal!".
> Der Kontext qualifiziert die Aussage in inkongruenter Weise. Es ist eine Interpretationsleistung des Empfängers notwendig, um z. B. Ironie zu erkennen.

Mit einer Nachricht verfolgt man meistens eine bestimmte Reaktion des Empfängers. Damit die Reaktion in effektiver Weise hervorgerufen bzw. das Verhalten des Empfängers nach Zielvorstellung beeinflusst werden kann, muss der Empfänger sie in den gleichen Kontext setzen wie der Sender. Wenn sie z. B. mehrere Projekte für einen Bauherren ausführen und in einem Telefonat zu Projekt 1 am Ende sagen „Der nächste Begehungstermin ist morgen um 17 h" – wird der Bauherr entsprechend dem Kontext des Gesprächs auf der Baustelle von Projekt 1 stehen. Haben sie aber Projekt 2 gemeint, weil sie parallel zu dem Gespräch auf den Terminplan für Projekt 2 geschaut haben, konnte der Bauherr diesen Kontext nicht erkennen und wird am falschen Ort warten. Und einmal ganz ad absurdum geführt: Sie stehen am Check-In im Flughafen und fragen die Frau am Schalter: „Wo ist die Erdbeermarmelade?".

Der Kontext hat noch eine weitere Dimension, die z. B. relevant zur Konfliktprävention bei der Aufgabe ist, die Fachplanungen in einem Projekt zu koordinieren. Der Kontext setzt sich aus einer Vielzahl von Informationen zusammen und es kann leicht zu Störungen führen, wenn diese nicht transparent für alle zur Verfügung stehen, sondern jedem Teammitglied in unterschiedlichem Maße.

3.5 Werkzeug: konfliktpräventive Methoden zur Kommunikation

3.5.1 Reden statt Schreiben

Die erste Methode ist eher eine Verhaltensregel. Nutzen sie so viele Kanäle wie möglich, um eine Nachricht zu übermitteln. Dadurch hat ihr Gegenüber nicht so viel Interpretationsspielraum und sie drücken Wertschätzung mit einer persönlicheren Begegnung aus. Besonders im Berufsalltag kann das Hin-Und-Her von E-Mails schnell in eine Art „Beweis-Sicherungsverfahren" ausarten, das gegenseitige Misstrauen hochschaukeln und einen latenten Konfliktzustand provozieren.

Zum Beispiel können Sie als Architekt vor dem Einrichten einer Baustelle in einem Wohngebiet die Nachbarn nicht über ein Anschreiben (oder gar nicht) informieren, sondern sich persönlich vorstellen und ihnen eine Visitenkarte dalassen, falls es Fragen oder Probleme zu der Baustelle gibt.

❓ Reflexions-Aufgabe

Was halten Sie von dem Beispiel, bei dem sich der Architekt als persönlicher Ansprechpartner vorstellt? Würden Sie auf ein Anschreiben genauso reagieren, wie auf einen persönlichen Besuch?

? Praxis-Aufgabe

Nehmen Sie sich einen fixen Tag (je Woche, Monat) oder ein fixes Zeitfenster am Tag vor, indem Sie keine Mails oder Textnachrichten schreiben, sondern die Personen anrufen oder direkt im Büro vorbeischauen, wenn es etwas zu besprechen oder abzuklären gibt.

3.5.2 Pausen

Eine *Pause* ist die zeitlich begrenzte Unterbrechung eines Vorgangs, hier eines Kommunikationsprozesses bzw. eines Konfliktes zu einem bestimmten Thema. Die Dauer kann von einem tiefen Atemzug lang bis zu einigen Tagen oder Wochen reichen. Pausen haben eine große Macht.

Die Kommunikationsmodelle geben die Hinweise, was in dieser Zeit passieren kann. Mit etwas Abstand und einem Blick von außen, z. B. über Bewegung, Durchatmen oder frische Luft kann man erkennen, in welchem Zustand man sich befindet, und hat Zeit zurück zum Erwachsenen-Ich zu kommen. Man kann, wie Knigge es vorschlägt, in einer Pause das Thema von einer anderen Seite beleuchten oder prüfen, ob man wirklich als Dritter bei der Konfliktlösung hilfreich sein kann. Lange Pausen, ein paar Tage oder Wochen, können Aussagen relativieren, das was man als wichtig betrachtet hat ist es nicht mehr. Es kann auch das Gegenteil geschehen, man kann sich bewusst werden, dass ein Konflikt eine Lösung benötigt, da man ihn nicht aus dem Kopf bekommt. Pausen gelten nicht nur für einen selbst. Wenn man empathisch erkennt, dass die verstrittenen Parteien oder das Gegenüber kognitiv oder emotional nicht mehr in der Lage sind, die Kommunikation ohne Missverständnisse zu führen, kann man respektvoll eine Pause vorschlagen.

Wenn Sie einfach gehen, kann ein Konflikt eskalieren, weil sich das Gegenüber einer Form von Machtlosigkeit ausgesetzt fühlt. Pausen sind Bestandteil des Prozesses und können klar kommuniziert werden, z. B. „Ich brauche eine Pause, um zu überlegen" oder auch nur „ich mache uns mal kurz die Fenster auf". Pausen können nicht nur eingesetzt werden, um bestehende Konflikte nicht weiter eskalieren zu lassen, sondern auch konfliktpräventiv, indem man abwartet, ob das Gegenüber einem wirklich alles gesagt hat oder auch, um dem Gegenüber die Zeit zu geben, sich „freie Luft" zu machen und damit emotional ruhiger zu werden.

? Praxis-Aufgabe

Setzen Sie Pausen gezielt in ihren nächsten Gesprächen ein. Wenn Sie merken, dass Ihr Gegenüber von einem Thema emotional betroffen ist, machen Sie eine Pause. Signalisieren Sie mit der Körpersprache, dass die Pause Teil Ihres Gespräches ist: Halten Sie Augenkontakt und bleiben Sie zugewandt und offen (keine verschränkten Arme). Was passiert bei dem Gegenüber? Und wie geht es Ihnen damit? Können Sie die Pause aushalten?

Versuchen Sie einen Moment abzupassen, in dem Sie sich in einem Gespräch aufregen oder ärgern – und machen Sie eine Pause. Je Situation versuchen Sie es mit einer kurzen (ein bis drei bewusste Atemzüge) und einer längeren, angekündigten (Entschuldigung, ich brauche eine kurze Pause. Ich bin gleich wieder da um das Gespräch fortzuführen.).

3.5.3 **Metakommunikation**

Metakommunikation ist die Kommunikation über die Kommunikation (vgl. Patrzek 2015, S. 79).

Vor einem anstehenden Kommunikationsprozess kann man z. B. gemeinsame Regeln festlegen. Die Transparenz des vorgegebenen Rahmens für die Beteiligten reduzieren prozessuale Konfliktrisiken.

Wenn sich nach bzw. während eines Kommunikationsprozesses Konflikte ergeben, kann man mit der Metakommunikation, ähnlich wie bei der Pause, (auch emotional) Abstand nehmen und von einer Metaebene über den bisherigen Verlauf sprechen. Das ermöglicht Fehlerquellen im Kommunikationsprozess aufzudecken, ggf. Missverständnisse aufzuklären und den Prozess wieder zielführend aufzunehmen.

Beispiele

Beispiel 1: Vorab – Teamleiter zum Projektstart an sein Team
„Ich möchte in unserem Team eine möglichst persönliche Kommunikation, um eine partnerschaftliche Zusammenarbeit zu stärken und möglichst Missverständnisse zu vermeiden. Wenn ihr etwas zu besprechen habt, besucht den Kollegen im Büro oder ruft ihn an. E-Mails innerhalb des Teams sollen nur als Instrument für den kurzen und knappen Informationsaustausch benutzt werden. Ist das in Ordnung für euch?"
Beispiel 2: Als Konsequenz aus einer Analyse der bestehenden Kommunikationsprozesse im Hinblick auf die Mitarbeiterzufriedenheit – Grundregel in einem Unternehmen zum Thema Work-Life-Balance: „Nach 21:00 h hat keine arbeitsbedingte Kommunikation mehr per Mail oder Telefon zu erfolgen."

? **Reflexions-Aufgabe**
Stellen Sie sich vor, Sie haben das Kick-Off-Meeting mit Ihrem Planungsteam für ein neues Projekt. In diesem Termin möchten Sie die Regeln für die gemeinsame Kommunikation (Metakommunikation) festlegen. Schreiben Sie sich auf, welche Regeln dabei für Sie wichtig sind und begründen sie diese.

? **Praxis-Aufgabe**
Suchen Sie sich einen Menschen mit dem Sie Kontakt haben und bei dem Sie sich ggf. eine Änderung in der Kommunikation vorstellen können. Reden sie darüber, wie sie kommunizieren möchten und legen sie Regeln fest, die sie dann z. B. für eine Woche einhalten. Reden sie nach der Woche darüber, wie das für jeden war, ob sie die Regeln beibehalten oder noch etwas ändern wollen. (Z. B. (das würde Methode 1–3 kombinieren) legen Sie mit jemandem, mit dem Sie täglich chatten, eine Pause von einer Woche ein und vereinbaren stattdessen ein Treffen oder ein Telefonat am Ende der Woche.)

3.5.4 **Eindeutige Sprache**

Möchte man eine Information auf der Sachebene übermitteln, die ohne großen Interpretationsspielraum mit Schwerpunkt auf der Sachebene ankommt, ist eine eindeutige, präzise und ausschließlich auf Fakten konzentrierte Formulierung sinnvoll. Eindeutig kann diese nur sein, wenn der sendende Mensch authentisch ist, weil nur dann seine Kommunikationskanäle eine kongruente Nachricht senden.

Bei bewussten Nachrichten auf der Beziehungsebene spielen kongruente Mimik, Gestik und Körperhaltung eine besondere Rolle, da sie die tatsächlichen Emotionen verdeutlichen. Auch tatsächliche Appelle, z. B. Arbeitsaufträge, müssen eindeutig formuliert und als solche erkennbar sein. Konflikte, die sich aus der Appell-Ebene heraus ergeben, sollten nicht unterschätzt werden. Eine unklar formulierte Aufforderung zur Zulieferung einer Arbeit kann nicht als Appell ankommen, wird nicht erledigt und führt dadurch zu Ärger. Oder aber es wird ein Appell statt einer Sachaussage verstanden, und der ungewollte Arbeitsaufwand führt zu Frust.

Eindeutige Sprache, z. B. in einer Projektbesprechung zu den Auswirkungen einer neuen technischen Richtlinie, benötigt innere Klarheit und daher – wenn möglich – eine persönliche Vorbereitung:

1. Was möchte ich erreichen? Welche Informationen will/darf ich dafür weitergeben? Z. B.:
    - Als Besprechungsergebnis soll eine Liste der vermuteten betroffenen Bereiche und eine Aufgabenverteilung mit Termin, diese zu präzisieren (u. a. Fortschreibung Termin- und Kostenplan), vorliegen. Das Team soll nicht erfahren, dass der Bauherr der Umsetzung der neuen Richtlinie noch nicht zugestimmt hat. Der Bauherr wiederum soll erst an einem Termin teilnehmen, wenn die Auswirkungen als Entscheidungsgrundlage klar zu beziffern sind.
2. Wie positioniere ich mich und welche Argumente bringen die einzelnen Mitglieder meines Inneren Teams vor? Z. B.:
    - Der Bedenkenträger, der eine Vielzahl von unlösbaren Problemen sieht
    - Der Perfektionist, der das Projekt in zugesagtem Termin- und Kostenrahmen fertigstellen möchte
    - Der Technikexperte, der die Richtlinie für notwendig und sinnvoll hält
    - Der Macher, der einfach loslegen und umsetzen möchte
3. Auf welche Widerstände im Team in Bezug auf die Besprechung muss ich mich vorbereiten, welche Stimmungen können vorherrschen? Z. B.:
    - Unwillen, weil Mehrarbeit auf die Kollegen zukommt
    - Enthusiasmus, um Vorschläge für die Kompensation des Zeitverlustes zu erarbeiten
    - Angst und Ablehnung, weil es sich um neue, unbekannte Technik handelt

Auch wenn eine Vorbereitung nicht möglich ist, kann man an einer eindeutigen Formulierung in seiner Sprache arbeiten, indem man folgende Phrasen bzw. „Weichmacher" vermeidet (vgl. Polzin und Weigl 2014, S. 84 f.):

- Füllwörter, wie: vielleicht, eigentlich, gewissermaßen, anscheinend, fraglos, …
- Glaubensaussagen, wie: Ich glaube…, ich denke…, meiner Meinung nach…
- Relativierungen, wie: ein bisschen, etwas, einigermaßen, gelegentlich…
- Konjunktive, wie: würde, könnte, sollte
- Indirekte Appelle, wie: Jemand sollte…, man muss…,

❶ Eine eindeutige Sprache benötigt Authentizität, Vorbereitung und die Vermeidung von Phrasen. Sie ist sinnvoll auf der Sach- und Appellebene. Sie wirkt konfliktpräventiv, da sie keinen Interpretationsspielraum lässt.

3

Beispiele zur Umformulierung

Eigentlich müsste zeitnah mal jemand den Terminplan überarbeiten.
→ Frau X, (bitte) überarbeiten Sie den Terminplan (bis zur nächsten Besprechung).
Jemand sollte fraglos das Protokoll schreiben.
→ Herr X, bitte schreiben Sie heute das Protokoll.
Sie sollten eigentlich etwas pünktlicher sein.
→ Sein Sie (zu den nächsten Terminen bitte) pünktlich.
Meiner Meinung nach könntest du den Kostenplan überarbeiten
→ Überarbeite (bitte) den Kostenplan (bis zum Montag).
Ich denke, das ist vielleicht ein guter Einwand.
→ Das ist ein guter Einwand.

❓ Praxis-Aufgabe

Formulieren Sie folgende Sätze laut um:

- Ich könnte die Aufgabe eigentlich übernehmen.
- Gewissermaßen finde ich den Entwurf gut.
- Ich glaube ich würde die Kosten noch einmal kalkulieren.
- Meiner Meinung nach ist das zu kurz für einen Treppeneinbau.
- Das ist einigermaßen spät.
- Ich finde die Farben ein bisschen zu schrill.
- Er würde das schon machen.
- Ich könnte mal etwas Abwechslung vertragen.
- Jemand sollte demnächst die Modellbauwerkstat aufräumen.
- Man müsste den Gesprächsraum vorbereiten.

❓ Reflexions-Aufgabe

Legen Sie einen Tag lang Ihre Aufmerksamkeit auf die Weichmacher. Wie häufig verwenden Sie sie? Neigen Sie dazu? Verwendet Ihr Gegenüber sie?

3.5.5 Ich-Botschaften

Stellen Sie sich vor, jemand kommt in Ihr Büro und sagt: Du hast die Pläne falsch gefaltet. Wie würde ihre Reaktion ausfallen? Abwehr: Dann mach es doch selber! Oder eine Rechtfertigung: Das ist nicht meine Aufgabe, ich habe nur ausgeholfen! Du- bzw. Sie-Botschaften, und auch die etwas abgeschwächte Form von Man- und Es-Botschaften, wirken auf den Angesprochenen oft wie ein persönlicher Angriff, da er als direkt Betroffener auf dem *Beziehungs-Ohr* hört. „Wenn Menschen etwas hören, was auch nur entfernt nach Kritik klingt, dann neigen sie dazu, ihre Energie in die Verteidigung oder in einen Gegenangriff zu stecken." (Rosenberg 2016, S. 62) Das Gegenüber versteht eine Aufforderung, Vorwurf oder Schuldzuweisung und geht in eine Verteidigungshaltung. Die Kommunikation wechselt von der Objektebene (dem Inhaltsaspekt) auf die Beziehungsebene.

In der Bauprojektrealisierung sind Sie häufig Gesprächssituationen ausgesetzt, in denen Sie jemanden auf einen Fehler hinweisen müssen oder Kritik an der Zusammenarbeit beim Informationsaustausch oder aufeinander abgestimmten Abläufen haben. Mit ihrem Kritikpunkt wollen Sie eine Korrektur bzw. eine Veränderung im Verhalten des anderen erreichen. Trotz Hinweis und Kritik soll aber weiterhin die Zusammenarbeit auf Basis einer guten Beziehung funktionieren.

Ich-Botschaften, sich selbst in seinen Aussagen zu vertreten (s. a. Hilfsregel TZI), sind „Mitteilungen über die eigenen Ansichten und Gefühle" (Polzin und Weigl 2014, S. 86). Entgegen der Glaubensaussagen, die auf der Sach- und Appellebene hinderlich sind, werden Ich-Botschaften benötigt, um Konflikten auf der Beziehungsebene vorzubeugen. Ähnlich wie in den Modellen zur Kommunikation wird die Ich-Botschaft dabei in eine Abfolge eingebunden:

1. *Sachlage:* Mit der Ich-Botschaft beschreiben Sie bewertungsfrei und objektiv die Sachlage. Hier erfordert es große Achtsamkeit, die Wahrnehmung von der Wertung zu trennen und die eigene Wertung nicht als Teil der Wirklichkeit zu missinterpretieren (vgl. Schödlbauer 2017, S. 130).
2. *Auswirkungen/Empfindung:* ggf. knüpfen Sie an, welche Auswirkungen die Sachlage für Sie persönlich hat bzw. ergänzen Sie die Sachlage mit Ihren Empfindungen (Vorsicht: Bauen Sie an dieser Stelle keinen moralischen Druck über Emotionen auf, der ggf. an die Kindheit erinnert (Du machst Mama traurig, wenn du dein Zimmer nicht aufräumst.), übertragen Sie dem Gegenüber nicht die Verantwortung für Ihr Gefühlsleben, sondern für die Sachlage)
3. *Konsequenzen:* Beschreiben Sie kurz die Folgen, die Sie sehen, wenn die Sachlage unverändert bestehen bleibt.
4. *Anforderung:* Formulieren Sie eine konkrete Bitte bzw. die Anforderung an die Verhaltensänderung des anderen.
5. *Unterstützung:* (Wenn es sich um eine Wiederholung handelt) Fragen Sie, was das Gegenüber (von ihnen) benötigt, um die Anforderung einzuhalten. (Und reagieren Sie entsprechend darauf.)
6. *Zustimmung:* Holen Sie sich die Zustimmung des Gegenübers zu der Verhaltensänderung sozusagen als Vereinbarung ab.

Um diese Abfolge authentisch in das Sprachbild zu integrieren, ohne dass sie situationsbezogen zu langatmig wird oder zu weich klingt, ist einige Übung notwendig. Für geplante Gesprächssituationen ist es daher sinnvoll, vorab mit einem Sparringspartner zu trainieren.

Ich-Botschaften können auch ohne die Abfolge in Gespräche eingebunden werden und durch ihren geringeren Konfrontationsmodus zur Konfliktprävention beitragen.

> **❗ Ich-Botschaften unterstützen in kritischen Situationen auf der Inhaltsebene zu bleiben und beugen damit Beziehungskonflikten vor.**

Beispiele zur Umformulierung

Beispiel 1: Ich-Botschaften eingebunden im Gespräch
- Du machst das falsch → Ich kann nicht nachvollziehen, warum du das so machst.
- Sie verstehen mich nicht → Ich habe mich (noch) nicht deutlich genug ausgedrückt.
- Sie sind zu schnell → Ich bin nicht so schnell.
- Du gehst nicht ans Telefon → Ich rufe scheinbar oft zur falschen Zeit bei dir an.

Beispiel 2: Einmaliger Kritikpunkt

Du hast in den Kalkulationen die alten Preisansätze verwendet. →

Sachlage - Ich habe gesehen, dass die Kalkulationen auf den alten Preisansätzen beruhen.

Auswirkungen - Ich bekomme Ärger mit den Investoren, wenn das Budget auf Basis dieser Kalkulationen nicht ausreicht.

Konsequenz - Es besteht das Risiko, dass sich der Fehler potenziert, weil die Daten als Grundlage für weitere Kalkulationen und die Budgetierung genutzt werden.

Anforderung - Bis zur Budgetverhandlung am Freitag benötige ich die Kalkulationen mit den aktuellen Preisansätzen.

Zustimmung - Kannst du das bis dahin erledigen?

Beispiel 3: Wiederholung eines Kritikpunktes

Sie kommen dauernd zu spät zur Montagsbesprechung. →

Sachlage - Ich habe festgestellt, dass wir die Montagsbesprechung selten vollzählig beginnen können.

Auswirkung - Das ärgert mich, weil mein Team dann entweder nicht auf dem gleichen Informationsstand ist oder ich die Dinge wiederholen muss.

Konsequenz - Wenn wir an dieser Stelle nicht konsequent sind, wirkt sich das auf andere Besprechungen aus, die sich dadurch in die Länge ziehen und mit weniger Effektivität frustrieren.

Anforderung - Mir ist wichtig, dass wir gemeinsam beginnen und bitte um entsprechende Pünktlichkeit.

Unterstützung - Woran liegt es/Kann ich Sie mit irgendetwas unterstützen, dass das funktioniert? (Antwort: Ich reise montags mit der ersten Bahn an. Ich schaffe es nicht früher. Wenn wir den Termin um 30 Min. verlegen, kann ich zuverlässiger sein.)

Zustimmung - Das ist machbar. Ich sorge dafür, dass der Termin 30 Min. später beginnt. Kann ich mich dann auf ihre Pünktlichkeit verlassen?

❓ Praxis-Aufgabe

Übung 1: Formulieren Sie folgende Sätze laut um:

- Du hast das zu klein gezeichnet.
- Sie haben das Licht nicht ausgemacht.
- Du verwendest viel zu viel Zeit für Besprechungen.
- Sie haben das Risikomanagement nicht organisiert.
- Du bist nicht konzentriert bei der Sache.
- Dein Protokoll ist miserabel.

Übung 2: Einmaliger Kritikpunkt – mit Sparringspartner

Suchen Sie sich einen fiktiven Kritikpunkt (oder eine Kleinigkeit) und weihen Sie Ihren Sparringspartner ein. Bringen Sie den Kritikpunkt unter „Sachlage – Auswirkung – Konsequenz – Anforderung – Zustimmung" an. Sie können sich zum Üben Stichpunkte zur Abfolge aufschreiben. Bitten Sie den Sparringspartner um ein Feedback.

Übung 3: Einmaliger Konfliktpunkt – Realität

Suchen Sie sich einen für sie wichtigen Kritikpunkt, den Sie in einer Arbeitsgruppe oder bei einem Gegenüber anbringen wollen. Schreiben Sie sich ein „Manuskript", wie Sie ihn anbringen wollen und üben Sie das Vortragen laut. Trauen Sie sich!

Achten Sie in Ihrem Alltag darauf, Ich-Botschaften einzubauen und sich beim Anbringen von Kritikpunkten die Zeit zu nehmen, bis Sie sich die Zustimmung zu einer gewünschten Verhaltensänderung eingeholt haben.

3.5.6 Wertschätzende Kritik & Feedbackkultur

Ich-Botschaften in ihrer Abfolge sind bereits ein Bestandteil wertschätzender Kritik. Sie sind allerdings punktuell für den spezifischen Fall einsetzbar, während die *wertschätzende Kritik* an dieser Stelle das Gesamtbild umfasst und sich auf tatsächliche Kritik-Situationen bezieht, wenn Sie z. B. aufgefordert werden, einen Entwurf zu beurteilen oder in einer Teamsitzung zur Mitarbeiterzufriedenheit Kritikpunkte auf den Tisch gebracht werden sollen. Wertschätzend ist dabei auf zwei Ebenen zu verstehen, nämlich erstens die Kritik selbst, als Sichtbarmachen von Entwicklungspotenzial, und zweitens das Gegenüber als Mensch, dem man die Entwicklung zutraut. Unterstützend wirkt dabei das Bewusstsein, dass ein *Fehler* den man kritisiert, oft eine subjektive Einschätzung ist.

Das Wort Fehler stammt aus dem Militär und bezeichnet die Abweichung einer Kugel vom Ziel. Damit wird klar, dass ein Fehler immer von der Definition des Ziels, den Anforderungen, also dem Kontext abhängt. Ab wann eine Abweichung so groß ist, dass man sie als Fehler bezeichnet, muss entweder spezifisch definiert sein oder unterliegt einer subjektiven Einschätzung. (vgl. Keller 2017, S. 138) Die *Fehler- und die Feedbackkultur* in einem Unternehmen oder Team hängen dabei eng miteinander zusammen. Fehler haben, zumindest in der deutschen Kultur, noch immer eine negative Attribuierung. Fehlt zusätzlich noch das Vertrauen in das Umfeld, Fehler machen zu dürfen, fehlt uns der Mut, sie zu kommunizieren. (vgl. Keller 2017, S. 145)

„Aus Fehlern wird man klug!" sagt ein altes Sprichwort. Fehler als Chance und Antrieb für Veränderung und Innovation zu sehen, eine fehlerfreundliche Haltung zu etablieren, ist Basis einer guten Fehlerkultur. Die Kommunikation zu den Fehlern findet als Feedback, Rückmeldung bzw. Kritik statt. Kritik an sich ist dabei wie ein Konflikt erst einmal neutral, sie kann positiv oder negativ sein. Für eine Feedbackkultur können Regeln festgelegt werden (Metakommunikation), bei denen bestimmte Rahmenparameter sinnvoll sind.

Stellen Sie sich vor, Sie bekommen zu Ihren Arbeiten gar kein Feedback. Keine Kritik verunsichert und hemmt dadurch eine Entwicklung. Regelmäßigkeit von Kritik ist sinnvoll, um sozusagen als Leitplanke den Entwicklungsprozess in Bewegung zu halten.

Stellen Sie sich vor, Sie bekommen nur negative Kritik, es werden nur Fehler aufgezeigt. Das demotiviert und der Frust hemmt sowohl die Kreativität als auch die Bereitschaft offen mit Fehlern umzugehen. Positive und negative Kritik sollten sich daher in etwa die Waage halten.

Stellen Sie sich vor, Sie werden kritisiert. Was wäre für Sie wichtig, um die Kritik annehmen zu können? Aus diesem Perspektivwechsel heraus ergibt sich eine wertschätzende Kritik, die z. B. folgende Punkte beinhalten kann:

- Auf Augenhöhe, nicht „von oben herab"
- Mut zu Ehrlichkeit
- Präzise und konkret auf einen Punkt bezogen, nicht verallgemeinert
- Konstruktiv im Sinne von begründet und ggf. mit einer Alternatividee
- Adressatengerecht (verständlich und umsetzbar)
- „dosiert" (eine Menge, die noch zu verarbeiten ist, ohne „Höhenflüge" oder „Abstürze" zu erleiden)

Auf der anderen Seite muss man Kritik auch aushalten können. Die Haltung, Kritik als Chance für sich selbst zu begreifen, und die Gelassenheit sie anzunehmen, ohne sich direkt zu verteidigen, unterstützen dabei. Versteht man Kritik als Angebot und Hilfestellung eines anderen, sich selbst zu verbessern, und empfindet man die Form als konstruktiv, ist ein Dank durchaus angebracht.

Ist ein Fehler kommuniziert, ist es notwendig ihn zu analysieren, um gezielt daran arbeiten zu können. Dazu ist es, insbesondere wenn es sich um das persönliche Verhalten, also eher ein „weiches" Thema als ein konkreter Sachverhalt, handelt, sinnvoll, diesen aus mehreren Perspektiven zu betrachten. Im Unternehmenskontext findet das Mitarbeitergespräch in Form einer Eigeneinschätzung und der Einschätzung des Gegenübers statt. Anstelle dieses 90-Grad-Feedbacks gibt es sogenannte 360-Grad-Feedbacks, die die Leistung aus mehreren Perspektiven beleuchten (Selbsteinschätzung, Kollegen/ Team, Vorgesetzte, Mitarbeiter, Kunden). Wenn Sie jemand auf ein Fehlverhalten hinweist, können Sie diesen Perspektivwechsel für sich selbst vornehmen, um über die Kritik zu reflektieren.

Eine Fehlerkultur, die den Mut gibt Fehler anzusprechen, und eine Feedbackkultur, die den Raum und die Fähigkeiten vermittelt, das Thema fair und wertschätzend auszutragen und zu einer gemeinsamen Lösung zu führen, bilden in ihrer Gesamtheit im Wesentlichen eine Konfliktkultur.

Wertschätzende Kritik im Rahmen einer konkreten Beurteilungssituation benötigt einen Wechsel aus Positiv-Negativ-Positiv-Kritik. Sie starten positiv, um den Reflex zum Gegenangriff abzumildern und dem Gegenüber zu zeigen, dass Sie an der Sache dran sind und nicht vor haben, einen Angriff auf der Beziehungsebene zu starten. Die negativen Punkte bringen Sie aus der Ich-Perspektive an, mit dem Respekt davor, dass es sich um eine subjektive Einschätzung handelt (und Ihnen ggf. auch nicht alle Informationen zu Ihrem Kritikpunkt vorliegen). Es wäre unrealistisch in dem Zeitrahmen, die solche Situationen bieten, und oft auch nicht passend, sich hier auf die Abfolge der Ich-Botschaften zu berufen. Sie können aber z. B. starten mit: „Ich fände hilfreich…", oder „ich fände gut/ empfehle noch einmal zu prüfen…". Positiv zu enden unterstützt das Gegenüber, nicht gedanklich oder emotional an den negativen Punkten „hängenzubleiben", sondern motiviert über einen positiven Abschluss, die Kritik anzunehmen und umzusetzen.

> **❗ Wichtig**
> **Wertschätzende Kritik im Rahmen einer Konfliktkultur im Unternehmen zu etablieren benötigt:**
> - **Regelmäßigkeit**
> - **Ausgewogenheit von positiver und negativer Kritik**
> - **Wertschätzende Formulierung der Kritik (z. B. Ich-Botschaften)**
> - **Fehlerbeleuchtung aus mehreren Perspektiven**

> **❗ Wichtig**
> **Wertschätzende Kritik im Rahmen einer konkreten Beurteilungssituation sollte in der Abfolge**
> - **Positive Kritikpunkte**
> - **Negative Kritikpunkte**
> - **Positiver Abschlusspunkt**
>
> **erfolgen.**

Beispiel

Situation: Sie sollen den Entwurf (Grundrisse) eines Einfamilienhauses (wertschätzend) kritisieren.

Ich finde die Ausnutzung der zur Verfügung stehenden Fläche hervorragend, es wird kein Raum verschenkt. Genauso raffiniert ist die Planung der Verkehrsflächen, die im Verhältnis zur Nutzfläche auf ein Minimum reduziert ist (positiv). Ich fände es hilfreich, wenn Sie die Küche und das Wohnzimmer beispielhaft möblieren würden, damit man sieht, in wie weit die schrägen Wände, die Sie dort verwenden, Schwierigkeiten in der Nutzung machen werden. Und ich empfehle Ihnen, die Beleuchtungssituation im Wohnzimmer zu prüfen. Die Raumtiefe im Verhältnis zu Größe und Anordnung der Öffnungen scheint mir dafür Probleme zu machen (negativ, Ich-Botschaften, konkret und mit Hilfestellung zur Verbesserung). Insgesamt sehe ich, dass Sie schon viel Arbeitszeit in den Entwurf gesteckt haben und er sehr ausgereift ist (positiv).

❓ Reflexions-Aufgabe

Wie gehen Sie mit Kritik um? Was benötigen Sie, damit Sie Kritik (positive und negative) gut annehmen können?

Machen Sie sich eine Liste mit den Punkten, die für Sie wichtig sind, um negative Kritik annehmen zu können. Gehen Sie dazu von zwei Perspektiven aus: Was brauchen Sie persönlich, in welchem Zustand müssen Sie sein, dass Sie Kritik annehmen und auch kognitiv verarbeiten können? Und was benötigen Sie von bzw. bei dem Gegenüber, welche Erwartungshaltung haben Sie, um die Kritik annehmen zu können.

❓ Praxis-Aufgabe

Negative Kritik fällt uns allen leicht. Nehmen Sie sich vor (Z. B. als Versprechen an sich selbst), einen Tag lang nur positive Kritikpunkte (aus der Ich-Perspektive) bei Ihren Mitmenschen vorzubringen. Wie ist das Experiment gelaufen?

3.5.7 Aktives Zuhören & Loopen

Das *aktive Zuhören,* bei dem Sie ganz beim Gegenüber sind, sich Zeit nehmen, nichts parallel tun, z. B. eine Bauzeichnung betrachten, und nicht kognitiv mit anderen Themen belastet sind, z. B. der Agenda für das nächste Bauherrengespräch, ist vor allem ein Zeichen von tatsächlichem Interesse, Respekt und Wertschätzung. Das Gegenüber wird – und fühlt sich – ernst genommen, gehört.

Aktives Zuhören hat mehrere Vorteile im Sinne einer Konfliktprävention. Über den genannten Beziehungsaspekt gestalten Sie eine konstruktive Atmosphäre, die beim

Gegenüber zumeist Kooperationsbereitschaft hervorruft. Dadurch gelangen Sie an Informationen, Hintergründe und Zusammenhänge, die den Lösungsspielraum erweitern oder den Konfliktfokus verschieben können, zumindest jedoch inhaltliche Missverständnisse ausräumen. Das Vertrauen wird gestärkt und die daraus resultierende offenere Kommunikation ermöglicht es Ihnen über die Selbstoffenbarungsebene, Ihren Gesprächspartner besser einzuschätzen. Damit wird es Ihnen möglich abzuschätzen, was Ihr Gegenüber ggf. von Ihnen erwartet, für welche Argumentationsform er empfänglich ist und wie Sie zielgerichtet eingreifen können.

Beim aktiven Zuhören sind Sie als Empfänger bzw. Empfangsgerät gefragt. Dazu gehören vier Punkte:

1. *Konzentration:* Zum Hinhören und Hinsehen (Aufnahme der nonverbalen Kommunikation des Gegenübers) müssen Sie alle anderen Beschäftigungen einstellen. Schwieriger ist es, auch die kognitiven Prozesse einzustellen. Hier ist es sinnvoll über das Mittel der Selbstreflexion herauszufinden, was Ihnen dabei hilft, konzentriert in einer Situation anzukommen. Das kann ein Durchatmen sein, ein Ritual wie z. B. einen Kaffee zu kochen oder eine bestimmte körperliche Bewegung. Wenn Sie selber merken, dass Sie emotional oder kognitiv nicht in der Lage sind, sich auf Ihr Gegenüber und die unterschiedlichen Inhaltsebenen seiner Nachricht zu konzentrieren, können sie mit einem halbherzigen Versuch eher mehr „kaputt" machen. Bitten Sie Ihr Gegenüber um Verständnis, begründen Sie es und bieten ihm einen anderen Zeitpunkt an.

2. *Gelassenheit und Zurückhaltung:* Ihr Gegenüber steht im Mittelpunkt. Es geht nicht darum, dass Sie das Gesagte sofort bewerten oder schnell eine Lösung anbieten. Sie hören nur aufmerksam zu. Dazu gehört es auch, Pausen des Gegenübers auszuhalten, ihm die Zeit zu geben, bis er ein bestimmtes Wort gefunden hat, sich gesammelt hat und wirklich alles gesagt hat, was es aus seiner Sicht zu dem Thema zu sagen gibt.

3. *Körperhaltung:* Unterstützen Sie Ihr Gegenüber sich zu öffnen, indem Sie eine zugewandte Körperhaltung einnehmen (also nicht zurückgelehnt und mit verschränkten Armen), den Blickkontakt halten und ihn mit Nicken bestätigen, dass er fortfahren kann. Die Körperhaltung können Sie mit verbalen Aufmerksamkeitszeichen wie einem „OK" oder „Ja" verstärken.

4. *Verständnis-Fragen:* Denken Sie hierbei an die Konzentration und die Zurückhaltung. Versuchen Sie den Sprechenden so lange, wie es Ihre Konzentrationsspanne zulässt, reden zu lassen und die Verständnis-Fragen möglichst am Ende, nach einer Pause zu stellen. Ansonsten greifen Sie dem Sprechenden eventuell voraus, da er den Zusammenhang für Sie zu einem späteren Zeitpunkt herstellt. Für das aktive Zuhören ist es zwar schwierig, aber je Situation evtl. angebracht, dass Sie sich Notizen zu den für Sie offenen Verständnis-Fragen machen. Das sollten Sie aber als Metakommunikation vorher klarstellen, damit es Ihnen nicht als mangelnder Respekt ausgelegt wird. (Z. B.: „Ich möchte ihnen gerne erst einmal zuhören können. Stört es sie, wenn ich mir ab und an eine Notiz mache, damit ich sie ihm Nachhinein fragen kann, wenn ich etwas nicht verstanden habe?" Warten Sie dann eine Zustimmung ab. Manche Redner weisen vorab explizit darauf hin, ob sie vorzugsweise Zwischenfragen oder Fragen erst am Ende des Vortrags akzeptieren.) Mit Verständnis-Fragen prüfen Sie zum einen, ob Sie im gleichen Zeichensystem miteinander kommunizieren: „Wie verstehen sie…?", „Was meinen

sie mit…?". Zum anderen, ob Sie den Ausführungen richtig gefolgt sind: „Habe ich den Zusammenhang…richtig verstanden?"

Innerhalb des aktiven Zuhörens haben Sie auch die Möglichkeit, führend in das Gespräch einzugreifen:

1. *Zurückführen:* Wenn der Redner abschweift oder sich in fachlichen Details verheddert, kann man ihn mit gezielten Fragen wieder auf das Wesentliche zurückführen. (z. B. Es geht ihnen jetzt um…?)
2. *Unterstützen:* Wenn der Redner z. B. wegen Aufregung ins Stocken gerät, kann man ihn mit gezielten Fragen oder einer Wiederholung des letzten Satzes bzw. Zusammenhangs in seinem Thema weiterführen. (z. B. Sie sagen eben, dass…)
3. *Entscheidungen unterstützen:* Wenn ein Redner sich zwischen Alternativen nicht entscheiden kann, kann man ihn mit Fragen, z. B. nach Vor- und Nachteilen bzw. Konsequenzen der einzelnen Varianten, bei einer Entscheidung unterstützen. Das hilft auch Ihnen selbst, falls die Entscheidung von Ihnen erwartet wird, da Sie die Einsichten und Informationen des Involvierten umfassend abholen können.
4. *Fokussieren:* Mit einer Zusammenfassung am Ende des Gesprächs können die Kernaussagen stichwortartig herausgestellt und die wesentliche Problematik auf den Punkt gebracht werden. Damit können Sie überleiten zu der Erwartungshaltung bzw. abgeleiteten Handlungsalternativen für die folgenden Schritte. Wenn Ihr Gegenüber Ihre Zusammenfassung hört, kann er überprüfen, ob er alle relevanten Dinge genannt hat, und entweder Punkte ergänzen oder Themen hervorheben, die für ihn größere Relevanz haben als Sie bisher gehört haben. Damit ermöglicht die Zusammenfassung auch noch einmal eine Korrektur.

Die Verständnissicherung kann mit dem sogenannten *Loop of Understanding* (■ Abb. 3.7) vertieft werden. Dieser besteht aus den drei Schritten (vgl. Kessen und Troja 2016, S. 340):

1. Aktives Zuhören
2. *Paraphrasieren* und
3. Verständnisquittung einholen.

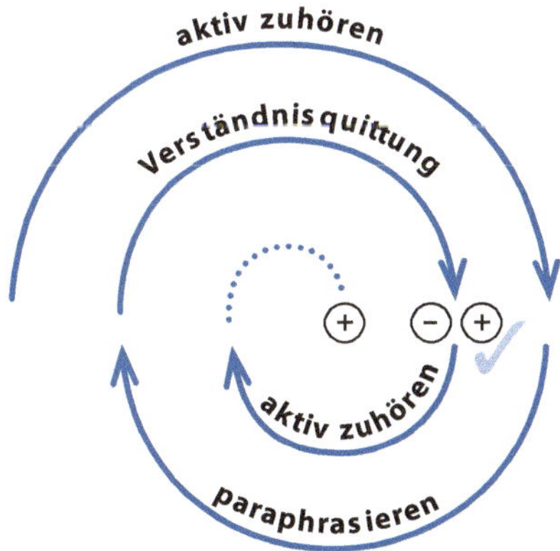

■ **Abb. 3.7** Loop of Understanding – Verständnisschleife

Das, was man durch das aktive Zuhören verstanden hat, paraphrasiert man. Das bedeutet, man wiederholt es in seinen eigenen Worten, ohne es zu kommentieren oder inhaltlich etwas hinzuzufügen. Dann holt man sich mit einer Frage, z. B. „Habe ich das so richtig verstanden?" eine *Verständnisquittung* ab. Damit überprüft man, ob beide Seiten das Gleiche verstanden haben. Entweder es kommt ein „Ja" und das Gespräch kann fortgeführt werden, oder aber, wahrscheinlicher, das Gegenüber ergänzt weitere Punkte. Dann beginnen sie mit den drei Schritten von vorne – das ist die Schleife, der Loop – bis sie zu einem „Ja" und dem umfassenden Verständnis für den Standpunkt des Gegenübers gelangen.

Die konzentrativ und zeitlich anspruchsvolle Verständnissicherung ist in folgenden Situationen sinnvoll:

- Ihr Gegenüber ist emotional sehr aufgeregt, redet hastig und die Darstellung der Zusammenhänge fällt ihm schwer. Mit der Paraphrasierung reduzieren Sie das Tempo, geben ihm Zeit sich zu beruhigen und zu sortieren.
- Sie werden in einen für sie fachfremden Sachverhalt eingeführt, der für Ihr Projekt relevant ist (z. B. juristische oder politische Hintergründe). Über das Paraphrasieren können Sie erstens prüfen, ob Sie den Sachverhalt richtig verstanden haben, und zweitens unterstützt Sie die laute Wiederholung, sich den Sachverhalt besser zu merken.
- Sie wollen in eine tiefere Ebene als nur die Sachebene vordringen. Sie möchten verstehen, welche Interessen Ihr Gegenüber verfolgt. Mit der Paraphrasierung wird es animiert, den Sachverhalt weiter auszugestalten und hat Zeit sich zu öffnen.

Das Loopen ist eine zentrale Methode in der Mediation, wenn also bereits ein Konfliktfall vorliegt. Der Mediator möchte damit verstehen und offenlegen, was für den Menschen Ursache des Konfliktes ist, welche Interessen und Bedürfnisse ihn motivieren. Dazu geht er beim paraphrasieren insbesondere auf die Gefühle und Emotionen ein, die er wahrnimmt. Das verlangt allerdings Übung und auch Erfahrung mit den Reaktionen, die man dadurch hervorrufen kann.

Kessen/Troja (vgl. 2016, S. 341) geben u. a. folgende Hinweise zum Paraphrasieren:

- Betonen Sie die positiven Aspekte einer Nachricht, soweit damit nicht die Intention des Sprechers verfälscht wird.
- Zeigen Sie mit Ihrer Wortwahl nur, dass Sie zuhören und verstehen, nicht dass Sie zustimmen („Wenn ich sie richtig verstehe…", „Ich höre, dass sie…", „Für sie sieht es so aus, dass…")
- Beziehen Sie Ihre Aussagen auf den Sprecher (verwenden Sie „Sie/Du…", und formulieren damit ggf. ein „Man/Wir/Jeder…" des Gegenübers um)
- Stellen Sie das Gehörte und Wahrgenommene als Sichtweise des Sprechers dar, vermeiden Sie Bewertungen und Beurteilungen.
- Formulieren Sie die Paraphrase als Angebot, damit das Gegenüber zustimmen oder ablehnen kann. Damit wird es indirekt, auch ohne explizite Verständnisquittung, zu fehlenden Ausführungen aufgefordert.

> ❗ **Aktives Zuhören und Loopen ist eine wertschätzende Methode, Verständnis für den anderen herzustellen. Sie benötigt eine hohe Konzentration auf den anderen Menschen und viel praktisches Training.**

? Praxis-Aufgabe

Stellen Sie sich folgende Situation vor: Ein Kollege kommt aufgeregt von der Baustelle ins Büro zurück. Sie können nur Stichwort wie Terminplan und Kostenplan und Änderung vernehmen, Ihnen ist aber nicht klar, was der Kollege jetzt genau von Ihnen erwartet oder will. Welche Methode bzw. welche Methoden in Kombination würden Sie verwenden, damit die Nachricht Ihres Kollegen von Ihnen auch möglichst so verstanden wird, wie es in seiner Absicht liegt?

? Praxis-Aufgabe

Übung 1: Konzentration herstellen

Überlegen Sie sich 2–3 Techniken, mit denen Sie bei sich Konzentration herstellen wollen (z. B. die Augen kurz schließen, den Platz wechseln, …). Testen Sie diese folgendermaßen: Lesen Sie 3 unterschiedliche Bücher bzw. Zeitschriften (z. B. die Tageszeitung, einen Roman, ein Fachbuch) parallel und wechseln Sie mitten in Abschnitten hin- und her. Bevor Sie sich auf das andere einstellen, verwenden Sie eine der Techniken. Finden Sie heraus, welche für Sie am besten passt und arbeiten mit dieser weiter. (Sie können die Übung ruhig über mehrere Tage verteilen, Ihre unterschiedliche Stimmung und Körperverfassung können sich auch auf die Funktionsfähigkeit Ihrer Technik auswirken.)

Übung 2: Zusammenfassen & Paraphrasieren

Wenn Sie Ihre Technik gefunden haben setzen Sie die Übung 1 fort, indem Sie das, was Sie gerade gelesen haben, in Stichworten zusammenfassen (laut), bevor Sie sich wieder an den anderen Text setzen. Im nächsten Schritt paraphrasieren Sie: erzählen Sie einem Bekannten in Ihren eigenen Worten, was Sie zuletzt gelesen haben. (Auch diese Übung über einen längeren Zeitraum immer mal wieder, bis Sie merken, dass Sie routinierter werden.)

Übung 3: Aktives Zuhören

Hier haben Sie zwei Alternativen: entweder Sie üben es als Rollenspiel mit jemandem, der die Technik auch trainiert und wechseln sich ab, oder Sie bauen es in Ihren Alltag gezielt ein, wenn jemand mit einem Thema auf Sie zukommt. Für das Rollenspiel können Sie Themen nutzen, die aktuell für Sie bzw. Ihr Gegenüber sind (z. B. Zweifelst du über die Studienwahl? Wo oder wie möchtest du gerne leben? Was erwartest du von einem guten Arbeitgeber? Hast du ein aktuelles Problem auf der Baustelle/mit Auftraggebern/…).

? Reflexions-Aufgabe (zu Übung 3 – Aktives Zuhören)

Wie geht es Ihnen beim aktiven Zuhören? Konnten Sie sich konzentrieren (falls nein, woran hat es gelegen)? Welche Mittel haben Sie automatisch verwendet (z. B. eine offene Körperhaltung oder Weiterführen)? Was ist Ihnen schwergefallen (z. B. Pausen oder die Gelassenheit, nicht gleich mit einer Lösung herauszuplatzen)? Welches Mittel wäre in der Situation vielleicht noch hilfreich gewesen, Sie hatten es aber gar nicht parat (z. B. eine Zusammenfassung zur Überprüfung, ob Sie alles Relevante verstanden haben)?

3

> **Link-Tipp**
>
> **Stephan Landsiedel:** Video Serie: *NLP* Kurz und Knapp. Lexika Basiswissen. ▶ https://www.youtube.com/watch?v=sAueWNGUUfo&list=PLWITKZyCu72948tLUeji-apOZ-KGKERqGj&index=1
> **Zugegriffen: 17.05.2019**

❓ Wissens-Aufgaben

Nennen Sie die Bestandteile der zwischenmenschlichen Kommunikation und die Parameter der Architekturkommunikation jeweils mit einem Beispiel. Warum sind diese beiden Themen mit ihrem Ursprung in der Sozialwissenschaft und der Betriebswirtschaftslehre relevant für Ihre Arbeit in der Bauprojektrealisierung?
Aus welchen Elementen setzt sich der zwischenmenschliche Prozess zum Austausch von Informationen zusammen? Was sind typische – und damit vermeidbare bzw. reduzierbare – Fehlerquellen der einzelnen Elemente?
Fassen Sie jeweils kurz die Grundhaltung und das daraus abgeleitete Vorgehen in den Kommunikationsmodellen von Rosenberg, Cohn, und Knigge zusammen.
Nennen Sie sieben Werkzeuge bzw. kommunikative Elemente zur Konfliktprävention im Kommunikationsprozess. Beschreiben Sie das Vorgehen und wichtige Parameter von drei dieser Werkzeuge und dem aktiven Zuhören. Welche der Methoden würden Sie auch einsetzen, wenn bereits ein Konflikt vorliegt?

Literatur

Clark HH, Brennan SE (1991) Grounding in communication. In: Resnick LB, Levine JM, Teasley SD (Hrsg) Perspectives on socially shared cognition. ▶ https://web.archive.org/web/20150922083154/http://web.stanford.edu/~clark/1990s/Clark.Brennan.91.pdf. Zugegriffen: 31. Jan. 2019

Cohn RC (1992) Von der Psychoanalyse zur themenzentrierten Interaktion. Von der Behandlung einzelner zu einer Pädagogik für alle. Klett-Cotta, Stuttgart

Deutsche Bibelgesellschaft (Hrsg) Die Bibel. Lutherübersetzung in der revidierten Fassung von 2017

Harris TA (1996) Ich bin O.K. Du bist O.K. Wie wir uns selbst besser verstehen und unsere Einstellung zu anderen verändern können – Eine Einführung in die Transaktionsanalyse. Rowohlt, Reinbek

Kant I. Grundlegung zur Metaphysik der Sitten. ▶ https://korpora.zim.uni-duisburg-essen.de/kant/aa04/421.html. Zugegriffen: 11. Jan. 2019

Keller T (2017) Führungspersönlichkeit als Vorbild und Multiplikator für Fehlermanagement und Vertrauenskultur. In: v Au C (Hrsg) Eigenschaften und Kompetenzen von Führungspersönlichkeiten. Achtsamkeit, Selbstreflexion, Soft Skills und Kompetenzsysteme. Springer, Wiesbaden

Kessen S, Troja M (2016) §14 Ablauf und Phasen einer Mediation. In: v Haft Schlieffen K (Hrsg) Handbuch Mediation. Methoden und Technik. Rechtsgrundlagen und Einsatzgebiete. Beck, München

O'Doherty B (1996) In der weißen Zelle. Inside the white cube. Merve Verlag, Berlin

Oppel K (2012) Business Knigge international. Der Schnellkurs. Haufe, Freiburg

Patrzek A (2015) Fragekompetenz für Führungskräfte. Handbuch für wirksame Gespräche. Springer, Wiesbaden

Prenzel N (2018) Geht's noch? Fluter 69:26–27

Polzin B, Weigl H (2014) Führung, Kommunikation und Teamentwicklung im Bauwesen. Grundlagen – Anwendungen – Praxistipps. Springer, Wiesbaden

Rosenberg MB (2016) Gewaltfreie Kommunikation. Eine Sprache des Lebens. Junfermann, Paderborn

Schäfer K-H (2005) Kommunikation und Interaktion. Grundbegriffe einer Pädagogik des Pragmatismus. VS Verlag, Wiesbaden

Schödlbauer C (2017) Professionelle Kommunikation und Feedback im heterogenen Führungsalltag. In: v Au C (Hrsg) Eigenschaften und Kompetenzen von Führungspersönlichkeiten. Achtsamkeit, Selbstreflexion, Soft Skills und Kompetenzsysteme. Springer, Wiesbaden

Ueding G (Hrsg) (2001) Adolph Freiherr von Knigge: Über den Umgang mit Menschen. Insel, Frankfurt a. M.

Verhein-Jarren A, Bohr B, Kossmann B (2018) Gesprächsführung in technischen Berufen. Springer, Wiesbaden

Vollmar K (2009) Farben. Symbolik – Wirkung – Deutung. Königsfurt Verlag, Krummwisch

Schulz von Thun F (2014a) Miteinander reden: 1. Störungen und Klärungen. Allgemeine Psychologie der Kommunikation. Rowohlt, Reinbek

Schulz von Thun F (2014b) Miteinander reden: 3. Das „Innere Team" und situationsgerechte Kommunikation. Kommunikation, Person, Situation. Rowohlt, Reinbek

Watzlawick P, Beavin J, Jackson DD (2000) Menschliche Kommunikation. Formen. Störungen. Paradoxien. Huber, Bern

Zielorientierte Gesprächsführung

© Springer Fachmedien Wiesbaden GmbH, ein Teil von Springer Nature 2019
N. Schwab, *Konfliktkompetenz im Bauprojektmanagement, erfolgreich studieren,*
https://doi.org/10.1007/978-3-658-27089-6_4

Das Gespräch ist eine Grundform menschlicher Kommunikation und wird Ihren Berufsalltag maßgeblich prägen. Mit Gesprächen kann man andere Menschen beeinflussen, es geht also nicht nur um eine Gesprächsführung, sondern auch Führung mit Gesprächen. Ausgehend von den klassischen Wissenschaften der Rhetorik und Dialektik werden in diesem Kapitel die prozessualen Aspekte des Gesprächs, der Gesprächsaufbau und die Schritte der strategischen Planung eines Gesprächs, dargestellt. Zwei wichtige Funktionen eines Gesprächs sind die Informationsgewinnung und die Führung hin zu einem Ziel, eine Änderung im Denken oder Verhalten des Gegenübers. Dazu werden verschiedene Fragetechniken vorgestellt, die, angepasst an Situation und Prozessschritt, z. B. die Kreativität bei der Lösungsfindung anregen können. Ein zentrales Ziel von Gesprächen in der Bauprojektrealisierung ist die Überzeugung, wenn Sie z. B. Investoren für einen bestimmten Standort gewinnen wollen. Die Überzeugungsarbeit findet dabei über die unbewusste und die bewusste kognitive Ebene statt. Für die unbewusste Beeinflussung werden Möglichkeiten durch die Entscheidungsarchitektur des Menschen vorgestellt, die auf den in der Psychologie vorgestellten Heuristiken basiert. Relevant für die unbewusste Ebene sind aber insbesondere Methoden, mit denen man eine förderliche Beziehung zum Gegenüber aufbauen kann und die im Wesentlichen aus der Neurolinguistischen Programmierung stammen. Kern der Überzeugung bleibt die Argumentation, für die eine Hilfestellung zur Sammlung von Argumenten und ein wirksamer Aufbau des Argumentes an sich und der Argumentationskette an die Hand gegeben wird. Im Hintergrund steht – unerschütterliche Basis des Konfliktmanagements – die wertschätzende Haltung, selbst wenn sie mit einem Mini-Kontrakt Widerstand im Gespräch „brechen".

Lernziele

Wenn Sie sich mit den Inhalten dieses Kapitels beschäftigt haben:
Wissen Sie, wie ein Gespräch aufgebaut ist und welche Aufgaben die einzelnen Prozessschritte haben.
Kennen Sie verschiedene Fragetypen und können sie prozessual (wann im Gespräch) und funktional (wozu) im Gespräch einplanen – und mit praktischer Übung auch einsetzen.
Können Sie eine stichhaltige und wirksame Argumentation aufbauen.
Können Sie ein Überzeugungsgespräch strategisch vorbereiten und gezielt Methoden einsetzen, die auf der unbewussten und bewussten Ebene wirken.

4.1 Gesprächsführung

4.1.1 Gespräch, Rhetorik und Dialektik

Ein *Gespräch* ist ein „unmittelbarer sprachlicher Gedankenaustausch zwischen Personen [und] eine der Grundformen menschlicher Kommunikation [...]" (Brockhaus 2006, S. 652). Gespräche finden oft in der Form des *Dialogs* (griech. diálogos = Unterredung, Gespräch) statt, einer Unterredung in „Frage und Antwort, Rede und Gegenrede [...] zwischen zwei oder mehreren Personen" (Brockhaus 2006, S. 764). Eine weitere Gesprächsform ist die *Diskussion* (lat. discussio = Untersuchung, Prüfung), eine

Auseinandersetzung bzw. ein Meinungsaustausch zu einem Thema. Geht es bei diesem Austausch explizit darum, einen Gegner mit einer anderen Auffassung zu einem Thema auf Basis formaler Regeln mit Worten zu schlagen, handelt es sich um eine *Debatte* (z. B. die politische Debatte). Debatten über einen langen Zeitraum, z. B. zu wissenschaftlichen Forschungsthemen, sind *Kontroversen*.

Die *Rhetorik* (griech. rhetorike (techne) = Redekunst) als wissenschaftliche Disziplin befasst sich mit der Analyse menschlicher Kommunikation (sprachlich und körpersprachlich), die wirkungsorientiert auf eine Überzeugung des Adressaten *(persuasiv)* hin ausgerichtet ist. Der Begriff umfasst dabei Theorie und Praxis und bezieht sich auf die mündliche, schriftliche oder durch technische Hilfsmittel übermittelte Form. Die Disziplin der Rhetorik entstand bereits im 5. Jh. V. Chr. Viele Erkenntnisse der klassischen Literatur (u. a. Aristoteles, Cicero, Quintilian) sind noch immer aktuell oder sogar Basis neuzeitlicher Konzepte, obwohl die ursprüngliche Rhetorik auf die Rede (gerichtlich, politisch, festlich) eher in Form des *Monologs* (griech. mono-logos = allein redend, mit sich selbst redend) ausgerichtet war. Theoretische Basis ist die Annahme, dass Redefähigkeit eine menschliche Naturanlage ist (natura), die durch Kunst und Wissen (ars, doctrina) und durch Erfahrung und Übung (exercitio) perfektioniert werden kann, was sich in diesem Kontext in den Wissens- und Praxis-Komponenten spiegelt. (vgl. Brockhaus 2006, 23, S. 101 f.) „Die Rhetorik sei also als Fähigkeit definiert, das Überzeugende, das jeder Sache innewohnt, zu erkennen." (Aristoteles 2018, S. 11)

Innerhalb der Rhetorik ist die *Topik* (griech. topos = Ort, Platz, Stelle) die Systematik zur Auffindung und Strukturierung der zur Überzeugung notwendigen Argumentationsmuster. Die Topik wird manchmal gleichgesetzt mit der *Dialektik*. Dialektik, ein Überzeugen in dialogisierender Form, ist seit dem 16. Jh. die Lehre, aus dem Wahrscheinlichen Schlüsse zu ziehen. Sie entwickelte sich aus einer Form des philosophischen Gesprächs, indem durch argumentativ geschickte Unterscheidungen auch Widersprüche plausibel gemacht werden können. In unterschiedlichen philosophischen Schulen variiert das Ziel der Dialektik von der Wahrheitsfindung bis zur Überredungskunst. Cicero setzt Dialektik mit dem *Disput,* einer scharfen Wechselrede, gleich, in der durch das Aufweisen der Folgen einer Meinung und Gegenmeinung über falsch und richtig entschieden werden kann. (vgl. Brockhaus 2006, 6, S. 762 f.) Die Rhetorik, die über Argumentation etwas begründet, eine Konstruktion, ist damit das Gegenstück zur Dialektik, die über das Hinterfragen eine angenommene Wahrheit zerlegt, eine Dekonstruktion (vgl. Aristoteles 2018, S. 7).

Die Entwicklung von Strukturen, (Argumentations-) Strategien und Stilmitteln zur Gesprächsführung baut also auf einer langen Historie auf. In der Bauprojektrealisierung findet ein Großteil der Arbeitszeit in Form von Gesprächen, spontanen und geplanten, statt. Im Arbeitskontext gibt es neben den fachspezifischen Gesprächsnotwendigkeiten immer wiederkehrende Gesprächssituationen (z. B. Zielvereinbarungs-, Beurteilungs-, Coaching-, Problemlösungsgespräche), für die es in der Fachliteratur detaillierte Darstellungen gibt. Die drei Schwerpunktthemen Prozess, Interessentransparenz und Überzeugung können dabei situationsspezifisch in jeder Gesprächssituation zur Anwendung kommen.

4.1.2 Grundsätze in der Gesprächsführung

Es gibt drei *Gesprächsbestandteile* bzw. drei Perspektiven, aus denen heraus ein Gespräch aufgebaut werden muss (vgl. Aristoteles 2018, S. 19):

1. Redner bzw. man selbst
2. Gegenstand bzw. Thema
3. Publikum bzw. Gegenüber

Gespräche haben ein Ziel, für dessen wirksame Erreichung eine *Planung* notwendig ist. Die Vorbereitung (falls möglich) erfolgt in mehreren Arbeitsschritten, die hier in Anlehnung an die klassische Rhetorik aufgestellt sind (vgl. Ueding 2005, S. 55 ff.):
1.
   a) *Materia:* Erkenntnis des Themas und Hypothesenbildung
   b) *Status:* Ermittlung des Streitpunktes und Zuordnung zu einem Gesprächsformat
   c) *Inventio:* Recherche zu wirkungsvollen Argumenten und Materialien inkl. Überprüfung der Tauglichkeit und Passung zu den einzelnen Gesprächsabschnitten
2. *Dispositio:* Gliederung des Stoffes und der Argumente nach Sachangemessenheit, Überzeugung des Adressaten und Gesprächsabschnitten
3. *Elocutio:* sprachlich-stilistische Ausarbeitung (Sprachrichtigkeit, Deutlichkeit, Angemessenheit an Inhalt und Zweck, Redeschmuck, Vermeidung alles Überflüssigen; Verwendung von z. B. Fragen, Vergleichen, Metaphern, Ironie, Wiederholung etc.)
4. *Memoria:* Einprägen der Rede mit Memotechniken, z. B. bildlichen Vorstellungshilfen
5. *Actio:* Vortrag, Halten des Gesprächs; Sprechtechnik und körperliche „Beredsamkeit" durch Mimik, Gestik und Handlungen

Die *Durchführung* eines Gesprächs wird von einigen, auch organisatorischen, Parametern begleitet, die enormen Einfluss auf die Stimmung und den Ausgang des Gesprächs haben können, wie z. B.:

- Form der Einladung (z. B. von wem, wie lange vorab, mit Nennung des Themas und nicht als Vorladung)
- Räumlichkeiten (z. B. wessen „Hoheitsgebiet" oder neutraler Ort, Ausstattung mit Medien, die eingesetzt werden)
- Zeitansatz (z. B. Zeitdruck für das Thema, Folgetermine ohne Möglichkeit zur Verlängerung)
- Emotionaler und körperlicher Zustand der Teilnehmer

Die Haltung des Sprechenden sollte auf einer Wertschätzung des Gegenübers beruhen.

Im Sinne einer Überprüfung der Zielerreichung und der Selbstreflexion sollte eine *Nachbereitung* von Gesprächen stattfinden.

4.1.3 Macht im Gespräch

Ein Kommunikationsprozess, ein Konflikt oder Gespräch, kann in seiner Ausprägung des Machtverhältnisses der Beteiligten von *symmetrisch bis asymmetrisch* verlaufen. Symmetrisch bedeutet gleiche Machtverhältnisse, asymmetrisch bedeutet einen Machtvorteil einer Partei.

Max Weber definiert *Macht* als „jede Chance, innerhalb einer sozialen Beziehung den eigenen Willen auch gegen Widerstand durchzusetzen, gleichviel worauf diese Chance beruht." (Weber 1972, S. 28) Macht bedeutet damit alle Kräfte und Mittel, in jedweder Situation und aus jedwedem Grund, die einem zur Durchsetzung einer Absicht gegenüber einem anderen zur Verfügung stehen, einzusetzen (vgl. Brockhaus 2006, 17, S. 363). Macht beruht auf dem Glauben an die Machbarkeit von Machtordnungen durch den Menschen, der sie aufstellt und ändern kann (vgl. Popitz 1992, S. 12). Die Einflussnahme wird aufgrund der Ausstattung von Machtpotenzialen (Machtmitteln) möglich, die unterschiedlichen Ressourcen entspringen (vgl. Jung et al. 2018, S. 46). Strukturell können vier Formen von Macht unterschieden werden, die in Reinform vorliegen können, zumeist jedoch in Kombination auftreten (vgl. Popitz 1992, S. 25 ff.):

1. *Aktionsmacht* meint die pure Gewalt, die den anderen verletzt und Zwang ausübt. Davon betroffen können die körperliche Versehrtheit sein (unter dem Einsatz physischer Mittel wie z. B. eine Vergewaltigung), ökonomische Parameter (z. B. die Kündigung eines Kredits), Entzug von Subsistenzmitteln (z. B. Verwehrung des Zugangs zu Trinkwasser), soziale Teilhabe bzw. Zugehörigkeit (z. B. Mobbing). Aktionsmacht beschränkt sich oft auf eine Aktion und ist nicht auf dauerhafte Kontrolle gerichtet.

2. *Instrumentelle Macht* arbeitet mit Alternativen, einem System aus Belohnung und Strafe, fügsam oder ungehorsam, und gipfelt in Erpressung oder Bestechung. Diese Machtform basiert auf dem Glauben der Betroffenen, dass dem Gegenüber diese Mittel zu Verfügung stehen, weshalb der Machtinhaber diese Glaubhaftigkeit aufbauen und bewahren muss. In Form materieller Belohnung (z. B. Gehalt) befolgt der Mensch fremde Befehle mit Fokus auf die eigenen Interessen. Instrumentelle Macht steuert das Verhalten über eine Zukunftsvision (wenn, dann) und arbeitet daher mit Hoffnungen und Ängsten. (alternativ vgl. Jung et al. 2018, S. 46: *Belohnungsmacht* und *Bestrafungsmacht)*

3. *Autoritative oder symbolische Macht* beruht auf normativen Ordnungen, wie z. B. Hierarchien in Unternehmen oder die Zugehörigkeit (Identifikation) zu einer Gruppe durch Statussymbole. Ihre Kraft kommt durch einen doppelten Anerkennungsprozess: Erstens muss die Überlegenheit des anderen als Maßsetzendem anerkannt werden, zweitens muss das Streben (Ausrichtung des Verhaltens) auf eine Anerkennung durch den Maßsetzenden gerichtet sein. Autoritative Macht ist eine „innere Macht", die zu einwilligender, fragloser Folgebereitschaft führt und dafür das Grundbedürfnis nach Anerkennung (auch durch eine Gruppe) nutzt. (alternativ vgl. Jung et al. 2018, S. 46: *Identifikationsmacht* und *Legitimationsmacht*)

4. *Datensetzende Macht* ist eine technische Handlungsfähigkeit bzw. herstellende Intelligenz. Sie bezieht sich auf Eingriffe in die Natur (z. B. düngen) und Eingriffe in das Verhalten des Menschen durch Gegenstände (z. B. Smartphones).

Schwer in diese vier von Popitz aufgestellten Formen ist eine weitere Machtressource einzuordnen:

5. *Wissen ist Macht* (Francis Bacon)! Wissen, Information, schafft sich Macht, indem es vom Wissen Ausgeschlossene gibt. Der Wissende gehört damit einer Gruppe an und begründet seine autoritative Macht. Die Zuordnung von Wissen zur autoritativen Macht ist insofern schwierig, weil die Anerkennung des Wissenden als Maßstab nicht gewährleistet ist. Wenn „(…) nicht so sehr Wissen an und für sich Macht ist, sondern die Verfügung über die Zugänge zu Wissen bzw. die Information, aus dem Wissen generiert werden kann" (Strasser 2010, S. 202), ist das Thema an der Schnittstelle zur datensetzenden Macht. (vgl. Strasser 2010, S. 200 ff.) Wissen als fachliche Kompetenz wird auch *Expertenmacht* genannt, ist die Machtressource Information, wird von *Informationsmacht* gesprochen (vgl. Jung et al. 2018, S. 46).

Im Organisationskontext wird oft die *formale* und die *informelle* Macht unterschieden. Formale Macht ist vorgegebene, positionsgebundene (Legitimations-) Macht, die hauptsächlich auf hierarchischen Strukturen basiert und in Organigrammen grafisch dargestellt wird (vgl. Helmold et al. 2019, S. 107). Informelle Macht entsteht durch die Zuerkennung von Autorität z. B. wegen hoher fachlicher Kompetenz, charakterlicher Stärke, langer Mitarbeit oder guten Netzwerken. Im Gegensatz zur formalen Macht, beruht die Einflussbeziehung auf Basis der Autorität auf der Anerkennung und Freiwilligkeit der Gefolgschaft (vgl. Jung et al. 2018, S. 48). Informelle Führer können ein Team stabilisieren, aber auch spalten, wodurch es zum Konflikt zwischen formalem und informellem Leader kommen kann.

Sinnvoll ist die Anwendung des Machtbegriffs dann, wenn die Intention Macht auszuüben vorliegt, also die Absicht zu verletzen, das Denken und Verhalten anderer zu steuern oder Lebensbedingungen zu ändern. Die Absicht, das Denken und Verhalten eines Menschen zu ändern, haben auch Gespräche. Mit einer zielorientierten und strategischen Gesprächsführung übt man also Macht aus. Dabei ist die Sprache an sich eine Machtquelle. Mit einer elaborierten Fachsprache kann man das Gegenüber zur Sprachlosigkeit verurteilen. Diese Sprachlosigkeit bedeutet vielleicht einen intellektuellen „Sieg" über den Sachverhalt, nicht aber über die tatsächliche intrinsische Motivation des Gegenübers, sein Verhalten anzupassen.

Dazu wird ein anderes Machtkonzept benötigt, das weniger von der Zielsetzung des Ausübenden ausgeht, sondern von der gesellschaftlichen Funktion von Macht. Aus dieser Perspektive zielt Macht trotz der Asymmetrie auf eine zwischenmenschliche Interaktion zur Veränderung, indem sie Entscheidungskriterien der Gesellschaft ordnet, Entscheidbarkeit zulässt und weiterentwickelt. Das wird durch das Machtmodell von Hannah Arendt (1906–1975) unterstützt, in dem Macht als Ergebnis kommunikativer, auf Verständigung zielender Handlungen bestimmt wird. (vgl. Brockhaus 2006, 17, S. 366)

? Reflexions-Aufgabe

Wer kann und übt tatsächlich Macht auf Sie aus? Wieso kann derjenige das? Welche Form von Macht liegt zugrunde?

Auf wen können Sie auf Basis welcher Mittel Macht ausüben?

Wie geht es Ihnen, wenn Sie Macht ausüben? Und wenn auf Sie Macht ausgeübt wird? Welche Macht hätten Sie gerne?

4.2 Prozessführung

4.2.1 Prozess und Führung

Der Begriff *Prozess* (lat. pro-cedere = vorwärtsschreiten, fortschreiten, sich entwickeln) ist bisher oft gefallen und meint im Allgemeinen erstmal „nur" einen Vorgang, einen Ablauf oder eine Entwicklung. Möchte man durch einen Prozess eine gezielte Wirkung erreichen, werden die einzelnen Schritte im Sinne eines optimalen Vorgehens erforscht. „Wirkungen entstehen in kausalen, sequentiell angeordneten Schritten." (Bode 2017, S. 788) Damit Gespräche zielgerichtet wirken, verlaufen sie ebenfalls in einem linearen Prozess. Der Gesprächsprozess muss gemanagt, also geplant, organisiert (inkl. der inhaltlichen Gestaltung) und geführt werden. Die Aufgabe der Kontrolle übernehmen hier Zusammenfassungen und Verständnisquittungen, die aufzeigen, ob Prozessschritte wiederholt werden müssen. Welche dieser Aufgaben Sie einnehmen, hängt von Ihrer Rolle in dem Gespräch und der Erwartungshaltung, die Ihr Gegenüber an Sie hat, ab: als Vorgesetzter übernehmen Sie z. B. alle Aufgaben bei einem Feedbackgespräch, bestellen Sie aber diesen Mitarbeiter zu einem fachlichen Beratungsgespräch, wenn Sie z. B. eine Entscheidung für einen Fassadenoberfläche treffen wollen und er Ihnen Vor- und Nachteile unterschiedlicher Systeme vorstellen soll, können Sie sich auch durch das Gespräch führen lassen, soweit Sie sich führen lassen mögen und der Kollege die Kompetenz hat.

Was aber umfasst die Führung in einem Gespräch? „Führung bedeutet andere Menschen gezielt zu beeinflussen, zu motivieren und in die Lage zu versetzen, dass in einem sinnvermittelten Prozess der Zusammenarbeit gemeinsame Ziele in Organisationen erreicht werden." (Dörr et al. 2013, S. 249) Führung ist eine planende, leitende, koordinierende, und kontrollierende Tätigkeit die übergeordnet ausgeführt wird (vgl. Brockhaus 2006, 10, S. 59), d. h. es besteht eine Bemächtigung, dem anderen gegenüber übergeordnet zu handeln. Führung im Gespräch betrifft die drei Perspektiven des Aristoteles:

1. *Das Ich:* Man muss sich selbst führen, das heißt die für das Gespräch notwendigen Parameter herstellen wie z. B. Aufmerksamkeit, emotionale Beherrschung oder Rollenbewusstsein. Sich selbst „im Griff zu haben" betrifft einen nicht nur wenn man führt, sondern auch, wenn man sich bewusst führen lässt.
2. *Das Ziel:* Der Gegenstand betrifft zwei Dimensionen, zum einen die prozessuale Führung, also die Leitung der schrittweisen Entwicklung des Gesprächs, zum anderen die Zielorientierung, also den inhaltlichen Rahmen des Gesprächs. Diese Durchführung kann man gut delegieren, z. B. an einen Moderator, wenn man seine kognitiven Prozesse für eine inhaltliche Beteiligung am Gespräch freihalten möchte.
3. *Das Du:* Das Gegenüber führt man durch den Prozess, aber zusätzlich leitet man es an, sein Denken und Verhalten in der Weise zu verändern, wie man es wünscht oder geplant hat. Diese (Ver-) Führungskunst setzt bei der bewussten und unbewussten Ebene des Gegenübers an, um es zu überzeugen oder gar zu manipulieren.

Die Macht zur Gesprächsführung im Berufsalltag ist zumeist eine formale und folgt den Hierarchien des Unternehmens oder Projektes. Allerdings festigen Dinge wie z. B. Können, Erfahrung, Charisma diese institutionalisierte Macht. Eine Kombination aus fachlichem Wissen und methodischen Fertigkeiten zur Gesprächsführung stellen allerdings auch eine große Macht dar. Werden diese Fähigkeiten anerkannt, handelt es sich um eine autoritativ-informelle Macht. Werden Wissen und Informationsvorsprünge gezielt gegen die andere Person eingesetzt, kann durch diese Überlegenheit, ähnlich wie bei der körperlichen, eine Aktionsmacht ausgeübt werden. Gute Gesprächsführung ist Macht an sich, weil es die Funktion ausübt (im Projekt, im Team, im Unternehmen), Veränderungen durch gezielte Entscheidungen hervorzurufen.

In diesem Zusammenhang lohnt es sich, das Thema Autorität näher zu betrachten.

Vielfach wird mit *Autorität* die autoritäre Form verbunden: Über- und Unterordnung, Befehl und Gehorsam. Doch Autorität war schon immer ein permanenter, nie endender Verhandlungsprozess zwischen Führung und Gefolgschaft. (vgl. Baumann-Habersack 2017, S. 115) Der Autoritätsforscher und Berater Frank Baumann-Habersack hat im Jahr 2015 das empirisch fundierte Autoritätskonzept der *Neuen Autorität* aus dem pädagogischen Bereich erfolgreich auf Führungskontexte übertragen.

In diesem neuen, horizontalen Autoritätsverständnis ist es möglich, dass ein Gesprächspartner die Führungsrolle übernimmt, ohne dass der andere untergeordnet sein muss. Durch das sich daraus entwickelnde Gefühl der Gleichwertigkeit (nicht Gleichheit), fällt es einem Gesprächspartner leichter, dem anderen Gesprächspartner Führung zuzuschreiben. (vgl. Baumann-Habersack 2017, S. 8) Er folgt damit freiwillig.

Gerade in Gesprächssituationen mit unklaren, volatilen oder wechselnden Machtasymmetrien kann die neue, horizontale Haltung zu Autorität darüber entscheiden, wer die Führungsrolle in dem Gespräch zugeschrieben bekommt.

4.2.2 Gesprächsprozess – KOALA

In der Rhetorik wird die Rede in die vier Abschnitte Einleitung (exordium), Darlegung des Sachverhaltes (narratio), Argumentation und Beweisführung (argumentatio) und Redeschluss (conclusio) aufgeteilt (vgl. Brockhaus 2006, 23, S. 101 f.). Diese vier Teile sind in einigen Gesprächsformen ausreichend, wenn Sie z. B. eine Idee vorliegen haben und argumentativ davon überzeugen wollen. Befinden Sie sich aber in einem stärker dialogisierenden Gespräch, z. B. in der Abstimmung zu Lösungen mit den anderen fachlich Beteiligten am Projekt, oder arbeiten in einem Überzeugungsgespräch mit Fragetechniken, die das Gegenüber eigenständig zur Lösung führen sollen, ist ein Gesprächsprozess in fünf Schritten, analog zu den fünf Phasen in der Mediation, sinnvoller. Das Merkwort dazu ist *KOALA* (vgl. Ruschel 1993, S. 186):

1. **K**ontakt
2. **O**rientierung
3. **A**nalyse
4. **L**ösung
5. **A**bschluss

▪▪ Kontakt

In der *Kontaktphase* bauen Sie die (positive) Beziehung zu Ihrem Gegenüber auf. Auch wenn Sie das Gegenüber gut kennen, ist diese Phase notwendig, damit Sie und Ihr Gesprächspartner in der Situation ankommen und sich konzentriert auf den anderen Menschen einlassen können. Neben der Begrüßung und je geplanter Gesprächsdauer ggf. Bewirtung (Wasser, Kaffee, Tee) suchen Sie dazu Anknüpfungspunkte auf Ebene der Person durch entsprechende Fragen oder Smalltalk (z. B. Wie war Ihre Fahrt bei diesen Wetterbedingungen? Hält deine Erholung aus dem Urlaub noch an?). Der Kontakt, die Beziehung wird in der ersten Phase hergestellt, sollte dann aber bis zum Ende des Gespräches gehalten und ggf. weiter ausgebaut werden. Der Beziehungsaspekt wird insbesondere in der NLP genutzt und im Bereich Überzeugung benötigt.

▪▪ Orientierung

In der *Orientierungsphase* wird das Thema des Gesprächs eingegrenzt. Die Ergebnisse ggf. vorangegangener Gespräche zu dem Thema werden zusammengefasst und alle gemeinsam für den aktuellen Startpunkt abgeholt. Ist ein geplantes Gespräch gut vorbereitet, steht das Thema bestenfalls auch in der Betreffzeile des Kalendereintrags. Die Beteiligten legen ihre Sichtweisen, Absichten und Ziele offen, die als roter Faden für das Gespräch dienen und, um das zu unterstützen, auch visualisiert (Flipchart, Beamer, etc.) werden können. Grundlegende Informationen werden ausgetauscht bzw., falls diese vor dem Gespräch zur Vorbereitung verteilt wurden, offene Fragen geklärt (Herstellung des Common Ground). Sollen Regeln (z. B. Dokumentation des Gesprächs, Empfänger der Ergebnisse, Zulassen von Unterbrechungen für Fragen etc.) für die weitere Gesprächsführung festgelegt werden, ist das ein guter Augenblick für die Metakommunikation. Es wird ein gemeinsames Problembewusstsein geschaffen, das auch übergeordnete Interessen, wie z. B. des Unternehmens, beinhaltet und Fakten, die damit verbunden sind, benennt. Die Beziehung wird über wertschätzendes Interesse an dem Gegenüber gehalten.

▪▪ Analyse

Die *Analyse* ist sozusagen die Action-Phase des Gesprächs. Das Problem wird fixiert und klar benannt (Worum geht es also? Was muss gelöst bzw. verändert werden?). Je Gesprächssituation und gewähltem Format werden hier Argumente zur Beweisführung vorgebracht oder für gemeinsame Lösungsideen ausgetauscht, Fragetechniken eingesetzt, um z. B. die Interessen der Bauherren hinter bestimmten Vorstellungen zu erfahren, zur Reflexion anzuleiten oder, im Falle von Konfliktgesprächen, durch intensives aktives Zuhören und Loopen Bedürfnisse und Ängste hinterfragt, die in der Lösungsfindung berücksichtigt werden müssen.

▪▪ Lösung

Die *Lösungsphase* hängt stark vom gewählten Format ab, also davon, ob ein Lösungsvorschlag vorgetragen oder eine gemeinsame Lösung ausgearbeitet wird. Haben Sie in der Analyse die Argumente vorgetragen und die Relevanz begründet, erfolgt jetzt der Lösungsvorschlag mit dem Aufzeigen seiner Realisierbarkeit oder ggf. der Integration von Einwänden aus der Diskussion in die Lösungsrichtung. Wollen Sie z. B. von einem Entwurf überzeugen, der zu Beginn des Gesprächs vorlag, und den Sie eher in einer Form von Präsentation auf Argumente gestützt vorgetragen haben, haben Sie in der Phase die Möglichkeit auf kritisches Feedback zu reagieren und zu prüfen, ob Ihre Lösung überzeugt hat. Sind Sie in einem Gespräch mit mehreren Beteiligten, z. B. haben Sie bisher Vor- und Nachteile verschiedener Standorte aus verschiedenen fachlichen Blickwinkeln erörtert, wollen jetzt eine Entscheidung für einen Standort treffen und die Konsequenzen für den weiteren Entwurf festhalten, können Sie in einer gemeinsamen Arbeit, unterstützt von Kreativitätstechniken, die Lösung ausarbeiten. Es kann auch sein, dass Sie die Lösungsrichtung vorgegeben haben und Ihr Gegenüber mit Fragetechniken zu einer Lösung hingeführt haben, die jetzt von Ihrem Gegenüber ausgesprochen und von Ihnen geschärft wird. Die Hinführung zu einer ganz selbstständigen Lösung (ohne Andeutung der Zielrichtung) wird z. B. in der Therapie, Beratung (Coaching) und im Vertrieb eingesetzt. Auch wenn es keine Lösung für das Thema gibt, so gibt es sozusagen eine Lösung für das Gespräch: Es kann sein, dass der Gesprächspartner (z. B. der Bauherr) Zeit für eine Entscheidung benötigt und diese Bedenkzeit, um im Terminplan zu bleiben, auf ein bestimmtes Datum verschoben wird. Vielleicht erwartet Ihr Gegenüber auch weitere Argumente, die Sie recherchieren müssen, der Gesprächstermin war zu kurz angesetzt und muss zu späterem Zeitpunkt fortgeführt werden oder die Lösung soll implementiert und dann zu einem späteren Zeitpunkt auf ihre Tragfähigkeit hin noch einmal überprüft werden. Teil der Lösungsphase ist damit auch eine Abstimmung zum weiteren Vorgehen bzw. einem Folgetermin.

▪▪ Abschluss

Der *Abschluss* des Gesprächs ist in seiner Funktion nicht zu unterschätzen, er legt die Zukunft auf der Sach- und der Beziehungsebene. Auch bei kritischen Gesprächen und wenn man im geplanten Zeithorizont keine gemeinsame Lösung gefunden hat, sollte das Gespräch positiv beendet werden, um die Differenz auf sachlicher Ebene klar von einer wertschätzenden Haltung auf Beziehungsebene zu trennen. Im Abschluss sollte evtl. der Gesprächsverlauf, aber unbedingt die Ergebnisse stichwortartig zusammengefasst werden. Die Konsequenzen und nächsten Schritte, die sich aus dem Gespräch ergeben, sollten ebenfalls im Rahmen des Ergebnisses festgehalten werden. Je Situation kann man auch die Empfindungen bzw. Gefühle während des Gesprächs abfragen. Gerade wenn es sich um grundlegende, langfristige Entscheidungen handelt (selbstverständlich bei Bauprojekten), kann das als Prüfung verstanden werden, ob nicht doch noch weiterer Gesprächsbedarf vorhanden ist. Bei wiederkehrenden Gesprächsrunden können Sie Rituale (z. B. ein bestimmtes Handzeichen, eine Körperbewegung, ein Satz) zum Abschluss einführen, die Struktur geben, Signal sind und bis hin zu einer Teamidentifikation führen können.

❓ Reflexions-Aufgabe

Beobachten Sie sich in den nächsten Gesprächen: Setzen Sie KOALA ein? Starten Sie mit dem Kontakt und haben Sie in der Lösungsphase das weitere Vorgehen fixiert bevor Sie zum Abschied übergehen?

4.2.3 Werkzeug: Fragetechniken

„Wer? Wie? Was? Wieso? Weshalb? Warum? – Wer nicht fragt bleibt dumm!" (Titelmusik Sesamstrasse, Text: Volker Ludwig) Oder auch „Wer fragt, der führt!" (unbekannte Herkunft). Diese beiden Zitate zeigen zwei wichtige Funktionen von Fragen im Kommunikationsprozess, die Informationsgewinnung und die Gesprächs-Führung.

Es gibt zwei grundsätzliche *Fragetypen,* offene bzw. öffnende und geschlossene bzw. schließende Fragen. Zusätzlich besteht eine große Anzahl an spezifischen Fragetypen, die zwar in der Fachliteratur oft nicht einheitlich bezeichnet sind, aber gezielte Funktionen im Kommunikationsprozess haben.

4.2.3.1 Geschlossene Fragen

Geschlossene bzw. schließende Fragen lassen dem Gefragten keine Wahl, er muss sich zwischen *Ja* und *Nein* entscheiden. Psychologisch übt das Druck aus, der Gefragte wird Befragter und oft wird versucht auszuweichen („Ja, aber…."), dennoch reicht im Kern ein Ja oder Nein (vgl. Patrzek 2017, S. 13 f.). Geschlossene Fragen eignen sich für folgende Situationen (vgl. Alter 2018, S. 26):

- gezielte Entscheidungen herbeiführen
- genaue Antworten provozieren
- den Gesprächspartner unter Druck setzen
- Informationsbestätigung unter Zeitdruck
- einen langatmigen Redner zum Punkt führen

- beenden eines Gesprächs (s. a. Zustimmung bei den Ich-Botschaften, Verständnis-Fragen bzw. -quittung beim aktiven Zuhören/Loopen)
- eine Problemstellung logisch durchdenken

Beispiel

Geschlossene Fragen beginnen meistens mit einem Verb:
- Können Sie die Terminpläne mitbringen?
- Sehen Sie das auch so?
- Habe ich Sie richtig verstanden?
- Kennen Sie die Richtlinien-Nummer?
- Parken Sie die Baustellenfahrzeuge immer über Nacht hier?
- Wollen Sie einen zweiten Verhandlungstermin?
- Funktioniert die Konstruktion in der Praxis?
- Haben wir genügend Mitarbeiter für das Projekt?

4.2.3.2 Erweiterte geschlossene Fragen/fixierte offene Fragen

Einige spezifische Fragetypen (vgl. Kessen und Troja 2016, S. 343 f.) richten sich sehr gezielt auf eine einzelne Information und lassen dem Gefragten wenig Spielraum. Daher können sie auch als *erweiterte geschlossene Fragen oder fixierte offene Fragen* bezeichnet werden. Sie dienen dazu mit detaillierten Zahlen, Daten und Fakten das Informationspaket aus einer Kommunikation zu präzisieren und abzugrenzen:

Informationsfragen: Fakten und Meinungen feststellen.

Beispiel

- Wie lange benötigen Sie für die Kalkulation? (Zeitlicher Aspekt)
- Wie viele Tage Baustopp müssen wir für die Bergung der Fliegerbombe einkalkulieren? (Quantitativer Aspekt)
- Welche Zusatzqualifikationen benötigt der Bauleiter? (Qualitativer Aspekt)
- Wer hat den Terminplan erstellt? (Personeller Aspekt)

Klärungsfragen: Generelle, verallgemeinernde Aussagen spezifizieren.

Beispiel

- Was meinen Sie konkret mit unkooperativem Umgang? Können Sie mir dafür ein Beispiel nennen, damit das deutlich wird?
- Wenn Sie behaupten zu viel Ihrer Arbeitszeit gehe für Besprechungen drauf, von wie viel Prozent Ihrer Arbeitszeit reden wir da?

Tragfähigkeitsfragen: Prüfung der Lösungsoption auf Realisierbarkeit im Rahmen rechtlicher, technischer, wirtschaftlicher, etc. Rahmenbedingungen.

> **Beispiel**
>
> - Ist die Anzahl der entsprechend spezialisierten Unternehmen in Deutschland ausreichend für eine Ausschreibung (Marktsituation)?
> - Gibt es arbeitsrechtliche Bedenken für die geplanten Beschleunigungsmaßnahmen?

Konzentrierende Fragen: ein Gespräch (zurück) auf den wesentlichen Aspekt führen.

> **Beispiel**
>
> - Was sind die wesentlichen Punkte für Sie?
> - Welches Thema erscheint Ihnen für die weitere Diskussion am wichtigsten?
> - An welcher Stelle genau benötigen Sie meine Unterstützung?

Schlussfragen: einen Punkt inhaltlich abschließen.

> **Beispiel**
>
> - Haben Sie alle notwendigen Informationen zu diesem Punkt?
> - (Zusammenfassung) Ist damit der Punkt für Sie geklärt und abgeschlossen?

4.2.3.3 Offene Fragen

Offene bzw. *öffnende Fragen* sind die W-Fragen (insbesondere Wieso, Weshalb, Warum), die zu neuen Informationen führen sollen. Sie übergeben das Zepter in dem Moment an den Gefragten, wie z. B. zu Beginn des aktiven Zuhörens, benötigen dann aber auch die entsprechende Konzentration, um im Falle lenkend eingreifen zu können.

> **Beispiel**
>
> Völlig offen, der Gefragte ist ganz frei in der Antwort:
> - Wie finden Sie das Konzept?
> - Was können Sie zur Beruhigung der Situation beisteuern?
>
> Klärende offene Fragen (kausal):
> - Wieso haben wir die Baukosten um 20 % überschritten?
> - Warum haben wir nur 30 % der Risiken mit einkalkuliert?
>
> (Differenzierung der W-Fragen vgl. Patrzek 2017, S. 14 ff.)

4.2.3.4 Offene Fragen: Perspektivwechsel

Ein *Perspektivwechsel* ist der Moment, indem man eine Situation kognitiv oder emotional aus der Sicht eines anderen erlebt. Entweder kann man selber seine Perspektive wechseln oder das Gegenüber auffordern bzw. unterstützen, seine Perspektive zu wechseln. Man kann entweder versuchen die Perspektive des Kommunikationspartners einzunehmen oder die einer anderen Person außerhalb des Prozesses. Die Fähigkeit zum Perspektivwechsel ist eine Schlüsselkompetenz und z. B. auch Grundlage in der GFK. Ein Perspektivwechsel kann bei Folgendem hilfreich sein:

- Den anderen besser zu verstehen (Empathie und Verständnis) und ggf. Missverständnisse im Kommunikationsprozess aufzulösen (Konfliktprävention).
- Den anderen besser zu verstehen und dadurch mit zielgerichteten Argumenten besser überzeugen zu können (auf ihn einzugehen).
- Gespräche vorbereiten, indem man sich in die Perspektive z. B. des Verhandlungspartners versetzt.
- Generell den eigenen Spielraum Dinge wahrzunehmen zu erweitern und durch die Ambiguität gelassener zu werden.

Eine Veränderung des Blickwinkels, bzw. des Hörwinkels, wurde bereits z. B in der Übung zum Kommunikationsquadrat trainiert. Das kann man in eigener Sache fortführen: Wenn man ein sehr empfindliches Beziehungs-Ohr hat, kann das Training des Selbstoffenbarungs-Ohrs, bei dem man als nicht selbst betroffener Diagnostiker zuerst überlegt, was die Aussage über das Gegenüber aussagt, helfen (vgl. Schulz von Thun 2014, 1, S. 30).

Zirkuläre Fragen können als Technik verwendet werden, um einen Perspektivwechsel beim Gegenüber anzuregen (vgl. Kessen und Troja S. 344). Das kann über die drei Perspektiven selbstbezogen, fremdbezogen 1 (eine weitere Person ggf. betroffen) oder fremdbezogen 2 (eine außenstehende Person) erfolgen (vgl. Patrzek 2017, S. 25).

> **Beispiel**
>
> 1. Einleitung: Nehmen wir an,
> 2. Vermutete Perspektive: Sie fragen mich (selbstbezogen)
> 3. Bezug: nach Ihrer Wirkung beim Kunden,
> 4. Vermutete Reaktion: was würde ich Ihnen antworten?
>
> - Nehmen wir an, Sie fragen den Baustellenleiter (fremdbezogen 1) nach der Einhaltung der Sicherheitsvorgaben auf der Baustelle, wie würde er die Situation beurteilen?
> - Gesetz den Fall ich frage einen weiteren Kunden unseres Trockenbauunternehmers (fremdbezogen 2) zu dessen Leistungen, wie würde er die beschreiben?
>
> Oder verkürzt:
> - Was glauben Sie, wie wirkt Ihre Forderung/Position/Ihr Verhalten auf …
> - Wie würden Sie darauf an meiner Stelle reagieren? Wie vermuten Sie reagiert Ihr Gegenüber darauf? Was würde eine außenstehende Person darüber denken?
> - Versetzen Sie sich in meine Position. Wie würden Sie handeln/entscheiden?

Ein tatsächlicher Ortswechsel, z. B. ein Tausch der Sitzplätze, kann den Perspektivwechsel enorm unterstützen.

Ein Werkzeug, um die unterschiedlichen Perspektiven in einer Gruppe transparent zu machen, das *Needs-Fears-Mapping*, wurde bereits als Werkzeug zur Analyse des Konfliktinhalts vorgestellt.

4.2.3.5 · Offene Fragen: Kreativität

Einige offene Fragetypen können in festgefahrenen Situationen dazu eingesetzt werden, Denkblockaden zu lösen, den kreativen Prozess zu fördern und Lösungsoptionen zu entwickeln. Beim *lösungsorientierten Fragen* spielen grundsätzlich zwei Verkettungen eine Rolle. Erstens die Zeitachse Vergangenheit – Gegenwart – Zukunft (Wie war es? – Wie ist es? – Wie soll es sein?) und zweitens eine Kausalität (Was ist das Problem? – Was ist die Lösung? – Was brauchen sie, um dahin zu kommen?). Diese werden miteinander verbunden, um gedanklich zu Lösungsräumen zu führen, z. B. Wenn es früher besser war, dann kann das, was da anders war, die Lösung für die Zukunft sein.

Die *Wunder- oder Feenfrage* unterstützt in Situationen, in denen die Probleme so übermächtig gesehen werden, dass gefühlt kein Spielraum mehr für Lösungen da ist. Sie löst diese Denkblockade, indem sie in einem Gedankenexperiment alles bei Seite schiebt.

> **Beispiel**
>
> Stellen Sie sich vor über Nacht wäre ein Wunder geschehen. Sie wissen zwar nicht wie und weshalb, aber alle Probleme wären gelöst.
> 1. Woran merken Sie das zuerst? Was ist anders als sonst?
> 2. Wer wird das noch merken?
> 3. Was tun Sie? Was tun die anderen?
> Negatives umformulieren: Bei „Das ist nicht mehr so" fragen „Wie ist es dann?"
>
> Stellen Sie sich vor, Sie hätten alle Macht, Zeit und alles Geld der Welt. Wie sähe das in Ihrer Wunschvorstellung aus? Was würden Sie tun?
>
> Aus Ihrer Kaffeekanne erscheint eine Fee und Sie haben drei Wünsche frei. Was wünschen Sie sich?

Ausnahmefragen unterstützen ebenfalls, einen festgefahrenen Lösungsprozess in Gang zu setzen.

> **Beispiel**
>
> 1. Wann in Ihrer Vergangenheit standen Sie schon einmal vor einem ähnlichen Problem?
> 2. Wie haben Sie das damals gelöst? Was stand Ihnen zur Verfügung, hat Ihnen geholfen?
> 3. Was können Sie aus der beschriebenen vergangenen Situation für die Lösung des heutigen Problems lernen/nutzen?
>
> 1. Gab es auch Situationen in denen es besser lief? Wann war es mal anders?
> 2. Was genau war da anders?

3. Was hat dazu beigetragen, dass es anders war?
4. Welche Ressourcen hatten Sie, was war hilfreich?

Alternativfragen unterstützen dabei, eine weitere Variante zuzulassen und zu überprüfen. Die *Evaluationsfrage* beleuchtet eine Variante genauer mit Blick auf den weiteren Prozess und die Zukunft.

> **Beispiel**
>
> 1. Was wäre denn die Alternative dazu/zu dieser Entscheidung?
> 2. Was sind die Probleme/Vorteile dieser Variante?
> 3. Welche Probleme/Nachteile hätte denn die andere Variante?
>
> Was sind für Sie bei diesem Punkt die entscheidenden Vorteile?

Skalenfragen unterstützen bei einer Zielerreichung, indem der Weg zur „perfekten" Lösung in Schritte unterteilt wird und dadurch nicht mehr übermächtig wirkt. Dabei geht es um die subjektive Wahrnehmung und Bewertung einer Situation und den möglichen Beitrag zu einer Veränderung.

> **Beispiel**
>
> 1. Auf einer Skala von 0 bis 10, wobei 0 miserabel bedeutet und 10 hervorragend, wie bewerten Sie da die Wahrscheinlichkeit, dass wir unsere Abweichung vom Terminplan noch aufholen können?
> 2. Was müsste aus Ihrer Sicht passieren, damit wir einen Skalenpunkt besser werden?
> 3. Was können Sie dazu beitragen, welche Fähigkeiten und Kenntnisse können Sie einsetzen, dass wir einen Skalenpunkt besser werden?

Bei den *Verschlimmerungsfragen* bzw. der *Umkehrmethode* wird sozusagen ein Worst-Case-Szenario hervorgerufen, das die ausschlaggebenden Themen für eine Verschlechterung der Situation aufspürt, aufmerksam für Risiken macht – und dann Gegenmaßnahmen entwickelt.

> **Beispiel**
>
> 1. Was müsste passieren, dass sich das Problem noch verschlimmert?
> 2. Was müsste passieren, damit es auf keinen Fall einen Schritt weiter geht/eine Lösung gibt?
> 3. Nehmen wir mal den ersten aufgezählten Negativpunkt – wie könnte das Gegenteil aussehen oder wie können Sie verhindern, dass der eintritt?

Mit *Hypothetischen Fragen* kann eine Idee in die Diskussion eingebracht werden und damit auch die Gesprächsführung auf eine Lösung hin beschleunigt oder vorgegeben werden.

> **Beispiel**
>
> Wäre es aus Ihrer Sicht denkbar, in zwei Schichten zu arbeiten um die Baumaßnahme zu beschleunigen?
> Könnten Sie sich vorstellen, einen Carport statt einer Garage zu benutzen?

4.2.4 Systematisch und systemisch Fragen

„Wer fragt der führt" ist einfacher gesagt als getan bei der Vielfalt an Möglichkeiten, die das Fragen bietet. Um einen gedanklichen Leitfaden für das Führen von Gesprächen mit Fragen an die Hand geben zu können wird vorab das systemische Fragen vorgestellt.

Das *systemische Fragen* geht von dem Grundsatz der *Zirkularität* aus. Das bedeutet, dass das Verhalten eines Beteiligten in einem System (Gesprächspartner, Team) durch ein Netz von wechselseitigen Abhängigkeiten beeinflusst wird und nicht durch ein lineares Ursache-Wirkungs-Prinzip. Um das System zu verstehen, richten sich die Fragen auf die Erkenntnis wesentlicher Einflussfaktoren und die Analyse von Aus- und Rückwirkungen von Handlungen auf das System. Hinzu kommt die subjektive Realität des einzelnen Menschen, die durch Hinterfragen veränderbar ist. Das systemische Fragen ist dabei zukunftsorientiert, Ziel ist es, Optionen für das zukünftige Verhalten zu generieren und die Ressourcen des einzelnen zu aktivieren. (vgl. Patrzek 2017, S. 7 f.) Die notwendige Haltung für das systemische Fragen ist eine *vorläufige Neutralität*. Das bedeutet die erste spontane Annahme, die man in einer Gesprächssituation hat, zurückzustellen, und sich offen und neugierig durch neue Informationen und andere Sichtweisen überraschen zu lassen. Dadurch kann die eigene Meinung mit dem Bewusstsein geprüft und gebildet werden, dass auch diese subjektiv ist.

Für eine Orientierung beim Fragen sorgen folgende fünf Hintergründe (vgl. Patrzek 2017, S. 39 ff.):

1. *Vernetztheit:* Informationsfragen werden durch *Relationsfragen* ergänzt, die erweiterte Bezüge herstellen, z. B. unter dem Aspekt der Wirkung (Wie wirkt sich das auf…aus?), der Bindung (In welchem Verhältnis…?) oder der Erwartung (Was erhofft sich X von…?).
2. *Sprache:* Mit Klärungsfragen muss eine verallgemeinernde Sprache konkretisiert werden.
3. *Veränderung:* In einem Gespräch geht es um die zukünftige Lösung. Wunderfragen und Ausnahmefragen z. B. helfen dabei, den Fokus von der Problemverursachung wegzulenken und auf die Lösung zu setzen.
4. *Subjektivität:* Durch die subjektive Realitätswahrnehmung sind zirkuläre Fragen zum Perspektivwechsel auf dem Weg zur Lösung notwendig.
5. *Perturbation:* Der Gesprächspartner muss durch Fragen im schematischen Ablauf seiner Gedanken gestört werden, indem man ihn sozusagen anschubst, mit skalierenden Fragen seine Wahrnehmung zu überprüfen und ggf. sogar mit hypothetischen Fragen auf Lösungen aufmerksam macht.

Um den Gedanken der Vernetztheit im systemischen Fragen einzufangen, und den linearen Prozess eines Gespräches führen zu können, unterstützt die *Hypothesenbildung*. Hypothesen sind die theoretischen Annahmen, die sich der Fragende über die Wirkungszusammenhänge der betreffenden Situation gebildet hat. An der Hypothese sollte nicht zu starr festgehalten werden, sie stellt die Leitplanke für den Fragenden dar, um (vgl. Patrzek 2017, S. 60 f.):

- Das Gespräch zu strukturieren,
- sich auf bestimmte Themen zu fokussieren und
- thematische Wechsel und Sprünge zu verhindern.

Eine Systematik beim Fragen orientiert sich an dem linearen Gesprächsprozess KOALA und den Zielen der einzelnen Schritte.

> **⊕ Wichtig**
> Der Fragen-Leitfaden, um ein Gespräch zu führen, sollte folgende zwei Punkte kombinieren:
> 1. Der lineare Gesprächsprozess KOALA wird systematisch mit Fragetypen strukturiert.
> 2. Die offenen, systemischen Fragen (insbes. in der Analyse- und Lösungsphase) orientieren sich an der Hypothesenbildung.

4.2.5 Fragefehler

Fragen können den Kommunikationsprozess auch sehr negativ beeinflussen, mit Fragen kann man aushorchen, überfordern oder manipulieren. Im Sinne einer Konfliktprävention im Kommunikationsprozess ist es sinnvoll, diese *Frage-Typen bzw. -Fehler* zu kennen, zu erkennen und im Bewusstsein der Auswirkung (möglichst nicht) einzusetzen. Mit Vorsicht zu genießende spezifische Fragetypen sind (vgl. Verhein-Jarren et al. 2018, S. 70 ff.; Patrzek 2015, S. 215 ff.):

Rhetorische Frage: Auf diese Frage erwartet man keine Antwort. Sie kann die eigene Meinung unterstreichen, zum Nachdenken anregen und den anderen beeinflussen. Die (Konflikt-) Gefahr besteht darin, dass der Fragende durch die Vorgabe der Antwort als dominant wahrgenommen wird und der Gesprächspartner das als Geringschätzung empfindet. Je Tonalität kann quasi eine Antwort vorgegeben werden, womit aus der rhetorischen Frage eine *Suggestivfrage* wird (Differenzierung situationsabhängig).

> **Beispiel**
>
> - Wollen wir nicht alle, dass das Projekt im Terminplan bleibt? (rhetorisch)
> - Du willst doch nicht etwa noch eine Nacht durcharbeiten, oder? (suggestiv)
> - Du gibst mir doch recht, dass der neue Chef eine fachliche Niete ist, oder? (suggestiv)
> - Sie wollen doch auch im nächsten Monat noch für uns arbeiten, nicht wahr? (rhetorisch)

Fangfragen: Die Fangfrage ist eine Sonderform der rhetorischen Frage, die mit logischen Widersprüchen arbeitet. Mit geschickt platzierten Fangfragen erreicht man, dass sich der

Befragte verrät oder ungewollt etwas Preis gibt. Mit Fangfragen kann man das Gegenüber in die Enge treiben mit dem Risiko, dass die Vertrauensbasis zerstört wird.

> **Beispiel**
>
> Kontext: Umfrage eines Arbeitgebers zur Nutzung von Großraumbüros (Ziel sie einzuführen):
> — Wie wichtig ist es Ihnen, schnell und unkompliziert mit Ihren Teamkollegen kommunizieren zu können?
>
> Der Punkt Teamkommunikation steht für eine Fähigkeit bzw. einen Wert und gleichzeitig für das Großraumbüro. Kreuzt man „sehr wichtig" an, stimmt man für das Großraumbüro (in dem man nicht arbeiten möchte), kreuzt man „nicht wichtig" an, diskreditiert man sich als Teamplayer.

Verhörfragen: Bohrend und mit drohendem Unterton vorgetragen, übt man mit Verhörfragen einen enormen Druck auf sein Gegenüber aus, der diesem, wie auch immer ausweichen möchte.

Mehrfachfragen: Mehrere Fragen in einem Satz verwirren den Gefragten, sodass nicht alles beantwortet wird und Informationen fehlen. Mehrfachfragen treten auch als *Fragenbombardement* auf, in dem eine Frage auf die andere aufbaut, und den Gefragten, ohne dass er antworten kann, in eine bestimmte Richtung drängt. Fühlt sich der Befragte dadurch manipuliert, wird er sich ärgern und blockieren. Beim *Fragetunnel* handelt es sich um zu viele geschlossene Fragen hintereinander. Der Gefragte fühlt sich ausgefragt und blockiert.

Beim *Fragemonolog* folgt eine Frage auf eine lange, breite, ausführliche Einführung. Falls der Befragte noch zuhört, ist er verwirrt, weil er nicht weiß, welches Detail ausschlaggebend für eine Antwort sein könnte.

Fragen auf falscher Abstraktionsebene: Der Fragende verliert sich in Detailfragen, wenn Konzeptuelles besprochen wird oder fragt nach der Strategie, wenn es aktuell um eine Detaillösung geht. Dem Gefragten bleibt meistens nur auszuweichen oder die Frage zurückzustellen.

Frageroulette: Der Fragende wechselt bei seinen Fragen Themen, Abstraktionsebene, etc., er fragt spontan und ohne Konzept. Der Befragte versteht nicht, worauf der Fragende hinauswill und ist verwirrt – oder genervt.

❗ Wichtig
- Formulieren Sie nur eine Frage pro Satz!
- Machen Sie eine Denkpause (für sich und Ihr Gegenüber) nach einer Frage!
- Formulieren Sie eine Frage kurz (bis zu ca. 7 Worten) und zielorientiert!
- Vermeiden Sie rhetorische Fragen und Verhörsituationen!

4.2.6 Widerstand und Killerphrasen

Es wäre unmenschlich, würden sich alle immer an die optimalen Kommunikationstechniken halten. Sie müssen damit rechnen, dass sie *Widerstand* bekommen oder *Killerphrasen* ein Gespräch torpedieren. Beiden Punkten kann man mit bestimmten Methoden entgegen und versuchen, das Gegenüber zurück in das Gespräch zu führen. Anders verhält es sich mit Beschimpfungen oder Diskriminierung bzw. Äußerungen, die bei Ihnen Grenzen verletzen. Hier ist ein klares Stopp-Signal notwendig z. B. in Form eines „Es stört mich, bitte unterlassen Sie das."

Mit Widerstand ist schlicht Schweigen oder der direkt geäußerte Zweifel an Ihnen, Ihrer Kompetenz und dem Sinn des Gesprächs generell gemeint. Diesbezügliche Aussagen können sein: „Sie haben doch gar nicht das Fachwissen, um das Gespräch mit uns zu führen!" „Sind Sie nicht ein bisschen zu jung, um sich hier einzumischen!" „Das Gespräch führt doch zu nichts!" Die Skepsis bzw. Bedenken einer solchen Aussage entspringen einer subjektiven Wahrheit, die als solche ernst genommen werden muss. Es ist nicht sinnvoll sich dagegen zu stellen, weil es als Störung den weiteren Prozess behindert – gehen Sie mit. In diesem Fall können Sie mit Ihrem Gegenüber einen *Mini-Kontrakt* (vgl. Thomann 2013, S. 91 ff.) schließen, der aus folgenden fünf Schritten besteht:
1. Loopen (Prozessbedürfnisse herausarbeiten, z. B. ein effizientes Gespräch zu führen)
2. Dank (für die Offenheit), Bestätigung (nicht Zustimmung)
3. Verallgemeinerung
4. Information (Sachstand)
5. Mini-Kontrakt (Verantwortung zurückgeben, Bitte und Bestätigung)

„Sie haben doch gar nicht das Fachwissen, um das Gespräch mit uns zu führen!"
1. Verstehe ich Sie richtig, dass Sie Zweifel an der Effizienz unseres Gesprächs zu dem Fachthema haben?
2. Danke, dass Sie ihre Zweifel so offen ansprechen. Ich finde gut, dass sie darauf achten.
3. Wir wollen alle unsere Zeit effizient nutzen können.
4. Jetzt direkt kann ich an meinem Kenntnisstand nichts ändern und wir haben hier ein gemeinsames Zeitfenster von einer Stunde für den Termin vereinbart.
5. Wäre es für Sie in Ordnung, wenn wir starten und Sie mir ein Zeichen geben, wenn Sie das Gefühl haben, dass wir uns fachlich „verrennen" und nicht mehr zielorientiert an der Lösung arbeiten? (Reaktion abwarten) (ggf. ergänzen: Ich wäre ihnen dankbar, wenn Sie sich Stichpunkte zu den Themen machen, an denen Sie fachlichen Nachholbedarf für mich sehen, und mir dazu nach dem Gespräch eine kurze Rückmeldung geben würden. Können Sie das übernehmen? (Reaktion abwarten, bei Zustimmung bedanken)

Findet diese Prozessstörung (Störungen haben Vorrang!) innerhalb einer Gruppe statt, können Sie diese einbeziehen, um abzuwägen, ob es sich um gemeinsames Problem handelt, oder ob Sie mit dem einzelnen ein separates Gespräch führen.

> **Beispiel**
>
> „Das Gespräch wird doch zu nichts führen!"
> 1. Verstehe ich Sie richtig, dass Sie Zweifel daran haben, ob das Gespräch zu einer Lösung führt, mit der wir arbeiten können?
> 2. Ich finde gut, dass Sie auf eine Zielorientierung achten.
> 3. Wir wollen alle unsere Zeit für Gesprächsergebnis einsetzen, mit dem wir weiterarbeiten können.
> 0. Wie geht es den anderen in der Runde, haben sie auch Zweifel?
> 1. A: Es melden sich einige Ja-Stimmen: Störungen haben Vorrang, die Einwände müssen bearbeitet werden
> 1. B: Schweigen: Je Situation traut sich evtl. niemand, dem Skeptiker zuzustimmen. Auf die Körperhaltung achten: handelt es sich um ein betretenes Schweigen, die Blicke weichen aus, ist das Thema zu bearbeiten.
> 1. C: Klare Gegenstimmen, die anderen wollen das Gespräch führen: Den Skeptiker ernst nehmen: „Ich nehme Ihre Anmerkung ernst. Wäre es für Sie in Ordnung jetzt mit dabei zu bleiben und im Anschluss mit mir über Ihre Bedenken zu sprechen, damit ich Sie verstehen kann?"

Auch anhaltendes Schweigen oder Schweigen auf eine Frage in einem Gespräch kann gezielt aufgegriffen werden, um die dahinterliegenden Probleme zu erkunden:

> **Beispiel**
>
> *Schweigen!!!*
> - Wenn Ihr Schweigen ein Satz wäre, wie hieße der?
> - Sie sind mit uns hier, was ist Ihr Grund?
> - Deute ich Ihr Schweigen richtig, dass Sie am Sinn der Veranstaltung zweifeln?

Killerphrasen sind ein Mittel zur Verunsachlichung, die eine Zugänglichkeit auf einer argumentativen Sachebene ablehnen. Oft werden Killerphrasen im Moment der Ratlosigkeit als eine Art Schutzmauer verwendet, um keine Schwäche eingestehen zu müssen. Oder aber schlicht, um sich nicht weiter mit einem Thema oder Problem auseinandersetzen zu müssen. Killerphrasen sind z. B.: „Das haben wir schon immer so gemacht!" „Typisch Wessi!" „Ober sticht Unter!" „Das dauert zu lang!" Ein gutes „Gegenmittel" für Killerphrasen ist Schlagfertigkeit, da Humor die Situation auflösen kann. Bei angespannter Stimmung kann Schlagfertigkeit jedoch schnell als Gegenangriff aufgefasst werden – die Situation kann zu einem Konflikt eskalieren. Mit etwas Gelassenheit kann man Killerphrasen auch übergehen und anknüpfen, wo man aufgehört hat. Folgende Methoden können zur Auflösung von Killerphrasen verwendet werden (vgl. Verhein-Jarren et al. 2018, S. 157 ff.):

1. *Rückfragen:* Eine Präzisierung der Aussage verlangen, um zu testen, ob es sich um Gedankenlosigkeit oder Absicht handelt, und damit zurück auf eine sachliche Ebene führen.

> **Beispiel**
>
> Das machen doch alle so!
> Wen genau meinst du mit allen?
> Das dauert zu lang!
> Wie lange wird es denn dauern? Welche Auswirkung hat das auf unseren Terminplan?

2. *Metakommunikation:* Die Metakommunikation weist explizit auf die Killerphrase hin – das Gegenüber und andere Beteiligte. Das unterstützt zwar den Prozess, kann aber als dominant empfunden werden und bei dem Sender Scham auslösen, wenn er vor anderen so zurechtgewiesen wird. Die Beziehungsebene kann Schaden nehmen und zu einem latenten Konflikt führen.

> **Beispiel**
>
> Typisch Wessi!
> Ja ich bin aus dem Westen, aber welche Relevanz sollte das hier haben? Ich schlage vor wir wenden uns wieder der Problemstellung zu.
> Der Architekt ist die Hure des Bauherrn!
> Das ist ein Totschlagargument und wirkt auf mich, als hättest du keine Lust, dich mit dem Bauherrn auseinanderzusetzen und ihn von den Vorzügen deines Entwurfes zu überzeugen.

3. *Ich-Botschaften:* Mit Ich-Botschaften kann man das Denkverbot einer Killerphrase über eine emotionale Ebene abwehren.

> **Beispiel**
>
> Das hat Sie nicht zu interessieren!
> Ich ärgere mich, wenn Sie mich von Informationen ausschließen. Ich möchte in Zukunft die gleichen Informationen bekommen, wie die anderen Teammitglieder auch.
> Machen Sie das einfach wie immer!
> Ich bin enttäuscht, wenn ich Ihnen neue Vorschläge mache, und Sie die mit dieser pauschalen Aussage ablehnen. Ich wünsche mir für die Zukunft, dass Sie sich die Zeit für ein Feedback zu meinen Ergebnissen nehmen.

? Reflexions-Aufgabe

Erwischen Sie sich in Ihrem Alltag, wenn Sie Killerphrasen benutzen. Wie reagiert das Gegenüber und wie wirkt es sich auf die Situation aus?
Erwischen Sie sich, wenn Sie sich selbst gegenüber Killerphrasen verwenden (z. B. Ach ich lass das jetzt so – die anderen haben das auch so gemacht.) Aus welcher Situation heraus verwenden Sie sie (Schutzhaltung, Faulheit)?

? Praxis-Aufgabe

Schreiben Sie sich 10 Killerphrasen auf (hier aus dem Text/bei denen Sie sich erwischen/aus Ihrem Umfeld).

1. Überlegen Sie sich bei jeder eine schlagfertige Gegenwehr.
2. Lösen Sie jede mit einer der vorgestellten Methoden in dem Sinne auf, dass Sie zurück zur Sacharbeit kehren könnten.

Wenn Sie nach der Übung etwas trainiert im Umgang sind, versuchen Sie die Methoden gezielt in Ihrem Alltag einzusetzen und reflektieren Sie, was Ihnen ggf. noch Probleme bereitet.

4.2.7 Leitfaden Gesprächsführung

Der Leitfaden für die Gesprächsführung ist folgendermaßen aufgebaut:

I. Auf der ersten Ebene steht das Merkwort für den Gesprächsschritt entsprechend KOALA.

  a) Auf der zweiten Ebene finden sich die Ziele bzw. Inhalte des Schrittes.

    – Auf der dritten Ebene befinden sich die Fragetypen, die Sie entsprechend des systematischen Fragens einsetzen können.

! Leitfaden Gesprächsführung

I. **KONTAKT**
   a) Begrüßung
   b) Beziehung Herstellen
      - Smalltalk-Fragen
      - Personenbezogene Fragen

II. **ORIENTIERUNG**
   a) Thema eingrenzen/Sachstand zusammenfassen
   b) Regeln festlegen
   c) Common Ground Herstellen
   d) Hypothesenbildung (befindet sich in andauernder Überprüfung)
      - Schwerpunkt: offene Fragen (Wer, Wann, Was)
      - Informationsfragen (Wie lange…? Wie viele…?)
      - Klärungsfragen (Wie genau…? Was konkret…? Beispiel?)
      - Relationsfragen (Wie wirkt sich das auf…aus? In welchem Verhältnis…?)
      - Schlussfragen (Unser Thema/Problem ist also…?)

III. **ANALYSE**
   a) Problembearbeitung (Argumentation, Diskussion, Anleitung)
      - Schwerpunkt: offene Fragen (Wieso, Weshalb, Warum)
      - Zirkuläre Fragen (Perspektivwechsel: Wie wirkt Ihre Forderung auf…?)
      - Skalenfragen (Wahrnehmung: Auf einer Skala von…)
      - Wunderfragen (Lösungsorientierung; Ein Wunder ist geschehen – Was ist anders?)
      - Ausnahmefragen (Lösungsorientierung: Wann war es mal anders? Warum?)
      - Hypothetische Fragen (Hinführen: Könnten Sie sich vorstellen, dass…?)

IV. LÖSUNG

    a) Lösungsvorschlag/-erarbeitung

    b) (Folge-) Vereinbarung

       – Evaluationsfragen (Prüfung der Varianten: Was sind Vor- was sind Nachteile?)

       – Tragfähigkeitsfragen (Prüfung der Realisierbarkeit: Gibt es z. B. rechtliche Einwände?)

V. ABSCHLUSS

    a) Zusammenfassung der Ergebnisse

    b) Beziehung Herstellen

    c) Abschlussritual

       – ggf. offene Frage (Wie geht es Ihnen mit der Lösung?)

       – Schlussfragen (Ist noch ein Punkt offen? Sind die nächsten Schritte klar?)

? Praxis-Aufgabe

Leitfaden Gesprächsführung: Formulieren Sie zu jedem Fragetyp eine Beispielfrage. Setzen Sie in Ihrem nächsten Gespräch (Entwurfsbesprechung, Arbeitsbesprechung) gezielt die fünf Schritte KOALA ein. Reflektieren Sie danach, bei welchem Sie Schwierigkeiten haben und wiederholen Sie es im nächsten Gespräch mit Fokus darauf.

4.3 Interessentransparenz

4.3.1 Interessen und Positionen

Die allgemeine Bedeutung von *Interesse* als geistige Teilnahme im Sinne von Aufmerksamkeit oder Neigung entwickelte sich erst im 18. Jh. unter französischem Einfluss. Älter ist die rechtliche Bedeutung des Begriffs als Zinsen für den Schuldner oder als Gewinn, Nutzen, Vorteil für den Gläubiger. (vgl. Duden 2007, S. 366) Auch philosophisch ist der Begriff verschieden belegt, relevant für das Konfliktmanagement ist dennoch die psychologische Definition, die Interesse als „die individuell unterschiedliche und relativ konstante Bereitschaft, sich mit bestimmten Gegenständen, Zielen, Tätigkeiten und Aufgaben zu beschäftigen, die subjektiv als besonders wichtig empfunden werden" (Brockhaus 2006, 13, S. 383) bezeichnet. Der lateinische Ursprung mit „inter = dazwischen" und „esse = sein", also dazwischen sein (im Hinblick auf dabei sein, von Wichtigkeit sein) gibt bereits den Hinweis auf die Aufgabe in der Gesprächsführung: Menschen sprechen ihre Interessen oft nicht eindeutig aus, sie liegen zwischen den Worten, schwingen mit, sind von Wichtigkeit – müssen aber über die Gesprächsführung erst transparent gemacht werden. Die *Transparenz* (lat. trans = hindurch, parere = erscheinen) wird von der Durchsichtigkeit eines Materials übertragen und meint die Erkennbarkeit der Interessen, für den Gesprächspartner und oft auch für den Sprechenden selbst.

In Gesprächen stehen vor den Interessen oft die *Positionen* (lat. positio = Lage, Stellung), die durchdrungen werden müssen, um die Interessen transparent zu machen. Die Unterscheidung von Position und Interesse ist dem *Harvard-Konzept* zu verdanken. In der konfliktbewussten Kommunikation ist die Trennung zwischen dem Menschen und der Sache ausschlaggebend unter der Berücksichtigung, dass jeder Mensch die Sache subjektiv wahrnimmt. Eine Position, einen fest umrissenen Standpunkt, nimmt dieser ein, wenn er – zumindest im Konfliktfall gegenüber einem anderen – etwas möchte, behalten will, fordert oder einklagt. Oft hängen Positionen an Vergangenheitsfragen. In der Baubranche sind das insbesondere monetäre Forderungen durch Nachträge (Wer trägt die Schuld an der veränderten Auftragsmenge?) oder Forderungen wegen Baumängeln (Wer hat den Schaden verursacht, wer hat den Fehler gemacht?). Positionen lassen nur ein Entweder und Oder zu, für die Lösung bleibt nur das Win-Lose-Modell. Erst die Interessen hinter den Positionen eröffnen Lösungsoptionen. (vgl. Schlieffen 2016, S. 33 f.; Jost 2016, S. 638)

Bei Verhandlungen und im Konfliktfall, also bei konträren Positionen, kann es oft der Fall sein, dass gemeinsame Interessen zugrunde liegen. Z. B. vertritt ein Teammitglied die Position wöchentliche Teamsitzungen zu machen, das andere Teammitglied die Position, sich nur monatlich zu treffen. Beide haben das gleiche Interesse, nämlich effizient am Projektziel zu arbeiten. Der eine benötigt dazu den stetigen Informationsfluss, der andere möchte möglichst wenig Zeit in Besprechungen verbringen. Die Interessentransparenz sorgt für gegenseitiges Verständnis und damit höhere Kooperationsbereitschaft. Bei Auftragsgesprächen kann genau das Gegenteil passieren: ein Paar vertritt die Position, dass sie zwei Hauseingänge haben wollen. Das Interesse der Frau ist eine separate Wohnung vermieten zu können, wenn das Geld mit Renteneintritt knapper wird. Das Interesse des Mannes ist es, eine Gästewohnung für Freunde und die Kinder zu haben.

Interessentransparenz ist wichtig, da erst auf Basis der tatsächlichen, subjektiv wichtig empfundenen Ziele, zufriedenstellende Lösungen entwickelt werden können, sich der Modus von Konfrontation zu Kooperation ändert. Das gilt sowohl für Konfliktlösungen in Konfliktgesprächen (mit und ohne Mediator), als auch für optimale Verhandlungsergebnisse oder das Verständnis von Arbeitsaufträgen, z. B. den Auftrag ihres Bauherrn für einen Entwurf. Damit kann das Transparentmachen von Interessen sowohl konfliktpräventiv (interessenorientierte Auftragsbearbeitung), als auch konfliktrealisierend (interessenorientierte Konfliktlösung) und effizient (konsensuale Verhandlungsergebnisse) wirken.

Auftragssituation
Position: Ich will ein Einfamilienhaus auf diesem Grundstück geplant haben.
Mögliche Interessen: Geldanlage, Geschenk für die Kinder, Alterssitz, Variantenentscheid
Das Interesse, also warum er das Haus geplant haben möchte, wird sich stark auf den Entwurf auswirken, als Geldanlage wird die Wirtschaftlichkeit im Vordergrund stehen, bei dem Alterswohnsitz die barrierefreie Planung.

Verhandlungssituation
Position: Wir fordern eine 30 %ige Anzahlung vor Auftragsbeginn.
Mögliche Interessen: Vertrauen in den Auftraggeber, Zahlung im Vorfeld notwendiger Ausgaben für Baumaschinen, Abwendung einer anstehenden Insolvenz, Einhaltung von Firmen-Standards

4.3.2 **Einsatz-Tiefe**

In der Mediation, und noch stärker im Dialog der Wahrheiten bei der Klärungshilfe, startet der neutrale Dritte mit den interessenorientierten Warum-Fragen, um auf einer sehr tiefen, persönlichen und emotionalen Ebene anzukommen. Dieser Weg führt von den Positionen über die Interessen bis zu den Grundbedürfnissen der Menschen. Auf dieser Ebene rufen die im Konfliktfall bedrohten Grundbedürfnisse starke Emotionen hervor, was auf der Gegenseite durch das Miterleben zu Verständnis führen soll und die Kooperation stärken soll. Erst nach bzw. über diese emotionale Phase wird zurückgeführt auf Interessen, über die Lösungen generiert werden. Wenn Sie das interessenorientierte Fragen einsetzen, bedenken Sie bei der Tiefe, mit der Sie in einen Menschen vordringen, folgendes:

- Angemessenheit entsprechend des Gesprächsziels
- Angemessenheit entsprechend Ihres Machtstatus
- Persönliche Betroffenheit (wenn Sie nicht als Dritter in einem Konfliktgespräch schlichten, sind Sie ggf. selbst emotional so betroffen, dass die Prozessführung unmöglich für Sie wird)
- Kenntnisstand und Fähigkeit (Sie arbeiten mit Menschen, die im Konfliktfall in sehr kritischen Zuständen sein können und Sie sollten die Kompetenz bzw. Übung besitzen, damit professionell umzugehen)

Neben den konfliktklärenden Gesprächen ist die Aufgabe des Projektleiters die nutzerorientierte Planung. Oft stehen die Bedürfnisse der Bestellenden zu Beginn von Planungsprozessen, was, recht vage formuliert, lediglich zu Raumprogrammen verhilft. Die individuellen Interessen sind aber vielschichtig und können sich widersprechen, die „Interaktion Mensch-Gebäude" ist komplex. Eine nutzerorientierte Planung stellt den künftigen Bewohner in das Zentrum der Planung und benötigt dazu Interessentransparenz. Diese unterstützt den Projektleiter (Planer) dabei, Widersprüche zu erkennen, Prioritäten zu setzen und gemeinsam Lösungen zu entwickeln, wobei der Nutzer einen möglichst großen Spielraum zur Selbstverwirklichung haben sollte. Der zukünftige Nutzer wird damit zu einem (über sich selbst) aufgeklärten Planer, was zu Planungssicherheit mit einem hohen Schutz vor späteren Änderungswünschen führt. (vgl. Fischer und Schwehr 2009, S. 12 f.)

4.3.3 **Offene Fragen: Interessenorientierung**

Interessen begründen Positionen, daher sind die ausschlaggebenden Fragen, um die Interessen hinter der Position transparent zu machen: Wieso, Weshalb, Warum. Interessenorientierte Fragen sind konkretisierend und erfolgen daher nach Kontakt und Orientierung in der Analysephase des Gesprächs.

Zur Verständnisprüfung werden die Antworten auf diese offenen Fragen geloopt. Dem Paraphrasieren kommt die hohe Konzentration erfordernde Arbeit des Umformulierens zu:

1. Interessen müssen herausgestellt werden. Dabei muss das Gegenüber aufmerksam beobachtet werden, um zu erkennen, ob die Formulierung eine emotionale Resonanz hat. Nur dann hat man ein relevantes Interesse erkannt.

2. Bewertungen und Urteile sollten vermieden werden, um die Stimmung der Kooperationsbereitschaft aufrecht zu erhalten. Aus diesem Grund werden negative in positive Interessen umformuliert.
3. Die Interessen beinhalten keine Lösung, sie sind lösungsoffen, um sich genau darüber die Optionen zu erschließen.
4. Interessen sind greifbar, d. h. im Gegensatz zu Bedürfnissen oder Emotionen können konkrete Lösungsansätze zugeordnet werden.

> **Interessenorientiertes Fragen bedeutet, die Hintergründe von Positionen mit den offenen Fragen Wieso, Weshalb, Warum zu erfahren.**

Interessenorientierte Fragen

Warum/Wieso ist das für Sie besonders wichtig?
Was ist das Gute daran für Sie?
Was würde das für Sie bedeuten?
Welchen Mehrwert hätten Sie von…?
Wozu benötigen Sie…?
Weshalb…?
Bei einer negativen Formulierung (…ich will nicht…) die Gegenfrage stellen:
Was wäre stattdessen gut?

? Praxis-Aufgabe

Suchen Sie sich einen Sparringspartner und stellen sie sich gegenseitig jeweils eine aktuell für sie relevante Frage, z. B. Warum hast du dich für ein Architektur-Studium entschieden? Warum hast du dir dieses Buch gekauft? Warum studierst du?
Bleiben Sie bei der gewählten Frage, greifen Sie die Antwort auf und fragen Sie 10-mal weiter: Warum? Lassen Sie sich Zeit für die Antwort.
Falls eine negative Aussage kommt (z. B. Ich wollte nicht die einzige in der Familie sein, die nicht studiert.), formulieren Sie sie in der nächsten Fragestellung um (Warum ist es dir wichtig, wie alle in deiner Familie zu studieren?).
Haben Sie mit dem Ergebnis gerechnet?

4.4 Überzeugung

4.4.1 Überzeugen, überreden und manipulieren

Am Ende eines Überzeugungs-, Überredungs- oder Manipulationsprozesses steht eine Entscheidung oder ein Urteil des Gegenübers für oder gegen eine Sache, ein Verhalten, ein Ziel.

Überzeugung ist das Vertrauen in die Richtigkeit der eigenen Meinung oder aber der Prozess, diese auf einen anderen Menschen zu übertragen. Ein Mensch ist überzeugt, wenn er mit Herz und Verstand zu seiner Entscheidung steht und sie versteht. „Überzeugung ist die Kunst, den Gesprächspartner für die eigene Ansicht bzw. Position zu gewinnen." (Polzin und Weigl 2014, S. 95) Die Rhetorik sieht drei Überzeugungsmittel (vgl. Aristoteles 2018, S. 12 f.) auf dem Weg zu einer Entscheidung. Punkt eins ist der Charakter des Redners, der zum einen seine innere Haltung betrifft, zum anderen aber auch die Überzeugung des Publikums von seiner Glaubwürdigkeit. Punkt zwei ist die Stimmung des Publikums. Der Redner muss die Emotionen erkennen, aufnehmen und dann in ein Beeinflussen derselben kommen können. Beide Punkte betreffen das Herstellen einer Beziehung mit dem Publikum, eine Einflussnahme, die insbesondere auf der unbewussten Ebene stattfindet. Nur der dritte Punkt, die Argumentation, bezieht sich auf den vom Menschen kognitiv bewusst wahrgenommenen Beweis. Eine Entscheidung, die durch eine überzeugende, persuasive Kommunikation herbeigeführt wurde, ist freiwillig, aber eben nicht nur Resultat eines bewussten, kognitiven Prozesses. „Wirkungsvolles Überzeugen in Gesprächen beginnt daher nicht mit der Darstellung einer Position (Forderung, Lösung, Standpunkt) und der argumentativen Begründung. Es beginnt mit der Klärung der Problemsituation und der damit verbundenen Interessen und Bedürfnisse. Überzeugen beginnt also mit Informieren und Fragen und nicht mit Argumentieren!" (Alter 2018, S. 37) – einer Herstellung des Common Ground. Überzeugung kann auch eine Meinung sein, die auf Erfahrung oder dem spirituellen Glauben beruht und ohne eine reflektierte Hinterfragung bis hin zur Ideologie führt, was im Folgenden nicht behandelt wird.

Bereits Aristoteles (vgl. 2018, S. 11) unterscheidet in der Rhetorik, dass es Aufgabe ist zu erkennen, was jeder Sache an Überzeugendem zugrunde liegt, und nicht zu überreden. Überredet ist ein Mensch, wenn ein Bombardement aus Sachargumenten sein Bauchgefühl unterdrückt, oder wenn man ihn verführt, seinem Bauchgefühl zu folgen, auch wenn klare Argumente dagegensprechen. Erfolg hat der, der aggressiver, schneller, mächtiger ist, und nicht die Wichtung der Argumente. Überredet man jemanden, können sich die Folgen als positiv oder negativ herausstellen. Zum Zeitpunkt seiner Entscheidung hat der Überredete jedoch noch Zweifel und er ordnet der Richtigkeit seiner Entscheidung eine sehr geringe Wahrscheinlichkeit zu.

Manipulation (lat. manus = Hand; plere = füllen) war ursprünglich die „Behandlung mit einer Hand voll Kräuter" und wurde dann über das Französische als „geschickte Handhabung" in verschiedenen wissenschaftlichen Bereichen eingesetzt. Erst Ende 19./ Anfang 20. Jh. änderte sich die allgemeine Bedeutung des Begriffs in, neutral formuliert, die gezielte, für den Empfänger unbewusste Beeinflussung von Entscheidungen und Verhaltensmustern. Populär wurde der Begriff im Rahmen der US-amerikanisch geprägten Massen-Kommunikationsforschung, insbesondere 1928 mit dem Erscheinen des Buches *Propaganda* von *Edward Bernays,* der als Vater der *Public Relations* bezeichnet wird. Durch die verdeckte Einflussnahme und verborgene Steuerung menschlichen Verhaltens wird der Begriff Manipulation negativ mit Täuschung, Trickserei oder Irreführung verbunden. (vgl. Brockhaus 2006, 17, S. 606) In der persuasiven Gesprächsführung gibt es meist kombinierte Methoden, die auf die bewussten (z. B. Argumentation) und die unbewussten (z. B. Herstellen der Beziehung) Informationsverarbeitungsprozesse im Gehirn des Gesprächspartners ausgerichtet sind. Das bedeutet im Sinne einer neutralen Auslegung von Manipulation, dass Sie beim Verwenden der Methoden überzeugen UND manipulieren. Wie bei einer Waffe hängt das Ergebnis von der Absicht des Nutzers ab. Ob, wie und warum Sie sie einsetzen, müssen Sie mit sich selbst, Ihrer Haltung und Ihren Werten, vereinbaren. Die auf das Unbewusste ausgelegten Methoden funktionieren nicht, wenn Ihr Gegenüber diese kennt und zum Einsatzzeitpunkt in der Lage ist zu reflektieren, was Sie gerade mit ihm machen. Wenn dann hinzukommt, dass Sie nicht mit seinen Interessen arbeiten, sondern versuchen Ihre eigenen durchzusetzen, führt die gefühlte (negative) Manipulation zu einem Vertrauensbruch.

Persuasive Kommunikation ist ein breites wissenschaftliches Feld. Bei einer Eingrenzung für ihre Aufgaben können folgende drei Fragen helfen:

- Wovon wollen Sie überzeugen?
- Wen (bzw. wie groß ist die Gruppe) wollen Sie überzeugen?
- An welchem Zeitpunkt liegt die Entscheidung?

Wovon wollen Sie überzeugen?

Wollen Sie von sich (z. B. in einem Vorstellungsgespräch als Projektleiter), einer Idee (z. B. ein neu entwickeltes technisches Detail in einer Teamrunde), einem Projektentwurf (z. B. ein Kindergartenentwurf vor einer Jury) oder dem Konzept für ein Großprojekt (z. B. die Anwohner eines Flughafenausbaus) überzeugen? Jedes „Produkt" benötigt hier ein individuelles Gesamtkonzept für die Überzeugungsarbeit. Entsprechend gibt es für einen selbst das Self- oder Ego-Marketing, für Bauprojekte die bereits kurz vorgestellte Architekturkommunikation und für Großprojekte entweder den Ansatz der Partizipation, den wir noch behandeln werden, oder Marketing-, Verkaufs- und Vertriebsstrategien.

Wen wollen Sie überzeugen?

Haben Sie ein Gegenüber im Zweiergespräch (z. B. eine Abstimmung mit dem Projektleiter zum neuen Terminplan), handelt es sich um eine Kleingruppe (z. B. ein 4er Team aus Architekten für eine Fassadengestaltung), eine Großgruppe (z. B. das Projektteam von einem Großprojekt) oder eine ganze Masse (Wollen Sie z. B. die Europäer davon überzeugen, dass Deutschland Großprojekte realisieren kann?)? Je Gruppengröße unterscheidet sich insbesondere die mögliche Repräsentationstechnik (z. B. eignen sich bei einer Großgruppe von ca. 300 Personen die rhetorische monologisierende Rede und Leinwände zur visuellen Unterstützung, eine dialektische Gesprächsführung und ein 1:100-Modell eignet sich eher weniger). Die Beeinflussung von Massen ist für die Realisierung von Großprojekten oder das Führen sehr großer Teams hilfreich. Dazu sei zum Einstieg auf die weiterführenden Literatur (Gustave Le Bon: Psychologie der Massen; Edward Bernays: Propaganda) verwiesen.

Entscheidungszeitpunkt?

Ist Ihr Ziel, sich eine Entscheidung von Ihrem Gegenüber abzuholen oder wurde die Entscheidung bereits von Ihnen oder jemand anderem getroffen und Sie müssen eine Gruppe davon überzeugen, damit sie motiviert dahintersteht?

Die folgenden Punkte sind auf eine persuasive Kommunikation zugeschnitten, die Sie als einzelner trainieren, verantworten und konkret für Ihre Gespräche in der Bauprojektrealisierung einsetzen können. Ihrer Kreativität sind keine Grenzen gesetzt, die Mittel zielorientiert strategisch zu kombinieren und einzusetzen.

? Reflexions-Aufgabe

Wann war es Ihnen das letzte Mal extrem wichtig, jemanden von etwas zu überzeugen? Mit welchen Methoden haben Sie das versucht? Womit ist es geglückt/ woran ist es gescheitert?

4.4.2 Entscheidungsarchitektur – Nudge

Entscheidungsarchitektur ist der Prozessaufbau zur Entscheidungsfindung bei einem Menschen. Dazu noch einmal der Verweis auf das Eisberg-Prinzip in der Kognition, dass etwa 10–20 % der kognitiven Prozesse zur Entscheidungsfindung bewusst ablaufen, 80–90 % aber unbewusst bzw. automatisch. Neben dem unbewussten Einfluss der Beziehung und dem bewussten Einfluss von Argumenten auf die Entscheidung, gibt es noch eine weitere Variante der unbewussten Einflussnahme auf Menschen, *Nudge*. Nudge sind sozusagen *Anstupser* zu einer bestimmten Entscheidung. Grundgedanke von Nudge ist der *Libertäre Paternalismus,* libertär, da konsequent die Entscheidungsfreiheit beibehalten wird, paternal, da diese dennoch beeinflusst wird. Ein Nudge ist jede Maßnahme, „mit denen Entscheidungsarchitekten das Verhalten von Menschen in vorhersagbarer Weise verändern können, ohne irgendwelche Optionen auszuschließen oder wirtschaftliche Anreize stark zu verändern." (Thaler und Sunstein 2016, S. 15) Um das zu erreichen, arbeitet Nudge mit dem automatischen kognitiven System und benutzt neben den in den psychologischen Aspekten benannten Heuristiken u. a. die *Status-quo-Bias.* Der Mensch unterliegt einer gewissen Trägheit, Dinge zu verändern, was z. B. von einer Verlustaversion, einem Beharren auf den Besitzstand, oder einem Mangel an Aufmerksamkeit („Mir-Doch-Egal-Heuristik") hervorgerufen wird (vgl. Thaler und Sunstein 2016, S. 54 ff.). Ein Beispiel ist die aktuell in Deutschland politisch diskutierte Organspende. In Spanien, europäische Spitze, spendeten 2017 durchschnittlich 46,9 Menschen pro Million Einwohner postmortal ihre Organe, in Deutschland nur 9,7 (vgl. Statista 2019). In Spanien werden hirntoten Patienten automatisch die Organe entnommen, liegt nicht ein ausdrücklicher Widerspruch vor. In Deutschland ist es anders herum, man muss aktiv einen Organspendeausweis beantragen. Es bleiben beide Optionen offen (Organspender zu sein oder nicht), in Spanien führt das Nutzen der menschlichen Passivität jedoch zu mehr Spendern. Nudges werden sehr häufig in der Verkaufsstrategie eingesetzt, ein klassisches Beispiel ist die automatische Vertragsverlängerung oder die strategische Platzierung von Lebensmitteln in Supermärkten oder Kantinen, je nach Absicht z. B. teure oder gesunde Produkte auf Augenhöhe. Eine gute Entscheidungsarchitektur hat eine Reiz-Reaktions-Kompatibilität, d. h. der Reiz, den man empfängt, passt zu der gewünschten Handlung. Ein Beispiel für einen solchen Nudge in der Architektur sind flache Platten an Türen, die „Drücken", und lange, vertikale Griffe, die „Ziehen" signalisieren (vgl. Thaler und Sunstein 2016, S. 119 f.).

Die Beispiele für Nudges zeigen ihr breites Einsatzfeld. Einige Nudges werden durch Erfahrungen automatisch verwendet. Man kann mit der Entscheidungsarchitektur von Menschen aber eben auch strategisch geplante Situationen beeinflussen: z. B. können Sie die Position Ihres Gesprächspartners (gegenüber, neben sich, Abstand) durch den Standort des Stuhles in einem vorbereiteten Raum vorgeben, auch die Regelmäßigkeit von Besprechungen (gleiche Uhrzeit, gleicher Tag) ist ein Nudge, da ein Gewöhnungseffekt eintritt, der zu einer Automatisierung führt.

? Praxis-Aufgabe
Suchen Sie Nudges in Ihrem Alltag. Welche können Sie finden?

4.4.3 Basis: Beziehung-Herstellen

Aristoteles beschreibt die Notwendigkeit einer guten Beziehung zum Publikum für die Überzeugung desselben folgendermaßen: „Wer nämlich liebt, dem scheint derjenige, über den er ein Urteil fällt, überhaupt nicht oder nur in geringem Maße unrecht zu tun, wenn jemand hasst, trifft das Gegenteil zu." (Aristoteles 2018, S. 76) Seine Basis ist die Glaubwürdigkeit des Redners, die u. a. damit hergestellt wird, dass der Redner wohlwollend erkennt und hinterfragt, in welcher Gemütsverfassung *(Affekt)* sich das Publikum befindet. Versteht er den Affekt (Zorn, Furcht etc.), kann er entsprechend auf das Publikum eingehen, indem er den adäquaten sprachlichen Ausdruck wählt und über die Vortragsweise (Lautstärke, Tonfall, Rhythmus etc.) wiederum auf die Stimmung des Publikums wirkt.

Beziehung-Herstellen, Rapport herstellen, ist ein zentrales Thema in der NLP, was an den folgenden Methoden zu sehen ist. Die NLP geht davon aus, dass Gleichheit bei Menschen Sympathie und Vertrauen auslöst, wenn jemand z. B. die gleiche Sprache oder Dialekt spricht, die gleichen Marken trägt oder das gleiche Hobby hat. Gleich und gleich gesellt sich gern, sagt das Sprichwort. Gibt es eine Gleichheit, stellt sich der Rapport automatisch her. Eine gezielte Strategie diese Gleichheit herzustellen, ist, die sinnesspezifische Sprache und die Körpersprache des Gegenübers zu spiegeln und ihm sich so anzugleichen.

An diesen beiden Ansätzen können Sie die Gratwanderung sehen, die Sie in der Gesprächsführung zum Aufbau des Vertrauens als Überzeugungsbasis vor sich haben: Auf der einen Seite Ihre Glaubwürdigkeit und Authentizität, auf der anderen Seite ein Angleichen an den anderen, um ihn über eine gute Beziehung abholen und führen zu können.

4.4.3.1 Zustandsmanagement

Wenn Sie ein Gespräch vor sich haben und konzentriert in der Situation ankommen wollen, wird es nicht immer die Möglichkeit geben, eine Pause zu machen oder den Termin zu verschieben – und selbstverständlich können Sie nicht immer gut drauf sein. Im NLP gibt es dafür eine Methode, den persönlichen Arbeitsmodus zu beeinflussen, *das Zustandsmanagement bzw. State-Management.* Es werden drei Zustände unterschieden (vgl. Landsiedel, Video Serie):

Der Idealzustand ist der *Ressource State,* in dem alle Ressourcen aktiviert sind, Sie konzentriert, aufmerksam und voller Elan sind. Das Gegenteil ist der *Stuck State,* in dem man sozusagen mental festgefahren ist, ggf. deprimiert und unkonzentriert, zumindest aber nicht in der Lage konstruktiv an einer Lösung im Gespräch zu arbeiten. Der *Separator State* soll diese beiden Zustände klar voneinander trennen, es ist eine gezielte Unterbrechung und Ablenkung, bei der die Aufmerksamkeit auf etwas ganz anderes gerichtet wird. Das kann in einem Gespräch eingesetzt werden aber eben auch zur eigenen Regulierung.

Die Beeinflussung unserer Stimmung funktioniert
1. über die Körperhaltung und
2. auf mentaler Ebene über das Vorstellungsvermögen.

Für die Körperhaltung hat sich die *Charlie-Brown-Übung* etabliert. Charlie Brown lässt Schultern und Kopf hängen, steht geknickt, schaut unter sich, und meint: „Wenn du deine deprimierte Stimmung richtig auskosten willst, darfst du dich auf keinen

Fall gerade hinstellen, Schultern zurück, hoch den Kopf und geradeaus sehen!" Ein Stimmungswechsel über die Körperhaltung kann konditioniert werden, indem man die Haltung (gerader Rücken, Schultern zurück, Kopf hoch, lächeln) bewusst einnimmt, wenn es einem gerade gut geht. Je häufiger man das wiederholt, desto eher funktioniert die Reiz-Reaktions-Assoziation, wenn man die Übung als Separator State einsetzt.

Beim Vorstellungsvermögen ist es sinnvoll, sich das vorzustellen, was man erreichen möchte, bzw. wie es einem geht, wenn man es erreicht hat. Das bedeutet z. B. bei einem Vorstellungsgespräch nicht zu denken „Was werden die wohl von mir halten? Hoffentlich mache ich keine Fehler" sondern „Die werde ich jetzt von mir überzeugen und eine neue Stelle antreten können." In diesem Zusammenhang aus negativem und positivem Denken fällt oft der Begriff *Self-fulfilling Prophecy,* da allein die Vorstellung Kraft gibt und nach außen wirkt. Hilfreich ist es auch, wenn man z. B. sehr viele Termine an einem Tag hat und vorbereiten muss, also vieles parallel im Kopf hat, dieses mental zur Seite zu schieben: „Jetzt bin ich hier – und jetzt kann ich eh nichts anderes tun, als den Vortrag zu halten für den ich jetzt hier bin."

❶ Es ist möglich über die Körperhaltung und die mentale Einstellung seine Stimmung zu steuern, um aufmerksam in einer Gesprächssituation anzukommen. Eine Beziehung zu sich ist Basis um die Beziehung zum Gegenüber herstellen zu können.

> **Beispiel**
>
> Sie müssen nach einer sehr kurzen Nacht und einer stressigen Anreise ein Tages-Assessmentcenter für Führungskräfte durchstehen. Beim Betreten des Gebäudes nehmen Sie die Schultern zurück, Brust raus, Kopf hoch und setzen ein Lächeln auf – das Mentale muss dann kaum gesteuert werden, das kommt tatsächlich automatisch mit der Köperhaltung: „Na da bin ich mal gespannt/neugierig auf die Übungen, das wird ein Spaß – und wenn ihr dann nicht von mir überzeugt seid – passen wir einfach nicht zusammen."

❓ Praxis-Aufgabe

Testen Sie die Reiz-Reaktions-Wirkung ihres Körpers:
- Machen Sie sich groß und strecken Sie jubelnd die Arme nach oben, strahlen Sie über das ganze Gesicht – und sagen Sie dann: Mir geht es so schlecht!
- Beugen Sie Ihren Rücken und den Kopf, machen Sie sich ganz klein und sehen auf den Boden und sagen dann: Hach ist das Leben schön … und lächeln dabei.

Konditionieren Sie sich mit einer Körperhaltung:
Nehmen Sie immer wieder bewusst die selbstbewusste gerade Haltung ein, wenn Sie im Ressource State sind. Sie können das mit einem persönlichen Merkmal kombinieren, z. B. verschränken der Hände, einem Zwinkern, sich selbst auf die Schulter klopfen oder einem Laut, wie ein Schnalzen (achten Sie allerdings darauf, dass Sie es im Arbeitsumfeld einsetzen können). Setzen Sie diese Haltung dann auch vermehrt ein, um in bestimmten Situationen (einem Gespräch, einer Präsentation, einer Prüfung) anzukommen.
Trainieren Sie Ihren mentalen Ziel-Fokus:

Stellen Sie sich bei Ihren nächsten Projekten (sei es im Arbeitsumfeld ein Entwurf, ein Gespräch, eine Prüfung oder im Privaten wie Abnehmen, Sport machen usw.) bereits zu Beginn und begleitend vor, wie es Ihnen geht, wenn Sie Ihr Ziel erreicht haben. Rufen Sie sich diesen Gedanken insbesondere dann zurück, wenn Sie gerade einen „Durchhänger" haben. Wie wirkt sich das auf Ihre Motivation aus?

4.4.3.2 Persönlichkeitstyp

Wie die fünf Verhaltensmuster im Konfliktfall Rückschlüsse darauf zulassen, welche Maßnahmen bei demjenigen eher wirken, genauso unterstützt eine Identifizierung des *Persönlichkeitstyps* dabei, eine personenbezogene Überzeugungsstrategie aufzubauen.

Auf dem Markt haben sich dazu einige Varianten an Tests entwickelt, die hauptsächlich im Personalwesen als Instrument eingesetzt werden, um Anhaltspunkt für die Passung zu einem Stellenprofil oder Reflexionsinstrument zum Feststellen von Leistungsdefiziten zu sein. Ein bekannter Test ist z. B. der MBTI (Myers-Briggs-Typen-Indikator), der basierend auf vier Ausprägungen 16 Persönlichkeitstypen differenziert, eine Einordnung aber als dynamisches Entwicklungsprofil sieht (vgl. Schödlbauer 2013, S. 146). Ebenfalls 16 Typen verwendet der NERIS Type Explorer® mit dem 16 Personalities-Test, der aktuell einen frei zugänglichen Test im Internet anbietet.

Die Testergebnisse variieren je nachdem, wie die Person situationsspezifisch gelaunt ist, sie sind variabel auf eine Persönlichkeitsentwicklung ausgelegt, kaum ein Mensch hat nur Ansätze von einer Ausprägung in sich und es ist unrealistisch anzunehmen, mit jedem Gesprächspartner vorab einen Test machen zu können. Aber es ist sinnvoll, zumindest die vier Grundmuster zu kennen, um sie in einer Situation durch Achtsamkeit, aktives Zuhören und auch gesunden Menschenverstand erkennen zu können. Darauf aufbauend kann man Annahmen zu Motivation und Ängsten des Gesprächspartners treffen und das Überzeugungsgespräch strategisch gestalten. Schneiderheinze und Zotta (vgl. 2017, S. 11) differenzieren die vier Grundmuster (in Klammer ergänzte Begriffe vgl. Wolf S. 140 f.) und ordnen ihnen ein Grundmotiv und eine Grundangst zu:

1. *Dominanz (Distanz, Sachlichkeit)* – Ich weiß was ich will und was ich dafür tun muss!
   - Beobachtbares Verhalten: pragmatisch, ergebnis- und zielorientiert, handelnd, distanziert
   - Grundmotiv Macht: Status, Autonomie, Einfluss, Kontrolle, Autorität…
   - Grundangst Ohnmacht: Schwäche, Einflusslosigkeit, Kontrollverlust, handlungsunfähig…
2. *Stimulanz (Wechsel, Abwechslung)* – Ich brauche Anerkennung und suche positive Stimulanz!
   - Beobachtbares Verhalten: optimistisch, unbeschwert, neugierig, kreativ, spontan
   - Grundmotiv Anerkennung: Lob, Beifall, Bekanntheit, Aufwertung, Bevorzugung…
   - Grundangst Blamage: Misslingen, Abfuhr, Reinfall, Versagen, Kränkung, Pech…
3. *Balance (Nähe, Beziehung)* – Ich brauche Sicherheit und Einklang mit meiner Umgebung!
   - Beobachtbares Verhalten: sanftmütig, einfühlsam, hilfsbereit, vorsichtig, integrierend

  - Grundmotiv Zugehörigkeit: akzeptiert, dabei sein, teilhaben, miterleben, hineinversetzen…
  - Grundangst Wertlosigkeit: entbehrlich sein, allein, isoliert, überflüssig, ungeeignet, …
4. *Klärung (Dauer, Beständigkeit)* – Bevor ich handle muss alles geklärt und verstanden sein!
  - Beobachtbares Verhalten: nachdenklich, analytisch, kritisch, logisch, problematisierend, exakt
  - Grundmotiv Information: Auskunft, Antwort, Erläuterung, exakt, messbar, prüfbar…
  - Grundangst Überraschung: Fehler, offene Fragen, Missverständnis, uninformiert, unklar…

? Praxis-Aufgabe

Machen Sie den Test: 16Personalities, NERIS Analytics Limited, (▶ https:// www.16personalities.com/de). Vergleichen Sie Ihren Typ mit den genannten Grundängsten und Grundmotiven. Finden Sie sich wieder?

4.4.3.3 Repräsentationssystem

Menschen differenzieren bei ihrer subjektiven Wahrnehmung darin, mit welchem Sinn sie dabei vorwiegend arbeiten. Die Präferenz, ihr *Repräsentationssystem* der Realität, spiegelt sich in einer sinnesspezifischen Sprache bzw. Wortwahl und wirkt nach innen (z. B. Träume) und nach außen (z. B. im Gespräch). In der NLP (vgl. Landsiedel Video Serie) werden die 5 Sinne mit *VAKOG* abgekürzt:
1. Visuell → Das Plan *sieht* gut aus. ODER: leuchten, Durchblick dunkelrot…
2. Auditiv → Das Plan *hört* sich gut an. ODER: klingen, Stimme, Geräusch, knacken…
3. Kinästhetisch → Die Idee *fühlt* sich gut an. ODER: rau, Kälte, weich, Gespür…
4. Olfaktorisch → Der Plan ist nach meiner *Nase*. ODER: riechen, Gestank, Parfum…
5. Gustatorisch → Die Idee *schmeckt* mir. ODER: zuckersüß, Salz, bitter, sauer, Gewürz…

Die meisten Menschen arbeiten vorwiegend auf 1–2 dieser (kommunikations-) Kanäle, wobei olfaktorisch und gustatorisch nur sehr selten vorkommen. Beziehungsarbeit bedeutet in diesem Zusammenhang zu erkennen, auf welchem Kanal das Gegenüber am empfänglichsten ist – und es dann auch aufzunehmen. Für eine Einschätzung kann man auf die Präferenz bei der Wortwahl achten (im Gespräch, im Schriftverkehr) aber auch auf das bevorzugte Medium (z. B. häufig das Telefon zu nutzen kann die auditive Präferenz unterstützen). Das eigene Repräsentationssystem zu kennen, kann einen beim Lernen unterstützen. Visuelle Typen bevorzugen Zeichnungen, Skizzen oder Texte, auditive Typen lernen besser mit Vorträgen, Hörbüchern oder indem sie z. B. Vokabeln laut aufsagen, der Kinästhet (Kinder lernen durch greifen begreifen) verarbeitet Wissen gut mit Modellen oder Versuchsaufbauten, bei denen er Hand anlegen kann. Die sinnesspezifische Sprache des Gegenübers aufzunehmen und im Gespräch zu nutzen wird z. B. im Verkauf/Vertrieb genutzt. Es ist eine wertvolle Methode für die Überzeugung, da Sie, wenn Sie das Repräsentationssystem des Gegenübers aufnehmen, am ehesten mit ihm „auf einer Wellenlänge" sind und seine Wahrnehmung und Vorstellungskraft am besten animieren können.

❗ Sprache und Medieneinsatz können bei der Überzeugungsarbeit auf das Repräsentationssystem des Gegenübers ausgelegt werden, und unterstützen damit dessen Wahrnehmung und Vorstellungskraft positiv.

❓ Reflexions-Aufgabe

Welches Mittel/Vorgehen bevorzugen Sie beim Lernen? Welchem Repräsentationssystem würden Sie sich demnach zuordnen? Überprüfen Sie das in Ihrem Sprachgebrauch (aktuelle Gespräche, Briefe, Chats). Wie träumen Sie (Bilder, Farben, Gerüche, Geräusche)?

❓ Praxis-Aufgabe

Überlegen Sie sich ein Medienkonzept (Modell, Film, …) und Sprache (Stichworte für die Punkte, von denen Sie überzeugen wollen) für Ihre nächste Präsentation/Vortrag (Überzeugungsarbeit) jeweils gezielt für visuelle, auditive und kinästhetische Typen.
Falls Sie eine Person überzeugen wollen, versuchen Sie herauszufinden (Vorträge, Mails, Gespräche, Artikel…), welches Repräsentationssystem sie hat. Arbeiten Sie den Vortrag entsprechend aus.
Falls Sie ein größeres Publikum haben, erstellen Sie ein Konzept, das bewusst alle drei (VAK) einarbeitet.

4.4.3.4 Pacing & Leading

Pacing und Leading, Mitgehen und Führen, ist ebenfalls eine Methode aus der NLP (vgl. Landsiedel Video Serie), um den Rapport, die Beziehung, herzustellen. Die Gemeinsamkeit, auf der hier aufgebaut wird, um eine für das Gegenüber unbewusste Verbindung herzustellen, ist die Körpersprache (Bewegung, Gestik, Mimik) und die Paralinguistik (Tonlage, Sprechgeschwindigkeit, Duktus, Lautstärke).

Der erste Schritt ist das genaue Wahrnehmen, die sensorische Feineinstellung auf den anderen, das *Kalibrieren*. Dabei lernt man die Körpersprache des Gegenübers durch Testfragen kennen. Wenn Sie Ihr Gegenüber noch nicht kennen, ist die Kontaktphase mit dem Smalltalk zu Beginn ein guter Zeitpunkt. Die Fragen sollten gegensätzliche Stimmung auslösen, damit Sie die Körpersprache bei negativer Resonanz und bei positiver Resonanz sehen können. Im zweiten Schritt spiegeln Sie die Körpersprache, übernehmen z. B. die Sitzposition, die Beinposition, die Sprechgeschwindigkeit, die Intensität der Bewegungen. Das Mitgehen mit dem anderen ist das Pacing. Ist das einige Zeit erfolgt, kommt der dritte Schritt, das Leading. Sie gehen in Führung, indem Sie zuerst die Körperhaltung etc. ändern und beobachten, ob der andere Ihnen unbewusst folgt. Ist das der Fall, hat die Beziehungskopplung funktioniert. Folgt das Gegenüber nicht, gehen Sie nochmal zurück in das Pacing und versuchen es dann erneut. Konzentration auf Gesprächsinhalte und parallel durch pacing & leading zu beeinflussen, ist eine hohe Kunst.

Beispiel

Kalibrierung über Testfragen (Kontaktphase)
1. Welche Form von Urlaub machen Sie am liebsten? (positive Stimmung)
2. Welche Probleme gibt es zurzeit im Unternehmen? (negative Stimmung)

Resonanz über die Körpersprache: Test der Komfortzone

Wenn Sie Ihr Gegenüber nicht kennen, haben Sie z. B. die Möglichkeit, seine
Komfortzone zu testen: Jeder Mensch hat einen ganz persönlichen Sicherheitsraum
um sich. Manche Menschen fassen anderen an den Arm, auf die Schulter und kommen
sehr nah, andere brauchen einen sehr großen Radius um sich und fühlen sich
unwohl, wenn jemand in diesen Radius eindringt. Achten Sie z. B. im Stehen bei der
Begrüßung, aber auch im Sitzen durch die Position der Stühle oder die Kopfhaltung,
sehr aufmerksam auf die Körpersprache des Gegenübers. Weicht er zurück, setzen Sie
auf keinen Fall nach, sondern respektieren Sie diesen Raum.

? Praxis-Aufgabe
Suchen Sie sich einen Sparringspartner und gehen Sie mit ihm folgende Schritte für
eine Kalibrierung durch:
1. Denken Sie an etwas, das Sie wahnsinnig gerne machen. (Beobachten)
2. Denken Sie an etwas, das Sie überhaupt nicht gerne machen. (Beobachten)
3. Test: Denken Sie an das, was Sie davon zuletzt gemacht haben. (Sollten Sie jetzt
    über die Körpersprache erraten können.)

Suchen Sie sich einen Sparringspartner und bewegen Sie sich langsam aufeinander
zu. Sobald sich einer wegen der Nähe unwohl fühlt, soll er die Hände abwehrend
heben. Wer hebt sie zuerst? Ist der persönliche Sicherheitsraum ähnlich oder sehr
unterschiedlich?

4.4.4 Kern: Argumentation

Argumentieren (lat. arguere = erhellen, beweisen) dient dazu, über eine als beweistaug-
lich erachtete Begründung eine logisch nachvollziehbare Schlussfolgerung zu ziehen, die
das Gegenüber überzeugt. Das Vorgehen bei der Argumentation muss dabei ganz unterschiedlichen Situationen gewachsen sein und hat verschiedene Formate:
1. *Monolog:* Die Lösung wurde vom Redner bereits auf Basis einer vorgegebenen
    Problemstellung erarbeitet. Das Publikum wird in einem Monolog, z. B. einer
    Rede, mit einer Dramaturgie aus Argumenten und der Widerlegung durch Gegen-
    argumente auf die vorgegebene Lösung hingeführt, um von ihr zu überzeugen.
    Grundlage dazu ist z. B. die Rhetorik von Aristoteles. Das Vorgehen eignet sich
    bei einem großen Publikum oder begründeten Anweisungen unter Zeitdruck.
    Beispiele im Berufsalltag sind die Vorstellung von Entwurfspräsentationen oder
    Finanzierungskonzepten.
2. *Dialog:* Wenn noch keine Entscheidung oder Lösung vorliegt, ist es die Aufgabe
    des Gesprächsführers, die Diskussion in Dialogform zu lenken und das Finden
    und Erproben von Lösungen dem Gegenüber zu überlassen. Daher wird diese
    sokratische Gesprächsführung auch *Mäeutik* (Hebammenkunst) genannt, da zwar
    das Argumentieren über Fragen angeleitet wird, die Schlussfolgerung aber dem
    Gegenüber überlassen bleibt. Zugrunde liegende Haltung ist das Vertrauen in die
    Vernunft des Menschen und die Annahme, dass jeder seine Lösung in sich trägt.
    Diese Methode kommt insbesondere beim Coaching, in der Therapie oder bei der

Moderation einer Lösungsfindung im Team zum Einsatz. Ein bekanntes Beispiel für den sokratischen Dialog ist der Sklave Menon, dem der Satz des Pythagoras beigebracht wird.

3. *Anleitung:* Die Lösung bzw. Entscheidung ist bereits entweder vom Redner selbst oder einer übergeordneten Hierarchieebene getroffen. Mit dem Ziel insbesondere die Kooperationsbereitschaft zu erhalten und Motivation für die Unterstützung der Entscheidung herzustellen, wird das Gegenüber im Dialog insbesondere mit dem Einsatz von Fragetechniken an die Lösung herangeführt. Diese Variante eignet sich im Zweiergespräch oder Kleingruppen und benötigt Zeit, da auf die Interessen der Einzelnen eingegangen wird. Beispiele im Berufsalltag sind insbesondere Führungsgespräche und Konfliktgespräche (das Gegenüber vertritt voraussichtlich einen anderen Standpunkt), bei denen die Richtigkeit einer Behauptung, die Berechtigung zu einer Aufforderung oder die Notwendigkeit einer Handlung begründungspflichtig ist (vgl. Verhein-Jarren 2018, S. 98). Das Hinführen zu einer Lösung, die man bereits „parat aus der Tasche ziehen kann" wird auch in der Verkaufsstrategie eingesetzt. Je nachdem wie manipulativ dabei vorgegangen wird, bleibt das Gegenüber in der Annahme, selbstständig zur Lösung gekommen zu sein.

Konfliktgespräche sind letztlich auch Überzeugungsgespräche, da man den anderen überzeugen möchte, sein Denken oder Verhalten zu ändern. Argumentieren ist ein Kernelement zum Führen von Konfliktgesprächen im Arbeitskontext, daher ist auch hier die Haltung ausschlaggebend. Im Berufsalltag dominiert (leider) oft die kompetitive Argumentation, bei der der eigene Standpunkt z. B. als Machtdemonstration durchgesetzt und die Meinung des Gegners entwertet wird. Eine Masse an Argumenten soll den anderen erschlagen. Kooperative Argumentation setzt den Willen zur Einigung voraus, der unter Achtung der gegnerischen Meinung und Einbeziehung gegnerischer Argumente auf eine Überzeugung abzielt. Eine wertschätzende Haltung ist Voraussetzung. (vgl. Verhein-Jarren et al. 2018, S. 89 f.)

4.4.4.1 Argumentationstypen

Es gibt verschiedenen Arten von Argumenten, deren Einteilung dabei unterstützt, sich auf Gespräche vorzubereiten: Im ersten Schritt eine Sammlung je Argumentationstyp, im zweiten Schritt eine situationsspezifische (themen-, ziel- und gesprächspartnergerecht) Auswahl und im dritten eine Vorbereitung der Reaktion auf entsprechende Gegenargumente. Die Erläuterungen der fünf Typen erfolgen in Anlehnung an Ruschel (1993) (Typ 1–3, 5), Allhoff und Allhoff (2016) (Typ 1–5) und Verhein-Jarren (2018) (Typ 1–4):

1. Rational-faktische Argumentation,
2. Plausibilitätsargumentation,
3. Moralische Argumentation,
4. Emotionale Argumentation,
5. Taktische Argumentation.

Die *rational-faktische Argumentation* verwendet
- Zahlen, Kennzahlen, Daten, Fakten,
- Statistiken, wissenschaftliche Untersuchungen und Abhandlungen,
- Gesetze, Richtlinien, Vorschriften, Verträge und Protokolle, beweist mit

■ Belegen und Quellenangaben und zieht daraus
■ logische Schlüsse.

Die Überzeugungskraft der Argumentation hängt von der Relevanz für das Ziel, der Genauigkeit (präzise und richtig) und Nachprüfbarkeit ab. Daher muss sie vorbereitet werden, um z. B. die „Beweisunterlagen" direkt vorlegen zu können. Hilfreich, allerdings mit Vorsicht zu genießen, wenn das Gegenüber sie einsetzt, sind die Expertenheuristik (Prof. Dr. X überzeugt eher als Herr Y) und das Framing. Beim Framing werden Untersuchungen und Statistiken herangezogen, die die eigenen Argumente unterstützen. Allerdings gibt es zu fast jeder Untersuchung auch eine Gegenuntersuchung, die das Gegenüber ggf. parat hat.

> **Beispiel**
>
> Hier zeigt die Nachtragsstatistik unserer letzten fünf Projekte eine Kostenerhöhung zu dem ursprünglichen Ansatz um durchschnittlich 20 %. Daher empfehle ich, 20 % als Risikozuschlag in den Kalkulationen auszuweisen, um dem Kunden eine höhere Kostentransparenz zu gewährleisten.
>
> Den verfrühten Einsatz des Reinigungsunternehmens haben Sie zu verantworten, weil Sie in unserer Besprechung laut Protokoll vom 21.02.2019 zugesagt haben, bis zu diesem Zeitpunkt die restlichen Arbeiten beendet zu haben.

Durch die *Plausibilitätsargumentation* lassen sich Menschen am häufigsten beeinflussen (vgl. Ruschel 1993, S. 125). Sie suggeriert, dass die eigene Meinung einer nicht widersprechbaren „Wahrheit" gleichkommt, indem sie
■ Verallgemeinerungen und allgemeine Erfahrungen,
■ unreflektierte Selbstverständlichkeiten oder
■ die Meinung der Mehrheit heranzieht, und mit
■ Traditionen, Gewohnheit, und überhaupt dem
■ „gesundem Menschenverstand" arbeitet.

Die Überzeugungskraft dieser Argumentation liegt dabei auch in der Vehemenz durch die Wortwahl, wie
■ „Jeder weiß doch…",
■ „Es ist doch klar, dass…",
■ „Wenn das so ist, dann muss das so sein",
■ „Es ist doch logisch, dass…",
■ „Das mag vielleicht in der Theorie so sein, aber die Praxiserfahrung zeigt…".

Diese kommt vor allem in unvorbereiteten Gesprächen zu Geltung, weil ein rational-faktisches Gegenargument nicht sofort zur Hand, und die persönliche Erfahrung des anderen nicht widerlegbar ist: ein Argumentationstyp, der sich eher zum überreden als überzeugen eignet. Besonders problematisch ist die Argumentationsform in asymmetrischen Gesprächskonstellationen bzw. dadurch, dass der Anwender eine überlegene Position deutlich macht. Oder können Sie sich vorstellen, ihren Vorgesetzten mit „Das weiß doch jeder (nur sie Idiot scheinbar nicht)." zu überzeugen?

> **Beispiel**
>
> Jeder weiß doch, dass Bauprojekte immer teurer werden als geplant. Deshalb sollten
> wir die Preisansätze in den Kalkulationen hochschrauben, damit sich die Kunden
> gleich darauf einstellen können.
>
> Es ist doch klar, wenn Sie zu spät fertig werden, dass Sie dann auch die Verantwortung
> für den doppelten Aufwand des Reinigungsunternehmens übernehmen.

Die *Moralische Argumentation* wirkt, wenn sie die moralische Vorstellung des Gegenübers trifft, sehr stark – manchmal auch erst nach einer Bedenkpause. Sie unterstützt Behauptungen und Thesen mit
- Höheren Werten (Gerechtigkeit, Ehrlichkeit, Fairness, etc.) und weist diese
- Präferierten Zielgruppen (unser Team/Unternehmen, die Führungskräfte…) zu, betont die
- Moralische Angemessenheit einer Entscheidung und leitet dies mit einer
- Vorfrage (Wir unterstützen doch das Transparenz-Ziel unseres Unternehmens?) ein.

Die Überzeugungskraft liegt darin, dass sich ein Mensch mit seinen Werten identifiziert. Trifft die Argumentation diesen Wert und ist sie für den Hörer logisch mit der daraus folgenden Handlung verbunden, wird er nach ihm streben. Und hier das Problem: die Auslegung von Werten und die Hierarchie mit anderen Werten ist subjektiv. Daher ist, wird der genannte Wert in Zusammenhang mit z. B. einem unternehmerischen Ziel eingesetzt, eine Metakommunikation über die Auslegung notwendig. Gefährlich ist, wenn sich das Gegenüber durch den Einsatz eines moralischen Appells manipuliert vorkommt und sich einer weiteren Diskussion entzieht. Oder wie reagieren Sie auf eine Gehaltsverhandlung, in der Sie im Hinblick auf die Nächstenliebe auf ein Drittel verzichten sollen?

> **Beispiel**
>
> Wir wollen doch fair mit unseren Auftraggebern umgehen? Der Ehrlichkeit halber
> müssen wir daher die Kalkulationsansätze erhöhen.
>
> In diesem Projekt steht jeder zu seiner Verantwortung, oder? Wenn Sie das
> entsprechende Rückgrat haben, dann übernehmen Sie die Mehrkosten durch den zu
> frühen Einsatz des Reinigungsunternehmens.

Die *emotionale Argumentation* spricht Verstand und Gefühl an. Die verwendeten Emotionen können aus der eigenen Sicht resultieren, oder beim Gegenüber angenommenen werden, sie können den aktuellen Zustand spiegeln oder zukunftsorientiert sein. Bei der Arbeit mit Emotionen ist besondere Vorsicht bei der Angemessenheit der Situation und der Beziehung zum Gegenüber geraten: Therapie, Coaching, Partnerschaft – notwendig; Vertragsverhandlung, Baubesprechung, Zielvereinbarungsgespräch – fragwürdig und stark abhängig vom Typ. Grundsätzlich besteht die Gefahr der emotionalen Erpressung („Du machst mich unglücklich, wenn du dich nicht so entscheidest.").

> **Beispiel**
>
> Es wäre genial die Kalkulationsansätze zu erhöhen, damit wir uns zukünftig nicht mehr mit dem Kunden ärgern müssen, wenn wir ihm die Anpassungen erklären, und endlich mal stolz auf unsere Treffsicherheit sein können.
>
> Ich wäre beeindruckt, wenn Sie diskussionslos und ohne sich über den Fehler zu ärgern, die Mehrkosten der Reinigungsfirma übernehmen würden.

Die *taktische Argumentation* bezieht sich auf die Reaktion im Gesprächsverlauf, bei der Gegenargumente z. B. mit Zitaten aufgegriffen werden. Taktik ist ein ursprünglich militärischer Begriff, der sich auf die einzelnen Schritte bzw. Mittel der Umsetzung einer Strategie im Gefecht bezieht. Daher ist die Bedeutung negativ konnotiert und fasst im „Argumentationskampf" Formen zusammen, die z. B. ablenken oder verwirren. Dazu gehört die Entmachtung des Gegners, indem man seine Argumente vorwegnimmt („Ich weiß, sie werden einwenden, dass…, aber…"), die Ablenkung vom Thema auf Nebensächliches bzw. den Sprecher selbst oder eine Abschwächung durch eine Scheinzustimmung (das typische „Ja…, aber…").

> **Beispiel**
>
> Ich weiß, Sie werden einwenden, dass in den 20 % Erhöhungen der Nachtragsstatistik allein 8 % Änderungen auf Wunsch der Bauherren integriert sind, aber auch diese fallen ja durchschnittlich an.
>
> Ja, die Kosten müssen dem Reinigungsunternehmen erstattet werden, aber nicht in vollem Umfang von mir.

? Reflexions-Aufgabe
Welcher Argumentationstyp hat bei Ihnen persönlich die größte Überzeugungsmacht? Warum ist das so, welcher Wert steht für Sie dahinter? Trifft das auf jede Situation zu?

4.4.4.2 Argumentationsprozess

Argumentation ist ein Prozess, der sich, bezogen auf eine Behauptung mit einer Begründung, aus vier Schritten zusammensetzt (vgl. Verhein-Jarren 2018, S. 95 ff.):

1. **Behauptung:** Eine Erhöhung der Kalkulationsansätze ist sinnvoll,
2. **Argument:** weil die Nachtragsstatistiken eine durchschnittliche Erhöhung um 20 % bis Projektende zeigen.
3. **Schlussfolgerung:** (Weil ist eine Erhöhung der Kalkulationsansätze sinnvoll.) (Die Schlussfolgerung ist identisch mit der Behauptung, wenn das Argument für sie relevant ist.)
4. **Schlussregel:** Kostentransparenz erhöht die Kundenzufriedenheit, die uns wichtig ist.

Der *Schlussregel* kommt eine besondere Bedeutung zu. Sie stellt die Plausibilität zwischen Behauptung (Schlussfolgerung) und Argument her. Ein Argumentationsprozess wird nur wirksam, wenn er auf einer Schlussregel basiert, die von allen Beteiligten akzeptiert wird, ein gemeinsames Ziel, Interesse, Meinung oder Einstellung ist. Um eine solche

Schlussregel zu finden und zu prüfen, ist der Aufbau des Common Ground mit geteilten Informationen notwendig und das Herstellen der Beziehung hilfreich. In Gesprächen wird die Schlussregel häufig nicht ausgesprochen, sondern implizit vorausgesetzt. Das macht den Argumentationsprozess fehleranfällig. Die überzeugende Wirkung eines Argumentes ist größer, wenn alle Schritte ausgesprochen werden – und die Schlussregel eben für beide Seiten Gültigkeit hat.

Es gibt zwei Vorgehen (auch bei wissenschaftlichen Arbeiten verwendet) bzw. Richtungen, in die der Prozess aufgebaut sein kann:

1. *Deduktiv* → Vom Allgemeinen auf das Besondere schließen
   Direkt → Von der Behauptung auf das Argument

> **Beispiel**
>
> Eine Erhöhung der Kalkulationssätze ist sinnvoll, WEIL die Nachtragsstatistiken der vorherigen Projekte durchschnittliche Erhöhungen um 20 % zeigen.

2. *Induktiv* → Vom Besonderen auf das Allgemeine schließen
   Indirekt → Vom Argument auf die Schlussfolgerung

> **Beispiel**
>
> Die Nachtragsstatistiken der vorherigen Projekte zeigen durchschnittliche Erhöhungen um 20 %, DAHER ist eine Erhöhung der Kalkulationsansätze sinnvoll.

Einen Argumentationsprozess mit der Behauptung zu beginnen wirkt aggressiver und fordert zum Gegenangriff heraus („Moment, wieso das…"), während die indirekte Variante, also die Begründung vorneweg zu stellen, das Gegenüber eher neugierig macht („Ach so, aber welche Konsequenzen können wir daraus ableiten…"). Ist bei einer Behauptung mit Widerstand zu rechnen, ist der Einsatz der indirekten Variante wirkungsvoller.

❗ Es ist sinnvoll im Argumentationsprozess indirekt vorzugehen, also erst die Begründung und dann die Behauptung einzusetzen.

❓ Reflexions-Aufgabe
Beobachten Sie sich einige Tage:
Verwenden Sie selbst im Alltag eher die direkte oder die indirekte Variante?
Verwenden Sie beim Argumentieren den kompletten Prozess (Behauptung/ Schlussfolgerung – Argument – Schlussregel) oder stellen Sie die Punkte einzeln „In den Raum" ohne sie zu verknüpfen (also z. B. nur eine Behauptung)?

4.4.4.3 Angriffspunkte von Argumenten

Die Kenntnis der Argumentationstypen und des Argumentationsprozesses unterstützen zum einen die Vorbereitung eines Überzeugungsgesprächs (Wo sind die Schwachstellen meiner Argumentation?), zum anderen im Gesprächsverlauf die Argumentation des

Gegenübers zu entkräften. Folgende taktische Angriffspunkte können genutzt werden (vgl. Verhein-Jarren et al. 2018, S. 98 ff.):

1. Einwand gegen die Begründung (Quantität oder Qualität)

> **Beispiel**
>
> Quantität: Sind unsere Nachtragsstatistiken die einzige Begründung für eine Anpassung der Kalkulationsansätze? Gibt es denn noch andere Gründe dafür?
> Qualität: Wie setzen sich unsere Nachtragsstatistiken denn zusammen? Wurden ausreichen Projekte betrachtet oder sind große Ausnahmen dabei, durch die die Differenz zustande kommt?

Zusätzliche Begründungen einzufordern kann und wird in Gesprächen auch eingesetzt, um diese abzubrechen, denn die geforderten Fakten müssen vorbereitet werden. An dieser Stelle nicht zu schnell aufgeben: Nachfragen, wie genau weitere Nachweise beschaffen sein müssen, was genau das Gegenüber benötigt, um sich überzeugen zu lassen und einen Folgetermin fixieren, um das Gespräch fortzuführen. Damit kann auch überprüft werden, ob das Thema Relevanz für den Gesprächspartner hat oder ob er dem Gespräch grundsätzlich ausweichen möchte.

2. Einwand gegen die Behauptung/Schlussfolgerung (Zweifel an der Korrelation von Behauptung und Begründung)

> **Beispiel**
>
> Aus den Nachtragsstatistiken lassen sich doch ganz andere Schlüsse ziehen. Ich finde wir haben sehr hohe Abweichungen durch zusätzliche Leistungen die vom Auftraggeber gefordert werden. Wir sollten in der Entwurfsphase stärker auf die Interessen der Bauherren eingehen.

3. Einwand gegen die Schlussregel (Schlussregel nicht klar, da sie nur impliziert und nicht genannt wurde oder sie wird nicht geteilt)

> **Beispiel**
>
> Nicht klar: Wozu sollen wir die Basispreise anpassen, 20 % sind in der Baubranche doch üblich?
> Nicht geteilt: Unsere Kunden setzen insbesondere auf Qualität und flexible Umsetzung ihrer Wünsche auch bereits in der Bauphase. Kosten sind weniger relevant für sie.

❓ Praxis- Aufgabe
Formulieren Sie für die folgenden zwei Beispiele Einwände gegen
1. Die Begründung (Qualität oder Quantität)
2. Die Schlussfolgerung
3. Die Schlussregel

A: Die nächsten acht Wochen müssen sich neun Unternehmen auf der Baustelle koordinieren, DAHER müssen wir tägliche Baubesprechungen einführen. (Schlussregel impliziert: Mit einem abgestimmten Prozess entstehen weniger Konflikte und wir bleiben im Terminplan.)
B: Es müssen alle Mitarbeiter eine Konfliktmanagementschulung machen, WEIL wir eine bessere Fehlerkultur im Unternehmen benötigen. Mit einer guten Fehlerkultur werden Mängel benannt und können behoben werden, was unsere Qualität verbessert.

4.4.4.4 Taktik der Argumentationskette

In der Argumentation zählt Qualität vor Quantität (und die Qualität muss beim Gegenüber ankommen). Neben der Menge, die die Aufnahmekapazität des Gegenübers nicht überfordern soll, ist die Abfolge der angeführten Begründungen relevant, die *Argumentationskette*. Liegt ein Argument des Gegenübers vor, muss dieses zuerst entkräftet bzw. widerlegt werden (vgl. Aristoteles 2018, S. 197), damit es sozusagen als Hindernis zur Überzeugung vom Tisch ist. Zudem wirkt eine Widerlegung stärker beim Publikum, da der Prozess zur Erkenntnis verfolgt werden kann und der Redner dem Publikum die Verantwortung (wenn ggf. auch aus taktischen Gründen) überträgt. In der Fachliteratur werden üblicherweise drei Hauptargumente empfohlen, deren Anordnung das zweitstärkste Argument am Anfang, ein schwächeres in der Mitte und das stärkste Argument am Ende sieht. Auch ein 5er Schritt ist vorstellbar, bei dem zwischen die Argumente die Widerlegung eines Gegenargumentes gebaut wird (für – gegen – für – gegen – für).

Dieser dramaturgische Ablauf eignet sich auch für Überzeugungsgespräche. Es erfolgt eine Sammlung von plausiblen, widerspruchsfreien und sich gegenseitig ergänzenden Haupt- und Nebenargumenten. Nach einer Priorisierung erfolgen eine eingrenzende Auswahl und die Anordnung: gute Argumente zu Beginn, weniger interessante und überzeugende in den Mittelteil, und das stärkste und nachhaltigste Argument zum Ende des Gesprächs. Das stärkste Argument am Ende, da Gesprächspartner häufig das zuletzt Gesagte auf für eine folgende Diskussion aufnehmen. Die Stärke des Argumentes lebt dabei nicht nur von dem inhaltlichen Aspekt, sondern auch den Möglichkeiten, die für seine Darbringung gefunden werden wie z. B. Anekdoten, Beispiele und beeindruckende Beweise für Fakten. Erzählerische Ansätze wie Anekdoten sollten kurz, pointiert und vor allem situationsgerecht sein. Bei rational-faktischen Argumenten sollte ein fundiertes Wissen vorliegen um entsprechend fachkundig-vertrauenswürdig zu wirken. (vgl. Polzin 2014, S. 96)

❗ **Argumente: Qualität vor Quantität und das Beste zum Schluss.**

4.4.5 Anfang & Ende

Anfang und Ende eines Überzeugungsgesprächs sind enorm wichtig, der Anfang stellt die Verbindung her, weckt Neugier und sorgt damit für das konzentrierte Ankommen in der Situation, das Ende bleibt im Gedächtnis. Die durchschnittliche Aufnahmefähigkeit des Menschen beträgt 30 s: Haben Sie Ihre Zielvorstellung vor Augen und kennen Sie Ihr Gegenüber, um eine 30 s-Botschaft zu formulieren mit dem für ihn

- ungewöhnlichsten
- interessantesten
- dramatischten
- humorvollsten

Aspekt des Themas (vgl. Wolf 2018, S. 65).

Aus den Grundmotiven lässt sich ableiten, was einen Menschen dazu bewegt, z. B. einer Präsentation (in der von etwas überzeugt werden soll) zuzuhören. Ein Überzeugungsgespräch kann daher mit einem motivorientierten *Nutzungsversprechen* beginnen, das den Zuhörern den Mehrwert für sie klar herausstellt (am besten ausformuliert und visualisiert) und ihren Zeiteinsatz begründet. Nutzenversprechen sind optimalerweise SMART (vgl. ▶ Abschn. 2.1.6). (vgl. Schulenburg 2018, S. 190 f.)

Motiv-orientiertes Nutzenversprechen

Ich verspreche Ihnen, dass Sie am Ende der zwei Stunden mindestens drei neue Werkzeuge kennengelernt haben, die Sie Ihre Gespräche überzeugender gestalten lassen.

Heute lernen Sie die Grundlagen von Konfliktmanagement kennen, und ich gebe Ihnen 6 konkrete Ansätze, mit denen Sie Konflikte gewinnbringend in Ihre Projektarbeit integrieren können.

Die Argumentationstaktik weist bereits darauf hin, dass das Ende im Gedächtnis bleibt und es „keine zweite Chance für einen guten letzten Eindruck gibt." (Schulenburg 2018, S. 223) Am Ende der Überzeugungsgesprächs (Monolog) sollten

1. die wichtigsten Aussagen knapp zusammengefasst,
2. das Nutzungsversprechen aufgegriffen werden (z. B. mit einer Feedback-Forderung) und
3. ein starker letzter Satz einen klaren Abschluss bilden (vgl. Schulenburg 2018, S. 223).

Starker letzter Satz

Überzeugung ist die wahre Kunst zu Führen! Verwenden Sie diese Werkzeuge in Ihren Gesprächen und überzeugen Sie damit Menschen, Ihren avisierten Zielen zu folgen.

Eine wertschätzende Haltung ist Basis einer guten Konfliktkultur! Seien Sie ein Vorbild und etablieren Sie diesen Mehrwert in Ihrem Team.

4.4.6 Konzept: Die Gesprächsstrategie

Vor der kommunikativen Praxis, dem Gespräch, steht die Planung der *Strategie*. Die Strategie ist der handlungsleitende Gesamtplan, indem die Mittel *(Taktiken)*, die sich im Hinblick auf tatsächlich vorhandene Widerstände effektiv zur Zielerreichung einsetzen lassen, sequenziell organisiert werden. (vgl. Dreher 2016, S. 69) Eine Strategie ist die längerfristige Ausrichtung auf das zu erreichende Ziel, die Taktiken sind die

Einsatzmittel und Techniken, mit denen die Strategie ausgeführt werden soll (vgl. Helmold et al. 2019, S. 78). Der zeitliche Aufwand, den Sie in den Aufbau der Strategie und die Gesprächsvorbereitung stecken, ist enorm von der Priorität des Themas für Sie (z. B. Kollege soll morgens abwechselnd Kaffee kochen versus Akquise eines neuen Projekts), dem für das Gespräch vorgesehenen Zeitansatz (10 Min.-Slot beim Chef versus 3-stündige Rede auf einem Baukongress) und der Realität des Berufsalltags abhängig, und reicht von 0 Min. (Akutsituation auf der Baustelle, z. B. Defekt am Baustellenkran, Überzeugen zum Austausch statt Reparatur) bis zu mehreren Tagen (z. B. für aufwendige Recherchearbeiten zu neuen Baumaterialien als Faktenbasis für die Argumentation, Einübung eines Vortrags, Training von Gestik und Mimik vor der Kamera, etc.). Je mehr man die Kommunikationsmethoden wie aktives Zuhören, die Taktiken des Überzeugungsgesprächs wie den indirekten Argumentationsprozess und strategisch aufgebaute Überzeugungsgespräche praktisch übt, desto eher wird die Anwendung im Sprachgebrauch zum Automatismus. Um den Ad-Hoc-Gesprächen in der Realität der Bauprojektrealisierung gewachsen zu sein ist es sinnvoll, auf Basis folgenden Gedankens (vgl. Alter 2018, S. 28):

- Was soll die Gegenseite als nächstes tun?
- Was kann ich machen, damit sie so reagiert wie ich möchte?

eine knappe Variante im Kopf zu haben:

1. In der Situation ankommen (State-Management), falls möglich
2. das Ziel ausformulieren (auf einem Zettel als Merker mitnehmen), und dann den Dreischritt (vgl. Verhein-Jarren 2018, S. 109) abarbeiten:
3. Warum spreche ich (Information/Thema)?
4. Was meine ich und wie begründe ich es (Argument)?
5. Was will ich (Schlussfolgerung und ggf. Schlussregel)?

4.4.7 Checkliste Gesprächsvorbereitung

Für den Aufbau der folgenden Checkliste wurden Informationen von Haller (2018, S. 104 ff.), Alter (2018, S. 45), Verhein-Jarren et al. (2018, S. 109 f.), Schneiderheinze und Zotta (2017, S. 49, 55), Polzin und Weigl (2014, S. 96) und der klassischen Rhetorik verarbeitet. Die Länge der Checkliste ist erstmal etwas erschreckend. Es soll aber ein recht umfassendes Bild von der Gesprächsvorbereitung vermittelt werden, um aufzuzeigen, wie viele Parameter bedacht werden können, um Einfluss auf den Erfolg zu nehmen. Allerdings wird die Beantwortung bzw. Zuordnung von Methoden entsprechend der Antworten in einer routinierten Umgebung (z. B. ein sich wiederholendes Besprechungsformat) und mit praktischer Übung teilweise zum Automatismus.

Die Checkliste für die Gesprächsführung ist folgendermaßen aufgebaut:

I. Auf der ersten Ebene befindet sich die Aufgabe, um die es geht (in Anlehnung an die 5 (7) Schritte in der Rhetorik).

- In der Gleichen Ebene direkt darunter finden sich Stichworte zu Methoden bzw. Produkten, die sich durch die Aufgabe ergeben.

  A) In der zweiten Ebene ist die Perspektive, die man einnimmt bzw. eine differenzierte Einteilung der Aufgabe zu finden.

    – In der dritten Ebene finden sich Beispiele zu Fragen, die man sich in Anpassung an die Gesprächspriorität stellen muss.

■ **Checkliste Gesprächsvorbereitung**

I. **Strategische Parameter festlegen**

- Formulierung von Thema und Ziel
- Festlegung des Formats
- Organisation

  B) Gegenstand/Ziel
  - Was ist das Thema?
  - Wovon will ich überzeugen?
  - Welche Inhalte (Sachverhalten, Verhaltensweisen, Beobachtungen, Fakten) möchte ich ansprechen?
  - Was für ein Ergebnis will ich erreichen (Entscheidung, Änderung im Denken oder Verhalten)?
  - Was ist mein Minimalziel, was ist mein Maximalziel (was erreichen und was vermeiden)?

  C) Publikum/Zielgruppe/Gesprächspartner
  - Wen will ich Überzeugen? Ist der relevante Personenkreis tatsächlich anwesend?
  - Wie viele? Wie groß ist die Gruppe?
  - Welchen Hintergrund (fachlich, hierarchisch, etc.) hat das Publikum?

  D) Redner/eigene Rolle
  - Was ist meine Rolle und welche Erwartungshaltung hat das Gegenüber an mich?
  - Ist es ein symmetrisches oder asymmetrisches Verhältnis?
  - Welchen Einfluss/Verantwortung habe ich auf/für die organisatorischen Vorbereitungen?
  - Welches Format (Monolog, Dialog, Anleitung) wähle ich/ist angemessen?

  E) Organisation
  - Was ist der Anlass des Gesprächs? (Anordnung, Wunsch, Routine…)
  - Wie viel Zeit bekomme ich/brauche ich (sind dem Thema angemessen)?
  - Welcher Zeitpunkt ist sinnvoll (emotionale Verfassung, Möglichkeit zur Verlängerung, etc.)?
  - Sind Folgegespräche möglich/notwendig (z. B. falls ergebnislos, für Bedenkzeit, Recherche)?
  - Wer lädt ein, wie lange vorab? Wer organisiert/zahlt Raum, Medien, Verpflegung…?

II. **Strategische Parameter analysieren**

- Notizen zu Common Ground
- Notizen zu Persönlichkeitstyp, Repräsentationssystem
- Auswahl Präsentationstechnik und Medium
- Formulierung Behauptung/Schlussfolgerung
- Formulierung Schlussregel
- Ökologiecheck

  A) Gegenstand/Ziel
  - Welche Informationen sind allen bekannt?
  - Welche Informationen könnte das Gegenüber haben, die ich nicht kenne?
  - Welche Informationen habe ich, die nicht allen bekannt sind?
  - Welche Fragen habe ich (welche Informationen benötige Ich)?

B) Publikum/Zielgruppe/Gesprächspartner
- Welche Ziele/Interessen/Meinungen/Einstellungen verfolgt das Publikum?
- Kann ich den Persönlichkeitstyp abschätzen und Grundmotive und Grundängste herleiten?
- Kann ich das Repräsentationssystem abschätzen und entsprechend Repräsentationstechnik und Sprache aufbauen?
- Wie ist die Gefühls-/Bedürfnissituation des Gegenübers (in Bezug auf das Thema und akut vor dem Gespräch)?

C) Redner/eigene Rolle
- Welche Ziele/Interessen/Meinungen/Einstellungen verfolge ich?
- Welche Wünsche/Bitten/Erwartungen/Forderungen möchte ich konkret aussprechen?
- Welche Stärken/Schwächen habe ich? Wie kann ich die Stärken einsetzen und wo kollidieren Schwächen mit anderen Punkten (Format, Zeitdruck, etc.)?
- Wie ist meine Gefühls-/Bedürfnissituation im Hinblick auf das Thema?

D) Abgleich und Zielprüfung
- Welche gemeinsamen Ziele/Interessen/Meinungen/Einstellungen gibt es?
- Welche dieser Ziele/Interessen/Meinungen/Einstellungen betreffen das Thema und will ich ansprechen?
- Welche Interessen widersprechen sich?
- Welche übergeordneten Interessen gibt es, die betroffen sind?
- Wie lassen sich Interessen ausgleichen?
- Wie sähe eine Win-Win-(Win) Lösung aus?

III. **Argumentation vorbereiten**
- Sammlung der Begründungen nach Argumentationstypen
- Formulierung der Argumente
- Beweismaterial

A) Sammlung
- Welche Argumente habe ich? (faktisch, plausibel, emotional, moralisch)?

B) Prüfung (inhaltlich absichern)
- Kann ich die faktischen Argumente (Statistik, Prognosen etc.) hinterlegen und bei Fragen fachmännisch erläutern?
- Habe ich Erfahrungen, Beispiele, Vergleiche aus der Erfahrungswelt des Gegenübers, um die Argumente auszumalen? Gibt es eine passende Metapher?

C) Auswahl
- Welche Argumentationstypen überzeugen den Gesprächspartner?
- Welche faktischen Argumente überzeugen den Gesprächspartner am ehesten?

D) Perspektivwechsel
- Welche Argumente meines Gesprächspartners erwarte ich? Wie reagiere ich?
- Was könnte den anderen hindern, sich meinem Ziel anzuschließen?

IV. **Gliederung der Inhalte**
- Taktik
- Chronologische Stichworte je Gesprächsschritt

    A) Gesprächsschritte
- Wie/Womit beginne ich das Gespräch?
- Wie leite ich zum Thema über (klar, zielführend)?
- Wie prüfe ich den gemeinsamen Bezugsrahmen bzw. stelle ihn her?
- Wie beende ich das Gespräch?

    B) Priorisierung und Taktik der Argumente
- Welche drei Argumente sind im Kontext (Thema/Ziel/Publikum) am stärksten?
- Welche Nebenargumente lege ich bei Bedarf nach?
- Welche Reihenfolge gebe ich den Argumenten?

V. Ausarbeitung/Stilisierung

- Auswahl der Mittel (Beziehung Herstellen, Nudges, Framing, Fragetechniken)
- Ausarbeitung der Unterlagen (Redeskript, Präsentation, etc.)

    A) Gegenstand/Ziel
- Verwende ich die Argumente direktiv oder indirektiv (Weil, deshalb)?
- Wie verknüpfe ich die Argumente (aufzählen (1., 2., 3.), chronologisch, hierarchisch, etc.)?
- Sind die Argumente im Sinne des Rahmungseffektes gut gewählt/formuliert?

    B) Publikum/Zielgruppe/Gesprächspartner
- Ist die Formulierung an das Sprachniveau (z. B. Fachausdrücke) des Gegenübers angepasst?
- Welche Bemerkungen und Äußerlichkeiten könnten ein Wir-Gefühl auslösen?

    C) Redner/eigene Rolle
- Mit welchem Verhalten wirke ich sympathisch und vertrauenswürdig?
- Wie kann dem Gesprächspartner unaufdringlich signalisiert werden, mir zu folgen?
- Kann und will ich gezielt Nudges einsetzen?

    D) Rhetorische Merker
- Keine bzw. nur gezielt: Füllwörter, Glaubensaussagen, Relativierungen, Konjunktive, indirekte Appelle
- Kurze Fragen/Sätze
- Pausen nach Aussagen/Fragen

VI. Übung/Einprägung

    A) Methode
- Wie kann ich mir Inhalte und Abfolge am besten einprägen?
- Was ist meine „innere Landkarte" für den Vortrag?
- Wie übe ich am besten (Vortrag mit Spiegel oder Kamera, um Gestik und Mimik zu prüfen; Sparringspartner, um zu trainieren auf Gegenargumente wertschätzend zu reagieren, etc.)?

    B) Zeit
- Wie viel Übung benötige ich für dieses Gespräch?

VII. Vortrag

- Prüfung Organisation (Technik, Licht, etc.)
- State-Management
- KOALA – Leitfaden

Link-Tipp

Sokratischer Dialog: ► https://www.springer.com/cda/content/document/cda_
downloaddocument/9783827426284-c1.pdf?SGWID=0-0-45-1312039-p174287267
Zugegriffen: 17.05.2019.

? Wissens-Aufgaben
Aus welchen Schritten besteht ein Gespräch und welche Ziele bzw. Inhalte haben die
einzelnen Schritte?
Mit welchen Fragetypen erreichen Sie im Gespräch eine Interessenorientierung,
einen Perspektivwechsel und das Auflösen einer Denkblockade? Wozu setzen Sie eine
hypothetische Frage ein? In welchem Prozessschritt setzen Sie die Fragetypen ein?
Erklären Sie das Vorgehen für den Aufbau einer wirksamen Argumentationskette.
Nennen Sie die Schritte bis zum Vortrag einer Rede (als Überzeugungsgespräch) und
die Arbeitsprodukte bzw. Ergebnisse in jedem Schritt.

Literatur

Allhoff D-W, Allhoff W (2016) Rhetorik & Kommunikation. Ein Lehr- und Übungsbuch. Ernst Reinhardt,
    München
Alter U (2018) Grundlagen der Kommunikation für Führungskräfte. Springer, Wiesbaden
Aristoteles i. d. Ü., Krapinger G von (2018) Rhetorik. Reclam, Stuttgart
Baumann-Habersack F (2017) Mit neuer Autorität in Führung. Die Führungshaltung für das 21. Jahr-
    hundert. Springer, Wiesbaden
Bode J (2017) Messung der Wirkung. Analyse des zurechenbaren Erfolges von Marketingmaßnahmen in
    Hochschule und Wissenschaft verlangt dreierlei: Kriterien, Prozess, Ergebnis. In: Lemmens M, Hor-
    váth P, Seiter M (Hrsg) Wissenschaftsmanagement. Handbuch und Kommentar. Lemmens, Bonn
Brockhaus (2006) Enzyklopädie, vol 6, 10, 13 und 17. Brockhaus, Leipzig
Dörr S, Schmidt-Huber M, Winkler B, Klebl U (2013) Führung. In: Landes M, Steiner E (Hrsg) Psychologie
    der Wirtschaft. Springer, Wiesbaden
Dreher B (2016) Rhetorik des Framings. Empirische Untersuchung zum Social Marketing. Weidler, Berlin
Duden (2007) Das Herkunftswörterbuch. Etymologie der deutschen Sprache, vol 7. Bibliographisches
    Institut AG, Mannheim
Fischer R, Schwehr P (2009) Module für das Haus der Zukunft. vdf Hochschulverlag, Zürich
Haller R (2018) Bedürfnis- und lösungsorientierte Gespräche führen – privat und beruflich. Springer,
    Wiesbaden
Helmold M, Dathe T, Hummel F (2019) Erfolgreiche Verhandlungen. Best-in-Class Empfehlungen für den
    Verhandlungsdurchbruch. Springer, Wiesbaden
Jost F (2016) §29 Haftung. In: Haft F, Schlieffen K von (Hrsg) Handbuch Mediation. Methoden und Tech-
    nik. Rechtsgrundlagen und Einsatzgebiete. Beck, München
Jung RH, Heinzen M, Quarg S (2018) Allgemeine Managementlehre. Lehrbuch für die angewandte
    Unternehmens- und Personalführung. Schmidt, Berlin
Kessen S, Troja M (2016) §14 Ablauf und Phasen einer Mediation. In: v Haft Schlieffen K (Hrsg) Handbuch
    Mediation. Methoden und Technik. Rechtsgrundlagen und Einsatzgebiete. Beck, München
Patrzek A (2015) Fragekompetenz für Führungskräfte. Handbuch für wirksame Gespräche. Springer,
    Wiesbaden
Patrzek A (2017) Systemisches Fragen. Professionelle Fragetechnik für Führungskräfte, Berater und Coa-
    ches. Springer, Wiesbaden
Polzin B, Weigl H (2014) Führung, Kommunikation und Teamentwicklung im Bauwesen. Springer, Wies-
    baden
Popitz H (1992) Phänomene der Macht. Mohr, Tübingen

Ruschel A (1993) Besprechungen und Konferenzen. Grundlagen der effektiven Gesprächsgestaltung. Ullstein, Frankfurt a. M.

Schlieffen K von (2016) §1 Einführung in die Mediation. In: Haft, Schlieffen K von (Hrsg) Handbuch Mediation. Methoden und Technik. Rechtsgrundlagen und Einsatzgebiete. Beck, München

Schneiderheinze W, Zotta C (2017) Überzeugen 4.0. Praktische Kompetenz für Echtzeitkommunikation im Vertrieb. Springer, Wiesbaden

Schödlbauer C (2013) Persönlichkeit: Entwicklung und Selbstmanagement. In: Landes M, Steiner E (Hrsg) Psychologie der Wirtschaft. Springer, Wiesbaden

Schulenburg N (2018) Exzellent präsentieren. Die Psychologie erfolgreicher Ideenvermittlung – Werkzeuge und Techniken für herausragende Präsentationen. Springer, Wiesbaden

Schulz von Thun F (2014) Miteinander reden: 1. Störungen und Klärungen. Allgemeine Psychologie der Kommunikation. Rowohlt, Reinbek

Statista (2019) Durchschnittliche Anzahl postmortaler Organspender in ausgewählten Ländern weltweit im Jahr 2017 (Spender je Million Einwohner). ► https://de.statista.com/statistik/daten/studie/226978/umfrage/anzahl-postmortaler-organspender-in-ausgewaehlten-laendern/. Zugegriffen: 30. Jan. 2019

Strasser M (2010) Kunst, Wissenschaft, Macht und Anerkennung. In: Wöhle C, Augeneder S, Urnik S (Hrsg) Rechtsphilosophie. Vom Grundlagenfach zur Transdisziplinarität in den Rechts-, Wirtschafts- und Sozialwissenschaften. Festschrift für Michael Fischer. Lang, Frankfurt a. M.

Thaler RH, Sunstein CR (2016) Nudge. Wie man kluge Entscheidungen anstößt. Ullstein, Berlin

Thomann C (2013) Klärungshilfe 2: Konflikte im Beruf: Methoden und Modelle klärender Gespräche. Rowohlt, Reinbek

Ueding G (2005) Klassische Rhetorik. Beck, München

Verhein-Jarren A, Bohr B, Kossmann B (2018) Gesprächsführung in technischen Berufen. Springer, Wiesbaden

Weber M (1972) Wirtschaft und Gesellschaft. Grundriss der verstehenden Soziologie. Mohr, Tübingen

Wolf MLJ (2018) Projektmoderation – leicht und verständlich. Strukturieren – Kommunizieren – Ergebnisse sichern. Expert, Renningen

Verhandlungsführung

© Springer Fachmedien Wiesbaden GmbH, ein Teil von Springer Nature 2019
N. Schwab, *Konfliktkompetenz im Bauprojektmanagement*, erfolgreich studieren,
https://doi.org/10.1007/978-3-658-27089-6_5

Trailer

Wie oft haben Sie heute schon verhandelt? Einer Kommunikation mit dem Ziel, zu einer Einigung zu kommen, steht man jeden Tag vielfach gegenüber, sei es mit Mitbewohnern, Freunden, der Familie oder Kollegen. Das Feld der Verhandlungen ist breit und reicht vom Aushandeln des Putzplans in der WG bis zu jahrelangen Verhandlungen für ein internationales Klimaabkommen. In der Bauprojektrealisierung werden Sie vielen Verhandlungssituationen gegenüberstehen, sei es, um Ihren Auftrag zu verhandeln, oder um im Auftrag z. B. mit den Genehmigungsbehörden zu verhandeln.

Verhandeln findet in einem Spannungsfeld aus Kooperation und Konflikt statt, das enorme Konzentration auf sich selbst und das Gegenüber verlangt. Um den Fokus auf Thema und Ziel nicht zu verlieren und sich nicht von mannigfaltigen Täuschungsmanövern irritieren zu lassen, liegt der Schwerpunkt im Verhandlungsprozess auf einer strukturierten Vorbereitung. Mit dieser erschließen Sie sich Ihren Verhandlungsspielraum, der weit mehr ist, als nur ein monetäres Limit. Am Abschluss einer Verhandlung steht (meist) ein Vertrag, dann geht es aber erst richtig los: Sie haben sich über zukünftiges Handeln geeinigt, entsprechend folgt eine Implementierungsphase. Je besser Sie Geplantes und den Umgang mit Ungeplantem verhandelt haben, desto weniger Aufwand werden Sie mit Nachverhandlungen haben.

Lernziel

Aufbauend auf den Kommunikationstechniken und der Gesprächsführung lernen Sie in diesem Kapitel Grundlagen für eine effektive und effiziente Verhandlungsführung:
Parameter, die eine Verhandlung von anderen Kommunikationsprozessen abgrenzt.
Ein Konzept, eine Strategie und Taktiken, die in Verhandlungen eingesetzt werden können.
Fragen, die man sich zur Vorbereitung einer Verhandlung stellen sollte.
Den Grund für die Flexibilität, die man sich trotz aller Vorbereitung und Planung zum Verhandeln behalten muss.

5.1 Verhandlung

5.1.1 Verhandlung

Der Soziologe Niklas Luhmann hat, mit dem Hinweis auf „tauschförmige, kompromisshafte, auf Verständigung mit maßgebenden Kreisen basierende Umweltbeziehungen" (Luhmann 1972, S. 227) Verhandlungsprozesse als wissenschaftliches Thema prominent gemacht. *Verhandlungen* sind Kommunikationsprozesse mit dem spezifischen Ziel, eine Einigung über zukünftiges Handeln zu erreichen (vgl. Erbacher 2018, S. 23). Kaufen sie ein Pferd, liegt das Handeln in der unmittelbaren Zukunft und besteht aus dem Tausch eines bestimmten Geldbetrages gegen das begutachtete Pferd. Verhandeln sie dagegen die Ausführung der Bohrungen am binationalen Gotthard-Basistunnel, geht es um langfristige Geschäftsbeziehungen mit komplexen Handlungsprozessen.

Verhandlungen zeichnen sich durch folgende Merkmale aus (vgl. Erbacher 2018, S. 20):

- Eine Beteiligung von mind. zwei Parteien
- Verfolgung unterschiedlicher Interessen
- Kommunikation als Mittel zum Erzielen der Einigung
- Entscheidungsbefugnis (Kontrolle über Prozess und Lösung) liegt bei den Parteien.

Das Verhalten der Verhandlungsparteien ist dabei gekennzeichnet von (vgl. Erbacher 2018, S. 23; Helmold et al. 2019, S. 4):

- Dem gemeinsamen Ziel, eine Einigung zu erreichen
- Dem Willen und der Initiative, zur Lösungsfindung beizutragen
- Dem Bestreben, Konflikte einvernehmlich zu lösen
- Einer Flexibilität der eigenen Vorstellungen und einer Bereitschaft von Geben und Nehmen
- Der Konzentration auf ein positives Ergebnis.

> **Verhandlungen sind Kommunikationsprozesse im Spannungsfeld Konflikt und Kooperation mit dem Ziel einer Einigung für zukünftiges Handeln.**

Entscheidungsmacht der Parteien bedeutet, dass Vereinbarungen erst wirksam werden, wenn alle Parteien freiwillig zustimmen, und umfasst nur Absprachen, die alle gemeinsam entschieden haben (vgl. Erbacher 2018, S. 21). In Geschäftsverhandlungen stehen am Ende üblicherweise Verträge, die die vereinbarten Handlungen festhalten. (s. a. ▶ Abschn. 8.1.1)

Die Kombination aus unterschiedlichen Interessen und der Wille zur Einigung führt dazu, dass Konflikte und Kooperation in Verhandlungen immer gemeinsam auftreten (vgl. Erbacher 2018, S. 21; Fisher et al. 2015, S. 23). Die Verhandlung als Mittel ein Übereinkommen zu finden ohne sich zu zerstreiten, ist Konfliktrealisierung per se. Klar formulierte Handlungsziele wirken konfliktpräventiv.

Der Verhandlungserfolg bemisst sich an dem gewünschten Interessenausgleich und der geplanten Zielerreichung – für beide Parteien (vgl. Helmold et al. 2019, S. 17). Daraus ergeben sich, wie in ◨ Abb. 5.1 zu sehen, vier Varianten: Ist der Erfolg für beide hoch, wurde ein Mehrwert geschaffen, handelt es sich um eine WIN-WIN-Situation. Ist das Ergebnis für beide niedrig, verlieren beide in der LOSE-LOSE-Situation. Oder aber einer verhandelt besser und gewinnt den größeren Anteil, ICH oder der ANDERE, eine WIN-LOSE-Situation.

Laut HOAI (A 10) gehört insbesondere das Verhandeln mit Behörden über die Genehmigungsfähigkeit eines Bauvorhabens zu den Grundleistungen – womit, gleich auf welcher Seite Sie stehen, Verhandlungskompetenz gefordert wird. Die Existenz von Verhandlungsprozessen zwischen (Bau-) Verwaltungen und Externen steht nicht infrage (vgl. Bachmann 1993, S. 2), die Forderung ist aber insofern interessant, dass Verhandlungen als informelle, rechtlich nicht geregelte Entscheidungsprozesse im Kontrast zu der „normativen Vorstellung eines hundertprozentigen Gesetzesvollzuges [stehen, und damit] Zweifel an der uneingeschränkten Eignung des Rechts als Steuerungsinstrument [...]" (Bachmann 1993, S. 1) aufkommen lassen. Sie sind aber möglich, da nur einzelne Elemente einer Verwaltungsentscheidung rechtlich terminiert sind, die übrigen in einem Verwaltungsspielraum entschieden werden können (vgl. Brohm 1986, S. 12). Die Integration von Verhandlungsprozessen als „informales Verwaltungshandeln" (Bohne 1981, S. 6) in die formalen Verfahren des Bauordnungsrechts

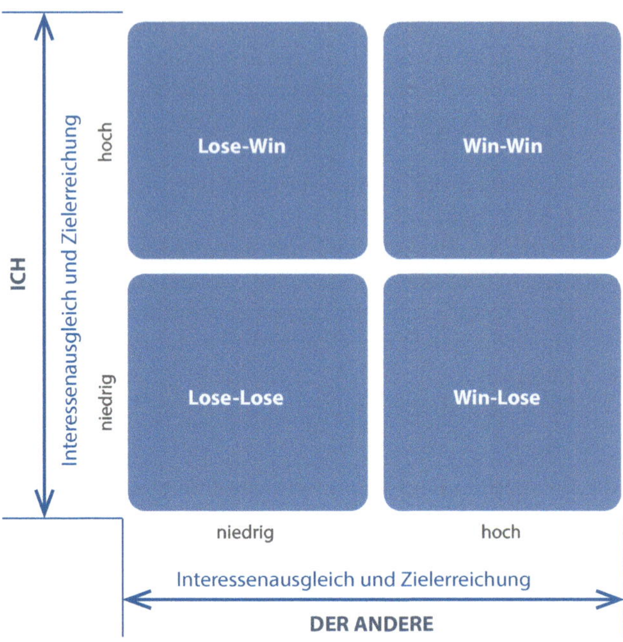

Abb. 5.1 Verhandlungsergebnisse

und Bauplanungsrecht zeigen die Beispiele, die der Studie von Bachmann im Bereich „Verwaltung im Wandel" entnommen sind (vgl. Bachmann 1993, S. 196 ff.):

> **Beispiele: Verhandlungssituationen mit (Bau) Verwaltungen in formalen Verfahren**
>
> Bebauungsplanung:
> - Neuausweisung eines Industriegebietes
> - Sicherung einer unbebauten innerstädtischen Fläche für eine Nutzung als Kinderspielplatz
> - innerstädtische Baulückenschließung
> - Planung eines neuen Wohn- und Ferienhausgebietes
> - Errichtung eines großen Bürogebäudes in zentraler Lage
>
> Baugesetzbuch (BauGB) § 30 (Zulässigkeit von Vorhaben im Geltungsbereich eines Bebauungsplans)
> - Genehmigung für ein großes Kühlhaus in der Innenstadt BauGB § 31 (Ausnahmen und Befreiungen)
> - Baugenehmigungsverfahren für einen Pensionsbetrieb im reinen Wohngebiet
> - Aufstockung von Werkstatt, Laden und Wohnhaus eines Malerbetriebs
> - Genehmigung für den Anbau an ein Altenwohn- und Pflegeheim
>
> BauGB § 33 (Zulässigkeit von Vorhaben während der Planaufstellung)
> - Umbau und Neugestaltung eines großen Geschäftshauses an der Hauptein-kaufstrasse

BauGB § 34 (Zulässigkeit von Vorhaben innerhalb der im Zusammenhang bebauten Ortsteile)
- Nutzungsänderung eines Gebäudes als Lokal
- Installation eines Werbeträgers an der Fassade eines innerstädtischen Gebäudes
- Umbau eines Kaufhauses
- Genehmigung eines Lebensmittel-Supermarktes

Beispiel: Ausgangslage und Ergebnis von Verhandlungen im Fall „Fußwege"

(vgl. Bachmann 1993, S. 185 f.)

Ausgangslage:

In einem qualifizierten Bebauungsplan für ein reines Wohngebiet ist die Realisierung von Fußwegen festgesetzt. Diese verlaufen im rechten Winkel zu den beiden Erschließungsstraßen und müssen enorme Höhenunterschiede überwinden. Als die Stadt einige Jahre nach Inkrafttreten die Planfeststellung realisieren will, trifft sie auf den Widerstand der Bewohner mit folgenden Argumenten:
- Steigung zu groß für Mütter mit Kinderwagen
- Im Winter aufgrund des Gefälles zu gefährlich
- Unnötige Verkehrsbelastung für die unmittelbar angrenzenden Grundstücke

Weg zu Verhandlungen:

Die Initiative für Verhandlungen geht von dem „Wortführer" der Bewohner aus, der sich an die Kreispolitik wendet. Der Konflikt eskaliert, weil den Einsprüchen der Anwohner im Planungsausschuss nicht stattgegeben wird. Es herrscht Stillschweigen. Die Anwohner leiten juristische Schritte ein, worauf der Planungsausschuss seinen ablehnenden Beschluss wieder aufheben muss. Nachdem diese Barriere überwunden ist, kommt es wieder zu Verhandlungen.

Ergebnis:

Die Stadt streicht die Fußwege mithilfe einer förmlichen Planänderung, im Gegenzug verpflichten sich mind. 90 % der Anlieger privatrechtlich, die bislang zurückgehaltenen, fälligen Erschließungsbeiträge nach Baufortschritt zu zahlen.

? Reflexions-Aufgabe

Verhandeln Sie gerne? (Ja/Nein) Warum?

Seien Sie eine Woche wachsam und notieren sich Verhandlungs-Situationen in Ihrem Alltag. Wo ziehen Sie die Grenze zwischen Verhandlung und Gespräch?

? Praxis-Aufgabe

Vergleichen Sie die möglichen Verhandlungsergebnisse mit den Verhaltensmustern in einer Konfliktsituation aus ▶ Abschn. 2.1.4.

5.1.2 **Verhandlungs-Prozess**

Die *Vorbereitung* einer Verhandlung ist ein elementarer Teil des Verhandlungsprozesses. Wachs (vgl. 2018) formuliert dazu allein hundert Fragen, die vorab beantwortet werden sollten. Zudem dient die Verhandlung, eine Einigung über zukünftiges Handeln herzustellen: dem Kommunikationsprozess bis Vertragsabschluss folgt also eine *Implementierungsphase.* Zur Verbesserung zukünftiger Vertragsstrukturen kann nach der Implementierung eine *Analyse mit „Lessons Learnt"* (vgl. Berkel 2015, S. 4) erfolgen. Bei lang laufenden Verträgen kann diese Analyse bereits während der Implementierung beginnen und Korrekturen durch eine Nachverhandlung begründen. Der Gesprächsprozess KOALA steht im Prozess für den Ablauf der tatsächlichen Verhandlung und wird entsprechend um die Vorbereitungs-, Implementierungs- und Analysephase ergänzt (vgl. ◘ Abb. 5.2).

Wie für Prozessmodelle üblich, verläuft auch der Verhandlungsprozess in seiner logischen Abfolge linear. In der Praxis können Phasen allerdings parallel verlaufen, z. B. wenn neue Argumente auftauchen, die überprüft oder berechnet werden müssen, oder Schritte in Schlaufen wiederholt werden, wenn z. B. Verträge fortgeschrieben werden oder sich externe Parameter (z. B. Marktsituation) verändern.

■■ Vorbereitungsphase
In dieser Phase werden die fixen Elemente der Verhandlungsvorbereitung recherchiert:
1. Für die Qualität des Verfahrens die Verfahrenswahl, die Organisation und das Prozessdesign.
2. Für die menschliche Komponente eine Reflexion zu Körper, Geist und Seele der Handelnden.
3. Für die Inhalte eine Auslotung des Verhandlungsspielraums beider Seiten.

Besonders umfangreich ist die inhaltliche Recherche. Auf ihr bauen nicht nur die geplante Strategie, Argumentationskette und Taktiken auf, sondern sie muss auch die Flexibilität gewährleisten, diese in der Verhandlung spontan als Reaktion auf die Strategie des Gegenübers zu ändern.

■■ KOALA
Die Inhalte der KOALA-Phasen orientieren sich im Wesentlichen an der Darstellung in ▶ Abschn. 4.2.2 mit besonderen Aufgaben bei Lösung und Abschluss.

Die Lösungsphase von Verhandlungen ist auch die *Vereinbarungsphase.* Mit einer kurzen Zusammenfassung der bisherigen Übereinstimmungen kann den Vereinbarungen noch einmal explizit zugestimmt werden, womit sie ihre Gültigkeit erlangen. Erneut aufflammende Diskussionen zu abgestimmten Punkten sollten unterbunden werden. In der Abschlussphase erfolgt die Vertragsgestaltung, bei der das Hinzuziehen von Juristen oder Fachexperten für präzise Formulierungen sinnvoll ist. Die Verabschiedung

◘ **Abb. 5.2**   Phasen im Verhandlungsprozess

der Ergebnisse einer Verhandlung erfolgt rituell mit Handschlag oder Vertragsunterschrift. (vgl. Erbacher 2018, S. 53 f.)

■■ Implementierungsphase

In der Implementierungsphase werden die Vereinbarungen umgesetzt und die geschäftliche Beziehung gepflegt. Dazu gehört (vgl. Erbacher 2018, S. 54 f.):
- Die eigenen Verpflichtungen zu erfüllen,
- Rückstände und Fortschritte zu kommunizieren (Kontakt halten, Vertrauen stärken) und
- Vertragsbrüche zu dokumentieren.

Bei Verträgen zur Umsetzung großer Bauvolumina arbeiten häufig ganze Teams an der Kontrolle der Vertragsvereinbarungen. Dabei fällt das Vertragscontrolling in die Aufgabe der Fachingenieure, die auf der einen Seite ihr spezifisches Gewerk mit dem Partner am Bau qualitativ hochwertig umsetzen wollen und dazu auf eine positive Beziehung setzen, auf der anderen Seite den konfliktträchtigen (und oft als fachfremd abgelehnten) Abgleich zwischen Vertragstext und Aufmaß, und vor allem das vereinbarte Vorgehen bei Abweichungen vom Plan, (s. a. ▶ Abschn. 8.3 Nachtragsmanagement) übernehmen müssen.

■■ Analysephase

Die Analysephase kann in einer freien Diskussion gemeinsam mit dem Geschäftspartner oder in internen Runden geführt werden. Je Projekt- bzw. Unternehmensgröße kann es dazu ein vorgegebenes Vorgehen oder Kennwerte eines Controlling-Systems geben. Im Bauwesen gehört dazu insbesondere eine Analyse der Nachtragsgründe, unvorhergesehenen, notwendigen Leistungen zur Ausführung des Projektes, um daraus Verbesserungspotenzial abzuleiten.

5.1.3 Erfolgsfaktoren

Die Antwort eines „alten Hasen" auf die Frage nach seinen Erfolgsfaktoren für eine gute Verhandlung enthielt folgende zwei Punkte:
- Sympathie – Kann ich mit dem oder nicht?
- Macht, Respekt und Vermeidung des Gesichtsverlustes – Der Begegnung von Machtgebärden mit der Macht des in der Situation notwendigen Wissens und der angebrachten Kompetenz zur Herstellung (mind.) eines Machtgleichgewichts.

In der Fachliteratur zur Verhandlungsführung lassen sich weitere Punkte finden. Schott et al. (2018) betonen die
- Steuerung der eigenen Emotionen (z. B. bei unfairen Verhandlungstaktiken des Gegenübers).

Hofmann (2018, S. 25) setzt in seinem FBI-Prinzip u. a. weniger auf wertschätzende als auf manipulativ geprägte, strategisch-taktische Fähigkeiten des Verhandelnden:
- einen professionellen Beziehungsaufbau
- ein aktives Zuhören

- eine taktische Empathie und
- eine gezielte Einflussnahme auf den anderen.

Der Umgang mit Taktiken impliziert auch,

- unfaire Taktiken des anderen zu erkennen und abfangen zu können.

Helmold et al. (2019, S. 5) ergänzt u. a. wirtschaftliche Aspekte, wie

- Klarheit in der Zielformulierung und zu den Verhandlungspunkten,
- Effizienz des Verhandlungsprozesses (Zeitmanagement) und
- Ergebnisorientierung mit Fokus auf Konsens und Wertschöpfung.

Er ergänzt Verhaltensregeln, wie z. B. (vgl. Helmold et al. 2019, S. 93, 246):

- Fokussierung auf einen Spielraum, kein statisches Ziel,
- Respekt und Aufmerksamkeit (aktives Zuhören, Interessenorientierung) gegenüber dem Verhandlungspartner,
- Flexibilität, die durch das Mandat abgesichert ist (Entscheider bei Angeboten und proaktiven Offerten),
- Beachtung interkultureller Aspekte,
- Der Verhandlungspartner spricht zuerst, Erwiderungen folgen erst nach einer kurzen Pause,
- Nur Reden, wenn man etwas zu sagen hat.

Der wesentliche Punkt, um die genannten Faktoren einsetzen zu können, ist jedoch:

- Die Vorbereitung der Verhandlung!

5.2 Konzept, Strategie und Taktiken

5.2.1 Das Harvard-Konzept

Das *Harvard-Konzept,* im Original „Getting to Yes", ist der Klassiker der Verhandlungsführung von Fisher und Ury aus dem Jahr 1981. Die Autoren sehen dabei den gesamten Lebensalltag geprägt von Verhandlungen: Jeder verhandelt jeden Tag über irgendetwas, informell mit fast jedem Menschen, dem er begegnet (vgl. Fisher et al. 2015, S. 18, 23). Der Konzept-Begriff soll zum Ausdruck bringen, dass es sich nicht um reine Handlungstipps zur Fertigkeit des Verhandelns handelt, sondern um einen ganzheitlichen Ansatz, der eine Wertehaltung als Basis für mehrwertschaffendes Verhandeln beinhaltet (vgl. Fisher et al. 2015, S. 9) (s. a. Machtkonzept von Hannah Arendt ▶ Abschn. 4.1.3). Der Harvard-Ansatz des *sachbezogenen Verhandelns* zielt darauf, das Dilemma einer harten Verhandlung zum Erreichen der Ziele versus einer weicher Verhandlung zur Stärkung der Beziehung zu überbrücken, indem man *hart in der Sache aber weich zum Menschen bleibt* (vgl. Fisher et al. 2015, S. 24 f.). Dabei wird das Gewinner-Verlierer-Schema verlassen und nicht nur über Kooperation, sondern Konsens, eine Win-Win-Situation hergestellt. Es ist als universelles Konzept zu verstehen, das heißt für jede Situation, von der Schlafenszeit der Kinder über die Änderung eines Immobilienportfolios bis hin zu diplomatischen Auseinandersetzungen, einsetzbar.

Die Differenzierung der Verhandlungsstile erfolgt über die Grundeinstellung, das strategische Verhalten und den Einsatz der Mittel beim Vorgehen. Die strategische WIN-LOSE Orientierung kann hart oder weich sein: Das Gegenüber wird als Gegner, der besiegt werden muss, oder als Freund, mit dem ein Übereinkommen gefunden werden muss, verstanden. Entsprechend herrscht Misstrauen vor, Druck und Drohungen sollen zum Ziel, einer Position auf die beharrt wird, führen, oder aber das eigene Ziel wird transparent gemacht, Angebote und Zugeständnisse bewegen das Ergebnis auf die Position des Gegenüber zu. Wechselt man die Grundeinstellung in den vom Harvard-Konzept propagierten sachbezogenen Stil mit der strategischen WIN-WIN-Orientierung, werden die Beteiligten als Problemlöser verstanden und damit das Vorgehen in der Verhandlung losgelöst von der Einstellung gegenüber dem anderen aufgebaut. Eine gemeinsame Zielentwicklung und Wahlmöglichkeiten auf Basis der Interessen und sachbezogenen Argumentationen sollen zu effizienten Vereinbarungen für beide Seiten führen. (vgl. Fisher et al. 2015, S. 42 f.)

■■ **Prinzipien**

Ausgehend davon, dass „Verhandlungspartner zuallererst Menschen sind" (Fisher et al. 2015, S. 21), basiert das Harvard-Konzept auf folgenden vier Prinzipien (Fisher et al. 2015, S. 39):

1. „Menschen und Probleme getrennt voneinander behandeln!"
2. „Nicht Positionen, sondern Interessen in den Mittelpunkt stellen!" (vgl.
   ► Abschn. 4.3.1)
3. „Vor der Entscheidung verschiedene Wahlmöglichkeiten [mit gegenseitigem Nutzen] entwickeln!"
4. „Das Ergebnis auf objektiven [neutralen] Entscheidungskriterien aufbauen!"

Menschen verbinden häufig objektive Sachlagen mit Emotionen, was sich noch mehr verstärkt, wenn eine Position eingenommen wird und die Gefahr eines „Gesichtsverlustes" besteht, wenn diese nicht verteidigt wird. Verhandlungssituationen sollen insofern ein Reframing erfahren, dass man sich nicht in einem Kampf gegeneinander um etwas sieht, sondern als Partner miteinander ein Problem löst. Die Problemlösung beinhaltet den transparenten Umgang mit Interessen, um die dahinterliegenden Bedürfnisse tatsächlich befriedigen zu können.

Wenn man sich in der Verhandlung zu sehr auf eine Lösung, ein vorgefertigtes Ergebnis, fixiert, behindert das Zwangskorsett die Kreativität, neue Optionen zu entwickeln. Daher sollen erstens die eigenen Interessen nach „muss" und „kann" priorisiert werden, zweitens eine Auswahl an Optionen in beiderseitigem Interesse entwickelt werden (vgl. dazu Mediation Phase 3, 4 ► Abschn. 2.3.3 und Gesprächsprozess A, L ► Abschn. 4.2.2), und drittens im Sprachgebrauch darauf geachtet werden, Optionen als Möglichkeit der Problemlösung darzustellen, und nicht als unverrückbare Forderung. (vgl. Helmold et al. 2019, S. 45 f.; Fisher et al. 2015, S. 40 f.)

Option, nicht Forderung!

- Ist diese Möglichkeit interessant für Sie?
- Was wäre für Sie noch interessant?
- Haben Sie noch Ideen, wie wir diese Option gestalten können?
- Können wir uns auf diese Möglichkeit einigen?
- Welche Alternativen sehen Sie noch?
- Aus meiner Sicht ist Variante A eine gute Lösungsoption. Was halten Sie davon?

Die Bewertung einer Option sollte nach möglichst neutralen Beurteilungskriterien erfolgen, also nicht „im Unternehmen haben sie keinen Respekt mehr von mir, wenn ich nicht mindestens…", sondern auf Fakten wie

- Marktwert,
- Expertengutachten,
- Sachverständigenmeinung,
- Vergleichsfälle,
- Rechtsnormen,
- Sitten oder Traditionen (mit Berücksichtigung des Kulturkreises).

Die daran gemessene Fairness eines Verhandlungsergebnisses kann von beiden Seiten akzeptiert werden. (vgl. Fisher et al. 2015, S. 41, 133)

■■ Kritikpunkte

Verhandelt man einen Grunderwerb, bei dem man weiß, dass das Gegenüber wegen einer anstehenden Insolvenz den Preis weit unter Marktwert angesetzt hat, wird man sicherlich keinen höheren Preis auf Basis des neutralen Kriteriums Marktwert aus Fairness anbieten. Der kritische Grundtenor in Bezug auf das Harvard-Konzept ist mangelnder Realismus, weil nicht grundsätzlich davon ausgegangen werden kann, dass das Gegenüber fair handelt und Kooperation ermöglicht – oder schlicht eine andere Perspektive einnimmt, was fair bedeutet (vgl. Helmold et al. 2019, S. 55). Prallen diese Einstellungen aufeinander, Kooperation versus Druck, Angriff und psychologische Tricks (auch im nonverbalen Bereich), stellt das Konzept keine Lösung zur Verfügung, wie man mit aufwallenden Emotionen (Wut, Empörung) umgehen soll, sondern erwartet auch in diesen Situationen konstruktive Interessenausgewogenheit herzustellen (vgl. Schott et al. 2018, S. 27). Interkulturelle Unterschiede der Verhandlungskultur werden nicht beleuchtet, wodurch das Konzept nur bedingt, mit landesbezogener Recherche, im internationalen Kontext einsetzbar ist (vgl. Helmold et al. 2019, S. 55). Obwohl „Hart in der Sache" Bestandteil ist, steht die Wertschöpfung so stark im Mittelpunkt, dass der Aspekt des Verteilungskampfes von Verhandlungen zu stark in den Hintergrund gerät. Damit eignet sich das Harvard-Konzept vor allem für Situation, die eine gute Beziehung priorisieren, wie der Alltag mit Freunden oder strategisch langfristig ausgelegte Unternehmenspartnerschaften.

5.2.2 Tit-for-Tat-Strategie

Der weiche und der sachbezogene Verhandlungsstil basieren auf Vertrauen und gehen damit von einem konstanten Vorgehen aus. Stil-Flexibilität während der Verhandlung, wie es die *Tit-for-Tat-Strategie* („Wie du mir, so ich dir!-Entscheidungsregel") nahelegt, hat sich jedoch in dem spieltheoretischen *Gefangenendilemma* als langfristig erfolgreichstes Lösungskonzept mit den höchsten Gewinnchancen für beide Seiten gezeigt (vgl. Axelrod 2005, S. 46 ff.).

Die *Spieltheorie* ist eine mathematische Theorie zur Modellierung strategischer Entscheidungsprozesse, die insbesondere dem Operationsresearch (Unternehmensforschung, Systemforschung als Teilgebiet der Wirtschaftswissenschaften) zugeordnet wird. Strategische Spiele, in denen die Anzahl der Spieler, deren jeweils zur Verfügung stehenden Strategien und Auszahlungsmöglichkeiten (Gewinne und Verluste) festgelegt sind, stellen dabei das Modell zur Analyse wirtschaftlicher Entscheidungs-, Konkurrenz- und Konfliktsituationen dar. Ziel ist das Auffinden und Begründen optimaler Handlungsalternativen, eine Bestimmung der optimalen Strategie für den Spieler. Spieltheoretische Ansätze finden u. a. Anwendung bei der Analyse von Auktionen, Tarifverhandlungen, strategischen Unternehmensentscheidungen oder zwischenstaatlichen Konfliktsituationen (z. B. Embargoabwehr). Der traditionelle Ansatz der Verhandlungsführung gründet auf dem Gefangenendilemma, einem nichtkooperativen Konfrontationsspiel als spieltheoretisches Modell. (vgl. Brockhaus 2006, 25, S. 762 f., 20, S. 368)

Das Gefangenendilemma setzt sich als strategisches Spiel wie folgt zusammen (vgl. Axelrod 2005, S. 7 f.):
1. 2 Spieler
2. 2 Entscheidungsmöglichkeiten: Kooperation oder Nicht-Kooperation (Defektion)
3. Nichtkooperatives Spiel (Spieler muss seine Wahl treffen, ohne zu wissen wie sich der andere verhalten wird; zudem erfolgt die Kommunikation nur über das Verhalten, den Spielzug an sich)
4. Defektion führt zu höherer Auszahlung (Gewinn) als Kooperation

Das Dilemma: Für jeden Spieler ist es unabhängig vom Verhalten des anderen vorteilhafter zu defektieren ABER beiderseitige Defektion ist für beide ungünstiger als beiderseitige Kooperation.

Aus dem Dilemma ergeben sich folgende Auszahlungen, deren vier mögliche Ergebnisse in der Matrix ◘ Abb. 5.3 zu sehen sind:
- 2 * D = 1: beide Spieler defektieren
- 2 * K = 3: beide Spieler kooperieren
- 1 * S = 5 und 1 * V = 0: ein Spieler defektiert (Sieger) und einer kooperiert (Verlierer).

Das Gefangenendilemma ist als Modell nur eine abstrakte Darstellung des Kooperationsproblems und kann auf Punkte wie z. B. die Möglichkeiten verbaler Kommunikation, Einfluss dritter Parteien oder die Probleme der Ausführung einer Entscheidung nicht eingehen (vgl. Axelrod 2005, S. 17). Zudem ist das Ausmaß der Kooperation im Gefangenendilemma (mit vielen Spielzügen) abhängig vom Kontext des Spiels, den Eigenschaften einzelner Spieler und der Beziehung zwischen den Spielern (vgl. Axelrod 2005, S. 25).

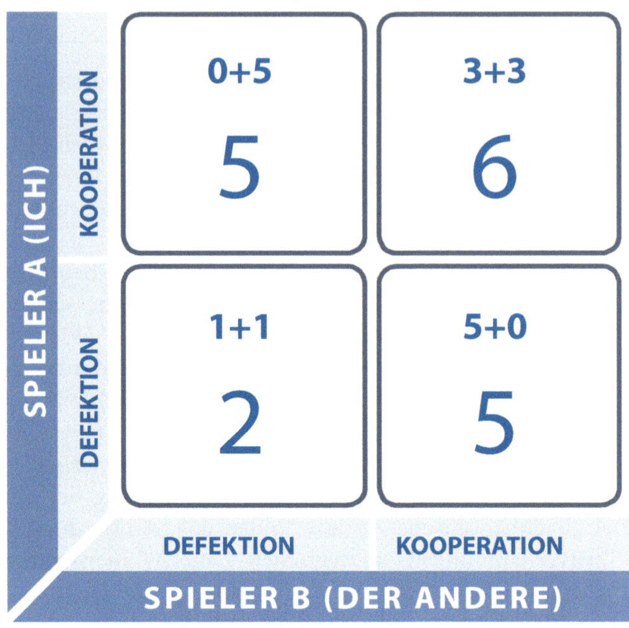

◘ Abb. 5.3 Ergebnisse der Spielzüge im Gefangenendilemma

Tit-for-Tat wurde als eines der Strategie-Programme für die Spiel-Simulation in einem Computerturnier von Anatol Rapoport (Universität Toronto) eingereicht. Es ist ein sehr einfaches Programm, das mit einem kooperativen Zug beginnt und danach das tut, was der Gegenspieler in seinem vorangegangenen Zug getan hat. (vgl. Axelrod 2005, S. 28, 186) Bei einer unbestimmten Zahl von Spielzügen (in realistischen Situationen ist die letzte Interaktion mit dem Gegenüber nicht abzusehen, „Man sieht sich immer zweimal im Leben!"), kann Kooperation entstehen (vgl. Axelrod 2005, S. 9). Die notwendigen Kooperations-Bedingungen sind u. a. (vgl. Axelrod 2005, S. 159, 205 f.):

- Freundlichkeit: jeder Spieler ist im Prinzip zur Kooperation bereit und defektiert niemals als erster.
- Provozierbarkeit: Bereitschaft zur Vergeltung, wenn der vorangegangene Spielzug des Gegenübers eine Defektion war; die Sanktion erfolgt nicht durch Dritte, sondern endogen durch die Anpassung der Spieler an die Situation. Der Sanktionsmechanismus stabilisiert die Kooperationsbereitschaft.
- Nachsicht: Wiederherstellung wechselseitiger Kooperation, keine „Dauerrache" nach einer Defektion;
- Einfachheit: Das Verhaltensmuster von Tit-for-Tat ist leicht zu erkennen und lässt den Rückschluss darauf zu, dass man bei der Strategie am besten kooperiert.
- Kalkulation: Der kurzfristige Vorteil, die Kooperationsbereitschaft des Gegenspielers auszunutzen, muss abgewogen werden gegen die langfristigen Nachteile einer Nichtkooperation, d. h. die erwarteten Erträge einer (langfristigen) Kooperation müssen größer sein als die des kurzfristigen Vorteils. Niedrige Kooperationskosten und hohe Konfliktkosten stärken die Kooperationsbereitschaft, was durch eine unbestimmte Anzahl an Wiederholungen (Spielzüge) verstärkt wird. Wenn man weiß, dass es nur einen Spielzug geben wird, lohnt sich also Defektion, denn es kann keine Vergeltung mehr geben.

Tit-for-Tat hat die strategischen Schwächen, dass eine Defektion zu einer Dauerschleife aus Defektionen führen kann und dass die Nachsicht bei vollkommenen Zufallsregeln zu oft nachteilig wirkt (vgl. Axelrod 2005, S. 159).

Die Tit-for-Tat-Strategie zeigt für die Verhandlungsführung unter anderem, dass nicht nur fixe Elemente der Verhandlungsvorbereitung ausschlaggebend sind, sondern auch die situationsbedingte, agile Flexibilität mit der eigenen Strategie auf die Züge des Gegenübers zu reagieren.

5.2.3 Taktiken

Taktiken in der Verhandlungsführung zielen auf die Beeinflussung von drei Ebenen: Erwartung, erzielter Ertrag und Optionen. Diese Ebenen orientieren sich an dem gefühlten Zufriedenheitskontinuum des Gegenübers. Zufrieden ist dieses, wenn seine Erwartungen voll und ganz im Verhandlungsergebnis erfüllt werden. Weniger zufrieden ist es mit dem in der Verhandlung tatsächlich erzielten Ertrag. Dieser sollte unbedingt unterhalb der Erwartung liegen – als Zeichen der Qualität des eigenen Verhandelns. Unzufrieden ist das Gegenüber, wenn seine Optionen z. B. mit anderen Verhandlungspartnern bessere Ergebnisse für ihn erzielt hätten, als die Verhandlung mit einem selbst. (vgl. Mehring 2017, S. 255 f.)

> **Beispiel**
>
> Erwartung: Ich erwarte bei der Abnahme einer großen Menge Baumaterial 12 % Nachlass. Der Verkäufer gewährt mir 8 %. Die Erfüllung der 12 % hätte mich zufrieden gemacht, 8 % sind auch noch OK als Ergebnis.
>
> Option: Ich stehe bereits mit einem weiteren Verkäufer in Kontakt, der mir 10 % Rabatt gewährt hat. Das Angebot von 8 % macht mich so unzufrieden, dass ich nicht in die Verhandlung mit dem zweiten Verkäufer einsteige – ich habe eine bessere Option.

Bei den Angriffs-Taktiken geht es um einen Eingriff bzw. eine Manipulation des Verhandlungsspielraums des Gegenübers. Das bedeutet (vgl. Mehring 2017, S. 259 ff.):

1. Die *Optionen des Gegenübers* so weit zu schwächen wie möglich, d. h. entweder klar zu machen, dass er Verhandeln muss (z. B. er muss das Grundstück wegen drohender Insolvenz verkaufen, er hat keine weiteren Optionen an Geld zur Abwendung zu kommen), oder dass man der einzige Verhandlungspartner ist (z. B. ein Nachbargrundstück ohne separate Zufahrt, keine Interessenten) oder dass man der beste Verhandlungspartner ist (z. B. schnelle Bezahlung und mehr, als durch eine Zwangsversteigerung).
2. Die *Erwartung des Gegenübers* kann erhöht oder geschwächt werden. Eine Erhöhung dient zur Anlockung, mit mir zu verhandeln (z. B. in der Werbung), um dann zusätzlich seine Optionen zu schwächen. Eine Schwächung der Erwartungshaltung erfolgt, sobald die Verhandlung beginnt. Dazu werden Grenzen in Bezug auf die Werteverteilung gesetzt (z. B. extreme Forderungen als Anker).

3. Den *für den Gegenspieler erzielten Ertrag* kann man ebenfalls erhöhen und senken. Grundsätzlich ist das Ziel durch ein Senken der Optionen und der Erwartungen auch den erzielten Ertrag zu senken. Mit einer Erhöhung der Erwartungen und einer Senkung des erzielten Betrags kann man das Gegenüber reizen. Bei einem entsprechenden Persönlichkeitstyp kann das taktisch eingesetzt werden, damit das Gegenüber emotional wird und Fehler in der Verhandlungsführung macht. Das (leichte) Erhöhen des erzielten Ertrags erfolgt erst nach der Vereinbarung. Es ist sozusagen „das kleine Geschenk zum Erhalt der Freundschaft" (z. B. ein Satz Winterreifen beim Autokauf).

In der ■ Abb. 5.4 sind horizontal die drei Angriffspunkte auf der vertikalen Linie der theoretischen Verhandlungsergebnisse mit den fünf Möglichkeiten zur Verschiebung durch Taktiken dargestellt. Gesamtziel ist die Senkung der mittleren Linie (erzieltes Ergebnis) Richtung der anderen Optionen des Gegenübers. Überschreitet man jedoch diese Linie, hätte das Gegenüber also eine bessere Option als mit einem selbst zu verhandeln, geht die Verhandlung negativ aus, denn entweder stimmt das Gegenüber dann keinem Abschluss mehr zu und bricht die Verhandlung ab oder der Verhandlungspartner ist unzufrieden, was sich auf künftige Geschäfte auswirkt. Dabei gilt festzuhalten, dass die Verhandlung nur in der dargestellten Reihenfolge – Erwartung, erzielter Ertrag, Optionen – eine erfolgreiche war. Liegt der erzielte Ertrag über den Erwartungen hat man für sich selbst schlecht verhandelt, liegen die Optionen über dem erzielten Ertrag scheitert die Verhandlung.

„Erwartung und Forderung sind ein Zwillingspaar." (Mehring 2017, S. 215) Üblicherweise sind die Forderungen in einer Verhandlung veränderbar, sie ändern sich je nach der Reaktion des Verhandlungspartners. Hat man eine hohe Erwartung, steigt auch die Forderung. Mit dieser Logik sollte man in Verhandlungen spielen können. (vgl. Mehring 2017, S. 215)

Basis aller Taktiken ist jedoch, dass Wunsch, Wille und Vertrauen in die Machbarkeit einer Verhandlung beim Gegenüber vorhanden sind.

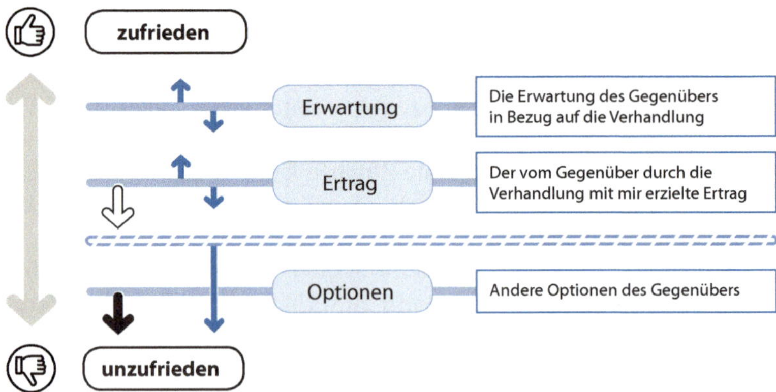

■ **Abb. 5.4** Schema der taktischen Angriffspunkte in der Verhandlung. (Adaptiert nach Mehring 2017, S. 259; mit freundlicher Genehmigung von © Verlag Dr. Kovač. All Rights Reserved)

5.2.3.1 Nachgebe-Taktik

Hierzu gibt es zwei Varianten, die *„My first offer is my last offer! – Taktik"* und die *„Salamitaktik".*

Bei der *First-Offer-Taktik* geht man genau einen Schritt: man startet die Verhandlung mit einem Angebot, sagt, das sei das erste und letzte, und beendet sie damit quasi auch. Man setzt einen extremen Ankerpunkt, mit dem man die Erwartung des Gegenübers nach unten „korrigiert". Diese Taktik funktioniert, wenn man dem Gegenüber den Eindruck vermitteln kann, ein harter Verhandlungspartner zu sein und wenn man absolut keine Ausnahme macht. Die Taktik ist insofern riskant, wenn das Gegenüber nicht wirklich interessiert ist oder verhandeln muss, fühlt es sich beleidigt und bricht die Verhandlung ab. Der zweite Schritt ist dann eine enorme Verbesserung des Angebots, sodass das Gegenüber von einem guten Ergebnis überzeugt ist. (vgl. Mehring 2017, S. 213 f.)

> **My first offer is my last offer!**
>
> „Ich zahle Ihnen 80.000 € für das Grundstück. Keinen Cent mehr. Was sagen Sie, schlagen Sie ein?" (Anm.: Grunderwerb in Deutschland muss notariell beglaubigt werden, ein Handschlag hat keine Vertragsgültigkeit.) Jetzt muss man eine Pause aushalten können bzw. bei Gegenargumenten auf der Summe beharren. „Weil Sie es sind und ich Ihre Schwierigkeiten kenne, mache ich eine Ausnahme und gebe ihnen 90.000 €!" Jetzt kann man zusätzlich Druck über die Gültigkeitsdauer aufbauen: „Das Angebot steht bis heute Abend. Geben Sie mir bis dahin Bescheid!"

Die zweite Nachgebe-Taktik funktioniert in vielen kleinen Schritten und soll das Gegenüber zermürben, bevor man an seiner tatsächlichen Grenze angekommen ist. Je Verhandlungstermin oder je Argument des Gegenübers wird ein kleines bisschen nachgegeben. Die *Salami-Taktik* ist ein Balanceakt, so viel nachzugeben, dass das Gegenüber davon überzeugt ist, tatsächlich mit Ihnen z. B. über einen Preis verhandeln zu können, und gleichzeitig so wenig, bzw. nur durch harte Überzeugungsarbeit, dass das Gegenüber nicht seine Erwartungen nach oben schraubt. (vgl. Mehring 2017, S. 214 f.)

? Reflexions-Aufgabe

Haben Sie die Salami-Taktik schon einmal erlebt, z. B. auf dem Flohmarkt? Wie gehen Sie damit um? Haben Sie die Geduld – und den teilweise notwendigen Humor dafür?

5.2.3.2 Pausen-Taktik

Redepausen in einer Verhandlung haben drei Beeinflussungsziele, je nachdem, ob sie zu Beginn, mitten in oder am Ende der Verhandlung eingesetzt werden. Eine weitere Variante sind Pausen zwischen den Verhandlungsterminen.

Ein Schweigen zu Beginn der Veranstaltung kann den anderen „aus der Deckung locken", da viele Menschen Pausen nicht gut aushalten können. Das Gegenüber beginnt zu reden, ggf. „um Kopf und Kragen". Eine Gesprächspause in der Mitte des Verhandelns kann zur Steuerung der Verhandlungsthemen genutzt werden. Wenn ein Gesprächspartner das Thema wechselt, ohne dass aus Ihrer Sicht der Punkt davor abgeschlossen ist, können Sie sagen „Das Thema X ist noch nicht abgeschlossen", gefolgt von einer Pause.

Diese soll bewirken, dass das Gegenüber von sich aus zum vorherigen Punkt zurückkehrt. Eine Pause am Ende, insbesondere am Ende eines langen Monologs des Gegenübers, soll den anderen auffordern, seine Aussage zusammenzufassen, auf den Punkt zu bringen und genau zu artikulieren, was er von Ihnen erwartet. (vgl. Mehring 2017, S. 221 ff.)

Pausen zwischen Verhandlungsterminen dienen häufig dazu, neue Informationen zu generieren oder zu überprüfen. Als Verhandlungs-Taktik kann es z. B. eingesetzt werden, wenn man als erste, schnelle Reaktion eine empörte Ablehnung vom Gegenüber erwartet. Dann kann man das Angebot unterbreiten und direkt, wenn nicht sogar vorab, sagen: „Sie brauchen mir nicht direkt zu antworten. Schlafen sie eine Nacht darüber und wir unterhalten uns morgen Vormittag dazu." Dadurch wird die Verhandlungsbereitschaft gefördert, denn der andere muss nicht sein Gesicht verlieren, wenn er nach der ersten (vorschnellen) Ablehnung doch wieder an den Verhandlungstisch zurück möchte. Findet die Verhandlung in Teams statt, kann man das gegnerische Team gezielt in den Pausen spalten, z. B. durch Verwicklung in ein Gespräch, und damit eine Beratung des Teams zum weiteren Vorgehen verhindern. (vgl. Mehring 2017, S. 236 ff.)

> **❓ Praxis-Aufgabe**
>
> Setzen Sie bei Gelegenheit die Pause als Taktik ein, z. B.: Wenn arbeiten verteilt werden und Ihr Gegenüber lange erklärt, was er will und ihren Auftrag nicht auf den Punkt bringt. Wenn Sie eine heikle Forderung verhandeln wollen und Ihr Gegenüber entspannen lassen, indem Sie ihn auf eine Entscheidung am nächsten Tag lenken. Usw.

5.2.3.3 Deadline-Taktik

Mit Fristen kann man auf zweierlei Art taktisch agieren.

Variante A funktioniert, wenn man die Kenntnis über eine Frist des Gegenübers hat, dieser z. B. für die notwendige Finanzierung eine Deadline bei der Bank hat. Dann kann man mit Verzögerungen (z. B. lange Pausen für Recherchen) so viel Druck ausüben, dass das Gegenüber Zugeständnisse machen muss. Variante B ist das Setzen von Fristen, um auf das Gegenüber Druck auszuüben. Diese müssen überzeugend, kurz und klar formuliert – und konsequent durchgezogen werden. (vgl. Helmold et al. 2019, S. 83)

5.2.3.4 Pokerface & Bluff-Taktik

Nonverbale Gesten und Mimik können bewusst zur Täuschung eingesetzt werden. Das *Pokerface*, also eine möglichst emotionslose Mimik, verhindert dem Gegenüber z. B. zu verraten, ob man sich freut, weil die eigene Erwartung gerade erreicht wurde oder man den anderen über seine Optionen getäuscht hat. Ein *Bluff* ist die mimische Vorspiegelung falscher Emotionen, z. B. das Rümpfen der Nase als Zeichen für Abscheu vor einem Angebot des Gegenübers oder das Hervorschieben der Unterlippe als Zeichen von Skepsis gegenüber einem Argument des Gegenübers (vgl. Helmold et al. 2019, S. 149).

> **❓ Reflexions-Aufgabe**
>
> In wie weit beherrschen Sie Ihre Mimik? Können Sie sie gezielt einsetzen oder ist sie eher verräterisch, weil Sie sie nicht „unter Kontrolle" haben? Bitten Sie Ihre Mitmenschen um ein Feedback.

5.2.3.5 Wortspiel-Taktik

In Zusammenfassungen, die eigentlich mit einem Überblick der bis dahin erreichten Einigungen zum weiteren Verhandeln motivieren sollen, können sowohl in mündlicher, noch provokanter jedoch in schriftlicher Form, Reiz-Worte eingesetzt werden. Das bedeutet, bereits geklärte Formulierungen oder Sachverhalte werden absichtlich falsch ausgedrückt, z. B. statt „Gehaltserhöhung" das Wort „Sonderzahlung". Das kann in drei Richtungen wirken: eine erneute Verhandlung provozieren („Langsam, Moment mal…"), das Gegenüber aus Ermüdung zur Aufgabe bewegen („Ach, komm, dann lassen Sie es halt so.") oder sogar als Täuschung eingesetzt werden, wenn die Änderung nicht verbalisiert wird (z. B. in einem Arbeitsvertrag eine andere Anzahl an Urlaubstagen als verhandelt steht). (vgl. Mehring 2017, S. 226 ff.)

5.2.3.6 Rührei-Taktik

Man kann davon ausgehen, dass der Verhandlungspartner einen Plan hat, welche Angebote, bzw. Angebotskombinationen er Schritt für Schritt in die Verhandlung einbringt. Zum Beispiel kann ein Arbeitgeber mit dem Grundgehalt beginnen und dann peu á peu flexible Bestandteile (z. B. Boni) und Extras (z. B. Bahn Card 100) ergänzen. Die *Rührei-Taktik* bedeutet, dem Gegenüber erst gar nicht die Zeit zu lassen, eine Karte nach der anderen zu spielen, sondern an jeder Stelle recht schnell, ohne die Punkte explizit auszuhandeln, zu rühren: „Zahlen Sie eigentlich auch Boni? Haben Sie einen kostenfreien Betriebskindergarten? Gibt es eine Kantine? Mein Arbeitsweg ist nur mit dem Auto möglich. Haben Sie Parkplätze für Ihre Arbeitnehmer?" Das zwingt das Gegenüber alle Trümpfe zu spielen – verkürzt damit aber auch den Zeitaufwand für die Verhandlung, da Sie auf dieser Basis schneller entscheiden können. (vgl. Mehring 2017, S. 231 f.)

5.2.3.7 Good Cop – Bad Cop-Taktik

Die *Good-Cop-Bad-Cop-Taktik* funktioniert in einem Verhandlungsteam, indem der „böse" viel zu hohe Forderungen vorgibt und den Verhandlungspartner aggressiv unter Druck setzt, und darauffolgend der „Gute" eine kooperative, emotionale Beziehung aufbaut und vermeintlich gute Forderungen stellt. Der „Böse" senkt die Erwartung, der „Gute" überzeugt mit (gespieltem) Vertrauen von einer (noch immer zu hohen) Forderung. Mit der extremen ersten Forderung wurde ein impliziter Maßstab (Anker) gebildet, der die zweite Forderung, wenn man kein neutrales Kriterium hat, als angemessen erscheinen lässt. (vgl. Helmold et al. 2019, S. 82; Erbacher 2018, S. 39)

5.2.3.8 Territorium-Taktik

Eckert und Kambach (vgl. 2019, S. 25 ff.) nennen dieses Vorgehen „das konzedierte (zugestandene) Territorium abstecken". Dabei fokussiert man sich auf den unstrittigen Teil – und eben nicht auf den noch strittigen Teil- einer Verhandlung. Diesen baut man dann mit Hilfe von interessenorientiertem und lösungsorientiertem Fragen aus – und vermeidet damit Ablehnung. Gerade bei oft aus Höflichkeit „weichen Ablehnungen" kann man damit ansetzen. (z. B.: „Im Prinzip finde ich das eine gute Idee, aber…." – Es wird die „gute Idee" aufgegriffen und nicht das „aber" widerlegt.)

5.2.3.9 „Dirty Tricks"

Es gibt zahlreiche weitere manipulative Taktiken, die als absichtlicher Betrug, psychologischer Angriff oder Mauern auftreten (vgl. Erbacher 2018, S. 113).

Absichtlicher Betrug sind bewusste Täuschung, z. B. mit der Good-Cop-Bad-Cop-Taktik, oder Lügen. Die Grenze von unvollständiger Information hin zu Betrug ist unscharf. Dem Verhandlungspartner Informationen vorzuenthalten, muss erstens keine Absicht sein und ist, wenn es die eigene Position schwächen würde, kein Betrug. Betrug ist es allerdings, wenn man das Gegenüber über relevante Sachverhalte bewusst in falschem Glauben lässt. (vgl. Erbacher 2018, S. 114) Dazu kann man

- Falschinformationen, wie z. B. „zufällig" eine (falsche) Preisuntergrenze verdeckt kommunizieren (vgl. Mehring 2017, S. 233; vgl. Helmold et al. 2019, S. 87),
- Unwahrheiten und Notlügen („Natürlich sind unsere Systeme auf dem neuesten Stand.") (vgl. Helmold et al. 2019, S. 87) und
- Versprechungen („Bei der nächsten strategischen Aufgabe setze ich Sie in einer führenden Position ein.") (vgl. Helmold et al. 2019, S. 87) einsetzen.

Psychologische „Dirty Tricks" sind

- Drohungen und Einschüchterungen („Wenn Sie kündigen sorge ich dafür, dass Sie in der Branche in der gesamten Region keinen neuen Job bekommen.") (vgl. Erbacher 2018, S. 114; vgl. Helmold et al. 2019, S. 87),
- Persönliche Angriffe („Bei ihrer Figur sieht man, dass Sie nicht die Disziplin haben, diese Anforderungen durchzuziehen.") (vgl. Erbacher 2018, S. 114),
- Unverschämte Provokationen („Sie haben doch gar nicht die Kompetenz das zu entscheiden!") (vgl. Erbacher 2018, S. 114),
- Gespieltes offenes Misstrauen oder Desinteresse, das den Gegenspieler unter Druck setzen kann, Zugeständnisse zu machen („Ich weiß nicht, ob ich das Ihrem Unternehmen zutraue…") (vgl. Erbacher 2018, S. 114),
- Komplimente, Umarmungen und Schmeicheleien, die den Verhandlungspartner psychologisch in Sicherheit wiegen und damit fehleranfällig machen („Ihre Kompetenz ist fantastisch.") (vgl. Erbacher 2018, S. 114; vgl. Helmold et al. 2019, S. 87) oder
- Manipulation der Verhandlungssituation (z. B. Verhandlungsraum zu heiß, zu kalt, zu laut, sodass sich das Gegenüber nicht konzentrieren kann) (vgl. Mehring 2017, S. 233).

Beim *Mauern* blockiert man die weitere Verhandlung, was über

- Beharren auf einer Position („Entweder so…oder gar nicht.") (vgl. Erbacher 2018, S. 115),
- Anführung eines Präzedenzfalls („Das haben wir beim letzten Mal auch so gemacht.") (vgl. Helmold et al. 2019, S. 87),
- Hinauszögern eines Ergebnisses durch ständig neue Forderungen („Mit diesen Punkt bin ich doch noch nicht einverstanden…") (vgl. Erbacher 2018, S. 115)

oder einem kompletten Ausweichen über

- das Arrangement ständiger Störungen (Anrufe etc.) (vgl. Mehring 2017, S. 233) und
- das Leugnen von Zuständigkeiten (Mitarbeitergespräch: „Das tut mir leid, aber über Gehaltserhöhungen kann ich nicht entscheiden.") erfolgen kann.

> **❷ Reflexions-Aufgabe**
>
> Wie stehen Sie den Taktiken gegenüber? Welche der Dirty-Tricks haben Sie schon
> selbst eingesetzt? Wie ging es Ihnen danach (gleichgültig, schlechtes Gewissen,
> Triumph)? Welche würden Sie einsetzen, welche können Sie auf keinen Fall mit Ihrem
> Gewissen bzw. Ihrer Haltung oder Ihrer Wertvorstellung vereinbaren? Gibt es hier
> einen Unterschied der Verhandlungssituationen, in denen Sie sie einsetzen würden?
> Wie reagieren Sie darauf (wie fühlen Sie sich und wie gehen Sie mit Ihrem Gegenüber
> um), wenn Sie merken, dass Ihr Verhandlungspartner eine der Taktiken verwendet?

> **❷ Praxis-Aufgabe**
>
> Suchen Sie sich zwei Taktiken aus und setzen Sie sie gezielt in Verhandlungen im
> Alltag ein, bis Sie darin geübt sind.

5.2.4 Hilfe bei Taktiken

Ist man Taktiken, insbesondere den „Dirty Tricks", in Verhandlungen ausgesetzt, bereitet
das kein Vergnügen. Wenn eine Verhandlung geführt werden muss und das Gegenüber
„auf Kampf gebürstet" ist, wird ein Gegenangriff zu einem Teufelskreis wie bei Tit-for-
Tat führen, Nachgeben führt zu einem schlechten Verhandlungsergebnis und einem
schlechten Ruf, ein Abbruch der Verhandlung ist nur sinnvoll, wenn man eine gute
Option hat, und Vernunft wird bei einem Falschspieler nicht ankommen (vgl. Erbacher
2018, S. 116). Durch die Vielfältigkeit der Situationen gibt es keinen fixen Plan, mit dem
man ihnen entkommen kann, aber folgende Punkte können dabei helfen:

- Kenntnis von Taktiken
- Achtsamkeit auf nonverbale Kommunikation
- Klärung der eigenen Wertvorstellung
- Metakommunikation: Verhandlungsregeln
- Ruhe bewahren (State Management, Blick „von außen" auf die Situation)
- Einsatz von Kommunikationstechniken (Rückführung auf Interessen)
- Macht des Schweigens
- Sicherheit durch Vorbereitung
- Orientierung am Verhandlungsspielraum (Manipulation abwenden).

Taktiken verlieren ihre Wirkmacht, wenn sie erkannt sind. Dabei unterstützen das Wissen, welche Tricks es gibt, Kenntnis von Person und Ruf des Verhandlungspartners und
das „Bauchgefühl". Die Interpretation der Mimik, um die Emotionen des Gegenübers zu
deuten, ist zwar immer subjektiv, aber eine Achtsamkeit auf das eigene „Bauchgefühl" ist
wichtig, weil man sie häufig instinktiv richtig deutet (vgl. Helmold et al. 2019, S. 149).

In Stresssituationen greifen Menschen zu unbewusst ausgeführten, typischen Beru-
higungsgesten, sogenannten *Adaptoren* (z. B. Griff ans Ohrläppchen, Kratzen am Kinn,
Griff in die Handinnenfläche), oder es treten körperliche Merkmale (z. B. Schwitzen,
Gesichtsröstung, rote Flecken an Händen), oft mit Veränderung der Stimmlage, auf (vgl.
Helmold et al. 2019, S. 148). Belügt oder täuscht Sie ein Verhandlungspartner, kann das
für ihn ein erhöhtes Stresslevel bedeuten, das sich auf diese Weise zeigt. Setz er zusätz-
lich die Pokerface- oder Bluff-Taktik ein, verraten ihn seine *Mikroexpressionen*. Im
Moment des Lügens können das ein kurzes Wegschauen, vermehrtes Blinzeln oder ein

überlegenes Lächeln sein, wiegt er sich in Sicherheit und denkt, sie kaufen ihm die Lüge ab, zeigt sich ein kurz angedeutetes Lächeln als Zeichen der Überheblichkeit (vgl. Helmold et al. 2019, S. 150). Die Deutung der Mikroexpressionen des Gegenübers benötigt viel Kenntnis und Übung – aber die nonverbale Kommunikation sollte achtsam im Auge behalten werden.

In wie weit Sie selbst Taktiken einsetzen, die Sie bei einem Perspektivwechsel als Unrecht oder Vertrauensbruch empfinden würden, müssen Sie über eine Klärung Ihrer eigenen inneren Wertvorstellungen herausfinden. Auch wenn es unüblich ist, kann man Fairness in einer Metakommunikation ansprechen und als Regel vereinbaren (Wenn Sie jemanden vor sich haben der lügt, kann er das auch in diesem Fall – aber Sie haben die Möglichkeit seine Mimik dabei zu testen). Das Rückgrat, prinzipientreu sachbezogen zu verhandeln verleiht Stärke. (vgl. Fisher et al. 2015, S. 203 f.)

Fisher et al. (vgl. 2015, S. 161 ff.) haben ein gutes Bild für das Verhalten, wenn jemand auf einer Position verharrt oder angreift: das Verhandlungs-Judo. Wie im Judo geht es darum, wenn jemand mit all seiner Kraft angreift – ihn damit ins Leere laufen zu lassen. Bewahren Sie emotional Ruhe, es geht weder darum zurückzuweisen, noch zu akzeptieren. Erst im nächsten Schritt wird dann mit der Aussage des Gegenübers mit Hilfe von Fragetechniken gearbeitet: verteidigen Sie nicht, sondern laden Sie zu Kritik und Ratschlag ein. Wenn der Angriff des Gegenübers aus einem absurden Vorschlag, einer Provokation oder Beleidigung besteht, schlicht ungerechtfertigt ist, verwenden Sie Ihr machtvollstes Instrument: das Schweigen – verbal und möglichst auch non-verbal (vgl. Fisher et al. 2015, S. 166).

Gute Vorbereitung verleiht Sicherheit und Verhandlungsmacht. Die Kenntnis des eigenen Verhandlungsspielraums schützt sehr stark vor falschen Entscheidungen, die durch Manipulation provoziert werden sollen.

5.3 Verhandlungsvorbereitung

5.3.1 Auftragnehmer – Auftraggeber

Wenn im Auftrag z. B. für ein Unternehmen oder eine andere Person verhandelt wird, ist es notwendig, dass der Auftragsumfang (z. B. inkl. Informationsbeschaffung und Implementierung) vertraglich vereinbart ist und die Grenzen des Mandats klar sind. Die eindeutige Entscheidungsbefugnis mit Klärung der Verantwortlichkeit für Abschluss und Implementierung ist insbesondere notwendig, da sich z. B. in der Verhandlung entwickelnde Empathie und Verständnis für Interessenausgleiche nicht automatisch auf den außenstehenden Auftraggeber überträgt (Nachvollziehbarkeit der Lösungen) oder es sein kann, dass der Auftragnehmer eigene Interessen verfolgt, die sein Verhalten in der Verhandlung beeinflussen können (vgl. Mnookin et al. 2000, S. 10). Die Beauftragungskonstellation hat Auswirkungen auf die Vorbereitung, insbesondere die Organisation und das Prozessdesign: es muss eine Vorbereitungsrunde zur Festlegung des Verhandlungsspielraums und ggf. weitere Abstimmungsrunden während des Prozesses mit den Auftraggebern eingeplant werden. Liegt eine Beauftragung vor, ist diese Abstimmung der erste Schritt der Verhandlungsvorbereitung.

- Ist der Auftragsumfang vertraglich geregelt?
- Sind die Grenzen des Mandats klar (Konfliktprävention mit dem Auftraggeber)?
- Ist das Vertrauen zum Auftraggeber hergestellt (Konfliktprävention)?
- Ist ein (moralischer) Ziel- und Stilabgleich mit dem Auftraggeber erfolgt (Konfliktprävention)?

Bei relevanten Verhandlungen mit neuen Geschäftspartnern besteht oft das Dilemma, dass die Vertrauensbasis für das sachorientierte Verhandeln auf Interessenbasis nicht gegeben ist. Ein häufiges Verhandlungsproblem ist dann, dass die Parteien zu keiner Einigung gelangen, weil keiner bereit ist, seine Minimalforderung preiszugeben. In solchen Fällen empfiehlt sich die Beauftragung eines neutralen Deal-Mediators. Dieser lässt sich die Minimalforderungen jeweils im Vertrauen nennen, und gibt vorab bekannt, dass er die Verhandlung bei nicht übereinstimmenden Minimalforderungen, abbricht. Damit kann das Risiko eines unnötigen Abbruchs verhindert werden, aber auch Kosten für einen unnötigen Prozess, falls kein Einigungsspielraum vorhanden ist. (vgl. Berkel 2015, S. 6)

5.3.2 Verfahren: Qualitätsoptimierung

Die *Qualitätsoptimierung* eines Verhandlungs-Verfahrens richtet sich vor allem auf die Effektivität, also die Frage, ob das Verfahren das für den Sachverhalt richtige ist. Des weiteren richtet sie sich auf die Effizienz, ob das organisatorisch-prozessuale Vorgehen dem Verhandlungsgegenstand angemessen ist.

5.3.2.1 Verfahrenswahl

Ausgangsbasis der Fragen, vorbereitend zur *Verfahrenswahl*, ist nicht, ob man das, was man tut, richtig tut, sondern ob man überhaupt das Richtige tut. Ist das Verfahren Verhandlung die richtige Wahl für den anstehenden Sachverhalt? Prüfkriterien dazu sind:
- Juristische Kriterien,
- Persönliche Kriterien,
- Abhängigkeiten von der Zustimmung Dritter und
- Strukturelle Ungleichheiten (Machtverhältnisse).

Zu den juristischen Fragen gehört, ob die verhandelnden Parteien die privatautonome Dispositionsbefugnis haben, d. h. das „rechtliche Können" (Loscher 2019, Online), über den Verhandlungsgegenstand auch tatsächlich verfügen zu können. Dem dürfen keine Rechtssätze entgegenstehen, wie z. B. die Unverletzlichkeit der Würde des Menschen. Die Dispositionsbefugnis fehlt regelmäßig im Öffentlichen Recht und Strafrecht. Ist z. B. verwaltungsrechtlich die Durchführung eines bestimmten Verfahrens vorgegeben, wie dem Planfeststellungsverfahren, dann können Verhandlungen nur unterstützend eingesetzt werden, das Verfahren aber nicht ersetzen. (vgl. Duve 2004, S. 165 ff.) Die Dispositionsbefugnis ist auch eine Frage des Mandats, also dem Umfang einer Vertretungsvollmacht. So können Architekt und Bauherr gemeinsam mit Bietern verhandeln oder der Bauherr den Architekten mit der Vorbereitung der Verhandlungen betrauen, oder aber der Bauherr muss den Architekten mit der alleinigen Verhandlungsführung konkret mandatieren (vgl. Deutscher Bauzeiger Online 2019). Die Dispositionsfähigkeit (Geschäftsfähigkeit) erreicht man nach Gesetz mit der Volljährigkeit (vgl. Brockhaus 2006, 10, S. 597). Die Frage nach der Entscheidungsfreiheit und Berechtigung bezieht sich auf einen selbst aber auch darauf, ob man die Entscheider der Gegenseite kennt und ob diese tatsächlich an der Verhandlung teilnehmen. Die Grenzen einer Verhandlung können auch durch Gremien eingeschränkt sein (als Teil des Mandats). (vgl. Wachs 2018, S. 35)

Unter die persönlichen Kriterien fällt die Abwägung, ob man begründete Zweifel an den Erfolgsaussichten einer Verhandlung hat, z. B. weiß, dass die andere Partei nicht verkaufen möchte, sondern nur eine Werteinschätzung über die Verhandlung erzielen will. Auch ein Basisvertrauen in die Gegenseite und die Erkenntnis beidseitiger Einigungsbereitschaft muss vorhanden sein. Wenn Interesse daran besteht, dass der Verhandlungsgegenstand öffentlich verhandelt wird und einen Präzedenzfall schafft, muss der Rechtsweg eingeschlagen werden. Ein weiterer riskanter Punkt ist, ob das Verhandlungsergebnis an die Einhaltung von Fristen gebunden ist, was zum einen zeitlich auf ein Verhandlungsverfahren abgestimmt werden muss, zum anderen Einigungsdruck ausübt.

Wenn sich ein angestrebtes Verhandlungsergebnis nur unter der Zustimmung eines Dritten erreichen lässt, muss dieser in die Verhandlungen einbezogen werden. Unterbleibt das, ist auch das Ergebnis hinfällig bzw. eine Verhandlung darüber sinnlos. (vgl. Duve 2004, S. 170 f.)

Machtungleichgewichte müssen gut mit Ausgleichmöglichkeiten abgewogen werden, bevor sie auf den Ausschluss einer Verhandlung als zielführendes Verfahren schließen lassen. Machtungleichgewichte können z. B. durch eine wirtschaftlich stärkere Position, Vorsprung an Erfahrung und Information oder der Möglichkeit von Verzögerungen, die nur einer Seite schaden, zustande kommen. (vgl. Duve 2004, S. 171)

Beispiel-Fragen

- Juristisch
  - Haben ich und der Verhandlungspartner die Dispositionsbefugnis über den Verhandlungsgegenstand?
  - Liegen die Vertretungsvollmachten vor?
- Persönlich
  - Habe ich begründete Zweifel an den Erfolgsaussichten einer Verhandlung?
  - Möchte ich ein öffentlichkeitswirksames Ergebnis oder einen Präzedenzfall?
  - Gibt es Fristen, die eine schnelle Entscheidung notwendig machen?
  - Habe ich Vertrauen in den Verhandlungspartner?
  - Besteht Einigungsbereitschaft auf beiden Seiten?
- Zustimmung Dritter:
  - Wird die Zustimmung Dritter über den Gegenstand oder eine Option benötigt?
- Machtverhältnisse
  - Wo besteht ein Machtungleichgewicht und wie kann es ausgeglichen werden?

❓ Reflexions-Aufgabe
Welche Situationen in Ihrem Alltag fallen Ihnen ein, bei denen eine Verhandlung nicht sinnvoll ist? Warum nicht?

5.3.2.2 Organisation

Organisatorische Parameter sind:
- Kulturelle Rahmenbedingungen,
- Verantwortlichkeit,
- Kosten-Nutzen-Verhältnis und Kostenübernahme,
- Zeit,
- Ort und
- Agenda.

Die organisatorischen und prozessualen Rahmenbedingungen sind eng miteinander verknüpft und ggf. von kulturellen Fragestellungen abhängig, wie z. B. Unterschiede in der Respektbekundung, Verpflegung oder Gebetszeiten. Organisatorische Vorbereitungen hängen auch von der Verhandlungsstrategie in Bezug auf den „Umgang" mit der anderen Partei ab. Essenziell für die Organisation ist, wer sie konkret (Einladung, Raumbuchungen, etc.) verantwortet. Die Wahl des Verhandlungsortes hat Einfluss, so können z. B. in den Räumen der eigenen Firma interne Informationskanäle schnell genutzt werden (vgl. Erbacher 2018, S. 146). Für den Raum als Beeinflussungsfaktor muss Größe, Sitzordnung und Medienausstattung festgelegt werden. Gegebenenfalls sind mehrere Räume notwendig, um zwischenzeitliche Beratungen der Teams oder Informationsgewinnung zu ermöglichen. Bei langwierigen Verhandlungsprozessen können die Kosten ein heikles Thema darstellen. Üblicherweise tragen die Parteien jeweils die Arbeitskosten ihrer Teams, aber es bleiben Themen wie Anreise, Unterbringung, Räumlichkeiten und Verpflegung stehen. Das Ausmaß dieser Frage wird bewusst, wenn man sich z. B. die Friedensverhandlungen zwischen der kolumbianischen Regierung und der FARC-Guerilla vor Augen führt. Die Kostenfrage ist zugleich eine Nutzenfrage: Welchen Nutzen bringt mir die Verhandlung und welcher Kostenrahmen ist dafür angemessen? Die Kosten richten sich nach der Dauer der Vorbereitung, der Dauer der Verhandlungen, Stundensätze von Beteiligten, z. B. Juristen, und weiteren Kosten (Anreise, etc.) (vgl. Wachs 2018, S. 33). Letztlich ist die Frage, ob es einen Vortermin zur Verhandlung gibt, in dem die Metakommunikation mit der Festlegung einer Agenda zur Verhandlung stattfindet.

Beispiel-Fragen

- Kulturelle Details
  - Welchen kulturellen Hintergrund hat die andere Partei/Auftraggeber/ Gegenstand?
- Verantwortlichkeit
  - Wer kümmert sich konkret (Einladungen, Buchungen) um die Organisation?
- Kosten
  - Wie hoch darf der Aufwand der Verhandlung im Verhältnis zu dem Nutzen sein?
  - Wer trägt welche Kosten?

- Zeit
  - Abstimmung: Wann und wie lange finden die Verhandlungstermine statt?
- Ort
  - Buchung: Welche Räume (Anzahl, Größe, Sitzordnung, Medien) werden wo benötigt?
- Agenda
  - Gibt es einen Vortermin, um die Agenda und weiteres für die Verhandlung festzulegen?

? Praxis-Aufgabe

Sie bereiten als Arbeitgeber ein Einstellungsgespräch für einen Fachingenieur vor. Notieren Sie, wie Sie das organisatorisch umsetzen wollen (z. B. Anreise wird bezahlt, Bahnticket vorab zugesendet; kultureller Hintergrund aus dem Lebenslauf ersichtlich? Welche Informationen oder Angabe zur Vorbereitung bekommt der Bewerber vorab [Mail oder Brief;]). Bedenken Sie, dass diese Details den ersten wichtigen Eindruck von dem Unternehmen und der Art der Zusammenarbeit geben. Falls Sie ein spezielles Konzept der Zusammenarbeit bzw. der Unternehmensphilosophie haben, kann das hier auch gezeigt werden.

5.3.2.3 Prozessdesign

Fragen des *Prozessdesigns* richten sich auf
- die Teilnehmer
- deren Aufgaben,
- die Termine und den Zeitplan und
- den Informationsfluss.

Für den Fall, dass Verhandlungen nicht zu zweit, sondern in einem Verhandlungsteam geführt werden, ist die Zusammenstellung und Zusammenwirkung des Teams entscheidend. Dafür müssen die Aufgaben klar aufgeteilt und transparent sein und möglichst den Fähigkeiten des einzelnen entsprechen. Denkbar sind z. B. Schwerpunkte in der Vor- und Nachbereitung wie Informationsrecherche und Präsentation der Ergebnisse gegenüber der Geschäftsführung oder eine Aufteilung je Expertise nach Verhandlungsgegenständen. Die Teamgröße sollte etwa der der Gegenseite entsprechen. Da das Team auch bei Meinungsverschiedenheiten geschlossen als Einheit auftreten muss, sind intrapersonale Konflikte vorab zu klären. (vgl. Erbacher 2018, S. 36 ff.) Die Komplexität des Verhandlungsgegenstandes beeinfluss im Wesentlichen die Anzahl der notwendigen Termine, während deren mögliche Dauer von Dingen wie Anreise oder Konzentrationsgrenzen bestimmt wird. Ein Zeitplan ist gemeinsam abzustimmen und richtet sich nach Fragen, wie viel Zeit zwischen Verhandlungen ggf. notwendig ist für weitere Recherchen oder Abstimmungen, ob ein (juristischer) Abschlusstermin vereinbart wird und ob ein Zeitplan für die Implementierungsphase Bestandteil der Verhandlung ist. Auch der Informationsfluss ist vorab abzustimmen und im Prozessdesign zu terminieren: Welche Informationen werden den Parteien zu welchem Zeitpunkt und auf welche Art (z. B. virtueller Datenraum) zur Verfügung gestellt?

- Teilnehmer
  - Welche Teilnehmerkonstellation wird in der Verhandlung benötigt?
- Aufgaben
  - Sind die Verantwortlichkeiten der Teilnehmer geklärt und akzeptiert?
- Zeitplan
  - Ist der Zeitplan (individuelle Vorbereitung, Abstimmung mit Auftraggeber, Termine) erstellt?
  - Ist ein Abschlusstermin mit notwendigen juristischen Prüfungen festgelegt?
  - Ist ein Implementierungszeitplan Gegenstand der Verhandlungen?
  - Gibt es einen Abschlusstermin für ein rituelles Ereignis (z. B. Richtfest)?
- Termine
  - Wie viele Termine werden benötigt (Anzahl plus Puffer)?
  - Wie wird die mögliche Dauer der Termine beeinflusst?
- Information
  - Welche Informationen werden vorbereitend je Partei zur Verfügung gestellt?
  - Zu welchem Zeitpunkt werden sie zur Verfügung gestellt?
  - Wie (Mail, Datenraum, etc.) werden sie zur Verfügung gestellt?

? Reflexions-Aufgabe

Halten Sie die Aufstellung eines strikten Zeitplans immer für sinnvoll? Was spricht dafür, was dagegen? Sollte es sich um einen Zielzeitplan für die eigene Partei handeln oder einen gemeinsam verabschiedeten Zeitplan?

5.3.3 Mensch: Reflexion zu den Handelnden

Es sind Menschen, die miteinander verhandeln. Daher sollte die Funktion des Körpers und die kognitive Präsenz für die notwendige Fachexpertise hergestellt werden können und eine *Reflexion* der eigenen emotionalen Haltung zum Verhandlungsumfeld erfolgen.

5.3.3.1 Körper

Die Reflexion zum Körper bezieht sich auf

- die Gesundheit.

Zum einen sollte man schmerzfrei und ausgeschlafen für eine hohe Leistungsfähigkeit in der Verhandlung sein, zum anderen stellt sich erneut die Frage nach der Geschäftsfähigkeit. Willenserklärungen, die im Zustand der Bewusstlosigkeit (z. B. hohe Bewusstseinseintrübung durch Drogen, Medikamente, Fieber) oder vorübergehender Störung der Geistestätigkeit (z. B. im Vollrausch) gemacht werden, sind nichtig (vgl. Brockhaus 2006, 10, S. 597). Daher sollte man eine Verhandlung, bei der man Zweifel an der ausreichenden Gesundheit seines Gegenübers hat, auch unterbrechen.

Beispiel-Fragen

- Schmerzen: Ist mein Körper leistungsfähig oder lenken Schmerzen mich ab?
- Schwäche: Liegt der Termin so, dass ich ausgeschlafen bin?
- Bewusstseinsstörung: Ist mein Gegenüber verhandlungsfähig?

5.3.3.2 Geist

Die geistige Reflexion bezieht sich auf die

- Notwendige Fachexpertise
- Informationen zum Verhandlungspartner und
- Historie und Analogien zu der Verhandlung.

Die Überprüfung der fachlichen Kompetenz für die Verhandlung gewährt die Sicherheit für eine Verhandlung auf Augenhöhe zu gewinnen. Dazu gehören erstens das themenbezogene Wissen, zweitens Informationen zum Verhandlungspartner wie dessen Lebenslauf und drittens historische Hintergründe der Verhandlung und vergleichbare Verhandlungsergebnisse. Für den Aufbau der Argumentationstaktik ist es ebenfalls sinnvoll zu wissen, in welches Entscheidungsnetzwerk (Einfluss eines Unternehmens, anderer Entscheider) der Verhandlungspartner eingebunden ist und was für ein Persönlichkeitstyp (z. B. aus vorangegangen Verhandlungen mit ihm) er ist, welche Motive ihn also antreiben (vgl. Wachs 2018, S. 39 ff.).

Beispiel-Fragen

- Fachexpertise: Kenne ich den fachlichen Hintergrund zum Verhandlungsthema?
- Verhandlungspartner: Kenne ich meinen Verhandlungspartner (Lebenslauf, Erfahrung, Persönlichkeitstyp)?
- Historie: Kenne ich die Historie zum Verhandlungsgegenstand?
- Analogien: Kenne ich vergleichbare Verhandlungsergebnisse?

5.3.3.3 Seele

Die Reflexion zu seelischen, emotionalen Hindernissen für die Verhandlung bezieht sich auf

- private Themen,
- das Verhandlungsthema,
- das Verhandlungsergebnis und
- den Verhandlungspartner.

Diese Selbstreflexion soll überprüfen, ob emotionale Themen einer guten Verhandlung im Wege stehen. Dazu gehört, dass die Konzentration auf die Verhandlung nicht durch schwerwiegende private Probleme wie den Tod eines nahen Verwandten gestört ist. Die Kenntnis der eigenen Motive für die Verhandlung kann eng mit der Ergebnisqualität verbunden sein, wenn z. B. eine Beförderung von einem vorgegebenen Verhandlungsergebnis abhängt und die Fixierung auf genau dieses Ergebnis den kreativen Prozess behindert. Auch ethische Vorbehalte gegenüber dem Verhandlungsthema, wenn z. B.

für eine Sanierung Entmietungen in hohem Maße anstehen, können ein gutes Ergebnis beeinträchtigen. Das gleiche gilt für die Haltung gegenüber dem Verhandlungspartner (Anerkennung, Vertrauensniveau, Sympathie, Legitimität, etc.), die sich direkt auf das Verhaltensmuster auswirken kann (Durchsetzung, Kooperation) und die ursprünglich geplante Strategie torpediert.

Beispiel-Fragen

- Private Themen
    - Ist meine Konzentration von privaten Themen beeinflusst?
    - Welche Motive habe ich für die Verhandlung?
    - Was sind meine Schwächen und wie kann ich sie ausgleichen?
- Verhandlungsthema: Habe ich (moralische) Vorurteile gegenüber dem Verhandlungsgegenstand?
- Verhandlungsergebnis: Bin ich ergebnisoffen oder habe ich eine fixe Lösung im Kopf?
- Verhandlungspartner: Welche Haltung habe ich gegenüber meinem Verhandlungspartner?

? Reflexions-Aufgabe

Was denken Sie sind Ihre Schwächen bei Verhandlungen? Womit können Sie sie ausgleichen?

? Praxis-Aufgabe

Formulieren Sie 10 Fragen, die Sie vorbereitend für eine Verhandlung (ggf. ihrer nächsten) relevant finden und entsprechend vorab beantwortet haben wollen.

5.3.4 Inhalt: Verhandlungsspielraum

Die inhaltliche Vorbereitung recherchiert den Rahmen, in dem verhandelt wird, den *Verhandlungsspielraum*. Zu Beginn steht natürlich die Definition des Verhandlungsgegenstandes. Dann setzt der Verhandelnde seine dazu erhofften Ergebnisse und den erforderlichen Einsatz zueinander in Beziehung und bildet sich sein „Strategiekalkül". Diese Werte sind oft nicht objektiv oder subjektiv quantifizierbar, materielle und immaterielle Wertmaßstäbe sind zudem unterschiedlich und unterliegen Veränderungen während der Verhandlung. (vgl. Glasl 2013, S. 158 f.) Daher ist es wichtig, um eben nicht emotional-irrational zu handeln, die Ausgangspositionen zu analysieren, den eigenen Aktionsrahmen festzulegen und realistisch mit dem des anderen abzugleichen. Nicht-Einigungskriterien in Bezug auf priorisierte Interessen, bessere Optionen oder die Verfehlung eines Minimal- bzw. Maximalwertes begrenzen den eigenen Aktionsradius.

5.3.4.1 Verhandlungsgegenstand

Der Verhandlungsgegenstand, als Überschrift für die Verhandlung in Stichpunkten formuliert, sollte zwar klar sein, muss aber nicht fix sein. Bereits hier eröffnet sich ein

Spielraum, indem der Verhandlungsgegenstand entweder erweitert, oder der Wirkungs-grad der Vereinbarung reduziert wird.

Bei einer Erweiterung des Verhandlungsgegenstandes geht es sozusagen um ein Paket, z. B. ein Bauprojektportfolio, das aus starken und schwachen Bestandteilen zusammengesetzt ist. Weitere Beispiele für eine Erweiterung, ggf. auch erst als Argument in der Verhandlung vorgebracht, wäre ein Grundstücksverkauf, dessen Nutzung in Kom-bination mit dem Nachbargrundstück für den Interessenten noch attraktiver wird, oder die Beauftragung von Fliesenarbeiten bei einem Unternehmen, das den Vertrieb der Fliesen einschließt, und dadurch die logistischen Abstimmungen vereinfacht.

Die Anzahl möglicher Übereinkünfte, gerade wenn eine Verhandlung stockt, kann erweitert werden, indem die Vereinbarungen „weicher" werden (vgl. Fisher et al. 2015, S. 114). Ein Standard ist hier die Probezeit bei einer neuen Stelle, die einer dauerhaften Einigung die weichere Variante einer vorläufigen Einigung vorschaltet. Statt einer umfassenden Einigung zu allen Punkten, kann man eine partielle Einigung abschließen, statt einer bedingungslosen, Bedingungen an die Einigung knüpfen (vgl. Fisher et al. 2015, S. 115).

5.3.4.2 Interessen & BATNA

Die *BATNA (Best Alternative To a Negotiation Agreement)* ist die beste Alternative bzw. Option, die zu einer Verhandlungsübereinkunft besteht. Welche konkreten Möglich-keiten habe ich, wenn an dieser Stelle keine Einigung erzielt wird? Die Analyse ist nicht zu unterschätzen, da Menschen in einer Mischung aus Status-quo-Bias und Risikover-harmlosung der Zukunft gerne zu optimistisch sind (vgl. Fisher et al. 2015, S. 152) („Es gibt ja noch andere Stellen, Häuser, Unternehmen!" oder in Kombination „Ach, wenn der meine Gehaltsforderung nicht annimmt, kann ich immer noch nach München zie-hen, eine Umschulung machen und Autor werden!"), und einem emotionalen Impuls folgend („Das Angebot ist unverschämt!") eine Verhandlung abbrechen.

Um seine BATNA zu identifizieren, müssen im ersten Schritt
1. die eigenen Interessen hinter den Positionen analysiert werden und
2. die „must haves" festgehalten werden. Darauf aufbauend können
3. sämtliche Alternativen zu einer Einigung (mithilfe von Kreativitätstechniken) eruiert und mit dieser abgeglichen werden. (vgl. Mnookin et al. 2000, S. 19) Dann können die
4. Alternativen priorisiert und die BATNA identifiziert werden.

Je attraktiver die BATNA, desto größer ist die Verhandlungsmacht (vgl. Fisher 2015, S. 154). Liegt das Angebot ihres Gegenübers nicht oberhalb ihrer BATNA, wäre ihr zu erwartender Betrag unterhalb ihrer Optionenlinie, sie können die Verhandlung abbrechen. Die Entwicklung einer von der Zustimmung der Gegenseite vollkommen unabhängigen Lösung schützt davor, sich auf eine für einen selbst schlechte Überein-kunft einzulassen und hilft gleichzeitig dabei, die bestmögliche Variante zu erreichen, auch wenn die Verhandlungsposition miserabel ist (vgl. Fisher 2015, S. 147). Aber auch eine hohe Anzahl an Alternativen ändert die Machtposition. Wenn sie bereits drei Job-angebote vorliegen haben, stellen sich Forderungen oberhalb deren Grenzen gelassener, als wenn es das erste Vorstellungsgespräch seit langem ist. Sie können natürlich auch die Bluff-Taktik einsetzen, aber ihr Verhandlungspartner ist sicherlich vorbereitet, kennt den Arbeitsmarkt und damit ihre voraussichtliche BATNA.

Die BATNA ist flexibler als ein rein monetäres Limit, da sie sich an den Interessen orientiert.

> **Fixed Limit versus BATNA im Vorstellungsgespräch**
>
> Sie setzen sich für ein Einstellungsgespräch ein Limit für ein Jahresgehalt von 65.000 €. Das Angebot des Arbeitgebers lautet 55.000 € als Fixgehalt.
> Mit dem fixen Limit ist die Verhandlung jetzt gescheitert, es gibt kein Übereinkommen. Selbst wenn der Arbeitgeber den Verhandlungsgegenstand erweitert, z. B. 20 % Homeoffice, flexible Bürozeiten und 35 Tage Urlaub, bleibt er ohne neuen Mitarbeiter und Sie ohne neue Stelle.
> BATNA: Ihnen wurde bereits gekündigt, in einer Woche läuft der Arbeitsvertrag aus. Das Vorstellungsgespräch ist Ihr erstes auf 20 Bewerbungen. Sie sind wegen der Familie ortsgebunden und der regionale Arbeitsmarkt für Ihre Spezialisierung ist klein. Ihre Interessen sind: Geld zu verdienen, weiterhin im Arbeitsfeld tätig zu sein, in der Region zu bleiben. Falls keine Einigung zustande kommt, ist Ihre BATNA, orientiert an Ihren Interessen: Einen fachfremden Job in der Region anzunehmen (z. B. Kellnern). Ihre Verhandlungsposition ist in Bezug auf die Gehaltshöhe miserabel, dennoch schützen Sie Interessentransparenz und BATNA davor, es abzulehnen: Sie werden das Angebot annehmen, weil es erstens alle drei Interessen erfüllt und zweitens davon auszugehen ist, dass Sie mit einem fachfremden Job noch unter dem Gehaltsangebot bleiben. (Sie können annehmen und sich weiter bewerben).

Zusätzlich zu den eigenen Alternativen kann man im Sinne der Kooperation Optionen andenken, die zum Vorteil beider Seiten sind (vgl. Fisher et al. 2015, S. 97). Diese Vorbereitung unterstützt, sich nicht zu sehr auf ein konkretes Zielergebnis einzuschränken und bereitet auf den gemeinsamen, kreativen Part der Lösungsphase vor.

❓ Praxis-Aufgabe

Erstellen Sie Ihre BATNA für den Fall, dass Sie sich jetzt auf einen neuen Job bewerben.

5.3.4.3 ZoPA

Es wäre unrealistisch, in Verhandlungen nicht neben der „Abbruchkante" BATNA auch eine monetäre Grenze anzusetzen. Um aber eben reaktionsfähig auf Angebotsergänzungen zu bleiben, ist diese nicht fix, sondern bewegt sich in einem Spielraum zwischen Minimal- und Maximalgrenze. Die Minimalgrenze dieser *ZoPA (Zone of Possible Agreement)* orientiert sich dabei an der BATNA: sie ist zwar weit unter der Erwartung, aber immer noch etwas besser als die beste Alternative ohne ein Verhandlungsergebnis. Die ZoPA wird ergänzend zur BATNA eingesetzt, sobald Ihre Minimalgrenze in der Verhandlung erreicht wird, bitten Sie sich eine Verhandlungspause aus, um die Situation noch einmal genau überdenken zu können (vgl. Fisher 2015, S. 153).

Die Ermittlung von Wertansätzen kann sehr aufwendig werden, wie z. B. Due-Diligence-Prüfungen für Firmenübernahmen, die, wird die Firma mit Immobilien verkauft, von einer Real Estate Due Diligence ergänzt wird. Unterstützend können dazu Analyseinstrumente wie z. B. die SWOT-Analyse (vgl. ▶ Abschn. 6.3.5) verwendet werden.

Allerdings ist in den wenigsten Verhandlungen nur der Kostenfaktor ausschlaggebend. Minimal- und Maximalgrenzen können für Qualitätsziele, Kostenziele, Logistikziele, Technikziele und weitere Ziele aufgestellt werden. Helmold et al. (2019, S. 73 ff.) bezeichnen diese umfassende Sicht für die Festlegung des Verhandlungsspielraums als *„QKLT plus alpha-Methodik"*. Für die Bauprojektrealisierung interessante Verhandlungsfaktoren können z. B. folgende sein:

1. *Qualitätsziele:* Qualitätszertifikat (DIN EN ISO 9001), Qualifizierung des Teams, Bonus-Malus-Regelungen (monetäre Mitverantwortung bei Qualitätszielen durch Vertragsstrafen oder Belohnungen)
2. *Kostenziele:* Preisanstiege (z. B. Preisgleitklausel für Stahlpreise), Zahlungsbedingungen (z. B. 30 % Anzahlung bei Produktion, 50 % entsprechend Baufortschritt, 20 % bei Fertigstellung)
3. *Logistikziele:* Logistikkonzept (z. B. Lieferkette, Planung der Lagerung für Material vor Ort)
4. *Technikziele:* Umsetzung technischer Änderungen, Vorschläge zu qualitativ gleichwertigen, aber günstigeren Konstruktionsvarianten;
5. *Weitere Ziele:* Nachhaltigkeitsziele in der Umwelt (z. B. Schadstoffklassen der Baumaschinen; Energieklasse Gebäude), Arbeitsbedingungen (z. B. Mindestlohn, Unterkunft vor Ort), etc.

5.3.4.4 Verhandlungsschnittmenge

Um ein realistisches Gefühl für den möglichen Maximalwert zu bekommen, analysiert man, soweit es mit den vorliegenden Informationen möglich ist, auch die Interessen, BATNA und ZoPA des Gegenübers (vgl. Mnookin et al. 2000, S. 28). Setz man die Grenzen zueinander ins Verhältnis, wie in ▪ Abb. 5.5 dargestellt, erhält man eine *Verhandlungsschnittmenge,* die den „Überschuss" darstellt, der zwischen den Verhandelnden aufgeteilt werden muss (vgl. Mnookin et al. 2000, S. 19).

Auch diese Verhandlungsschnittmenge ist nicht statisch, sondern kann durch gezielte Recherche oder gemeinsame (dann allerdings sehr vertrauenswürdige) Arbeit in der Verhandlung aufgewertet werden:

- Gemeinsamkeiten: Gibt es Gemeinsamkeiten, die die Einigung unterstützen? (z. B. sind beide Unternehmen in den gleichen Ländern vertreten und können weitere Kooperationen aufbauen)
- Unterschiede: Gibt es Tauschmöglichkeiten durch unterschiedlich empfundene Mehrwert (vgl. Helmold et al. 2019, S. 61) (z. B. Sie möchten sich fortbilden, das

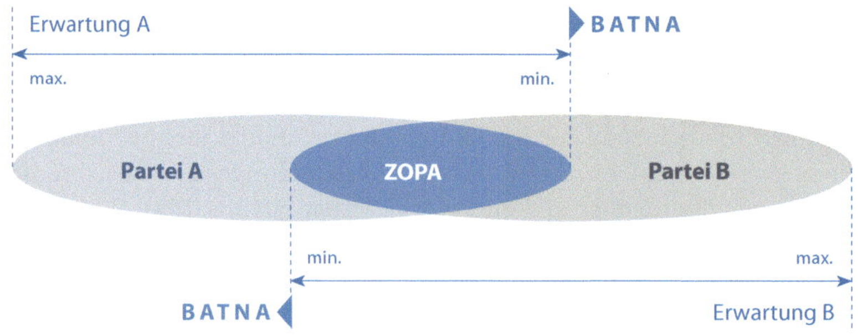

▪ **Abb. 5.5**   Verhandlungsschnittmenge

Unternehmen keine Lohnerhöhung zahlen: das Unternehmen kann die Kosten für einen berufsbegleitenden Master übernehmen.)

- Skaleneffekte: Können beide Seiten über Skaleneffekte gewinnen? (z. B. Beauftragung bei mehreren Projekten im gleichen Stadtteil: größere Bestellmengen, geringerer Logistikaufwand und einfacherer Informationsfluss führen zu geringeren Kosten)

Neben diesen sehr kooperativen Möglichkeiten besteht auch das breite Feld der weniger netten Taktiken, um die Verhandlungsschnittmenge für das Gegenüber zu beschneiden:

- Wie kann ich Einigungsdruck auf die Gegenpartei ausüben?
- Ist die Gegenseite von bestimmten Rahmenbedingungen oder Zwängen anhängig?
- Wie kann ich die Erwartungen und Optionen manipulieren?
- Wie kann ich mein Gegenüber täuschen?
- Kann ich (ethische) Normen in der Verhandlung einsetzen?
- Kann ich Personen einsetzen, die die Gegenseite beeinflussen (z. B. Lobbyarbeit)?

? Praxis-Aufgabe

Versuchen Sie den Verhandlungsspielraum in Ihrer nächsten (größeren) Verhandlung zu erweitern, indem Sie über die Interessenorientierung Gemeinsamkeiten und Unterschiede einsetzen.

5.3.5 Flexibilität der Strategie

Strategisch-taktisches Vorgehen in Verhandlungen bedeutet die Ausrichtung der eigenen Potenziale auf eine Überlegenheit gegenüber dem Verhandlungspartner zur Erreichung der Ziele. Nach der Analyse der Ausgangspositionen erfolgt eine darauf abgestimmte strategische Planung der Verhandlung, woran sich ebenfalls der Aufbau der Argumentationskette und der Einsatz der Taktiken bemisst. Der menschliche Faktor macht eine Verhandlung zu einer dynamischen Angelegenheit, daher ist das strategische Verhalten agil an der Situation auszurichten und flexibel zu ändern. Strategie-Transparenz gegenüber dem Verhandlungspartner wird kontrovers gesehen: die Offenlegung, um mit dem Verhandlungspartner auf Sachebene verhandeln zu können, steht der Geheimhaltung, um dem Verhandlungspartner keine (Macht-) Vorteile in die Hand zu geben, gegenüber. (vgl. Helmold et al. 2019, S. 78) Neben konkreten strategischen Zielen (z. B. einen Vertragsabschluss innerhalb einer bestimmten Frist oder einer Vereinbarung von Bonus-Malus-Regeln auf den Realisierungs-Terminplan), orientiert sich das strategische Verhalten an wertschöpfenden oder wertverteilenden Zielen:

I. Strategie: Wertschöpfung versus Wertverteilung
II. Strategisches Verhalten: Kooperation versus Durchsetzung

Das strategische Verhalten bewegt sich in den fünf Ausprägungen analog zu den Verhaltensmustern im Konfliktfall, wie sie in ▶ Abschn. 2.1.4 beschrieben sind:

- Durchsetzung: Druck ausüben
- Vermeidung: Ausweichen
- Anpassung: Nachgeben
- Kompromiss: Kompromisse eingehen
- Konsens: Kooperation

Im Gegensatz zum Konfliktfall, bei dem man das Gegenüber in seinem Verhaltensmuster „abholen" muss, werden die strategischen Verhaltensmuster gezielt eingesetzt. Welches man favorisiert oder besser beherrscht, hängt dabei sicherlich mit dem Persönlichkeitstyp zusammen: der Dominanz-Typ wird vermehrt zur Durchsetzung tendieren. Dennoch gehört zur strategischen Planung, mit welchem Verhalten man sein Ziel beim Gegenüber am besten erreicht.

5.3.5.1 Wertschöpfung versus Wertverteilung

Das *Nullsummenspiel,* d. h. das, was einer abgeben muss, bekommt der andere und umgekehrt, ist meistens das unbewusst aktivierte Muster, wenn es um Verhandlungen geht. Daraus ergibt sich ein Positionen-orientiertes, distributives Verhandeln, eine *Werteverteilung,* die in einem mehr oder weniger zufriedenstellenden Kompromiss endet. (vgl. Schwartz und Troja 2010, S. 187) Ohne Zweifel hat jede Verhandlung einen distributiven Part, indem die ZoPA aufgeteilt wird. Dieser Teil kann aber vergrößert werden, indem vorab ein integratives, wertschaffendes Verhandeln erfolgt. Die Grundannahme für diese Verhandeln ist, dass der Nutzen der Parteien nicht linear auf zwei entgegengesetzten Polen liegt, sondern unabhängig voneinander betrachtet werden kann (vgl. Schwartz und Troja 2010, S. 187). Das wiederum bedeutet, innerhalb einer Verhandlung ist es sinnvoll, beide Basis-Strategien, *Wertschöpfung* und Wertverteilung, nacheinander einzusetzen. Dennoch bleibt das „versus", denn sie können erstens nicht gleichzeitig, und sollten zweitens agil, je Verhalten des Gegenübers, eingesetzt werden. Vom Verhandelnden wird eine hohe Souveränität und innere Sicherheit verlangt, um erstens beim integrativen Verhandeln die Ambivalenz zwischen Durchsetzung der eigenen Interessen und empathischem Verständnis für die Interessen des Gegenübers, und zweitens der Ambivalenz in Strategie und Haltung für eine Win-Win-Orientierung und eine abschließende Win-Lose-Orientierung auszubalancieren (vgl. Schwartz und Troja 2010, S. 188).

Wertschöpfendes Verhandeln verlangt Vertrauen, da die Interessen offengelegt werden müssen. Im Hinblick auf die Kontroverse der Strategie-Transparenz kann ein Mittelweg eingeschlagen werden: Man kann sowohl die Basisstrategie Wertschöpfung als auch

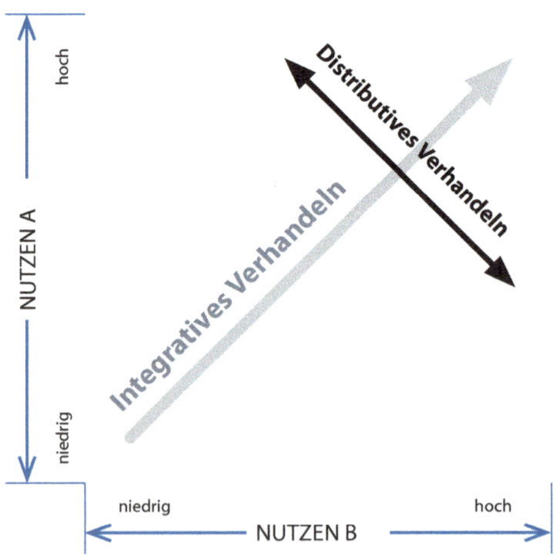

◘ Abb. 5.6   Kombination aus Wertschöpfung und -verteilung. (Adaptiert nach Schwartz und Troja 2010, Zeitschrift für Konfliktmanagement 6/2010, S. 188; mit freundlicher Genehmigung von © Verlag Dr. Otto Schmidt KG 2019. All Rights Reserved)

Interessen als Tauschoptionen offenlegen, das heißt aber nicht, dass man die Priorität oder die Taktik der Reihenfolge offenlegt. Mit der Menge der Preisgabe kann man sich an Tit-for-Tat orientieren, eine nach der anderen, je Reaktion des Gegenübers. Die Moderation von Verhandlungen ist insofern komplex, dass nicht unbedingt TOP für TOP nacheinander abgeschlossen werden kann, sondern gerade das Abwägen der Interessen die Themen in Beziehung zueinander setzt. Wenn z. B. in einem Vertrag erst der Terminplan für die Ausführungen besprochen wird und als nächstes Thema der Preis, kann es sein, dass der Unternehmer einen günstigeren Preis anbietet, wenn die Ausführung länger dauert, weil er dann kein zusätzliches Personal benötigt.

In der ◘ Abb. 5.6 ist der Nutzen für die Parteien A und B nicht linear, sondern über die Achsen einen Verhandlungsspielraum generierend, dargestellt. Dieser Spielraum wird über das integrierende Verhandeln zum Nutzen beider ausgereizt, bevor der „Verteilungskampf" des distributiven Verhandelns stattfindet.

5.3.5.2 Strategisches Verhalten

Das für eine Wertschöpfung notwenige Verhalten beruht auf Empathie für das Gegenüber, um Kooperation zu ermöglichen. Im Kontrast dazu steht die Ich-zentrierte Durchsetzung zur Werteverteilung. Die automatisiert einsetzenden und im Konfliktfall zu regulierenden Verhaltensmuster sind, bewusst eingesetzt, ein strategisches Potenzial für die Verhandlungsführung.

Das *strategische Verhalten* orientiert sich im Wesentlichen (abgesehen von typengesteuerter Präferenz) an den zwei Kriterien
- Wertigkeit und Geschwindigkeit des Ergebnisses und
- Wertigkeit der Beziehung und Langfristigkeit (vgl. Helmold et al. 2019, S. 79).

Sind das Interesse sowohl an der Beziehung als auch dem Ergebnis niedrig, veranlasst eine Kosten-Nutzen-Abwägung, ein *strategisches Ausweichen*. Erstellen Sie eine Ausschreibung für Bauleistungen, wollen Sie eine gute Auswahl an Bewerbern, also Unternehmen, die mit Ihnen in Verhandlung treten wollen – und eben nicht ausweichen. Dabei unterstützt zum einen, wenn ein Vorteil ist, mit Ihrem Unternehmen in eine Geschäftsbeziehung zu treten (z. B. Image oder Ruf fairen Zahlungsverhaltens), zum anderen eine gute Ausschreibungskonzeption, die inhaltlich eine überschaubare Zahl an Unternehmen anspricht, sodass die bietenden Unternehmen eine gute Chance (Ergebnis) haben. Ausweich-Taktiken sind z. B. das Arrangement von Störungen oder das Leugnen von Zuständigkeiten. Typische Formulierungen sind ein Verschieben, ohne einen spezifischen Zeitpunkt für das Folgegespräch zu nennen:
- „Lassen sie uns das demnächst besprechen, jetzt muss ich erstmal los zur Bahn."
- „Ich werde mir das nochmal genauer ansehen, auf Wiedersehen."
- „Wir können das gerne an einem anderen Tag diskutieren, jetzt stehe ich unter Zeitdruck."
- „Zu diesem Punkt kann ich ihnen leider gar nichts versprechen, das ist Chefsache."
- (Blick auf das Telefon) „Tut mir leid, Ober sticht Unter, da muss ich jetzt erst mal rangehen. Wir können demnächst ja mal schauen, ob wir eine Lösung finden."

Bei einer hohen Relevanz der Beziehung bei niedriger Wertigkeit des Ergebnisses kann sich *strategisches Nachgeben* lohnen. Das kann zum Beispiel der Fall sein, wenn ein Neukunde aus Referenzgründen wichtig ist und dieses Interesse mit hoher Priorität vor den

Ergebnissen steht (dann sollte man allerdings nicht vergessen, die öffentliche Referenzmöglichkeit vertraglich aufzunehmen). Um sich beim Nachgeben nicht zu „übernehmen" sollte man sich klare Minimalgrenzen setzen und diese im Team abstimmen. Auch die Recherche von gegensätzlichen Interessen kann hier sehr hilfreich sein, da man für das Nachgeben immer einen Ausgleich verlangen sollte, um nicht den Ruf als Verhandler zu gefährden. Die Nachgebe-Taktik hat nichts mit dem strategischen Nachgeben zu tun, da es sich dabei um eine Täuschung (Vortäuschung einer guten Beziehungsebene) handelt. Formulierungen des strategischen Nachgebens können sein:

- „Dieses Argument war mir in seiner Relevanz noch nicht bewusst, da stimme ich ihnen zu."
- „Die Relevanz ihrer Fortbildung für ihre Arbeit ist plausibel. Daher können die Kosten übernommen werden. Im Gegenzug erwarte ich allerdings, dass ihre Arbeitszeit nicht tangiert wird."
- „Ich bin einverstanden, hier an meine Preisuntergrenze (muss sie ja nicht sein) zu gehen, wenn ich sie im Gegenzug als Referenz auf meiner Homepage erwähnen kann."

Wenn Wertigkeit oder vor allem Geschwindigkeit des Ergebnisses eine hohe Relevanz haben, die Beziehung zum Verhandlungspartner allerdings zu vernachlässigen ist, kann *strategischer Druck* hilfreich sein. Der Ruf als harter Gegner und eine gute Machtposition ist hierbei von Vorteil. Druck erzeugt meistens Gegendruck, der vielleicht bei einem Abhängigkeitsverhältnis nicht sofort in der Verhandlung, aber ggf. zu einem späteren Zeitpunkt oder in einem anderen Kontext zurückkommt. Typisch ist der Einsatz der Deadline-Taktik oder die Drohung eines Verhandlungsabbruches.

- „Ihr Angebot ist absurd. Wenn Sie es nicht um 20 % reduzieren, werde ich den Vertrag mit Ihrem Konkurrenten schließen."
- „Wir wollen bereits Montag mit den Ausführungen beginnen. Daher brauche ich bis heute Abend eine Rückmeldung von Ihnen, ob wir zu den genannten Bedingungen vertraglich einig werden. Ansonsten greife ich auf Ihren Mitbewerber zurück."
- „Entscheiden Sie sich jetzt für Variante A oder Variante B. Ansonsten kommen wir nicht ins Geschäft."

Sind die Wertigkeit der Beziehung langfristig ausgelegt und ebenso hoch angesiedelt wie die Ergebnisse, kann sich eine *strategische Kooperation* (vgl. strategische Allianz ▶ Abschn. 8.4.2) entwickeln. Eine Kooperation ist auf Wertschöpfung ausgelegt, die z. B. durch Unterschiede (Unterschied im fachlichen Schwerpunkt, langfristige Zusammenarbeit eines Architekturbüros mit einem Statik-Büro) oder Skaleneffekte gewonnen wird. Die Reichweite der Kooperation richtet sich nach dem Vertrauensniveau in den Partner. Wenn das durch bereits lange Geschäftsbeziehungen hoch ist, liegt auch eine größere Interessentransparenz vor.

- „Wenn wir zukünftig…, haben wir beide folgenden Vorteil davon.…"
- „Langfristig gewinnen wir beide, wenn wir … zusammen bearbeiten."
- „Um unsere lange Zusammenarbeit auch in Zukunft zu sichern, schlage ich folgende Kooperation vor.…"
- „Wenn wir in diesem Bereich zusammenarbeiten, haben wir beide den Vorteil, dass…"

Der *strategische Kompromiss* bewegt sich im Mittelfeld aus Relevanz der Beziehung und Ergebnis. Der Kompromiss ist die fairste Variante im distributiven Verhandlungsteil und beruht auf Gegenseitigkeit. Während bei einer Kooperation Interessentransparenz einen Tausch ermöglicht und der beiderseitige Vorteil sichtbar ist, muss im Kompromiss jeder für sich abwägen, ob das was er nimmt, im Verhältnis zu dem steht, was er gibt. Für den einzelnen kommen hier strategische Details zum Tragen, die er eben nicht offen ausgespielt hat. Kompromisse sind notwendig, um eine vielleicht ausgesprochen wertschöpfende Verhandlung nicht am distributiven Teil scheitern zu lassen.

- „Ich wäre bereit an diese Stelle etwas nachzugeben, wenn sie im Gegenzug an dieser Stelle noch etwas nachlegen können."
- „Um dieses Thema abschließen zu können, schlage ich folgenden Kompromiss vor…."
- „Was halten sie von dem Kompromiss, wenn ich…, und sie…?"
- „Wie stehen sie zu dem Vorschlag, wenn wir die monetäre Verantwortung teilen?"

5.4 Mini-Checkliste Verhandlungsvorbereitung

Verhandlungen sind einzigartige Konstellationen. Daher ist die Erwartungshaltung, ein Arbeitsinstrument vorzugeben, das in allen Verhandlungskontexten in Form einer zeitlich strukturierten Checkliste (erst das, dann das) funktioniert und Rückschlüsse auf die passende Strategiewahl zulässt, schlicht zu hoch gegriffen. Klar hingegen ist, dass für jeden Verhandlungskontext die drei fixen Themenblöcke – Verfahren, Handelnde, Inhalte – als „TO DO" vorbereitet werden müssen. Menge und Zielorientierung der darin anzubringenden Fragen hängen wiederum von der Verhandlungssituation ab und sind wegen der Interdependenzen ihrer Ergebnisse nicht über eine allgemeingültige zeitliche Abfolge darstellbar. Mit Interdependenzen ist z. B. gemeint, dass der Zweifel an einer ausreichend eigenen Fachexpertise Rückwirkungen auf die Teilnehmer im Verfahrensdesign hat oder in eine BATNA Dritte involviert sind, deren Abstimmungen in den zeitlichen Ablauf der Verhandlung integriert werden müssen. Mit den Ergebnissen aus den drei Themenblöcken kann eine Orientierung bzw. eine präferierte Strategie auf Basis von Wertschöpfung versus Wertverteilung und Kooperation versus Durchsetzung geplant werden. Ein „KEEP in MIND" muss allerdings sein, dass sich die Strategie im Verlauf der Verhandlung entsprechend des spieltheoretischen Tit-for-Tat als Reaktion auf die vielfältigen Strategien anderer ändern kann und eine wache, flexible Anpassung des Verhandelnden eine notwendige Fähigkeit ist. „FIRST-of-ALL" bleibt bei einer Auftragsverhandlung jedoch die Mandatsklärung. In der ◼ Abb. 5.7 wird eine kurze und knappe Checkliste zur Verhandlungsvorbereitung dargestellt, die die drei Ebenen FIRST-Of-ALL (falls die Verhandlung ein Mandat ist), TO DO mit den drei Themenblöcken und KEEP in MIND mit der flexibel zu gestaltenden Strategie in Stichworten zusammenfasst. Ein strukturiertes, ausformuliertes Ergebnis – einen Spickzettel – sollten Sie sich als Anhaltspunkt für das gesamte Verhandlungsteam mit in die Verhandlung nehmen.

? Konzept-Aufgabe

Bereiten Sie Ihre nächste wichtige Verhandlung mithilfe der Mini-Checkliste vor und notieren Sie sich die Ergebnisse in einem Verhandlungs-Spickzettel.

FIRST OF ALL
Auftragnehmer / Auftraggeber
Auftragsumfang vertraglich geregelt
Grenze des Mandats klar
TO DO
Verfahren - Qualitätsoptimierung
Verfahrenswahl
Organisation
Prozessdesign
Mensch - Reflexion
Körper - Gesundheit
Geist - fachliche Expertise
Seele - ethisches Einverständnis
Inhalt - Verhandlungsspielraum
Verhandlungsgegenstand
Interessen
BATNA
ZoPA
Verhandlungsschnittmenge
KEEP IN MIND - TIT for TAT
Wertschöpfung versus Wertverteilung
Kooperation versus Durchsetzung

◘ Abb. 5.7   Mini-Checkliste Verhandlungsvorbereitung

❓ Wissens-Aufgaben

Durch welche Merkmale zeichnet sich eine Verhandlung aus und wie ist das Verhalten von Verhandlungsparteien gekennzeichnet?

Erläutern Sie die Prinzipien des Harvard-Konzeptes. Welche positiven und negativen Kritikpunkte sehen Sie?

Erklären Sie das Modell für die Darstellung des Kooperationsproblems. Wie funktioniert die Tit-for-Tat-Strategie in diesem Zusammenhang und was ist die Voraussetzung für ihren Erfolg?

Welche „Angriffs"-Ziele haben Taktiken? Nennen Sie je ein beispielhaftes Vorgehen.

Welche fixen Themenblöcke sollten im Vorfeld einer Verhandlung durch gezieltes Fragen vorbereitet werden? (jeweils mit einer Beispielfrage)

Erklären Sie das Vorgehen bei, und den Einsatz von, BATNA und ZoPA.

Welche Einflussmöglichkeiten (sowohl erweiternd als auch einschränkend für Ihr Gegenüber) haben Sie auf den Verhandlungsspielraum?

Welche zwei Ambivalenzen gilt es in einer Verhandlung auszubalancieren?

Literatur

Axelrod R (2005) Die Evolution der Kooperation. Oldenbourg, München

Bachmann B (1993) Verhandlungen (mit) der Bauverwaltung. Aushandlungsprozesse im Grenzbereich von Planungs- und Ordnungsrecht. Westdeutscher Verlag, Opladen

Berkel G (2015) Deal Mediation. Erfolgsfaktoren professioneller Vertragsverhandlungen. ZKM Zeitschrift für Konfliktmanagement 1(2015):4–7

Bohne E (1981) Der informale Rechtsstaat. Eine empirische und rechtliche Untersuchung zum Gesetzesvollzug unter besonderer Berücksichtigung des Immissionsschutzes. Duncker & Humblot, Berlin

Brockhaus (2006) Enzyklopädie, Bd 20, 25. Brockhaus, Leipzig

Brohm W (1986) Verwaltung und Verwaltungsgerichtsbarkeit als Steuerungsmechanismen. Arbeitsmaterialien des Forschungsprojekts Limitation of Law, Universität Gesamthochschule Siegen

Deutscher Bauzeiger Online (2019) ▶ https://www.deutscher-bauzeiger.de/bauplanung/leistungsphasen/mitwirkung-bei-der-vergabe-lp7/verhandlungen-mit-bietern/. Zugegriffen: 11. März 2019

Duve C (2004) Eignungskriterien für die Mediation. In: Henssler M, Koch L (Hrsg) Mediation in der Anwaltspraxis. Deutscher Anwaltverlag, Bonn

Eckert H, Kambach A (2019) Dynamisch verhandeln Entscheiden, was andere entscheiden. Reinhardt, München

Erbacher CE (2018) Grundzüge der Verhandlungsführung. vdf Hochschulverlag, ETH Zürich

Fisher R, Ury W, Patton B (2015) Das Harvardkonzept. Die unschlagbare Methode für beste Verhandlungsergebnisse. Campus, Frankfurt a. M.

Glasl F (2013) Konfliktmanagement. Ein Handbuch für Führungskräfte, Beraterinnen und Berater. Haupt, Bern

Helmold M, Dathe T, Hummel F (2019) Erfolgreiche Verhandlungen. Best-in-Class Empfehlungen für den Verhandlungsdurchbruch. Springer, Wiesbaden

Hofmann T (2018) Das FBI Prinzip. Verhandlungstaktiken für Gewinner. Ariston, München

Loscher (2019) Rechtslexikon Online. ▶ https://www.lexexakt.de/index.php/glossar/dispositionsbefugnis.php. Zugegriffen: 11. März 2019

Luhmann N (1972) Politikbegriffe und die „Politisierung" der Verwaltung. Demokratie du Verwaltung. Schriftenreihe der Hochschule Speyer, Bd 50. Duncker & Humblot, Berlin

Mehring FW (2017) Die Hohe Schule der Kriegskunst bei Geschäftsverhandlungen. Kommentierte Übersetzung eines an Chinesen gerichteten Ratgebers des Verhandlungsforschers Liu Birong. Kovač, Hamburg

Mnookin R, Peppet SR, Tulumello AS (2000) Beyond winning: negotiating to creative value in deals and disputes. Harvard University Press, Cambridge

Schott B, Seßler M, Seßler H (2018) Verhandlungserfolge mit der Kraft der Emotionen. Durch Emotionen gewinnen von Millionen. INtem®Media, Mannheim

Schwartz H, Troja M (2010) Lehrmodul 16: Verhandeln. ZKM Zeitschrift für Konfliktmanagement 6(2010):186–191

Wachs F (2018) Die 100 wichtigstes Fragen der Welt für jede Verhandlung. Metropolis Medien, Leipzig

Moderation & Kreativitätstechniken

© Springer Fachmedien Wiesbaden GmbH, ein Teil von Springer Nature 2019
N. Schwab, *Konfliktkompetenz im Bauprojektmanagement*, erfolgreich studieren,
https://doi.org/10.1007/978-3-658-27089-6_6

Letztens fragte ich eine befreundete Architektin nach dem aktuellen Stand ihres neuen Entwurfes. Total genervt und frustriert raunzte sie zurück: „Wann soll ich das denn machen – ich renn von Besprechung zu Besprechung, höre mir zum zehnten Mal das gleiche Problem an und kann doch nichts Konstruktives zu den behandelten Themen beitragen. Ich komme überhaupt nicht mehr zum Arbeiten." Chaos in der Projektkommunikation verbrennt Zeit, Geld und die Motivation der Mitarbeiter. Moderation, mit dem situationsspezifischen Einsatz von Kreativitätstechniken, ist die Praxis-Komponente für eine effiziente Besprechungskultur. Die Planung einer Moderation beginnt in Anlehnung an die Gruppe und das Ziel mit einem passenden Gesprächsformat und einer Vorauswahl von Kreativitätstechniken, die mental unterstützen, Ideen zu kreieren, zu priorisieren, zu analysieren oder auszuarbeiten. Eine Moderation ist eine Art der Gesprächsführung, d. h. auch hier können viele der bereits vorgestellten Techniken eingesetzt werden. Im Fokus der Moderation steht allerdings die motivierende Leitung von Gruppen mit dem Fokus auf den Prozess. Das stellt bestimmte Anforderungen an den Projektverantwortlichen, der hier in einer Doppelrolle agieren muss.

Lernziel

Dieses Kapitel stellt Ihnen das Handwerkszeug für effiziente Gruppenmoderationen vor:

Sie wissen, wann der Einsatz von Moderation in der Bauprojektrealisierung sinnvoll ist und kennen die damit verbundenen Aufgabenschwerpunkte und Risiken für den Projektverantwortlichen.

Sie können die Arbeitsmittel für die beiden primären Ziele, das Informieren und die Zusammenarbeit, einsetzen: Sie wissen wie eine Präsentation visuell und zeitlich aufgebaut sein sollte und worauf bei Visualisierungen zu achten ist.

Sie kennen Kreativitätstechniken für die unterschiedlichen Arbeitsziele und können sie anhand von Kriterien situationsspezifisch auswählen.

Sie können die zielorientierte Zusammenarbeit einer Gruppe konzipieren und lernen Techniken, diese auch bei auftretenden Schwierigkeiten prozessual zu steuern.

6.1 Moderation in der Bauprojektrealisierung

6.1.1 Moderation

Moderation (lat. moderare = mäßigen, steuern, lenken) ist eine „strukturierte Gesprächsleitung" (Polzin und Weigl 2014, S. 113) mit Fokus auf den prozessualen Aspekt. Diese Leitung wird bei einer Gruppe mit mehr als fünf Personen benötigt (vgl. Kanitz 2018, S. 15), damit ein Gespräch

- effektiv, also zielorientiert,
- das Gruppenwissen integrierend und unter
- optimalem (Zeit-) Aufwand,

durchgeführt werden kann. Eine Moderation – im Gegensatz zu autoritäreren (Gesprächs-) Führungsstilen – stellt die Gruppe in den Mittelpunkt und organisiert eine gemeinsame, inhaltliche Diskussion. Basis dazu kann das Grundbild der TZI sein, in dem der Einzelne, die Gruppe und das Thema innerhalb des Bezugsrahmens im Gleichgewicht gehalten werden müssen. Moderationsziel sind nicht mehrheitliche, sondern konsensuelle Entscheidungen.

> ❗ **Moderation ist eine gruppenorientierte, prozessuale Leitung von Gesprächen zur Effizienzsicherung in der Besprechungskultur.**

Damit eignet sich die Moderation für alle Gesprächsformate, in denen etwas gemeinsam geklärt, entwickelt oder entschieden werden soll, wie (vgl. Polzin und Weigl 2014, S. 114):

- *Aufgaben organisieren* bzw. verteilen, wenn z. B. eine neue technische Richtlinie eingeführt wird und die Auswirkungen je Fachbereich erarbeitet werden müssen.
- *Arbeitsprozesse entwickeln,* wenn z. B. viele Gewerke auf der Baustelle voneinander abhängige Arbeiten ausführen müssen.
- *Probleme und Schwachstellen erkennen,* z. B. im Rahmen des Risikomanagements die Risiken aus unterschiedlichen Fachbereichen auf das Projekt zusammenführen.
- *Ursachen für Probleme erarbeiten,* z. B. erheblicher Mehraufwand bei den Planungsleistungen.
- *Lösungen für bestehende Probleme finden,* z. B. die Veränderungen von aufeinander abgestimmten Arbeitsprozessen bei der Bauausführung, wenn eine Terminverzögerung aufgeholt werden soll.

Moderationen sind auch sinnvoll, wenn es sich um komplexe Fragestellungen handelt, bei denen entweder mehrere Perspektiven für eine Entscheidung betrachtet werden müssen oder die Größe des Projektes einen gemeinsamen Überblick zu Sachständen und Auswirkungen der Projektbereiche aufeinander notwendig macht. Dazu werden moderierte

- *Informationsveranstaltung* durchgeführt.

Die Anerkennung der unterschiedlichen Meinungen führt zu nachhaltigen Lösungen und motiviert, das Projekt mitzutragen und Verantwortung zu übernehmen.

Im Wesentlichen gibt es allerdings auch vier Situationen, in denen eine Moderation unangebracht oder unerwünscht ist (vgl. Kanitz 2018, S. 17):

- Eine Entscheidung muss unter großem Zeitdruck gefällt werden, z. B. fällt der notwendige Überdruck in einem Serverraum für den staubreduzierten Abriss einer Innenwand während der Arbeiten.
- Entscheidungen stehen weitgehend fest ohne einen Gestaltungsspielraum für die Gruppe, z. B. verlangt der Auftraggeber eine Änderung des Raumprogramms.
- Ein Thema ist so einfach und überschaubar, dass der Einsatz der Gruppe nicht effizient wäre oder es befindet sich im Verantwortungsbereich eines einzelnen ohne Auswirkung auf andere, z. B. die Darstellung der Außenbereiche auf den Entwurfsplänen eines Einfamilienhauses.
- Der Einsatz der Gruppe ist schlicht nicht erwünscht, weil z. B. ausgeprägte Hierarchien einen Austausch verhindern, Meinungen der Gruppe als irrelevant betrachtet werden oder bestimmte Themen von der Führungskraft alleine entschieden und verantwortet werden sollen bzw. Informationen nicht geteilt werden (Herrschaftswissen), z. B. Einstellungsgespräche neuer Teammitglieder.

Reflexions-Aufgabe
Moderieren Sie gerne, fühlen Sie sich in der prozessualen Gesprächsleitung wohl?
Oder wollen Sie lieber selbst inhaltlich teilnehmen?

6.1.2 Moderation versus Gesprächsführung

Für eine Moderation sind einige der bereits bekannten Werkzeuge aus der Gesprächs-führung nützlich. Der Gesprächsprozess KOALA kann in jeder Moderationssituation angewendet werden, insbesondere, wenn in Ad-Hoc-Terminen ein Leitfaden benötigt wird. Für den Gesamt-Termin heißt das, dass in der Orientierungsphase dabei ein Meinungsbild der Gruppe entsteht, zum Ende der Lösungsphase hin die Verein-barungen stehen. Gibt es in einem Termin mehrere Themenbereiche, die behandelt werden, wiederholt sich der Anteil Orientierung-Analyse-Lösung. Um eine Gruppe zu organisieren sind Regeln für das Gesprächsformat in einer Metakommunikation aus-zumachen. Diese (Verhaltens-) Regeln, wie z. B. ausreden lassen, Handy und Laptop ausmachen oder konstruktive Kritik äußern, können gemeinsam erstellt oder zur Zeit-ersparnis durch den Moderator vorgegeben werden. Das aktive Zuhören nimmt insofern an Komplexität zu, dass nicht nur auf die Körpersprache des Sprechers, sondern auch auf die der anderen Teilnehmer geachtet werden muss, um Konflikte, Zustimmung etc. zu erkennen und darauf aufzubauen. Das Paraphrasieren dient einem Verständnischeck für die gesamte Gruppe und Zusammenfassungen mit einer eindeutigen Sprache helfen enorm, den Prozess zu strukturieren und bei Bedarf auch zeitlich zu steuern.

Die Gesprächsführung ist im Gegensatz zu der Gesprächsmoderation recht ego-zentrisch. Man selbst möchte mit rhetorischen Kniffen überzeugen, etwas vom Gegen-über erfahren, ihn inhaltlich beeinflussen und Denken oder Verhalten ändern. Der Moderator hat kein Interesse daran, was der Inhalt ist, sondern dass es den bestmög-lichen Inhalt gibt – und diese Bewertung obliegt der Gruppe. Das bedeutet seine Auf-gabe kann es sowohl sein, bei zehn dominanten Rhetorikfüchsen zu einer gemeinsamen Lösung zu führen, als auch bei einer Gruppe, bei der die Hälfte schweigt, eine gleich-mäßige Beteiligung sicherzustellen. Kanitz (vgl. 2018, S. 18 f.) stellt die (veraltete) Gesprächsleitung einer Gesprächsmoderation gegenüber und differenziert u. a.:

Die Leitung steht hierarchisch höher und nimmt inhaltlich starken Einfluss auf die Mitglieder. Beitragsakzeptanz und -länge hängt von der Sicht der Leitung ab, die auch die Entscheidungen (oft im Vorfeld im Führungskreis) bereits getroffen hat. Methodisch dominieren Vorträge und gelenkte Diskussionen, Konflikte auf der Beziehungsebene werden ignoriert oder autoritär unterbunden. Verantwortung trägt ausschließlich die Leitung, die auch die Aufgaben delegiert.

Der externe Moderator hat keinen hierarchischen Gruppenbezug, hält sich inhalt-lich komplett zurück und trägt ausschließlich die prozessuale Verantwortung. Er sorgt durch entsprechenden Methodeneinsatz dafür, dass alle Mitglieder gleichmäßig zur Diskussion beitragen. Entscheidungsstrukturen sind transparent und werden durch die Gruppe getragen, wobei die Grenzen der Entscheidungsbefugnis im Vorfeld klar defi-niert wurden (vgl. Globe der TZI). Neben dem vielfältigen Methodeneinsatz sorgt eine (fotografierte) Visualisierung bereits für ein Protokoll – Transparenz ist die Devise. Beziehungskonflikte werden als Teil des Lösungsprozesses moderiert aber im Sinne der Zielverfolgung zeitlich dosiert. Die Verantwortung für die Qualität der Inhalte und Ergebnisse trägt die Gruppe, die ebenfalls gemeinsam die Aufgabenverteilung vornimmt.

6.1.3 Verwendung in der Bauprojektrealisierung

Die Moderation in der Bauprojektrealisierung wird im Folgenden unter dem Gesichtspunkt der Rolle des Projektverantwortlichen als Moderator und den damit verbundenen Einsatzschwerpunkten betrachtet.

Die Aufgabe der Moderation kann in drei Varianten besetzt sein: Erstens ein neutraler Dritter, der beauftragt ist, ein bestimmtes Gruppengespräch zu einem bestimmten Ziel zu führen ohne sich selbst inhaltlich zu beteiligen. Diese Besetzung eignet sich z. B. wenn die Probleme in einem 12 Personen starken Team nach einer negativen Mitarbeiterbefragung in einem Workshop aufgearbeitet und nach Lösungen gesucht werden soll. Der Teamleiter soll hier inhaltlich stark mitarbeiten und es besteht das Risiko, dass er kritisiert wird und emotional nicht mehr zu einer prozessualen Steuerung fähig ist. Zweitens kann ein Moderator mit einem zweiten, einem Co-Moderator, oder als Gruppe arbeiten. Die starke Besetzung ist z. B. sinnvoll, wenn es sich um schwierige Themen oder sehr inhomogene Gruppen handelt, bei denen ein Moderator sich auf den prozessualen Aspekt konzentriert und der Co-Moderator z. B. durch die Visualisierung oder eine kollegiale Beratung in den Pausen unterstützt. Ein Moderatoren-Duo aus Mann und Frau kann z. B. eingesetzt werden, wenn Diskriminierungsthemen präsent sind. Eine Moderatorengruppe wird bei Großveranstaltungen notwendig, wenn z. B. eine Folge von Workshops zur Veränderung der Unternehmenskultur veranstaltet wird und im Rahmen der Veranstaltung manche Fragestellungen in moderierten Kleingruppen durchgeführt werden sollen. Als Verantwortlicher in der Bauprojektrealisierung trifft sie die dritte Variante, nämlich die *Doppelrolle* als Moderator Prozessverantwortung zu übernehmen und als Projektverantwortlicher bzw. Führungskraft inhaltlich beizutragen bzw. Entscheidungsverantwortung zu übernehmen.

> **In der Bauprojektrealisierung nehmen Sie eine Doppelrolle als Projektverantwortlicher (Führungskraft) und Moderator ein.**

In der Arbeitsrealität kommen inhaltlich zwei Moderationsschwerpunkte zum Einsatz:

Regelmäßig werden die *Projektmoderationen* benötigt, in denen die Projektfragen behandelt werden wie z. B. bei der in der HOAI durchgehend geforderten Koordination der am Projekt fachlich Beteiligten. Das können Routine-Besprechungen sein, wie z. B. eine Abstimmung zu den anstehenden Arbeitsprozessen jeden Montagmorgen in der Baubesprechung, oder eine monatliche Informationsveranstaltung der fachlich Beteiligten zu ihrem jeweiligen Planungsstand. Zusätzlich werden Zeitfenster für Ad-Hoc-Besprechungen zur Lösung „ungeplanter" Probleme benötigt. Bei größeren Projekten, insbesondere wenn die fachlich Beteiligten der Planung nicht an einem Ort wohnen, stellen Online-Besprechungen eine große (Reise-) Kostenersparnis dar, die als *Online-Moderation* gesteuert werden müssen.

Eine *Konfliktmoderation* kann in der Doppelrolle ausgeführt werden, wenn es sich um Konflikte des ersten, zweiten oder weniger komplexe Konflikte des dritten Eskalationsgrades nach Glasl (vgl. 2013, S. 398) handelt, wenn sich also die Standpunkte verhärten, eine Polarisation einsetzt oder ein aggressives nonverbales Verhalten dominiert – aber noch kein „Streit um den Streit" ausgebrochen ist. Das kann sowohl realisierend in ad hoc Situationen vorkommen, wenn z. B. zwei Teamleiter vor ihrem Schreibtisch stehen und sich gegenseitig bezichtigen im Verantwortungsbereich des anderen zu arbeiten, als auch provozierend, wenn sie einen latenten Konflikt zwischen zwei Mitarbeitern klären wollen, weil dieser die kooperative Zusammenarbeit behindert.

❗ Für den Bauprojektverantwortlichen sind Kompetenzen der Projektmoderation und der Konfliktmoderation relevant.

6.1.4 Aufgabenschwerpunkte des Moderators

Um die Aufgabenschwerpunkte des Moderators herauszustellen, werden die beiden inhaltlichen Themenpakete
- Projektmoderation und
- Konfliktmoderation

und die fachlichen Herausforderungen der
- Online-Moderation

betrachtet.

6.1.4.1 Projektmoderation – SEKT

Neben einer effizienten Prozesssteuerung ist es die wesentliche Aufgabe des Projektmoderators, die Anwesenden zu einer gleichmäßig aktiven Teilnahme zu motivieren und langfristig eine Besprechungskultur zu etablieren. Er muss strukturieren, organisieren, Transparenz zu Ziel und Prozessschritten herstellen, den „Roten Faden" halten, die Rückmeldungen der einzelnen integrieren, um Konsensentscheidungen zu ermöglichen, und ein gleichmäßiges Beteiligungsniveau herstellen, um die Selbstverantwortung der Teilnehmer zu stärken (vgl. Groß 2018, S. 150). Wolf empfiehlt für diesen Arbeitsumfang ähnlich dem Merkwort KOALA, das Merkwort *SEKT* (vgl. 2018, S. 33 f.):

1. **Strukturierung**
2. **Ergebnissicherung**
3. **Konsensbildung**
4. **Teilnehmerbeteiligung**

Die *Strukturierung* klärt im Vorfeld Themen, Zeit, Akteure, Ort, Medien und Materialien. Dazu muss der Ablauf mit dem geplanten Einsatz der Techniken und Arbeitsformate vorliegen. Die Strukturierung muss im Termin eingehalten und transparent gemacht werden. (Beispiel: Regeln sind aufgestellt)

Die *Ergebnissicherung* findet prozessbegleitend und für alle sichtbar visualisiert statt, und hält Ideen, Lösungen, Maßnahmen und Beschlüsse fest. (Beispiel: Regeln sind dargestellt)

Die Aufgabe der *Konsensbildung* umfasst auch die Etablierung einer guten Konfliktkultur, wenn Vorschläge, Meinungen und Kritik vorgebracht werden und Differenzen und Widerstände bearbeitet werden müssen. Bestandteil ist hier eine *Akzeptanzsicherung,* ein Nachfragen, ob alle mit dem weiteren Vorgehen einverstanden sind oder es Einwände gegen ein Ergebnis gibt. Für eine Nachhaltigkeit, also eine Identifikation mit den Gruppenergebnissen – und kein nachträgliches Infragestellen – ist bei Bedenken eines Teilnehmers eine weitere Bearbeitung ggf. als Konfliktmoderation bis zur Konsensfindung notwendig. (Beispiel: Regeln sind akzeptiert)

Im Arbeitsfeld der *Teilnehmerbeteiligung* geht es um die Zielsetzung, das Arbeitsklima, die Motivation, die Mitbestimmung und Mitarbeit. Mitbestimmung und Identifikation tragen zur Selbstverantwortung und damit auch zur Verantwortungsübernahme von Maßnahmen für den Einzelnen bei. (Beispiel: Regeln werden umgesetzt)

Neben diesem strukturellen Ansatz soll der Moderator – möglichst mit einer gewissen Leichtigkeit – konkrete Aufgaben erfüllen, wie z. B. (vgl. Polzin und Weigl 2014, S. 114 f.):

1. Die Eröffnung der Besprechung/strukturierte Eingangsrunde:
   - Begrüßung,
   - Vorstellung der Besprechungspunkte und Ziele,
   - Information zum organisatorischen Ablauf (Dauer, Pausen, etc.) inkl. Visualisierung der Tagesordnung,
   - Vorstellung unbekannter Personen,
   - ggf. auflockernde Eingangsrunde, Einstimmung auf das Thema,
   - ggf. Aufstellung (falls nicht in einem regelmäßigen Gesprächsformat bekannt) und Durchsetzung von Regeln, z. B. Unterbindung von Privatgesprächen.
2. Die Leitung der Arbeitsphasen:
   - „Roten Faden" mit allen *Tagesordnungspunkten (TOP)* im Zeitplan einhalten,
   - Einführung in jeden TOP mit kurzer Schilderung des Sachstandes und Ziels zur Sicherstellung einer fundierten Bearbeitung,
   - Anmoderation verwendeter Techniken (Transparenz zu: nächster inhaltlicher Schritt (Was/Warum), das dazu verwendete Verfahren (Was/Wozu) und Vorgehen (Wie)),
   - Reihenfolge der Wortmeldungen beachten,
   - Beteiligung aller fördern,
   - Konflikte auf die Sachebene zurückführen,
   - jeden TOP mit Ergebnis abschließen.
3. Den Abschluss der Besprechung/strukturierte Abschlussrunde:
   - Zusammenfassung der Ergebnisse,
   - Festhalten offener Punkte, ggf. mit Arbeitsaufträgen,
   - Festhalten von Ideen als TOP für das nächste Treffen,
   - Information über das weitere Vorgehen (z. B. nächster Termin),
   - ggf. Feedback zur Runde einfordern,
   - Verabschiedung der Teilnehmer,
   - Dank für die Mitarbeit und
   - ggf. ein Abschlussritual (als Startschuss für anschließende Privatgespräche).

■■ Risiken der Doppelrolle

Es gibt zwei besondere Risiken für die *Doppelrolle* in der Projektmoderation, erstens die Überlastung und zweitens eine klare Trennung der Rollen. Als Projektmoderator überlasten sie ihre Konzentration, wenn sie oft gleichzeitig den Prozess leiten, Visualisieren, Dokumentieren und inhaltlich aufmerksam bleiben müssen. Daher ist es sinnvoll einige Aufgaben, z. B. die Dokumentation, einer anderen Person zu übertragen. Wollen Sie inhaltlich in ein Thema einsteigen, können sie auch die prozessuale Verantwortung delegieren. Das zweite Risiko ist das Durchhalten einer strikten Trennung der Rollen: wann agieren Sie als Moderator, wann als Teilnehmer am inhaltlichen Diskurs bzw. als Entscheidungsträger. Eine Vermischung kann die Teilnehmer verwirren und in ihrer Beteiligungsaktivität (vor ihrem Vorgesetzten) hemmen. Kanitz (vgl. 2018, S. 24 f.) empfiehlt dazu u. a. folgende Maßnahmen:

- *Transparenz der Doppelrolle* zu Beginn des Termins, z. B.: „Ich führe uns heute als Moderator durch die Besprechung zum Thema X. Als Moderator bemühe ich mich, mich in neutraler Haltung auf prozessuale Aspekte zu beschränken. Als Projektleiter mit fachlichem Hintergrund zu dem Thema X möchte ich mich auch inhaltlich einbringen und werde das dann auch ab und an tun. Das werde ich dann kurz vorher ankündigen."
- *Transparenz zum Vorgehen bei der Entscheidungsfindung:* Machen Sie dem Team vorab klar, welche Entscheidungen als Konsens im Team gefällt werden, welche von Ihnen oder auf einer anderen Ebene, z. B.: „TOP 1 würde ich gerne gemeinsam mit ihnen bearbeiten, um eine fundierte Entscheidung treffen zu können. Auch wenn ich ihre Empfehlung eventuell nicht 1:1 umsetzen werde, bitte ich sie um eine offene Mitarbeit, damit ich die Risiken einschätzen kann. TOP 2 und 3 werden wir wie üblich im Plenum entscheiden."
- *Transparenz der aktuellen Rolle:* Markieren Sie den Wechsel konsequent, z. B. mit einem sprachlichen Einstieg: „Als Bauingenieur sehe ich…", „Für mich als Projektleiter ist wichtig…".
- *Zurückhaltung bei Mitarbeit und Meinung:* Achten Sie darauf, Ihre Vormacht als Moderator und Führungskraft nicht auszunutzen, um bei Diskussionen zu dominieren. Bringen Sie ihre Meinung erst ein, wenn sich die anderen geäußert haben, damit Sie sie nicht mit ihren Vorgaben beeinflussen.
- *Keine Bewertung:* Als Moderator kommentieren bzw. bewerten Sie keinen Beitrag der Teilnehmer. Ihre Gestik und Mimik (z. B. Stirnrunzeln oder verbrüderndes Lächeln mit einem anderen Teilnehmer) beherrschen Sie dabei nur, wenn Sie die Rolle des Moderators verinnerlichen und den Wechsel vollziehen können. Wollen Sie eine Bewertung abgeben, müssen Sie in die Rolle der Partei wechseln.

6.1.4.2 Konfliktmoderation

Der Konflikt-Moderator hat grundsätzlich, ähnlich wie in der Mäeutik, das Vertrauen in die Fähigkeit der Parteien, eine eigenständige Lösung erzielen zu können. Er übernimmt Kurskorrekturen in der Kommunikation direkt und akut in Besprechungen und gibt den Parteien Methoden an die Hand, die ihnen zurück zur Selbstständigkeit verhelfen. Der Moderator regt z. B. bei der Klärung von Aufgaben, Funktionsbeschreibungen, Ablauf- und Planungsfragen durch die Verwendung neuer Arbeitsweisen dazu an, mit diesen zu experimentieren, um sich damit schnell wieder von ihm lösen zu können. Seine Interventionen beziehen sich kaum auf die interne Struktur der Parteien, dennoch versucht er über das Aufdecken des Konfliktverlaufs in den Beziehungen „Störgeräusche" zu erkennen, die Indizien für Konflikttypen sind, die ggf. durch eine „härtere" Intervention gelöst werden müssen. (vgl. Glasl 2013, S. 408 f.)

Die Interventionsschwerpunkte können in drei Bereichen dargestellt werden (vgl. Glasl 2013, S. 438 f.):

1. *Arbeit mit Störquellen* im Kommunikationsprozess: Einführung von Methoden, mit denen auftretende Störungen aufgedeckt und korrigiert werden; direktes Eingreifen und Aufklären von Missverständnissen in der Projektkommunikation;

2. *Arbeit an der Haltung* und Intention: Abbau einer Konkurrenzhaltung zugunsten einer kooperativen Haltung; Aufdecken und Abbauen von unfairen Diskussionstaktiken (verbaler Gewalt); Lösung erstarrender Standpunkte;
3. *Arbeit an den Verhaltensweisen:* direkte Korrektur des Verhaltens (Feedback); Die Arbeit an den Verhaltensweisen ist langfristig auszulegen, indem die zur Problemlösung und Entscheidungsfindung eingesetzten Prozedere gesteuert werden. Über das Verwenden solcher Methoden und Verfahren (Kreativitätstechniken) in der Projektmoderation, kann die Moderatorenfunktion als Vorbild schrittweise in die alltägliche Projektkommunikation übertragen und die Selbstständigkeit der Teammitglieder optimiert werden.

■■ Risiken der Doppelrolle

Die Risiken der Doppelrolle ergeben sich vor allem aus zwei Punkten, dem (Unternehmens-) Kontext und der zur Verfügung stehenden Zeit. In einem Projektumfeld mit starken Hierarchien wird eine Entscheidung „von oben" erwartet. Die Frage hier ist, wie weit die Grenzen der Verantwortungsübertragung gesteckt werden sollen und welche Erwartung diesbezüglich an die Mitarbeiter realistisch ist, die die bisherige Führungskultur gewohnt sind. Handelt es sich um eine Veränderung der Führungskultur, muss sie dosiert und konsequent stetig erfolgen. Das zweite Risiko stellt die zur Verfügung stehende Zeit dar, eine Entscheidung ist schneller gefällt als ein Lösungsprozedere vermittelt. Im Projektalltag ist es unrealistisch, immer als Moderator zu agieren. Entscheiden Sie sich für flache Hierarchien und Übertragung der Verantwortung, kann es Ihnen viel Zeit durch Anfragen im Projektverlauf sparen, wenn Sie sich am Projektanfang die Zeit nehmen, mit Moderationen konsequent zur Eigenständigkeit anzuleiten und sie dann auch einzufordern.

6.1.4.3 Online-Moderation

Für *Online-Moderationen* (Video- oder Webkonferenzen) gelten grundsätzlich die gleichen Vorgehensweisen wie für Moderationen im Realen, dennoch sind einige zusätzlichen Hinweise für die virtuelle Variante hilfreich, da steuernde Eingriffe über die Technik möglich sind:
1. Kennen Sie die Möglichkeiten Ihrer Software. Software-Plattformen und Hersteller sind vielfältig uns bieten sehr unterschiedliche Werkzeuge wie z. B. Chats für Brainstorming oder Arbeitsoberflächen mit Zugriff von jedem Arbeitsplatz aus.
2. Stellen Sie sicher, dass alle Teilnehmer über die notwendige Technik (Software) verfügen und geben Sie die Einwahl-Daten mit der Termineinladung bekannt.
3. Prüfen Sie die Technik vor Terminbeginn (und haben Sie ggf. eine Hotline parat für technische Hilfe).
4. Lassen Sie die Teilnehmer im virtuellen Raum über Smalltalk-Fragen oder Skalierungsfragen zum Projekt (Sachstand, Schwierigkeitsgrad, Risikoeinschätzung) ankommen. Damit prüfen Sie die audiovisuellen Verbindungen.
5. Stellen Sie sicher, dass alle Teilnehmer wissen, welche Teilnehmer noch anwesend sind (z. B. „Berlin sehe ich zugeschaltet, wer ist in Berlin mit dabei?").
6. Liegen trotz bekannter Regeln Störungen vor (Hintergrundgeräusche), nutzen Sie die Möglichkeit, denjenigen über die Moderatorenfunktion auf lautlos zu stellen.

> ❓ **Praxis-Aufgabe**
> Planen Sie Ihre nächste Arbeitsbesprechung in der Gruppe (z. B. eine Entwurfs-
> besprechung) als Online-Veranstaltung: Überlegen Sie gemeinsam, welche Technik/
> Software Sie dabei unterstützen kann. Wählen Sie einen Moderator aus, der durch die
> Besprechung führt. Diskutieren Sie anschließend auf der Metaebene, was gut war und
> was schwierig an der Besprechungsform war.

6.1.5 Lean Construction

Im ersten Moment mag es verwundern, diesen Begriff in einem Kapitel zur Moderation wiederzufinden. Die *Lean Construction* folgt dem Prinzip „Plan-Do-Check-Act-Plan" des Lean (= Schlankes) Management aus dem Toyota-Produktionssystem, das Ohno Taiichi 1950–1982 implementierte. Daraus hat z. B. das LCI (Lean-Construction-Institute) ein Gesamtkonzept mit Vorgehensweisen und Analyseinstrumenten für das Bauprojektmanagement geschaffen, das *Last-Planner®-System (LP®S)*. Ziel der Anwendung ist eine zuverlässigere Planung, ressourcenoptimierte, reibungslose Arbeitsabläufe und dadurch erhöhte Produktivität, wobei sich das Vorgehen auf alle Realisierungsphasen bezieht und den gesamten Lebenszyklus von Bauprojekten betrachtet. Das LP®S ist ein ganzheitlicher Ansatz auf der Basis kooperativer Zusammenarbeit. Veranstaltungen zur Prozessplanung und Analyse erfolgen gemeinsam (Kunde, Planer, Realisierer): Die gesamte Umsetzung verlangt Moderationskompetenzen. Der Einsatz eines Lean Construction Konzeptes ist eine Kombination aus Konflikt-Prävention und -Integration.

6.1.5.1 Prinzipien & Funktionen

Folgende Prinzipien und Funktionen machen das LP®S nach Porwal (vgl. 2014, S. 9 f.) aus:

Prinzipien

- Plane detaillierter, je näher du an die Ausführung der Arbeiten kommst!
- Erstelle die Pläne gemeinsam mit denen, die die Arbeiten ausführen!
- Suche und entferne Risiken für Arbeitsschritte gemeinsam als Team!
- Mache zuverlässige Zusagen und gehe sie als Verpflichtung ein!
- Lerne aus Pannen (Fehlerkultur)!

Funktionen

- Partnerschaftliches Planen
- Aufgaben strukturieren/detaillieren
- Prozesse passgenau gestalten
- Ressourcen einsetzen
- Ausführungen vorbereiten
- Workflow-Produktivität kontrollieren
- Risiken identifizieren und beseitigen
- Problem-Ursachen erkennen
- Entscheidungen zeitnah sicherstellen
- Verpflichten
- Lernen

6.1.5.2 Terminplanungs-Instrumente

Am Beispiel der LP*S-Instrumente zur Terminplanung (vgl. Porwal 2014, S. 10 ff.) soll das kooperative Vorgehen verdeutlicht werden. Die Terminplanung erfolgt in drei Schritten:

1. *Langfristige Planung:* Phase Scheduling, Erstellung des Masterplans
2. *Mittelfristige Planung:* Look Ahead Planning, Erstellung von ca. 6-Wochen-Plänen
3. *Kurzfristige Planung:* Weekly Work Planning, Erstellung des detaillierten Wochenplans

Insgesamt soll sichergestellt werden, dass:

- Immer ein Arbeitsplan vorliegt der visualisiert, was gemacht werden muss.
- Es ein Organisations-Chart gibt, in dem transparent ist, wer was macht.
- Es Abkommen zwischen den Ausführenden (Planern, Gewerken) gibt, wann sie mit der Arbeit starten und wann sie fertig sind.
- Ein Logistik-Plan vorliegt, wann Materialien, Pläne, Arbeitsteams etc. da zu sein haben.
- Eine Übersicht besteht, wann das Team was machen will.
- Eine Basis für ein Controlling-Tool vorliegt, um den Prozess kontinuierlich zu überprüfen.

▪▪ Master-Planung

Für den Masterplan als Ergebnis dieses Planungsprozesses werden kollaborativ Projektphasen und Meilensteine festgelegt, notwendige Arbeitspakete identifiziert und diese rückwärts vom Meilenstein ausgehend terminiert. Die Ziele des Masterplans sind:

- Die Machbarkeit des Projektes im geplanten Zeitansatz zu demonstrieren.
- Eine Ausführungs-Strategie als Basis für die Koordinierung zu entwickeln.
- Zeitpunkte zu definieren, zu denen langfristige Lieferketten angestoßen werden müssen (z. B. Bestellung einer Tunnelbohrmaschine).

▪▪ Mittelfrist-Planung

Das mittelfristig ausgelegte Look Ahead Planning ist ein Terminierungs-Instrument und ein Analyseinstrument für die Langfrist- und Kurzfristplanung. Ein Meilenstein bleibt so lange im Masterplan fixiert, bis klar ist, dass es nicht möglich ist, ihn zu halten. Der Termin wird nur in den Mittelfrist-Plan aufgenommen, wenn der Verantwortliche versichern kann, dass er eingehalten wird. Erst wenn alle Risiken, die eine Ausführung bedrohen, beseitigt sind, wird der Termin in den Wochenplan übernommen. Die Ziele des Planungsschrittes sind:

- Arbeitsschritte mit einer bestmöglichen Sequenz zu erarbeiten
- ein „Arbeit-Material-Ressourcen-Match" herzustellen
- Erstellen und Fortschreiben einer Rückstau-Liste von Aufgaben für die jeweils Verantwortlichen
- Arbeitsschritte mit hoher Abhängigkeit voneinander identifizieren und aufeinander abstimmen
- risikobehaftete Schritte identifizieren und gemeinsam Lösungen finden

▪▪ Wochen-Planung

Die Wochen-Planung wird auch Commitment Planning genannt, weil zu diesem Zeitpunkt die Verantwortlichen die Zusage geben, die Arbeit wie geplant auszuführen. In wöchentlichen, gemeinsamen Terminen – es muss sichergestellt sein, dass alle Stakeholder an diesem Termin anwesend sind – werden die detaillierten Arbeitsschritte der Woche festgelegt. Der Last-Planner®, die Teamleitung, ist für die Moderation dieser Termine verantwortlich. Die Ziele des Instruments sind:

- Transparenz über Verantwortlichkeiten
- Identifikation der machbaren Fertigstellungen
- Optimale Nutzung der Ressourcen je Einheit (Gewerk, Teams, etc.)

Zwei weitere Instrumente bzw. Arbeitsweisen unterstützen den Ablauf:

▪▪ Daily Huddle Meetings

„Mal schnell die Köpfe zusammenstecken", eine kontinuierlich offene Kommunikation (kurze Statusmeldungen, insbesondere bei Problemen), ermöglicht schnelle Entscheidungen und stärkt ebenfalls die Eigenverantwortung der ausführenden Personen. Gibt es einen gemeinsamen Arbeitsraum in dem die Dokumente aushängen, ist die Transparenz wer gerade an welchem Schritt arbeitet und welche bereits abgeschlossen sind, gegeben.

▪▪ Verpflichtung & Verpflichtungs-Loop

Dieses Vorgehen ist das Basis-Element des Koordinierungsprozesses, es erhöht die Eigenverantwortlichkeit (Empowerment) der einzelnen Beteiligten. Das (Arbeits-)Versprechen verbindet die Parteien miteinander und führt zu mehr Transparenz, Plan-Verlässlichkeit und Ehrlichkeit. Die kritischen Merkmale der Zusagen sind eine klare Definition einer realistisch und konkret ausführbaren Tätigkeit unter der Voraussetzung, dass die richtige Prozessabfolge und das notwendige Arbeitsvolumen identifiziert wurden.

❗ Für die Implementierung eines Lean Construction Systems sind Moderationskompetenzen notwendig.

6.1.5.3 Kritische Erfolgsfaktoren

Die Einführung des LP®S für ein Projekt unterliegt einigen kritischen Erfolgsfaktoren, da es die Kultur – Arbeitskultur, Fehlerkultur, Konfliktkultur – und damit die zugrunde liegende Haltung der Projektbeteiligten betrifft. Diese identifiziert Porwal (vgl. 2014, S. 22 ff.) z. B. mit Folgendem:

- Verpflichtung, Beteiligung und Vorbild durch die Hierarchiespitze
- Training aller Mitarbeiter, um das Konzept ganzheitlich zu verstehen
- hohe Soft-Skill-Fähigkeiten der Leitungspositionen
- technische Umsetzung (Auswahl, Kombination und Bedienung der Software)
- Implementierung als Komplettpaket (alle Parameter und Instrumente), keine einzelnen Elemente
- Implementierung zu Beginn des Projektes, keine Umstellung im laufenden Prozess
- Besprechungsdisziplin (Besprechungskultur) wie z. B. Pünktlichkeit
- Neue Form der Vertragsgestaltung (Übereinkommen, Risiken und Belohnungen zu teilen)

Es ist davon auszugehen (Hypothese!), dass ein Konfliktmanagement für Bauprojekte ähnlichen Parametern wie die Lean Construction mit dem LP®S unterliegt, da es auf ähnlichen Voraussetzungen – Kooperation, Wertschätzung, Transparenz- beruht. Die Organisation des Projektes muss dem Vorgehen angepasst werden.

6.2 Aspekte der Arbeitsmittel

6.2.1 Gruppen-Gesprächsformate

Moderation ist die Gesprächsleitung von Gruppen. Meeting, Kick-Off, Besprechung, Konferenz, Workshop, Präsentation – die Begriffe für diese Gesprächsformate sind breit gefasst, werden durch Wortkreationen wie TelKo (Telefonkonferenz) ergänzt und variieren inhaltlich von Unternehmen zu Unternehmen. Gehen wir von einem Umfeld mit dem gemeinsamen Bezugsrahmen eines (geplanten) Bauprojektes aus, also das Umfeld, in dem Sie Moderation einsetzen können, unterscheiden sich die Formate im Wesentlichen durch vier Aspekte:

▪▪ Ziel
Information – Zusammenarbeit

Die wesentliche Unterscheidung des Ziels eines Gesprächsformates liegt in der Aktivität der Beteiligten. Erstens gibt es das Informieren bzw. den Informationsaustausch, bei dem ggf. nur eine Reaktion der Gruppenmitglieder in Form einer anschließenden Gruppendiskussion gefordert wird, die Entscheidungen aber bereits getroffen sind. Informieren z. B. 20 Personen nacheinander, ist es insbesondere Aufgabe des Moderators, Redezeiten vorzugeben und auf die Einhaltung derselben zu achten. Zweitens gibt es die verschiedenen Formen des gemeinsamen Arbeitens, sei es an einer Entscheidungsvorbereitung, einer Problemlösung oder der Festlegung von Maßnahmen. Hier ist die Aktivität jedes einzelnen in der Gruppe verlangt.

▪▪ Turnus
regelmäßig/sequenziell/punktuell – geplant/ad hoc

Gespräche finden regelmäßig über den gesamten Projektverlauf z. B. wöchentlich oder monatlich statt. Vorteile davon sind eine konstante Teilnahmequote (Nudge) und eine Zeitersparnis bei den Vorbereitungen durch eine klare, routinierte Aufgabenverteilung (z. B. Raum ist regelmäßig reserviert, Unterlagen werden von einem Verantwortlichen zusammengeführt). Nachteil für die Modcration könnte eine Art „Betriebsblindheit" sein, wenn nicht regelmäßig kontrolliert wird, ob z. B. die richtigen Teilnehmer zu der Veranstaltung eingeladen sind. Sequenzielle Gespräche, z. B. fünf Stück, widmen sich einem speziellen Problem. Vorteil ist eine konzentrierte Bearbeitung des Problems bis zur Lösung, Nachteil ist, dass die Zeitfenster in die Alltagsarbeiten eingebunden werden müssen. Gespräche können auch nur einmal durchgeführt werden – geplant oder ad hoc.

▪▪ Medium
Real – Virtuell: Telefon/Video/Web

Menschen können sich in einem Termin real gegenüberstehen und alle Kommunikationskanäle zur Verfügung haben. Diese Variante ist insbesondere zum Kennenlernen bei neuen Gruppen von Vorteil. Nachteil ist, bei unterschiedlichen Herkunftsorten, hohe Kosten für Zeitaufwand und Anreise. Für den Moderator schwierig sind Telefonkonferenzen, fragt er z. B. nach, ob alle Standorte vertreten sind, wird er ein gleichzeitiges „Ja" hören – und ist so schlau wie vorher. (Metakommunikation: Ich frage jetzt die Standorte einzeln nach der Anwesenheit: Standort A – Pause, Standort B – Pause,…). Videokonferenzen haben den Vorteil, dass zumindest Teile des Teams gemeinsam in einem Raum sein können, Materialien gemeinsam eingesehen werden können (Pläne auf dem Bildschirm für alle freischalten) und die Kostenersparnis der Reisen vorliegt. Nachteil sind häufig technische Probleme, z. B. das Aufschalten einer Anlage funktioniert nicht, der Ton geht nicht, die hochgeladen Materialien sind in der Auflösung für den Bildschirm zu niedrig. Die Anlagen sind teuer, es werden spezielle Räume eingerichtet und eine IT-Unterstützung ist notwendig. Bei Web-Konferenzen kann jeder an seinem Arbeitsplatz (oder Homeoffice) an dem Gespräch teilnehmen. Man sieht und hört die anderen und kann Materialien gemeinsam einsehen und direkt mit den anderen am Rechner bearbeiten. Notwendig dafür ist die gleiche Software bei allen Beteiligten.

▪▪ Gruppe

Gruppe: klein – groß – mittel

Eine Gruppe sind mehrere Personen, die miteinander in Interaktion stehen, wobei es auf der einen Seite eine Rollendifferenzierung der Einzelnen und auf der anderen Seite gemeinsame (Gruppen-) Normen gibt. Das Handeln der Gruppe erfolgt kooperativ zur Erreichung der Gruppenziele, wobei ein Wir-Gefühl die Widerstandskraft gegenüber Konflikten und Führungsproblemen erhöht (vgl. Brockhaus 2006, 11, S. 529). Gruppengrößen werden unterschiedlich definiert, in der Didaktik sind ca. 2–16 Personen eine Kleingruppe, ca. 16–30 Personen eine mittelgroße Gruppe und mehr als 30 Personen eine Großgruppe (vgl. Böss-Ostendorf und Senft 2010, S. 216). Die Gruppengröße hat je Arbeitsziel Effektivitätsgrenzen, allgemeingültig ist, je größer die Gruppe zu einem Thema, desto länger dauert der Austausch. Kanitz (vgl. 2018, S. 244) empfiehlt für einen persönlichen Austausch (z. B. Kennenlernen) und Reflexionsthemen kleine Gruppen von 2 bis max. 4 Personen. Bei der inhaltlichen Bearbeitung von Themen sind allerdings ausreichend Fachperspektiven – und daher eine Moderation – notwendig.

Moderationsmethoden, der Begriff wird teilweise gleichgesetzt mit dem Begriff Kreativitätstechniken, sind sehr vielfältig und müssen passend zu Gruppe, Thema und Situation eingesetzt werden. Eine Eingrenzung der Gesprächsformat-Begriffe für diesen Zusammenhang soll die Auswahl der vorgestellten Methoden begründen und die Zuordnung für ihren Einsatz unterstützen. Im Projektkontext ist es sinnvoll, Begriffe für Gesprächsformate über die Zielvorstellung der Veranstaltung zu differenzieren, damit die Teilnehmer schon vorab wissen, welche Erwartungshaltung auf sie zukommt oder ob sie z. B. Unterlagen vorbereiten müssen.

6.2.1.1 Kick-Off-Meeting

Ein *Kick-Off-Meeting* ist als „Startschuss" eine geplante, einmalige Besprechung zu Beginn eines Projektes oder eines speziellen Arbeitsauftrages. Da es insbesondere um eine Gruppenbildung, ein Kennenlernen der Teilnehmer und deren Spezifikationen bzw. Aufgabenbereiche geht, sollte das Format möglichst real stattfinden. Die Veranstaltung ist informationslastig, je Konzept variiert der Anteil gemeinsamer Arbeit: die Projektparameter (Ziel, Dauer, Sachstand) und organisatorische Themen (Ansprechpartner, Besprechungstermine, etc.) werden vorgestellt und die nächsten Arbeitsschritte evtl. inkl. Abstimmungsbedarf einzelner Gewerke wird festgelegt. Die Gruppengröße ist abhängig von der Projektgröße, entweder sind tatsächlich alle Beteiligten anwesend oder die Teamleiter der jeweiligen Fachbereiche/Gewerke. Die DIN 69901-5 (vgl. 2009, S. 9) definiert das Kick-Off-Meeting abweichend als offizielle Veranstaltung, die erst nach erfolgter Planung stattfindet, um ein gemeinsames Projekt-Verständnis zu vermitteln und die auszuführenden Arbeiten in Gang zu setzen.

6.2.1.2 Arbeitsbesprechung/Jour Fixe

Arbeitsbesprechungen oder *Jours Fixes*, also fixierte Tage, sind ein regelmäßiges Format. Ziel ist meistens eine Mischung aus Information und Zusammenarbeit, wobei die Moderationsmethoden klar wechseln sollten. Da hier oft das gesamte Team auf den aktuellen Stand gebracht wird und die folgenden Arbeitsprozesse festgelegt werden, ist die Gruppen recht groß und die zu moderierende Zusammenarbeit besteht aus einer Diskussion zu aktuellen Problemen und der Aufgabenverteilung für den Zeitraum bis zum nächsten Jour Fixe. In großen Projekten überschneiden sich Jours Fixes (Fach, Führung, Kunde, etc.), was ein gutes Konzept der Kommunikationswege bzw. der Teilnehmer notwendig macht, um die Mitarbeiter zeitlich zu entlasten. Jours Fixes finden daher häufig nicht als persönliche Treffen, sondern medienunterstützt statt (z. B. wöchentlich als Web-Konferenz und quartalsweise als persönliches Treffen).

6.2.1.3 Besprechung/Meeting/Konferenz/Beratung/Sitzung

In der Bauprojektrealisierung ist eine Vielzahl an einzelnen Besprechungen, geplant und ad hoc, notwendig. Das können sowohl Informations- als auch Arbeitsveranstaltungen sein, die dann im Einzelnen über eine Klarstellung des Ziels der Veranstaltung definiert werden müssen. Je Thema und Möglichkeit finden sie z. B. persönlich im Nachbarbüro oder mediengestützt mit einem Fachmann im Nachbarland statt. Regelmäßig in großem Abstand stattfindende Fix-Termine, wie z. B. eine jährliche Budget-Konferenz, heben sich davon ab, da Ziel und Art der Durchführung bestenfalls standardisiert und bekannt sind.

6.2.1.4 Workshop

Ein *Workshop*, eine gemeinsame Arbeitsveranstaltung, findet einzeln, oft 1–3 Tage lang, oder sequenziell zu einer komplexen Problemstellung statt. Da er herausgelöst aus den „normalen" Arbeitsaufgaben stattfindet und der intensive Austausch die Anwesenheit der Teilnehmer sinnvoll macht, sollte er langfristig geplant werden, damit eine Teilnahme sichergestellt werden kann. Bei mehr als 5 Personen sollten anteilige Fragestellungen in Kleingruppen durchgeführt, und später im Plenum (Gesamtgruppe) vorgestellt und diskutiert werden. Speziell bei Workshops ist eine Moderation sinnvoll, da oft Experten zusammengeführt werden, die weder ein eingespieltes Team darstellen, noch im Rahmen einer standardisierten Besprechung handeln.

6.2.2 Setting und Sitzordnung

Mit dem *Setting* sind alle Fragen gemeint, die mit dem Ort der Veranstaltung im Zusammenhang stehen, ein Arrangement, das zum einen funktional zum Moderationskonzept (z. B. abwechselndes Arbeiten im Planum mit 15 Personen und in 5 Kleingruppen á 3 Personen) sein muss, zum anderen als Kommunikationskanal kongruent zum Arbeitsmodus sein sollte (vgl. ▶ Abschn. 3.4.5).

Funktionale Fragen, die Sie im Vorfeld klären müssen sind z. B.:

- Wie groß ist die Gruppe, wie groß muss der Raum für das Plenum sein?
- Welche Arbeitsformate setze ich ein, wie viele Räume benötige ich?
- Welche Materialien und welche Technik benötige ich in welchem der Räume?
- Wie wird Verpflegung organisiert (Platz für Buffett, stören Getränke auf dem Tisch das Arbeitsformat…)?
- Wer unterstützt mich organisatorisch (Telefonnummer für Getränkenachschub, Schlüssel für die Räume, …)?

Die Raumgestaltung als Informationsträger geht in drei wesentliche Richtungen, die wild-dynamisch kreative der Ideengenerierung, die sachlich-diskursive der Ideenanalyse und Ausarbeitung in der Gruppe und die konzentriert-ruhige der Ideenausarbeitung in Einzelarbeit. Für den Verlauf eines Workshops, der meist alle drei Phasen umfasst, können damit drei verschiedene Raumtypen sinnvoll sein.

Die *Sitzordnung* ist ein essenzieller Parameter des Settings. Basis ist hier das Gesamtziel, nämlich Information oder Zusammenarbeit. Ein einzelner Vortragender mit einer Präsentation im Überzeugungsgespräch fixiert die Aufmerksamkeit mit einem Halbkreis (Vorlesungssaal) oder Reihen (Klassenzimmer) auf sich. Auch Podiums-Diskussionen arbeiten mit dieser Variante. Nachteil ist die Unruhe die entsteht, wenn sich alle zu einem einzelnen Fragenden in der letzten Reihe umdrehen (◘ Abb. 6.1A). Die meisten Arbeitsbesprechungen setzen sich aus Information und Diskussion zusammen, wofür eine weitgefasste U-Form sinnvoll ist, die eine Präsentationsfläche am offenen Ende ermöglicht und dennoch das zugewandte Gespräch zulässt. Weitgefasst meint eine wesentlich schmalere Form als die Präsentationsfläche zu vermeiden, damit sich die Teilnehmer nicht „die Hälse verrenken" und gegenseitig im Blickfeld sitzen (◘ Abb. 6.1B). Bei der Ausarbeitung von Ideen mit Modellen oder Prozessen mit Simulationen wird entweder eine horizontale oder vertikale Fläche mit der gemeinsamen Arbeitsgrundlage benötigt und ausreichend Platz, damit die Teilnehmer stehen und sich vor bzw. um das Material bewegen können. Sitzplätze befinden sich dann im Hintergrund, entweder als Reihe, um mit Blick auf das bearbeitete Objekt diskutieren zu können oder in Form von Gruppen, kleine runde oder eckige Tische, an denen man in gleichem Abstand zusammensitzt und die Themen in Kleingruppen weiterbearbeitet (◘ Abb. 6.1C, D).

Für die Moderation von Konfliktgesprächen sind weitere Punkte ausschlaggebend. Die Sitzordnung ist ein offener Stuhlkreis. Dieser ermöglicht eine offene und zugewandte Haltung, eine Wahrnehmung der gesamten Körpersprache und reduziert die Möglichkeiten z. B. von Mitschriften, da die Aufmerksamkeit auf das Gespräch fokussiert werden soll. Der Abstand der Stühle sollte gleichmäßig sein und insbesondere sollte der Abstand des Moderators zu beiden Konfliktparteien (egal wie viele Personen in dem Kreis sitzen) als Zeichen der Neutralität gleich groß sein. Die Konfliktparteien sollten sich gegenübersitzen, damit sie erstens keine zu große körperliche Nähe zueinander haben und zweitens sich beim Sprechen auf den Moderator oder das Gegenüber

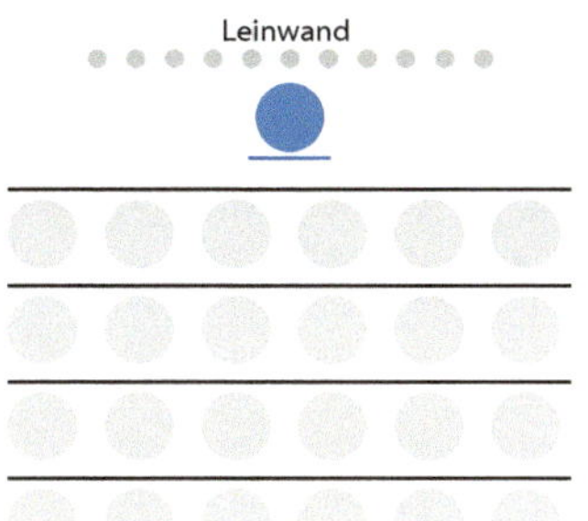

A: Information (Podiumsdiskussion)

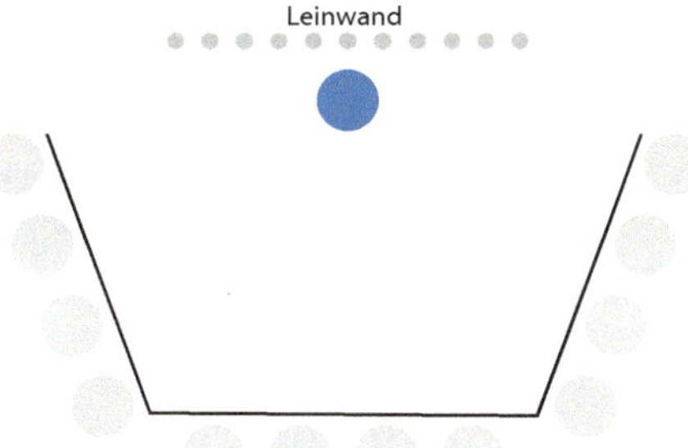

B: Information (z. B. Projektbesprechung)

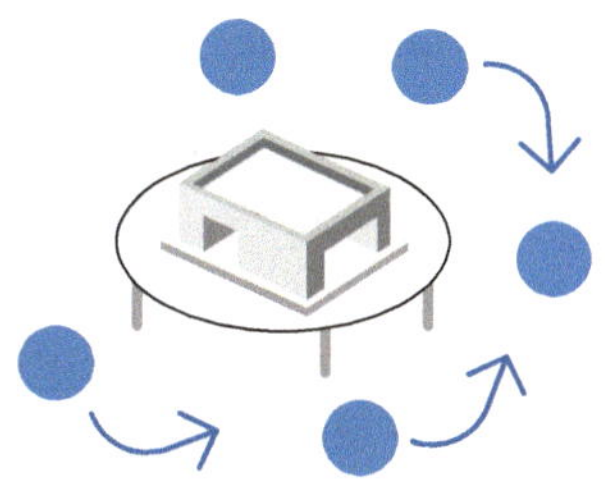

C: Zusammenarbeit (z. B. am Modell)

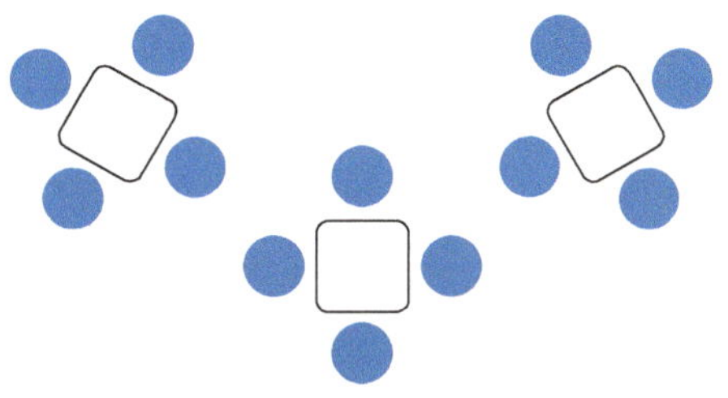

D: Zusammenarbeit (z. B. Gruppenarbeit)

Abb. 6.1   Sitzordnungen in moderierten Gesprächen

konzentrieren können (Abb. 6.2A). Eine weitere Variante, die bei Gruppengrößen über 15 Personen sinnvoll ist, ist das Einrücken der drei Stühle (Moderator und Parteien) in die Mitte des Stuhlkreises (Fish-Bowl). Das Gespräch konzentriert sich damit, wird von den anderen Teilnehmern nur beobachtet (Abb. 6.2B). In Workshops zur Teamdynamik, wenn ein Auftrag verloren wurde oder ein Projekt schiefgelaufen ist, kann es passieren, dass es einen „Sündenbock" gibt, auf den sich die Kritik der Gruppe konzentriert. Dennoch ist es sinnvoll, das Thema auszutragen, damit Prozesse weiterentwickelt (Aus Fehlern wird man klug!) werden und kein kalter, lähmender Konflikt im Team

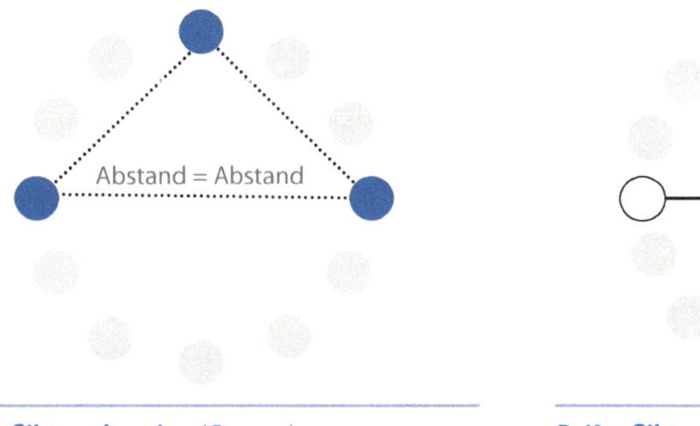

A: Konfliktmoderation (Gruppe)

B: Konfliktmoderation (Fishbowl)

Abb. 6.2   Sitzordnungen in Konflikt-Moderationen

entsteht. Um den Betroffenen emotional zu stärken sollte er dann neben dem Moderator sitzen. (vgl. Seifert 2018, S. 43 ff.)

Wenn Sie einen bereits langanhaltenden, kalten Konflikt vermuten, sind zum emotionalen Schutz der Parteien vorgelagerte Einzelgespräche sinnvoll, die Ihnen dann auch bei der Entscheidung helfen, ob Sie den Konflikt moderieren oder z. B. einen externen Mediator einschalten.

6.2.3 Informieren: Die Präsentation

Präsentation hat eine doppelte Bedeutung. Zum einen bedeutet präsentieren „eine Idee von Mensch zu Mensch zu vermitteln" (Schulenburg 2018, S. 24). Damit die Idee in den Köpfen der Zuschauer mit entstehen kann, muss die Präsentation ein Gesamtkonzept verfolgen, wie sie für den kommunikativen Anteil bei der überzeugenden Gesprächsführung vorgestellt wurde und speziell für Architektur im Bereich Architekturkommunikation gelehrt wird. Ein visueller Kanal, der standardmäßig als Arbeitsmittel für diesen Ideentransfer genutzt wird, wird daher zum anderen auch Präsentation genannt. Mit Präsentation im Projektalltag ist üblicherweise das Arbeitsmittel gemeint, eine softwaregestützte (z. B. PowerPoint, Keynote, Prezi) Darstellungsform der Informationsanteile für Besprechungen. Der Austausch von Informationen ist ein wesentlicher Bestandteil der kommunikativen Arbeit im Projekt, damit Schnittstellen bei der gegenseitigen Abhängigkeit von Arbeitsprozessen direkt evident werden. Die einzelnen Folien (auch Slides oder Charts) einer Präsentation werden allerdings im Gegensatz zu Flipcharts u. ä. vorbereitet und sind nicht gruppendynamisch anpassungsfähig während der Vorstellung. Einige Gestaltungsaspekte erleichtern dem Publikum die Verarbeitung der Informationen (vgl. Schulenburg 2018, S. 232 ff. [Punkt 1–10]; Polzin und Weigl 2014, S. 142 ff. [Punkt 12–15]):

6.2.3.1 Tipps für die Gestaltung

1. *Präsentation selbst erstellen:* In Projektteams wird diese Arbeit häufig delegiert. Handelt es sich um eine wichtige Veranstaltung ist es sinnvoll, die Gestaltung selbst zu übernehmen, da erstens der Besitztumseffekt (unsere eigenen Ideen erscheinen uns wertvoller als die anderer und sind für unser Gehirn attraktiver), und zweitens die parallel zu der Arbeit entstehende, persönliche Argumentationstaktik zu einer stärkeren Identifikation mit den Inhalten und damit nachhaltigeren Übermittlung führen.
2. *16:9-Format:* Das Gehirn hat sich an das Kinoformat gewöhnt und impliziert (unbewusst) Spannung, wenn es das Format auf den Folien wiedererkennt.
3. *3 bis max. 5 Aspekte pro Folie:* Zu viele Inhalte überfordern das Gehirn eine schnelle Ordnung zu erstellen. Optimalerweise werden die Aspekte mit Stichworten oder Bildern dargestellt, möglichst nicht in ganzen oder mehreren Sätzen hintereinander.
4. *Vermeidung irrelevanter Informationen:* Damit sind alle Informationen für das Gehirn gemeint, die für die Übermittlung der Information nicht notwendig sind, wie z. B. zusätzliche Linien, Schatten, 3-D-Darstellungen.
5. *Vermeidung reiner Textfolien:* Reine Textfolien sind anstrengend und haben das Risiko, dass der Präsentierende abliest oder das Publikum nicht mehr zuhört, da

es mitliest. Auch wenn der Text mit Spiegelstrichen gegliedert ist, sollte er mit Bildern aufgelockert sein.

6. *Vergrößerung von Tabellen und Schaubildern:* Insbesondere bei Kosten- und Termintabellen besteht das Risiko, dass die Darstellung zu klein wird und den Leser überfordert. Daher ist es sinnvoll, den relevanten Ausschnitt zu vergrößern. Werden dann detaillierte Informationen nachgefragt, kann z. B. ein Link schnell auf die Originaldatei führen.

7. *Animation von Inhalten:* Wird eine Folie gezeigt, schaut das Publikum sie sofort komplett an. Dadurch ist es davon abgelenkt, Ihnen zu folgen, und Sie nehmen sich ggf. die Dramaturgie ihrer Darstellung. Mit Animieren ist daher das schrittweise Einblenden von Inhalten, in Ihrer Geschwindigkeit des Vortrags, gemeint.

8. *Agenda, Überschrift und Seitenzahl:* Diese Informationen auf der Folie ermöglichen dem Publikum eine Orientierung im Gesamtvortrag und eine schnelle Zuordnung von Rückfragen nach dem Vortrag.

9. *Weniger ist mehr:* In einer abschließenden Prüfung ist jede dargestellte Information zu hinterfragen, ob sie notwendig für das (Informations-) Ziel ist. Falls nein, sollte sie entfernt werden.

10. *Back-up:* Wenn Rückfragen ins Detail gehen, ist es sinnvoll weiterführende Informationen parat zu haben. Das kann in Form einer zweiten Präsentation, einem klar abgegrenzten Folienbereich im Anschluss an die Präsentation, oder Links zu einem Ordner auf dem Rechner sein.

11. *Einheitliches und kontinuierliches Design:* Unternehmen (ggf. auch Projekte) haben ein Corporate Design, d. h. ein einheitliches Erscheinungsbild, um den Identifikationswert zu erhöhen. Verwenden Sie diese Vorgaben oder machen Sie sich selbst Vorgaben (Seitenränder, Schriftart und -größe, Seitenaufbau, Farben, etc.), an die Sie sich konsequent halten. Das garantiert die Zuordnung der Unterlagen zum Projekt, erleichtert den Lesern durch Gewöhnung die Orientierung auf dem Blatt und erspart Arbeitszeit, da nicht jedes Mal neue Entwürfe erstellt werden müssen. Kontinuierlich bedeutet, eine gleichbleibende Reihenfolge der dargestellten Informationen und eine gleichbleibende Art wie die Informationen, z. B. in einer Tabelle, dargestellt werden.

12. *Platzierung:* Über das Design sollten feste Plätze im Folienaufbau z. B. für die Überschrift oder die Kernaussage (Mitte) der Seite festgelegt sein.

13. *Schrift:* Eine klare Schriftart mind. Größe 14 und die Groß- und Kleinschreibung sind zu bevorzugen. Nur Klein- oder nur Großbuchstaben sehen zwar im Design schick aus, sind aber für das Gehirn schwerer zu erfassen.

14. *Visualisierung und Farben:* Nutzen Sie Visualisierungen, um wichtige Aufgaben herauszustellen, komplexe Inhalte besser verständlich zu machen und Erklärungsaufwand zu minimieren. Auch für Farben gilt Reduktion und Konsequenz. Als Faustregel sind drei Farben neben schwarz und weiß einzusetzen und die Zuordnung einer Bedeutung (z. B. rot für offene Aufgaben und grün für erledigte Punkte) beizubehalten.

15. *Zahlen:* Stellen Sie Zahlen nicht als Kolonnen, sondern als zusammenfassenden Kennwerte dar und verwenden Sie Tabellen oder Diagramme, die sich besser einprägen.

16. *Prüfung der Technik:* Qualität (Größe, Farbe, Schärfe) und die Verwendung von Animationen und Links sind abhängig von der Technik, die Ihnen für die Präsentation zur Verfügung steht. Stellen Sie die Funktionalität sicher.

> **❗ Schlichtheit und Klarheit in der Gestaltung von Präsentationsfolien sorgen für eine schnelle Erfassung der Informationen.**

Als Projektverantwortlicher geben Sie für Ihre regelmäßigen Teambesprechungen ggf. Inhalte vor, die Sie in einer Präsentation sehen möchten, z. B. Status von Kosten, Terminen, Nachtragsentwicklung, aktueller Entscheidungsbedarf etc. Als Moderator ist es Ihre Aufgabe, die Präsentation unter einem zeitlichen Gesichtspunkt zu strukturieren. Das menschliche Gehirn arbeitet bei einer Präsentation auf Hochtouren, damit Kurz- und Langzeitgedächtnis das mit allen Sinnen Wahrgenommene zu einem sinnvollen Ganzen zusammensetzen können. Dazu benötigt es Pausen, wobei Aufmerksamkeitsspannen von 5 Min. ein guter Anhaltspunkt sind. Dauern Präsentationen einen gesamten Tag, sollte die Pausenfrequenz erhöht werden, da die Konzentrationsdauer im Laufe des Tages abnimmt. Rhythmus und Begriffe werden im Weiteren entsprechend Schulenburg (vgl. 2018, S. 216 f.) vorgestellt:

6.2.3.2 Tipps für die Zeitstruktur

1. *Hits von 5 Min.* für einen inhaltlichen Aspekt, dann eine Prüfung (Mimik) der Konzentration des Publikums.
2. 5–6 Hits á 5 Min. ergeben einen *Break von ca. 30 Min.,* der sich für die Darstellung eines Sachverhaltes z. B. über eine Argumentationskette eignet. Dann ist eine Pause für Rückfragen notwendig.
3. 3 Breaks ergeben einen ca. *90-Min. Frame,* nach dem eine längere Pause von ca. 15 Min. zur Versorgung mit Getränken sinnvoll ist. (Bei einer Gesamtdauer von 2 h sind 2 × 2 Breaks sinnvoll.)
4. 2 Frames á 90 Min. inklusive der 15-Min. Pause ergeben ein *Intervall.* Darauf folgt eine mind. 30-Min. Mittagspause (ist eine Verpflegung vor Ort organisiert ist diese ausreichend, muss jeder einzelne in eine Kantine o. ä. sind 45 Min. sinnvoll).
5. Bei einer Tagesbesprechung besteht das Nachmittags-Intervall aus 3 Frames á 60 Min., unterbrochen von insgesamt 2 Pausen.
6. Eine gute Planung unterstützt die notwendige Flexibilität in der Realität.

> **❗ Die Zeitstruktur von Präsentationsveranstaltungen ist auf Basis der Grundeinheit von 5 Min. mit ausreichend Pausen für eine anhaltende Konzentration zu planen.**

Der Aufbau einer Zeitstruktur für moderierte Präsentationen wird an zwei Beispielen anhand Rhythmus und Begrifflichkeit nach Schulenburg verdeutlicht. In ◘ Abb. 6.3 wird der Ablauf für einen 3-stündigen Jour Fixe gezeigt, bei dem die 5 Teamleiter (TL) in den ersten 90 Min. über den Sachstand ihrer Arbeitsbereiche informieren.

Aus der Zeitstruktur ergeben sich für den Moderator folgende Anhaltspunkte:

- In der Spalte „TOP" entsteht die Agenda für die Besprechung.
- In der Spalte PL/TL stehen die Personen, die ggf. Unterlagen vorab für eine zentrale Zusammenführung der Präsentation liefern müssen und die anmoderiert werden.

Zeit	Hits	Verantwortlich	TOP	Break	Frame	Intervall
08:30	3	Projektleiter	1 (Anmoderation)			
08:45	3	Teamleiter 1	2 Architektur	1		
09:00	3	Teamleiter 2	3 Gebäudetechnik			
09:15	3	Teamleiter 3	4 Automation	1	1	
09:30	3	Teamleiter 4	5 Steuerung			1
09:45	3	Teamleiter 5	6 Beratung	1		
10:00			PAUSE			
10:15 – 11:30		alle	X-X z. B. freie Diskussion und Aufgabenverteilung			

◘ **Abb. 6.3** Zeitstruktur für den Informations-Teil in einem Jour Fixe. (Adaptiert nach Schulenburg 2018)

◘ **Abb. 6.4** Mögliche Zeitstruktur für eine Tagespräsentation. (Adaptiert nach Schulenburg 2018)

Zeit	Hits	PL / TL	Break	Frame	Intervall	Tag
09:00	3	PL	1			
09:15	3	PL				
09:30	3	TL 1	1	1		
09:45	3	TL 1				
10:00	3	TL 2	1			
10:15	3	TL 2				
10:30		PAUSE			1	
10:45	3	TL 3	1			
11:00	3	TL 3				
11:15	3	TL 4	1	1		
11:30	3	TL 4				
11:45	3	TL 5	1			
12:00	3	TL 5				
12:15						
12:30		PAUSE – Verpflegung vor Ort				1
12:45						
13:00	3	TL 6	1			
13:15	3	TL 6		1		
13:30	3	TL 7	1			
13:45	3	TL 7				
14:00		PAUSE				
14:15	3	TL 8	1			
14:30	3	TL 8		1	1	
14:45	3	TL 9	1			
15:00	3	TL 9				
15:15		PAUSE				
15:30	3	PL	1			
15:45	3	PL		1		
16:00	3	PL	1			
16:15	3	PL				
16:30		ENDE				
Summe	72		12	5	2	1

- Die Breaks geben den Rhythmus vor, in dem der Moderator kurze Pausen für Rückfragen einbauen sollte. Daneben sollten Hits eingebaut werden, die mit einfachem Inhalt als Entspannungsphase dienen und Hits, die mit witzigen, kreativ erzählten Inhalten wieder die Spannung aktivieren (immer mit Projektbezug) (vgl. Schulenburg 2018, S. 218).
- Die Anzahl der Hits, die einem Vortragenden zur Verfügung stehen, geben einen Anhaltspunkt, zu wie vielen Aspekten Informationen gegeben werden können. (Mit den 3 Hits hier wäre es nicht sinnvoll, 20 Unterthemen je Teamleiter zu verlangen, sondern drei, z. B. 1. Projekte in Bearbeitung/2. Teamauslastung/3. Aktuelle Problemstellungen.)

In ◘ Abb. 6.4 ist die Struktur für eine quartalsweise stattfindende Tagesbesprechung des Projektteams zum Informationsaustausch, erstens von aktuellen Unternehmensthemen durch den Projektleiter (PL) (Top Down) und zweitens dem aktuellen Sachstand des Projektes durch die Teamleiter (TL) (Bottom Up) nach der Zeitstruktur-Systematik von Schulenburg dargestellt.

6.2.3.3 Tipps für die Folienstruktur

Trotz der immer wieder auftauchenden Zahl, etwa 1–3 Min. Vortragszeit je Folie einzukalkulieren (2–5 Folien je Hit), ist die tatsächlich sinnvolle Anzahl abhängig von dem Thema und dem Präsentationsstil. Die Präsentation ist nur ein Arbeitsmittel – versagt die Technik sollten Sie in der Lage sein, auch ohne die visuelle Darstellung Ihre Informationen zu übermitteln. Im Projektalltag werden Präsentationen seltener zu Überzeugungszwecken, sondern meist zur Informationsvermittlung eingesetzt. Wenn z. B. ein Portfolio aus 60 kleinen Projekten zu betreuen ist, sind individuelle Präsentationen je Projekt anstrengend und zeitaufwendig für den Projektleiter, um eine Übersicht zu bekommen. In solchen Fällen empfiehlt sich eine Standardisierung, welche Informationen in welcher Form in der Präsentation darzustellen sind – und damit eben auch eine Seitenanzahl je Teamleiter bzw. Projekt.

> **❓ Konzept-Aufgabe**
> Erstellen Sie eine Agenda zu dem Beispiel in ◘ Abb. 6.4 für eine
> quartalsweise stattfindende Tagesbesprechung des Projektteams mit fiktiven
> Tagesordnungspunkten. Stellen Sie diese einmal auf einer Präsentationsfolie und
> einmal auf einem Flip-Chart dar. Welche Variante bevorzugen Sie warum für eine
> Tagesbesprechung?
> Ordnen Sie der Agenda (mit der Zeitstruktur im Hinterkopf) Aufgaben des Moderators zu.

6.2.4 Handwerk: Visualisierung

Die *Visualisierung* ist DAS Handwerkszeug schlechthin für die Moderation und erfüllt folgende Zwecke:

- Orientierung im Prozess
- Strukturierung des Denkprozesses
- Verständnissicherung für die Gruppe
- Erhöhung der Merkfähigkeit im Gehirn
- Prozess-Interventionen (z. B. Entschleunigung durch Aufschreiben)
- (emotionale) Entlastung („gehört werden")
- Dokumentation

Auch Protokolle als Standard-Instrument in Arbeitsbesprechungen erfüllen diese Aufgaben, wenn sie vorstrukturiert sind (z. B. eine *Liste offener Punkte [LOP]* enthalten), der Moderator die Aussagen für das Protokoll ansagt („Bitte diesen Ansatz in das Protokoll übernehmen."), und das Protokoll online geführt wird, so dass alle Teilnehmer die Formulierung direkt vor Augen haben und korrigieren oder ergänzen können. Einige Kreativitätstechniken eignen sich auch für den spontanen Einsatz in Besprechungen, wenn die Räume mit den notwendigen Materialien ausgestattet sind (z. B. Flipcharts und Marker, Tafel). Fotografien der Visualisierungen können dann als Anhang zum Protokoll dokumentiert werden. Für die moderierte Zusammenarbeit einer Gruppe in Workshops ist einiges mehr an Materialien notwendig. Es empfiehlt sich in der Vorbereitung die einzelnen Schritte gedanklich so genau durchzugehen (…dann zeichne ich dick und in schwarz die Matrix an eine Moderatorentafel…lege die Stifte und Karten gleicher Farbe für alle Teilnehmer auf den Tisch…), dass Sie wissen, mit welchem Stift Sie was zeichnen wollen, um eine Materialienliste anzufertigen. Wenn die Besprechungsräume standardmäßig mit Flipchart und Tafel ausgestattet sind, ist ein Moderatorenkoffer eine gute Ergänzung, der die notwendigen Materialien für alle gängigen Kreativitätstechniken enthält.

▪▪ Moderations-Material

- Flipchart mit Ersatz-Block, Pinnwand, Tafel, Moderationswand mit Moderationswandpapier
- Moderatorenkarten in unterschiedlichen Formen und Farben, Klebepunkte
- Flipchart-Marker in unterschiedlichen Dicken und Farben, Anzahl entsprechend Bedarf für die Gruppengröße
- Stecknadeln, Klebeband, Klebestift, Schere, Cutter
- Notizzettel, Kugelschreiber, Laserpointer
- Rechner, Software für die Technik (z. B. Mindmap-Software), Beamer

❶ TIPP

Für Arbeitsbesprechungen: Materialien griffbereit haben – Oberflächen als Standardausrüstung in den Besprechungsräumen und Moderatorenkoffer mobil für Besprechungen (Verantwortung dafür personalisieren).
Für geplante Besprechungen und Workshops: Materialliste beim Gedankenspaziergang durch den geplanten Prozess erstellen.

Die optische Sprache in der Moderation arbeitet entweder mit der Collagetechnik, bei der verschiedene Kartenformen beliebig zusammengefügt werden, oder beruht nach Schnelle-Cölln und Schnelle auf acht *Kompositionsregeln* (vgl. 1998, S. 65 ff.):

1. *Figur und Grund:* Karten heben sich als Figur vom Hintergrund ab. Über die Abstände zwischen den Karten können Rhythmus und Struktur geschaffen werden. Dabei sind Freiflächen wichtig für das Auge als Ruhepunkt.
2. *Vollkommene Gleichmäßigkeit:* Karten haben die gleiche Größe, Form und Farbe und werden in gleicher Anzahl horizontal wie vertikal im gleichen Abstand voneinander aufgehängt, so dass ein Muster entsteht. Beim Sammeln von Ideen kann das z. B. die Egalisierung unterstützen – jeder Beitrag ist erstmal gleich viel wert.
3. *Reihung:* die Anordnung gleicher Elemente in gleichem Abstand, horizontal, vertikal, oval, etc.; zeigt Reihenfolgen an, z. B. zeitliche Abfolgen, Priorisierung von Ideen, aber auch Egalisierung, z. B. bei einer Reihung im Kreis;
4. *Rhythmus:* Eine Reihung kann durch Rhythmisierung, also regelmäßige Unterbrechungen oder Änderungen der Kartenfarbe oder -form, gegliedert werden. Dadurch bilden einzelne Punkte eine (visuelle) Zusammengehörigkeit, Cluster.
5. *Betonung:* Eine Hervorhebung von wichtigen Punkten, z. B. durch eine andere Kartenfarbe oder -form, eine Umrandung, ein Ausbrechen aus der Gleichmäßigkeit. Sie wirkt nur, wenn sie selten ist.
6. *Symmetrie & Asymmetrie:* Symmetrie ist die Spiegelung einer Darstellungsform über eine oder zwei Achsen und funktioniert nur, wenn sie klar und sehr betont dargestellt wird. Sie eignet sich für einen Vergleich von Abläufen, wobei alles, was aus der Spiegelung ausbricht, asymmetrisch ist und ins Auge fällt.
7. *Ballung & Streuung:* Auf einer Oberfläche werden an einer Stelle Karten mit geringen Abständen dargestellt. Die Abstände vergrößern sich zwischen den Karten je weiter sie an die entgegengesetzte Seite der Oberfläche kommen. Die Darstellung eignet sich z. B. wenn Prozessschritte einem Ablauf zugeordnet werden: die bereits zugeordneten sind regelmäßig und nah beieinander, die noch offenen Punkte verteilen sich verstreut.
8. *Dynamik:* Komposition der Regeln 1–7, die z. B. improvisiert durch die Beiträge der Teilnehmer entsteht.

? Praxis-Aufgabe

Überlegen Sie sich jeweils eine Aufgabe/Fragestellung zu den sechs dargestellten Kompositionsregeln in der ◘ Abb. 6.5. (Wann/in welchem Fall würden Sie „Gleichmäßigkeit" für die Visualisierung einsetzen? …). Versuchen Sie dabei eine Fragestellung aus Ihrem Arbeitsalltag herauszugreifen und diese dann entsprechend visualisiert zu bearbeiten.

Das Handwerk gut strukturierter, eingängiger und ästhetischer Visualisierungen auf dem Flipchart oder anderen Grundlagen bedarf einiger (Schreib-) Übung. Folgende Tipps unterstützen dabei (vgl. Wolf 2018, S. 70 ff.):

■ ■ Struktur

- Einfachheit und Ordnung, logischer Aufbau (Kompositionsregeln)
- Platzbedarf im Raum muss geplant sein (Anzahl der Pinnwände)
- Jede Pinnwand o. ä. trägt eine Überschrift
- Jede Pinnwand o. ä. trägt eine Nummer (zeitliche Reihenfolge)

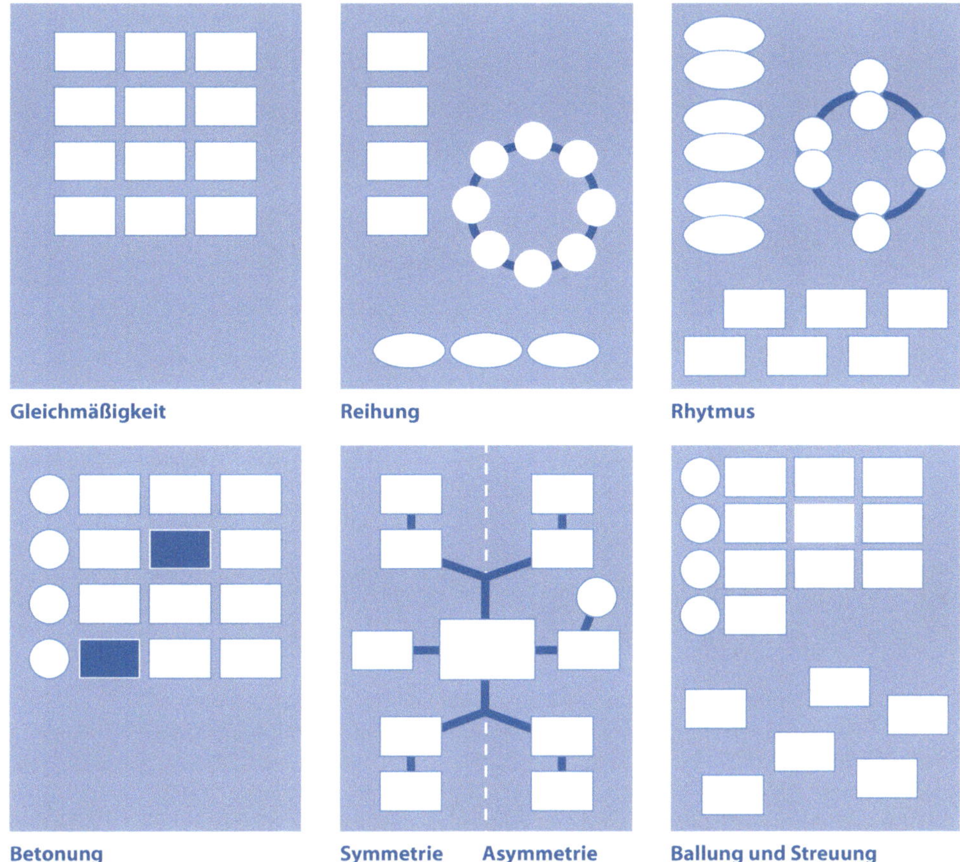

Abb. 6.5 Kompositionsregeln nach Schnelle-Cölln und Schnelle

■■ Schrift

- Druckbuchstaben, leichte Lesbarkeit (groß genug)
- Groß- und Kleinschreibung
- Klare Begriffe, Worte ausschreiben, Reduktion auf das Wesentliche
- Gedrängt schreiben (Buchstaben stoßen leicht aneinander) ABER Abstand zwischen Worten
- Zwei Schriftgrößen: Überschrift und Text
- Verwendung verschiedener Schriftdicken (z. B. Blattaufteilung dick, Eintragungen dünn)

■■ Graphik

- Platzbedarf auf der Seite muss geplant sein (z. B. als Spalten, als Liste, als Kreuz)
- Einsatz einer reduzierten Farbwahl, z. B. 4 Stück (schwarz, grün, rot, blau)
- Konsequenter Einsatz verschiedener Farben (z. B. Probleme immer schwarz, Ursachen rot, Lösungen grün; Signalwirkung der Farben bedenken)
- Einsatz graphischer Elemente: Unterstreichungen, Symbole, Kästen, Punkte oder kleine Zeichnungen
- Schriftblöcke entsprechend Inhalt bilden

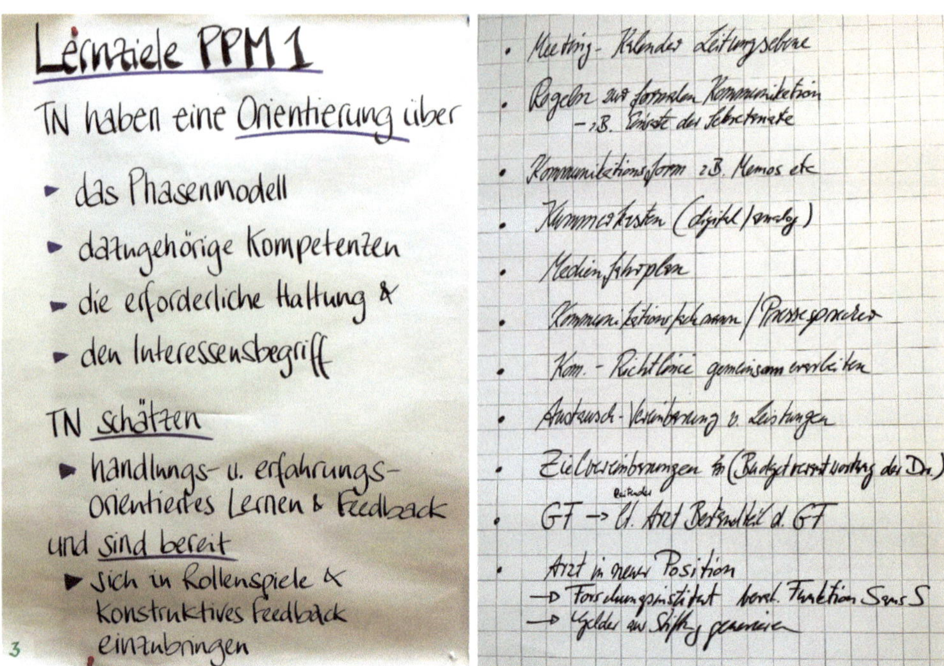

■ **Abb. 6.6**   Schriftbeispiele in der Visualisierung. (Mit freundlicher Genehmigung von © Master-Studiengang Mediation und Konfliktmanagement, Europa-Universität Viadrina Frankfurt (Oder), 2016, Kirsten Schroeter)

■ Abb. 6.6 zeigt ein positives und ein negatives Beispiel für die eingängige Lesbarkeit auf dem Flip-Chart

? Praxis-Aufgabe

Üben Sie mit einem Textmarker auf einem Flip-Chart im Stehen deutliches Schreiben entsprechend der Tipps für Struktur und Schrift, z. B. eine To-Do-Liste. Schauen Sie mit Abstand darauf und prüfen Sie die Lesbarkeit.

6.2.5 Intention der Kreativitätstechniken

Es gibt eine riesige Anzahl an *Kreativitätstechniken*, die in der Moderation eingesetzt werden können. Mit etwas Übung und einem Gespür für die Situationen kann man auch Techniken kombinieren oder entwickeln. Im Wesentlichen wiederholen sich dieselben Ansätze (vgl. Groß 2018, S. 44 f.):

— eine Einladung zum interaktiven Mitmachen durch bunte Karten zum Pinnen oder Punkte zum Kleben,

— eine differenzierte Analyse durch Strukturraster, meist aus zwei Achsen oder vier Feldern bestehend,

— gefasst in ein Prozessdesign, das die Schritte Ideen sammeln, Ideen priorisieren, Ideen vertiefend bearbeiten verfolgt.

Die vertiefende Bearbeitung erfolgt in verschiedenen Arbeitsformaten und kann neben der Analyse über eine Veranschaulichung der Idee animiert werden, z. B. das Basteln eines Prototyps (gemeinsame Arbeit an einem Modell für ein Stadtquartier), ein Rollenspiel (Vorbereitung einer Vertragsverhandlung) oder einer Prozesssimulation mit Spielfiguren (Koordination der Abläufe beim Bauen) (vgl. Groß 2018, S. 111).

Der Vorteil, sich mit seinen Methodenkenntnissen auf die Klassiker zu berufen, liegt darin, dass sie sich bewährt haben, eine hohe Ergebniswahrscheinlichkeit versprechen, passend in vielen Situationen sind, man selbst firm in der Durchführung ist und die Bekanntheit im Team lange Erklärungen überflüssig macht. Das Risiko besteht darin, dass man die Methode vor das Ziel stellt und sie unpassenden Situationen überstülpt oder eine gelangweilte Überdrüssigkeit im Team einsetzt, die kontraproduktiv auf die Motivation wirkt. (vgl. Groß 2018, S. 45)

Damit Kreativitätstechniken ihre Ziele erreichen, sind zwei Punkte in der Moderation wichtig: Transparenz und Ernsthaftigkeit. Jeder neue Schritt, jede Technik muss anmoderiert werden, das heißt der Gruppe muss transparent gemacht werden, was getan wird, wie es getan wird und welches (Etappen-) Ziel damit verfolgt wird. Die offene Kommunikation ist Vorbild, baut aber auch Skepsis und Widerstand ab, da das ggf. Unbekannte verstanden wird. Eine wertschätzende Haltung und Techniken, die im ersten Augenblick spielerisch anmuten, können (leider immer noch) dazu verleiten, z. B. einen Workshop als belustigende Animation zu verstehen. Deshalb vermeiden Sie Verniedlichungen (Kärtchen, Päuschen,…), zeigen Sie eine couragierte Professionalität (eindeutige Sprache ohne Weichmacher, kein Herunterspielen Ihrer Methoden „Ich will hier mal was Neues probieren…"), fragen Sie nicht nach dem Einverständnis für ein Vorgehen das Sie vorgeben (in einer Gruppe findet sich meistens einer mit Einwänden) und Bewerten Sie nicht mit Lob oder Tadel, sondern bleiben Sie im Prozessmodus mit der Ermunterung aller zur Teilnahme durch eine interessierte Haltung. (vgl. Kanitz 2018, S. 226 f.)

6.2.6 Auswahlkriterien für Kreativitätstechniken

Das oberste Kriterium für den Einsatz einer Technik ist der inhaltliche Nutzen (vgl. Groß 2018, S. 45) – was will ich erreichen, was brauche ich als Ergebnis? Weitere Kriterien beziehen sich auf die situative Wirksamkeit der Methode. Neben den vier Gesprächsformataspekten – Ziel, Turnus, Medium, Gruppe – stellt Kanitz (vgl. 2018, S. 220 ff.) acht weitere Kriterien für die Passgenauigkeit einer Technik vor:

▪▪ Unabhängigkeit – Konzentration versus Inspiration
Sollen die Personen unabhängig und konzentriert für sich arbeiten (ohne Rechtfertigungsdruck oder Verunsicherung) oder gemeinschaftlich, wobei man sich über das Hören der Ideen anderer gegenseitig inspirieren kann.

▪▪ Schutz – Offenheit versus Anonymität
Wenn die Personen offen zu ihrer Meinung stehen sollen, ist eine vertrauensvolle, kooperative Beziehung der Gruppe notwendig. Der Schutz ist niedrig, da der einzelne hinterfragt und angegriffen werden kann. Etwas abschwächen kann man die Situation über eine Verlagerung der Bewertung des Gesagten in einen zweiten Schritt. Anonyme

Verfahren bieten einen hohen Schutz der Person, z. B. bei konfliktbeladenen Themen, bei großen Hierarchiegefällen (Abhängigkeiten) oder sehr zurückhaltenden Teilnehmern.

▪▪ Zeitaufwand – Mini-Technik versus Maxi-Methode

Methoden mit geringem Aufwand für die Vorbereitung, Nachbereitung und Durchführung (keine Erklärung da bekannt, keine Gruppenaufteilung, kaum Materialieneinsatz, etc.), z. B. Abfragen von Ideen und Meinungen über Skalensysteme, können auch in kurzen Besprechungen oder ungeplant ad hoc durchgeführt werden. Aufwendige Methoden, insbesondere differenzierte Analysen oder eine prozessual notwendige Abfolge von Techniken, ist eher in einem spezifisch für die Fragestellung anberaumten Termin zu moderieren (Workshop).

▪▪ Struktur – Prozess versus System

Sind die Einflussfaktoren auf eine Problemstellung bekannt, können Techniken zur Analyse vorgegeben werden. Die Lösungsfindung erfolgt dann prozessual durch eine schrittweise Verwendung der Techniken. Manchmal ist auch nur die Leitfrage bekannt und weitere Kriterien entwickeln sich erst durch die Gruppe. Das Vorgehen muss dann im Sinne des systemischen Fragens das Netz aus wechselseitigen Abhängigkeiten aufdecken. Die Antworten der Teilnehmer werden nicht begrenzt.

▪▪ Konvention – konservativ versus progressiv

Die Konvention zielt auf die Aufgeschlossenheit und Neugier der Gruppenmitglieder. Moderationskritische, unerfahrene oder konservative Gruppen sollten nicht mit unkonventionellen, spielerischen Methoden abgestoßen werden. Offene, lebendige Gruppen mit kreativen Themen sollten mit unkonventionellen Methoden gereizt und nicht mit standardisierten und allseits bekannten Techniken gelangweilt werden.

▪▪ Gruppendynamik – Freiheit versus Regulation

Manche Techniken ermöglichen den Gruppen große „Bewegungsfreiheit", d. h. sie verhalten sich als Gruppe in der Moderation wahrscheinlich so, wie als Gruppe im Arbeitsalltag. Die Gruppendynamik zu regulieren, d. h. z. B. Redezeiten oder Reihenfolge vorzugeben, ist insbesondere sinnvoll, wenn sehr unterschiedliche Hierarchieebenen teilnehmen und die Beiträge und Ideen gleich gewertet werden sollen. Eine Regulierung hat egalisierende Effekte auf inhomogene Gruppen.

▪▪ Aktivierung – Kür versus Pflicht

Sind Aktivierungslevel und Beteiligungsgrad aller Gruppenmitglieder ausgeglichen, können Methoden eingesetzt werden, die strukturell eine Beteiligung freistellen. Eine ermutigende Anmoderation kann das unterstützen aber nicht sicherstellen. Ist der Beteiligungsgrad inhomogen, können Methoden gewählt werden, die den Beitrag jedes Einzelnen erwarten. Das erleichtert introvertierten Menschen den Beitrag und begrenzt extrovertierte Menschen.

■■ Raum/Material – Planung versus Improvisation

Zu wenige oder zu beengte Räume und nicht vorhandene Materialien beschränken die Methodenauswahl. Hier ist im Notfall die Kreativität des Moderators gefragt.

Im Folgenden werden Techniken vorgestellt, die im Rahmen der Doppelrolle im Verhältnis zu Aufwand und Komplexität stehen und eine gewisse Varianz ermöglichen.

6.3 Werkzeug: Kreativitätstechniken

6.3.1 Arbeitsformate

Ausgehend von den vier Gruppen-Gesprächsformaten gibt es drei Arbeitsformate mit den Teilnehmern eines Termins:
1. Gruppe insgesamt: *Plenum*
2. *Kleingruppen*: Aufteilung des Plenums z. B. in zwei Gruppen oder in 2er Gruppen
3. Einzelarbeit: *Stille Phasen*

Grundsätzlich beginnt man im Plenum, um eine gemeinsame Ausgangsbasis zu schaffen. Eine intensive Bearbeitung von Fragestellungen in Themengruppen liegt im Mittelteil der Veranstaltung. Die Ergebnisse werden dann am Ende der Veranstaltung oder zu einem nächsten Termin wieder im Plenum vorgestellt bzw. zusammengeführt wie z. B. bei der Aufgabenverteilung im Jour Fixe. Einzelarbeit mit stillen Phasen können vorbereitend zu jeder Methode eingesetzt werden oder als Intervention, wenn freie Diskussionen zu heftig werden. Bei mehrstündigen Veranstaltungen führt die Abwechslung (und notwendige Bewegung zum Ortwechsel) zwischen den Formaten zu einer Aktivierung der Teilnehmer.

Die Vorteile der Arbeit im Plenum sind:
- Stärkung des TZI-Faktors: Wir
- Inspiration, hohe Geschwindigkeit im Gedankenaustausch

Die Vorteile der Arbeit in Kleingruppen sind:
- Stärkung des TZI-Faktors: Thema
- Bearbeitung mehrerer Themenfelder gleichzeitig
- Komplexitätsreduktion durch die Segmentierung
- Hemmschwelle zum Einbringen von Kritik oder (vorerst) verrückten Ideen ist in der Kleingruppe niedriger als im Plenum (hoher Schutz)
- Schnellere Bearbeitung, da weniger Sichtweisen einfließen müssen und höhere Konzentration möglich ist
- Steuerung über die Gruppenbildung: Motivation der Teilnehmer, da sie ein favorisiertes Thema wählen können ODER fachfremde Bearbeitung von Themen für „den Blick über den Tellerrand" ODER Zusammenstellung von fachübergreifenden Gruppen zur Teambildung, Einbindung verschiedener Perspektiven bzw. Konfliktprovokation zur Entwicklung

Die Vorteile der Einzelarbeit sind:

- Stärkung des TZI-Faktors: Ich
- Hohe Konzentration und hoher Schutz des Einzelnen
- Stärkung der Selbstverantwortung
- Aktivierung (Jeder bereitet vor, was er in die nächste Gruppensituation einbringen möchte. Die Punkte visualisiert zu haben, gibt die Sicherheit, in der Gruppe zu agieren.)

** Wichtig

- Organisation: Räume und Materialien müssen zur Verfügung stehen, Dauer und Ansprechpartner für Rückfragen müssen klar sein.
- Strukturvorgaben müssen stark sein (Visualisierung, Dokumentation und Form der Präsentation vor der Gruppe), damit die Ergebnisse der Gruppen bei der Zusammenführung im Plenum vergleichbar sind (Ausnahme, das Ziel wäre z. B. die Herangehensweise an ein Problem von verschiedenen Berufsgruppen zu vergleichen).
- Die Gruppenbildung sollte auf strukturierter Freiwilligkeit erfolgen: Freiwilligkeit erhöht die Motivation und Qualität der Arbeit, Struktur vermindert die Unsicherheit der Teilnehmer und Dauer des Prozesses (z. B. „Stellen Sie sich jetzt an die Pinnwand mit dem Thema, das Sie gerne bearbeiten möchten." „Stehen Sie alle auf und stellen Sie sich zu einer Person, mit der Sie bisher im Projekt noch nicht zusammengearbeitet haben." „In den 4er-Gruppen soll jeweils ein Techniker und ein Controller sein, damit wir beide Perspektiven in die Ergebnisse einbringen können. Deshalb bitte ich jetzt die Techniker aufzustehen. Danke. Jetzt stellt sich bitte ein Controller zu jedem Techniker. Danke. Die anderen können jetzt aufstehen und sich zu den Gruppen zuordnen, so dass in jeder Gruppe 4 Personen sind.").
- Bei Kleingruppen von mehr als 5–6 Personen sollte einer die Moderatorenfunktion übernehmen.
- Damit sich die Kleingruppen nicht „selbst sabotieren" sollen auch strittige Beiträge aufgenommen werden (z. B. mit dem Symbol eines Blitzes versehen oder in einer anderen Farbe) und mit in das Plenum gebracht werden.

6.3.2 **Evergreens**

6.3.2.1 **Blitzlicht**

** Einsatz

Ein *Blitzlicht* gibt einen schnellen Überblick zum Zustand der Gruppe und den Themen in der Gruppe, z. B. am Anfang eines Workshops zur Erwartungshaltung, am Ende als Feedback oder als Intervention zwischendrin, wenn der Prozess nicht funktioniert und der Moderator nur vermuten kann, woran es liegt.

Das Blitzlicht eignet sich – auch spontan – in jedem Gesprächsformat zu jedem Zeitpunkt bei kleinen und mittelgroßen Gruppen, bei Großgruppen evtl. als Ein-Wort-Abfrage.

Das persönliche, offene Antworten gibt dem Einzelnen wenig Schutz. Über die Struktur (vorgegebene Frage, Antwortlänge und ggf. Reihenfolge) ist jeder in der

Pflicht, was egalisierend auf die Dynamik wirkt. Die Mini-Technik benötigt je Gruppengröße und Rückmeldebegrenzung 3–30 Min., sie kann ohne Materialbedarf improvisiert und zusammenhangslos, ohne andere Folgetechniken, eingesetzt werden. Über Fragestellung und Anmoderation kann das Blitzlicht auch konservativen Gruppen zugänglich gemacht werden (◨ Abb. 6.7).

■■ Vorgehen

(Anmoderation) Der Moderator formuliert eine Frage zu der jeder Teilnehmer nacheinander seine persönliche Sicht äußert. Es erfolgt keine Aufzeichnung, der Moderator bedankt sich nach der Runde für den offenen (persönlichen) Beitrag. Ggf. kann er Meinungsschwerpunkte zusammenfassen oder auf Einigkeit oder Gespaltenheit in den Äußerungen hinweisen und einen Vorschlag zum weiteren Vorgehen machen.

■■ Wichtig

- Keine Diskussion und keine Zwischen-Rufe
- Gelassenheit bei Provokation und Kritik
- Reihenfolge vorgeben (z. B. im Uhrzeigersinn) (erhöht die Geschwindigkeit und ermöglicht Konzentration auf die Antwort und nicht die Abstimmung der Reihenfolge)
- Steuerung von Zeit und Dynamik über klare Einschränkungen der Antwortlänge, z. B. „Bitte sagen sie in einem Satz…" oder „Nennen sie ein Wort/drei Worte…".

■■ Online-Einsatz

Unproblematisch auch bei großen Gruppen; Vorgabe der Reihenfolge, z. B. durch Aufrufen des Namens (dadurch wird auch allen bewusst, wer noch am Gespräch teilnimmt), und Begrenzung z. B. auf drei Worte sinnvoll;

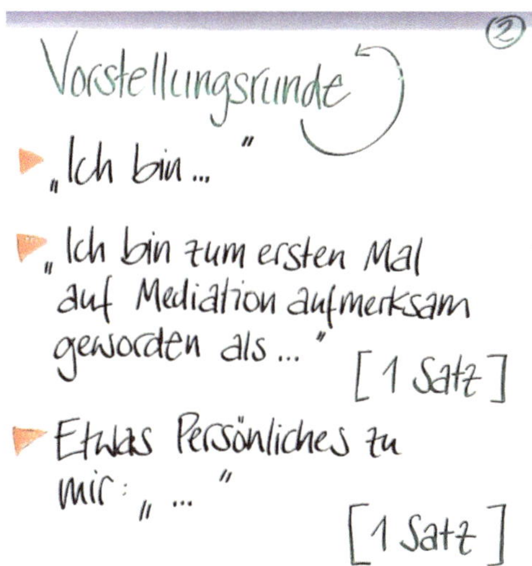

■ Abb. 6.7 Blitzlicht als Vorstellungsrunde. (Mit freundlicher Genehmigung von © Master-Studiengang Mediation und Konfliktmanagement, Europa-Universität Viadrina Frankfurt (Oder), 2016, Kirsten Schroeter)

> **Einsatz-Beispiel**
>
> Zu Beginn eines Kick-Off-Termins als Kennenlernrunde: „Damit wir einen Überblick bekommen wer hier heute mit uns am Tisch sitzt und mit wem wir gemeinsam das Projekt realisieren, werden wir ein kurzes Blitzlicht zum Kennenlernen machen. Ich bitte sie der Reihe nach jeweils einen Satz zu den drei Fragen: Wer bin ich? Was mache ich? Auf welche Herausforderung bei dem Projekt freue ich mich? (Fragen visualisiert) zu beantworten. Ich werde beginnen und dann machen wir auf der rechten Seite weiter."
>
> Während eines Workshops als Stimmungscheck: „Wir arbeiten jetzt seit einem halben Tag zusammen an der Fragestellung X. Ich möchte mir einen Überblick verschaffen, wie zufrieden sie mit unserem aktuellen Arbeitsstand sind, um das weitere Vorgehen daran ausrichten zu können. Bitte sagen sie ein Wort in die Runde, was sie von unserem bisherigen Ergebnis halten. Ich bitte einen anzufangen und dann reihum weiterzumachen."
>
> Am Ende als Feedback zu einer Tages-Informationsveranstaltung: „Ich möchte von ihnen gerne wissen, wie relevant das Thema für ihren Arbeitsalltag ist. Daher möchte ich ein Blitzlicht machen, bei dem sie kurz und knapp, bitte in einem Satz, die Frage beantworten: Was nehme ich aus der heutigen Veranstaltung für meinen Arbeitsalltag mit? Wer möchte anfangen?"

6.3.2.2 Freie Diskussion

■■ Einsatz

Die *freie Diskussion* eignet sich für den (fachlichen) Austausch von Argumenten, wenn die Gruppe homogen agiert und Konflikte nicht auf eine emotional-unsachliche Ebene abgleiten.

Sie funktioniert in jedem Besprechungsformat mit Kleingruppen, ist aber unmoderiert gleichzeitig das größte Risiko für eine Zielführung im Zeitrahmen. Für mittlere und große Gruppen ist die Fish-Bowl effizienter, aber häufig nicht in den zur Verfügung stehenden Sitzordnungen der Konferenzräume für Routine-Besprechungen durchführbar.

Die freie Diskussion lebt von der Offenheit und der Inspiration durch die anderen, ergebnisorientiert benötigt sie zwar keine Materialien aber viel Zeit. Die Strukturvorgaben sind minimal, womit die Dynamik wenig gesteuert und die Beteiligung der Einzelnen freigestellt ist. Als gängigste Technik von Gruppengesprächen ist sie optimal im konservativen Umfeld einsetzbar.

■■ Vorgehen

(Anmoderation) Gemeinsames Aufstellen oder Vorgeben von Regeln (insbesondere z. B. Ausreden lassen, kurz + prägnant auf den Punkt bringen, etc.), Zeitansatz und Thema. Für eine zielführende freie Diskussion, z. B. den Austausch von Argumenten für ein Ausschreibungskonzept, sind einige Interventionstechniken für den Moderator hilfreich (vgl. Kanitz 2018, S. 236 f.):

- In der ersten Runde sollte jeder zu Wort kommen, ggf. mit Festlegung der Reihenfolge
- Nach der Eingangsrunde sind die maßgeblichen Aspekte der Diskussion klar und das Thema kann für den weiteren Verlauf eingegrenzt werden; der Moderator kann entsprechend Vorschläge zum weiteren Vorgehen machen, z. B. welcher Themenkomplex als erstes diskutiert wird (Roten Faden halten)
- Dominante Redner müssen ausgebremst werden
- Paraphrasierung von schwierigen (emotional oder fachlich) Beiträgen zur Verständnissicherung
- Zwischenzusammenfassungen (Roter Faden, zurück zu den Kernthemen)
- Konsens verdeutlichen (verbalisieren) und damit als Diskussionsthema abschließen und auf die offenen Punkte fokussieren
- Strittige Punkte nacheinander bearbeiten und nicht parallel, solange, bis Übereinkunft erreicht ist; Ergebnisse evtl. für alle sichtbar protokollieren

Ende der Diskussion mit Dank für die Offenheit abschließen, um eine positive Konfliktkultur zu etablieren.

Verantwortung für die Steuerung kann man auch an die Gruppe übertragen: es können kleine Kärtchen für jeden Teilnehmer vorab angefertigt werden, die symbolisch darstellen: „Zu lange, bitte zum Punkt kommen", „Wiederholung, den Aspekt hatten wir schon", „Ich stimme Zu", „Ich bin dagegen". Mit der Aufforderung an alle, diese auch einzusetzen, kann ein langer Redner ausgebremst werden, etc.

▪▪ Variante 1: Fish-Bowl

Wird die Fish-Bowl-Sitzordnung nicht für eine Konfliktmoderation, sondern für die freie Diskussion verwendet, bleibt der dritte Stuhl, der Moderatorenstuhl, frei, und es geht immer derjenige in die Mitte und setzt sich, der etwas zum Thema beitragen möchte. Erst wenn einer den Kreis wieder verlässt, kann der nächste einen Beitrag leisten. Damit wird die Dynamik in großen Gruppen reguliert und die Konzentration auf den Redner fokussiert.

▪▪ Wichtig

- Zeitplan und Ziel nicht aus den Augen verlieren
- Hohe Konzentration für regulierende Eingriffe und Steuerung der Ergebnisse

▪▪ Online-Einsatz

Bei der Online- Moderation ist die Einhaltung der Regel „ausreden zu lassen" besonders notwendig. Zusätzlich ist es hilfreich die hohe Dynamik am Anfang einer Diskussion, wenn quasi jeder noch etwas zu sagen hat, z. B. über die Reihenfolge der Teilnehmerliste einzufangen und erst dann „ganz frei" laufen zu lassen. Die Fish-Bowl in der Online-Moderation erfolgt über das Zu- und Ausschalten der Videos durch den Moderator. Möchte einer etwas beitragen, meldet er sich beim Moderator. Dieser bittet einen anderen Teilnehmer aus der Diskussion zu gehen und gibt dann Bildschirm und Ton frei, so dass für die Gruppe immer ca. 4–6 Video-Bilder der Akteure zu sehen sind. (vgl. Waible 2019, S. 44, 49, 55)

6.3.2.3 Themenspeicher

▪▪ Einsatz

Der *Themenspeicher* dient zum Festhalten (sichtbar aufschreiben) von Ideen während der gesamten Veranstaltung, die nicht direkt zielführend sind, aber die Gruppe oder einen Einzelnen beschäftigen. Die Visualisierung führt zu einer (emotionalen) Entlastung, weil Interessen ernst genommen werden, auch wenn sie zu diesem Zeitpunkt nicht bearbeitet werden. Der Moderator kann die Technik gut für eine zeitliche Steuerung einsetzen.

Der Einsatz ist in jedem Gesprächsformat sinnvoll und kann mit jeder Gruppengröße durchgeführt werden.

Der Zeitaufwand für den Themenspeicher ist minimal, muss aber geplant werden, weil ein zusätzlicher Untergrund zum Schreiben notwendig ist. Er eignet sich sowohl in konservativen als auch in progressiven Gruppen. Die aufgegriffenen Themen können nur aus einer ungeschützten, offenen Kommunikation stammen. Er kann insofern egalisierend eingesetzt werden, dass Extrovertierte ausgebremst werden können, eine Aktivierung von Introvertierten ist nicht möglich.

▪▪ Vorgehen

(Anmoderation am Anfang der Veranstaltung mit Hinweis darauf, dass es sich um eine Sammlung im Prozess handelt, bei der am Ende zu den einzelnen Punkten geklärt wird, wie weiter damit verfahren wird.) Aufstellen einer Pinnwand oder eines Flipcharts an weniger prominenter aber sichtbarer Stelle im Raum mit der Überschrift „Themenspeicher". Entweder greift der Moderator, z. B. aus Zeitgründen, regulierend ein, oder der Gruppe wird eine Teilverantwortung übertragen, z. B. wenn Themen priorisiert sind, welche davon behandelt werden und welche in einen Themenspeicher kommen sollen, oder aber ein Teilnehmer sagt von sich aus, dass er eine Anmerkung hat, die er für relevant hält und für einen späteren Zeitpunkt vormerken möchte. Der Themenspeicher muss am Ende überprüft werden. Der Moderator geht die einzelnen Punkte mit der Gruppe durch und prüft erstens, ob das Thema noch relevant ist, und fragt zweitens die Gruppe, wie die weitere Bearbeitung sichergestellt werden soll.

▪▪ Variante 1

Für Arbeitsbesprechungen und einzelne Besprechungen eignet sich statt einer Pinnwand ein fixer Protokollpunkt oder eine separate LOP, die von Termin zu Termin überprüft und fortgeschrieben wird.

■■ Wichtig

■ Es handelt sich um einen Speicher und nicht einen Mülleimer, d. h. es muss deutlich sein, wie diese Themen im Anschluss bearbeitet werden sollen (z. B. nächster Workshop, Aufgabenverteilung mit Rückmeldung in die Gruppe bis zu einem bestimmten Termin). Insbesondere bei regelmäßigen Terminen ist eine konsequente Nachhaltung notwendig, damit das Vertrauen in die Technik (Ideen, Anmerkungen etc. werden nur aufgeschoben und nicht aufgehoben) erhalten bleibt.

■ Anmoderation der Technik (falls nicht in einem Routine-Format bereits bekannt) zu Beginn der Veranstaltung.

■■ Online-Einsatz

Entweder als separate Liste, die der Moderator führt, die Eintragung eines Punktes darauf ansagt und das Dokument am Ende einblendet, oder über die Whiteboard-Funktion.

> **Einsatz-Beispiel**
>
> Regulierender Eingriff des Moderators in einer Arbeitsbesprechung: „Das Risiko ist jetzt allen bewusst. Eine genaue Definition ist nicht Bestandteil dieser Besprechung. Wir nehmen den Punkt in die LOP auf und überlegen gemeinsam, wenn die LOP an der Reihe ist (z. B. letzter Agenda-Punkt der Veranstaltung), wer die Ausarbeitung übernimmt." (Protokollant blendet Protokoll ein, formuliert für alle sichtbar).

6.3.3 Ideen sammeln & ordnen (Quantität)

6.3.3.1 Brainstorming

■■ Einsatz

Mit einem *Brainstorming* wird schnell eine Auswahl an Assoziationen zu einem Thema generiert, die als Inspirationsquelle für die weitere Arbeit dient.

Als Mini-Technik mit einem Zeitaufwand von 5–15 Min. und wenig Materialbedarf kann es in jedes Gesprächsformat auch spontan eingebaut werden. Eine effektive Gruppengröße (ein Brainstorming kann man auch alleine machen) liegt in dem Rahmen, wie viele Personen zur gegenseitigen Inspiration benötigt werden, und ab wann der Moderator entweder organisatorisch die Dynamik nicht mehr beherrscht (hören, schreiben, pinnen) oder sich Untergruppen bilden, weil sich nicht mehr alle gegenseitig hören können (Empfehlung 5–12 Personen).

Das Brainstorming und die Variante der Paradoxen Abfrage sind progressive Techniken, da verrückte Meldungen durch die Inspiration der Gruppe gewünscht sind und aufgenommen werden. Den dazu notwendigen Schutz bietet das „Kritikverbot" während des Verfahrens. In konservativen Gruppen ist die Variante der Zuruf-Abfrage z. B. auf Basis einer Fachfrage sinnvoller. Struktur gibt nur die Leitfrage, die

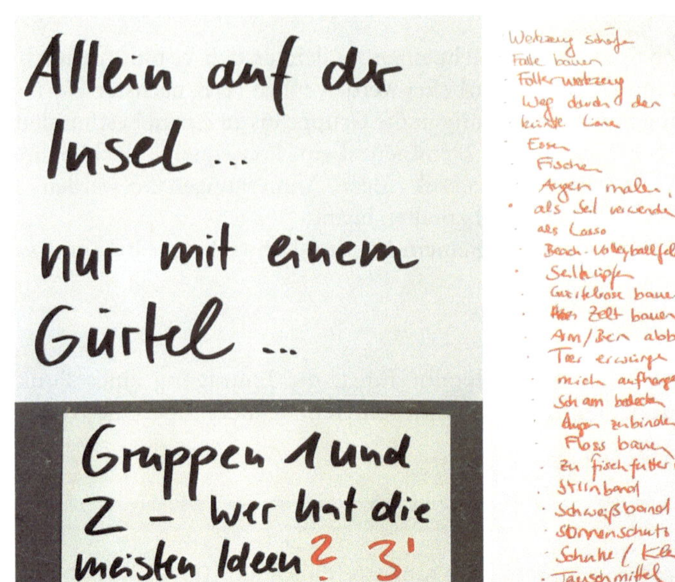

Abb. 6.8   Visualisierung eines Brainstormings. (Mit freundlicher Genehmigung von ©
Master-Studiengang Mediation und Konfliktmanagement, Europa-Universität Viadrina Frankfurt (Oder),
2017, Juliane Ade/Kirsten Schroeter)

Gruppendynamik ist nicht reguliert, wodurch die Gruppenaktivität den Verhaltensmustern der Einzelnen entsprechen wird (■ Abb. 6.8).

■■ Vorgehen

(Anmoderation) Der Moderator fragt in die Gruppe „Was fällt euch ein zum Thema…"
und motiviert dann zu einer hohen Dynamik und Geschwindigkeit mit Wettbewerbscharakter „Ruft mir einfach alles zu was euch einfällt. Alles was euch gerade dazu in
den Sinn kommt, macht euch frei, seid verrückt, …." Der Moderator schreibt die Rückmeldungen ungefiltert und sichtbar für alle auf. Sinnvoll ist es dazu Karten zu benutzen,
die dann an eine Pinnwand geheftet werden (Helfer!), weil die Rückmeldungen in
einem zweiten Schritt dann z. B. in Themencluster organisiert werden können.

■■ Variante 1: Zuruf-Abfrage

Das gleiche Vorgehen, allerdings zielt eine konkrete Fragestellung auf eine kognitiv
bewusste Ideengenerierung. Beiträge werden in Bezug auf die Verständlichkeit hinterfragt, aber dann bewertungsfrei und wortwörtlich aufgenommen. Nach einem ersten
Anlauf entsteht oft eine kurze Pause – aushalten und mit mimischer Unterstützung
aufmuntern „Fällt euch sonst noch etwas ein?"

■■ Variante 2: Paradoxe Abfrage

Die *Paradoxe Abfrage* läuft ebenfalls ab wie das Brainstorming, allerdings wird eine
wirklich progressive Gruppe benötigt. Wie bei den Verschlimmerungsfragen bzw. der
Umkehrmethode wird „das Pferd von hinten aufgezäumt": Statt „Welche Ideen habt
ihr zur Auftragsakquise?" wird gefragt „Was müssen wir tun, damit wir auf keinen Fall
mehr einen Auftrag bekommen?"

▪▪ Variante 3: Dynamic Facilitation

Das Brainstorming bietet für geübte Moderatoren eine Möglichkeit, den linearen Prozess z. B. eines Workshops vom Ideen generieren, priorisieren, analysieren und bearbeiten in ein parallelisiertes, systemisches Vorgehen zu verwandeln, indem als Cluster für die Anfrage bereits die Überschriften

- Probleme
- Lösungen
- Bedenken
- Informationen

auf Pinnwänden vorgegeben sind. Der Moderator schreibt die Rückmeldungen unkommentiert zu der gewünschten Überschrift. Dieses „chaotische" Vorgehen erfordert Zeit und Geduld, bis sich die Lösung durch die gegenseitige Inspiration der Teilnehmer herauskristallisiert. (vgl. Wolf 2018, S. 58)

▪▪ Wichtig

Wichtig für den intuitiven, Assoziationsketten zulassenden Kreativitätsprozess im Brainstorming ist es, dass die Beiträge absolut bewertungsfrei und ohne Diskussionen aufgenommen werden.

▪▪ Online-Einsatz

Der Brainstorming-Prozess ist abhängig von den technischen Möglichkeiten der Software und sinnvoll für Gruppen von 7–8 Personen. Es gibt drei Varianten (vgl. Waible 2019, S. 48):

- Silent Brainstorming: Nutzung der Chat-Funktion und jeder schreibt 2–3 Min. seine Punkte hinein.
- Der Moderator schreibt über die Whiteboard-Funktion (geteilte Oberfläche, für alle sichtbar) mit.
- Ein Zusatz-Tool führt durch den Prozess.

Einsatz-Beispiel

Brainstorming in einem Kick-Off-Meeting für den Entwurf eines Kindergartens: „Was fällt euch zu dem Wort Kindergarten alles ein? Los, zack, ohne zu überlegen, ruft mir alles zu, was euch in den Kopf kommt…ich schreibe mit."

Zuruf-Abfrage in einer Besprechung zur Risikoabschätzung für die Annahme eines Auftrages: „Welche Risiken seht ihr bei diesem Projekt auf uns zukommen?" Die Clusterung kann auch vorab erfolgen: Terminrisiken, Kostenrisiken, etc.

❓ Praxis-Aufgabe

Machen Sie ein Brainstorming im Freundeskreis zum Thema Urlaub: „Was fällt euch alles zu „Urlaub" ein". Versuchen Sie eine möglichst kreativ-verrückte Stimmung zu provozieren. Machen Sie dann eine Karten-Abfrage mit der gezielten Frage: „Welchen Aktivitäten will man im Urlaub nachgehen."

Reflektieren Sie dann den Unterschied der Gruppendynamik und der Ergebnisse.

6.3.3.2 Kartenabfrage – offen oder anonym

■■ **Einsatz**

Die *Kartenfrage* ist eine konzentrierte Sammlung von Ideen gezielt zu einer Arbeitsfrage, ggf. mit Steuerung der Menge an Antworten.

Obwohl es sich um eine schnelle Technik handelt (10 Min., 45 Min. mit gemeinsamer Clusterung der Rückmeldungen), ist eine Anwendung selten in Arbeitsbesprechungen zu finden, da die Kartenabfrage sinnvoll in einer Folge aus Techniken ist, um ein bestimmtes Thema bis zur Maßnahmenformulierung zu bearbeiten. In Workshops kommt sie im Plenum (z. B. 8–15 Teilnehmer) zum Einsatz.

Eine Verwendung in konservativen Gruppen muss maßvoll anmoderiert werden. Im Gegensatz zum Brainstorming wirkt die Kartenabfrage regulierend und egalisierend – jeder leistet einen Beitrag – auf die Gruppe. Sie eignet sich auch für kritische Themen, da die anonyme Variante einen hohen Schutz gewährleistet (◌ Abb. 6.9).

◌ **Abb. 6.9** Ergebnis einer Kartenabfragen. (Mit freundlicher Genehmigung von © Master-Studiengang Mediation und Konfliktmanagement, Europa-Universität Viadrina Frankfurt (Oder), 2017, Nicole Becker)

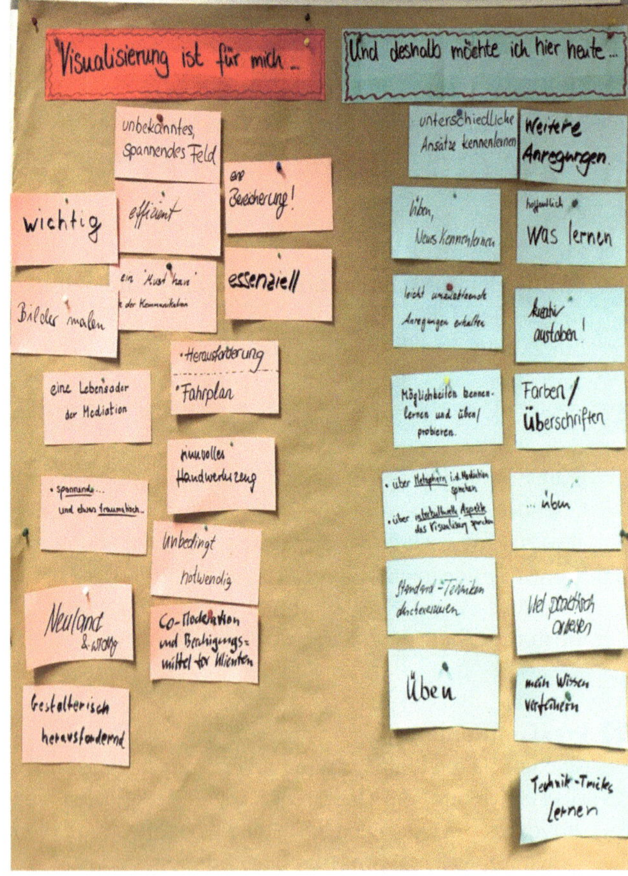

▪▪ Vorgehen (offen)

(Anmoderation mit dem Hinweis, dass im Anschluss jeder seine Karten mit einer kurzen Erläuterung vorstellen wird.) Die Arbeitsfrage wird visualisiert und die Karten ausgegeben. Dann haben die Teilnehmer Zeit (Vorgabe z. B. 3 Min.) jeder für sich Ideen, Meinungen, etc. (Vorgabe z. B. 3 Stück) zu der Arbeitsfrage zu formulieren. Diese Phase wird gemeinsam beendet, dann können die Teilnehmer ihre Karten vor dem Plenum kurz vorstellen und anpinnen. Der zweite Arbeitsschritt der Kartenabfrage ist die Clusterung. Diese wird von den Teilnehmern vorgenommen, die den Moderator anweisen, welche Karte zu welcher anderen Karte gehängt werden soll (daher auch die starke Varianz im Zeitaufwand). Oft positionieren die Teilnehmer beim Anpinnen ihrer Karten diese bereits zu den anderen passenden Antworten. Der dritte Schritt ist das Finden einer griffigen Überschrift für die Cluster.

▪▪ Variante 1 (anonym)

Anmoderation mit dem Hinweis, dass die Karten verdeckt auf dem Tisch liegen sollen und vom Moderator eingesammelt werden. Nach dem Einsammeln liest der Moderator eine Karte nach der anderen vor und fragt das Plenum, wo er sie auf der Pinnwand positionieren soll. So entsteht die Clusterung direkt. Wenn ein Begriff unklar ist oder nicht gelesen werden kann, ist das Plenum zu fragen („Kann mir jemand sagen, was das heißt?").

▪▪ Wichtig

- Anzahl der ausgegebenen Karten an der Gruppengröße und dem geplanten Zeitaufwand orientieren
- Rechtschreibfehler zulassen und nicht korrigieren (es geht um die Inhalte)
- Keine Reihenfolge bei der Vorstellung vorgeben (stärkt die Selbstbestimmung)
- Vermeidung des Wortes anonym (verschärft die Problematik der Gruppe, warum es anonym durchgeführt wird)
- Strittige Zuordnungen bei der Clusterung werden im Plenum geklärt

▪▪ Online-Einsatz

Der Online-Einsatz ist nicht sinnvoll, man kann auf die Möglichkeiten des Brainstormings ausweichen.

Einsatz-Beispiel

Team-Workshop zur Ermittlung des Schulungsbedarfs (z. B. zur Kompetenzerweiterung des Teams für eine Angebotserweiterung des Unternehmens): (Karten sind abgezählt auf dem Tisch, Stifte liegen bereit) „Bitte nehmt euch drei Minuten die Ruhe und Zeit, und notiert auf die Karten, welche Fachkompetenzen unser Team ausbauen könnte, um unsere Angebotspalette zu erweitern. Notiert alles, was euch einfällt. Nach den drei Minuten gebe ich ein kurzes Signal und dann kann jeder seine inhaltlichen Vorschläge anpinnen und kurz dem Team vorstellen. OK? (kurze Pause, fragende Blicke in die Runde) Legt los."

6.3.3.3 **Mindmap**

■■ Einsatz

Mit der *Mindmap* sammelt und strukturiert man Rückmeldung zu einem bestimmten Thema und visualisiert eine Übersicht. Komplexe Sachverhalte bekommen damit Struktur.

Die Methode muss vorbereitet werden (Fragestellung) und beansprucht durch die direkte Strukturierung etwa 15–45 Min. Zeit, die eingeplant sein muss. Daher eignet sie sich für Workshops und geplante Einzelbesprechungen. Grundsätzlich kann man die Technik auch alleine für die Vorbereitung auf ein Thema nutzen, sie lebt aber von der Inspiration durch (fachlich) verschiedene Perspektiven. Für die Handhabung in der Doppelrolle als Empfehlung eignen sich etwa 5–12 Teilnehmer.

Die Einsatz-Kriterien verhalten sich ähnlich wie beim Brainstorming (wenig Schutz, viel Offenheit, Kür bei der Beteiligung), allerdings wirkt die direkte Strukturierung der Rückmeldungen regulierend auf die Gruppe und ist, insbesondere wenn sie zu einer konkreten Fragestellung durchgeführt wird, auch einem konservativen Publikum zugänglicher (◘ Abb. 6.10).

■■ Vorgehen

Die Fragestellung wird in motivierender Form vorbereitet und zentral auf der Pinnwand angebracht. Nach der Anmoderation wird die Fragestellung freigegeben und der Moderator fragt analog des Brainstormings (Dynamik, Geschwindigkeit, ohne Bewertung, ohne Kategorien) in die Gruppe, was ihnen zu dem Thema einfällt. Bei Beiträgen fragt der Moderator zurück in die Gruppe, wie er die Idee formulieren soll und wohin er sie pinnen soll. Mit vermehrten Beiträgen werden sich die Äste der Mindmap formen, wenn Rückmeldungen einer vorangegangenen Meldung zugeordnet und damit Kategorien gebildet werden. Der Moderator kann das durch Fragen unterstützen („Passt die Meldung zu etwas, was wir schon haben oder gibt es eine neue Oberkategorie?"). Nach dem ersten Beitragsschwung stellt sich normalerweise eine Pause ein, die der Moderator aushält und dann mit erneutem Fragen nachhakt. Sind

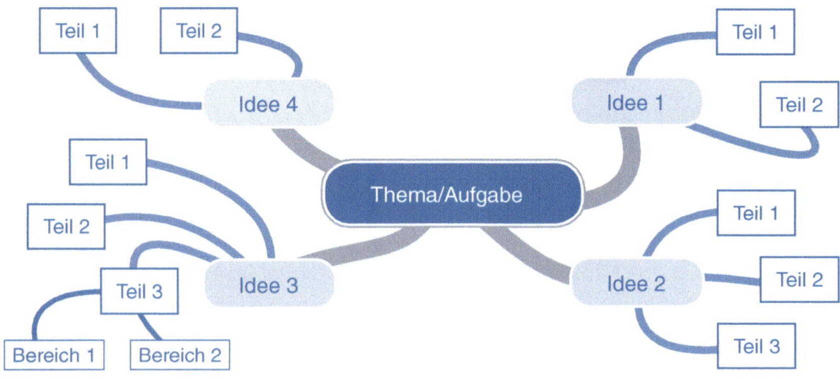

◘ **Abb. 6.10**   Grundschema einer Mindmap

das Sammeln und erste Kategorisieren abgeschlossen, erfolgt das Priorisieren und Ausarbeiten entsprechend weiterer Techniken.

■■ Variante 1

Die erste Stufe an Kategorien wird vorgegeben und lenkt dadurch die Ideenfindung.

■■ Wichtig

- Zu kreativer Dynamik motivieren
- Zwischendiskussionen unterbinden, ohne Bewertung
- Genügend Material (Pinnwände) für Erweiterungen zur Verfügung haben

■■ Online-Einsatz

Mit Mindmap-Software über das Whiteboard; durch die Fragen in die Gruppe allerdings schwierig, eine gleichmäßige Beteiligung herzustellen, da Gestik und Mimik nicht unterstützend wirken können;

> **Einsatz-Beispiel**
>
> Gezielt in einem Workshop z. B. bei einem geplanten Umzug des Büros: „Ruft mir gleich alles zu, was euch einfällt – ich schreibe es dann auf und positioniere es entsprechend eurer Angaben um unsere Fragestellung: Wir wollen heute wissen: Wie sieht der perfekte Arbeitsplatz aus? …"

? Praxis-Aufgabe

Bereiten Sie die Themenfelder, mit denen Sie sich bei Ihrem nächsten Entwurf befassen wollen, durch den Einsatz einer Mindmap vor. Im Mittelpunkt steht das Entwurfsthema. Wenn Sie den Entwurf in Einzelarbeit machen, können Sie die Mindmap vorab mit Kollegen erstellen, um deren Input unterstützend für Ihre Arbeit zu nutzen.

6.3.4 Ideen priorisieren

6.3.4.1 Ein-Punkt- & Mehr-Punkt-Abfrage

■■ Einsatz

Die *Punkt-Abfragen* geben eine schnelle, quantitative Übersicht zur Priorisierung von Themen.

Die Ein-Punkt-Abfrage eignet sich für alle Gruppengrößen, ist aber vorwiegend der Einstieg für einen gemeinsamen Workshop. Die Abfrage-Breite (Stimmungen, Prognosen, Einschätzungen, Meinungen) lässt eine große Themenflexibilität zu und eignet sich gut für tabuisierte Themen, da die Kritik anonymisiert geäußert werden kann. Sie kann auch gut für ein Vorher-Nachher-Bild eingesetzt werden, ein Abgleich der Stimmungslage zu einem Thema vor und nach der Umsetzung von Maßnahmen.

Der Zeitaufwand ist minimal (5–10 Min.), die Technik muss materialbedingt aber vorbereitet werden und ist nur nachhaltig, wenn mit den Ergebnissen weitergearbeitet wird. Die Gruppendynamik ist durch die klare Aufgabe reguliert, die starke Egalisierung ermöglicht den Einsatz in sehr inhomogenen Gruppen (◨ Abb. 6.11).

■■ Vorgehen

(Anmoderation) Die Arbeitsfrage und die Bewertungsachse(n) werden auf einer Pinnwand bzw. Flipchart vorbereitet und die Skalen (z. B. 0 bis 10, stimmt voll bis stimmt gar nicht, oder nur + und −) werden erklärt. Dann bekommt jeder Teilnehmer einen Punkt pro Bewertungsachse (alternativ einen Marker, um *einen* Strich zu machen). Hat jeder seine Punkte, wird direktiv aufgefordert, dass alle gleichzeitig nach vorne kommen und ihren Punkt entsprechend ihrer Einschätzung aufkleben sollen. Sitzen alle Teilnehmer wieder, wird das entstandene Bild kurz besprochen (z. B. „Was fällt ihnen bei der Verteilung auf?", „Möchte jemand seinen Punkt erläutern?", „Verstehe ich die Verteilung richtig, dass wir [Doppelrolle] insbesondere Probleme mit einer klaren Aufgabenverteilung im Team haben?"). Die Methode gibt schnell Transparenz über die kritischsten Punkte und Probleme, die zuerst bearbeitet werden sollten. Die Punktabfrage geht schnell, ist aber dennoch eine Maxi-Methode, da sie meist nur sinnvoll als Einstieg für eine weitere Bearbeitung ist.

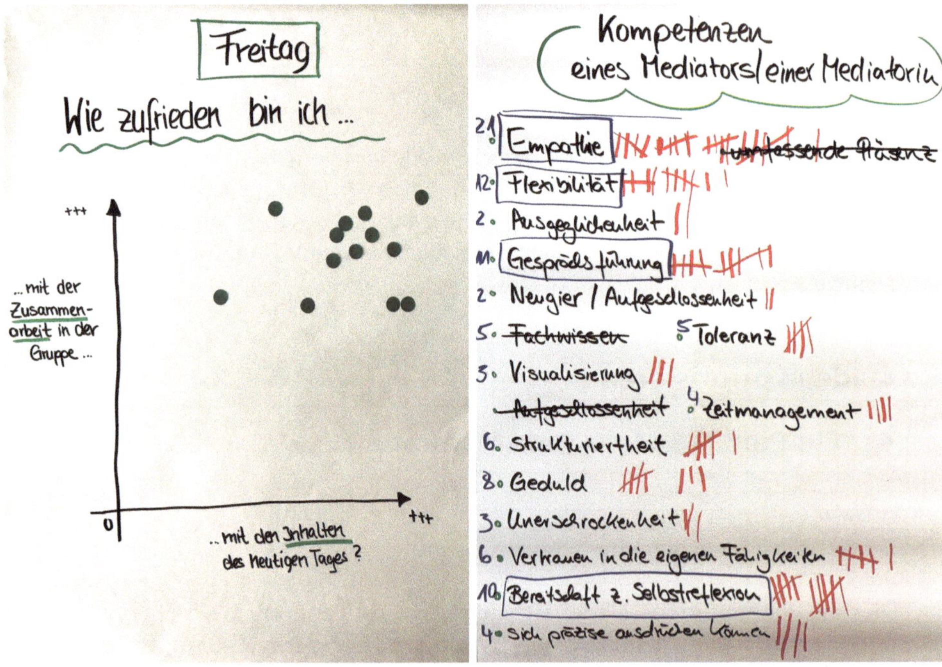

◨ Abb. 6.11   Ein-Punkt-Abfrage über zwei Dimensionen und Seite 1 einer „Punkt-Abfrage" als Strichliste. (Mit freundlicher Genehmigung von © Master-Studiengang Mediation und Konfliktmanagement, Europa-Universität Viadrina Frankfurt (Oder), 2017, Nicole Becker)

▪▪ Variante 1

Die Abfrage kann auch in einem zweidimensionalen Raum erfolgen (x- und y-Achse), womit durch einen Punkt zwei Fragen beantwortet werden.

▪▪ Variante 2: Mehr-Punkt-Abfrage

Bei der *Mehr-Punkt-Abfrage* ist die Ausgangsbasis nicht eine Arbeitsfrage, sondern eine z. B. durch eine Zuruf-Abfrage im Vorfeld gewonnene Auswahl an Möglichkeiten. Die Priorisierung erfolgt über die Art, wie die Punkte verteilt werden können. Sollen aus 10 gesammelten Themen z. B. 3 in der verbleibenden Zeit bearbeitet werden, erhält jeder Teilnehmer 6 Punkte mit denen er drei Themen (in der Abstufung 3 Punkte – 2 Punkte – 1 Punkt) markieren kann. Sollen 6 Themen bearbeitet werden, erhält er z. B. 7 Punkte, wobei er seinen Favoriten mit 2 und 5 weitere mit jeweils einem Punkt markieren kann. Arbeitet man mit Flip-Charts, ist graphisch an der Seite Platz für ein Zusammenzählen, bzw. die Platzierung der Themen zu lassen.

▪▪ Wichtig

- Die Teilnehmer gehen gleichzeitig nach vorne und kleben ihre Punkte oder machen ihre Striche. Dadurch entsteht eine Art Anonymität, weil die einzelnen Markierungen nicht mehr zugeordnet werden können.
- Vorteil zum Einstieg in die gemeinsame Arbeit ist eine Aktivierung aller.
- Können die Teilnehmer einer Abfrage nicht erkennen, dass mit den Ergebnissen weitergearbeitet wird, erhöht sich ggf. die Frustration und Ablehnung gegenüber dem Thema.

▪▪ Online-Einsatz

Viele Befragungen sind als Ein-Punkt-Abfragen über Skalen aufgebaut, z. B. Umfragen zur Mitarbeiterzufriedenheit. Konferenz-Software hat diese Funktionalität teilweise integriert (z. B. WebEx, sog. Poll-Fragen) und bietet die Möglichkeit, sie spontan während der Besprechung aufzusetzen und abzufragen (vgl. Waible 2019, S. 49 f.). In der Doppelrolle ist man damit allerdings überfordert, hat aber die Möglichkeit auch mit externer Software (z. B. LimeSurvey) die Abfrage vorab Online-basiert durchzuführen (noch größere Anonymität) und den Workshop bereits angepasst zu konzipieren.

Einsatz-Beispiel

Spontan in einer Arbeitsbesprechung, da das Thema diskutiert wird, der Terminplan sei unrealistisch. Der Moderator unterbricht mit der Erklärung und zeichnet dabei eine einfache Bewertungsachse an die Tafel mit den Gegensätzen „realistisch" und „unrealistisch" Dann bittet er alle gleichzeitig nach vorne, um einen Strich entsprechend der Einschätzung auf der Achse zu machen. Er fasst das Bild kurz zusammen und hat als Projektleiter ein Indiz, wie weiter zu verfahren ist (z. B. Tendenz unrealistisch: Workshop Risiken aufdecken und Maßnahmen einleiten; z. B. Rückmeldungen verstreut: ggf. Informationsbedarf des Teams).

6.3.4.2 **Matrix-Analyse**

■■ **Einsatz**

Mit der *Matrix-Analyse* werden quantitative Bewertungen von Optionen vorgenommen. Der qualitative Aspekt wird über die Aufstellung von Bewertungskriterien abgedeckt.

In die Bewertungskriterien-Konzeption der Matrix sollte viel Fachwissen einfließen und sie muss transparent für eine Akzeptanz durch die Gruppe sein. Steht das Konzept, ist sie in Bezug auf die Gruppengröße flexibel. Viele Themen im Arbeitskontext, die mit einer Matrix bewertet werden, benötigen Konzentration für die Arbeit und sollten in Workshops oder geplanten Einzelbesprechungen stattfinden. Bei wiederkehrenden Themen können Matrix-Analysen standardisiert eingesetzt werden.

Die klaren Vorgaben zum Vorgehen regulieren die Gruppendynamik. Jeder wird gleichmäßig beteiligt, wodurch der Einsatz in inhomogenen Gruppen gut funktioniert. Der Zeitaufwand für die Bewertung ist nicht groß, aber das Entwickeln der Matrix und das weitere Verarbeiten der Ergebnisse macht sie zu einer Maxi-Methode.

■■ **Vorgehen**

Bevor eine systematische Prüfung von Alternativen über eine Matrix-Analyse erfolgen kann, müssen erstens die Optionen (vertikal), die zur Auswahl stehen, und zweitens die Bewertungskriterien (horizontal) entweder festgelegt oder mit anderen Techniken eruiert werden. Im nächsten Schritt sind die Priorisierungsansätze aufzustellen und transparent zu machen. Zählt z. B. ein Kriterium doppelt oder werden die Kriterien prozentual gewichtet. Dann ist die Platzierung der Optionen innerhalb des Bewertungskriteriums festzulegen (z. B. von 0 Punkten [sehr schlecht] bis 10 Punkten [sehr gut]). Das Team wird dann Kriterium für Kriterium nach der jeweiligen Platzierung der Optionen gefragt und der Moderator trägt es je Zelle ein. Danach werden die Punkte addiert und es entsteht eine transparente Übersicht zu den bewerteten Optionen. Bei weniger komplexen Themen kann mit der Matrix-Analyse eine Vorauswahl getroffen werden, um gezielt Optionen auszuschließen bzw. die diskussionswürdigen herauszufiltern und weiter zu bearbeiten.

■■ **Variante 1**

Eine Matrix-Analyse kann ein sehr komplexes Instrument sein. Es ist auch denkbar, den Aufbau in einem Workshop gemeinsam zu erarbeiten und die Bewertung nach fachlichen Kriterien in Kleingruppen terminiert als Aufgabe zu verteilen.

■■ **Variante 2**

Die Matrix-Tabellen können als Kopie an jeden Teilnehmer verteilt und von dem Moderator anschließend zusammengeführt werden. Das kann im Termin oder zur Vorbereitung eines Termins erfolgen.

■■ **Wichtig**

— Vorgehen und Grund für die Bewertung muss allen Teilnehmern/Betroffenen der Entscheidung transparent sein für eine Akzeptanz.
— Emotionale bzw. individuelle Kriterien (z. B. Atmosphäre bei einem Innenraumwurf) fließen in die Bewertung ein, werden aber versachlicht.

OPTIONEN / Standort	KRITERIEN (Punkte von 1-10, 1= schlecht; 10=beste Option)												
	NO-GO Kriterien				2x	1x	1x	1x	1x	1x	2x		
	Untergrund: Stabilität (Erdbeben, U-Bahn,…)	Umfeld: Explosionsgefahr (Tankstellen, Einflugroute,…)	Hochwassergefahr	Zwischenbilanz	Stromnetz: Redundante Anbindung (Nähe)	Datennetz: Glasfaser in der Nähe	Klima: Makro- u. Mikroklima	Umfeld: geringer Verkehr, unscheinbar,…	Distanz zu Kunden	Grundstücksform (Beplanbarkeit)	Quadratmeterpreis	SUMME	TOP 3 - Kundenpräsentation
1	10	6	8	24	9	7	8	7	10	10	7	98	1
2	x	6	x	/									
3	9	5	8	22	8	5	8	4	6	5	4	74	
4	8	7	7	22	3	7	8	6	9	4	9	80	
5	9	x	8	/									
6	7	8	7	22	7	10	6	9	3	10	10	94	2
7	8	5	3	16	4	8	10	7	10	7	5	76	
8	10	9	10	29	5	7	10	6	4	6	8	88	3
9	5	x	6	/									
10	5	10	8	23	5	7	6	5	9	10	5	80	

Abb. 6.12 Matrix zur Standortanalyse eines Rechenzentrums

Online-Einsatz

Nur für wenig komplexe Analysen bei geringer Teilnehmerzahl über ein vorbereitetes Whiteboard.

? Praxis-Aufgabe

Im Laufe Ihres Studiums, bei der Wahl Ihrer Masterarbeit oder beim Eintritt in die Arbeitswelt werden Sie sich sehr wahrscheinlich für einen Arbeitsschwerpunkt, eine Spezialisierung entscheiden müssen. Entwickeln Sie eine Matrix-Analyse, die Sie bei dieser Entscheidung unterstützen soll.

6.3.5 Ideen analysieren (Qualität)

6.3.5.1 Zwei-Felder-Tafel

Die *Zwei-Felder-Tafel* betrachtet Oppositionen durch ein gemeinsames Aufstellen von Vor- und Nachteilen, Pro und Kontra eines Sachverhaltes. Zeitaufwand je Gruppengröße sind ca. 10–30 Min. Die Dokumentationsgrundlage, z. B. eine Pinnwand mit zwei eingezeichneten Spalten und Überschriften oder zwei Flipcharts je für positiv und negativ, müssen vorhanden sein. Die Zwei-Felder-Tafel ist eine Darstellungsform, die Durchführung kann dann z. B. analog einer Zuruf-Abfrage, einer Kartenabfrage oder einer freien Diskussion in Kleingruppen erfolgen. Um Dynamik durch einen Wettbewerbscharakter zu erzeugen, können auch zwei Gruppen gebildet werden, die für je eine Position Argumente finden soll, die wiederum im Plenum zusammengeführt werden. Die Einsatz-Intention variiert damit je gewähltem Ansatz für die Durchführung. Die Zwei-Felder-Tafel eignet sich für alle Gesprächsformate und Gruppengrößen (diszipliniert) bis ca. 25 Personen. Da die Visualisierung für die Erkenntnis der Ambiguität eines Themas wichtig ist, muss das notwendige Material in den Besprechungsräumen vorhanden sein. Dann lassen sich die Spalten mit den Überschriften auch spontan darstellen, um zum Beispiel einer ausufernden freien Diskussion wieder Struktur zu geben oder sehr dominante Positionierungen zu überprüfen (◘ Abb. 6.13).

Einsatz-Beispiel

Einzeln: Vor- und Nachteile einer Konstruktionsart darstellen (z. B. Holzrahmenbau) als Unterstützung zur Entscheidungsfindung des Bauherrn oder um Vorteile optimal auszunutzen und Nachteilen entgegenzuwirken.

Spontan in einer Besprechung, um einen Fachstreit zu den Vor- und Nachteilen zweier unterschiedlicher Fassadensysteme für einen Entwurf über die Visualisierung zu steuern.

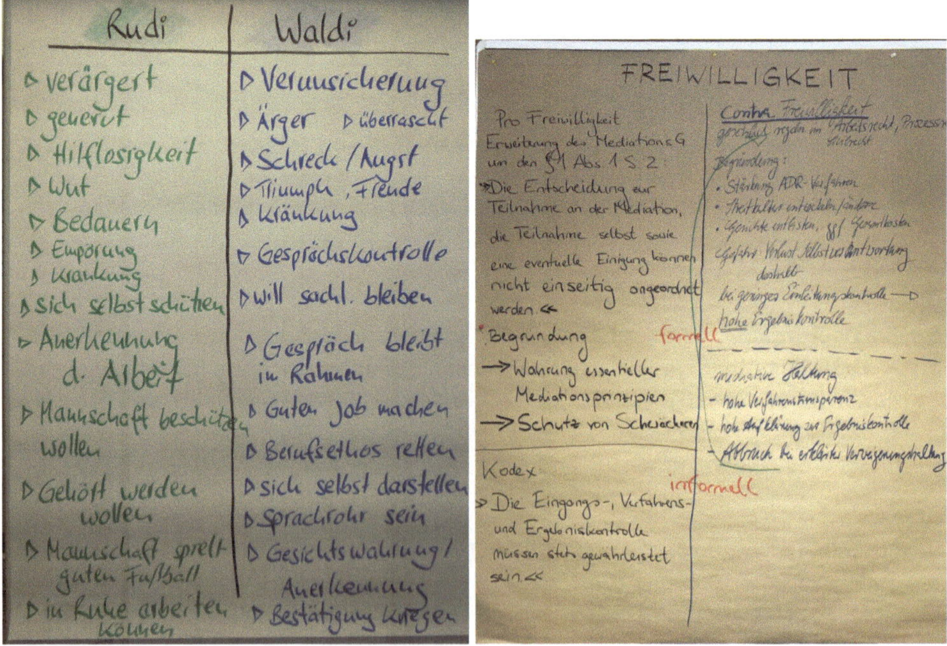

◘ Abb. 6.13   Arbeit mit der Zwei-Felder-Tafel. (Mit freundlicher Genehmigung von © Master-Studiengang Mediation und Konfliktmanagement, Europa-Universität Viadrina Frankfurt (Oder), 2017, Tim Pechtold/Juliane Ade, 2017, Felix Wendenburg/Nicole Becker)

6.3.5.2 Problem-Analyse-Matrix

Die *Problem-Analyse-Matrix* ist eine Darstellungsform, mit der ein generelles Problem in einzelne Aspekte zerlegt wird. Die Problemtransparenz durch die formulierten Teilaspekte ermöglicht dann eine detaillierte Lösungssuche. Die Spaltenüberschriften können mit Inhalt und Anzahl entsprechend an das Problem angepasst werden. Ein Beispiel ist das bereits bekannte Needs-Fears-Mapping für die Analyse der unterschiedlichen Blickwinkel zu einem Konfliktthema. Der Unterschied zu der Matrix-Analyse ist, dass hier die Zellen der Matrix mit konkreten Inhalten gefüllt werden und nicht mit einer abstrakten Bewertung. Bei beiden gleich ist der Arbeitsaufwand, eine zielführende Matrix mit den relevanten Parametern (horizontal und vertikal) vorab zu entwickeln. Die Matrix muss vorbereitet werden und setzt sich intensiv mit einem Problem auseinander, daher eignet sie sich nicht für den Spontaneinsatz, sondern nur für gezielte Workshops oder Termine. Die notwendige Konzentration und der Schutz für eine offene Kommunikation lassen zur Bearbeitung in einer Kleingruppe tendieren (3–8 Personen), wenn ausreichend fachlicher Querschnitt vorhanden ist. Bei größeren Gruppen kann die Aufgabe nach Zeilen oder Spalten aufgeteilt, in Kleingruppen bearbeitet und im Plenum zusammengeführt und diskutiert werden. Für eine kritische Auseinandersetzung zu den einzelnen Punkten (Zellen) ist eine freie Diskussion sinnvoll. Diese kann allerdings durch eine vorherige Zuruf-Abfrage inspiriert sein.

> **Einsatz-Beispiel**
>
> In einem dazu angesetzten Workshop zur Analyse der Auswirkungen einer Standortverlagerung des Planungsbüros auf die Betroffenen (Kunden, Mitarbeiter, etc.), kurzfristig, mittelfristig und langfristig.

In der ◻ Abb. 6.14 ist eine Problem-Analyse-Matrix mit dem speziellen Fall des 9-Felder-Modells von Dr. Joseph Rieforth (s. Link-Tipp) dargestellt, eine strukturierte Fragemethode, um ein Problem bzw. einen Konflikt zu analysieren.

6.3.5.3 SWOT-Analyse-Matrix

Die Verwendung einer *SWOT-Analyse-Matrix,*
1. **S**trength (Stärken – Interne Perspektive, Unternehmens- oder Projektsicht, z. B. Mitarbeiter)
2. **W**eakness (Schwächen – Interne Perspektive, Unternehmens- oder Projektsicht)
3. **O**pportunities (Chancen – Externe Perspektive, Umweltsicht, z. B. Marksituation)
4. **T**hreats (Risiken – Externe Perspektive, Umweltsicht),

hat sich in der strategischen Unternehmensentwicklung etabliert, kann aber auch z. B. auf die Projektentwicklung übertragen werden. Sie eignet sich für eine Workshop-Sequenz, da sie Bestandteil eines aufwendigen Arbeitsprozesses ist. Die Matrix als Darstellungsform leitet den Denkprozess an, wobei eine konkrete Zieldefinition (Soll-Zustand) Ausgangsbasis ist (z. B. Projektrealisierung um 2 Jahre verkürzen). Die Verwendung der Matrix erfolgt dann in drei Schritten, bei denen Kreativitätstechniken des Ideensammelns und verschiedene Arbeitsformate eingesetzt werden können.

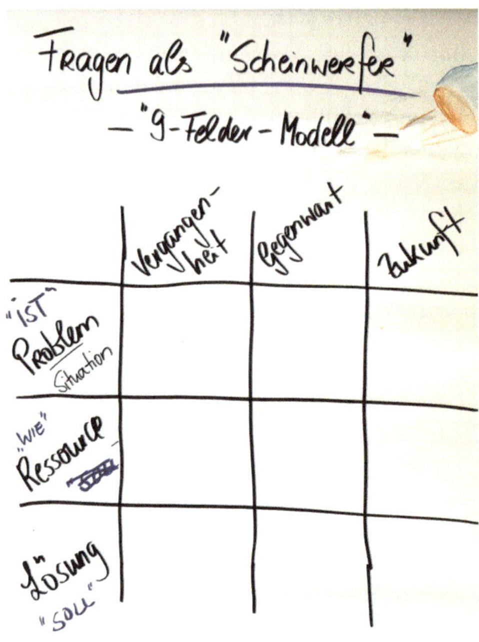

Abb. 6.14 Problem-Analyse-Matrix im speziellen Fall des „9-Felder-Modells" als Fragenstruktur zur Analyse. (Mit freundlicher Genehmigung von © Master-Studiengang Mediation und Konflikt-management, Europa-Universität Viadrina Frankfurt (Oder), 2017, Ulla Gläßer)

1. Schritt: Interne Perspektive: Nacheinander Stärken und Schwächen eruieren (z. B. über eine Zuruf-Abfrage im Plenum)
2. Schritt: Externe Perspektive: Nacheinander Chancen und Risiken eruieren (z. B. in freier Diskussion aufgeteilt in zwei fachlich gemischten Gruppen)
3. Schritt: Kombination entsprechend Matrix (z. B. freie Diskussion in vier 2er-Gruppen mit Rotation, jede Gruppe bearbeitet nacheinander jedes Thema, dann Zusammenführung im Plenum und Konsensbildung in freier Diskussion):
    - SO: Mit welchen Stärken lassen sich welche externen Chancen realisieren? (Einsetzen: Matching-Strategie)
    - WO: Welche Schwächen verhindern die Realisierung von Chancen? (Eliminieren: Umwandlungsstrategie)
    - ST: Mit welchen Stärken lassen sich welche Risiken abwenden? (Einsetzen: Neutralisierungsstrategie)
    - WT: Welche Schwächen verstärken welche Risiken? (Eliminieren: Verteidigungsstrategie)

Vorteil der SWOT-Matrix ist die Übersichtlichkeit und universelle Verwendbarkeit auch in komplexen Situationen. Nachteil ist, dass der alleinige Input durch die Teilnehmer kommt, wodurch Ansätze zu subjektiv sein können und die Quantifizierbarkeit der Inhalte schwierig ist (vgl. Kerth et al. 2011, S. 171). Mit der zielorientierten Analyse allein ist man daher noch nicht handlungsfähig. Nach einer Priorisierung (sind zum Beispiel die Bedrohungen von außen elementar, muss zuerst eine Verteidigungsstrategie

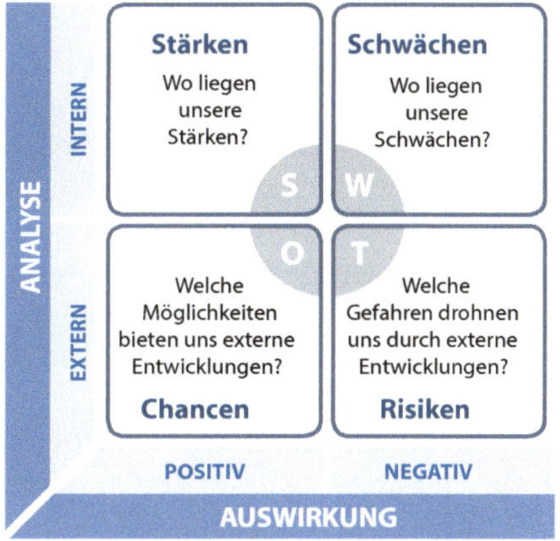

Abb. 6.15   SWOT-Analyse-Matrix

entwickelt werden) müssen für die einzelnen Felder konkrete Maßnahmen abgeleitet werden, um die Strategie umsetzen zu können. Die Anwendung der Kreativitätstechniken beginnt damit wieder von vorne, Ideen sammeln, priorisieren und im Hinblick auf die Umsetzung analysieren (Abb. 6.15).

Einsatz-Beispiel

Workshop zur Analyse eines Entwicklungsprojektes (Einkaufszentrum) nach der Standortentscheidung, um die weiteren Planungsstrategien zu entwickeln.

Praxis-Aufgabe

Nachdem Sie durch die Matrix-Analyse herausgefunden haben, welches Spezialisierungsfeld für Sie optimal erscheint, nehmen Sie sich genau dieses Thema heraus (z. B. Brandschutz, Quartiersentwicklung, Denkmalschutz, Nachhaltiges Bauen) und erstellen eine SWOT-Analyse dafür. Welche Handlungsfelder leiten Sie für sich daraus ab?

6.3.6 Ideen ausarbeiten

6.3.6.1 Prozess: Ablaufschema

■■ Einsatz

Mit dem *Ablaufschema* werden Prozesse weiterentwickelt, indem Störungen aufgedeckt und Schrittfolgen analysiert und abgeändert werden können.

Vorbereitung, hoher Materialaufwand und die intensive Beschäftigung mit einem Thema außerhalb der Alltagsarbeit machen einen Einzeltermin, bei komplexen Sachverhalten eine Workshop-Sequenz, sinnvoll. Ergebnisrelevant ist die Teilnahme aller am Prozess Beteiligten. Ist diese Gruppe groß, ist ein externes Moderatorenteam sinnvoll.

Die Technik gibt dem Einzelnen wenig Schutz, da nur mit offener Kritik Verbesserungspotenzial ausgeschöpft werden kann. Es wird jeder Teilnehmer aktiviert, da der Prozess gemeinsam verantwortet werden soll. Als Gruppe an einer Tafel gemeinsam einen gelebten Prozess zu gestalten ist eher progressiv.

▪▪ Vorgehen

Grundsätzlich gibt es viele Entwicklungen zu Prozessanalysen, die auch unternehmensspezifisch eingesetzt werden. Zur Verwendung muss vorab eine klare Problemstellung oder Zielstellung definiert sein. Das Ablaufschema wird dann mit folgenden Schritten angewendet:

1. Schritt: Prozessschritte identifizieren (z. B. durch eine vorgelagerte Zuruf-Abfrage in der Gruppe), auf Karten notieren und in der bis dahin angegebenen Abfolge in (horizontaler) Reihe anpinnen. Das Ergebnis soll der Prozess sein, wie er tatsächlich im Team gelebt wird.
2. Schritt: Analyse der einzelnen Schritte, bei Problemanalyse „Was könnte bei diesem Schritt zu Verzögerungen führen?", bei Optimierung „Wer hat Ideen, wie der Zeitaufwand in diesem Schritt verbessert werden kann?" (z. B. Zuruf-Abfrage, Karten-Abfrage). Diese Punkte kommen auf Karten in die jeweilige Spalte unter dem Prozessschritt.
3. Schritt: Analyse von Problemkombinationen (z. B. freie Diskussion). Welche Fehlerquellen in den einzelnen Prozessschritten bauen aufeinander auf und potenzieren sich dadurch? Optimal ist, wenn die Gruppe sich von der Größe her um die Stellwand platzieren kann und aktiv mit an der Visualisierung arbeiten kann. Aufeinander aufbauende Probleme können dann umgepinnt und in (horizontale) Reihe gebracht werden.
4. Schritt: Priorisierung (entweder freie Diskussion oder als einfache Matrix-Analyse z. B. mit dem Kriterium Zeitverlust). Fehlerquellen bzw. zusammenhängende Fehlerketten werden dann entsprechend markiert, z. B. mit einer Karte in anderer Form, die ersten drei Platzierungen rot beschriftet.

Eine Stellwand visualisiert jetzt den gelebten Prozess mit zusammenhängenden Fehlerquellen nach Auswirkung. Sie sollte als Anhaltspunkt für die weitere Arbeit sichtbar bleiben.

5. Die nächsten Schritte befassen sich mit der Ideengenerierung zur Fehlerbehebung.

Dabei gibt es verschiedene Ansatzpunkte. Es kann zum Beispiel gefragt werden – und hier unabhängig von der Priorisierung – welche Fehlerquellen sich schnell und ohne großen Aufwand beheben lassen. Es wird eine neue Oberfläche für die konkreten Maßnahmen (Was, wer und bis wann) benötigt. Gelöste Fehlerquellen können auf der visualisierten Analyse markiert werden (z. B. eine grüne runde Karte oder ein grüner Haken in der Priorisierungskarte). Eine weitere Betrachtungsebene ist der Prozess in seiner Gesamtheit, eine Analyse der Schrittfolge. Hier kann eine weitere Visualisierung unterstützen: Eine Spiegelung der ersten Tabelle mit den Prozessschritten (ohne die einzelnen Fehlerquellen). Die Fragen lauten: Können Arbeitsschritte entfallen? Werden weitere Arbeitsschritte benötigt (z. B. Qualitätsprüfungen)? Können Arbeitsschritte parallel ausgeführt werden? Sollen Arbeitsschritte getauscht werden? Auf der zweiten Prozessdarstellung kann jetzt „gespielt" werden, Schritte (Karten) können vertauscht, gestrichen oder ergänzt werden und dann mit Blick auf die erste Visualisierung die Fehlerketten (nach Priorisierung) durchgespielt werden. Spannend kann dann auch ein Vergleich von Prozessen aus Teams sein, die besser sind, oder mit dem Regelprozess entsprechend der Unternehmensrichtlinie.

▪▪ Wichtig

Vorsicht bei der Problemanalyse, da sich Einzelne angegriffen fühlen können: keine Schuldzuweisungen; in der Moderation gelassen bleiben und auf den Sachaspekt zurückführen, empfundene Angriffe z. B. über den Konjunktiv abschwächen, nicht „Was läuft hier schief?", sondern „Was könnte bei diesem Schritt schieflaufen?"; verdeutlichen, dass Prozessverantwortung nur im Team getragen werden kann; Reframing (Gratwanderung, darf nicht zynisch werden): Statt „Wir haben hier ein Problem." – „Wir wollen hier unser Optimierungspotenzial aktivieren."

Einsatz-Beispiel

Workshop zu folgender Problemstellung: Skonto-Verlust durch zu späte Rechnungsbegleichung; der Zahlungslauf muss optimiert werden.
Workshop zu folgender Zielstellung: Der Prozess der Nachtragsprüfung soll verbessert werden, Ziel: 10 Tage einsparen.

6.3.6.2 Entwurf/Design: Modelle

▪▪ Einsatz

Der Einsatz von Modellen ist typisch im Bereich Architektur und in der Produktgestaltung, wird aber häufig nur für eine gemeinsame Ideen-Entwicklung im Fachteam oder zur Präsentation genutzt.

Durch den hohen Materialieneinsatz (Modell, das die Geografie und Nachbarbebauung maßstabsgetreu abbildet; Materialien, die der Zielgruppe und dem Projekt entsprechen, z. B. Styropor oder Styrodur, Hölzchen für Bäume, grünen und blauen Stoff für Grün- und Wasserflächen, Legosteine [Kinder beteiligen], Cutter, Schere, Ton etc.) eignet sich die Technik für geplante, einzelne oder sequenzielle Besprechungen oder Workshops.

Die Technik lebt von Offenheit und Inspiration und eignet sich für progressive Gruppen. Über den körperlichen Einsatz wird jeder aktiviert, eine gleichmäßige Beteiligung und Regulierung der Gruppendynamik muss der Moderator durch Fragetechniken erreichen.

▪▪ Vorgehen

Das Modell steht in der Mitte, die Personen können und sollen sich drumherum bewegen, um verschiedene Perspektiven auf dem Raum wahrnehmen zu können. Der Moderator (in Doppelrolle) unterstützt die Bewegung um das Modell („Wie finden sie ihren Vorschlag aus einer anderen Perspektive?"), lässt kreative Denkpausen zu und regt mit hypothetischen Fragen oder Metaphern zu weiteren Varianten an. Entwerfen als kreativer Schaffensprozess ist eine Herausforderung für eine Zielorientierung der einzelnen Termine. Soll in dem Termin zunächst nur eine gedankliche Annäherung an das Projekt erfolgen, kann der Workshop von einem Brainstorming begleitet werden, das als Inspiration für den weiteren Entwurfsprozess visualisiert, bereits das Ergebnis des Workshops darstellt. Sollen Varianten entwickelt und verglichen werden, dann muss eine Methode eingesetzt werden diese festzuhalten (z. B. fotografieren oder direkt in einem Programm zeichnen). Sollen „No-Gos" und „Must-Haves" für eine Ausarbeitung entwickelt werden, ist es Aufgabe des Moderators, diese aus der freien Diskussion herauszufiltern und sie zu visualisieren.

■■ Variante 1

Die Technik kann in mehreren unterschiedlichen Betroffenengruppen parallel durchgeführt werden, um die Konfliktpunkte zu erkennen, für die im weiteren Prozess Lösungen gefunden werden müssen. Die räumliche Darstellung kann um weitere architektonische Faktoren erweitert werden und Farbmuster oder Materialmuster integrieren.

■■ Wichtig

- Modelle sind aufwendig und teuer, daher „keep it simple"
- Zieldefinition der Veranstaltung muss für ein Ergebnis klar sein
- In Kombination mit freier Diskussion, da Erläuterungen (Warum) bei Vorschlägen notwendig sind
- Einsatz in Partizipationsprozessen
- Gemeinsam mit dem Auftraggeber (kann Zeit durch entfallende Entwurfsschleifen sparen)

■■ Online-Einsatz

Hier sind die Entwicklungen im Bereich *BIM (Building Information Modeling)* abzuwarten und der Aufwand zur Implementierung als gemeinsames Entwurfs-Tool entsprechend der Projektgröße abzuwägen.

> **Einsatz-Beispiel**
>
> Workshop-Sequenz zur Quartiersentwicklung einer Großstadt.
> Workshop für die Prüfung von Varianten zur Erstellung eines Bebauungsplanes.

6.4 Problemsituationen

6.4.1 Zeitverzug

Haben sie einen knappen Zeitplan oder geraten sie in Zeitverzug, ist ein stärkeres Eingreifen in die Strukturierung notwendig. Folgende Punkte können sie unterstützen:
- Regeln vorgeben statt sie gemeinsam zu erarbeiten
- Gruppenbildung vorgeben (z. B. mit Durchzählen: 1, 2, 3, 1, 2, 3… und dann Gruppe der Einser, der Zweier, der Dreier zur Bearbeitung) statt einer freien Wahl lassen
- Reihenfolge der Redebeiträge vorgeben und/oder beschränken („Jetzt noch drei Meldungen, weil wir im Verzug sind. Bitte X, Y, und dann Z, die drei hatten sich zuerst gemeldet.")

- Verwendung des Themenspeichers (und damit Abschweifungen eingrenzen)
- Zusammenfassung von Zwischenergebnissen
- Ableitung von Schlussfolgerungen (z. B. durch hypothetisches Fragen)
- Festhalten der Maßnahmenpläne (inklusive der Zuständigkeit für die Bearbeitung ungelöster Fragestellungen)
- Transparenz über realistisch zu erreichendem Ziel in der verbleibenden Zeit, ggf. Neu-Priorisierung über Blitzlicht
- Flexibilität: Methodenwechsel, z. B. statt der geplanten freien Diskussion eine Zuruf-Abfrage mit Clusterung
- Situationsbedingt (offene Kommunikation und hohe Konzentration) kann das Team nach einer Verkürzung der Pausen oder Verlängerung des Termins gefragt werden

6.4.2 Problem-Typen

Auch in der Moderation ist eine Einstellung auf die Verhaltensmuster der Persönlichkeitstypen angebracht. Während es im Konfliktfall um eine differenzierte Unterstützung der Typen geht und im Überzeugungsgespräch darum, die Grundängste und Grundmotive für eine Argumentation einzusetzen, sollen in der Moderation die Vor- und Nachteile sinnvoll in die Gruppenarbeit integriert werden (vgl. Kanitz 2018, S. 213; Wolf 2018, S. 141):

Eine in der Moderation problematische Ausprägung des mit distanzierter Sachlichkeit arbeitenden Dominanz-Typen ist das „Alpha-Tier", das mit der hierarchischen Einordnung als Gleicher unter Gleichen nicht klar kommt. Folgende Tipps:

- Basis ist die gleiche Ansprache: mit allen per Sie oder mit allen per Du. Das sollte zu Beginn mit den Regeln geklärt werden.
- Interventionen genau wie bei den anderen Teilnehmern verwenden und dabei auf die Eingangsregeln berufen.
- Ist der eigene hierarchisch Vorgesetzte beteiligt: vorab briefen, dass die Egalisierung der Beiträge Teil der Moderationsarbeit ist.
- Aufforderungen freundlich aber deutlich machen, ggf. in einem Pausengespräch (es ist wichtig, dass er sein „Gesicht wahren" kann, um seine Grundängste nicht zu verletzen).
- Nutzen der Sachlichkeit (z. B. Fragen nach Argumenten stellen).
- Bei entstehenden Konflikten konkret Gefühle erfragen (damit sich diese nicht aufstauen und explodieren).

Der Abwechslung suchende Stimulanz-Typ kann sich schnell langweilen und Nebenbeschäftigungen suchen. Hier ist Konsequenz in der Regeldurchsetzung gefragt und die Integration seiner Kreativität in den Prozess, z. B.:

- „Ich sehe Sie beschäftigen sich mit etwas anderem. Was können wir als Gruppe tun, um Sie zurück zu uns und der gemeinsamen Arbeit zu holen?" Oder:
- „Sie wurden von uns zu dem Workshop eingeladen, weil uns Ihre Expertise wichtig ist. Es wäre hervorragend, wenn Sie diese wieder in unsere Arbeit einbringen können. Dann werden wir auch zeitlich mit einer Lösungsfindung im Rahmen bleiben. Ist das OK für Sie?" Oder ganz klar:

- „Ihre Beschäftigung mit etwas anderem stört mich und ich denke, auch die Gruppe. Bitte beenden Sie das oder gehen raus und kommen wieder, wenn Sie arbeitsbereit sind."
- Die kreative Sprunghaftigkeit kann auch über konkrete Forderungen aufgefangen werden, z. B. „Bis zu welchem Termin stellen Sie der Gruppe ihre Ergebnisse zu dem offenen Punkt 3 vor?"

Der vorsichtige Balance-Typ kann dazu neigen, aus Sorge um die Beziehung zu schweigen. Schweigsamkeit kann verschiedene Ursachen haben, dennoch kann Folgendes unterstützen:

- Über die Wortwahl verdeutlichen, dass es nicht um die Personen geht, sondern um ein Thema, das gemeinsam zu klären ist.
- Ein Start mit Techniken der „Aktivierungs-Pflicht" wie ein Blitzlicht oder Punktabfragen. Durch eine erste Beteiligung werden die Angst und die Hemmschwelle vermindert.
- Konkrete Ansprache: „Wir haben jetzt einige Bedenken gehört, teilen Sie die Auffassungen soweit oder haben Sie noch etwas zu ergänzen, Herr X?"
- Ggf. als Helfer einsetzen: „Ich benötige Unterstützung bei der Visualisierung, können Sie mir bitte helfen?" (Dann vereinfacht sich auch die Aufforderung: „Jetzt habe ich Sie so weit eingebunden. Wenn Sie die Ergebnisse sehen, was fällt Ihnen noch ein?")

Der kritisch-analytische Klärungs-Typ kann viel zu einer Lösungssuche beitragen, er kann aber auch über das Ziel „hinausschießen", indem er zu viel (negativ) kritisiert und nörgelt, er zu allem etwas zu sagen hat, weil er es besser weiß, oder für das aktuelle Etappenziel zu sehr in die Details geht.

- Kritik kann zurück in die Gruppe gegeben werden: „Wie sehen Sie das?"
- Aufforderung an den Nörgler: „Kritik ist wichtig, um Verbesserungspotenzial zu erkennen. Wenn es so nicht funktioniert, wie funktioniert es denn dann? Wie würden Sie es machen?"
- Dauernörgler klar unterbinden: „Wir haben von Ihnen jetzt zu den letzten 5 Punkten (Achtung, keine Pauschalurteile wie „Sie nörgeln dauernd rum", konkret bleiben) negative Kritik bekommen. Ich finde das demotivierend und ich denke den anderen geht es auch so. Bitte halten Sie sich etwas zurück." Diese Aufforderung kann auch indirekt über einen Perspektivwechsel erfolgen.
- Besserwisser benötigen oft Anerkennung. Diese können Sie ihm zukommen lassen, indem Sie ihm seinen Anteil an Ihrer Verantwortung spiegeln: „Sie bringen sich sehr aktiv in die Gruppenarbeit ein. Meine Verantwortung liegt aber darin, alle zu Wort kommen zu lassen…" und dann seinen Anteil in die Gruppe zurückgeben „…deshalb möchte ich die Gruppe dazu fragen: Wie sehen Sie den Punkt von Herrn X?"
- Gehen Themen zu weit ins Detail und entwickelt sich ggf. eine fachliche Diskussion, können Sie das entweder in die Gruppe geben „Unser Ziel sind aktuell Lösungsansätze für X zu finden. Halten Sie die Informationen von Herrn X an dieser Stelle für relevant?", oder es unterbinden „Herr X, Sie gehen jetzt sehr stark ins technische Detail. Ich bitte Sie diese Punkte zu späterem Zeitpunkt wieder anzubringen, wenn wir das Vorgehen bei dieser Option ausarbeiten. Aktuell sammeln wir erstmal nur Vor- und Nachteile für eine Bewertung." (Themenspeicher nutzen)

> ⚠ **Störenden Verhaltensmustern in moderierten Arbeitsformaten kann mit zwei Interventionen begegnet werden:**
> - **Rückgabe in die Gruppe („Wie sehen Sie das?")**
> - **freundlich aber deutlicher Hinweis auf einen Regelverstoß (Stopp)**

6.4.3 Moderator-Risiken

In der Praxis treten einige Probleme bei moderierten Besprechungen häufiger auf. Kennen Sie diese Risiken, können Sie vor und während der Moderation reflektieren, für welche Sie anfällig sind und wie Sie dem entgegenwirken können. Folgende acht nennen Kühn und Koschel (vgl. 2018, S. 38 f.):

- *Schlechtes Zeitmanagement:* Die Tipps gegen Zeitverzug vorzugehen, können nur eingesetzt werden, wenn man ein Bewusstsein für die vergangene und verbleibende Zeit hat. Gerade in den ersten Moderationen helfen hier ein eng getakteter Plan und eine Uhr, damit man den Zeitverzug schnell merkt.
- *Zwiegespräch statt Diskussion:* In ein Zwiegespräch mit einem einzelnen Teilnehmer verfängt man sich als Moderator schnell, wenn man mit Fragetechniken eine Aussage genau beleuchten will. Hier besser die Gruppe mit einbeziehen: „Wie verstehen das die anderen?" „Und wie sehen die anderen das?" Sie müssen es nicht verstehen, sondern sicherstellen, dass die Gruppe es verstanden hat.
- *Die Zügel aus der Hand geben:* Moderation ist ein Balanceakt zwischen Freiheit und Regulation der Gruppe. Beobachten Sie die Teilnehmer und greifen bei inhomogenem Verhalten der Gruppe bzw. Herausstechen einzelner Schweiger oder Zwischenrufer ein.
- *Neutralität vergessen:* Neutralität zu vergessen und sich wertend gegenüber einer Äußerung zu verhalten („Das finde ich auch besser") ist ein besonderes Risiko in der Doppelrolle. Das gleich gilt für:
- *Suggestive und geschlossene Fragestellungen*
- *Fehlender Mut:* Insbesondere bei bestehenden Projektteams und in standardisierten Arbeitsbesprechungen fehlt dem Moderator der Mut, aus der Routine mit einer kreativen Technik auszubrechen und die Gruppe zu überraschen.
- *Sich zu schnell geschlagen geben:* Gelassenheit, Geduld und der Einsatz von Fragen, auch Fragewiederholungen, sind bei langen Redepausen oder scheinbar unsinnigen Beiträgen nützlich.
- *Zu strenges, autoritäres Auftreten:* In Kombination mit zu starker Struktur hemmt ein autoritäres Auftreten die Offenheit und Kreativität der Gruppe.

> ❓ **Reflexions-Aufgabe**
> Was denken Sie, zu welchem der Moderator-Risiken neigen Sie? Wie können Sie eine Verbesserung trainieren?

> **Tipp**
>
> Routinierte Gesprächsmoderation stellt sich durch Übung ein. „Reißen" Sie sich um jede Möglichkeit, es praktisch einzusetzen.

6.5 Leitfaden Moderation

Wie auch die anderen Leitfäden dient dieser der Orientierung, gerade zu Beginn der Arbeit als Moderator. Mit etwas Praxis lernt man Situationen besser einzuschätzen, spontan zu reagieren und kreative Abwandlungen der Techniken einzusetzen.

▪▪ Planung

1. Thema und Ziel identifizieren
2. Gruppe einschätzen und entsprechende Vorauswahl der Techniken treffen
3. notwendige Zeit bzw. mögliche Zeit kalkulieren
4. Prozessaufbau mit Teilzielen und Wahl der Techniken entsprechend KOALA
5. Überprüfung des Prozesses über die Aufgaben des Projektmoderators – SEKT
6. Stichworte für einen „Notfallplan" (Widerstand, Zeitüberschreitung, etc.)
7. Setting und Sitzordnung passend zu Gruppe/Thema/Ablauf planen
8. Medien- und Materialliste erstellen (Ablauf im Kopf durchspielen)
9. Organisation (Raum buchen, Material bestellen)
10. Einladung (Ort, Zeit, Dauer, Beteiligte, TOP) versenden (bei Workshops eine Voranfrage mit Varianten, um den bestmöglichen Teilnehmerkreis sicherzustellen) (Schritt 1–10 für Jour Fixe: Präsentationsinhalt und Zeit je Beitrag festlegen, Einladungen für einen langfristigen Zeitraum einstellen)
11. Visualisierung vorbereiten (Präsentation, Flipchart mit Agenda, etc.)

Direkt vorab:

12. Delegation von Teilaufgaben, z. B. Protokollführung
13. Technik prüfen

▪▪ Tipps für die Durchführung

- Freude an der Arbeit!
- Humor, wenn die Situation es erlaubt!
- Orientierung im Verfahren mit SEKT!
- Selbstbewusstsein – Mut zur Leitung, Sie sind der Moderator!
- Vorbildfunktion für die gemeinsamen Regeln!
- Doppelrolle leben – und bei Bedarf transparent für die anderen wechseln!

▪▪ Nachbereitung

1. Schritt: Versenden des (Foto-) Protokolls (falls nicht direkt am Terminende geschehen)
2. Schritt: Nachhalten der Vereinbarungen
3. Schritt: Selbstreflexion oder kollegiale Beratung
4. Schritt: Vorbereitung Folgetermin (Integration des Lernergebnisses aus der Selbstreflexion)

		K ontakt	**O** rientierung	**A** nalyse	**L** ösung	**A** bschluss
Sach-Ebene	**S** t r u k t u r	**Organisation & Transparenz & Ziel- und Zeitorientierung (Roter Faden)**				
		> Gruppe einschätzen > Einladung > Setting / Sitzordnung > Medien / Materialien > Technik-Prüfung > Begrüßung > Vorstellung: Thema / Teilnehmer / Agenda & organisatorischer Ablauf	> Einführung je TOP (Sachstand / Ziel) > Anmoderation Techniken (Ziel / Verfahren / Vorgehen)			> Zusammenfassung der Ergebnisse > Information zum weiteren Vorgehen (nächste Termine) > Dank > Verabschiedung, ggf. Abschlussritual > Verteilen der Dokumentation (Mail)
		> Plenum	Arbeitsform nach Gruppe / Thema			> Plenum
	E r g e b n i s	**Verständnissicherung & Visualisierung & Dokumentation**				
		Präsentation / Visualisierung: Rechner / Beamer / eingesetzte Software kennen Visualisierung: Flipchart / Tafel / Moderatorenkoffer Dokumentation: Fotoprotokoll / Protokoll (offen geführt)				
		> vorbereitet: Darstellung Thema & Agenda > Namensschilder	> Info zeigen > Ideen festhalten: Sammlung / Clusterung visualisieren	> Lösungen zusammenführen und festhalten	> Maßnahmen ableiten, konkretisieren und formulieren	> jeden TOP mit Ergebnis abschließen: Beschluss der Maßnahmen / Themenspeicher bzw. LOP mit weiterem Vorgehen / TOP für nächsten Termin
Beziehungs-Ebene	**K** o n s e n s	**Konfliktkultur & Akzeptanzsicherung & Identifikation**				
		> Einstieg in Thema und Gruppe für die Teilnehmer > Abfrage: Rückfragen, Befürchtungen, Erwartungen der Teilnehmer? > Akzeptanzsicherung einführen: Einverständnis Vorgehen / Regeln abholen	> Konfliktmoderation: Konflikte auf Sachebene zurückführen > Kommunikationsregeln durchsetzen (Konfliktkultur) > Widerstand und Killerphrasen begegnen > Verhandeln & Fragetechniken einsetzen > Mimik & Gestik beobachten, aktives Zuhören > Stimmung überprüfen (z. B. Punkt-Abfrage)			> Zustimmung und Widerstände bearbeitet > Identifikation mit Gesamtergebnis hergestellt > Einverständnis zum Ergebnis abgeholt: Akzeptanz sichergestellt
	T e i l n e h m e r	**Doppelrolle & Aktivierung & Selbstverantwortung**				
		> Einstimmung auf das Thema - Motivation > Mitwirkung aller aktivieren (z. B. Blitzlicht)	> Beteiligung aller fördern > Persönlichkeitstypen differenziert integrieren > Kommunikationsregeln (Feedbackkultur) durchsetzen > Beiträge gleichwertig behandeln (z. B. Themenspeicher, Reihenfolge von Wortmeldungen) > Mitbestimmung sicherstellen (z. B. Punkt-Abfragen) und damit Selbstverantwortung stärken			> Vereinbarungen zu Maßnahmen treffen - Verantwortungsübernahme > Ausblick auf das Projekt - Motivation > Feedback (jeder kommt zu Wort, z. B. Blitzlicht) - stehen lassen

�’ **Abb. 6.16**   Leitfaden für die Planung und Durchführung von Moderationen mit Hilfe von KOALA und SEKT. (Quelle: eigene Darstellung i. A. a. die Inhalte von Ruschel 1993, S. 186; Wolf 2018, S. 33 ff.)

�’ Abb. 6.16 fasst als Leitfaden die Planung und Durchführung von Moderationen mit Hilfe von KOALA (vgl. Ruschel 1993, S. 186) für die Arbeitsphasen und SEKT (vgl. Wolf 2018, S. 33 ff.) für die Arbeitsaufgaben des Moderators zusammen.

In der �’ Abb. 6.17 ist ein Moderationskonzept für einen Jour Fixe und in der �’ Abb. 6.18 ein Beispiel für das Moderationskonzept eines Workshops zu sehen.

❓ Konzept-Aufgabe

Erstellen Sie ein (Workshop-) Konzept für 8 Personen, die gemeinsam die Parameter für den Entwurf eines Kindergartens aufstellen wollen. Ziel ist die Aufgabenverteilung für das weitere Vorgehen. (Alternativ können Sie ein aktuelles Thema aus ihrem Umfeld wählen – und bestenfalls durchführen.)

Format: Jour Fixe (Präsentation vorab eingesammelt und zusammengeführt)					
Ziel: 1. Information Sachstand Projeke / 2. Austausch zu aktuellen Herausforderungen: Synergienbildung					
Teilnehmer: 25 Personen, alle bekannt (Protokollant)					
Zeit: Erster Montag im Monat, 9:00-12:00h (Einladung für gesamtes Jahr erfolgt)					

	TOP	**Inhalt**	**Zeit**	**Fragestellung zum Thema**	**Technik**	**Material**
Kontakt	1	Begrüßung Vorstellung Thema / Ziel / Agenda	15 Min.		Visualisiert	Präsentation, Rechner, Beamer
		Einstimmung auf das Thema		Dein wichtigstes Projekt-Thema diesen Monat?	Ein-Satz-Blitzlicht	
Orientierung	2	Prüfung LOP letzter Termin	15 Min.	Falls nicht erledigt: Wie viel später? Welche Unterstützung?	Visualisierung: offenes LOP-Protokoll	LOP-Protokoll
	3	Projektportfolio / Neue Projekte	10 Min.	Langfristiger Auftragstatus?	*Information*	
	4.1	Information: Sachstand P1	10 Min.			
	4.2	Information: Sachstand P2	10 Min.	Leistungsphase? Im Zeitplan? Im Kostenplan? Aktuelle Herausforderungen?	*Information* Konzentrations-Breaks (Rückfragen?)	Präsentation
	4.3	Information: Sachstand P3	10 Min.			
	4.4	Information: Sachstand P4	10 Min.			
	4.5	Information: Sachstand P5	10 Min.			
	4.6	Information: Sachstand P6	10 Min.			
		Kaffee-Pause	10 Min.			Getränke
Analyse & Lösung	5	Herausforderungen: Synergie-Match	45 Min.	Gibt es Tipps, Hinweise oder Unterstützung durch erfahrene Mitarbeiter zu dem Thema?	Zuruf-Abfrage (je Herausforderung mit Zusammenfassung / Akzeptanzsicherung / Visualisierung im offenen LOP-Protokoll)	Präsentation, Protokoll, Zettel+Stift
	6	Weitere Themen / Verschiedenes	20 Min.	Stehen weitere Themen / Hinweise im Raum?	freie Diskussion	LOP-Protokoll
Abschluss	7	Feedback	10 Min.	Welche Änderung an dem Besprechungsformat wären sinnvoll?	Feedback als Zuruf-Abfrage, Rückmeldungen in die LOP	LOP-Protokoll
		Nächster Termin		*Information*		Protokoll
		Verabschiedung LOP-Protokoll			Versendung an Teilnehmer	W-Lan
		Dank & Verabschiedung				

◗ **Abb. 6.17**   Beispiel Moderationskonzept Jour Fixe

> ### Link-Tipp
>
> **Online-Moderation:** Software-Vergleich: ► https://trusted.de/online-meeting
> **LCI:** Lean-Construction-Institute: ► https://www.leanconstruction.org/
> Möglichkeit zum Test der Präsentations-Software **Prezi:** ► https://prezi.com/de/
> Das „9-Felder-Modell" in 100 s: ► https://www.youtube.com/watch?v=ew23wbLwWkl
> **Zugegriffen: 25.05.2019**

❷ Wissens-Aufgaben

In welchen Gesprächsformaten ist der Einsatz einer Moderation im Projekt sinnvoll und welche Aufgabenschwerpunkte und Risiken sind für den Projektverantwortlichen mit der Moderation verbunden?

Welche Aspekte bei einer Präsentation sind für eine zuschauergerechte Aufnahme der Informationen hilfreich?

Geben Sie je zwei Beispiele zu Kreativitätstechniken für die vier wesentlichen Arbeitsschritte in einem Workshop. Mit welcher Technik würden Sie bei einem Workshop mit detailverliebten Fachleuten intervenieren?
Welche beiden Merkwörter helfen Ihnen bei der Konzeption einer Workshop-Moderation? Geben Sie je Arbeitsaufgabe des Moderators drei Beispiele und ordnen Sie einer (oder mehreren) Arbeitsphase (n) zu.

Format: Workshop
Ziel: Jour Fixe Struktur und Inhalte der Präsentationen (Vorlage Corporate Design existiert)
Teilnehmer: 15 Personen (inhomogen: fachübergreifend, Hierarchieebenen, bisher wenig Zusammenarbeit)
Zeit: Dienstag 9:00-17:00h (Abstimmung zur Teilnahme und Einladung erfolgt)

	TOP	Inhalt / Ergebnis	Zeit	Fragestellung zum Thema	Moderations-Technik	Material
Kontakt	1	Begrüßung		Titel, Leitung, Willkommen		Tafel, Tafelstifte, vorbereitet
		Vorstellung Namenschilder	30 Min.	Wie heiße ich? Was mache ich? Wohin soll mein nächster Urlaub gehen?	Blitzlicht: je Frage 1 Satz / Fragen Visualisiert	Flip-Chart 1: vorbereitet; Namensschilder, Marker
		Vorstellung Thema / Ziel / Agenda			Visualisiert, Themenspeicher einführen	Flip-Chart 2: vorbereitet, Pinnwand 1 (Themenspeicher)
		Einstimmung auf das Thema		Dein größter Kritikpunkt / Befürchtung an Besprechungen?	Ein-Wort-Blitzlicht	
O	2	Orientierung und Prioritäten	20 Min.	Was muss für die Jour-Fixe alles geklärt werden?	Zuruf-Abfrage, Clustern mit Rückfrage beim anpinnen	Pinnwand 2, Karten einfarbig, Marker
			10 Min.	Was ist der relevanteste Faktor?	Mehr-Punkt-Abfrage (2-1-1)	Klebepunkte (Pinnwand 2)
		Der weitere Verlauf richtet sich nach den Prioritäten ODER: eine Änderung muss transparent begründet werden / Themenspeicher nutzen				
A	3	Zeiteinsatz: Frequenz und Dauer der Jour Fixe	10 Min.	Zeitaspekt: Wie oft? Wie lange?	Ein-Punkt-Abfrage (auf 2 Skalen)	Pinnwand 3, Marker, Klebepunkte
L			20 Min.	Begründung und Zeit-Ziel für die weitere Planung	freie Diskussion / Visualisierung (z. B. Monatlich / 3 Stunden)	Flip-Chart 1: Ergebnis 1
				10:30-10:40 / 10 Minuten Pause		Getränke
A	4	Inhalte des Jour Fixe Aufbau der Agenda	45 Min.	Welche Informationen / Themen / Inhalte sind für sie als Teilnehmer eines Jour Fixe relevant?	MindMap	Pinnwand 2 (Rückseite), Karten, Marker
L			30 Min.	Aufbau der Standard-Agenda (aus MindMap 1. Ebene)	freie Diskussion / Visualisierung / Akzeptanzsicherung	Flip-Chart 1: Ergebnis 2
			30 Min.	Match: Zeitansatz je Agendapunkt (in Summe s. Ergebnis 1)	Stille Phase (5 Min), Eintrag der Ergebnisse in eine Matrix, freie Diskussion der Differenzen	Pinnwand 3 (Rückseite): Matrix vorbereitet, Marker; Flip-Chart 1: Ergebnis 3 ergänzend bei Ergebnis 2
				12:15 - 13:00 Mittagspause		Kantine, reservieren
O	5	Detail: Aufbau der Projekt-Sachstand-Folien	5 Min.	Zusammenfassung der bisherigen Ergebnisse		Ergebnis 1-3 auf Flip-Chart 1
			20 Min.	Agenda für den sich wiederholenden Foliensatz: "Sachstand Projekt" aus der MindMap Ebene 2 ableiten	freie Diskussion / Visualisierung / Akzeptanzsicherung	Flip-Chart 1: Ergebnis 4
A			60 Min.	Wie sollen die Inhalte auf den Präsentationsseiten dargestellt werden (Tabellen, Kennzahlen, Graphen, etc.)?	Kleingruppen (5x3); Ausarbeitung auf Präsentationsvorlage (Moderator: Vorbereiten einer Matrix zum Vergleich der Gruppenergebnisse)	5 Räume / Rechner der Teilnehmer / Videoanlagen oder Beamer, Pinnwand 4, Marker
				14:25 - 14:35 / 10 Minuten Pause		Getränke / Kekse
A	5	Detail: Aufbau der Projekt-Sachstand-Folien	30 Min.	Präsentation der Gruppen	Visualisierung in Matrix (z. B. bei Terminen Gruppe 1: Kennzahl, Gruppe 2: Graph)	Beamer, Datenträger
L			60 Min.	1. Konsens vorhanden? 2. Konsens herstellen? 3. Diskrepanz bleibt: Themenspeicher?	freie Diskussion (über die Agendapunkte lenken: Konsens: grüner Haken, andrere rot auskreuzen / Uneinigkeit: Blitz)	Marker schwarz, grün, rot, Pinnwand 4+1 (Themenspeicher)
				16:05 - 16:15 / 10 Minuten Pause		Getränke
Abschluss	6	Überblick Ergebnisse, Klärung weiteres Vorgehen	30 Min.	Was wurde erreicht? Welche Themen sind offen? Wer macht was davon bis wann? Weiteres Vorgehen? (neuer Workshop oder Gruppen)	Zusammenfassung (anhand Visualisierung), Ergänzung der Verantwortl. im Themenspeicher; Klärung weiteres Vorgehen; Verabschiedung (Verantwortungsübernahme)	
		Feedback (viele Bedenken offen?); Ausblick	10 Min.	Welche Bedenken gibt es noch in Bezug auf die gemeinsame Planung der Jour Fixe? Welchen Vorteil hat das entwickelte Format?	Blitzlicht -2 Sätze	
		Offizielles Ende	5 Min.	Dank / Beenden		

■ **Abb. 6.18**   Beispiel Moderationskonzept Tages-Workshop

Literatur

Böss-Ostendorf A, Senft H (2010) Einführung in die Hochschul-Lehre. Ein Didaktik-Coach. Budrich, Opladen

Brockhaus (2006) Enzyklopädie, Bd 11. Brockhaus, Leipzig

DIN (2009) DIN 69901: Projektmanagement – Projektmanagementsysteme (Teil 1 bis 5). Beuth, Berlin

Glasl F (2013) Konfliktmanagement. Ein Handbuch für Führungskräfte, Beraterinnen und Berater. Haupt, Bern

Groß S (2018) Moderationskompetenzen. Kommunikationsprozesse in Gruppen zielführend begleiten. Springer, Wiesbaden

Kerth K, Asum H, Stich V (2011) Die besten Strategietools in der Praxis. Welche Werkzeuge brauche ich wann? Wie wende ich sie an? Wo liegen die Grenzen? Hanser, München

Kühn T, Koschel K-V (2018) Einführung in die Moderation von Gruppendiskussionen. Springer, Wiesbaden

Polzin B, Weigl H (2014) Führung, Kommunikation und Teamentwicklung im Bauwesen. Springer, Wiesbaden

Porwal V (2014) Last planner system. Areas of application and implementation challenges. OmniScriptum, Saarbrücken

Ruschel A (1993) Besprechungen und Konferenzen. Grundlagen der effektiven Gesprächsgestaltung. Ullstein, Frankfurt a. M.

Schnelle-Cölln T, Schnelle E (1998) Visualisieren in der Moderation. Eine praktische Anleitung für Gruppenarbeit und Präsentation. Windmühle, Hamburg

Schulenburg N (2018) Exzellent präsentieren. Die Psychologie erfolgreicher Ideenvermittlung – Werkzeuge und Techniken für herausragende Präsentationen. Springer, Wiesbaden

Seifert JW (2018) Konfliktmoderation. Ein Leitfaden zur Konfliktklärung. Gabal, Offenbach

von Kanitz A (2018) Crashkurs Professionell Moderieren. Haufe, Freiburg

Waible F (2019) Online-Moderationen planen, vorbereiten und durchführen. Springer, Wiesbaden

Wolf MLJ (2018) Projektmoderation – leicht und verständlich. Strukturieren – Kommunizieren – Ergebnisse sichern. Expert, Renningen

Organisation

© Springer Fachmedien Wiesbaden GmbH, ein Teil von Springer Nature 2019
N. Schwab, *Konfliktkompetenz im Bauprojektmanagement*, erfolgreich studieren,
https://doi.org/10.1007/978-3-658-27089-6_7

7

Trailer

Eine Besprechung effizient moderieren zu können, hilft einem dann nicht wesentlich weiter, wenn es fünf an einem Tag sind, sich diese überschneiden und die dafür notwendigen Informationen erst in einer Besprechung drei Tage später generiert werden. Der Informationsfluss und die Eskalationswege sind mit den notwendigen Besprechungen in ihrer Gesamtheit zu organisieren, um effektiv zu sein. Basis dazu sind die Schnittstellen, die sich an den Grenzen von Zuständigkeitsbereichen innerhalb eines Leistungsprozesses bilden, und die abhängig von der gewählten Projektorganisation entstehen. Interessant wird es dann im Spannungsfeld zwischen organisatorischen Vorgaben für den formalen Informationsaustausch von Linien-Organisationen und den Möglichkeiten des informellen Informationsaustauschs in Netzwerk-Organisationen. Gemäß dem Motto wer „schreibt der bleibt" und der möglicherweise Jahre nach dem Projekt notwendigen Beweismittel für Gerichtsprozesse, wird das Protokoll als Mitschrift von Besprechungen vorgestellt.

Neben der Organisation der Kommunikation ist der Projektleiter für die Organisation der Dokumentation verantwortlich. Diese Aufgabe, mit Festlegungen zum Umfang, zu Strukturen, Dokumentationskennzeichnung und Darstellungsformen inklusive der verwendetet Software, ist in Aufwand und Komplexität nicht zu unterschätzen. Zudem ist die Dokumentation nicht über Standard-Verträge reguliert, sondern sollte explizit in Verträge aufgenommen, und daher vorab definiert werden. Basis für die Dokumentation bilden eine Vielzahl von Normen, wobei davon auszugehen ist, dass BIM – Building Information Modelling – zukünftig einen erheblichen Einfluss nehmen wird. Ebenso wie BIM den gesamten Lebenszyklus eines Bauobjektes begleiten soll, muss das darin enthaltene Informationsmodell eine Dokumentation aus verschiedenen Blickwinkeln zugänglich machen, z. B. ein einzelnes Element sowohl bei den Kosten in der Planung berücksichtigen, als auch im späteren Betrieb die Wartungszeitpunkte anzeigen.

Lernziele

In diesem Kapitel lernen Sie Grundlagen für die Organisation von Kommunikation und Dokumentation kennen:

Die Differenzierung des Organisationsbegriffes und die zugehörigen Aufgaben bzw. Ziele.

Die drei bzw. vier grundlegenden Organisationsformen für Unternehmen und Projekte und deren Auswirkung auf die Kommunikation und das Konfliktpotenzial.

Das strukturierte, durch Fragestellungen unterstützte Vorgehen für die Organisation des Kommunikationsprozesses.

Parameter für das Vorgehen zum Aufbau einer effektiven Besprechungsstruktur und Werkzeuge für die Durchführung.

Den Umfang für die Organisation der Dokumentation und den zukünftigen Einfluss von BIM.

7.1 Organisation

7.1.1 Organisation

Der ursprünglichen Bedeutung nach ist *Organisation* ein Werkzeug zum Erreichen von Zielen (vgl. Glatz und Graf-Götz 2018, S. 16), das als Mittel der Komplexitätsreduktion und Ordnung zur Orientierung dient (vgl. Bea und Göbel 2019, S. 25). Diese Orientierung wird mit dem Festlegen von Regeln des Zusammenwirkens von Menschen, Aufgaben, Informationen und Sachmitteln erreicht, die in ihrer Gesamtheit einem zielorientierten, sozialen Produktivsystem Struktur geben (vgl. Glatz und Graf-Götz 2018, S. 16). Der Organisationsbegriff kann

- institutional,
- instrumental und
- funktional sein (vgl. Steinle 2005, S. 448).

Eine Organisation als Institution ist eine Einrichtung, wie z. B. ein Unternehmen, die mit folgenden Merkmalen als Gesamtsystem zu verstehen ist (vgl. Bea and Göbel 2019, S. 28 f.):

- Sie besteht aus Menschen und aus Regeln.
- Sie hat eine Abgrenzung zur Umwelt.
- Sie wird explizit auf ein Ziel ausgerichtet erschaffen.
- Sie schreibt den Menschen organisationsspezifische Rollen zu.

Eine Organisation als Instrument ist ein Mittel zur Gestaltung integrativ wirkender, formaler (und informaler) Regelungen, die arbeitsteilige Prozesse auf ein Ziel ausgerichtet zusammenführen. Das Ergebnis ist die Organisationsstruktur, die zuerst mit einer

- Aufbaustruktur (das Gebilde betreffend) und dann in einer
- Ablaufstruktur (den Prozess betreffend) dargestellt wird. (vgl. Steinle 2005, S. 449 f.)

Die (Projekt-) Aufbauorganisation ist die „hierarchisch geordnete Projektorganisation mit z. B. Weisungsrechten, Zuständigkeiten oder Berichtspflichten. Die typische Darstellungsform ist das Organigramm" (DIN 69901-5 2009, S. 11). Die Ablauforganisation bzw. -struktur ist „die Darstellung der Elemente (z. B. Vorgänge) eines Ablaufes sowie deren zeitlichen und logischen (Anordnungs-) Beziehungen untereinander", [die in einem Ablaufplan eine Übersicht zu dem] „geplanten sachlichen, unter Umständen auch zeitlichen Ablauf des Projektgeschehens, orientiert am Projektziel, den Realisierungsbedingungen und den geplanten Ergebnissen" (DIN 69901-5 2009, S. 5) gibt. Organisatorische Regeln sind zuerst einmal geplant und z. B. in Richtlinien festgelegt. Befinden sich die Organisationsmitglieder im Handeln, entstehen zusätzliche, ungeplante Regelungen, die die Realität der Arbeitsabläufe abbilden. Während diese informellen Regelungen lange als Störfaktor innerhalb der formalen, geplanten Regeln verstanden wurden, werden sie heute eher als Korrektiv oder Ergänzung zur formalen Organisation bewertet. (vgl. Schreyögg 2016, S. 18)

Die Organisation als Funktion ist eine der fünf Aufgaben im Managementprozess. Diese Aufgabe beinhaltet die Herstellung eines „Handlungsgefüges zur Planrealisierung" durch

- Definition und Schaffung von Aufgabeneinheiten (Stellen und Abteilungen),
- Zuweisung von Kompetenzen und Weisungsbefugnissen und die
- horizontalen und vertikalen Verknüpfungen dieser Elemente zu einer Einheit. (vgl. Steinmann et al. 2013, S. 11)

Organisation entstand aus einem System der Über- und Unterordnung, das existenzielle und spirituelle („heilige Ordnung") Aspekte befriedigte, Instanzen von Macht und Herrschaft nicht infrage stellte und damit lange eine gedankliche Auseinandersetzung im Sinne anderer als hierarchischer Strukturen verhinderte (vgl. Glatz und Graf-Götz 2018, S. 17).

Kommunikationswege und Konflikteskalationswege orientieren sich – im Sinne der Hierarchie – an dieser Ordnung. Damit ist die Aufbaustruktur des Unternehmens bzw. Projektes der essenzielle Indikator für die Organisation der Kommunikation im Projekt. Die Organisationstrukturen von Unternehmen bzw. Projekten verändern sich allerdings zunehmend und wirken sich dadurch, auch angetrieben durch technische Möglichkeiten, auf die Organisation der Kommunikation aus.

❶ Kommunikations- und Eskalationswege sind abhängig von der Organisationsform.

7.1.2 Organisations-Metaphern

Das Wort Organisation taucht in so vielen Zusammenhängen auf, dass es zur Erklärung, worum es sich handelt, verschiedene Metaphern gibt. Diese Metaphern helfen sehr gut dabei, ein schnelles Gefühl für die Art und Weise der (geplanten) Zusammenarbeit zu bekommen. Glatz und Graf-Götz gehen auf drei dieser Metaphern ein:

Die Organisation als *Maschine,* ein Gebilde, bei dem Zahnräder nahtlos und immer gleich ineinandergreifen, erinnert vor allem an die industrielle Revolution mit Massenproduktion am Fließband. Dieses Bild ist sinnvoll, wenn einfache Arbeiten schnell und präzise ausgeführt werden müssen, es stößt jedoch an seine Grenzen, wenn schneller, flexibler Wandel durch kreative Ideen umgesetzt werden soll. Die Steuerung (Management) einer solchen Organisation funktioniert durch exakt geplante Regeln, Abläufe, Stellenbeschreibungen und Zielvorgaben. (vgl. 2018, S. 22 ff.)

Die Organisation als *Organismus* (z. B. Zelle) legt den Vergleich schon durch die Wortwahl nahe. Der größte Kontrast zum Bild der Maschine ist die Lebendigkeit des Systems, bei dem jedem Subsystem die Wichtigkeit seines Arbeitsanteils zum Gesamtziel beigemessen wird und das dadurch auch einem Lebenszyklus unterworfen ist. Der Vorteil dieses Bildes ist die ganzheitliche Sichtweise unter Berücksichtigung der Interessen der Subsysteme, wobei kommunikative Prozesse und die Anerkennung geistiger Leistung des Einzelnen schwierig sind. Daher konzentrieren sich die Managementaufgaben auf Kommunikation und Prozessgestaltung im Hinblick auf das gemeinsame Ziel. (vgl. 2018, S. 22 ff.)

Die Organisation als *Gehirn* wird vor allem in einer Kombination aus Verstand und Kreativität betrachtet, deren Funktionalität durch einen hohen Vernetzungsgrad gewährleistet wird. Vorteile nach dieser Metapher sind hohe Flexibilität und Autonomie der Organisationseinheiten, wobei die Schwierigkeit besteht, dieses System ohne den Einsatz formaler Macht auf ein gemeinsames Ziel ausgerichtet arbeiten zu lassen. Die Rolle der Führung ist die Schaffung guter Rahmenbedingungen und die Initiierung von Lernprozessen. (vgl. 2018, S. 22 ff.)

Diese unterschiedlichen Metaphern lassen sich in den Beschreibungen und Darstellungen von Organisationsformen wiederfinden. Die Bilder veranschaulichen jedoch, wie verschieden die Organisationsmaßnahmen für Kommunikation in den tatsächlich unterschiedlich aufgebauten Unternehmen bzw. Projekten sein müssen. Die gewählte – und gelebte – Organisationsform ist eine Frage der Notwendigkeiten, die das Ziel stellt: In der Planung ist Kreativität und Flexibilität gefragt, dennoch müssen die unterschiedlichen Pläne (z. B. Architektur, Heizungstechnik, Sicherheitstechnik etc.) nahtlos ineinandergefügt werden können, damit sie ein Gesamtbild ergeben. In der Bauausführung müssen die Arbeiten der unterschiedlichen Gewerke exakt aufeinander abgestimmt sein, sobald aber etwas schief geht, ist ideenreiches, schnelles Reagieren gefragt.

? Reflexions-Aufgaben
Welche Organisations-Metapher passt Ihrer Meinung nach am besten als Organisationsform für ein Bauprojekt? Warum bzw. mit welchen Einschränkungen oder Herausforderungen?

7.1.3 Information und Eskalation

Die Organisation von Kommunikation ist als konfliktpräventive Maßnahme maßgeblich. Kommunikation ist der Austausch von Informationen. Informationen sind dabei die Inhalte, die festgelegt werden müssen, der Austausch ist der Prozess, der organisiert werden soll. Informationen und Entscheidungen sind die Voraussetzungen zur Arbeitsfähigkeit im Projekt. Vorab sollen die kommunikativen Elemente kurz differenziert werden:

▪▪ Information
Informationen, also alles, was wir wahrnehmen können, sind die Basis aller Arbeitstätigkeiten. Sie sollen die Eigenschaften offen, wahr, rechtzeitig, für alle Betroffenen zugänglich und verständlich erfüllen, um Vertrauen zu stiften. Im Unternehmen kann man *Ergebnisinformationen,* als die Mitteilung von Entscheidungen und Verbindlichkeiten für Handlungen, und *Prozessinformationen,* als Mitteilungen über Entwicklungen, Absichten und Pläne, differenzieren. Prozessinformationen motivieren mitzudenken, zu entwickeln und sich zu identifizieren, gleichzeitig werden sie oft aus strategischen Gründen oder Machtbesessenheit zurückgehalten. (vgl. Alter 2018, S. 11 ff.) Aufgabe der Organisation ist es, das „Was muss, was kann, was soll nicht" zu definieren.

▪▪ Informationsfluss
Der *Informationsfluss* ist der Prozess bzw. der Weg, den eine Information geht oder gehen muss. Der formale innerbetriebliche Informationsfluss verläuft im Minimum vertikal entlang der Hierarchien *Top Down* (Entschlüsse, Aufträge, etc…) und *Bottom Up* (Entscheidungsvorlagen, Fragen, Statusberichte, …). Eine *horizontale* Ergänzung ist gewinnbringend, z. B. zum Wissenstransfer oder zur Kreativitätsförderung. Informeller innerbetrieblicher Informationsfluss wurde lange als „Klatsch und

verplemperte Arbeitszeit" angesehen, wird mittlerweile aber als starke Informationskultur wertgeschätzt – die Kompetenz des *„Netzwerkens"* ist gefragt (vgl. Alter 2018, S. 16 f.). Die Aufgabe der Organisation sind Prozess-Regelungen für formelle Informationen aufzustellen und Rahmenbedingungen für informellen Informationsaustausch zu schaffen.

■■ Informationsmittel

Auf die Medien zur Übermittlung von Information wurde an anderen Stellen bereits eingegangen, ebenso auf die Konfliktrisiken bei nicht persönlicher Kommunikation. In Unternehmen oder bei Projekten sind Berichte, als festgelegte Form der Informationsübermittlung, ebenfalls relevant. Die Aufgabe der Organisation ist es, Regelungen für das wie, die Festlegung auf elektronische Mittel (Auswahl der IT-Lösungen und Zugangsvoraussetzungen), aber auch Regelungen für eine Informationskultur (z. B. keine Mails mehr nach 21:00h) festzulegen.

■■ Berichtswesen

Berichtswesen kann institutional und funktional verstanden werden. Institutional ist eine Arbeitseinheit gemeint, die organisational in die Struktur des Unternehmens eingeordnet wird. Funktional stellt das Berichtswesen die Regelungen zur Berichterstattung auf. Die DIN 69901-5 fasst den Begriff als „Informations- und Berichtswesen" zusammen und definiert es als „die Gesamtheit der Einrichtungen und Regeln zur zielgruppenorientierten Information und Berichterstattung – abgestimmt auf die Erfordernisse der Dokumentation" (2009, S. 8).

■■ Eskalationsverfahren

Üblicherweise sind mit dem *Eskalationsverfahren* Regelungen gemeint, an welche (in welcher Form) nächste hierarchische Ebene (Bottom Up) fachliche Konflikte oder den Handlungsrahmen einer Hierarchieebene sprengende Fragestellungen zur Entscheidung weiterzuleiten sind.

■■ Dokumentation

Mit der *Dokumentation* ist die zur schnellen Auffindbarkeit strukturierte Ablage und Speicherung von Unternehmens- oder Projektdokumenten zu verstehen. Die Dokumentation ist mittlerweile eine fachliche Schnittstelle für Spezialisten aus Organisation (Struktur, Aufbau), IT (System), Jura (Datenschutz, Aufbewahrungsfristen) und Führung (konsequente Nachhaltung).

7.1.4 Werkzeuge: Darstellungsformen

Es gibt verschiedene Darstellungsformen (von denen keine normiert in der Form ist), aus denen organisationale Inhalte für die Kommunikation in einem Projekt zu entnehmen sind:

- das Organigramm
- das Funktionendiagramm und
- die Kommunikationsmatrix.

■■ Organigramm

Das *Organigramm* ist die grafische Darstellung der Aufbauorganisation und stellt den formalen Organisationsaufbau als das Ergebnis einer strukturierten und systematischen Hierarchie mit verschiedenen Hierarchieebenen dar, die die Geschäftsführung als geeignet für die Zielerreichung ansieht. Grundelemente der Struktur sind Stellen, die zu Gruppen und Abteilungen als Subsysteme zusammengefasst werden. (vgl. Helmold et al. S. 107) Ein Organigramm zeigt meistens:

- Hierarchische Strukturen durch die graphische Anordnung
- Inhaltliche Organisation durch die Zusammenfassung in Abteilungen
- Bezeichnung von Abteilungen und Stellen (ggf. inkl. einer unternehmensinternen Abkürzung der Organisationseinheit)
- Name der Person, die die Stelle innehat
- Informations- und Eskalationswege über die Verbindungen zwischen den Elementen (Achtung: wenn es eine eigene Organisationseinheit für das Berichtswesen gibt, kann das abweichen!)

■■ Funktionendiagramm

Ein *Funktionendiagramm* verbindet Aufbau- und Ablauforganisation, indem es durch Funktionsbeschreibungen durch

- Aufgaben
- Kompetenzen und
- Verantwortungen

die Rollen in der Projektorganisation definiert (vgl. DIN 69901-5 2009, S. 8) und damit maßgebliche Hinweise für die Zusammenarbeit – also auch für die Berichtswege – zwischen den Subsystemen gibt. Die Darstellungsform ist eine Matrix und wird je verwendeter Abkürzung für die Zuschreibungen auch bezeichnet als:

- AKV-Matrix: Aufgaben, Kompetenzen, Verantwortungen
- ABV-Matrix: Aufgaben, Befugnisse, Verantwortungen
- RACI-Matrix: Responsible (verantwortlich für die Durchführung), Accountable (verantwortlich für die Entscheidung), Consulted (mitwirkend), Informed (informiert)
- DEMI-Matrix: Durchführen, Entscheiden, Mitwirken, Informieren (im Sinne von „ist zu informieren").

Im Gegensatz zum Organigramm, das nur die Informations- und Eskalationswege aufzeigt, werden im Funktionendiagramm die Art bzw. der notwendige Umfang der Information deutlicher herausgestellt, die der einzelne für seine Arbeit benötigt. Durch die Darstellung des tatsächlichen To Do wird klar, dass der Verantwortliche für die Durchführung der Planung, z. B. eines Spielplatzes, ein anderes Informationsnetzwerk benötigt, als der Verantwortliche für die Entscheidung zu der Variante, die realisiert werden soll. Ein vereinfachtes Beispiel zur Darstellung einer RACI-Matrix sehen sie in ■ Abb. 7.1.

■■ Kommunikationsmatrix

Die *Kommunikationsmatrix* ist eine Zusammenstellung der geplanten, regelmäßigen Kommunikation (sie enthält keine für Entscheidungen notwendigen ad-hoc-Termine) mit den Projektbeteiligten. Sie enthält sämtliche Kommunikationsmaßnahmen, -inhalte, -intervalle, und -umfänge (vgl. DIN 69901-5, S. 9), wie beispielhaft in der ■ Abb. 7.2 zu sehen ist.

	Auftraggeber	Projektleiter	Mitarbeiter 1	Mitarbeiter 2	Mitarbeiter 3	Mitarbeiter 4	Mitarbeiter 5	Mitarbeiter 6
Terminplanung		A	R	C				I
Kostenplanung		A	C	R				I
Risikomanagement		A	C	R				I
Vertragsmanagement	A	C			R	I	C	I
Bauüberwachung		A			I	R	C	C
Bericht + Dokumentation	I	A					C	R

Abb. 7.1   Funktionenmatrix – RACI-Matrix

Empfänger	Sender	Ziel	Inhalt	Frequenz	Form / Kanal
Öffentlichkeit	Mitarbeiter	Transparenz	geplante Maßnahmen	Quartal	Homepage + Aushang
Auftraggeber	Projektleitung	Information Entscheidungen	Projektstatus Entscheidungsbedarf	Monat	Bericht (Dokumentation) Gespräch
Geschäftsführung	Projektleitung	Information	Projektstatus	Quartal	One-Pager Kennzahlen; E-Mail
Projektleitung	Mitarbeiter	Information Entscheidungen	Projektstatus Entscheidungsbedarf	Woche	Besprechung Präsentation
Mitarbeiter	Projektleitung	Information	Rücklauf AG, GF, Entscheidungen	Woche	Besprechung Präsentation

Abb. 7.2   Kommunikationsmatrix

7.2 Indikator: Aufbauorganisation

7.2.1 Unternehmens- & Projektorganisation

Die erste Differenzierung für die Organisationsformen ist eine zeitliche. Ein Unternehmen als dauerhaft angelegte Organisation hat überwiegend dauerhaft zu erfüllende, primär durchzuführende Aufgaben. Diese sind, ausgerichtet auf den Tagesbetrieb und als Routine, sehr gut über eine Standardisierung, Formalisierung mit festgelegtem Regelwerk und klarer Aufgabenabgrenzung organisabel. Sie bilden die Primär- oder Stammorganisation. (vgl. Steinle 2005, S. 492; Wehnes 2015, S. 11) Projektorganisationen sind temporäre Organisationen, bei der Spezialisten aus verschiedenen Aufgabenbereichen ein einmaliges, komplexes Problem lösen. Für diese neuartige Aufgabe wird ein Team zusammengestellt, das sich passend zum Projekt Regeln geben muss (vgl. Wehnes 2015, S. 12). Die Aufgabenbereiche, die sich in ihrer Konstellation auf Veränderung und Innovation fokussieren, bilden die Sekundärorganisation (vgl. Steinle 2005, S. 492). Projektorganisation bedeutet damit erstens die Einordnung der Sekundärorganisation in die

Primärorganisation („Projektorganisation kann aus Bestandteilen der vorhandenen Betriebsorganisation bestehen und wird dann lediglich durch projektspezifische Regelungen ergänzt" (DIN 69901-5 2009, S. 15)), und zweitens die interne Organisation des Projektes mit Definition der Rollen, Aufgaben, Verantwortlichkeiten und Schnittstellen, auch in Bezug auf die Kommunikation. Strukturell kann die Primärorganisation als

- Linie (funktional oder divisional),
- Matrix, oder
- Netzwerk

aufgebaut sein, die auch gemischte oder spezifisch weiterentwickelte Formen haben können.

Neben der Organisationsstruktur basiert die Projektorganisationsform für ein Bauprojekt auf einer Differenzierung der vom AG insgesamt nachgefragten Leistungen, z. B. in die Bereiche Planungs-, Ausführungs- und Beratungsleistungen (vgl. Würfele et al. 2012, S. 630).

7.2.2 Linien-Organisation

Fayol (1841–1925) begründete das „Prinzip der Einheit der Auftragserteilung": Die *Linien-Organisation* ist ein Einliniensystem, das sich dadurch auszeichnet, dass ein Mitarbeiter genau eine übergeordnete Stelle mit Weisungsbefugnis hat, von der er Anweisungen und Aufträge erhält (Einfachunterstellung) (vgl. Bea und Göbel 2019, S. 286). Diese Linien können in einer Funktional- oder Divisional-Organisation verlaufen.

7.2.2.1 Funktional-Organisation

Funktional-Organisationen fokussieren sich auf die Arbeitsprozesse mit einer funktionalen Spezialisierung (z. B. Einkauf/Vertragsmanagement, Planung, Bauüberwachung, Personal, Verwaltung). Die Unternehmensleitung hat die Aufgabe, die unterschiedlichen Linien zu koordinieren, um das Gesamtziel herzustellen. Damit ist eine *Entscheidungszentralisation* notwendig. Die Funktional-Organisation wird oft von kleinen und mittelgroßen Unternehmen, die sowohl von Struktur als auch Produktpalette nicht komplex sind, eingesetzt, da hier die Entscheidung aus einer Hand noch beherrschbar ist. (vgl. Bea und Göbel 2019, S. 343 f.) (◘ Abb. 7.3)

■■ **Auswirkung auf die Kommunikation**

Die Vorteile der starken vertikalen Strukturvorgabe sind die klaren und deutlichen Grenzen, in denen Information weiterzuleiten ist. Zudem fördern die in einem Fachbereich konzentrierten Informationen die Spezialisierung im Hinblick auf die Qualität.

Der Nachteil dieser Organisationsform ist die Langsamkeit der vertikalen Wege, die langen Informations-, Entscheidungs- und Anordnungswege verzögerten die Reaktionszeiten (vgl. Steinle 2005, S. 495 f.) und machen das Unternehmen zu einem starren, unflexiblen Gebilde. Die Entscheidungsqualität der Spitze wird abhängig von der Informationsqualität und den Inhalten, die nach der „stillen Post" von Bottom Up ankommen. Weiterer Nachteil sind die fehlenden horizontalen Informationswege, wodurch Wissenstransfer und Innovationsantrieb ausgebremst werden.

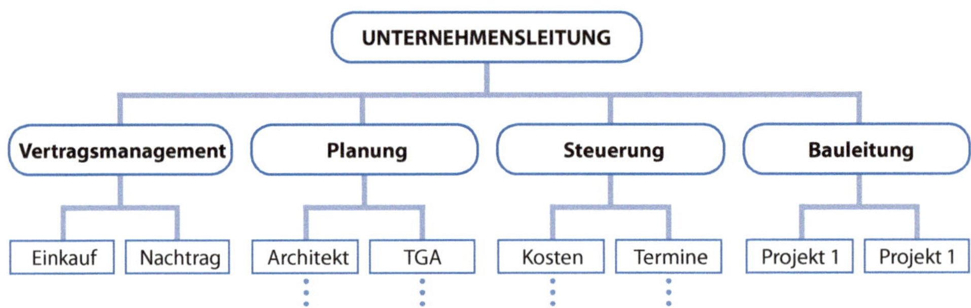

Abb. 7.3   Grundmodell der Funktional-Organisation

Konfliktpotenzial entsteht bei diesen Kommunikationsstrukturen erstens durch die mangelnde Kenntnis der (Informations-) Bedürfnisse bzw. Verständnis für andere Fachbereiche, zweitens durch das Risiko der Demotivation, da man „als Rädchen im Getriebe" die Sinnhaftigkeit des Gesamten nicht erfährt und die Spitze sozusagen eine „Sollbruchstelle" zum Kunden darstellt, und drittens durch die Abhängigkeiten, auf der einen Seite durch die Qualität vor- und nachgelagerter Arbeitsschritte, auf der anderen Seite im Konfliktfall mit dem Vorgesetzten, da keine Möglichkeit einer Eskalation „an ihm vorbei" besteht.

Organisatorisch ist der Informationsfluss hier bereits durch das Organigramm klargestellt. Durch die mangelnde Kenntnis des Zusammenhangs, weiß der Einzelnen nicht, welche Informationen für wen von Bedeutung sind, was nur über eine gute informelle Kommunikation ausgeglichen werden kann. Zudem führen die klaren Regelungen und damit die „Entmündigung", Entscheidungen zu treffen, zu einer Unsicherheit, sobald keine Regelung vorliegt. Im Rahmen der Organisation muss dann vor allem geklärt werden, was genau und in welcher Form zu kommunizieren ist.

7.2.2.2 Divisional-Organisation

Die Linien-Organisation als *Divisional-Organisation* (auch Geschäftsbereich-Organisation) spezialisiert sich – ab der zweiten Hierarchieebene- auf Objekte. Das können Produkte bzw. Produktgruppen (Spartenorganisation), Kunden (Markt- bzw. Segmentorganisation, Regionen (Regionalorganisation) oder Projekte (Projektorganisation) sein (vgl. Steinle 2005, S. 493). Die Objektfokussierung führt zu einer *Entscheidungsdezentralisation*, da jede Linie eigenständig zu erreichende Zielvorgaben hat. Divisional-Organisationen zeichnen sich durch die Ergänzung von Zentral-Bereichen aus, in denen für alle Divisionen einheitliche Aufgaben, wie z. B. Finanzierung, Wissensmanagement, Datenverarbeitung oder Strategieentwicklung, als eigenständige Linie hierarchisch direkt der Geschäftsleitung unterstellt sind. Das Berichtswesen wird oft als Zentraleinheit geführt, um einen einheitlichen Standard für die Aggregation der Informationen an die Geschäftsführung zu gewährleisten.

Die Divisional-Organisation behauptet sich unter Wettbewerbsdruck mit einem entsprechenden Portfolio heterogener Produkte oder Dienstleistungen. Mit dieser breiten Aufstellung korreliert ihre Größe, daher findet sich die Divisional-Organisation vorwiegend bei mittleren und großen Unternehmen bzw. Konzernen. (vgl. Steinle 2005, S. 501) (■ Abb. 7.4)

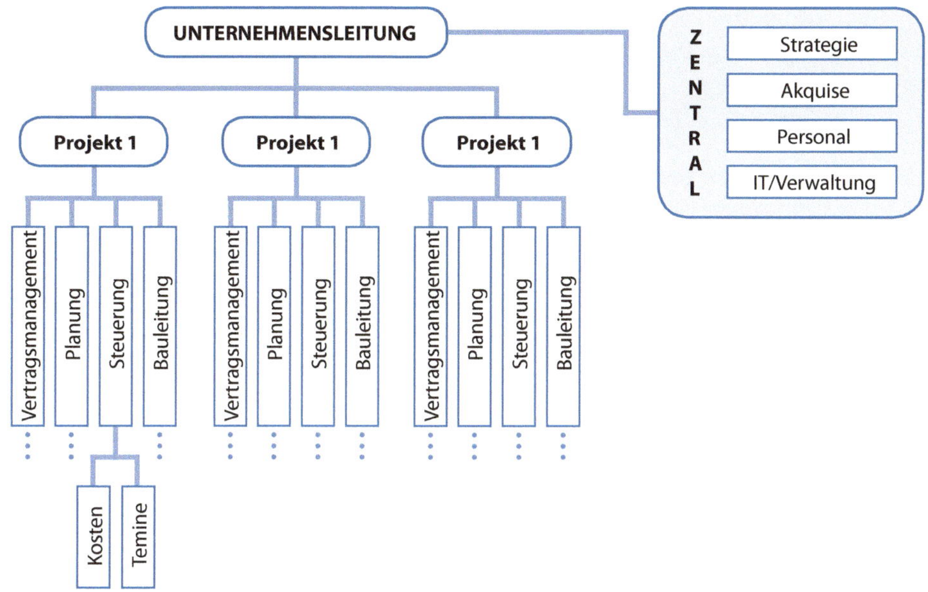

◘ Abb. 7.4 Grundmodell der Divisional-Organisation

▪▪ Auswirkung auf die Kommunikation

Kommunikationsvorteile der Divisional-Organisation sind klare Strukturen, die eine Sicherheit für den eigenen Bewegungsrahmen geben. Durch die Zusammenfassung von Produktiveinheiten sind schnellere Informationsflüsse möglich. Schnellere Entscheidungen lassen insbesondere flexibler auf Kundenanforderungen reagieren, eine Vernetzung nach außen ist gut (vgl. Steinle 2005, S. 502).

Nachteil dieser Organisationsform ist die durch die Divisionsgrenzen schlechte Vernetzung nach innen, die erstens einen Wissenstransfer zwischen den Spezialisten (gleicher Fachrichtungen) verhindert, und zweitens zu Doppelarbeit durch Mehrfacherfindungen in den Divisionen führt, wenn z. B. jede Division eine eigenen Ablagestruktur für die Dokumentation entwickelt (vgl. Steinle 2005, S. 502 f.).

Konfliktpotenzial entsteht zum einen durch die Konkurrenzsituation zwischen den Divisionen, die zusätzlich den Wissenstransfer behindert (strategischer Wissenseinbehalt), zum anderen an den Schnittstellen zu den zentralen Einheiten. Die zentralen Bereiche sind abgekoppelt und reagieren mit ihren Arbeiten direkt auf die unternehmerischen Strategieziele, während die Mitarbeiter der Divisionen eigene Divisionsziele verfolgen. Dieser Unterschied führt zu Konflikten in beide Richtungen: aufwendige Zuarbeiten zu zentralen Einheiten (z. B. Daten für das Controlling) finden keine Akzeptanz (das Verständnis für die Notwendigkeit fehlt) und werden entsprechend priorisiert, während zentrale Entwicklungen für die Divisionen ggf. nicht angenommen werden, da sie nicht auf die praktischen Arbeitsprozesse abgestimmt sind.

Organisatorische Schwerpunkte in der Divisional-Organisation sind erstens klare Zielvorgaben, die die Divisionen selbstständig machen, zweitens die Koordinationsprozesse zu den Abstimmungen zwischen den Divisionalstrategien und den

Grundstrategien des Unternehmens (vgl. Steinle 2005, S. 503). Ein weiterer Punkt ist der Informationsfluss innerhalb der Divisionen, der eben nicht mehr zentral zu organisieren ist.

7.2.3 Matrix-Organisation

Eine *Matrix-Organisation* verbindet als zweidimensionales Organisationsmodell Funktionen und Objekte (vgl. Steinle 2005, S. 493) und kann sogar als dreidimensionales Modell (Trensor-Organisation) eine weitere Kategorie (z. B. Produkt, Zentralbereich, Region) einbinden (vgl. Bea und Göbel 2019, S. 358). Die Kombination verbindet Stetigkeit und Flexibilität, wenn z. B. die funktionale Struktur als Basisstruktur unverändert bleibt, während die Objektstruktur flexibel an den Marktbedürfnissen ausgerichtet wird kann. Da im Grundmodell von einer Gleichberechtigung der Kompetenzen und Weisungsbefugnisse ausgegangen wird (vgl. Steinle 2005, S. 507), entsteht eine Mehrfachunterstellung, bei der der Mitarbeiter Weisungen aus zwei bzw. drei Hierarchielinien bekommt. Die Führungskraft (und der Mitarbeiter) benötigt hier eine hohe Kommunikations- und Konfliktkompetenz, um die sich unweigerlich aus dem Weisungskontext ergebenden Konflikte bearbeiten zu können. Diese entstehen, da eine ständige Abstimmung zwischen den beiden Führungskräften nicht realistisch ist, z. B. wenn der Mitarbeiter einen Anruf der disziplinarische Führungskraft bekommt, er solle schleunigst seine Überstunden abbauen, und kurz später von der fachlichen Führungskraft, er solle zusätzlich zu den Alltagsaufgaben ein internes Schulungsprogramm für eine neue Software vorbereiten.

Eine Matrix-Organisation ist sinnvoll, wenn der Nutzen von Skalen- oder Lernpotenzialen für die fachliche Spezialisierung den Kommunikationsaufwand überwiegt. Zusätzlich sollten die Objektanforderungen individuell auf Kunden zugeschnitten oder flexibel steuerbar für ein schnelles Marktumfeld sein. (vgl. Steinle 2005, S. 506 f.) Matrix-Projektorganisationen sind häufig im Dienstleistungsbereich, insbesondere in Beratungsunternehmen, anzutreffen (vgl. Steinle 2005, S. 511) (◘ Abb. 7.5).

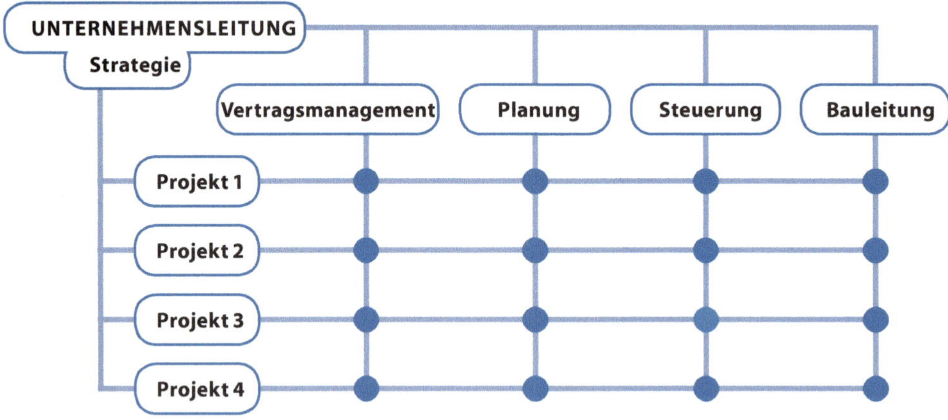

◘ **Abb. 7.5**   Grundmodell der zweidimensionalen Matrix-Organisation

▪▪ Auswirkung auf die Kommunikation

Der kommunikative Vorteil der Matrix-Organisation ist die bewusste Schaffung von Konflikten, die erstens zu innovativ-kreativen Lösungen, und zweitens durch die Konsens-Bildung zu einer hohen Akzeptanz und Identifikation führen sollen (vgl. Bea und Göbel 2019, S. 359). Ein weiterer Vorteil ist der hohe fachliche Austausch, der Wissenstransfer, Entwicklung der Fachgebiete und Nachwuchskoordination gewährleisten kann.

Nachteil der Struktur ist, dass hohe Anforderungen an die Konflikt- und Besprechungskultur erfüllt werden müssen, damit die provozierten Konflikte produktiv ausgestaltet werden können und nicht zu ziel- und zügellosen Diskussionsrunden und latent schwelenden, die Arbeitsprozesse qualitativ beeinflussenden Konflikten, führen. Zudem ist der Kommunikationsaufwand (Ressourcenverbrauch) sehr hoch und Konfliktbewältigungsaktivitäten lenken von der Handlungsorientierung ab. Neben den hohen „Konsensfindungskosten" (Steinle 2005, S. 510) besteht das Risiko einer Qualitätsminderung durch die Tendenz zu Kompromissen zur aus Gründen der Zeitersparnis. (vgl. Steinle 2005, S. 509 f.)

Risikoreiches Konfliktpotenzial besteht durch und an den kommunikativen Schnittstellen. Die Kompetenzabgrenzung zwischen Objekt- und Funktionallinie kann nie zu 100 % erfolgen. Werden die Schnittstellen durch Machkämpfe in der Führungsriege ergänzt, kann das entweder zu Unsicherheit und Demotivation der Mitarbeiter oder aber zu einem manipulativen Ausspielen der Parteien gegeneinander führen (vgl. Bea und Göbel 2019, S. 360; Steinle 2005, S. 510). Der Informationsfluss in der Matrix ist durch die vielen Schnittstellen schwer einheitlich (jeder einzelne ist auf dem gleichen Informationsstand) aufzubauen, was zu Verunsicherung und mangelndem Vertrauen führt, wenn notwendige Informationen auf anderen Wegen ggf. schneller ankommen als von der mutmaßlich verantwortlichen Führungskraft. Dadurch kann der Informationsfluss auch schwer nachvollzogen werden, was zum einen von einer Verantwortungsübernahme abhält („Herumreichen des Schwarzen Peters"), zum anderen zu einer Absicherungsmentalität führt und damit zu einem hohen Zeitverbrauch, Schuldige zu suchen, statt Lösungen (vgl. Bea und Göbel 2019, S. 360).

Organisationale Regelungen zur Kommunikation müssen insbesondere bedenken, wie die Gesamtstrategie im Zusammenhang mit den Teilstrategien in den Knotenpunkten harmoniert, für alle transparent wird, und zudem in ein zeitlich effektives Zielsetzungs- und Überwachungssystem eingebunden wird (vgl. Steinle 2005, S. 509 f.). Sinnvoll ist eine Weiterentwicklung der Form, bei der die Gleichberechtigung zugunsten abgestufter Kompetenz-Regelungen aufgegeben wird (vgl. Steinle 2005, S. 511). Allerdings müssen die organisationalen Eingriffe für die Kommunikation in der Matrix-Organisation über die Ebene einer Vorgabe der Wege hinaus gehen. Die hohe notwendige Konfliktkompetenz aller Beteiligten und die Notwendigkeit effektiver Besprechungen setzt die Etablierung einer entsprechenden Kultur und Training der Menschen durch Schulungen voraus. Das bedeutet auch für den Organisations-Begriff eine Erweiterung: als „Werkzeug zum Erreichen von Zielen" ist die ursprüngliche Aufgabe von Ordnung durch Regelungen nicht ausreichend, die „hard facts" müssen um die „soft skills" erweitert werden.

7.2.4 **Netzwerk-Organisation**

Netzwerk ist einer der inflationär verwendeten Management-Begriffe. Grundsätzlich ist ein Netzwerk eine Menge von Knoten (Akteure) zwischen denen Verbindungen (Beziehungen) bestehen und keine hierarchische Struktur sichtbar ist (vgl. Pätzold und Bestvater 2019, S. 36). Ein Unternehmen kann entweder inter-organisational ein auf langfristige Kooperation ausgelegtes Netzwerk mit anderen Unternehmen bilden oder intra-organisational als Netzwerk strukturiert sein. Die Kennzeichen beider Formen sind funktionale Autorität, laterale Kommunikation („auf Augenhöhe"), polyzentrische Entscheidungen und laufende Neudefinition von Aufgaben, Loyalitäten und *Commitment* (vgl. Weissmann und Zink-Kunnert 2019, S. 189). (Commitment kann als zustimmenden Selbstverpflichtung verstanden werden, eine verbindliche Zusage.)

Im Weiteren wird die intra-organisationale Struktur betrachtet, die aktuell insbesondere unter dem englischen Begriff *Agile* auf dem Vormarsch ist. (Nach Weissmann und Zink-Kunnert (vgl. 2019, S. 189) bedeutet Netzwerk-Organisation nicht automatisch, dass die „Netzwerkknoten" agil arbeiten.) Agilität, aus dem Lateinischen entlehnt, bedeutet Beweglichkeit oder Gewandtheit. Systemisch agile Organisationen, u. a. mit akzentuierten Differenzen auch „Amöbenorganisation" (Weissmann und Zink-Kunnert 2019, S. 189), „integral-evolutionäre Organisation" (Glatz und Graf-Götz 2018, S. 117), „Prozessorganisation" oder „Modul-Organisation" (vgl. Bea und Göbel 2019, S. 382) genannt, orientieren sich dabei an der Gehirn-Metapher: „Es gibt keine festen Strukturen. Alles ist fließend und passt sich den jeweiligen Gegebenheiten an" (Weissmann und Zink-Kunnert 2019, S. 189). Ordnung entsteht evolutionär, also ungeplant. Damit wird die Organisation zu einer nur losen Kopplung aus autonomen Teilsystemen (vgl. Schreyögg 2016, S. 56), die sich in Anlehnung an ganzheitliche Arbeitsprozesse organisieren. Diese interne Flexibilität wird innerhalb eines bzw. durch einen stabilen Rahmen gewährleistet: eine sinngebende Vision, Qualitätsstandards und feste Organisationsprinzipien (vgl. Glatz und Graf-Götz 2018, S. 110).

An agilen, also beweglichen Strukturen, wurde bereits in der 50er Jahren für schnellere Anpassungsprozesse an die Umwelt, weiter in den 90er Jahren für eine ständige Optimierung der Produktionsabläufe mit dem Kürzel *TOM* (für die Einheit von Technik, Organisation und Mensch) und aktuell im Bereich der Softwareentwicklung mit dem Vorgehensmodell *SCRUM*, das ähnlich wie der Last-Planner® eine Umsetzung zum Lean Management ist, gearbeitet (vgl. Weber et al. 2018, S. 30 f.). SCRUM wurde zwar im Bereich der Softwareentwicklung eingeführt, wird aber auch als Gesamtkonzept (inklusive eigenem Vokabular) für die Unternehmensorganisation verwendet.

Die Gründe für den Ruf nach agileren Strukturen sind z. B. der technologische Wandel und die Digitalisierung, die durch den schnellen Informationsfluss zu einer steigenden Marktdynamik und selbstbewussten Kunden führt, und die Unternehmen zwingt, flexibel und schnell auf Kundenbedürfnisse zu reagieren. Zudem beginnen die internen Managementsysteme sich zu übersteuern, der reale Output für den Kunden steht in keinem Verhältnis mehr zum Aufwand der andauernden Optimierung. Nicht zuletzt sorgt die zunehmende Individualisierung für Ansprüche an den Arbeitgeber, wie z. B. eine Verantwortungsübernahme für sinnstiftende Aufgaben. (vgl. Häusling und Kahl 2018, S. 17 ff.) (◘ Abb. 7.6)

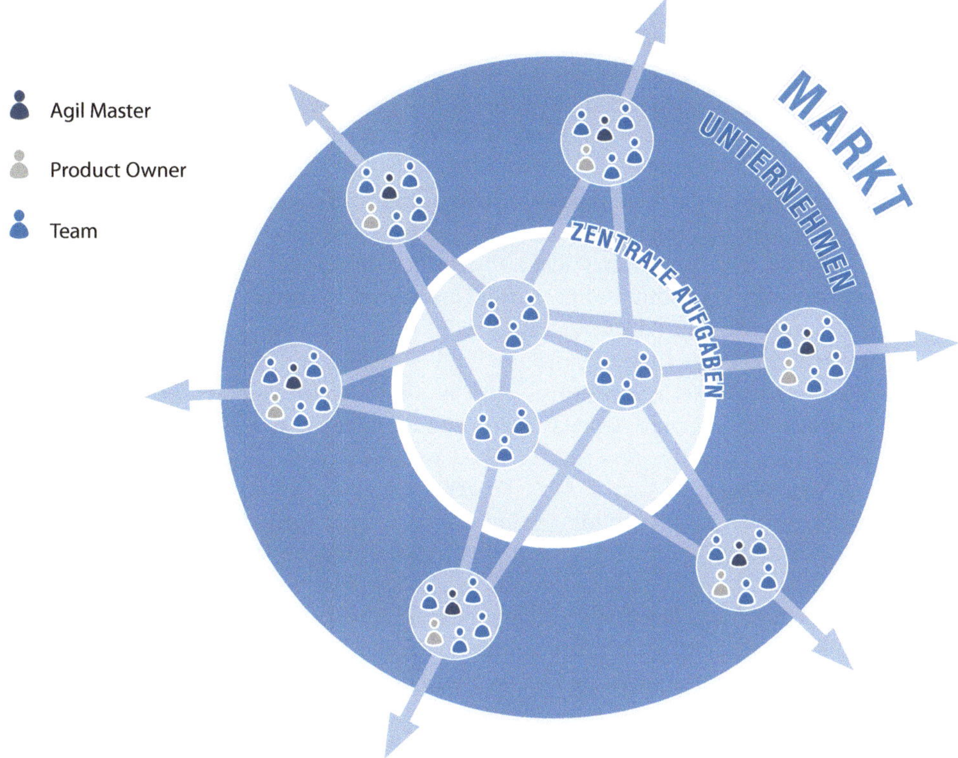

◘ Abb. 7.6 Grundmodell der Netzwerk-Organisation ohne hierarchische Ebenen

▪▪ Elemente bzw. Merkmale von agilen Netzwerk-Organisationen

- *Organisationsinstrumente entfallen:* keine Organigramme und Stellenbeschreibungen (vgl. Glatz und Graf-Götz 2018, S. 119).
- *Inhaltliche Veränderung von Führung:* Führung muss sich selber abschaffen (vgl. Gatz und Graf-Götz 2018, S. 118) und dennoch gibt es Führung in agilen Organisationen. Diese ist aber nicht mehr an eine Person gebunden (es gibt keine formale Legitimationsmacht mehr), sondern wechselt situativ: das Kollektiv (aktuelle Team) bestimmt sich einen Mentor (Agile Master, Scrum-Master) wodurch Respekt und Vertrauen (informelle Macht) ausschlaggebende Kriterien sind (vgl. Weissmann und Zink-Kunnert 2019, S. 190). Der Agile Master ist Moderator und achtet auf die Einhaltung der gesetzten Regeln. Hinzu kommt der Product-Master, der die Zielerreichung, das Produkt oder Projekt, definiert.
- *Autonome Teams:* Die Teams als zentrales Element bilden sich mithilfe der netzwerkartigen Beziehungsstrukturen selbstständig aus dem Gesamtpool heraus, wobei Grundlage das Vertrauen in die Spontankoordination ist (vgl. Schreyögg 2016, S. 56). Die Teamstrukturen bleiben flexibel, Experten kommen für den Zeitraum hinzu, den sie benötigt werden, und gehen dann wieder. Das Team löst sich auf, wenn die Aufgabe erledigt ist. Die Teams handeln selbst organisiert (Ziele, Regelungen), selbstverantwortlich (Entscheidungen) und cross-funktional (Zusammenstellung der für die Aufgabe notwendigen Kompetenzen) (vgl. Häusling und Kahl 2018, S. 67).

Selbstbestimmung und Verantwortung sollen zu einer Identifikation mit dem Projekt und dadurch zu intrinsischer Motivation führen.

- *Arbeitsprinzipien der agilen Teams:* Die Teams arbeiten nach dem *Pull-Prinzip,* das heißt sie entscheiden selbst über ihre Aufgaben. Diese priorisieren sie nach dem *Business-Value-Prinzip* (Welchen Wert hat es für die Organisation?) und dem *Customer-Value-Prinzip* (Welchen Mehrwert hat es für den Kunden?), wobei diese beiden sich gegenseitig beeinflussen. Die Arbeitsprozesse orientieren sich am *Time-Box-Prinzip,* bei dem intensive *Sprints* den zeitlichen Projektverlauf klar machen, es nur in absoluten Ausnahmefällen zu Verschiebungen oder Ausweitungen von Projektzeiträumen kommt, Rahmen und Umfang von Besprechungen konsequent eingehalten werden und der Fokus auf Produktivitätssteigerung ausartenden Diskussionsrunden keine Chance einräumt. (vgl. Häusling und Kahl 2018, S. 57 f.)
- *Prozess-Prinzipien:* Bei agilen Prozessen erfolgt eine *horizontale Arbeitsintegration,* d. h. aufeinander folgende Arbeitsschritte von der Idee bis zum Kunden werden in einem ganzheitlichen Prozess zusammengefasst, für den ein Team verantwortlich ist (vgl. Schreyögg 2016, S. 57). Agile Prozesse zeichnen sich durch die Merkmale *Kundenzentrierung, Iteration mit Inkrementen und Visualisierung* aus (vgl. Häusling und Kahl 2018, S. 55 f.). Die intensive Kundenbeziehung entsteht, da die agilen Teams direkt mit dem Kunden kommunizieren und Planung und Entwicklung an dem Feedback des Kunden ausrichten. Iteration bedeutet, dass Prozessschritte parallel laufen und nicht mehr linear hintereinander. Zwar steht die Planung noch zu Beginn, aber eine langfristige Planung wird durch kurze, sich in ihrem Ablauf wiederholende *Iterationen (Prozessschleifen)* ersetzt (vgl. Häusling und Kahl 2018, S. 55). Am Ende der einzelnen Prozessschleifen stehen die *Inkremente,* präsentable Zwischenergebnisse, die wiederum zu einem schnelleren Kundenfeedback führen. Der gesamte Prozess, Sachstand und Zuständigkeiten, ist transparent und wird gemeinsam und für jeden zugänglich visualisiert. (vgl. Häusling und Kahl 2018, S. 56) Dazu können Whiteboard, Charts und Karteikarten verwendet werden oder eine der angebotenen Softwarelösungen.

In ◙ Abb. 7.7 ist schematisch dargestellt, wie die für alle sichtbare Visualisierung der Arbeitsprozesse in einem agilen Team aufgebaut ist. Die Produkte oder Projekte werden benannt. Dann definiert das Team gemeinsam Aufgabenpakete, die zur Zielerreichung notwendig sind. Diese Aufgaben werden Teammitgliedern zugeordnet und der Arbeitsstand über die Zuordnung in den Spalten veröffentlicht: man schreibt seinen Namen auf den Klebezettel, übernimmt damit die Verantwortung und klebt ihn je Arbeitsstand Schritt für Schritt weiter.

Unternehmen, die sich bereits länger mit dem Thema Agilität auseinandersetzen, identifizieren als relevantes Kriterium neben der Methode (wie z. B. SCRUM) eine notwendige innere Haltung (vgl. Weber et al. 2018, S. 32). Dazu gehören (vgl. Häusling und Kahl 2018, S. 59):

- Pioniergeist (Neugier und Offenheit für Veränderungen),
- Selbstverantwortung,
- Selbstreflexion und Lernbereitschaft,
- Kollaboration,
- Vertrauen,
- Fokus und Disziplin.

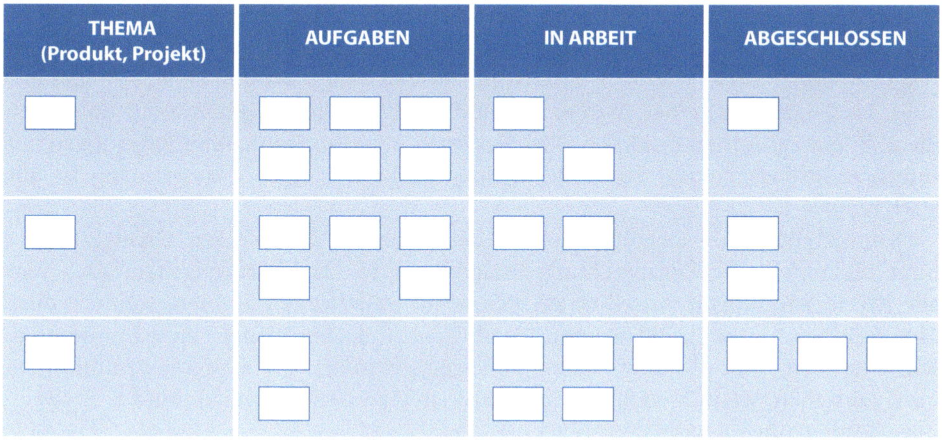

THEMA (Produkt, Projekt)	AUFGABEN	IN ARBEIT	ABGESCHLOSSEN

Abb. 7.7 Schematische Darstellung eines Agile Boards

Die Annahme nicht nur der notwendigen Haltung, sondern gleich das Vorhandensein einer höhere Bewusstseinsstufe, nämlich ein „über das Ego hinausweisendes Bewusstsein" (Glatz und Graf Götz 2018, S. 117), verdeutlicht die fast unrealistischen Herausforderungen, wenn eine hierarchisch durchstrukturierte Linienorganisation in eine Netzwerk-Organisation umgewandelt werden soll. Es besteht allerdings auch die Möglichkeit, die ursprüngliche Primärorganisation beizubehalten, und teilautonome Einheiten mit einer hierarchieübergreifenden Vernetzung als sogenannte Satellitenorganisationen oder Think Tanks auszugliedern, die mit eigenem Budget agil arbeiten (vgl. Weissmann und Zink-Kunnert 2019, S. 190).

■■ Auswirkung auf die Kommunikation

Die agile Netzwerk-Organisation beruht auf informeller Kommunikation. Der Vorteil ist die extrem hohe Geschwindigkeit durch minimale Entscheidungswege. Durch die Umverteilung der Verantwortung mit Entscheidungen nach dem Kompetenzprinzip (vgl. Schreyögg 2016, S. 56), ohne Abhängigkeit von anderen Hierarchieebenen, werden Entscheidungen dort getroffen (in den autonomen Teams), wo der höchste Informationsgehalt vorliegt, der höchste Wirkungsgrad und die schnellste Reaktion möglich ist (vgl. Häusling und Kahl 2018, S. 56 f.). Die Schnittstellenproblematik wird erheblich reduziert, da der Weisungskontext entfällt und Prozesse „in einer Hand" sind.

Nachteile bzw. Schwierigkeiten der Organisation bestehen darin, dass kein konkreter Informationsfluss mehr organisiert wird, sondern eine Identifizierung mit der Gesamtstrategie des Unternehmens stattfinden muss, um eine Orientierung für den notwendigen Informationsfluss und vor allem die Entscheidungsfindung zu haben. Die Entwicklung von Kommunikationskompetenz und weiteren sozialen Kompetenzen, eingebettet in den Rahmen einer gemeinschaftlichen Werte-Kultur, benötigt viel Zeit. Zudem stellt die Wahl der Kommunikations-Software ein Problem dar: es gibt zwar eine breite Auswahl an Tools, die den agilen Arbeitsprozess abbilden, das bedeutet aber noch nicht, dass eine revisionssichere Dokumentation oder eine effiziente Aggregation der Ergebnisse damit stattfinden kann. Die Grenzen der Organisation, innen und außen, beginnen mit dem Kunden als „Chef" aufzuweichen (vgl. Bea und Göbel 2019, S. 376). Dennoch machen externe Faktoren (z. B. Anteilseigner oder das Finanzamt) eine Abgrenzung und eine Overhead-Organisation notwendig, die z. B. ein zusammenfassendes Berichtswesen betreibt. Ganz ohne Regelungen zum Informationsfluss kommt ein Unternehmen nicht aus, der Gesamtumfang ist aber stark reduziert.

Konfliktpotenzial, abgesehenen von den Problemen für einen Change-Prozess, birgt die notwendige Besprechungsdisziplin. Es ist davon auszugehen, dass nicht alle Konsensfindungen pünktlich im Zeitrahmen stattfinden können, sondern durch Mehrheitsbeschlüsse gefällt werden. Auch hier sind, damit nicht einzelne unter die Räder geraten, z. B. Moderationskompetenzen gefordert. Ein weiteres Konfliktthema kann entstehen, wenn Mitarbeiter in mehreren Teams vertreten sind und z. B. Sprints oder Besprechungen parallel laufen.

Die Koordination und Kontrolle der Kommunikation wird im Wesentlichen durch die gemeinsam geteilte Wertvorstellung geleistet. Eine Entwicklung genereller Regeln hat dann eine absichernde Wirkung zur Bewältigung der Koordinationsaufgabe. (vgl. Schreyögg 2016, S. 56) Neben diesem Rahmen wird die Organisation der Kommunikation zum Gesamtkonzept: Schulungsprogramme zu den gewählten Managementmethoden (wie z. B. SCRUM, Last-Planner®), vor allem aber zu notwendigen Soft-Skills, die Etablierung einer entsprechenden Kultur, die Kommunikation der Unternehmensvision oder die Ausrüstung mit der notwendigen Soft- und Hardware.

7.2.5 Einbindung der (Bau-) Projektorganisation

Ein Projekt als Sekundärorganisation kann als
- autonome Organisation,
- Stabsorganisation oder als
- Matrix

in den Unternehmenskontext eingebunden werden, oder ein
- virtuelles Unternehmen bilden.

Ein Bauprojekt kann als autonome Projektorganisation eine eigenständige Linie bilden, die zeitweise installiert wird, z. B. wenn ein Fahrradhersteller eine neue Lagerhalle bauen möchte. Der Projektleiter hat dann die fachliche und disziplinarische Leitung des Teams und ist für den Projekterfolg verantwortlich (vgl. Wehnes 2015, S. 15). Der Organisationsform folgend sind die Mitarbeiter während der Projektdauer von ihren Linienfunktionen entbunden und nur dem Projektleiter unterstellt. Vorteile sind eindeutige AKV, schnelle Kommunikationswege und Identifikation mit dem Projekt. In der Realität findet der schwierige zeitweise Transfer von Mitarbeitern selten statt, meistens haben sie Doppelfunktionen mit entsprechender Problematik der Prioritätensetzung bei Anweisungen von zwei Seiten.

Für Bauprojekte eher unüblich ist eine Integration als Stabsorganisation. Hier koordiniert und berät der Projektleiter, fachliche und disziplinarische Mitarbeiterverantwortung bleibt in der Linie, die auch die Durchführung der Aufgaben übernimmt (vgl. Wehners 2015, S. 17). Vorteil ist die hohe Flexibilität auf fachliche Spezialisten zuzugreifen. Die Eingriffe in die Linie müssen allerdings unter hohem Kommunikationsbedarf mit Fingerspitzengefühl ausgeführt werden. Diese Organisationsform weist nur Resultate auf, wenn das Projekt „von oben" mit Priorität kommuniziert wird und der Projektleiter über autoritative Macht verfügt.

Ein Projekt kann als zweite Dimension einer Matrix die Linienfunktionen überlagern, wobei der Projektleiter die fachliche Weisungsbefugnis, der Linienleiter die disziplinarische Weisungsbefugnis erhält. Die Mitarbeiter der Linie werden nur teilweise für das Projekt freigestellt, arbeiten also gleichzeitig für Projekt und Linie. (vgl. Wehners 2015, S. 19) Ist das Projekt fachfremd zur Linie (z. B. ein Bauprojekt in einer Joghurtfabrik) macht die Organisationsform vor allem Sinn, um Spezifikationen aufzunehmen. IT-Projekte können z. B. in dieser Form organisiert werden: ein neues Dokumentationstool muss den speziellen Anforderungen aller Linien gerecht werden, da es zukünftig von allen eingesetzt werden soll. In dem Projekt wird dann der gemeinsame Anforderungskatalog für die Programmierung erstellt.

Üblicherweise sind Unternehmen auf die Bauprojektrealisierung spezialisiert. Bei diesen projektorientierten Unternehmen kann die Projektorganisation in Linie erfolgen mit entsprechenden zentralen Einheiten. Sinnvoll ist jedoch eine (weisungstechnisch schwache) fachliche Dimension als Matrix vorzusehen, die den Wissenstransfer gewährleistet, Synergienbildung ermöglicht und flexibel z. B. für Vertretungsregelungen ist. In diesem Fall befinden sich die Projekte in der Objekt-Dimension der Matrix.

Ein virtuelles Unternehmen ist ein zeitlich begrenzt kooperierendes Netzwerk aus selbstständigen Unternehmen (auch Freiberuflern), die über die spezifischen Kompetenzen verfügen, das Projekt gemeinsam abzuwickeln (vgl. Bea und Göbel 2019, S. 408). Bei Bauprojekten kann das dann sinnvoll oder vom AG gewünscht sein, wenn z. B. nach einigen Jahren die Erweiterung eines Bauprojektes realisiert werden soll, und der Bauherr auf Basis guter Erfahrung das Team der ersten Bauphase zusammenstellen möchte, um das bereits vorhandene Wissen zu dem Projekt zu nutzen. Die gewünschten Personen werden dann wahrscheinlich nicht mehr in ihren alten Arbeitsverhältnissen sein, sondern z. B. in unterschiedlichen Unternehmen arbeiten oder sich selbstständig gemacht haben. Dann sind weitreichende Verhandlungen über die Form der Zusammenarbeit und Verantwortungsteilung notwendig, eine mögliche Rechtsform wäre die projektbezogene Gründung einer Gesellschaft bürgerlichen Rechts (GbR).

❓ Reflexions-Aufgaben

In welcher Organisationsform und an welcher Stelle dort würden Sie sich am wohlsten fühlen? Warum? Achten Sie auf die Organisationsstruktur, wenn Sie sich eine Arbeitsstelle suchen? Wie gehen Sie damit um, wenn Sie in einer anderen landen?

❓ Praxis-Aufgabe

Zeichnen Sie ein Organigramm einer Ihrer aktuellen Arbeitssituationen (das Unternehmen, in dem Sie arbeiten, die Projektgruppe in der Uni, etc...).

❓ Konzept-Aufgabe

Sie sind verantwortlicher Projektleiter für den Bau eines Altersheims. Stellen Sie in einem Organigramm dar, wie Sie das Projektteam dafür aufstellen würden.

7.3 Organisation von Kommunikation

7.3.1 Ziele

Moderation ist das Handwerkszeug für die Durchführung von effizienten Besprechungen und die Kommunikationsmatrix ist eine Darstellungsform für die Kommunikationsabläufe. Die Organisation von Kommunikation muss für die Effektivität sorgen, das heißt die richtigen, notwendigen Maßnahmen in notwendigem Umfang. Neben dem (unpersönlichen) Berichtswesen, das vor allem den Umfang im Blick haben muss, um keinen „Datenmüll" zu produzieren, sollen dazu Besprechungen in ihrer Summe betrachtet werden, da sie ein wesentlicher Kostenfaktor sind. Bei einer dreistündigen Projektbesprechung mit weniger als 10 Personen können schnell ca. 2000 € bis 4000 € an Personal- und Reisekosten entstehen, nehmen Fachexperten als Berater teil, fallen pro Person allein Tagessätze von etwa 850–2500 € an.

Projekt- bzw. Unternehmensziele durch die Organisation einer Besprechungsstruktur sind:

- Gewährleistung des notwendigen Informationsflusses
- Sicherstellung schneller Eskalationswege zur Entscheidung
- Zeit- und Kostenoptimierung
- Gesamtaufwand im Verhältnis zur Projektgröße
- Vermeidung von Frustration durch „sinnlose Besprechungsmarathons"

Organisationsziele für die Besprechungsstruktur sind:

- Detektion sinnvoller Schnittstellen für Besprechungen
- Optimierte Teilnehmerauswahl (Kriterien: inhaltlicher Beitrag, Entscheidungsbefugnis, arbeitsfähige Gruppengröße (ca. 5–7))
- Kommunikationswege über terminliche Abfolge gewährleisten (Wenn z. B. die Fachbesprechungen drei Tage nach der monatlichen Projektleiterrunde stattfinden, vergeht fast ein Monat, bis notwendige Entscheidungen aus den Fachbesprechungen in die Projektleiterrunde eskaliert werden können.)
- Datenstrukturen für schnelle Rückverfolgung von Sachverhalten in der Dokumentation gewährleisten
- Ggf. Standardisierung verwendeter Unterlagen (Agenda, Präsentation, Protokoll)
- Ggf. Organisator als Controller und Ansprechpartner

7.3.2 Prozess

Auch die Organisation der Kommunikation dient einer Komplexitätsreduktion, die zum einen den zeitlichen (und damit finanziellen) Aufwand betrifft, zum anderen ein Instrument der präventiven Konfliktintervention ist (vgl. Glasl 2013, S. 317 f.).

Die DIN 69901-2 fasst das Thema „Information, Kommunikation, Berichtswesen und Dokumentation planen" als einen Managementprozess zusammen (alle fünf Aufgaben des Managements). Die Organisation dieser Punkte muss also auch im Zusammenhang gesehen werden: Es müssen Regelungen für die Kommunikationswege aufgestellt werden, mit denen es möglich ist, den Informationsfluss innerhalb des Projektes zu steuern. Dazu ist vorzugeben, wer, wann, worüber und in welcher Qualität informiert wird, inkl. Festlegungen zur Dokumentation und zum Berichtswesen. (vgl. DIN 69901-2 2009,

S. 29) Der Prozess für die Organisation von Kommunikation kann in folgenden Schritten erfolgen, die teilweise auch in der DIN 69901-2 (vgl. 2009, S. 29) genannt sind und im Ergebnis in der Kommunikationsmatrix zusammengefasst werden können:

1. *Stakeholder-Analyse:* Identifikation der relevanten Zielgruppen (Informations-empfänger): Wer ist am Projekt beteiligt oder davon betroffen? Wer muss informiert werden? Wer benötigt Informationen, um arbeitsfähig zu sein? (z. B.: Geschäftsführung, Führungskräfte, Mitarbeiter, Stabstellen, Öffentlichkeit, Anwohner, Controlling, Vertragsstelle, Lieferanten, etc.) Aber auch strategisch: Wer soll nicht informiert werden? (Für eine umfangreiche, interne wie externe, Stakeholder-Analyse s. ▶ Abschn. 9.3.3.)

2. *Kommunikationsziel definieren und Eskalationsverfahren festlegen:* Warum benötigt diese Zielgruppe Informationen? Wozu, was soll damit gemacht werden? An wen wird eine für das Projekt notwendige Entscheidung im Konfliktfall eskaliert? Z. B. benötigt die Geschäftsführung Informationen, um die Entscheidung zu einem Projektabbruch fällen zu können, während die Informationen für die Öffentlichkeit als Marketingmaßnahme eingesetzt werden kann.

3. *Informationsinhalte:* Welche Informationen (in welcher Detailtiefe, was für ein Kennzahlenportfolio) werden für die Kontrolle der Zielerreichung benötigt? In welcher Form (zu welcher Kennzahl) sollen die Daten aggregiert werden? In den meisten Fällen ist es sinnvoll, Ziel und Inhalt mit dem Empfänger abzuklären und auf ein notwendiges Maß zu beschränken, da erstens der Aufwand der Informationsbeschaffung und Aggregation enorm ist und zweitens die Informationsflut sonst zeitlich nicht mehr beherrschbar ist.

4. *Frequenz:* Wenn klar ist, wer, was und wozu wissen muss, ist zu klären, wann und wie oft. Tägliche Berichte sind im Bauwesen selten und beschränken sich auf akute Ausführungsphasen, häufig sind wöchentliche oder monatliche Informationen, aber auch quartalsweise oder sogar nur jährlich oder halbjährlich. Eine Geschäftsführung, die über strategische Projektportfolio-Erweiterungen entscheiden soll, benötigt wesentlich seltener Berichte z. B. zu den einzelnen erreichten Meilensteinen aus den Projekten, als der Projektleiter selbst, der für die Gegensteuerung bei den einzelnen Meilensteinen verantwortlich ist.

5. *Anforderungsprofil der Berichte:* Wie müssen Information, Kommunikation und Berichte beschaffen sein? Hier ist erstens zu klären, auf welchem Kommunikations-kanal die Information übermittelt wird (Gespräch, Präsentation, Papierform, Mail, Telefonat, etc.), zweitens in welchem Design und Umfang. Informiert man wöchentlich über einen Projektfortschritt, ist ein immer gleich aussehender (schnell lesbarer) One-Pager sinnvoll, informiert man über die Projektstadien in einem Projektportfolio, um das Auftragsvolumen der nächsten 10 Jahre abzustimmen, kann es sich um einen ausführlichen Bericht handeln. Der Umfang sollte sich an der Berichtsfrequenz orientieren.

6. *Lieferkette:* Grundsätzlich ist in einer Gesamtdarstellung zum Berichtswesen nur der verantwortliche Sender für die Informationen vermerkt. Informationen verdichten sich aber mit zunehmender Hierarchie- und Entscheidungsebene, müssen entsprechend zugeliefert und verarbeitet werden. Die Dauer dieser Informationswege ist ein Risikofaktor, wenn Entscheidungen auf einer oberen Hierarchieebene schnell gefällt werden müssen, die Aggregation der Informationen von Ebene zu Ebene aber Tage dauert. Systeme und Strukturen sind hier sinnvoll aufeinander abzustimmen.

7. *System-Unterstützung:* Wie muss eine IT-Lösung beschaffen sein und wie hoch ist der Aufwand zur Implementierung und Anwendung (Beschaffung, Schulung der Mitarbeiter, etc.)?
8. *Dokumentation:* Projektkommunikation muss dokumentiert werden. Als Werkzeug hierzu wird in ▶ Abschn. 7.3.4 das Protokoll vorgestellt. Die systemische Ablagestruktur sollte mit Suchfunktionen eine nachträgliche Recherche erleichtern.

Häufig vergessen oder undiszipliniert nachgehalten wird ein weiterer Schritt:

9. *Feedback:* Das Feedback steht zum einen im Zusammenhang mit dem Eskalationsverfahren, wenn eine Entscheidung benötigt wird, sollte diese eben auch zurück kommuniziert werden. Zum anderen ist es sinnvoll, Entscheidungen, auch wenn sie nicht direkt für den Arbeitsprozess notwendig sind, als Feedback zurück in das Projekt zu übermitteln. Das ist zum einen eine Form der Anerkennung („Die Informationen, deren Sammeln mich Zeit kostet, werden genutzt."), zum anderen eine Kontrollfunktion für den Bericht. Wird dieser nie zum Generieren von Entscheidungen genutzt, sind es evtl. die falschen Informationen oder man kann ganz auf ihn verzichten und den Informationsprozess verschlanken.
10. *Risikofaktor/Kritikpunkt:* Die Darstellungsformen der Organisation von Kommunikation zeigen immer nur eine Push-Funktion von Informationen, also einen Sender, der für das Senden von bestimmten Informationen verantwortlich ist, und einen Empfänger, der diese „auf dem Silbertablett" präsentiert bekommt. Die Projektrealität zeigt aber, dass jeder in seinem Verantwortungsbereich auch eine Pull-Funktion von Informationen hat, nämlich sich selbstständig darum kümmern muss, notwendige, für die Weiterentwicklung seines Aufgabenbereichs sinnvolle, vielleicht neuartige und nicht in Berichtsformen standardisierte, Informationen einzuholen. Eine – auch schriftlich festgelegte – Organisation des Informationsflusses sollte nicht den Anschein erwecken, von dieser Verantwortung zu entheben.

7.3.3 Struktur

7.3.3.1 Schnittstellen

Jede Arbeitsteilung durch die Bildung spezialisierter Aufgabenbereiche generiert *Schnittstellen,* an denen der Leistungsprozess unterbrochen wird. Es entsteht das organisatorische Problem, den Leistungsprozess zusammenzuführen, ein Integrationsproblem. (vgl. Schreyögg 2016, S. 41) Jeder Aufgabenteil wird in einem kleinen „eigenen Universum" aus selbstständigen Denkmustern und Zielen entwickelt. Diese Schnittstellen sind durch mangelndes Verständnis der unterschiedlichen Prioritäten prädestiniert für Konflikte und damit Ansatzpunkt für die Kommunikationsstruktur. Die Kommunikationsstruktur muss also der Projektorganisation folgen und befindet sich an Schnittstellen entsprechend zur

- vertikale Integration (Hierarchieebenen im Organigramm)
- horizontale Integration (entlang des Leistungsprozesses zwischen den Aufgabenträgern) und
- laterale Integration (innerhalb hierarchieübergreifender, teilautonomer Gruppen).

Die durch die Organisationsform vorgegebenen Schnittstellen definieren „Orte" des Kommunikationsbedarfs und dienen damit der Lokalisierung von Besprechungen. Anders herum benötigt der Wille zur Reduzierung des Kommunikationsbedarfs auch Änderungen an der Projektorganisation. Agile Organisationsformen setzen genau hier an: Besprechungsstrukturen geben sich die Teams, die gemeinsam an einem Leistungsprozess arbeiten, individuell. Notwendige Voraussetzung ist dazu ein Job Enlargement (horizontale Zusammenfassung von Arbeitsbereichen mit Überschneidungen zwischen den Stellen auf derselben Hierarchieebene) und Job Enrichment (Erweiterung des Arbeitsinhaltes durch vertikale Zusammenfassung von Aufgabenbereichen, Überschneidungen von Aufgaben auf unterschiedlichen Hierarchieebenen)(vgl. Bea und Göbel 2019, S. 245): Generalisten mit Entscheidungsbefugnis. Bei der Stakeholder-Analyse für Bauprojekte ist aber schnell klar, dass Externe, wie Behörden oder Anwohner, Schnittstellen bilden und eine geplante Besprechungsstruktur notwendig machen. Ein agiles Team für ein Bauprojekt würde bedeuten, dass z. B. ein Vertreter der Behörde festes Teammitglied ist, für das gemeinschaftliche Ergebnis mitverantwortlich und mit dem Mandat der notwendigen behördlichen Entscheidungen (ohne behördeninterne Hierarchien oder Abstimmungen) ausgestattet ist.

7.3.3.2 Teilnehmerstruktur

Mindestens (und höchstens) eine Person muss den Kommunikationsaustausch in den Besprechungen über die Schnittstelle hinweg – Top Down und Bottom Up – bedienen. Je nachdem wie viele Verbindungslinien im Organigramm bei der Person ankommen, nimmt die Anzahl der für sie notwendigen Abstimmungen zu. Ein einfaches Beispiel: Es gibt drei Hierarchieebenen, an der Spitze steht die Geschäftsleitung, in der Mitte drei Projektleiter und auf der untersten Ebene die Mitarbeiter der drei Projektteams. Die Projektteams haben eine Projektbesprechung mit ihrem Projektleiter. Der Projektleiter hat „nach unten" eine Projektbesprechung mit seinem Team und „nach oben" eine Strategiebesprechung mit den anderen Projektleitern und der Geschäftsführung. Die Geschäftsführung hat den Strategietermin mit den Projektleitern. Gibt es eine Matrixstruktur, sind diese Termine um fachliche Austausch-Termine zu erweitern, z. B. alle Terminplaner je Projektteam. Dann hat dieser Mitarbeiter den „vertikalen Integrationstermin" mit seinem Projektleiter und den „horizontalen Integrationstermin" mit seinen Fachkollegen. In den hierarchischen Strukturen kann man Regeln aufstellen, wie z. B. (üblicherweise) die höchste anwesende Hierarchieebene übernimmt die Besprechungsleitung und ist dann (zwingend) Teilnehmer in dem hierarchisch nächst höheren Termin. Zudem ist eine Vertretungsregelung notwendig, um die Funktionalität der Informationsketten sicherzustellen.

Das strukturelle Denken für die Zusammenstellung der Teilnehmer ist essenziell, denn die tatsächlichen Teilnehmer müssen projektspezifisch nach dem Motto „so viel wie nötig, so wenig wie möglich" zugeordnet werden. Je mehr Transparenz gelebt wird, desto eher können Termine auch zusammengelegt werden. Ist ein Team zu groß, kann zur Herstellung der Arbeitsfähigkeit aber auch eine weitere Besprechung eingeführt werden.

7.3.3.3 Terminplan & Terminverwaltung

In Großprojekten ist es problemlos möglich, dass Informationen und Entscheidungsvorlagen aus mehr als 20 Besprechungen über mehrere Stufen für einen monatlichen

Lenkungskreis zusammengeführt und eskaliert werden müssen. In solchen Fällen ist es sinnvoll, die dazu notwendige, zeitliche Besprechungsabfolge mit den Abhängigkeiten z. B. in MS Project darzustellen. Wird dann ein Lenkungskreis z. B. eine Woche vorverlegt, wird das Ausmaß der Rückwirkung klar – die Anzahl der notwendigerweise zu verschiebenden, weil vorgelagerten, Termine und die Anzahl der davon betroffenen Mitarbeiter. Je nachdem wie Protokoll- und Berichtwesen aufgebaut sind, werden Pufferzeiten zwischen den Terminen benötigt, so kann z. B. die Zuarbeit zu einem Lenkungskreis für die Erstellung der Präsentation 4 Tage vorher notwendig sein, damit diese zusammengestellt und vorab zum Termin versendet werden kann. Bestandteil einer guten Besprechungskultur ist eine hohe Termindisziplin, bei der mit mandatierten Vertretern Terminverschiebungen verhindert werden, um die Rückwirkungen auf Kollegen und den Organisationsaufwand zu vermeiden.

7.3.4 Werkzeuge

7.3.4.1 Besprechungs-Organigramm

Das Besprechungsorganigramm baut auf dem Organigramm für die Projektorganisation auf. Dabei müssen alle Hierarchieebenen dargestellt werden (alle im Team erfasst sein) und die Stakeholder den Hierarchieebenen zugeordnet werden. In jeder Position („Kasten") ist jetzt eine Person (oder ein kleiner Personenkreis), die bestimmte Dinge entscheidet, über bestimmte Dinge informiert werden will oder bestimmte Informationen weiterzugeben hat. Im Prinzip muss an jeder der Verbindungslinien ein Austausch stattfinden – dort kann also ein „Kasten" für die Besprechung und eine Bezeichnung (z. B. Lenkungskreis, Jour Fixe) eingetragen werden. Nimmt man jetzt die Matrixorganisation als Basis, wird der erhebliche kommunikative Mehraufwand klar. Über diese Visualisierung der Besprechungsstruktur lassen sich die Besprechungsziele klarstellen und die notwendigen Teilnehmer identifizieren.

7.3.4.2 Agenda

Die *Agenda* wurde bereits in der Moderation vorgestellt, wird hier aber noch einmal aufgenommen, weil sie das Werkzeug ist, das einer Besprechung über die Themen der TOP und der dafür angesetzten Zeit den Roten Faden gibt. Sie organisiert die einzelne Besprechung und die Protokollstruktur. Bei einer vorausschauenden Projektstrukturierung kann sich der Aufbau der Agenda bis zur Struktur der Dokumentation durchziehen. Erfolgt die Datenstruktur z. B. nach Bauabschnitt und Gewerk, kann der Projektsachstand entsprechend auf der Besprechungsagenda in der Abfolge Bauabschnitt und Gewerk erfolgen.

7.3.4.3 Protokoll

Ziele von *Protokoll*en, also Mitschriften von Besprechungen, sind:
- Verständnissicherung (insbesondere bei direkt gemeinsam formulierten Texten)
- Gedächtnisstütze (Wer hat was bis wann zu tun?)
- Dokumentation (Beweismittel: Wer hat damals was entschieden?)
- Steuerungsinstrument für den Verlauf der Besprechung (z. B. offene Punkte der letzten Besprechung)

- Planungsinstrument für Abläufe (Zuarbeit Team A an Team B erfolgt bis zum …, damit Team B gewährleisten kann…)
- Verantwortungsübernahme (durch aktive Zustimmung).

Neben diesen allgemeinen Zielen hängt die Wahl der Protokollform und des damit verbundenen Aufwands davon ab,
- wie wichtig der Anlass ist,
- welche Beweiskraft erforderlich ist,
- wer das Protokoll liest und was genau von dem Leser nachvollzogen werden soll und
- welche weiteren Zwecke das Protokoll erfüllen muss (vgl. Zeller 2016, S. 9).

Für den Projektalltag gibt es drei wesentliche Protokollformen, die sich durch Inhalt und Umfang unterscheiden. In einem *Verlaufsprotokoll* werden die besprochenen Themen sinngemäß, aber ausführlich mit Argumenten und Gegenargumenten aufgenommen. Der Protokollant muss für eine schnelle Mitschrift und die fachlich präzisen (Um-) Formulierungen gut tippen können und themenversiert sein. Das *Ergebnisprotokoll* ist eine möglichst knappe aber präzise Mitschrift von argumentativen Stichworten und Beschlüssen. Der Protokollant kann hier selbst noch aktiv an der Besprechung teilnehmen und auf Zuruf Ergebnisse festhalten oder gemeinsam formulieren. Bei beiden Formen ist es notwendig, dass der Protokollant vor Terminbeginn bekannt ist. Ebenfalls sinnvoll ist es, entweder terminbegleitend oder zum Abschluss gemeinsam die Formulierungen Online (sichtbar für alle) durchzugehen, um einen nachgelagerten Unterschriftenlauf zu vermeiden, der sich durch gewünschte Umformulierungen und erneute Abstimmungen lange hinziehen kann. Manchmal ergeben sich in Ad-Hoc-Gesprächen relevante Entscheidungen. Diese können zur Verständnissicherung und Absicherung in einem *Gedächtnisprotokoll* im Nachhinein verfasst werden. Dieses benötigt aber unbedingt eine dokumentierte Zustimmung der Beteiligten.

In Projekten ist es sinnvoll, eine Standard-Vorlage zu entwerfen, die es dem Protokollführer und den Lesern einfacher macht. Der Protokollkopf sollte dabei folgende Informationen enthalten:
- Projekt/Unternehmen (ggf. mit Logo)
- Art und Anlass der Veranstaltung (z. B. Jour Fixe oder außerplanmäßige Risikobesprechung)
- Ggf. Anzahl bisheriger Besprechungen bei wiederkehrenden Veranstaltungen (z. B. 65. Jour Fixe oder Bauherrengremium 3. Quartal 2019)
- Ort, Datum und ggf. Uhrzeit
- Teilnehmer (Name und Funktion)
- Besprechungsleiter und Protokollant
- Verteilerkreis (alle Empfänger des Protokolls)

Der Hauptteil des Protokolls gliedert sich in der ersten Ebene in die TOP entsprechend der Agenda und in der zweiten Ebene in die jeweiligen (nummerierten) Aussagen zu diesem Punkt. Neben den Formulierungen können z. B. drei weitere Spalten aufgebaut werden, die erstens den Namen des Verantwortlichen, zweitens das Datum bis wann etwas zu erledigen ist und drittens den Status der Aussage enthalten. Der Status der Aussage kann z. B. ein Beschluss (B), ein Arbeitsauftrag (A) oder eine Information (I) sein. Die Formulierungen im Hauptteil sollten

- wahr, objektiv und sachlich sein,
- auf Tatsachen und nicht auf Gefühlen oder Meinungen beruhen,
- in einer klaren und verständlichen Sprache (Besprechungssprache) verfasst werden,
- sich auf das Wesentliche konzentrieren,
- Anträge und Beschlüsse wörtlich wiedergeben,
- für den (nichtbeteiligten) Leser nachvollziehbar und verständlich sein,
- und insgesamt logisch strukturiert und optisch entsprechend aufbereitet sein (vgl. Zeller 2016, S. 31).

Der Protokollschluss enthält einen Anlagenvermerkt der mitgültigen (in der Besprechung gesichteten) Unterlagen und einen Gültigkeitshinweis. Das ist entweder ein Unterschriftenfeld mit Datum für den Protokollführer und den Projekt- bzw. Besprechungsleiter oder einen Hinweissatz, dass das Protokoll gemeinsam in der Besprechung erstellt bzw. abgestimmt wurde, damit gültig ist, und direkt im Anschluss an die Besprechung per Mail versendet wird.

Insbesondere in regelmäßigen Besprechungen wird das Protokoll der vorangegangenen Sitzung zu Beginn der folgenden kontrolliert (Sind die Aufträge abgearbeitet?), was auch ein „Abholer" für die aktuelle Besprechung ist. Es gibt zwei Varianten mit Protokollen in regelmäßigen Besprechungen umzugehen, wovon die Bezeichnungsstruktur der Punkte innerhalb des Protokolls abhängt. Entweder es wird zu jedem Termin ein komplett neues Protokoll erstellt. Oder das Protokoll wird fortlaufend verfasst, d. h. es wird (in einer Kopie) des vorangegangenen Protokolls geschrieben. Das erleichtert dem Protokollanten die Arbeit etwas, aber vor allem kann die Entwicklung eines Sachverhaltes über einen langen Zeitraum zurückverfolgt werden. Die fortlaufende Nummer unterhalb der TOP wird dabei immer weitergeführt, sie kann im Laufe des Projektes sehr hoch werden. Vorteil ist, dass man sehr schnell rückwirkend nachvollziehen kann, wie sich ein Thema entwickelt hat, weil auch Jahre zurück die gleiche Strukturbezeichnung zu dem gleichen Punkt führt. Punkte, die abgeschlossen sind, werden nicht mehr im Protokoll mitgeführt, da es sonst in Summe zu lang wird. Die Orientierung, z. B. bei Telefonaten zu einzelnen Punkten, erfolgt über die Protokollnummer (oder Datum), plus die TOP-Nummer, plus die laufende Nummer zum Thema, z. B. 30.03.2019_05_03 (Besprechung_TOP_Nummer). Beim fortlaufenden Protokoll kann es im ersten Moment verwirren, wenn dann unter TOP 3 z. B. die laufenden Nummern 5, 11 und 21 in Folge stehen.

In dem aktuellen Vertragsmuster Objektplanung (Gebäude und Innenräume) des Bundesministeriums des Innern für Bau und Heimat (BMI) für die Durchführung von Bauaufgaben des Bundes wird der AN explizit verpflichtet, bei AG-veranlassten Besprechungen und Verhandlungen unverzüglich Niederschriften anzufertigen und dem AG zur Genehmigung vorzulegen und bei vom AN veranlassten Planungs- und Baubesprechungen Niederschriften anzufertigen und dem AG zur Kenntnis vorzulegen (vgl. BMI 2018, S. 10).

7.3.4.4 Organisator

Eine Möglichkeit, bzw. Empfehlung als Werkzeug „in persona" ist es, einen Organisator für die gesamten Projekttermine einzusetzen. Die Aufgaben des Organisators wären dann neben dem Entwurf der Besprechungsstruktur z. B.:

- Einstellen aller Termine (Einladungen) in einem Besprechungskalender
- Entwicklung von Vorlagen (Protokoll, Präsentation, etc.)
- Zusammenführen der Präsentation, die Zuarbeit aus unterschiedlichen Abteilungen benötigen
- Verteilung und Ablage der Protokolle
- Optional: Vorbereiten der Protokolle und Protokollführung
- Optional: Nachhaltung der Aufträge aus den Protokollen

Die Vorteile die gesamten Termine über eine Person und einen Kalender abzuwickeln liegt vor allem darin, dass Terminüberschneidungen oder Probleme von Zulieferketten bei Terminverschiebungen direkt auffallen und korrigiert werden können. Die Schnittstellen zur Kommunikation bei Terminverschiebungen werden damit minimiert. Terminvalidität über die Teilnehmerzusagen kann ebenfalls direkt geprüft werden. Zusätzlich erleichtert ein versierter Ansprechpartner z. B. das Auffinden von Unterlagen.

? Konzept-Aufgabe

Sie führen ein Planungsbüro mit 30 Mitarbeitern und wollen, dass diese in einer agilen Netzwerkstruktur zusammenarbeiten.

Welche konkreten Maßnahmen (z. B. zur Entwicklung der Kommunikationskompetenz) ergreifen Sie im Hinblick auf die Kommunikation?

7.4 Organisation der Dokumentation

7.4.1 Dokumentation

Geht man von der lateinischen Übersetzung des Wortes *Dokument* als „das zur Belehrung über eine Sache bzw. zur Erhellung einer Sache Dienliche" oder schlicht „Beweis" (lat. = documentum) aus, dann ist die *Dokumentation* eine Sammlung dieser Beweise (vgl. Duden 2007, S. 151). In der DIN EN 61355-1 (2009, S. 6) wird ein Dokument als „feste und strukturierte Informationsmenge zur Wahrnehmung durch Menschen, welche als Einheit zwischen Anwendern und Systemen gehandhabt und ausgetauscht werden kann" definiert. Diese Definition wird in der Anmerkung 2 ergänzt: „Ein Dokument kann in Übereinstimmung mit der Art der Information und der Form ihrer Darstellung bezeichnet werden, zum Beispiel Übersichtsschaltplan, Verbindungstabelle, Funktionsschaltplan". Die DIN 69901-5 (2009, S. 13) fasst die Projektdokumentation sehr breit mit der „Gesamtheit aller relevanten Dokumente, die in oder aus einem Projekt entstehen, Verwendung und Anwendung finden oder anderen Bezug zum Projekt haben". Der Umfang der Bauunterlagen wird maßgeblich von der Größe und Komplexität des Projektes bestimmt, während man bei einem Einfamilienhaus mit wenigen Ordnern auskommt, gab es allein 30.000 Pläne beim Bauvorhaben The Squaire am Frankfurter Flughafen (vgl. Lotz 2012, S. 157).

Grundsätzlich dient die Dokumentation, also das Festhalten von bestimmten Sachverhalten, der Aufbewahrung. Für die dazu notwendigen (elektronischen) Archivsysteme ist *Revisionssicherheit* ein wichtiger Faktor. Um eine Revision, also eine nachträgliche Prüfung von Sachverhalten zu gewährleisten, müssen die Informationen auffindbar (dem Sachverhalt zuzuordnen) und nachvollziehbar (für Unbeteiligte verständlich und im Zusammenhang) sein, wozu eine Ablageordnung und eine Bezeichnungsstruktur notwendig sind. Zusätzlich muss die Dokumentation unveränderbar und fälschungssicher sein, wobei sich diese Anforderungen u. a. von den Buchführungspflichten von Kaufleuten ableiten. Mit *Revisionsunterlagen* ist hingegen ein Bestandteil der Bauprojekt-Dokumentation gemeint, wie z. B. Installations- und Verteilerpläne, damit bei späteren Problemen die Lokalisierung von Fehlerquellen schnell erfolgen kann und Änderungen auf dem Bestand geplant werden können.

7.4.2 Umfang der Organisation

Neben der Archivierung von Daten geht es in einem Bauprojekt mit vielen Beteiligten um den Austausch von Daten bis zur gemeinsamen, aufeinander abgestimmten Bearbeitung eines Dokuments. Um Ziele der *Bauprojektdokumentation*, wie
- Nachweisführung im Streitfall (z. B. Ursachen von Bauschäden),
- Nachweisführung bei Versicherungsfällen (z. B. Nachweis der Sicherungspflichten bei einem Unfall auf der Baustelle),
- Unterlagen für eine spätere Änderung, Erweiterung oder Reparatur des Baus (z. B. statische Berechnungen bei einer geplanten Aufstockung),

realisieren zu können, müssen folgende Fragen geklärt werden:
- *Wer muss dokumentieren:* Wie verteilen sich die Verpflichtungen auf den Bauherrn, den Auftragnehmer, Fachplanungsfirmen und die ausführenden Unternehmen.
- *Für wen erfolgt die Dokumentation:* Handelt es sich um die interne Dokumentation, um im Streitfall beweiskräftig zu sein, oder handelt es sich um die externe, dem Auftraggeber geschuldete Dokumentation.
- *Was muss jeweils dokumentiert werden:* Welche Inhalte und welchen Umfang soll oder muss die Dokumentation haben.
- *In welcher Form:* Vorgaben zur Form können zum einen entweder analog (Papierform) oder digital sein, bei den digitalen Dokumenten gehören die Dateiformate und die Ausdrucke dazu in Summe wie häufig (z. B. zweifach als farbiger Ausdruck und einfach digital als pdf).
- *Wie lange:* Für welche Inhalte gibt es Rahmenbedingungen z. B. von Versicherungen oder gesetzliche Vorgaben für die Dauer der Aufbewahrung?
- *Wer trägt welchen Aufwand:* Welcher Aufwand für die Dokumentation ist Bestandteil von Arbeitsaufträgen, z. B. über die Grundleistungen der HOAI, und welcher muss gesondert beauftragt werden?
- Wie sehen *Dokumentationsstruktur und Dokumentenkennzeichnung* aus?
- Welche *Darstellungs-Regeln* gelten für die Dokumente: Welche Regelungen gibt es zur Darstellung auf Plänen (z. B. Linienstärken, Symbole), welche werden vom AG vorgegeben (z. B. Raumbezeichnungen, Planstempel)?

Wenn diese Punkte geklärt sind geht es um Fragen der Realisierung über ein Dokumentenmanagementsystem:
- Wie sehen die *Prozesse* aus: Welche Prozessabläufe müssen systemseitig hinterlegt werden? Hier geht es um dokumentierte bzw. durch die Software unterstützte

- Dokumentenläufe wie Freigabezeichnungen oder die fachübergreifende, gemeinsame Bearbeitung von Plänen.
- Welche *Anforderungen werden an den Datenschutz* gestellt: In Bezug auf den Datenschutz müssen rechtliche Vorgaben aber unter Umständen, wenn sie z. B. ein Gefängnis bauen oder ein Rechenzentrum für eine Bundesbehörde, auch projektspezifische Vorgaben an die Sicherheit der Daten eingehalten werden. Das bezieht sich z. B. auf das verwendete Netzwerk, Zugriffsrechte oder sogar die personenbezogene Überprüfung von Nutzern.
- Welche Anforderung wird an die *Sicherheit der Archivierung* gestellt: Wie häufig werden Back-ups erstellt und welchen Sicherheitsqualifikationen unterliegen die Server, auf denen die Daten gespeichert werden?
- Welche *Software* wird eingesetzt: Welche Software für die revisionssichere Archivierung und den Datenaustausch mit den Projektbeteiligten erfüllt die notwendigen Spezifikationen? Wie wird sie den Projektbeteiligten zur Verfügung gestellt und besteht Schulungsbedarf?

Die aufgelisteten Fragestellungen verdeutlichen die Komplexität und den Aufwand, den die Organisation der Dokumentation verursachen kann. Der Gesamtaufwand sollte dabei adäquat zur Projektgröße sein. Festlegungen zur Dokumentation bereits als Vertragsbestandteil ist notwendige Konfliktprävention hinsichtlich späterer Qualitäts- und Dokumentationsansprüche. Dennoch sollte gerade auf Basis einer transparenten Dokumentation darauf geachtet werden, dass im Projekt keine Kultur des „Zurückblickens" entsteht und viel Zeit auf das Verwenden von Nachweisen der Schuld verwendet wird, sondern eine Kultur der Lösungsorientierung bzw. gemeinsamer Lösungsfindung. Die Führungskomponenten der Organisation von Dokumentation sind Strenge und Disziplin bei der Einführung der Systematik und einer konsequenten Nachhaltung. Bis sich alle „daran gewöhnt" haben, muss die Verantwortung zur Kontrolle übernommen werden, die bei entsprechender Institutionalisierung delegiert werden kann.

7.4.3 Vorgaben für die Dokumentation

Die Gesamtheit der für die Dokumentation zu verwendenden Vorgaben ist breit und unübersichtlich und reicht von Gesetzen über Standards in Form von nationalen und internationalen Normen verschiedener Herausgeber und speziell für manche Objekte und Gewerke, bis zu Auftraggeber-spezifischen Richtlinien. Zudem fehlen rechtlich verbindliche Regelungen und Bezeichnungen für den Unterlagentyp (Bauunterlagen, Ausführungsunterlagen, Protokolle, Zeichnungen, Berechnungen, Revisionsunterlagen, etc.), wodurch es in der Praxis schwer ist, die Unterlagen für die Herausgabepflicht zu konkretisieren (vgl. Lotz 2012, S. 157). Daher ist es sinnvoll, die Dokumentation zu spezifizieren und vertraglich vor Projektbeginn zu vereinbaren. Für ausführende Unternehmen können z. B. die gewünschten Unterlagen im Einzelnen in die Positionen der Ausschreibung mit aufgenommen werden. Üblich sind auch AG-spezifische (wenn der AG viele Bauprojekte realisiert) oder sogar Projekt-spezifische (Großprojekte) Dokumentationsrichtlinien, die dann in der Gesamtheit als Vertragsbestandteil festgelegt werden. Im Folgenden werden einige mögliche Grundlagen für die Festlegungen zur Projektdokumentation vorgestellt.

▪▪ Gesetze

Aus staatlicher Sicht gibt es verschiedene Normentypen, die in einer *Normenhierarchie* aufgebaut sind und auch in dieser bei inhaltlichen Widersprüchen bewertet werden. An erster Stelle steht die Verfassung (das Grundgesetz), dann folgen Bundesgesetze, Rechtsverordnungen, Satzungen und Allgemeine Verwaltungsvorschriften (keine Rechtsnorm) (vgl. BMG 2016). Die Aussagen zur Dokumentation und Herausgabepflicht sind darin jedoch nur grob dargestellt und durch viele Urteile aus Einzelfällen zu ergänzen.

- BGB als Bundesgesetz: Im Werkrecht des BGB-Bauvertrags wird weder generell die Dokumentationspflicht noch die Übergabe von Bauunterlagen geregelt. Auch die Verpflichtung zur Einhaltung der Regeln der Technik verpflichtet nicht zur Vorlage der Nachweise derselben. Wird der Vertrag als Geschäftsbesorgungsvertrag eingestuft, greif die Herausgabepflicht in§ 667 BGB, womit zumindest die erlangten Pläne als Dokumentationsunterlagen geliefert werden müssen. (vgl. Lotz 2012, S. 159 f.)
- HOAI als Verordnung: Die HOAI bietet nur einen grundlegenden Rahmen wie z. B. „Dokumentation des Bauablaufs (zum Beispiel Bautagebuch)" (HOAI 2013, A 10, Lph. 8e) oder „Systematische Zusammenstellung der Dokumentation, zeichnerischen Darstellungen und rechnerischen Ergebnisse des Objekts" (HOAI 2013, A 10, Lph. 8m), weshalb die vertragliche Anspruchsgrundlage für den AG auf Dokumentation, der Architekten- u. Ingenieurvertrag, den Umfang der Herausgabepflicht klar und detailliert klären sollte (vgl. Lotz 2012, S. 158).
- VOB/B als Verordnung: Bei einem Bauvertrag nach VOB/B wird in § 3 Abs. 5 vorgegeben, dass der AN „Zeichnungen, Berechnungen, Nachprüfungen von Berechnungen oder andere Unterlagen, die der Auftragnehmer nach dem Vertrag, besonders den Technischen Vertragsbedingungen, oder der gewerblichen Verkehrssitte oder auf besonderes Verlangen des Auftraggebers (…) zu beschaffen hat [und diese] dem Auftraggeber nach Aufforderung rechtzeitig vorzulegen [sind]".
- Verordnung über die Ausarbeitung der Bauleitpläne und die Darstellung des Planinhalts, Planzeichenverordnung (PlanVZ): Diese Verordnung regelt die verbindliche Darstellung von Plänen der Bauleitplanung.

▪▪ Standards und Normen

Standards sind allgemein anerkannte, optimierte Vorgehensweisen. Sie werden von verschiedenen Institutionen entwickelt, wie z. B.:

- DIN Deutsches Institut für Normung e. V.
- VDI Verein Deutscher Ingenieure e. V.
- VDE Verband der Elektrotechnik, Elektronik, Informationstechnik e. V.
- CENELEC European Committee for Electrotechnical Standardization
- IEC International Electrotechnical Commission
- ISO International Organization for Standardization

Ihre Reichweite bzw. ihr Ursprung kann an den Bezeichnungen abgelesen werden:

- DIN – Eine von dem DIN entwickelte, deutsche Norm.
- DIN EN – Eine deutsche Norm, die entsprechend der Vorgabe für die Mitgliedstaaten der CENELEC eine Eins-zu-Eins-Übernahme innerhalb der gesetzten Frist einer europäischen Norm (EN) ist.
- DIN EN ISO – Eine deutsche Norm, die die deutsche Sprachfassung der entsprechenden EN enthält, die wiederum auf der internationalen ISO beruht.

Eine DIN SPEC (Standard Performance Evaluation Corporation) ist ein Angebot des DIN e. V., den Vorschlag für eine neue Norm einzubringen und in einem gemeinsamen Team zu erarbeiten.

Bei den EN gibt es Unterschiede: EN 1-54999 sind tatsächlich rein europäische Normen. Eine EN ISO geht auf entsprechende ISO-Norm zurück, eine EN IEC auf eine entsprechende IEC-Norm. Ursprünglich wurden IEC-Normen ohne Buchstaben als 60000er EN übernommen, das Modell läuft aber aus. Der Zusammenhang von Normen ergibt sich aus der Nummerierung, z. B. wird die Nummer der IEC Publikation IEC 60068 als EN 60068 durch die CENELEC als europäische Norm übernommen und als DIN EN 60068 in das deutsche Normenwerk überführt. Eine Aufgabe des ISO ist die Koordination nationaler Normeninstitute, um eine Harmonisierung zu erreichen.

Die Umsetzung von Normen hat in der Bauprojektrealisierung in Zusammenhang mit dem Begriff „allgemein anerkannte Regeln der Technik" (a. a. R. d. T.) große Relevanz. Die Vorgabe der Realisierung nach den a. a. R. d. T. wird z. B. durch die HOAI oder die VOB/B (vgl. HOAI 2013, § 4 und u. a. A 10 Lph. 8; VOB/B 2016, § 13, Abs.1 S. 1, Abs.7b) gefordert, wobei auf die zum Abnahme-Zeitpunkt der Leistung gültigen Regeln referenziert wird (vgl. BGH 2017). Die DIN EN 45020 (2007, S. 19) definiert „anerkannte Regel der Technik" folgendermaßen: „technische Festlegung, die von einer Mehrheit repräsentativer Fachleute als Wiedergabe des Standes der Technik angesehen wird", mit der Anmerkung: „Ein normatives Dokument zu einem technischen Gegenstand wird zum Zeitpunkt seiner Annahme als der Ausdruck einer anerkannten Regel der Technik anzusehen sein, wenn es in Zusammenarbeit der betroffenen Interessen durch Umfrage- und Konsensverfahren erzielt wurde." Die Auslegung einer Erfüllung der Realisierung im Rahmen der a. a. R. d. T. durch Verwendung der DIN-Normen kollidiert jedoch mit einem Urteil des Bundesgerichtshofs (BGH), indem DIN-Normen nicht als Rechtsnorm, sondern als private technische Regelungen mit Empfehlungscharakter eingestuft werden, die die anerkannten Regeln der Technik wiedergeben können, aber auch hinter diesen zurückbleiben können (vgl. BGH 1998).

Unterstützung zum Überblick für die relevanten Normen für bauliche Anlagen bietet das Deutsche Institut für Bautechnik (DIfB), das eine Normenmusterliste erstellt, die über die Landesbauordnungen als Liste Technischer Bestimmungen verbindlich wird. Diese fokussiert sich aber auf die baulichen Anlagen und nicht auf die Aufgabe der Dokumentation. Im Folgenden werden einige Normen benannt, die Bezug zur Dokumentation haben:

- *Umfang der Dokumentation:* VDI 6026, Blatt 1 und 1.1 (Dokumentation in der Technischen Gebäudeausrüstung) beschreibt in Tabellen den Umfang der Dokumentation nach Gewerk und Leistungsphase.
- *Darstellungsform:* DIN 1356-1 (Bauzeichnungen – Teil 1: Grundregeln der Darstellung) legt Regeln für Zeichnungen der Objektplanung und Tragwerksplanung für bauliche Anlagen, auch im Zusammenhang mit Außenanlagen, fest. Dazu gehören u. a. Arten und Maßstäbe von Bauzeichnungen (z. B. Vorentwurfszeichnungen, Abrechnungszeichnungen), Projektionsarten (z. B. Ansicht, Grundriss), Linienarten, Kennzeichnung von Schnittflächen oder Maßanordnungen. Einige technische Zeichnungen unterliegen wiederum speziellen Normen, wie z. B. Flucht- und Rettungspläne (DIN ISO 23601) oder die Darstellung des Lageplans (DIN 18702).

- *Bezeichnungsstruktur:* DIN EN 61355-1 (VDE 0040-3) (Klassifikation und Kennzeichnung von Dokumenten für Anlagen, Systeme und Ausrüstungen) beschreibt, wie sich aus einer Hierarchisierung der Dokumente ein nachvollziehbares Bezeichnungssystem machen lässt.
- *Organisation* allgemein: DIN EN 82045-1 (Dokumentenmanagement – Teil 1: Prinzipien und Methoden) definiert Grundlagen für das Dokumentenmanagement als Instrument zum Informationsaustausch. Sogenannte Metadaten, ähnlich der Metakommunikation, versehen die Dokumente mit zusätzlichen Informationen, da sich aus ihnen z. B. die Version des Dokumentes oder Beziehung des Dokumentes zum Projekt ablesen lässt. Potenzieller Nutzen wird in den elektronischen Dokumentenmanagementsystemen gesehen:
  - „effiziente Suche und Beschaffung bestimmter Dokumente
  - schnelle und direkte Weitergabe von Änderungen
  - automatische Arbeitsabläufe
  - Erstellung von Sammeldokumenten zu sachbezogenen Informationen
  - Reduzierter Verwaltungsaufwand durch Integration von Dokumentenerstellung und -management
  - Zugriff auf Erkenntnisse aus früheren Projekten und aus allgemein verfügbaren Quellen der Industrie
  - Unterstützung von Datenaustausch und data sharing
  - Förderung der Zusammenarbeit im Engineering" (DIN EN 82045-1, 2002, S. 5).

■■ Dokumentationsrichtlinien als Vertragsbestandteil

Aufgrund der Vielzahl der Normen auf unterschiedlichen Ebenen besteht Unsicherheit, so dass auch der 7. Deutsche Baugerichtstag (DBGT) 2018 einstimmig empfiehlt: „Ziel ist es, das europäische und nationale Regelwerk im Bauwesen in sich konsistent, transparent und widerspruchsfrei zu gestalten. Die aktuell bestehende Rechtsunklarheit und Rechtsunsicherheit muss dringend beseitigt werden" (DBGT 2018). Inhalte und Detaillierungsgrad von Auftraggeber-spezifischen *Dokumentationsrichtlinien* finden sich im Internet und zeigen, in welchem Umfang mit ihnen als Vertragsbestandteil Festlegungen getroffen werden und inwieweit Normen eingearbeitet sind (s. Link-Tipps).

❓ Reflexions-Aufgaben

Haben Sie eine Ablagestruktur und ein Bezeichnungskonzept für die Dateien auf Ihrem privaten Rechner? Haben Sie selbst die Disziplin diese umzusetzen und sich an Ihre Vorgaben zu halten? Wie verhält es sich in Ihrem Arbeitsumfeld mit Ablagestruktur und Dateienbezeichnung? Wird es konsequent nachgehalten? Wer ist dafür verantwortlich?

❓ Konzept-Aufgabe

Stellen Sie eine Ablagestruktur und Systematik zur Dateienbezeichnung für Ihren privaten Rechner oder Ihr nächstes Entwurfsprojekt auf.

7.4.4 Einfluss von BIM

BIM wird künftig erhebliche Rahmenbedingungen für die Kennzeichnungssystematik in der Dokumentation setzen. Bei den ersten öffentlichen Bauprojekten laufen Pilotanwendungen zu BIM, wobei die Effizienz durch eine konsequente Anwendung, das heißt die Integration aller Gewerke und die Nutzung über alle Lebensphasen des Bauwerks, von der Idee bis zur Entsorgung, entsteht.

7.4.4.1 Umfang der Dokumentation

Entsprechend der Relevanz von *BIM* für die zukünftige Abwicklung von Bauprojekten und die damit verbundene Notwendigkeit, Klarheit in der Informationsstruktur zu haben, arbeitet der VDI an der Richtlinienreihe VDI 2552 – „Building Information Modeling (BIM)". Teil 10 dieser Richtlinie wird dazu einen Rahmen für die Struktur und die Inhalte von *Auftraggeber-Informationsanforderungen (AIA)* und den *BIM-Abwicklungsplan (BAP)* vorgeben.

Die Erstellung der AIA und des BAP ist in der Verantwortung des Auftraggebers und wird im Stufenplan Digitales Planen und Bauen des Bundesministeriums für Verkehr und digitale Infrastruktur (BMVI) gefordert. Das Leistungsniveau 1 beschreibt in den Mindestanforderungen für BIM, die ab 2020 von allen neu zu planenden Projekten erfüllt werden sollen,

- Daten (die AIA als Beschreibung, wann der AG welche Daten haben möchte),
- Prozesse (die BAP als Festlegung des AG zu allen notwendigen Rollen, Funktionen, Abläufen, Schnittstellen, Interaktionen und der genutzten Technologien) und
- Qualifikationen (Ausschreibungen enthalten u. a. Anforderungen an BIM-Kompetenz und Bereitschaft zur partnerschaftlichen Zusammenarbeit). (vgl. BMVI 2015, S. 9 ff.)

Die AIA, die Grundlage für den BAP ist und sich gezielt auf den gesamten Lebenszyklus, insbesondere auch Betriebs- und Nutzungsphase, beziehen sollte, darf nicht im Widerspruch zu mitgeltenden Unterlagen stehen, weshalb die Integration in ein führendes Lastenheft sinnvoll ist (vgl. van Treeck et al. 2019, S. 24).

Der Arbeitskreis Digitales Planen und Bauen empfiehlt beim 7. Deutschen Baugerichtstag (DBGT) 2018 in Bezug auf BIM einstimmig: „Die öffentliche Hand sollte ihre Dokumentationsanforderungen so abändern, dass die Baudokumentation modelbasiert erstellt und gespeichert werden kann. Dabei soll der IFC-Datenstandard ausdrücklich zugelassen werden" (DBGT 2018). Die europäische Standardisierungskommission hat 2016 veranlasst, dass der von buildingSMART entwickelte und als ISO 16739 standardisierte IFC4 Standard (Industry Foundation Classes) „Datenaustausch in der Bauindustrie und im Anlagenmanagement" als europäische Norm EN ISO 16739 übernommen wird und in die nationalen Normenwerke (in Deutschland DIN EN ISO 16739) aufgenommen wird.

7.4.4.2 Dokumentenkennzeichnung

Die *Dokumentenkennzeichnung* ist eine Verbindung von *Objektkennzeichnung (Referenzkennzeichnung)* und inhalts- und anwendungsbezogenen *Dokumentenarten* (vgl. Essig 2017, S. 172). Damit ist sie eine notwendige Ergänzung der BIM-3-D-Modelle, weil die Informationen im Informationsmodell über Dokumente bzw. Dokumentenarten eingegeben und visualisiert werden. Je nachdem aus welchem „Blickwinkel" die Daten des *Informationsmodells* betrachtet werden, ergeben sich unterschiedliche Informationszusammenhänge, die die jeweilige Aufgabe und Anwendung unterstützen sollen. (vgl. Essig 2017, S. 184) Die fachbereichsübergreifende Grundlage für die Strukturierung und Kennzeichnung von Objekten in technischen Systemen und der zugehörigen technischen Dokumentation sind wiederum Normen.

Die Systematik der Referenzkennzeichnungen ist in der DIN EN ISO 81346 (Industrielle Systeme, Anlagen und Ausrüstungen und Industrieprodukte – Strukturierungsprinzipien und Referenzkennzeichnung) (Teil 1–12) vorgegeben, wobei Teil 12 (Bauwerke und Technische Gebäudeausrüstung) im Kontext von BIM zu sehen ist (vgl. Essig 2017, S. 173). Die hierarchische Strukturierung kann als Baum wie in einem Organigramm oder wie die Ordnerstruktur an einem Rechner dargestellt werden und erfolgt nach den drei Hauptaspekten (vgl. DIN EN 81346–1 2010, S. 16 ff.):

- Funktionsbezogener Aspekt (Aufgabe eines Objektes, z. B. Kühlen)
  - Funktionskennzeichen mit dem Vorzeichen „="
- Produktbezogener Aspekt (Baueinheiten, aus denen ein System aufgebaut ist; als einzelnes Element eine Komponente)
  - Produktkennzeichen mit dem Vorzeichen „−"
- Ortsbezogener Aspekt (Ort, den das Objekt darstellt, z. B. ein Raum)
  - Ortskennzeichen mit dem Vorzeichen „+"
- Andere Aspekte, z. B. zeitliche Phasen in Lieferketten
  - Vorzeichen „#"

Für jeden dieser Aspekte werden eigene Strukturen auf den Grundregeln „Bestandteil-von-Beziehungen" und schrittweises Vorgehen Bottom-Up oder Top-Down (vgl. DIN EN 81346-1 2010, S. 19) aufgebaut, wobei durch die Beziehung zwischen den Elementen der Strukturen verschiedene Informationsinhalte generiert werden können.

Das Beispiel für eine ortsbezogene Struktur Top-Down in der Bauprojektrealisierung wäre:
- Ein Gebäude auf einem Gelände (z. B. Verwaltungsgebäude 1)
  - Ein Stockwerk in diesem Gebäude (z. B. 5. Etage)
    - Ein Raum auf diesem Stockwerk (z. B. Raum 003)
      - Ein Teil dieses Raumes (z. B. Stellplatz für Schrankwand)
        - Eine Baueinheit in diesem Teil (z. B. der mittlere Schrank-Stellplatz)
          - Ein Element in der Baueinheit (z. B. Einbauplatz für einen Tresor)

Bei fabrikfertigen Baueinheiten orientiert sich das Referenzkennzeichen oft an dem örtlichen Rastersystem, dem die Bau-Logik folgt.

Folgende Beispiele zu Mehrebenen-Referenzkennzeichen und den Möglichkeiten, sie verkürzt darzustellen:

+C1+B2+E3	verkürzt	+C1B2E3 oder +C1.B2.E3
+V1+5+111+S4	verkürzt	+V1.5.111.S4 (durch die Verwendung von aufeinanderfolgenden Zahlen muss die Trennung mit Punkt erfolgen, damit die Ebenen zuzuordnen sind)

Die Kombination der Referenzkennzeichnung mit der Dokumentenart zur Dokumentkennzeichnung ist in der DIN EN 61355 geregelt. Diese definiert als zweiten Teil den *Dokumentenarten-Klassenschlüssel* (*DCC*=document kind classification *code*) *mit dem Vorzeichen („&") und drei weiteren Ebenen:*

1. Kennbuchstaben für die Klasse des technischen Bereichs (optional), wie
   - A Übergeordnetes Management
   - B Übergeordnete Technologie
   - C Bauwesen (Hoch- und Tiefbau)
   - D usw.
2. Dokumentenartenklasse (Hauptklasse) mit einer Kurzbeschreibung des Informationsinhaltes, wie
   - A Dokumentationsbeschreibende Dokumente
   - B Managementdokumente
   - C Vertragliche und nicht-technische Dokumente
   - D usw.
3. Dokumentenartenklasse (Unterklasse) mit Kurzbeschreibung des Informationsinhaltes und Beispielen, wie (erster Buchstabe aus Ebene 2)
   - A A Verwaltungstechnische Dokumente, z. B. Deckblatt, Titelblatt
   - B C Schriftwechsel, z. B. Brief, Notiz
   - C B Genehmigungsdokumente, z. B. Genehmigungsantrag, Lizenz.

   Ein DCC gesamt sieht dann so aus: & A1A2A3.

Das Dokumentenkennzeichen aus Objektkennzeichen und DCC mit einer optionalen Dokumentenzählnummer kann mit einer Seitenzählnummer zum Dokumentenseitenkennzeichen ergänzt werden (◘ Abb. 7.8).

Link-Tipp

■■ Agile Themen

Workhacks: ► https://workhacks.de/

Softwarevergleiche (teilweise kostenlose Tools): ► https://thedigitalprojectmanager.com/best-scrum-tools/; ► https://www.daxx.com/de/blog/entwicklungsteam/kostenlose-agile-projektmanagement-tools-fuer-scrum.)

Agile Manifesto: ► http://agilemanifesto.org/

■■ Dokumentationsrichtlinien

BBR: Bundesamtes für Bauwesen und Raumordnung. Dokumentationsrichtlinie. ► https://www.bbr.bund.de/BBR/DE/BaufachlicherService/Regelungen/Dokurichtlinien/DRL_02-2008/2008_02_Dokumentationsrichtlinie_BBR.pdf;jsessionid=99AE0163DA2ECEEC980FCA04C6A92864.live11293?__blob=publicationFile&v=6

Stadt Ratingen: CAFM-Dokumentationsrichtlinie (CAFM = Computer Aided Facility Management). ► https://www.stadt-ratingen.de/buergerservice/buergerinfo/formulare/25/Stadt-Ratingen_CAFM-Regelwerk_03-2016.pdf

InfraServ GmbH (Wiesbaden): CAD-Richtlinie. ► https://www.infraserv-wi.de/fileadmin/user_upload/pdf/richtlinien/cad-richtlinie-version_22-stand_oktober_2013-komplett_050020.pdf

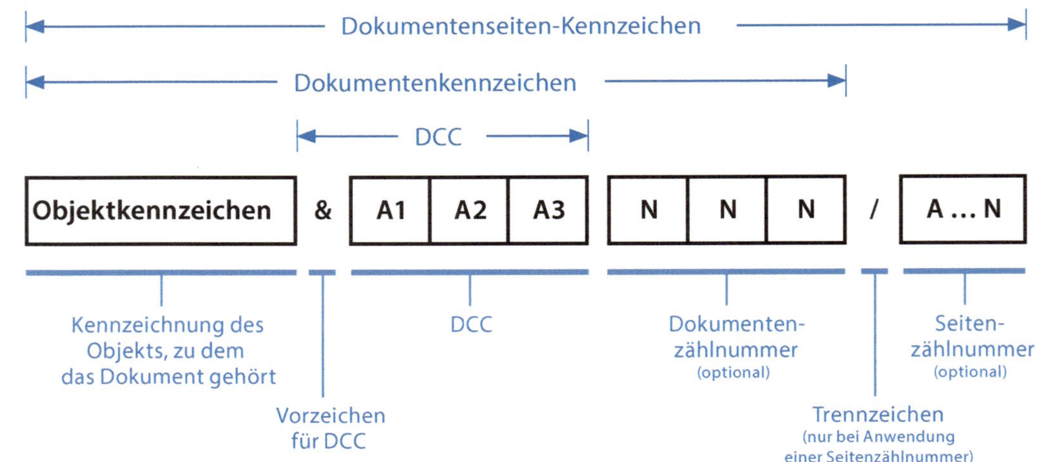

Abb. 7.8   Prinzip der Dokumentenkennzeichnung. (Der Auszug aus DIN EN 61355-1 (VDE 0040-3):2009-03 ist für die angemeldete limitierte Auflage wiedergegeben mit Genehmigung 292.019 des DIN Deutsches Institut für Normung e.V. und des VDE Verband der Elektrotechnik Elektronik Informationstechnik e.V.. Für weitere Wiedergaben oder Auflagen ist eine gesonderte Genehmigung erforderlich. Maßgebend für das Anwenden der Normen sind deren Fassungen mit dem neuesten Ausgabedatum, die bei der VDE VERLAG GMBH, Bismarckstr. 33, 10625 Berlin, ▶ http://www.vde-verlag.de, erhältlich sind.)

■■ BIM
BMVI: Bundesministerium für Verkehr und Infrastruktur. *Stufenplan Digitales Planen und Bauen*. 2015. ▶ https://www.bmvi.de/SharedDocs/DE/Publikationen/DG/stufenplan-digitales-bauen.pdf?__blob=publicationFile
DB AG: ▶ https://www.deutschebahn.com/de/bahnwelt/bauen_bahn/bim/BIM-1186016
DBGT: Deutscher Baugerichtstag 2018. Empfehlungen. ▶ https://baugerichtstag.org/wordpress/wp-content/uploads/2019/03/7ak_alle.pdf
buildingSMART International: ▶ https://www.buildingsmart.org/

■■ Normen/Muster
PlanVZ: Planzeichenverordnung. Verordnung über die Ausarbeitung der Bauleitpläne und die Darstellung des Planinhalts. ▶ https://www.jurion.de/gesetze/planzv/
BIBt: Deutsches Institut für Bautechnik. *Muster-Verwaltungsvorschrift Technische Baubestimmungen* (MVV TB). 2017. ▶ https://www.dibt.de/fileadmin/dibt-website/Dokumente/Referat/P5/Bauregellisten/MVV_TB_2017-1_inkl_Druckfehlerkorrektur.pdf
BMI: Bundesministerium des Innern für Bau und Heimat. *Vertragsmuster* VM2/1. Objektplanung (Gebäude und Innenräume). ▶ https://ingkh.de/fileadmin/ingkh/Aktuelles/news/2018/VM2-1_Vetragsmuster_31.05.2018_AEndmodus.pdf
Zugegriffen: 17.05.2019

? Wissens-Aufgaben
Beschreiben Sie den Begriff Organisation aus drei Blickwinkeln.
Skizzieren (und benennen) Sie die drei bzw. vier Organisationsformen für Unternehmen und beschreiben Sie ihre Auswirkung im Hinblick auf die Organisation der Kommunikation und des Konfliktpotenzials. Suchen Sie im Internet das Organigramm eines Unternehmens und ordnen Sie den Aufbau den vorgestellten Aufbauorganisationen zu.
Welche Fragen müssen zur Organisation des Kommunikationsprozesses in einem (Bau-) Projekt beantwortet werden? Worauf ist zusätzlich zu achten?
Wie gehen Sie für den Aufbau einer effizienten Besprechungsstruktur als Teil der Organisation der Kommunikation vor?
Wann müssen welche Fragen zum Umfang der Dokumentation geklärt werden? Wer muss dafür welche Dokumente im Rahmen von BIM zur Verfügung stellen?

Literatur

Alter U (2018) Grundlagen der Kommunikation für Führungskräfte. Springer, Wiesbaden
Bea FX, Göbel E (2019) Organisation Theorie und Gestaltung. UVK, München
BGH (1998) Urteil vom 14. Mai 1998 – VII ZR 184/97. ▶ https://judicialis.de/Bundesgerichtshof_VII-ZR-184-97_Urteil_14.05.1998.html. Zugegriffen: 6. Apr. 2019
BGH (2017) Urteil – VII ZR 65/14. ▶ https://www.bundesanzeiger-verlag.de/baurecht-und-hoai/nachrichten/nachrichten-detail/artikel/allgemein-anerkannte-regeln-der-technik-was-gilt-wenn-sich-diese-nach-vertragsschluss-aendern-24227.html. Zugegriffen: 6. Apr. 2019
BMG (2016) Unterschied zwischen förmlichen Gesetzen und Rechtsverordnungen. ▶ https://www.bundesgesundheitsministerium.de/service/gesetze-und-verordnungen/unterschied-zwischen-foermlichen-gesetzen-und-recht.html. Zugegriffen: 6. Apr. 2019

BMI (2018) Bundesministeriums des Innern für Bau und Heimat. Vertragsmuster VM2/1. Objektplanung (Gebäude und Innenräume). ▶ https://ingkh.de/fileadmin/ingkh/Aktuelles/news/2018/VM2-1_Vetragsmuster_31.05.2018_AEndmodus.pdf. Zugegriffen: 1. Okt. 2019

BMVI (2015) Bundesministerium für Verkehr und Infrastruktur: Stufenplan Digitales Planen und Bauen. ▶ https://www.bmvi.de/SharedDocs/DE/Publikationen/DG/stufenplan-digitales-bauen.pdf?__blob=publicationFile. Zugegriffen: 26. Sept. 2019

DBGT (2018) Deutscher Baugerichtstag. Vorstellung der Empfehlungen der Arbeitskreise. ▶ https://baugerichtstag.org/wordpress/wp-content/uploads/2019/03/7ak_alle.pdf. Zugegriffen: 26. Sept. 2019

DIN (2002) DIN EN 82045-1: Dokumentenmanagement – Teil 1: Prinzipien und Methoden (IEC 82045-1:2001); Deutsche Fassung EN 82045-1:2001. Beuth, Berlin

DIN (2007) DIN EN 45020: Normung und damit zusammenhängende Tätigkeiten – Allgemeine Begriffe (ISO/IEC Guide 2:2004); Dreisprachige Fassung EN 45020:2006. Beuth, Berlin

DIN (2009) DIN 69901: Projektmanagement – Projektmanagementsysteme (Teil 1 bis 5). Beuth, Berlin

DIN (2010) DIN EN 81346-1: Industrielle Systeme, Anlagen und Ausrüstungen und Industrieprodukte – Strukturierungsprinzipien und Referenzkennzeichnung – Teil 1: Allgemeine Regeln (IEC 81346-1:2009); Deutsche Fassung EN 81346-1:2009. Beuth, Berlin

Duden (2007) Band 7: Das Herkunftswörterbuch Etymologie der deutschen Sprache. Bibliographisches Institut AG, Mannheim

Essig B (2017) BIM und TGA. Engineering und Dokumentation der Technischen Gebäudeausrüstung. Beuth, Berlin

Glasl F (2013) Konfliktmanagement. Ein Handbuch für Führungskräfte, Beraterinnen und Berater. Haupt, Bern

Glatz H, Graf-Götz F (2018) Handbuch Organisation gestalten. Für Praktiker aus Profit- und Non-Profit-Unternehmen, Trainer und Berater. Beltz, Weinheim

Häusling A, Kahl M (2018) Treiber für Agilität – Gründe und Auslöser. In: Häusling A (Hrsg) Agile Organisationen. Transformationen erfolgreich gestalten – Beispiele agiler Pioniere. Haufe, Freiburg

Lotz B (2012) Bauunterlagen und Dokumentation. BauR Zeitschrift für das gesamte öffentliche und private Baurecht 2:157–166

Pätzold H, Bestvater K (2019) „Beste Feinde"? Akteur-Netzwerk-Theorie und soziale Netzwerkanalyse als organisationspädagogische Forschungszugänge. In: Weber SM, Truschkat I, Schröder C, Peters L, Herz A (Hrsg) Organisation und Netzwerke. Springer, Wiesbaden

Schreyögg G (2016) Grundlagen der Organisation. Basiswissen für Studium und Praxis. Springer, Wiesbaden

Steinle C (2005) Ganzheitliches Management. Eine mehrdimensionale Sichtweise integrierter Unternehmensführung. Gabler, Wiesbaden

Steinmann H, Schreyögg G, Koch J (2013) Management. Grundlagen der Unternehmensführung. Konzepte – Funktionen – Fallstudien. Springer, Wiesbaden

Van Treek C, Kistemann T, Schauer C, Herkel S, Elixmann R (2019) Gebäudetechnik als Strukturgeber für Bau- und Betriebsprozesse. Springer, Wiesbaden

VDI (2008) VDI-Richtlinie 6026: Dokumentation in der Technischen Gebäudeausrüstung. Inhalte und Beschaffenheit von Planungs-, Ausführungs- und Revisionsunterlagen (Blatt 1, Mai 2008) und FM-spezifische Anforderungen an die Dokumentation (Blatt 1.1, April 2015)

Weber I, Fischer S, Eireiner C (2018) Wissenschaftliche Grundlagen für ein agiles Reifegradmodell. In: Häusling A (Hrsg) Agile Organisationen. Transformationen erfolgreich gestalten – Beispiele agiler Pioniere. Haufe, Freiburg

Wehnes H (2015) Vorlesung: Professionelles Projektmanagement in der Praxis. ▶ https://wuecampus2.uni-wuerzburg.de/moodle/pluginfile.php/564181/mod_resource/content/1/2015-06-22-Projektorganisation_Teamarbeit.pdf. Zugegriffen: 19. März 2019

Weissmann A, Zink-Kunnert A (2019) Organisation 4.0. In: Erner M (Hrsg) Management 4.0 – Unternehmensführung im digitalen Zeitalter. Springer, Wiesbaden

Würfele F, Gralla M, Sundermeier M (Hrsg) (2012) Nachtragsmanagement. Leistungsbeschreibung, Leistungsabweichung, Bauzeitverzögerung. Wolters Kluwer, Köln

Zeller G (2016) Besprechungen sicher und sinnvoll protokollieren. Dashöfer, Hamburg

Vertragsgestaltung

© Springer Fachmedien Wiesbaden GmbH, ein Teil von Springer Nature 2019
N. Schwab, *Konfliktkompetenz im Bauprojektmanagement,* erfolgreich studieren,
https://doi.org/10.1007/978-3-658-27089-6_8

Vertragskonstellationen in Bauprojekten sind vielfältig, wie z. B. zwischen dem Bauherrn und dem Architekten, dem Bauherrn und den ausführenden Unternehmen oder spätere Nutzungsverträge für das Objekt. Erwähnt man jedoch Konflikte im Zusammenhang mit Bauverträgen, erfolgt meist ein verständiges Nicken „Ah, Nachtragsmanagement", und der Bezug zu den Verträgen mit den ausführenden Unternehmen wird hergestellt. Daher startet dieses Kapitel damit, diese Standard-Bauverträge zur Ausführung der Bauleistung vorzustellen, um damit die Grundlage der Nachtragsentstehung, eine Abweichung des Bau-Ist vom Bau-Soll, als eine essenzielle Konfliktquelle zu unterlegen. Neben den unterschiedlichen Ursachen für Nachträge, wie z. B. einen nachträglichen Wunsch des Bauherrn, werden Ansätze für die Steuerung beschrieben und Möglichkeiten der Konfliktprävention innerhalb des Nachtragsmanagements, das quasi ein institutionalisiertes und formalisiertes Konfliktmanagement ist. Es wäre zwar unrealistisch, bei der Bauprojektrealisierung davon auszugehen, dass man Nachträgen komplett entkommen kann, aber es geht auch ohne ein konfrontatives, aggressives Nachtragsmanagement. Die Aufgabe des Projektleiters zur Konflikt-Integration durch die Vertragsgestaltung reicht vom schriftlichen Commitment zur Projektkultur bis hin zu komplett kooperativ aufgebauten Vertragsmodellen. Auf Basis des Partnerings als Managementansatz werden die einzelnen Elemente (wie ADR-Paragraphen) bis hin zu gesamten Vertragstypen (wie dem GMP-Vertrag) erläutert. Wenn man von dieser „heilen Welt" und den Vorteilen für die Projektrealisierung durch die Vertragsgestaltung liest, fragt man sich, warum die Realität auf der Baustelle so weit davon entfernt ist. Daher wird abschließend der Status und vor allem die Hindernisse in Deutschland betrachtet.

Lernziel

Am Ende dieses Kapitels haben Sie einen Überblick zu den Möglichkeiten der Vertragsgestaltung bei Bauprojekten:

Sie kennen die mögliche Vertragskonstellationen für den Bauherrn, die sich durch die unterschiedliche Anzahl der Vertragspartner u. a. auf die Komplexität und seinen Aufwand für die Kommunikation auswirkt.

Sie können auf Basis der Rechtsgrundlagen die zwei wesentlichen Standard-Bauvertragstypen erklären und Beispiele für ihren bevorzugten Einsatz geben.

Sie können die Begriffe Bausoll, Nachtrag und Nachtragsmanagement erläutern und Nachtragsursachen erklären.

Sie kennen effektive und effiziente Ansatzpunkte zur Nachtragssteuerung und wesentliche Maßnahmen zur Konfliktprävention in Bezug auf das Nachtragsmanagement.

Sie kennen den Unterschied zwischen transaktionalen und relationalen Verträgen, und spezielle Bauvertragstypen und deren Wirkungsmechanismen in Bezug auf eine partnerschaftliche Zusammenarbeit.

Sie können die Hindernisse und den Handlungsbedarf in Deutschland zur Umsetzung einer vertraglich gestützten, partnerschaftlichen Zusammenarbeit einschätzen.

8.1 Übereinkommen

8.1.1 Vertrag

„Verträge sind zum Vertragen da!" – sagt ein Sprichwort. Ein *Vertrag* oder Kontrakt (aus mhd. vertragen = übereinkommen) ist eine rechtsgültige Abmachung zwischen zwei oder mehreren Partnern und gleichzeitig die Bezeichnung für das Dokument, auf dem diese niedergelegt ist. Das Rechtsgeschäft kommt durch inhaltlich deckungsgleiche (kongruente) Willenserklärungen der Beteiligten zum Abschluss, wobei auf der einen Seite das Angebot (Antrag, Offerte), auf der anderen die Annahme (Akzept) desselben steht. (vgl. Brockhaus 2006, 29, S. 6) Dabei können Verträge entweder einseitig (z. B. Bürgschaft, Schenkung) oder zweiseitig (gegenseitig, synallagmatisch, z. B. Dienst-, Werkvertrag) verpflichtend sein (vgl. Weber 2017, S. 1456). Mit einem wirksamen Abschluss sind die Beteiligten rechtlich an die Einigung gebunden (pacta sunt servanda = Verträge sind zu erfüllen) (vgl. Alpmann 2014, S. 1244), wobei impliziert wird, dass bereits bei den Vertragsverhandlungen ein vertragsähnliches Vertrauensverhältnis zwischen den Beteiligten entsteht, das zur gegenseitigen Rücksichtnahme und Sorgfalt und bei deren schuldhafter Verletzung zu einem Anspruch auf Schadenersatz führt (vgl. Weber 2017, S. 1456).

Man unterscheidet Vertragsarten öffentlich-rechtliche (verwaltungsrechtliche) Verträge und privatrechtliche Verträge. Ein öffentlich-rechtlicher Vertrag wird durch eine Regelung (Verwaltungsakt) auf dem Gebiet des öffentlichen Rechts getroffen (§§ 54 ff. VwVfG) und bedarf der Schriftform. Er muss von Staatsverträgen oder völkerrechtlichen Verträgen differenziert werden. Privatrechtliche Verträge beziehen sich auf das Schuldrecht (z. B. Kauf, Tausch, Miete), Sachenrecht (z. B. Übereignung, Verpfändung), Familienrecht (z. B. Ehevertrag) und Erbrecht (z. B. Erbvertrag). Das BGB umfasst mit seinem Vertragsbegriff alle privatrechtlichen Einigungen und regelt den Vertragsschluss im Allgemeinen Teil (§§ 145–157). (vgl. Brockhaus 2006, 29, S. 6; Alpmann 2014, S. 1243 ff.)

Während z. B. im Sachen- und Erbrecht eine Bindung an vorgesehene Vertragstypen besteht (*Typenzwang*) und das Gesetz für einige Verträge eine Form vorschreibt (z. B. Schriftform für langdauernde Grundstücksmietverträge oder notarielle Beurkundung bei Grundstückskaufverträgen), gilt für die Begründung von Schuldverhältnissen der Grundsatz der Vertragsfreiheit: Die Vertragspartner können ihre Beziehung grundsätzlich frei gestalten, von geregelten Vertragstypen (z. B. Werkvertrag) abweichen, gesetzlich nicht geregelte, aber verkehrstypische Verträge (z. B. Baubetreuungsvertrag) einsetzen oder Vertragstypen kombinieren (vgl. Brockhaus 2006, 29, S. 7; Weber 2017, S. 1454 f.). Dazu zählt auch, dass der *Schuldvertrag* grundsätzlich formlos sein kann und eine mündliche Abrede (Verbalkontrakt) ausreichend ist (vgl. Weber 2017, S. 1455). Der Pferdemarkt ist hier der Klassiker, aber auch am Bau ist es noch anzutreffen: der Handschlag ist ein rechtlich bindender Vertrag, allerdings mit einem hohen Risiko für Missverständnisse und dem Problem der Durchsetzung, falls Zeugen fehlen (vgl. Walentowski Online 2016).

Vertragsfreiheit, die Grundfreiheit der Parteien, Abschluss und Inhalt des Vertrages frei zu gestalten, steht als Bestandteil der allgemeinen Handlungsfreiheit unter verfassungsrechtlichem Schutz (Art. 2 Abs. 1 GG) (vgl. Brockhaus 2006, 29, S. 6).

Frei auszuhandelnde und abzuschließende Verträge sind damit ein wesentliches Mittel der *Privatautonomie*, einer Gestaltung der privaten Lebensverhältnisse nach eigenem Willen in freier Selbstbestimmung und Selbstverantwortung durch eigenverantwortliche Rechtssetzung. Entsprechend liegt dem BGB der Grundsatz der Privatautonomie zugrunde, da insbesondere Rechtsfolgen regelmäßig an das Vorliegen eines Rechtsgeschäfts geknüpft werden. (vgl. Alpmann 2014, S. 883) Neben gesetzlich vorgeschriebenen Typen und Formen liegt die Grenze der Vertragsfreiheit in der Gesetzeswidrigkeit (§ 134 BGB), Sittenwidrigkeit (§ 138 BGB) und zwingenden gesetzlichen Vorschriften des Verbraucherschutzes (Brockhaus 2006, 29, S. 7).

8.1.2 Vertragsbestandteile

Juristisch vereinfacht besteht ein Vertrag aus vier Bestandteilen. Der erste Teil beinhaltet die geplanten Rechte und Pflichten, auf die sich die Parteien wechselseitig in der Verhandlung geeinigt haben. Der zweite Teil besteht aus den Vereinbarungen für das Vorgehen bei „ungeplanten" Geschehnissen. Im Wesentlichen geht es hier um eine Risikoverteilung zwischen den Parteien. Gerahmt ist das Geplante und Ungeplante von den einleitenden und abschließenden Bestimmungen. Einleitend tauchen Name und Präambel des Vertrages auf, im abschließenden Teil z. B. Bestimmungen zu anwendbarem Recht und zur Streitbeilegung. (vgl. Berkel 2015, S. 5 f.)

8.1.3 Vertragskonstellationen

Ausgangsbasis für die Betrachtung der Vertragskonstellationen in der Bauprojektrealisierung sind die Beteiligten am Lebenszyklus eines Gebäudes: der Bauherr mit seiner Projektidee benötigt eine Planung, eine Ausführung und ggf. das Facility Management (FM) für den Betrieb seines Bauwerks. Der wesentliche Unterschied der Varianten besteht im Koordinations- und Kommunikationsaufwand für den Bauherrn und die Verteilung bzw. Nachverfolgung der Verantwortungsübernahme (Haftung!). Eine Übersicht ist in der ◘ Abb. 8.1 dargestellt.

▪▪ Einzelverträge

Der Bauherr als zentraler Angelpunkt schließt Einzelverträge, und zwar
  Zur Planung:
- Einen Werkvertrag, üblicherweise auf Basis BGB/HOAI mit dem Architekten als koordinierendem Fachplaner
- Weitere Verträge mit notwendigen Fachplanern (z. B. Statik, Haustechnik)

  Zur Ausführung der Bauarbeiten:
- Werkvertrag, üblicherweise auf Basis BGB/VOB/B, mit dem Hauptgewerk (z. B. Rohbau)
- Werkverträge, üblicherweise auf Basis BGB/VOB/B, mit den jeweils ausführenden Nebengewerken (Ausbau)

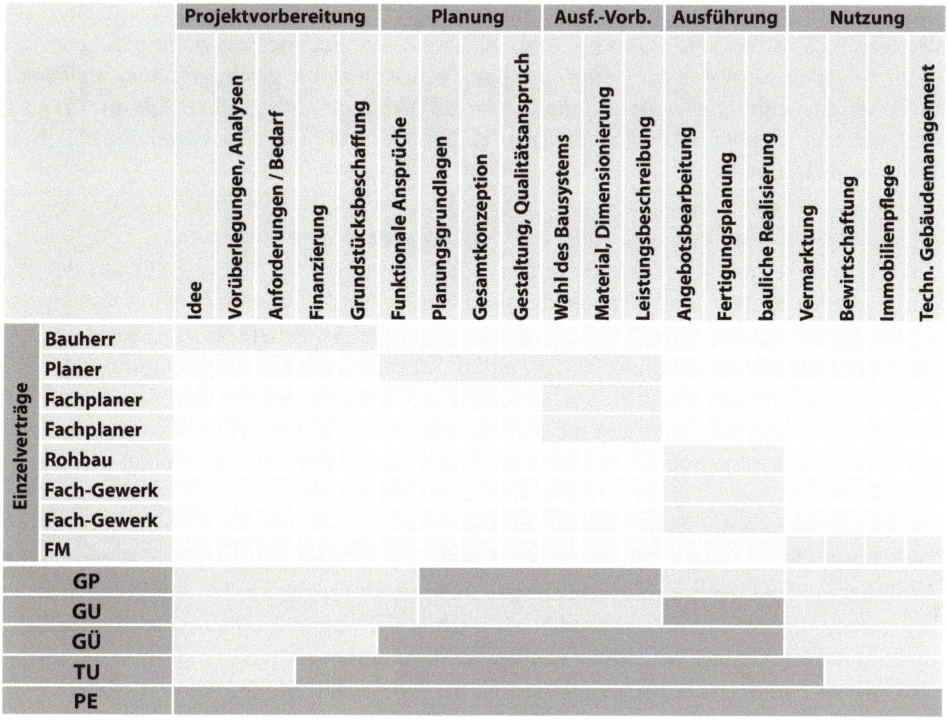

		Projektvorbereitung					Planung						Ausf.-Vorb.		Ausführung		Nutzung			
		Idee	Vorüberlegungen, Analysen	Anforderungen / Bedarf	Finanzierung	Grundstücksbeschaffung	Funktionale Ansprüche	Planungsgrundlagen	Gesamtkonzeption	Gestaltung, Qualitätsanspruch	Wahl des Bausystems	Material, Dimensionierung	Leistungsbeschreibung	Angebotsbearbeitung	Fertigungsplanung	bauliche Realisierung	Vermarktung	Bewirtschaftung	Immobilienpflege	Techn. Gebäudemanagement
Einzelverträge	Bauherr																			
	Planer																			
	Fachplaner																			
	Fachplaner																			
	Rohbau																			
	Fach-Gewerk																			
	Fach-Gewerk																			
	FM																			
	GP																			
	GU																			
	GÜ																			
	TU																			
	PE																			

Abb. 8.1 Grundschema zu Vertragskonstellationen bei Bauobjekten

Zum Betrieb des Gebäudes:

– Je nach Umfang für den AN FM (z. B. Bewirtschaftung, Immobilienpflege, Technisches Gebäudemanagement, etc.) einen oder mehrere Verträge, z. B. als Geschäftsbesorgungsvertrag nach BGB (hier können Vorschriften zum Dienstvertrag, Werkvertrag und Auftragsrechts Anwendung finden) (vgl. Forster 2010).

■■ Generalplaner – Planung aus einer Hand

Hier reduziert sich der Koordinationsaufwand für den Bauherrn bereits erheblich, da die Planung „aus einer Hand" erfolgt. Üblicherweise handelt es sich bei dem Vertragspartner um ein Planungsbüro, das die notwendige Fachexpertise vereint. Es ist aber auch möglich, dass sich verschiedene Büros oder Selbstständige speziell für ein Projekt zusammenschließen und dazu untereinander Verträge schließen, die die Verantwortungsübernahme regeln. Der Bauherr hat dann einen Ansprechpartner für die Planung, was üblicherweise der Architekt übernimmt oder bei technikaffinen Gebäuden, wie z. B. Rechenzentren, der TGA-Planer, da der höchste Satz anrechenbarer Kosten in seinem Gewerk läuft. Weitere Verträge zur Ausführung und FM bleiben weiterhin Koordinationsaufwand für den Bauherrn.

■■ Generalunternehmer – Ausführung aus einer Hand

Als *Generalunternehmer (GU)* wird üblicherweise ein Unternehmen bezeichnet, das für den Bauherrn in werkvertraglicher Beziehung als alleinig haftender und gewährleistender Vertragspartner sämtliche Ausführungsleistungen erbringt, inklusive der Koordinierung und Leitung und ggf. weiterer Architektenleistungen. Der GU kann als Alleinunternehmer sämtliche Bauleistungen selbst erbringen oder als Hauptunternehmer (üblicherweise Rohbau) für die Nebengewerke selbst Subunternehmer werkvertraglich binden. (vgl. Werner et al. 2000, S. 431) GU-Verträge sind üblich im Schlüsselfertigbau.

■■ Generalübernehmer – Planung und Ausführung in Verantwortung

Ein *Generalübernehmer (GÜ)* hat seinen unternehmerischen Schwerpunkt in der Planung und Steuerung von Bauprojekten und bindet für die ausführenden Arbeiten entweder einen Hauptunternehmer (Rohbau) und Subunternehmen (Ausbaugewerke) oder einen Generalunternehmer für einen Schlüsselfertigbau. Hier ändert sich die Vertragsbeziehung zum Bauherrn, denn der GÜ handelt in eigenem Namen und auf eigene Rechnung und hat mit dem Bauherrn oft eine Festpreisabsprache, z. B. als Leistungsvertrag (Pauschalvertrag) nach VOB/B. (vgl. Werner et al. 2000, S. 430)

■■ Totalunternehmer, Projektentwickler, Bauträger

Der *Totalunternehmer (TU)* übernimmt alle Verantwortlichkeiten der Planung und Ausführung des Objektes bis zur schlüsselfertigen Übergabe an den Bauherrn. Zusätzlich zum GÜ setzen seine Leistungen oft noch früher, bei der Grundstücksbeschaffung und Finanzierung des Objektes (Planung in vorgegebenen wirtschaftlichen Grenzen) an (vgl. Werner et al. 2000 S. 430) bis hin zur Vermarktung. Der Lebenszyklus-Bogen des *Projektentwicklers* ist noch weiter gespannt, er beginnt mit der Projektidee, über den Grunderwerb und Finanzierung bis zur Vermarktung und teilweise Bewirtschaftung des Objektes. Der Bauträgervertrag als „kleiner Bruder" des Projektentwickler-Vertrags ist eine etwas erweiterte Form des Global-Pauschalvertrags zwischen Bauträger und Käufer und bezieht Vorschriften der Makler- und Bauträgerverordnung mit ein (vgl. Reister und Werner 2019, S. 42).

8.2 Standard-Bauvertragstypen

8.2.1 Rechtsgrundlage BGB und VOB

Die Rechtsgrundlagen für *Bauverträge* in Deutschland sind das BGB in seiner Änderung zum 01.01.2018 und die Vergabe- und Vertragsordnung für Bauleistungen (VOB) mit den drei Teilen
- VOB/A: Bedingungen für die Vergabe
- VOB/B: Vertragsbedingungen für die Ausführung
- VOB/C: Allgemeine Technische Vertragsbedingungen (ATV).

„Ein Bauvertrag ist ein Vertrag über die Herstellung, die Wiederherstellung, die Beseitigung oder den Umbau eines Bauwerks, einer Außenanlage oder eines Teils davon" (§ 650a Abs. 1 Satz 1, BGB). Bauverträge unterliegen dem Werkvertragsrecht nach § 631 ff. BGB. Entsprechend § 631 Abs. 1 BGB sind die werkvertragstypischen Pflichten des Unternehmers die Herstellung des versprochenen Werkes, die des Bestellers die

Entrichtung der vereinbarten Vergütung nach der Abnahme des Werkes (§ 640 Abs. 1 BGB). Der Werkvertrag nach BGB ist die allgemeine Grundlage eines Bauvertrages, die durch die Aufnahme der VOB/B in den Vertrag spezifiziert wird.

Die VOB/A differenziert im Wesentlichen zwei Vertragstypen, den *Aufwandsvertrag* und den *Leistungsvertrag*. Der Aufwandsvertrag ist ein Stundenlohnvertrag und richtet sich an Bauleistungen geringen Umfangs. Der Leistungsvertrag verknüpft die Vergütung mit dem Leistungserfolg, der realisierten Bauleistung. Durch die Art der im Vertrag dargestellte Definition der Leistung wird der Leistungsvertrag in den Pauschalvertrag und den Einheitspreisvertrag unterschieden.

8.2.2 Leistungsvertrag: Einheitspreisvertrag

Der *Einheitspreisvertrag* ist in § 4 Abs. 1 VOB/A folgendermaßen definiert: „Bauleistungen sind so zu vergeben, dass die Vergütung nach Leistung bemessen wird (Leistungsvertrag) und zwar: 1. in der Regel zu Einheitspreisen für technisch und wirtschaftlich einheitliche Teilleistungen, deren Menge nach Maß, Gewicht oder Stückzahl vom Auftraggeber in den Vertragsunterlagen anzugeben ist (Einheitspreisvertrag)." Der Einheitspreisvertrag wird für die Ausführung von Bauleistungen als Regelfall gefordert und stellt in Deutschland die am häufigsten verwendete Form des Bauvertrags dar (vgl. Reister und Werner 2019, S. 39).

Die Teilleistungen werden in einem Leistungsverzeichnis (LV) in Leistungsbeschreibungselemente, sogenannte Positionen, mit drei unterschiedlichen Wirkungsgraden aufgegliedert:

- Grundpositionen, die in Summe dem Bau-Soll entsprechen,
- Alternativpositionen (Wahlpositionen), die anstelle einer Grundposition zum Einsatz kommen können, und
- Eventualpositionen (Bedarfspositionen), die gegebenenfalls erst nach Vertragsabschluss zusätzlich beauftragt werden. (vgl. Kapellmann et al. 2017, S. 53)

Eine Position umfasst die
- geplante Mengenangabe,
- die Leistungsbeschreibung (inkl. Qualität und Ausführungsart) und den
- Einheitspreis (Preis je Mengeneinheit).

Die Anzahl der Positionen in einem LV ist unbegrenzt und kann 1000 überschreiten. Entsprechend § 2 Abs. 2 VOB/B wird die Vergütung „nach den vertraglichen Einheitspreisen und den tatsächlich ausgeführten Leistungen berechnet, wenn keine andere Berechnungsart [...] vereinbart ist." Die vertragliche Vereinbarung fixiert also den Preis für eine Einheit, die angebotene Menge bleibt flexibel. Weil nach tatsächlichen Mengen über ein Aufmaß des Bau-Ists abgerechnet wird, ist der im Angebot genannte Gesamtpreis nicht bindend, sondern nur ein Anhaltspunkt für den AG. Für den AN ist der Nachweis der Mengen, für den AG die Überprüfung derselben sehr aufwendig. Sofern keine Preisgleitklausel (insbesondere für Rohstoffe) vereinbart wurde, trägt der AN das Risiko von Kostensteigerungen, z. B. durch den aktuellen Stahlpreis, im Verlauf der Ausführung. Der AG trägt das Risiko von Mehr- und Mindermengen, die bei einer Abweichung von mehr als (±) 10 % (§ 2 Abs. 3 VOB/B) zu neuen Einheitspreisen und damit auch Nachträgen führen. Die für den Einheitspreisvertrag notwendige

Detailliertheit der Leistungsbeschreibung setzt einen ausgereiften Planungsstand (Ausführungsplanung) für die Kostensicherheit voraus. Ist dieser nur ungenügend erreicht, steigt das Nachtragsrisiko. Die Zuordnung von Einheitspreisen je Position vereinfacht jedoch die Überprüfung von Nachtragsforderungen anhand von Aufmaß und vereinbarter Kalkulationsbasis. Die Verwendung von Alternativ- und Eventualpositionen ist für den AG in dreierlei Hinsicht, insbesondere bei unausgereiftem Planungsstand, sinnvoll: es spricht für ein gutes Risikomanagement, Eventualitäten des Projektes vorab in Betracht zu ziehen, das dann mit dem Angebot monetär untersetzt werden kann; es spart Zeit im Projektverlauf, wenn man eine Eventualposition „ziehen" kann, statt erneut in einen Ausschreibungsprozess zu gehen; es wirkt konfliktpräventiv, weil der Projektstatus für beide Seiten transparent ist und eine gewisse Flexibilität vorab vereinbart ist.

8.2.3 Leistungsvertrag: Pauschalvertrag

Der *Pauschalvertrag* ist in § 4 Abs. 1 VOB/A folgendermaßen definiert: „Bauleistungen sind so zu vergeben, dass die Vergütung nach Leistung bemessen wird (Leistungsvertrag) und zwar: 2. in geeigneten Fällen für eine Pauschalsumme, wenn die Leistung nach Ausführungsart und Umfang genau bestimmt ist und mit einer Änderung bei der Ausführung nicht zu rechnen ist."

Der Pauschalvertrag ist in drei Varianten, dem *Detail-Pauschalvertrag* und dem *Global-Pauschalvertrag* als einfacher oder komplexer Global-Pauschalvertrag möglich. Der Detail-Pauschalvertrag ist auf der Leistungsseite aufgebaut wie der Einheitspreisvertrag, d. h. die Ausschreibung erfolgt nach Einheitspreisen und erst in der anschließenden Verhandlung wird eine pauschalierte Vergütungssumme vereinbart. Der Unterschied zum Einheitspreisvertrag ist also, dass die Gesamtvergütung nicht mehr mengenabhängig ist. Beim einfachen Global-Pauschalvertrag werden die Leistungen für einige Gewerke als Leistungsprogramm beschrieben. Grundlage für die anderen Gewerke bleiben jedoch sehr detaillierte Leistungsbeschreibungen in Art der Leistungsverzeichnisse ohne Mengenangaben (Einheitspreisliste). Der komplexe Global-Pauschalvertrag ist weder auf Leistungs- noch auf Vergütungsseite in Positionen untergliedert. Die Leistung wird – zumindest in Teilbereichen- in einer allgemeinen Beschreibung bestimmt (funktionale Ausschreibung). (vgl. Reister und Werner 2019, S. 40 f.)

Diese Vertragsart eignet sich in einem frühen Vergabestadium der Planung, wenn der AN die genaue Planung (Ausführungsplanung) übernimmt. Somit kann insbesondere bei Spezialgebieten der AN sein Know-How und aktuelle Innovationen der Ausführungstechnik einbringen. Er übernimmt damit allerdings auch das Risiko von Mengenmehrungen und Planungsfehlern, was sich in der pauschalen Angebotssumme niederschlägt. Ein Vorteil der Pauschalverträge für beide Vertragspartner ist die vereinfachte Art der Abrechnung, da kein begleitendes Aufmaß bei der Bauausführung notwendig ist, sondern ein Zahlungsplan vertraglich vereinbart wird. Vorteile für den AG sind zum einen die relative Kostensicherheit von Beginn der Ausführung an, die die Grundlage für Finanzierung und Wirtschaftlichkeitsberechnung darstellt, zum anderen bietet die Globalleistung bei entsprechendem Verhandlungsgeschick die Chance, viele Leistungen zu integrieren, die sonst über Nachträge abgerechnet werden würden. An der Stelle der Leistungsbeschreibung liegt allerdings auch das größte Risiko: zu ungenau führt sie zu einem unkalkulierbaren Nachtragsvolumen und dem schwierigen Konfliktpunkt Qualität – und nicht nur Funktionalität- des Werkes. Ein weiteres Nachtragsrisiko und großes Konfliktpotenzial aufgrund mangelnder Kalkulationsgrundlage für Nachträge insbesondere beim Global-Pauschalvertrag stellt für den Auftraggeber eine Änderung der Leistung dar, worauf bereits in der Definition zum Pauschalvertrag nach VOB/A hingewiesen wird.

8.3 Nachtragsmanagement

8.3.1 Bausoll, Nachtrag und Nachtragsmanagement

Das Problem, dass Bauprojekte meist teurer werden als geplant, ist archaisch und hatte im antiken Griechenland eine pragmatische Lösung: Das Vermögen des Architekten wurde bis zur Fertigstellung des (staatlichen) Bauwerks konfisziert. Kosten, die über ein Viertel der veranschlagten Summe zu Baubeginn hinausgingen wurden mit dem Vermögen des Baumeisters getilgt. (vgl. Vitruv 2009, S. 485) Vor 130 Jahren wurde beim Bau des Gotthardtunnels, einem der größten Bauvorhaben des 19. Jahrhunderts, von insgesamt 596 Nachträgen berichtet, deren Vergütung vertraglich geregelt war. Selbst bei reibungslos verlaufenden Bauvorhaben ist von einem Nachtragsvolumen von ca. 5 % der ursprünglichen Vertragssumme auszugehen, eine Erhöhung um 30 % der geplanten Kosten ist keine Seltenheit. (vgl. Elwert und Flassak 2010, S. 1) Besonders auffällig ist die extreme Anzahl bzw. Höhe der gestellten Nachtragsforderungen bei Bauprojekten öffentlicher Auftraggeber.

■■ Bau-Soll

„Das *Bau-Soll* ist die durch den Vertrag nach Bauinhalt (Was?) und – ggf. – nach Bauumständen (Wie?) festgelegte, vom Auftragnehmer zur Erreichung des werkvertraglichen Erfolges (Herstellung des Werks) zu erstellende […] Leistung und insoweit – auch – die relevante Vorgabe für die Bauausführung (z. B. nach Qualität der Leistung, Menge, Stand von Vorleistungen)." (Kapellmann et al. 2017, S. 5) Für die Bestimmung des Bau-Solls zählt die Gesamtheit aller zum Vertragsinhalt gehörenden Unterlagen, z. B. LV, Pläne, Bauablauf mit Terminzielen, Bauverfahren oder auch zusätzliche besondere und technische Vertragsbedingungen. Das Bau-Soll als vertraglich festgelegte Bauleistung in Kombination mit dem werkvertraglich geschuldeten Erfolg ist die Grundlage für das vertraglich festgelegte Vergütungssoll. Die Soll-Kosten werden zwar als Plan-Kosten auf Basis der Kostenschätzung zu Vertragsbeginn definiert, dennoch sind Soll-Kosten kein fixer Zustand, sondern verändern sich im Projektverlauf durch fortschreitend aktuelle Erkenntnisse mit den Abweichungen, die als nachträgliche Ergänzungen oder Nebenabreden in den Vertrag eingehen (vgl. Greiner et al. 2009, S. 254). Die tatsächliche Vergütung bemisst sich am *Bau-Ist,* dem Zustand, wie ein Sachverhalt eben nicht geplant, sondern so, wie er tatsächlich auftritt und realisiert ist. Die Differenzen müssen durch einen Abgleich zwischen Bau-Soll und Bau-Ist offengelegt werden.

> ❗ Die Grundlage für Nachträge ist eine Abweichung des Bau-Ist vom Bau-Soll.

■■ Nachtrag

Nachtrag ist eine in der Baupraxis etablierte Bezeichnung für Forderungen von Vergütungsansprüchen oder unsanktionierten Bauzeitverlängerungen durch den AN, die erst nach Vertragsabschluss bzw. Vergabestadium durch eingetretene Veränderungen des Bauinhalts (Modifikation des „Was") oder der Bauumstände (Modifikation der Art und Weise der Ausführung) geltend gemacht werden. Bei einer Veränderung der Bauumstände gegenüber dem Vergabezeitpunkt spricht die Praxis auch oft von Behinderung bzw. Störungen. (vgl. Kapellmann et al. 2017, S. 3 f.) Die DIN 69901-5 (2009) definiert Nachforderung als einen von einem Vertragspartner erhobenen Anspruch aufgrund von Abweichungen bzw. Änderungen. Explizite Regelungen zu Nachträgen finden sich im Wesentlichen in der VOB/B, denn mit dem Begriff Nachträge werden unterschiedliche Anspruchs- und Berechnungsgrundlagen für die Vergütung zusammengefasst, z. B. Mehr- und Mindermengen (§ 2 Abs. 3 VOB/B), Änderungen des Bauentwurfs (§ 2 Abs. 5 VOB/B) und laut Vertrag nicht vorgesehene Leistung (§ 2 Abs. 6 VOB/B). Auch wenn es in den meisten Fällen zutrifft, ist ein Nachtrag nicht mit Kostensteigerungen gleichzusetzen, denn er entsteht auch, wenn z. B. Elemente bei einer Änderung des Bauentwurfs entfallen oder alternative Ausführungsmethoden zu geringeren Vertragsleistungen führen.

▪▪ Nachtragsmanagement

Nachtragsmanagement, auch Nachforderungsmanagement oder (Anti-) *Claim-Management,* umfasst sämtliche Tätigkeiten für die Generierung von Nachträgen auf der AN-Seite und die strukturierte Abwehr derselben auf der AG-Seite. Dazu ist eine Überwachung und Beurteilung von Abweichungen und deren wirtschaftliche Folgen notwendig, um Ansprüche zu ermitteln und dann durchsetzen zu können. Ein Nachtrag basiert immer auf einem Vertrag, womit das Nachtragsmanagement ein Bestandteil des Vertragsmanagements ist. Die Wortwahl weist bereits auf die antagonistische Grundhaltung im Nachtragsmanagement hin, das damit ein Knackpunkt für das Konfliktmanagement bei Bauprojekten ist.

8.3.2 Zeitpunkt der Nachtragsentstehung im Projektverlauf

Bauprojekte werden durch zwei Grundlagen in Phasen eingeteilt: das Bauordnungsrecht und die HOAI. Das Bauordnungsrecht ist landesspezifisch, zeigt aber fünf am Verfahren orientierte, übergeordnete Phasen auf, nach denen sich z. B. staatliche Großbauprojekte richten:
▪ „Bebauungsplanverfahren, wo erforderlich
▪ Planungsphase bis Baugenehmigungsantrag
▪ Bauphase bis Fertigstellung Rohbau
▪ Bauphase bis Gesamtfertigstellung
▪ Freigabe zum Baubetrieb (Betriebsgenehmigung), wo erforderlich" (Greiner et al. 2009, S. 13).

Das Neun-Phasenkonzept der HOAI setzt den Schwerpunkt auf Leistungsdefinitionen und Honorarregelungen für die Ingenieure. Eine weitere Fünf-Phasenteilung entsprechend dem Projektmanagement nimmt die AHO vor, die dabei ihre erste Phase noch vor dem eigentlichen Projektstart um die Projektentwicklung erweitert.

Während es in den Phasen bis zur Vergabe der Bauleistungen im Rahmen des Nachtragsmanagements um eine vorausschauende Vermeidung von Nachträgen geht, setzt ab der Ausführung der Leistungen und dem damit möglichen Soll-Ist-Abgleich auf

Leistungsphasen HOAI		Projektphasen AHO		Projektphasen "Beschleunigte Abwicklung"		Aufgaben Nachtragsmanagement
		1	Projektvorbereitung	1	Vorüberlegungen, Analysen	passives NT-Mngt.: Nachtragsvermeidung (z.B. durch qualifizierte Definition des Bausolls, Vergabe unter Berücksichtigung der Auftragnehmerqualität, Vertragsform)
1	Grundlagenermittlung			2	Projektentwicklung	
2	Vorplanung			3	Vorplanung	
3	Entwurfsplanung	2	Planung			
4	Genehmigungsplanung			4	Bauvorbereitung im weitesten Sinn	
5	Ausführungsplanung	3	Ausführungs-vorbereitung			
6	Vorbereitung Vergabe					
7	Mitwirkung Vergabe					
8	Objekt-überwachung	4	Ausführung	5	bauliche Realisierung	aktives NT-Mngt.: Nachtragsabwehr (Prüfung dem Grunde und der Höhe nach), Nachtrags-dokumentation (Grundlage Finanzierung), Zuarbeit Baukostencontrolling (Abweichungsanalysen und Prognosewerte)
9	Objektbetreuung und Dokumentation	5	Projektabschluss	6	Nachlauf für die bauliche Realisierung	Mittel-Verwendungsnachweis, KnowHow-Transfer
				7	Inbetriebnahme - Vollbetrieb	
				8	Betrieb	
				9	Beseitigung, Umwidmung	

Abb. 8.2 Zuordnung der Aufgaben des Nachtragsmanagements zu den Projektphasen

Vertragsbasis das Nachtragsmanagement an sich ein. Eine Nachtragsprüfung läuft im Wesentlichen in zwei Schritten ab, die Prüfung der Nachtragsgründe zur Abwehr (Prüfung dem Grunde nach) und der Kalkulationsbasis zur Verminderung der durch den AN angesetzten Kosten (Prüfung der Höhe nach). Das Nachtragsmanagement bildet in dieser Phase der Bauausführung eine zentrale Schnittstelle zum Baukostencontrolling. Nach der Bauausführung fallen nicht zu unterschätzende Nachträge von nicht schlussgerechneten Verträgen bzw. Gerichtsprozesse bezüglich ungeklärter Nachträge an. Dieser Zeitpunkt macht die Notwendigkeit einer klar strukturierten und lückenlosen Dokumentation während der Bauphasen deutlich. Diese Dokumentation ist zudem für die Verwendungsprüfung eingesetzter staatlicher Mittel unerlässlich. In Abb. 8.2 sind die Projektrealisierungsphasen der HOAI, der AHO und Projektphasen für einen beschleunigten Ablauf bei Großbauvorhaben (vgl. Greiner et al. 2009, S. 13) den Aktivitäten des Nachtragsmanagements gegenübergestellt.

Der theoretisch-idealisierte Ablauf entsprechend der Phasenkonzepte sieht vor, dass die Phasen nacheinander abgearbeitet werden. In der Realität kommt es insbesondere bei Großprojekten zu einer baubegleitenden Planung, einer Synchronplanung. Vorteil dieser Synchronplanung ist zum einen der Zeitgewinn, da vor Beginn der Ausführung die Planung noch nicht abgeschlossen sein muss, zum anderen kann bei den langfristigen Großbauvorhaben flexibler auf technische und rechtliche Änderungen reagiert werden. Nachteil ist insbesondere eine geringere Sicherheit von Terminen und Kosten, da das Bau-Soll zu Beginn nicht vollumfänglich beschrieben werden kann. Diese Tatsache intensiviert die Notwendigkeit des Nachtragsmanagements: Kostenänderungen müssen frühzeitig erfasst und prognostiziert werden, um die unterschiedlichen Soll-Kostenstände der einzelnen Projektabschnitte im Baukostencontrolling managen zu können.

8.3.3 **Nachtragsursachen**

Eine Abweichung des Bau-Solls vom Bau-Ist, und damit eine Nachtragsgrundlage, entsteht durch eine Störung des dreiteiligen Gefüges von Werkerfolg, Leistungsbeschreibungselementen und Vergütung (vgl. Boksteen 2008, S. 165). Der Werkvertrag ist ein synallagmatischer Vertrag, d. h. das Vergütungssoll ist mit dem durch das Bau-Soll aufgeschlüsselten Werkerfolg verknüpft, verpflichtet also zu Leistung und Gegenleistung. Die Leistungspflicht des Auftragnehmers ist erst dann erfüllt, wenn der vereinbarte Werkerfolg zur Abnahme kommt.

Störungen können auf zwei Wegen auftreten: entweder das Bau-Soll führt nicht zu dem gewünschten, originären Werkerfolg, z. B. wegen mangelhafter Planung, oder das am Ende der Ausführungszeit vorgefundene Bau-Ist weicht von dem vereinbarten Bau-Soll ab. In beiden Fällen muss zur Erreichung des originären Werkerfolgs eine vorher nicht vereinbarte Leistung erbracht werden. Für die sachgemäße Beurteilung einer Nachtragssituation ist der Rückgriff auf das dreiteilige Gefüge Werkerfolg, Leistungsbeschreibungselemente und Vergütungssoll elementar. (vgl. Boksteen 2008, S. 114) Eine Kategorisierung von *Nachtragsursachen* ist für das Nachtragsmanagement sinnvoll, da dadurch Fehlerquellen identifiziert werden können und ein Verbesserungsprozess eingeleitet werden kann. Folgende sechs wesentliche Kategorien werden kurz vorgestellt:

- Mengenabweichungen
- Selbstvornahme von Leistungen durch den AG
- Leistungsmodifikationen
- Bauzeitverzögerung und Behinderungen
- Baugrund- und Systemrisiken
- Preisentwicklungen während der Bauzeit

■ Mengenabweichungen

> **Beispiel**
>
> Abrechnung Schalung
> Im LV beschrieben als „zweihäuptige Schalung", ist diese trotzdem nach geschalter Wandfläche abzurechnen, also beide Seiten einzeln, der Hinweis „zweihäuptig" ist nur für die Konstruktionsmethode der Schalung wichtig.
> Wie bei allen Kostenthemen: der AN muss auf Überschreitungen hinweisen, bevor die Leistungen ausgeführt werden.

Für *Mengenabweichung* spielt die Vertragswahl eine große Rolle in Bezug auf die Vergütungspflichtigkeit. Bei einem Pauschalvertrag ist die Vergütung mengenunabhängig geschuldet, d. h. der ursprünglich kalkulierte Preis der Leistung bleibt für den AG stabil. Der AN trägt das Risiko von Mehrmengen und hat eine Chance bei Mindermengen in Bezug auf seine zugrunde liegende Kalkulation für sein Pauschalangebot. Beim Einheitspreisvertrag wird mengengenau abgerechnet. Entsprechend § 2 Abs. 3 VOB/B bleibt der angesetzte Einheitspreis innerhalb $\pm 10\,\%$ Mengenänderung stabil, bei weiterer Änderung kann eine neue Kalkulationsbasis angesetzt werden. Nachträge aus Mengenabweichungen sind oft Ausschreibungsfehler, entweder schlicht falsch gerechnet oder Ausschreibungsregelungen (z. B. Abzug von Öffnungen erst ab bestimmter Größe) nicht ausreichend bekannt.

■ **Selbstvornahme von Leistungen durch den AG**

> **Beispiel**
>
> Müllbeseitigung nach Fertigstellung der Arbeiten
> Der AN räumt seinen liegen gebliebenen Müll nicht von der Baustelle weg. Daraufhin fordert der AG gemäß VOB zur Beseitigung auf. Wenn keine Reaktion erfolgt, beauftragt er die Reinigungsfirma mit der Entsorgung und zieht die Kosten beim AN ab. Wichtig: dieser Abzug muss vorher explizit angekündigt sein!

Wenn der AG vertraglich vereinbarte Teilleistungen selbst vornimmt (z. B. Lieferung von Baustoffen) steht dem AN dennoch die vereinbarte Vergütung abzüglich der ersparten Kosten zu (vgl. §2 Abs. 4 VOB/B). Das Thema wird häufig bei der Beseitigung von Mängeln aus der Abnahme relevant, wenn eine fehlende Bereitschaft zur Mängelbeseitigung vorliegt.

■ **Leistungsmodifikationen**

> **Beispiel**
>
> Der AG verlangt im Bau eine Änderung an der Planung, weil er eine andere Ausführung schöner findet, z. B.:
>
> - Nach Herstellung der ersten GK-Wände stellt der AG fest, dass ihm die Oberflächengüte nicht gut genug ist und er sich etwas anderes vorgestellt hat. Er möchte die Ausführung der GK-Wände jetzt in Q3 (Qualitätsstufen von Spachtelarbeiten) Oberfläche, obwohl Q2 ausgeschrieben war.
> - Oder: Nach Herstellung der Putzmuster stellt der AG fest, dass ihm die Putzstruktur nicht gefällt und er sich etwas anderes vorgestellt hat.
>
> Planungsdetails werden erst in der Bauphase ausreichend ausgearbeitet, wodurch die im LV beschriebenen Leistungen nicht mehr zur Detaillösung passen. Oder es wird erst auf der Baustelle festgestellt, dass bestimmte Details aus der Planung nicht umgesetzt werden können und eine andere Ausführung benötigt wird, z. B.:
>
> - Nach Fertigstellung der TGA-Installationen an einer sehr hohen Flurdecke wird festgestellt, dass die Abhänger der Abhangdecke nicht mehr montiert werden können, weil der Monteur durch die Dichte der Lüftungskanäle, Rohrleitungen und Trassen nicht mehr an die Decke kommt (auch wenn für die Anhänger selbst genug Platz wäre).
>   - Hier stellt sich die Frage: Hätten die Anhänger vorher montiert werden können? Wenn der Trockenbauer rechtzeitig beauftrag war, vielleicht, dann muss man aber eine Lösung finden, dass der TGA-Monteur nicht in der Ausführung behindert wird. Evtl. ist die Lösung aber auch, dass seitliche Randauflager und Tragschienen eingesetzt werden müssen.
>   - Diese Probleme sind häufig, wenn Planer und Ausschreiber nicht mit auf der Baustelle sind und nicht die Konsequenzen ihrer Arbeit aus der Praxis kennen.

Die Modifizierung einer Leistung bedeutet, dass der AN anders baut, als vertraglich geschuldet, d. h. die ausgeführte Leistung als Bau-Ist entspricht nicht der vereinbarten Leistung als Bau-Soll. Die Möglichkeiten von Leistungsmodifikationen, die dem AG ein einseitiges Leistungsbestimmungsrecht (§ 1 Abs. 3 VOB/B) zugestehen, sind insbesondere für Großprojekte praxisgerecht und betreffen den Bauentwurf (Bauinhalt) und den Bauablauf (Bauumstände). Folgende Untergliederung deutet bereits auf die Differenzierung der Vergütungsansprüche (in Nachtragsform) hin:

- geänderte Leistung auf Anordnung – § 1 Abs. 3 i. V. m. § 2 Abs. 5 VOB/B
- zusätzliche Leistung auf Anordnung – § 1 Abs. 4 i. V. m. § 2 Abs. 6 VOB/B
- geänderte/zusätzliche Leistungsmodifikation ohne Anordnung – § 2 Abs. 8 VOB/B
- andere (neue) Leistungen – § 1 Abs. 4 VOB/B

Grundsätzlich steht dem AN bei rechtmäßig angeordneten, geänderten oder zusätzlichen Leistungen ein Vergütungsanspruch zu. Voraussetzung ist jedoch, dass die Leistungen zu dem im Vertrag vereinbarten, mängelfreien Werk erforderlich sind und dass der Betrieb des AN darauf eingerichtet ist.

Bei Leistungsmodifikationen ohne Anordnung steht dem AN grundsätzlich kein Vergütungsanspruch zu, er ist ggf. verantwortlich für die Beseitigung und haftet für Schäden (vgl. § 2 Abs. 8 S. 1 VOB/B). Ausnahmen davon, Nachtragsansprüche, entstehen, wenn der AG die Leistung nachträglich anerkennt, sie zur Erfüllung des Vertrages (Werkerfolg) notwendig war oder dem mutmaßlichen Willen des AG entsprach und unverzüglich angezeigt wurde (vgl. § 2 Abs. 8 S. 2 VOB/B). Falls Leistungen in keinem Zusammenhang mit den bisherigen Vertragsleistungen stehen, also neue Leistungen darstellen, können sie dem AN nur mit seiner Zustimmung (mit einem neuen Vertrag) in Auftrag gegeben werden (vgl. § 1 Abs. 4 VOB/B).

■ Bauzeitverzögerung und Behinderungen

Eine Rohbauausführung verschiebt sich. Der AN ändert die Estrichausführung, um Trocknungszeiten zu sparen und die Terminverschiebung zu kompensieren.
Ist die Verschiebung z. B. witterungsbedingt oder durch den Baugrund entstanden, handelt es sich um ein Bauherrenrisiko, der AG muss dann den aus den geänderten Estricharbeiten entstehenden Nachtrag tragen.

Behinderungen sind Störungen des Produktionsablaufs mit unplanmäßigen Einwirkungen (Bauzeitverzögerungen) auf den vertraglich vom AN zu leistenden Produktionsablauf (vgl. Elwert und Flassak 2010, S. 73). Der AN ist zu einer unverzüglichen Behinderungsanzeige verpflichtet, wenn dem AG nicht Ursache und Wirkung offenkundig sind. „Sind die hindernden Umstände von einem Vertragsteil zu vertreten, so hat der andere Anspruch auf Ersatz des nachweislich entstandenen Schadens, des entgangenen Gewinns aber nur bei Vorsatz oder grober Fahrlässigkeit" (§ 6 Abs. 6 S. 1 VOB/B). Die im Wesentlichen in § 6 VOB/B geregelten Auswirkungen auf Fristen differenzieren sich in das Anrecht auf eine Fristverlängerung für den AN aus dem Risikobereich des AG, ein Anrecht auf Fristverlängerung und Schadenersatz für den AN bei einer Verursachung durch den AG und in das Anrecht auf Fristverlängerung und

Mehrvergütung für den AN durch eine geforderte, geänderte oder zusätzliche Leistung des AG. Witterungsverhältnisse kann der AN als Nachtrag geltend machen, wenn sie außergewöhnlich sind. Dem AN obliegt allerdings die Pflicht, alles Zumutbare zu unternehmen, um die Arbeiten fortzusetzen.

Das hohe Konfliktpotenzial für Vergütungsansprüche aus dieser Nachtragsursache liegt zum einen darin, dass der Nachtragshöhe die kalkulatorische Basis der vertraglichen Preisermittlungsmethodik fehlt, zum anderen daran, dass Bauzeitverschiebungen häufig durch eine Ursachenkette zustande kommen und der Nachweis einer eindeutigen Schuldzuordnung schwierig ist. Daher werden diese Nachträge auch als „weiche" Nachträge bezeichnet.

- **Baugrund- und Systemrisiken**

> **Beispiel**
>
> Baugrundrisiko
> Mengenabweichungen bei Erdaushub und Verfüllung, weil der Untergrund nicht ausreichend gründungsfähig ist. Die Feststellung erfolgt, wenn Fallplattenversuche nicht erfolgreich sind und dann entsprechend ein Bodenaustausch erforderlich wird.

Beim *Baugrund* können Abweichungen des Beschaffenheitsist (tatsächliche Beschaffenheit) vom Beschaffenheitssoll (laut Vertrag vereinbart und erwartet) vorliegen. Das Risiko trägt üblicherweise der AG, der den „Baustoff" bereitstellt, bzw. das Beschaffenheitssoll entsprechend seiner Planungsverantwortlichkeit vorgibt, womit dem AN ein Nachtragsanspruch zusteht. (vgl. Boksteen 2008, S. 363 ff.) Leistungsunterschiede durch geologische Bedingungen können im LV bereits als Alternativpositionen aufgenommen werden, was Preisstreitigkeiten während der Ausführung verhindert.

Systemrisiken sind Risiken bezogen auf das gewählte Bauverfahren. Sie entstehen oft im Zusammenhang mit dem Baugrund, wenn z. B. eine auf Basis der im Vertrag gestellten Baugrundbeschaffenheit gewählte (und preislich angebotene) Tiefbautechnologie aufgrund des vorgefundenen Beschaffenheitsist nicht verwendet werden kann. Das aus dem Verfahren resultierende allgemeine Leistungsrisiko trägt derjenige, der das System gewählt (geplant) hat, also zumeist der AN (auftragnehmerseitige Planung), der dadurch keine Möglichkeit für eine Nachtragsforderung hat (vgl. Boksteen 2008, S. 382).

- **Preisentwicklungen während der Bauzeit**

> **Beispiel**
>
> Witterungsbedingt kann das Wärmedämmverbundsystem nicht vor dem Winter fertiggestellt werden, wie entsprechend Bauzeitenplan vorgesehen. Daher wird das Gerüst nicht im November abgebaut (wie im Vertrag der Firma benannt), sondern muss bis Mai des Folgejahres stehen. Im Februar des Folgejahres gibt es einen neuen Tarifvertrag: der AN wird diese Kostensteigerung geltend machen.
> (Aktuelle Diskussion, da viele Bauherrn den Winter im Bauzeitenplan nicht ausreichend berücksichtigen lassen, weil es in den letzten Jahren immer zu warm war.)

Der vertraglich für eine Leistung vereinbarte Preis ändert sich bei keiner Vertragsform, Marktpreisänderungen vom Vergabezeitpunkt bis zur Schlussrechnung liegen damit im Risikobereich des AN, es besteht kein Nachtragsanspruch. Abweichend von dieser Regel kann eine sogenannte Preisgleitklausel (vgl. §9d VOB/A) in den Vertrag integriert werden. Nachträge durch Preisentwicklungen entstehen häufig, wenn Bauzeitverzögerungen dazu führen, dass die Vertragsfristen erheblich überschritten werden.

8.3.4 Nachtragssteuerung

Die Nachtragssteuerung hat zwei Schwerpunkte, zum einen die Prophylaxe, damit erst gar keine Nachträge entstehen, zum anderen einen optimierten Prozess der Prüfung von Nachträgen.

▪▪ Nachtragsvermeidung: Effektivität

Effektivität bedeutet an „des Pudels Kern" anzusetzen, also die richtigen Ziele mit dem höchsten Nutzen zu verfolgen. Das ist die Nachtragsvermeidung per se: keine Veränderung des Bausolls, keine internen Prozesskosten, kein Konfliktpotenzial mit dem AN. Der Zeitpunkt der Einflussmöglichkeiten liegt vor der Vergabe der Leistungen. Folgende beispielhaften Punkte tragen zur Vermeidung von Nachträgen bei:

- Erkennen und minimieren eigener Fehlerquellen
- Intensives Stakeholdermanagement (Anforderungen an das Projekt frühzeitig spezifizieren)
- „design freeze" (Commitment auf das geplante Werk) vorbeugend gegen Leistungsmodifikationen
- hohe Planungstiefe (falls möglich und sinnvoll) vorbeugend gegen Mengenabweichungen und Bauzeitverzögerungen
- ausgereifte Vertragsgestaltung mit angemessener Risikoverteilung und exakter Definition der Nachtragsgrundlagen
- kooperative Zusammenarbeit mit dem AN

Das Ziel Nachträge zu vermeiden kann mit dem Projektziel Zeit konkurrieren. Ein knapp bemessenes Terminziel verlangt einen kurzen Planungsvorlauf und damit eine Reduzierung der Planungstiefe. Entsprechende Nachtragsrisiken sind dann als kalkuliertes Risiko den Projektkosten zuzurechnen. Das Nachtragsmanagementziel „Vermeidung" muss sich also an dem prioritären Projektziel orientieren.

Zur Vermeidung von Nachträgen gehören alle Maßnahmen, die die Anzahl der Nachträge reduzieren, die den internen Prüfprozess durchlaufen müssen. Da die Prozesskosten nahezu unabhängig von der Nachtragshöhe sind, gehört dazu z. B. auch die Maßnahme, AN anzuhalten, baulich zusammenhängende Nachträge als einen Nachtrag einzureichen. Die sogenannten weichen Nachträge aus Bauzeitenverlängerungen stellen einen Sonderfall dar. Insbesondere die Aufstellung der komplexen (Schuld-) Beweiskette macht den Einsatz von kostenintensiven Baubetriebsgutachten nötig. Die folgenden Prozesse sind langwierig und für beide Seiten ein kritischer Punkt für die kooperative Zusammenarbeit. Diese Nachtragsform gilt es insbesondere durch eine proaktive Zusammenarbeit mit dem AN zu verhindern.

■■ Qualität und Aufwand im Prüfprozess: Effizienz

Effizienz bedeutet einen optimierten Mitteleinsatz bzw. Aufwand für die Erreichung der Ziele mit dem höchsten Nutzen. Im Nachtragsmanagement betrifft das das Verhältnis von Qualität und Aufwand des internen Bearbeitungsprozesses vom Nachtragseingang bis zur Vertragsänderung. Die Qualität, also Prüfgenauigkeit in dem vierstufigen Prozess,

1. Feststellung des Bau-Solls
2. Feststellung des Bau-Ists
3. Feststellung der Abweichung Bau-Ist vom Bau-Soll
4. Feststellung der Vergütungspflicht der Abweichung (vgl. Würfele et al. 2012, S. 196),

erkennt man daran, wie viele Nachträge dem Grunde nach abgewiesen, und der Höhe nach reduziert werden, da fehlende Anspruchsgrundlagen oder fehlerhafte Kalkulationsmethoden erkannt werden. Eine Abweisung dem Grunde nach verhindert eine Änderung des Bau-Solls und verkürzt den internen Bearbeitungsprozess. Grundsätzlich ist an dieser Stelle Gleichgewicht zu wahren: ist die Nachtragsabwehr zu aggressiv besteht z. B. die Gefahr, dass der AN von seinem Leistungsverweigerungsrecht Gebrauch macht oder aufgrund mangelnder Wirtschaftlichkeit insolvent geht: der Bauablauf und das oberste Projektziel, die Erstellung des Werkes, ist gefährdet. Findet keine Nachtragsabwehr statt, wuchern die Projektkosten unkontrolliert.

Der Aufwand des Prüfprozesses, der prozessimmanente Effizienzstellhebel, betrifft die Durchlaufdauer eines Nachtrags. Die Optimierung der Anzahl an Bearbeitungsstationen und die Prozessdauer senken die internen Kosten. Durch die hohe Schnittstellenanzahl zwischen den prozessbeteiligten Fachkompetenzen ist eine optimale Koordination notwendig, Wiederholungsschleifen sollten vermieden werden. Das kann z. B. durch konkrete Vorgaben im Aufbau eines Nachtrages beeinflusst werden (Formular).

❶ Ziele der Nachtragssteuerung

1. **Zielsetzung: Effektivität – Nachtragsvermeidung**
   - Reduktion der eingehenden Nachtragszahl
   - Optimierung der Nachtragsabwehr dem Grunde nach
   - Vermeidung von weichen und strittigen Nachträgen
2. **Zielsetzung: Effizienz – Erfolg und Aufwand im Prüfprozess**
   - Reduktion der eingehenden Nachtrags-Höhe durch Prüfung der Höhe nach
   - Reduktion der der Höhe nach geprüften Nachträgen durch Verhandlung
   - Optimierung der Prozessdurchlaufzeit
   - Optimierung der Prozesskosten

8.3.5 Nachtragsverhandlung als Pflicht

Die Pflicht *Nachtragsverhandlungen* zu führen beruhen auf der Kooperationspflicht als Nebenpflicht des Bauvertrags, die sich aus § 241 Abs. 2 BGB ableitet. Um einen Bauvertrag mit der Errichtung eines Bauwerkes zu erfüllen, gehen die Vertragsparteien erhebliche Investitionen ein, die von dem Einfluss der anderen Seite abhängen. Die im BGB geforderte Rücksicht auf die Rechtsgüter und Interessen des anderen Teils verpflichten damit zu Nachtragsverhandlungen, wenn sich Rahmenbedingungen ändern, die sich auf eine der Parteien auswirkt. (vgl. Jensen 2005, S. 152 f.) Strittige Nachträge haben durch eine Verkettung der Umstände oft das Problem der Rechtsfindung, nämlich eine Antwort auf „Wie hoch genau ist der richtige Nachtrag?" oder „Wer trägt monetär welchen Anteil der Verursachung?" Eskalieren Verhandlungen auf solchen Positionen, ziehen sie Jahre andauernde und teure Rechtsverfahren nach sich oder führen zur Lose-Lose-Situation der Vertragsauflösung. Deshalb sollten Nachverhandlungen das Ziel der Problemlösung statt der Rechtsfindung anstreben (vgl. Jensen 2005, S. 182). Scheitert diese Verhandlung zwischen den beteiligten Parteien, können vertragliche Regelungen die weitere Verhandlung institutionalisieren, indem Gremien zur Lösungsfindung eingesetzt werden oder Neutrale Dritte eingeschaltet werden, wie es in den ADR-Verfahren aufgezeigt ist.

8.3.6 Konfliktprävention im Nachtragsmanagement

Der für das Nachtragsmanagement relevante Unterschied der Bauvertragstypen ist die Art der Leistungsbeschreibung, in welcher Form also das Bau-Soll dargestellt wird. Dabei geht es grundsätzlich um eine ausgewogene Risikoverteilung zwischen AG und AN, um Konflikte und spekulative Preisansätze zu verhindern. Liegt das Risiko zu stark auf AN-Seite, wird es in die Angebotssumme eingepreist und das Werk von Beginn an kostenintensiv. Liegen die Risiken zu stark auf AG-Seite ist mit einer enormen Kostensteigerung durch Nachträge zu rechnen.

Die hohen Kostensteigerungen durch eine extreme Nachtragsquote bei Bauprojekten öffentlicher AG wird durch das Zusammenspiel der einzuhaltenden Wettbewerbssystematik und die Rahmenparameter der Verwendungsprüfung für den Einsatz öffentlicher Gelder begründet. Das Gesetz gegen Wettbewerbsbeschränkungen (GWB), das in § 99 den öffentlichen Auftraggeber definiert, sagt zu den Grundsätzen der Vergabe in § 97 u. a., dass öffentliche Aufträge und Konzessionen unter Wahrung der Grundsätze der Wirtschaftlichkeit und der Verhältnismäßigkeit vergeben werden, und dass bei der Vergabe Aspekte der Qualität und der Innovation sowie soziale und umweltbezogene Aspekte berücksichtigt werden. Die Grundsätze der Wirtschaftlichkeit und der Verhältnismäßigkeit sind Voraussetzung für eine positive Verwendungsprüfung. Wirtschaftlichkeit wurde und wird bei der Angebotsprüfung noch oft rein monetär bewertet, da Qualitätskriterien schwer quantifizierbar sind. Teilweise werden Bewertungsmatrizen eingesetzt, bei denen die angebotene Summe prozentual so hoch gewertet wird (z. B. 75 %), dass andere Kriterien quasi keine Chance haben. Die finanzierungsseitig notwendige bzw. gefühlt sicherere Praxis, dem billigsten Anbieter als gleichbedeutend mit dem Wirtschaftlichsten den Zuschlag zu erteilen, hat sich als Treiber für ein aggressives Nachtragsmanagement entwickelt. Das bedeutet, ein Unternehmer bekommt keinen öffentlichen Auftrag mit einem vorausschauend und fair kalkulierten Angebot, sondern indem er möglichst billig anbietet und einkalkuliert, dass er durch ein professionelles Nachtragsmanagement seine eigene Wirtschaftlichkeit sicherstellt. Die Atmosphäre der Zusammenarbeit triftet dadurch in ein konfrontatives, gegenseitiges Überwachen ab, und es entsteht ein enormer (Beweis-) Aufwand, der nicht zu der Wertschöpfung des Projektes beiträgt. Um das zu verhindern, ist eine Vergabepraxis mit einer ausreichend hohen und transparenten Wertung des Kriteriums Qualität notwendig.

❗ Konfliktpräventive Maßnahmen im Nachtragsmanagement
- Einsatz des Vergabekriteriums Qualität
- Systematisierung der Nachträge, um auf Fehlerquellen zu schließen
- Controlling mit einem sinnvollen Kennzahlen-Portfolio, um Fehlerquellen zu erkennen und einen kontinuierlichen Verbesserungsprozess einzuleiten
- Regelungen für die Darstellung von Nachträgen für eine schnelle Prüfbarkeit
- Dokumentation zur Beweisführung im Konfliktfall
- Nachtragsverhandlungen mit Fokus Problemlösung
- Vertraglich geregelte Eskalationsverfahren zur Vermeidung von Gerichtsprozessen

❓ Konzept-Aufgabe

Sie haben die Planung ihres Gartens erstellt und möchten jetzt ein Landschaftsbau-Unternehmen mit der Ausführung beauftragen. Erstellen Sie eine Matrix-Analyse, um die Unternehmen zu vergleichen. Welche Bewertungskriterien sind für Sie (oder Ihren Kunden) relevant? Wie hoch gewichten Sie diese jeweils (in Prozent)? Wie sieht die Bewertungsskala aus?

Falls das der erste Garten ist, bei dem Sie ein Unternehmen beauftragen, wie würden Sie das Kriterium „Erfahrungen mit dem Unternehmen" einbringen?

8.4 Konflikt-Integration durch die Vertragsgestaltung

8.4.1 Streitpotenzial

Das Konfliktpotenzial in der Bauprojektrealisierung ist eine Gemengelage aus Nachtragsursachen und deren Fehlerquellen oder Punkten, die nicht über diesen institutionalisierten (Konflikt-) Prozess des Nachtragsmanagements abgedeckt sind. Grundsätzlich gilt als Anspruchsgrundlage bei Nachträgen: „Wer plant der haftet, es sei denn, der andere genügt seiner Prüfungs- und Hinweispflicht nicht." (Boksteen 2008, S. 366) Damit sind Fehler in der Planung (neben Ausschreibungs-, Koordinierungs- und Objektüberwachungsfehlern) die zentrale Quelle zur Entstehung der Nachtragsursachen. Zu den Streitursachen, absteigend in etwa folgender Reihenfolge, zählen (vgl. Heidemann 2011, S. 33):
- Leistungsmodifikationen (Änderungen und zusätzliche Leistungen)
- Unklarheiten im Vertrag
- Fehler im LV, den Panunterlagen oder der Kalkulation
- Mangelhafte Bauleistung
- Fehlende Vorleistung
- Fristenüberschreitung (Ausführung von Leistungen und Zahlung)
- Fehlendes Know-How
- Insolvenz
- Schlechte Prüfbarkeit der Rechnung
- Wettereinfluss
- Materiallieferung
- Streik
- Gesetzesänderung

Mit diesem Hintergrund ist eine ausschließliche Konfliktprävention in Bezug auf das Nachtragsmanagement nicht ausreichend bzw. kann über ganz andere systematische Ansätze übertroffen werden. Viele dieser Punkte können durch einen anderen Aufbau der Zusammenarbeit beeinflusst werden, z. B. eine frühzeitige Einbindung der Beteiligten für eine verbesserte Planung.

8.4.2 Kooperationsmodelle

Kooperationsmodelle sind ganzheitliche Lösungsansätze, die sich aus

- der Projektorganisationsform,
- dem Vertragsmodell,
- Konfliktlösungsmechanismen und
- Kooperationsmechanismen

zusammensetzen (vgl. Würfele et al. 2012, S. 630) und auf einer entsprechenden Management-Philosophie aufbauen.

8.4.2.1 Partnering

Partnering ist, ebenso wie Lean Construction, erstmal ein eher abstrakter Managementansatz, der sich auf dem Grundprinzip der Kooperation an den drei Punkten

- Gemeinsame Ziele,
- Entscheidungsfindung und Problemlösung und
- Kontinuierliche Verbesserung

orientiert (vgl. Eschenbruch und Racky 2008, S. 1 ff.). Auf Basis dieser Haltung zur partnerschaftlichen Projektabwicklung können dann Partnerschaftsmodelle entwickelt werden, die als vertraglich geregelte Geschäftsmodelle für die Bauprojektrealisierung dienen. Partnering kann in drei Varianten auftreten: dauerhaft als strategische Allianz oder zeitlich begrenzt als Projekt-Allianz bzw. Project Specific Partnering, und speziell im öffentlichen Sektor als Post Award Project Specific Partnering, bei dem der Partnering-Ansatz erst nach Abschluss des üblichen Vertrages zum Tragen kommt (vgl. ECI o. A., S. 13).

Der Partnering-Ansatz entwickelte sich um 1985 in den USA und festigte sich 1991 mit dem Dokument „in search of partnering excellence" einer entsprechenden Task Force des Construction Industry Institutes (CII). Seither werden Projekte in den USA mehrheitlich (je Quelle zwischen 75 %–90 %) auf Basis struktureller Partnering-Modelle abgewickelt. Es folgte England u. a. mit dem Latham Report 1994 (Constructing the Team), und auf Basis positiver Erfahrungen verbreitete der Ansatz sich weiter über Kanada, Europa, Australien und Asien. Wirtschaftliche Ausgangslage für die Akzeptanz von Partnering ist dabei vorwiegend eine angespannte Marktlage der Bauwirtschaft, in der die eskalative Projektabwicklung zunimmt – eben bis die Projektziele durch das Konfliktverhalten gefährdet sind. In Deutschland befassen sich Verbände und Universitäten bereits seit ca. 20 Jahren intensiv mit dem Partnering, dennoch ist es in der Baupraxis kaum angekommen. Das mag zum einen daran liegen, dass die dazu notwendige Kulturänderung in der Haltung vieler Baupraktiker noch nicht angekommen ist, zum anderen an der sehr ausdifferenziert-komplizierten und unflexiblen Rechtsordnung. (vgl. Eschenbruch und Racky 2008, S. 4 ff.)

Für eine Definition von Partnering wird in der Fachliteratur oft auf das CII oder das European Construction Institute (ECI) zurückgegriffen. Im Folgenden einige Ansätze, um ein „Feeling" für Partnering zu bekommen:

„A *long-term commitment* between *two or more* organizations as in an *alliance* or it may be applied to a shorter period of time such as the duration of a *project*. The purpose of partnering is to achieve specific business objectives by *maximizing the effectiveness* of each participant's resources." (Best Practice Definition CII, Online)

„Partnering is both an *attitude of mind and a series of procedures* which commit the parties to focus on creative co-operation and to work to avoid confrontation. Its essential component is *trust*." (ECI o. A., S. 12)

„Partnering is a relationship between two or more companies or organisations which is formed with the express intent of *improving performance* in the delivery of projects." (ECI 2000, S. 2)

„Partnering is a managerial approach used by two or more organisations to achieve specific business objectives by *maximising* the *effectiveness* of each participant's resources. The approach is based on *mutual objectives,* an *agreed method of problem resolution* and an active search for *continuous measurable improvements*." (ECI o. A., S. 13; Verweis auf Bennett J, Jayes S (1995) Trusting the team: the best practice guide to partnering in construction. The Reading Construction Forum.)

Das Partnering beruht auf Prinzipien in Bezug auf die Haltung und anzuwendende Werkzeuge, die Grundlage für die Entwicklung von Partnerschaftsmodellen sind. Das ECI stellt dazu folgende auf (vgl. ECI o. A., S. 15 f.):

■■ **Prinzipien der Haltung (attitude of mind)**
— Commitment.
  Jeder einzelne bekennt sich verbindlich zum Partnering.
— Fairness.
  Jeder bezieht die Interessen der anderen bei Entscheidungen mit ein.
— Vertrauen.
  Jeder kann sich auf den guten Willen und die Integrität der anderen verlassen.

■■ **Prinzipiell einzusetzende Werkzeuge (procedures)**
— Auswahl-Prozess.
  Er soll sicherstellen, dass die Partner kompatibel sind und sich committen können.
— Workshop.
  In einem Kick-Off-Workshop werden die Projektziele und die Regeln der Zusammenarbeit gemeinsam aufgestellt.
— Projekt-Charta.
  Schriftliche Vereinbarung, in der im Gegensatz zum Vertrag mit der rechtlichen Geschäftsbeziehung, die Art der Zusammenarbeit und der Vorsatz zum eigenen Verhalten festgehalten sind.
— Kommunikations-Struktur.
  Eine umfassende und transparente Kommunikationsstruktur wird im Workshop aufgestellt.
— Evaluierungs-Prozess.
  Der Controlling-Prozess (Kennzahlen und Vorgehen) wird gemeinsam erarbeitet und beschlossen.

- Konflikt-Prozess.
  Gemeinsam vereinbartes Vorgehen zur Konfliktvermeidung und Vorgehen bei der Konfliktlösung mit dem Ziel der Lösungsfindung auf niedrigster autoritativer (direktiver) Ebene.
- Kontinuierlicher Verbesserungsprozess.
  Regelmäßige, gemeinsame Suche nach Verbesserungspotenzialen zur Erreichung der Projektziele.

Partnering erfordert ein Umdenken und Loslösen von starr abzuarbeitenden Prozessen. Zu detaillierte vertragliche Regelungen widersprechen dabei dem auf Vertrauen basierenden Managementansatz. Dennoch müssen die Verpflichtungen bei gemeinsamen Planungen, Vergaben und Controlling klar abgegrenzt sein. Entsprechend der spieltheoretischen Tit-forTat-Strategie kann mit einem Vertrauensvorschuss gestartet werden, opportunistisches Verhalten sollte jedoch direkt sanktioniert werden. (vgl. Eschenbruch und Racky 2008, S. 112 f.)

8.4.2.2 Alliancing

Die Begriffe Partnerig und *Alliancing* gehen ineinander über. Während das Partnering den Schwerpunkt auf den allgemeinen Managementansatz zur optimierten Projektabwicklung legt, wird Alliancing entweder als spezielle Form rechtlich strukturierter partnerschaftlichen Zusammenarbeit gesehen (Partnering als Projekt-Allianz) oder als eine projektübergreifende langfristige und strukturierte Zusammenarbeit z. B. zwischen einem GU und seinen bewährten Nachunternehmern (Partnering als strategische Allianz) (vgl. Eschenbruch und Racky 2008, S. 67).

Bei einer Projekt-Allianz arbeiten ein Bauherr und ein oder mehrere Beteiligte als Team auf einer gemeinsamen vertraglichen Grundlage zusammen, um die kommerziellen Interessen aller mit den Projekterwartungen in Einklang zu bringen. Die gemeinsame Verantwortung für das Projekt wird durch die vertragliche Festlegung von Aufteilungsstrategien (Anreizmechanismen zur Kooperation) für die Gewinne und Verluste aus den Projekt-Chancen und -Risiken gefestigt. Im Gegensatz zum Partnering, das als Haltung mit ergänzenden Arbeitsprozessen in Standard-Verträge integriert werden kann, benötigt das Alliancing erstens einen Mehrparteienvertrag, der die Kooperation inklusive wirtschaftlicher Konsequenzen regelt, zweitens Umsetzungen zur Organisationsstruktur (Parteien als Team auf Augenhöhe, z. B. gemeinsame Büros). (vgl. Faber 2014, S. 84 f.)

Project-Alliancing kommt in Australien, auch im öffentlichen Sektor, zum Einsatz und hat insbesondere in Bezug auf Kosten und Termine eine überwiegend positive Resonanz. Bei der australischen Projekt-Allianz bilden Bauherr, Planer und Bauunternehmer eine Projektgesellschaft mit den vertraglich festgelegten Merkmalen:

- dreigliedrige Organisationsstruktur: „Ur-Gesellschaft" entsendet Mitarbeiter, „Alliance-Leadership-Team" trägt die Verantwortung; „Integrated Project Team" setzt um;
- Regelungen zur Konfliktbehandlung, u. a. Rechtsmittelverzicht
- Dreigliedriges Vergütungssystem: Grundvergütung, Bonuszahlung, Malusabzug;

Die Grundprinzipien zur Haltung bzw. dem Verhalten mit besonderem Vorbildcharakter durch das Management sind u. a.:

- Gleichrangigkeit der Beteiligten
- Entscheidungen mit gemeinsamer Verantwortung orientiert an „best for Project"
- Transparenz durch Open-Book-Prinzip (Prinzip der offenen Bücher oder gläsernen Taschen; Offenlegung von Kalkulationen, Abrechnungen)
- Vertrauen, Integrität und Respekt

Finnland ist beim Einsatz von Projekt-Allianzen öffentlicher Auftraggeber mit einem Schienen-Infrastrukturprojekt 2012 europäischer Vorreiter und hat das Allianz-Portfolio, ebenso wie Dänemark und Spanien, auf ca. 40 Projekte erweitert. (vgl. Haghsheno 2017, S. 15 ff.)

8.4.3 Commitment zur Projektkultur

Eine *Projektkultur* der partnerschaftlichen Zusammenarbeit kann nicht nur auf ausgesprochenen „Floskeln" beruhen oder sich auf den Vorbildcharakter der Projektleiter begrenzen, sondern benötigt auch einen Rahmen, in dem sie sich entwickeln kann. Der Wille dazu kann z. B. in der *Projekt-Charta*, einer Art Gründungsdokument für das Projekt, schriftlich vereinbart werden und von den Projektpartnern als Selbstverpflichtung, ähnlich der Arbeitsversprechen von agilen Teams oder in der Lean Construction, unterzeichnet werden.

Dabei darf nicht davon ausgegangen werden, dass die Projekt-Charta einen „non-binding"-Charakter hat: Partnering Modelle werden häufig in großen Projekten eingesetzt, die finanziell entsprechende Auswirkungen für die Beteiligten haben. Es kann davon ausgegangen werden, dass die Beteiligten ihre Vermögensdisposition darauf einstellen, womit nach deutschem Recht ein Rechtsbindungswille und damit Durchsetzbarkeit anzunehmen ist. Die Vereinbarung eines Arbeitsstils als Partnering-Ziel kann damit bei ausreichender Konkretisierung Handlungspflichten wie Informations-, Mitwirkungs- oder Verhandlungspflichten begründen. (vgl. Eschenbruch und Racky 2008, S. 64 f.)

Um die gewünschte Projektkultur organisatorisch zu unterstützen, sollten im Vertrag Festlegungen zur Arbeitsform und zum Informationsaustausch integriert werden. Die Zusammenarbeit in agilen Teams mit täglichen Kurzabstimmungen und Erstellung der Boards zur Transparenz der Arbeitsprozesse erfordern z. B. gemeinsame Projektbüros. Anwesenheit, zumindest zu den Besprechungen, und die räumlichen Notwendigkeiten bedeuten einen finanziellen Aufwand und sollten daher auch in Vertragsformulierungen deutlich geregelt werden. Vertrauen zueinander beruht auch auf einer Transparenz der Informationen zum Projekt, was z. B. durch eine gemeinsame Datenplattform sichergestellt werden kann. Der (vertraglich) zu regelnde Aufwand, der damit verbunden sein kann, wurde bereits in ▶ Abschn. 7.4 umrissen.

8.4.4 ADR-Vereinbarung

Eine Möglichkeit Konflikte vorausschauend und proaktiv in die Projektabwicklung einzubauen, ist die Integration eines *ADR-Paragraphen* im Vertrag, der Transparenz zum Konfliktlösungsweg gibt. Dieser befindet sich ergänzend zum zweiten Vertragsteil mit den „ungeplanten" Geschehnissen in den abschließenden Bestimmungen und kann in jede Vertragskonstellation und Vertragsart eingebunden werden. § 18 Nr. 3 VOB/B weist explizit auf die Möglichkeit hin, im VOB/B-Bauvertrag Verfahren zur Streitbeilegung zu vereinbaren.

Dabei sind mehrere Punkte zu beachten:

- Welches Verfahren bzw. welche Reihenfolge der Verfahren werden angewendet? Und damit auch: In wie weit sind die Ergebnisse bindend oder vorläufig bindend, um den Bauprozess trotz Streitpunkt zu sichern?
- Welche Fristen sind einzuhalten (wirtschaftliche Risiken und Risiken der Beweisführung verstärken sich mit zunehmender Dauer bis zur Entscheidung)?
- Auf welcher rechtlichen Grundlage, bzw. in welchem gesetzlichen Rahmen welchen Landes und in welcher Sprache (bei internationalen Projekten) wird agiert?
- Wie erfolgt die Wahl der dritten, durchführenden Partei, bzw. wird diese vorab festgelegt?
- Wer trägt welche Kosten des Verfahrens?

Der ADR-Paragraph sollte auf einem projektinternen Eskalationsweg aufsetzen (z. B. geordnetes Verfahren als Verhandlung, eskaliert über verschiedene Hierarchieebenen), das gewählte ADR-Verfahren mit den entsprechend notwendigen Parametern festlegen und als letzte Stufe die Lösung über ein rechtskräftiges Urteil freilassen.

Die Reichweite der ADR-Paragraphen ist unterschiedlich und wirkt sich entsprechend auf die Projektorganisation aus. Sie reicht von der Konfliktprävention durch Transparenz zu festgelegten Regulierungsregelungen im Konfliktfall, z. B. den Einsatz von Mediation bei einem strittigen Nachtrag, bis zur Konflikt-Realisierung im Projektverlauf, z. B. durch den Einsatz projektbegleitender Entscheidungsgremien. Die festgelegten Regeln wirken sich dann auch auf Arbeitsprozesse aus, indem z. B. Dokumentationsformen oder Einspruchsfristen einzuhalten sind.

Bei der vertraglichen Gestaltung unterstützen unterschiedliche Musterklauseln und Verfahrensordnungen auf die Bezug genommen werden kann.

Verfahrensordnungen in Deutschland bieten z. B. die Deutsche Gesellschaft für Baurecht e. V. mit der SL Bau oder die Deutsche Institution für Schiedsgerichtsbarkeit e. V. (DIS), die auch Musterklauseln zur Verfügung stellen (s. Link-Tipps).

Für die Integration eines ADR-Paragraphen in den Vertrag muss man sich entweder vorab für ein Verfahren entschieden haben (Kenntnis der unterschiedlichen Verfahren benötigt) oder aber sich grundsätzlich auf die Nutzung eines ADR-Verfahrens im Konfliktfall einigen, und sich dann speziell für den Konflikt zu einem Verfahren beraten lassen:

Beispiele zu Musterklauseln der DIS:

DIS-Mediationsvereinbarung (Aus ▶ http://www.disarb.org/de/17/klauseln/uebersicht-id0, 2019, mit freundlicher Genehmigung des DIS):
„Hinsichtlich aller Streitigkeiten, die sich aus oder in Zusammenhang mit dem Vertrag (… Bezeichnung des Vertrags …) ergeben, wird ein Mediationsverfahren gemäß der Mediationsordnung der Deutschen Institution für Schiedsgerichtsbarkeit e. V. (DIS) durchgeführt."

> „Es wird empfohlen, ergänzende Regelungen über die Anzahl der Mediatoren, die Sprache und/oder den Ort des Verfahrens zu vereinbaren."
> Musterklausel für eine konfliktspezifische Wahl des Verfahrens (Aus ▶ http://www. disarb.org/de/17/klauseln/musterklausel-f%C3%BCr-konfliktmanagementver-fahren-2018-id43, 2019, mit freundlicher Genehmigung des DIS):
> „Hinsichtlich aller Streitigkeiten, die sich aus oder in Zusammenhang mit diesem Vertrag ergeben, wird zunächst ein Verfahren nach der Konfliktmanagementordnung der Deutschen Institution für Schiedsgerichtsbarkeit e. V. (DIS) mit dem Ziel der Vereinbarung einer für den konkreten Konflikt bestgeeignetsten Streiterledigungsform durchgeführt."

8.4.5 Integrative Projektabwicklung

Integrative Projektabwicklung hat eine projektexterne und eine projektinterne Ebene. Mit projektextern sind die Projektbetroffenen gemeint, die durch ein Stakeholder-Management integriert werden (s. ▶ Kap. 9). Eine projektinterne integrative Projektabwicklung bedeutet die frühzeitige Einbindung der Projektbeteiligten. Dazu zählen

- erstens die Fachplaner, die bereits in frühe Entwurfsphasen einbezogen werden,
- zweitens die ausführenden Unternehmen, die ihr ausführungsbasiertes Fachwissen in die Planung einbringen sollen und ggf.
- drittens Genehmigungsinstitute, die frühzeitig Hinweise auf Regelverstöße geben können
- viertens der Bauherr, der die Entwicklung permanent beeinflussen kann (Iteration & Inkremente)
- und fünftens die zukünftigen Nutzer des Objektes.

Im Prinzip bedeutet das, dass die Projektbeteiligten nicht nacheinander entsprechend der für sie relevanten Phasen engagiert werden, sondern alle gemeinsam direkt zu Beginn des Projektes.

Die integrative Projektabwicklung ist Basis für den Einsatz von Methoden des *Value Engineerings*, bei dem der Wert für den Kunden durch gemeinsame Lösungen optimiert werden soll. Integrierte Projektabwicklungsmodelle (Integrated Project Delivery – IPD) benötigen eine entsprechende Projektorganisation (Netzwerk aus Bauherr, Planer und Bauunternehmer), basieren auf der Philosophie des Lean Managements und werden z. B. mit agilen Vorgehensmethoden umgesetzt. Das wirkt sich auf die gesamte Vertragsgestaltung aus, denn es sind Mehrparteienverträge notwendig, die eine kommerzielle Strategie und eine Verhaltensstrategie kombinieren müssen.

Die integrative Projektabwicklung bezieht sich also auf die Arbeitsprozesse, wer mit wem wann am sinnvollsten im Verlauf zusammenarbeitet. Die partnerschaftliche Projektabwicklung ist die zugrunde liegende Haltung, zu der ein Commitment erfolgen soll.

8.4.6 **Konfliktpräventive Bauvertragstypen**

Konfliktpräventive Bauvertragstypen integrieren nicht nur einen ADR-Paragraphen in einen Standard-Vertrag, sondern die gesamte Vertragsgestaltung rahmt eine partnerschaftliche Zusammenarbeit. Neben den benannten einzelnen Möglichkeiten kommen zwei wesentliche Elemente hinzu: Vereinbarung der integrativen Projektabwicklung und nicht nur eine faire Risikoverteilung, sondern auch eine Vergütung von Optimierungsvorschlägen als Anreizmechanismus. Die Differenzierung über die Gegenpole von transaktionalen Verträgen versus relationale Verträge verdeutlicht das dazu notwenige „Umdenken".

Transaktionale Verträge setzen auf einen Austausch, simpelste Form ist ein Kauf, Ware gegen Geld. Dabei muss ex ante bei Vertragsabschluss das Austauschobjekt exakt definiert sein, damit es ex post auch durch Dritte verifiziert werden kann. Diese Verträge haben meist eine kurze Dauer, wenig Beteiligte, begrenzte interpersonelle Interaktion (Aufgaben genau definiert) und gehen von einer minimalen Kooperation in der Zukunft aus. Durch den Fokus auf die Substanz ist eine detaillierte Planung elementar und verbindlich. Dabei wird davon ausgegangen, dass alle Eventualitäten geregelt sind und es nicht zu Problemen kommt. Dieser Ansatz steht z. B. hinter einem Einheitspreisvertrag. *Relationale Verträge* setzen auf die Beziehung, Beispiele sind die Ehe oder Arbeitsverträge. Die Ziele sind zu Beginn noch nicht klar definiert und können sich im Laufe der auf eine lange, aber unbestimmte Dauer ausgelegten Beziehung ändern. Dabei ist der Austausch schwer monetär zu bewerten. Der Fokus relationaler Verträge liegt daher auf den Strukturen und Prozessen der Beziehung mit hoher interpersoneller Interaktion durch formelle und informelle Kommunikation. Es wird davon ausgegangen, dass es zu Problemen bzw. Konflikten kommt, und diese dann gemeinschaftlich im Team kooperativ gelöst werden bzw. die Auswirkungen von Risiken gemeinsam getragen werden. (vgl. Heidemann 2011, S. 38 ff.) Relationale Verträge vereinen möglichst drei Elemente: sie beschränken sich nicht auf die Teilnehmerzahl, sondern sind Mehrparteienverträge, die für alle Projektbeteiligten Gültigkeit haben. Zudem bestehen sie aus einer Kombination aus wirtschaftlichen und verhaltens- „philosophischen" Grundlagen. Dieser Ansatz ist Basis für konfliktpräventive Bauvertragstypen.

8.4.6.1 **FIDIC-Bauvertrag**

Internationaler Vorreiter für Vertragsmuster auf Basis des Partnering und Integration von Konfliktlösungsmechanismen, hier die Adjudikation, ist der *FIDIC* (Fédération Internationale des Ingénieurs Conseils (frz.)). Das deutsche Mitglied dieses internationalen Dachverbandes ist der Verband Beratender Ingenieure (VBI). Die *FIDIC-Vertragsmuster* für verschiedene Vertragstypen, die sich im Wesentlichen durch die angezielte Projektgröße und die Verteilung der Planungsverantwortung unterscheiden, werden gemäß ihrer Umschlagfarbe z. B. Red-, Yellow-, Silver- oder Green Book genannt. Sie sind international weit verbreitet, für einige Auftraggeber verpflichtend umzusetzen (z. B. die Weltbank, die eine Vereinbarung über fünf Jahre zeichnete, die FIDIC 2017 Musterverträge einzusetzen (vgl. FIDIC Online)) und richten sich vorwiegend an Großprojekte mit transnationalem Bezug bzw. internationalen Beteiligten. Allerdings berufen sie sich nicht auf eine separate Verfahrensordnung, sondern die Paragraphen bauen aufeinander auf, wodurch sie nicht sinnvoll in einen Bauvertrag nach deutschem Recht und VOB/B integriert werden können (vgl. Patzig 2017, S. 39). Genau das ist auch der Ansatzpunkt der FIDIC-Verträge, denn die konkreten, einzelvertraglichen Regelungen beabsichtigen bei internationalen Bauvorhaben, einen Rückgriff auf die sehr unterschiedlichen nationalen gesetzlichen Regelungen zu vermeiden („Contract is King") und das Vorgehen für alle transparent zu vereinheitlichen (vgl. Reister und Werner 2019, S. 51; Leinemann 2016, S. 1263).

Der FIDIC als private Vereinigung hat keine Rechtsetzungskompetenz, weshalb die Vorschriften ebenso wie bei der VOB/B keine gesetzlichen Regelungen enthalten, die auf jeden Vertrag anzuwenden sind, sondern explizit zwischen den Vertragsparteien vereinbart werden müssen (vgl. Leinemann 2016, S. 1263).

Wesentliches Element der Konfliktbearbeitung in den FIDIC Standard-Verträgen ist die Institution des Dispute Avoidance/Adjudication Boards (DAAB). In der Fassung von 2017 (Red-, Yellow-, Silver Book) ist der Begriff „Avoidance" hinzugekommen, da zwei Festlegungen für das DAAB zusätzlich zum Konfliktlösungsangebot konfliktpräventiv wirken sollen: Erstens können die Parteien dem DAAB eine Frage einvernehmlich vorlegen, ohne der Meinung des DAAB folgen zu müssen. Durch diese informelle Möglichkeit soll das DAAB Meinungsverschiedenheiten klären, bevor sie zu einem Streit eskalieren. Zweitens wird das DAAB-Gremium zu Beginn der Bauphase eingerichtet und bleibt mit regelmäßigen Besprechungen eine ständige Institution, auch wenn kein akuter Konfliktfall vorliegt. (vgl. Hillig 2018)

Die Inhalte der FIDIC-Musterverträge werden in der Literatur oft als Beispiel für den Reformbedarf des deutschen Bauvertragsrechts herangezogen.

8.4.6.2 CM- & GMP-Vertrag

Construction Management (CM) ist eine Projektorganisationsform, die ausgehend vom angloamerikanischen Raum ein weltweit angewandtes Modell zur partnerschaftlichen Projektabwicklung ist. Zentrale Rolle nimmt der Construction Manager ein, dessen Aufgaben im Hinblick auf eine planerisch-wirtschaftliche Optimierung für den AG z. B. umfassende Beratungsleistungen, integrative Projektabwicklung und den Einsatz von Value-Engineering-Prozessen umfassen. Die Unterstützung für den AG erfolgt projektphasenübergreifend, wobei der Einfluss auf die Herstellkosten am höchsten ist, wenn der Construction Manager bereits ab der Grundlagenermittlung beauftragt wird. (vgl. Würfele et al. 2012, S. 632 f.) Das notwendige umfassende Wissen, insbesondere mit dem Schwerpunkt auf der Wirtschaftlichkeit für Investitionsprojekte führt dazu, dass das CM aus einem Team an Betriebswirtschaftlern, Ingenieuren, Planern und Juristen besteht. Der Construction Management Vertrag kann in zwei Formen ausgeführt werden (vgl. Reister und Werner 2019, S. 44):

- Ingenieurvertrag, vergleichbar einem Projektsteuerer: ohne vertragliche Übernahme von Termin- und Kostenrisiken
- Bauvertrag mit vertraglicher Risikoübernahme für Termine und Kosten (USA: CM at risk); den gesamten Umfang der Leistungen kann ein GU in einem zweistufigen CM-Vertragsmodell vornehmen, wobei Stufe 1 ein Beratervertrag ist, Stufe 2 ein sogenannter GMP-Vertrag für die Ausführung.

Ein *GMP-Vertrag (Guaranteed Maximum Price = Garantierter-Maximal-Preis)* garantiert dem Bauherrn einen Maximalpreis, der auf einem vorab genannten Bau-Soll beruht. Das Risiko von Mengenmehrungen und Vergabeverlusten (wenn diese durch die beauftragten Subunternehmer höher ausfallen als kalkuliert) ab der Festlegung des GMP trägt der AN, die Chancen von Mengenminderungen und Vergabegewinnen werden geteilt. Damit gleicht der GMP-Vertrag einem Pauschalvertrag, der dem AG mit dem „nach oben gedeckelten Preis" eine hohe Kostensicherheit gibt, mit der Möglichkeit der Korrektur „nach unten" und einer diesbezüglich vertraglichen Regelung zur Aufteilung dieses Gewinns zwischen AN und AG, einen Anreizmechanismus für die Einbringung von Optimierungsansätzen für den AN bietet. Das Prinzip der Angebotssumme bei einer wettbewerblichen Ausschreibung (möglichst niedrig und dann ein aggressives Nachtragsmanagement zur Erhöhung der Gesamtsumme) wird hier verkehrt, indem Risiken einkalkuliert sind und dann mit aller Kraft daran gearbeitet wird, die Gesamtsumme zu senken. Da die Einsparungen zwischen dem AG und dem GMP-Partner nach Fertigstellung des Objektes aufgeteilt werden, ist eine transparente Abwicklung im Open-Book-Prinzip notwendig. (vgl. Elwert und Flassak 2010, S. 16; Reister und Werner 2019, S. 47)

Der Anwendungsfall für einen GMP-Vertrag wäre z. B. ein (privates) Großbauprojekt über mehrere Jahre mit einem geringen Planungsstand, bei dem der Bauherr eine relative Kostensicherheit für seine Investitionsplanung benötigt. Der Bauherr definiert vorab seine Ziele, bindet dann in einer frühen Projektphase den CM/GMP-Partner ein und beauftragt ihn mit der gesamten Bauprojektentwicklung. In Stufe 1 wird der Vertrag zu den gesamten Planungsleistungen geschlossen, das Projekt auf Optimierungsmöglichkeiten untersucht und am Ende – möglichst mit Ende der Entwurfsplanung – ein GMP von dem AN vorgeschlagen. Dieser Punkt ist insbesondere bei Investitionsprojekten eine gute „Sollbruchstelle", da jetzt der Bauherr seine mit dem Objekt kalkulierten Gewinne überprüfen kann, und im Falle eine Fehlinvestition nur die Kosten für die Planungs-/Beratungsleistungen anfallen. Akzeptiert der Bauherr den GMP wird dieser Verstragbestandteil der 2. Stufe. In der 2. Stufe ist die gemeinsame Entwicklung weiterer Optimierungspotenziale bis zur Ausführungsplanung möglich. Ein einstufiger GMP-Vertrag setzt erst hier an. (vgl. Reister und Werner 2019, S. 45 f.)

Man muss sich von der Vorstellung lösen, dass ein CM/GMP-Vertrag von Konflikt- und Nachtragsrisiken (z. B. Änderung des Bau-Solls) befreit (Elwert und Flassak 2010, S. 16). Um diese aber entsprechend der Absicht des Modells zu senken, muss das CM ein ganzheitlicher Ansatz sein. Die Bauvertrag-Variante in zweistufiger Ausführung ist ein Partnering-Ansatz und beinhaltet:

- Integrative Projektabwicklung mit Einbeziehung der Erfahrungen zur Bauausführung in einer frühen Phase.
- Akzeptanz durch Partizipation des Bauherrn in allen Phasen.
- Reduktion der Schnittstellenrisiken durch die Ausführung aus einer Hand.
- Ergänzung des Preiswettbewerbs um einen Ideen- und Kompetenzwettbewerb durch Anreizmechanismen.
- Ausrichtung auf Kooperation durch gemeinsame Suche nach Optimierungslösungen und Transparenz in den Zahlen.
- Transparente Ausweisung der im Budget enthaltenen Risiken (z. B. Baugrund: konkrete Aussage im Bereich Baugrund, welche Bodenarbeiten der AN auf Basis des Baugrundgutachtens schuldet und evtl. inkl. bestimmter Risiken in seinem Budget veranschlagt hat (vgl. Reister und Werner 2019, S. 44 f.).

Kritisch für Konflikte bleibt insbesondere die Differenzierung von Leistungsoptimierungen und Leistungsänderungen bzw. der Anordnung zusätzlicher Leistung, die nicht klar festgelegt werden kann (vgl. Reister und Werner 2019, S. 50).

8.4.6.3 PPP – Vertrag

Public-Private-Partnership-Modelle sind hochkomplexe Vertragsformen, in denen langwierige Großbauprojekte, oft mit Gründung eigener Projektgesellschaften, entwickelt, finanziert, errichtet, betrieben und schließlich an den Konzessionsgeber übertragen werden. Öffentliche AG setzen auf diese Art der Vertragsform unter der Annahme, dass privatwirtschaftlich organisierte Projekte in Bezug auf Qualität, Funktionalität und insbesondere Kosten durch Lebenszyklus-Betrachtungen optimierter sind. (vgl. Reister und Werner 2019, S. 43) Grundsätzlich handelt es sich um staatliche Aufgaben im Bereich der Infrastruktur, die in Form von Konzessionen (behördliche Erlaubnis zum Betrieb eines nicht völlig erlaubnisfreien Gewerbes (vgl. Brockhaus 2006 , 15, S. 511)) an private Unternehmen übertragen werden, die sich dann über Einnahmen aus denselben finanzieren. Die Variante wird z. B. in Frankreich häufig im Bereich Schiene und Straße gewählt, klassisch sind dann die Mautgebühren der Autobahnen. Auch wenn das Modell das Wort „Partnership" im Namen trägt, richtet sich die Vertragsform nicht primär auf konfliktpräventive Sachverhalte, sondern wirtschaftliche Interessen.

8.4.6.4 IFOA

Die *Integrated Form of Agreement (IFOA)* wurde 2005 in den USA entwickelt und wird seitdem bei verschiedenen Projekten in Kalifornien und wesentlich vom AG Sutter Health eingesetzt. Der projektspezifisch zugeschnittene Vertrag ist nur ein Bestandteil des von Sutter Health entwickelten Gesamtkonzepts aus Philosophie, Projektabwicklung, Vertragswesen, Projektorganisation und Ausführung. Fokus liegt auf einer optimierten Projektrealisierung im Team auf Basis der „Big Five Ideas":
1. Zusammenarbeiten, wirklich zusammenarbeiten (Iteration)
2. Verstärkte Beziehung zwischen den Projektbeteiligten (Vertrauen, Respekt)
3. Projekte als ein Netzwerk aus Zusagen (Verantwortung, Verbindlichkeit)
4. Optimierung des Gesamtprojekts (Projektorientierung, Wirtschaftlichkeit)
5. Enge Verknüpfung von Erlerntem mit Handlungen (kontinuierliche Verbesserung durch Fehler-/Feedback-/Lernkultur)

Die IFOA ist ein Mehrparteienvertrag, der von Bauherr, Architekt und GU unterzeichnet wird, und speziell auf die für die integrierte Projektabwicklung notwendigen Lean-Methoden ausgerichtet ist. Fachplaner erkennen die Inhalte über das Joining-Agreement an und mit Subunternehmern wird das auf sie zugeschnittene Trade-Partner-Agreement verhandelt, wodurch die gemeinsame Grundlage sichergestellt wird. (vgl. Heidemann 2011, S. 47, 74)

Die IFOA integriert ein eigenständiges Eskalationsverfahren, das in sehr eng getakteten sechs Schritten abläuft, wobei der sechste eine (nicht bindende) Mediation ist (vgl. Heidemann 2011, S. 221).

8.4.6.5 PPC 2000

Der *Project Partnering Contract (PPC 2000,* mit verschiedenen Stati der Fortschreibung) wurde von Sir John Egan als erster Partnering-Standardvertrag in England entwickelt und wird von privaten und öffentlichen AG eingesetzt. Der PPC 2000 setzt als Mehrparteienvertrag die gleichen Vertragsbedingungen für die Beteiligten – Bauherr, Architekt, Bauunternehmer, Berater, Schlüssel-Nachunternehmer – als Basis, und setzt Empfehlungen aus dem Latham Report um:

- Eindeutige Sprache
- Commitment zu gegenseitigem Respekt
- Kooperation, motiviert durch Anreizmechanismen
- Klare Rollenbeschreibungen, Zuständigkeiten und Verpflichtungen
- Faire Risikoverteilung
- Neutrale Schiedsrichter, falls keine Einigung erreicht wird
- Festlegung von Zahlungszielen

Ebenfalls Vertragsbestandteil ist die Institutionalisierung einer Kerngruppe zur Entscheidungsfindung, der ein Partnering-Berater zur Seite steht, und ein Risiko-Frühwarnsystem. Das Gesamtkonzept sieht die Auswahl der Beteiligten zum frühestmöglichen Zeitpunkt vor, um eine integrative Planung durchzuführen. Die Auswahl des GU erfolgt auf Grundlage finanzieller und qualitativer Kriterien. (vgl. Heidemann 2011, S. 45 ff.)

❓ Konzept-Aufgabe

Als Projekt soll ein Einkaufszentrum realisiert werden.
Erstellen Sie ein Organigramm für ein reines Planungsteam. Überlegen Sie sich dann den formalen Organisationsaufbau für ein Kooperationsmodell.

❓ Konzept-Aufgabe

Unabhängig von Muster-Vertragsvorlagen: Welche Konstellation und welche Elemente würden Sie im Hinblick auf die Konfliktprävention in einem Vertrag verwenden?
Konzipieren Sie eine Art „eigenen" Mustervertrag.

❓ Praxis-Aufgabe

Suchen Sie sich einen Partner für ein Rollenspiel.
Ihr Rollenspiel-Partner möchte einen Supermarkt in einem Stadtviertel bauen, für das er drei Grundstücke zur Auswahl angeboten bekommen hat. Er ist bei Ihnen, um sich von Ihnen für die gesamte Abwicklung, vom Grunderwerb bis zur Nutzung beraten zu lassen.
Stellen Sie dem Bauherrn seine Möglichkeiten der Vertragsgestaltung bzw. Bindung der notwendigen Partner für die Realisierung vor. Versuchen Sie Ihr Gegenüber für die von Ihnen bevorzugte Variante zu überzeugen. Entscheiden Sie sich gemeinsam für eine grundsätzliche Variante, deren Ausarbeitung Sie dann in juristische Verantwortung übergeben können.

8.4.7 Hindernisse und Status in Deutschland

Die Beispiele für konfliktintegrative Vertragsformen zeigen deutlich, dass die Entwicklungen und der Einsatz nicht wesentlich in Deutschland stattfinden, obwohl sich auch hier auf wissenschaftlicher Ebene – und bei der Umsetzung privater Projekte – schon lange damit beschäftigt wird. Die Hindernisse in Bezug auf öffentliche Auftraggeber sind

- ein schleppender *Kulturwandel* und
- fehlende *Rechtssicherheit*.

Im Hinblick auf die katastrophalen Großprojekte der letzten Jahre und die positiven Erfahrungen mit der partnerschaftlichen Projektabwicklung in anderen Ländern bzw. im internationalen Kontext werden die Forderung von konfliktpräventiven, vertraglich gestützten Modellen der Zusammenarbeit lauter und richten sich an verschiedene Handlungsträger. Das sind in Deutschland zum einen der Gesetzgeber, zum anderen die Bauindustrie (AG und AN). Von der Bauindustrie werden neue Konzepte der Zusammenarbeit und damit nicht weniger als ein Kulturwandel erwartet, von dem Gesetzgeber Rechtssicherheit für die Verwendung neuer Vertragstypen und Streitlösungsmechanismen. Kritisch zu beobachten ist jedoch eine Integration von alternativen Streitbeilegungsverfahren in gerichtliche Prozesse. Der wirtschaftliche Verlust vieler zeitintensiver Baustreitigkeiten, wenn sie zukünftig schnell von nicht zwingend Juristen, sondern baufachlichen Experten, geregelt werden könnten, dürfte nicht im primären Interesse der Baurechtsanwälte liegen (vgl. Rustmeier 2018, S. 167 f.).

Im Folgenden werden drei relevante Handlungsbereiche,

- Auftragsvergabe: Kriterium Qualität
- ADR-Paragraphen: Verpflichtender Vertragsbestandteil und
- Integrative Projektabwicklung: Rechtssicherheit in der Vertragsgestaltung

herausgegriffen, die sich insbesondere im Bereich öffentlicher Auftraggeber ergeben.

Folgende zwei Quellen stellen die Forderungen insbesondere an den Gesetzgeber deutlich heraus:

- BMVI: Das BMVI hat 2013 die Reformkommission Bau von Großprojekte mit dem Ziel gegründet, konkrete Handlungsempfehlungen zu entwickeln, um den offensichtlichen Problemen von termin- und kostengerechter Abwicklung deutscher Großbauprojekte entgegen zu wirken, und damit das Vertrauen in die öffentliche Hand als Bauherr wiederherzustellen. Die Handlungsempfehlungen der daraus hervorgegangenen Dokumente
  - Endbericht (2015) mit Handlungsempfehlungen für Politik, Wirtschaft und Verwaltung
  - Aktionsplan Großprojekte der Bundesregierung (2015) mit knapp gefassten 10 Punkten zur Umsetzung und
  - Leitfaden Großprojekte (2018) mit umfassenden Handlungsempfehlungen in den einzelnen Projektphasen
  basieren auf einer umfassenden Analyse der eklatanten Kosten- und Terminverschiebungen deutscher Großprojekte aus verschiedenen Blickwinkeln (Wirtschaft, Wissenschaft, öffentliche Hand, Verbände). Die ersten Piloten zur Umsetzung laufen bzw. werden bereits analysiert, und ab 2020 sollen sie verbindlich im Zusammenhang mit dem Stufenplan Digitales Planen und Bauen für BIM für neue Projekte der öffentlichen Hand umgesetzt werden.
- Deutscher Baugerichtstag e. V. (DBGT): Der Verein richtet alle zwei Jahre, beginnend 2006, den Deutschen Baugerichtstag aus und hat sich zum Ziel gemacht, die Entwicklung eines modernen, praxisorientierte und Europa-harmonisierten Bau-, Vergabe- und Bauprozessrechts zu fördern, indem es dem Gesetzgeber Empfehlungen zu Anpassungen ausspricht.

8.4.7.1 Auftragsvergabe: Kriterium Qualität

Die Reformkommission Großprojekte ist sich der Relevanz des Themas *Qualität als Vergabekriterium* als konfliktpräventiver Eingriff zur Sicherung der Projektziele bewusst. Die vierte Empfehlung im Endbericht lautet „Vergabe an den Wirtschaftlichsten, nicht den Billigsten" (BMVI 2015, S. 8). Für den Einbau qualitativer Wertungskriterien in die Ausschreibung für Bauleistungen wird im Leitfaden Großprojekte 2018 eine Liste möglicher qualitativer Zuschlagskriterien vorgestellt, wie z. B. eine Reduzierung der Dauer der Verkehrsbehinderung, indem der Anbieter sein Know-How bei der Bewerbung einbringen, und dazu Vorschläge machen kann.

Erstaunlich ist, dass noch der 4. DBGT 2012 zum Thema „Effizienz und Rechtssicherheit bei Vergaben – Brauchen wir veränderte Regeln?" einstimmig ablehnt, eine nähere Definition des Begriffs der „Wirtschaftlichkeit" bzw. des „wirtschaftlichsten Angebots" in das Vergaberecht aufzunehmen (vgl. DBGT 2012). Das Thema Qualität bei Vergaben bleibt präsent und wird beim 7. DGBT 2018 wieder aufgenommen: „Die Anwendung von qualitativen Wertungskriterien ist für den Auftraggeber ein effektives Element zur Reduzierung von Risiken und zur Risikosteuerung in Bauprojekten. Die Vorteile der Anwendung von qualitativen Wertungskriterien für das Bauprojekt werden durch ein notwendiges Vergabemanagement und erforderliche Ressourcen auf Seiten der Auftraggeber nicht in Frage gestellt" (DBGT 2018). Auch die Hemmschwelle für öffentliche AG ist bewusst: „Die Unsicherheit und Scheu der Auftraggeber hinsichtlich der Verwendung von qualitativen Wertungskriterien resultiert vor allem aus der Befürchtung, dass Überprüfungsinstanzen (Nachprüfungs-, Revisions- und Rechnungsprüfungsinstanzen, Zuwendungsgeber) in den Kern der Entscheidungshoheit der Auftraggeber eingreifen" (DBGT 2018). Für einen Qualitätswettbewerb setzen sie deshalb auf Beurteilungsspielräume der AG bei der Definition und Anwendung von Zuschlagskriterien und daher auf eine Ergänzung „von § 16d Abs. 1 Nr. 3 und § 16d EU Abs. 2 Nr. 1 VOB/A um folgenden Satz: Hinsichtlich der Bewertung steht dem öffentlichen Auftraggeber ein Beurteilungsspielraum zu" und des Wettbewerbsrechts: „Zur Betonung des Beurteilungsspielraums des Auftraggebers bei der Angebotswertung empfiehlt der Arbeitskreis eine Ergänzung von § 163 Abs. 1 GWB um folgenden Satz: Die Nachprüfungsinstanzen überprüfen unter Berücksichtigung des Beurteilungsspielraums des Auftraggebers die Bewertung von Angeboten nur darauf, ob 1) das dafür vorgesehene Verfahren eingehalten, 2) von einem jeweils zutreffend und vollständig ermittelten Sachverhalt ausgegangen, 3) der sich im Rahmen der Beurteilungsermächtigung haltende Beurteilungsmaßstab zutreffend angewendet wurde und 4) keine sachwidrigen Erwägungen in die Bewertung einbezogen wurden" (DGBT 2018). Der DGBT verweist auch auf eine andere Möglichkeit des AG zum Qualitätswettbewerb der bisher aber kaum zur Anwendung kommt: der AG kann Festpreise und Festkosten vorgeben, sodass der Wettbewerb ausschließlich über die Qualität stattfindet (§ 16d EU Abs. 2 Nr. 4 VOB/A).

8.4.7.2 ADR-Paragraphen in Bauverträgen

Auch die Schwierigkeit von ADR-Paragraphen zeigt sich insbesondere bei öffentlichen Bauvorhaben: Eine gerichtliche Entscheidung im Streitfall zu einem Nachtrag ist für die Verwendungsprüfung von öffentlichen Geldern unproblematisch. Ein „Vergleich" als Ergebnis einer alternativen Streitbeilegung, z. B. eine Zahlung 70 % der Summe oder sogar eine Erweiterung des Verhandlungsspielraums z. B. um die Zusage einer Wiederbeauftragung, ist dagegen schwer prüfbar, denn es hätte ja sein können, dass ein auch teurer und jahrelanger Prozess gewonnen wird und keine Zahlung notwendig wäre. In diesem Bereich ist noch mehr Sicherheit für den Einsatz der Paragraphen notwendig.

Insgesamt werden im europäischen Ausland außergerichtliche Streitbeilegungsmechanismen stärker angewandt als in Deutschland, so ist es in Österreich für Großprojekte ausdrücklich in der ÖNORM B2118 vorgesehen. In der Schweiz wurden bei Bau des Gotthard-Basis-Tunnels ein dreistufiger Prozess eingesetzt:

1. Bemühen um interne Streitlösung (ohne Dritte)
2. Einschalten einer baubegleitenden Schlichtungsstelle
3. Ordentliches Gerichtsverfahren oder, sofern vereinbart, Schiedsgerichtsverfahren. (vgl. BMVI 2018, S. 42)

Zielführend für die baurechtliche Streitbeilegung mit ihrem hohen Aufwand an Sachverständigen wäre eine proaktive Gesetzgebung, die zweigleisig außergerichtliche und gerichtliche Verfahren bereitstellt, aus denen frei gewählt werden kann. Dazu wäre die Umsetzung der Adjudikation und parallel der gerichtlichen Bauverfügung durch interdisziplinär besetzte Baukammern sinnvoll – diese umfassende Reform der Streitbeilegungsverfahren ist jedoch in absehbarer Zeit nicht realistisch. (vgl. Piroutek 2016, S. 252 f.) Eine Regelung der Adjudikation integrierend in das BGB ist schwierig, da es sich um ein konkret baubezogenes Verfahrensmodell handelt und umfangreiche Verfahrensregeln anhängig sind. Eine Integration in die ZPO, z. B. als neuer Abschnitt, widerspricht der Eigenschaft, ein außergerichtliches Verfahren zu sein. Analog zum MediationsG als eigenständiges Gesetz für ein ADR-Verfahren, wäre die bevorzugte rechtliche Regelungsvariante für die Adjudikation. (vgl. Piroutek 2016, S. 303 f.)

Die außergerichtliche Streitbeilegung ist das 6. Ergebnis im Endbericht der Reformkommission, das explizit die Mediation und die Adjudikation im Blick hat. Öffentliche AG sollen vertraglich mit den Projektbeteiligten interne und externe Streitlösungsmechanismen verankern und die öffentliche Hand wird explizit aufgefordert, die rechtlichen Hindernisse dafür zu beseitigen und Verfahrensordnungen zur Verfügung zu stellen (vgl. BMVI 2015, S. 9). Der Leitfaden Großprojekte geht auf das Thema Streitbeilegung – zum Zeitpunkt der Bauausführung – ausführlich ein. Empfohlen wird ein projektspezifischer Zuschnitt, insgesamt jedoch ein zweistufiges Verfahren, erstens interne bilaterale Verhandlungen auf verschiedenen Eskalationsebenen und zweitens eine externe Schlichtung durch einen neutralen Dritten unter Verwendung einer Schlichtungsordnung. Einem Schlichter wird deutlich der Vorzug zu einem Mediator gegeben. Für komplexe Bauvorhaben wird die Prüfung zum Einsatz einer Adjudikation mit einem Standing Board empfohlen. Falls kein außergerichtliches Verfahren vertraglich vereinbart wurde oder das vereinbarte Verfahren ungeeignet für den Streitfall ist, soll es offenbleiben, sich gemeinsam auf einen Einsatz zu einigen. Wichtig ist der Hinweis mit Bezug auf ein Dokument des Bundesfinanzministeriums von 2015, dass das Haushaltsrecht die Streitbeilegung im Wege der Adjudikation nicht ausschließt, sondern die Nutzung auch für die öffentliche Hand in haushaltsrechtlich zulässiger Weise ausgestaltet werden kann. (vgl. BMVI 2018, S. 40 ff.)

Die Integration von ADR-Verfahren ist Thema vom 2. DBGT 2008 bis 5. DBGT 2014, also schon über ein Jahrzehnt. 2008 wurde zum einen eine gesetzliche Regelung zur gerichtsinternen Mediation und deren Regelung in der ZPO empfohlen, zum anderen eine gesetzliche Regelung zur außergerichtlichen Streitbeilegung in allen Bausachen durch Adjudikations-Verfahren, bei denen „bauerfahrene Dritte – aufgrund einer summarischen

Sachverhalts- und Rechtsprüfung – innerhalb kürzester Fristen – mit vorläufiger Bindungswirkung – aber korrigierbar durch staatliche Gerichte bzw. ein Schiedsgericht zu einer Entscheidung kommen" (DBGT 2008). Der 3. DBGT 2010 empfiehlt dem Gesetzgeber erneut gesetzliche Regelungen und eine Förderung der vertraglichen Adjudikation möglichst in einem künftigen gesetzlichen Bauvertragsrecht und definiert einige spezielle Maßgaben dazu. Zudem soll eine gemeinsame Adjudikationsverfahrens-Ordnung zur vertraglichen Vereinbarung geschaffen werden, die auf die bestehenden Institutionen mit den vorhandenen Regelwerken zurückgreift (SL-Bau, DIS-SchGO, u. a.). Die Problematik der Zuwendungsfähigkeit wird nur sehr zaghaft mit der Empfehlung an den Gesetzgeber „kostenrelevante Regelungen zur Förderung außergerichtlicher Streitbeilegungsverfahren zu schaffen" (DBGT 2010) angegangen. Der 4. DBGT 2012 empfiehlt „die gesetzliche Einführung eines Eilverfahrens zur Vermeidung bzw. Beilegung von Streit über die Anordnung und Bezahlung von Nachtragsleistungen" und „für den Fall, dass keine gesetzlichen Reglungen zur Einführungen eines (beschränkten) gerichtlichen Streitbeilegungsverfahrens getroffen werden, ein solches Streitbeilegungsverfahren außergerichtlichen Gremien etwa im Rahmen eines (beschränkten) Adjudikationsverfahrens zu übertragen" (DBGT 2012). Auch der 5. DBGT 2014 betont das dringende Erfordernis von gesetzlichen Regelungen für ein „baubegleitendes Eilverfahren in Vergütung- und Nachtragsstreitigkeiten" (DBGT 2014). Interessant dabei ist, dass der Gesetzgeber den Bauvertragsparteien die Wahl zwischen einem gerichtlichen Bauverfügungsverfahren und einem vertraglich vereinbarten Adjudikationsverfahren ermöglichen soll. Die Bauverfügung wurde als Instrument im Bauvertragsrecht ab 01.01.2018 eingeführt: Gerichte entscheiden vorläufig zu Streitigkeiten, die sich aus dem Anordnungsrecht des Bauherrn ergeben, ob die Änderungsanordnung des Bauherrn rechtmäßig war oder ob er dazu eine gesonderte Vergütung zahlen muss, um einen vorläufigen Rechtschutz zu geben und um Baustillstände und Liquiditätsengpässe zu vermeiden (vgl. Schenke 2018).

Die Tendenz zur Adjudikation als Streitbeilegungsverfahren in der Bauprojektrealisierung lässt sich an den differenzierten Forderungen erkennen. Der 3. Deutsche Baugerichtstag (DBGT) empfiehlt bereits 2010 gesetzliche Regelungen zur Adjudikation, an denen sich der Umfang notwendiger Präzisierungen für die Anwendung eines solchen Verfahrens erkennen lassen, wie z. B. (vgl. DBGT 2010):

- Zeitpunkt und Zusammenhang der Anwendung: jederzeit bei Streitigkeiten aus Bau- und Architektenverträgen sowie aus Ingenieurverträgen, soweit sie im Zusammenhang mit Bauleistungen stehen.
- Einleitung des Verfahrens: auf Antrag einer Partei, spätestens bis zum ersten Verhandlungstermin eines Klageverfahrens, das jedoch weder ausgesetzt noch unterbrochen wird. Ist noch keine Klage erhoben, muss das Ende eines eingeleiteten Adjudikationsverfahrens abgewartet werden.
- Abweichung vom Verfahren: nur abdingbar nach Vertragsschluss; die vertragliche Vorschaltung der Mediation oder anderer Verfahren der außergerichtlichen Streitbeilegung bleibt möglich.
- Verfahrensdauer: maximal 60 Werktage
- Berechtigung des Adjudikators: Maßnahmen zur Aufklärung des Sachverhalts ergreifen (z. B. Anordnung der Vorlage von Dokumenten)
- Umfang: regelmäßig mündliche Verhandlung und Ortstermin
- Entscheidung des Adjudikators: vorläufig bindend
- Entscheidung: durch eine (Schieds-) Gerichtsentscheidung auflösbar (Abschlussverfahren)

- Kosten des Verfahrens: nach Obsiegen und Unterliegen; eigene Kosten trägt jede Partei selbst
- Personalie: grundsätzlich eine ad hoc bestellte Einzelperson; mit Zustimmung der Parteien kann ein Co-Adjudikator hinzugezogen werden; vorab vereinbartes Gremium;
- Haftung des Adjudikators: entsprechend §839a BGB

Während 2010 noch von der Adjudikation ad hoc ausgegangen wurde, empfiehlt der 5. DBGT 2014 die Adjudikation als baubegleitendes Eilverfahren und ergänzt insbesondere folgende Punkte als regelungsbedürftigen Mindestinhalt eines Adjudikationsverfahrens (vgl. DBGT 2014):
- Zulässigkeit nur nach schriftlicher Vereinbarung
- Benennung des Adjudikators bei Scheitern des vereinbarten Benennungsverfahrens
- Qualifikationsanforderungen an den Adjudikator
- Verbindlichkeit des Adjudikationsspruchs bis zu seiner Aufhebung
- Korrigierbarkeit durch ein Abschlussverfahren
- Höchstdauer des Adjudikationsverfahrens mit Sperrwirkung der Adjudikationsvereinbarung
- Verfahrensgrundsätze: insbes. Klärung der Befangenheit; rechtliches Gehör; eigene Sachverhaltsermittlung; Klärung von Rechtsfragen; Glaubhaftmachung als Beweismaß; präsente Zeugen, Parteisachverständige, Vorlage von Urkunden, Ortstermin, mündliche Verhandlung
- Definition eines Prüfungsmaßstabes
- Sicherheitsleistung

8.4.7.3 Integrative Projektabwicklung

Die Integrative Projektabwicklung stellt neben dem notwendigen Kulturwandel am Bau einige rechtliche Grundlagen auf den Prüfstand. Zum einen fehlt eine gesetzliche Basis für die neuen Vertragsformen, zum anderen ändern sich die Arbeitsprozesse grundlegend, wodurch z. B. die Leistungsbeschreibungen der HOAI nicht ausreichend sein dürften. Auch die formalen Anforderungen des öffentlichen Vergaberechts sind bei einer spezifischen Modellentwicklung zu berücksichtigen, insbesondere bei der eher auf einen Kompetenzwettbewerb setzenden Auswahl der Beteiligten (vgl. Eschenbruch und Racky 2008, S. 113). Diffizil, bei einem gemeinsamen Projektziel, ist auch eine klare Verantwortungsübernahme, weshalb der 4. DBGT 2012 auf notwendige ganzheitliche Ansätze der Versicherungswirtschaft (z. B. Multi-Risk-Versicherungen) hinweist.

Der Endbericht der Reformkommission Großprojekte des BMVI bezeichnet die integrative Projektabwicklung in der Zusammenfassung direkt in Punkt 1 als „Kooperatives Planen im Team". Die Integration soll dabei auf folgenden Ebenen erfolgen:
- Bauherr und Nutzer analysieren den Projektbedarf vor Beginn gemeinsam
- Interdisziplinäres Planungsteam
- Integration von Bauausführenden Unternehmen in den Planungsprozess.

Dadurch soll sichergestellt werden, dass die Planung stabil ist und Änderungen nur nach sorgfältiger Prüfung der Auswirkung auf Kosten, Risiken und Termine erfolgen dürfen (vgl. BMVI 2015, S. 8).

Im Leitfaden für Großprojekte werden zwei weitere Punkt zur Kooperation ergänzt (vgl. BMVI 2018, S. 4):

- Erfahrungsaustausch von Großprojektleitern (verpflichtend in Workshops)
- Berücksichtigung gesellschaftlicher Aspekte (Umwelt, Ressourcen, Akzeptanz) ab den frühen Leistungsphasen.

Integrative Projektabwicklung nimmt durch BIM besondere Dynamik an, weshalb es Thema des Arbeitskreises BIM im 6. DGBT 2016 mit folgender Empfehlung ist: „Um das Potenzial der Methode BIM voll auszuschöpfen, sollen alternative partnerschaftliche Vergabe- und Vertragsmodelle von der öffentlichen Hand entwickelt und erprobt werden" (DBGT 2016). Im Zusammenhang mit BIM wird im 7. DBGT 2018 auch wieder das Thema Verwendungsrecht aufgenommen: „Den Bundes- und Landesgesetzgebern wird empfohlen, das Zuwendungsrecht dahin gehend zu konkretisieren, dass Kosten für den Einsatz digitaler Arbeitsmethoden bei der Bauprojektabwicklung förderfähig sind, einschließlich der Kosten für BIM-Management Leistungen" (DBGT 2018). Auch der Arbeitskreis Innovative Vertragsgestaltung beim 7. DBGT 2018 stellt fest: „Die aktuelle Kultur bilateraler Verträge ist Teil der Ursache für den derzeit unbefriedigenden Ist-Zustand bei der Abwicklung von insbesondere komplexen Bauprojekten" und „aufgrund der in Deutschland vorherrschenden Praxis der oftmals unkoordinierten, verspäteten Einbindung der Projektbeteiligten fehlt die notwendige frühzeitige Integration ihrer Fachkompetenz" (DBGT 2018). Weil das BGB keinen passenden Vertragstyp zur Verfügung stellt, wird der Gesetzgeber aufgefordert „einen entsprechenden Vertragstyp für eine integrative Projektabwicklung als Leitbild ins BGB aufzunehmen" (DBGT 2018). Der 7. DBGT 2018 wendet sich allerdings auch an alle am Bau Beteiligten mit der Forderung, ein Best-Practice-Modell zu erarbeiten und dabei u. a. wesentliche Prinzipien des ECI zum Partnering zu integrieren (vgl. DBGT 2018):

- Projektvertrag sui generis
- Verpflichtende integrative Kommunikation (Good Communications)
- Regeln zur Auswahl des integrierten Projektteams
- Formulierung gemeinsamer Projektziele und deren Verfolgung
- Kooperative Vernetzung aller Beteiligten, auch digital
- Verfahrensregeln für die Zusammenarbeit zum frühestmöglichen Zeitpunkt
- Regelungen zur Vergütung (Anreizsystem), Risikomanagement und Haftung mit dem Ziel der Ausrichtung der Individualinteressen auf die gemeinsamen Projektziele
- Regeln für Entscheidungsfindung
- Konfliktlösungsmechanismen, insbesondere baubegleitend
- Kooperation als Hauptleistungspflicht und deren Sanktionierungen
- Projektversicherung unter Einbeziehung aller Beteiligten

Bereits der 4. DBGT 2012 betrachtet die integrative Projektabwicklung unter der Einbeziehung der extern Betroffenen, das Thema Partizipation im ▶ Kap. 9.

Link-Tipp

■■ Normen/Muster
DG-Baurecht: Deutsche Gesellschaft für Baurecht e. V.: ▶ https://www.dg-baurecht.de/
Verfahrensordnung (SL Bau): ▶ https://www.dg-baurecht.de/fileadmin/SL_Bau/2016-08-23_Endfassung_Streitloesungen_SL_Bau.pdf

DIS: Deutsche Institution für Schiedsgerichtsbarkeit e. V.: ► http://www.disarb.org/de/
Verfahrensordnungen: ► http://www.disarb.org/de/16/regeln/uebersicht-id0
Musterklauseln: ► http://www.disarb.org/de/17/klauseln/uebersicht-id0
DVA: Deutscher Vergabe- und Vertragsausschuss für Bauleistungen
VOB/A: Vergabe- und Vertragsordnung für Bauleistungen Teil A, Allgemeine
Bestimmungen für die Vergabe von Bauleistungen: ► https://dejure.org/gesetze/
VOB-A
VOB/B: Vergabe- und Vertragsordnung für Bauleistungen Teil B, Allgemeine Vertrags-
bedingungen für die Ausführung von Bauleistungen: ► https://dejure.org/gesetze/VOB-B
GWB: Gesetz gegen Wettbewerbsbeschränkungen: ► https://www.gesetze-im-
internet.de/gwb/
HDB: Hauptverband der Deutschen Bauindustrie e. V.: ► https://www.bauindustrie.de/
Muster-Vertragsformulare: ► https://www.bauindustrie.de/publikationen/fsb-2017-1-
general-und-nachunternehmervertrag/

■■ Berichte/Thesenpapiere
BMVI: Reformkommission Bau von Großprojekten: ► https://www.bmvi.de/
SharedDocs/DE/Artikel/G/reformkommission-bau-von-grossprojekten.html
Endbericht (2015): ► https://www.bmvi.de/SharedDocs/DE/Publikationen/G/
reformkommission-bau-grossprojekte-endbericht.pdf?__blob=publicationFile
Aktionsplan (2015): ► https://www.bmvi.de/SharedDocs/DE/Anlage/VerkehrUndMo-
bilitaet/reformkommission-bau-grossprojekte-aktionsplan.pdf?__blob=publicationFile
Leitfaden (2018): ► https://www.bmvi.de/SharedDocs/DE/Anlage/VerkehrUndMo-
bilitaet/leitfaden-grossprojekte.pdf?__blob=publicationFile
CII: Construction-Industry-Institute: ► https://www.construction-institute.org/
Partnering: ► https://www.construction-institute.org/resources/knowledgebase/
best-practices/partnering
DBGT: Deutscher Baugerichtstag e. V.: ► https://www.baugerichtstag.de/
Thesen und Empfehlungen: ► https://baugerichtstag.org/wordpress/dokumentation/
Dissertation: Heidemann A (2011) *Kooperative Projektabwicklung* im Bauwesen
unter Berücksichtigung von Lean-Prinzipien. Entwicklung eines Lean-Projektabwicklungssystems. Internationale Untersuchungen im Hinblick auf die Umsetzung
und Anwendbarkeit in Deutschland. ► https://publikationen.bibliothek.kit.
edu/1000020380/1709398
ECI: European Construction Institute: ► http://www.eci-online.org/
Partnering in Europe (2000): ► http://www.eci-online.org/wp-content/
uploads/2015/11/ECI-PAC3-Partnering-in-Europe.pdf.
Partnering the Public Sector (o. A.): ► http://www.eci-online.org/wp-content/
uploads/2015/11/ECI-ARC15-Partnering-in-the-Public-Sector.pdf

■■ Weitere Institutionen
FIDIC: Fédération Internationale des Ingénieurs Conseils: ► http://fidic.org/
VBI: Verein Beratender Ingenieure: ► https://www.vbi.de/
DTVP: Deutsches Vergabeportal: Wie funktioniert das deutsche Vergaberecht?
► https://www.dtvp.de/sites/default/files/1_DTVP.pdf
Zugegriffen: 13.05.2019

❷ Wissens-Aufgaben

Welche Möglichkeiten an Vertragskonstellationen hat der Bauherr in Bezug auf die Anzahl seiner Vertragspartner?

Beschreiben Sie den Unterschied der Standard-Bauvertragstypen nach BGB und VOB/A. Welche Voraussetzungen sollten für ihren Einsatz gegeben sein?

Erklären Sie die Begriffe Bau-Soll, Nachtrag und Nachtragsmanagement. Was sind wesentliche Nachtragsursachen?

Nennen Sie effektive und effiziente Punkte zur Nachtragssteuerung. Was ist ein wesentlicher Punkt zur Konfliktprävention bzw. Reduzierung der Nachtragsquote und wo liegt die Schwierigkeit für öffentliche AG, das umzusetzen?

Welche vier Punkte sollten in einem Kooperationsmodell bedacht werden? Erläutern Sie den Managementansatz (Philosophie bzw. Haltung der Beteiligten), der dem zugrunde liegen muss.

Erklären Sie den Unterschied zwischen transaktionalen und relationalen Verträgen. Welche Wirkungsmechanismen für eine partnerschaftliche Projektabwicklung können in der Vertragsgestaltung eingehen? Nennen Sie Beispiele.

Welche Hindernisse für die partnerschaftliche Projektabwicklung in Deutschland, insbesondere in Bezug auf öffentliche Auftraggeber, sollten in der nächsten Zeit auf Veränderungen hin beobachtet werden?

Literatur

Alpmann JA, Krüger R, Wüstenbecker H (Hrsg) (2014) Brockhaus Studienlexikon Recht. Beck, München

Berkel G (2015) Deal Mediation. Erfolgsfaktoren professioneller Vertragsverhandlungen. ZKM Zeitschrift für Konfliktmanagement 1:4–7

BMVI (2015) Bundesministerium für Verkehr und Infrastruktur, Reformkommission Bau von Großprojekten: Endbericht. ► https://www.bmvi.de/SharedDocs/DE/Publikationen/G/reformkommission-bau-grossprojekte-endbericht.pdf?__blob=publicationFile. Zugegriffen: 26. Sept. 2019

BMVI (2018) Bundesministerium für Verkehr und Infrastruktur, Reformkommission Bau von Großprojekten: Leitfaden Großprojekte. ► https://www.bmvi.de/SharedDocs/DE/Anlage/G/leitfaden-gross-projekte.pdf?__blob=publicationFile. Zugegriffen: 26. Sept. 2019

Boksteen M (2008) Die Systematisierung von Nachtragsansprüchen. Insbesondere das Verhältnis von Werkerfolg, Leistungsbeschreibung und Vergütung. Dissertation Technische Universität Darmstadt 2007. Schriftenreihe Studien zum Zivilrecht, Bd 51. Kovač, Hamburg

Brockhaus (2006) Enzyklopädie, Bd 15, 29. Brockhaus, Leipzig

DBGT (2008) Deutscher Baugerichtstag. ► https://baugerichtstag.org/wordpress/wp-content/uploads/2019/03/2ak_alle.pdf. Zugegriffen: 29. Sept. 2019

DBGT (2010) Deutscher Baugerichtstag. Empfehlungen an den Gesetzgeber. ► https://baugerichtstag.org/wordpress/wp-content/uploads/2019/03/3ak_alle.pdf. Zugegriffen: 26. Sept. 2019

DBGT (2012) Deutscher Baugerichtstag. Die Empfehlungen des Kongresses. ► https://baugerichtstag.org/wordpress/wp-content/uploads/2019/03/4ak_alle.pdf. Zugegriffen: 29. Sept. 2019

DBGT (2014) Deutscher Baugerichtstag. ► https://baugerichtstag.org/wordpress/wp-content/uploads/2019/03/5ak_alle.pdf. Zugegriffen: 29. Sept. 2019

DBGT (2016) Deutscher Baugerichtstag. ► https://baugerichtstag.org/wordpress/wp-content/uploads/2019/03/6ak_alle.pdf. Zugegriffen: 29. Sept. 2019

DBGT (2018) Deutscher Baugerichtstag. Vorstellung der Empfehlungen der Arbeitskreise. ► https://baugerichtstag.org/wordpress/wp-content/uploads/2019/03/7ak_alle.pdf. Zugegriffen: 26. Sept. 2019

DIN (2009) DIN 69901: Projektmanagement – Projektmanagementsysteme (Teil 1 bis 5). Beuth, Berlin

ECI (2000) European Construction Institute: Partnering in Europe. Incentive Based Alliancing for Projects. ► http://www.eci-online.org/wp-content/uploads/2015/11/ECI-PAC3-Partnering-in-Europe.pdf. Zugegriffen: 26. Sept. 2019

ECI (o. A.) European Construction Institute: Partnering the Public Sector. ▶ http://www.eci-online.org/wp-content/uploads/2015/11/ECI-ARC15-Partnering-in-the-Public-Sector.pdf. Zugegriffen: 26. Sept. 2019

Elwert U, Flassak A (2010) Nachtragsmanagement in der Baupraxis Grundlagen – Beispiele – Anwendung. Vieweg + Teubner, Wiesbaden

Eschenbruch K, Racky P (Hrsg) (2008) Partnering in der Bau- und Immobilienwirtschaft. Projektmanagement und Vertragsstandards in Deutschland. Kohlhammer, Stuttgart

Faber SG (2014) Entwicklung eines Partnering-Modells für Infrastrukturprojekte. Ein Beitrag zur Optimierung der Abwicklung von Bauprojekten im öffentlich finanzierten Infrastruktursektor in Deutschland. Schriftenreihe Projektmanagement Heft 17, Universität Kassel

FIDIC (o. A.) World Bank signs five-year agreement to use FIDIC standard contracts. ▶ http://fidic.org/world-bank-signs-five-year-agreement-use-fidic-standard-contracts. Zugegriffen: 10. Mai 2019

Forster K (2010) Der FM-Vertrag: Chancen und Risiken. ▶ https://www.facility-management.de/artikel/fm_2010-01_Der_FM-Vertrag_Chancen_und_Risiken_851973.html. Zugegriffen: 2. Mai 2019

Greiner P, Mayer P, Stark K (2009) Baubetriebslehre – Projektmanagement: erfolgreiche Steuerung von Bauprojekten. Vieweg + Teubner, Wiesbaden

Haghsheno S (2017) Alternativen der Gestaltung konfliktarmer Verträge. Deutscher Baugerichtstag – Symposium zum gesetzlichen Bauvertragsrecht. ▶ http://www.heimann-partner.com/wp-content/uploads/symposium.pdf. Zugegriffen: 11. Mai 2019

Heidemann A (2011) Kooperative Projektabwicklung im Bauwesen unter Berücksichtigung von Lean-Prinzipien. Entwicklung eines Lean-Projektabwicklungssystems. KIT Scientific Publishing, Karlsruhe

Hillig J-BA (2018) Die neuen FIDIC-Verträge – eine Übersicht. ▶ https://arge-baurecht.com/baurecht-wissen/expertentipps/artikel/news/die-neuen-fidic-vertraege-im-ueberblick/. Zugegriffen: 27. Apr. 2019

Jensen C (2005) Das Dilemma der Bauverträge.Insbesondere: Ein Vorschlag zur Entschärfung von Nachtragskonflikten. Nomos, Baden-Baden

Kapellmann KD, Schiffers K-H, Markus J (2017) Vergütung, Nachträge und Behinderungsfolgen beim Bauvertrag. Band 1: Einheitspreisvertrag. Wolters Kluwer, Köln

Leinemann R (Hrsg) (2016) VOB/B. Kommentar. Wolters Kluwer, Köln

Patzig J (2017) Streitlösungsmodell für die Bauprojektabwicklung. Konfliktmanagement mithilfe bedarfsoptimierter Adjudikation. Lang, Frankfurt a. M.

Piroutek C (2016) Baurechtliche Konfliktbeilegung durch Adjudikationsverfahren am Beispiel der FIDIC-Vertragsbedingungen. V&R unipress, Göttingen

Reister D, Werner M (2019) Nachträge beim Bauvertrag. Wolters Kluwer, Köln

Rustmeier HG (2018) Reformbedarf des Bauvertragsrechts im Lichte der FIDIC-Bestimmungen. Nomos, Baden-Baden

Schenke D (2018) Schnelles Geld im gerichtlichen Eilverfahren? Änderungsanordnungsrecht des Bauherren und einstweilige Verfügung. ▶ http://www.khs-flensburg.de/SchnellesGeldimgerichtlichenEilverfahren.html. Zugegriffen: 5. Mai 2019

Vitruv i. d. Ü. von Reber F (2009) Zehn Bücher über Architektur. De architectura libri decem. Marix Verlag, Wiesbaden

Walentowski S (2016) Ist ein Vertrag auch per Handschlag gültig? B.Z. Online am 12. Januar 2016. ▶ https://www.bz-berlin.de/ratgeber/steuern-finanzen-recht/ist-ein-vertrag-auch-per-handschlag-gueltig. Zugegriffen: 5. März 2019

Weber K (Hrsg) (2017) Creifelds Rechtswörterbuch. Beck, München

Werner U, Pastor W, Müller K (2000) Baurecht von A-Z. Lexikon des öffentlichen und privaten Baurechts. Müller, Köln

Würfele F, Gralla M, Sundermeier M (Hrsg) (2012) Nachtragsmanagement. Leistungsbeschreibung, Leistungsabweichung, Bauzeitverzögerung. Wolters Kluwer, Köln

Partizipationsprozesse

© Springer Fachmedien Wiesbaden GmbH, ein Teil von Springer Nature 2019
N. Schwab, *Konfliktkompetenz im Bauprojektmanagement,* erfolgreich studieren,
https://doi.org/10.1007/978-3-658-27089-6_9

Trailer

Die Forderung nach Formen der Partizipation kommt aus zwei Richtungen: Auf der einen Seite wollen die Bürger sich aus einer politischen Bevormundung befreien und den Raum, in dem sie leben, eigenmächtig mitgestalten. Auf der anderen Seite haben Staat und Vorhabenträger mangelnde Partizipation als Risikofaktor für die Dauer von Großprojekten identifiziert. Partizipation bei der Gestaltung öffentlichen Raums bewegt sich dabei zwischen bürgerlichen Einzelaktionen wie Guerilla Gardening bis hin zum Großprojektmanagement von Bundesprojekten.

Gerade bei raumbedeutenden Infrastrukturprojekten und städtebaulicher Quartiersentwicklung gibt es eine Vielzahl von Beteiligten, direkt von den Auswirkungen des Vorhabens Betroffenen und Interessenten über eine lange Projektdauer. Diese Mélange aus öffentlichen und privaten Belangen löst Spannungen aus, die zu manifesten Konflikten anwachsen und damit Kosten- und Terminpläne der Bauvorhaben sprengen können. Um diese Konflikte durch Transparenz zum Vorgehen und Beteiligung an der Planung vorwegzunehmen, gibt es rechtlich festgelegte, formale Verfahren, wie z. B. das Planfeststellungsverfahren, die einen gewissen Grad an Partizipation vorschreiben. Die rechtlich vorgeschrieben Verfahren setzen allerdings oft erst an, wenn die Planung bereits vorliegt und kaum noch Mitgestaltung möglich ist. Der Individualisierung der Gesellschaft Rechnung zu tragen bedeutet, der Partizipation einen höheren Stellenwert zu geben und Planung an sich als partizipativen Prozess zu gestalten. Um eine Vorstellung zu bekommen, wie weit man sich von einem Masterplan verabschieden kann und wie kreativ man bei der Entwicklung von Partizipationsverfahren sein kann, lohnt sich der Film „The Human Scale" des Architekten Jan Gehl.

Relativ neu, eine Konsequenz auf Terminverzögerungen durch Klagen bei Genehmigungsverfahren, ist die rechtliche Forderung der Frühen Öffentlichkeitsbeteiligung. Diese bleibt allerdings in Bezug auf das Verfahren an sich informell. Die Freiheiten in der Durchführung für den Vorhabenträger führen zum Einsatz neuer Partizipationsformate wie z. B. dem World Café oder dem Open Space, die immer bekannter werden. Der Aufwand als kalkulatorischer Posten in Bauprojekten nimmt zu, um ihn strategisch und zielorientiert einzusetzen, sind professionelle Stakeholdermanagement-Organisationseinheiten notwendig.

Lernziel

Mit diesem Kapitel lernen Sie die Wissensgrundlagen, um partizipative Prozesse für Bauprojekte zu konzipieren:

Sie wissen, was Partizipation ist, über welche Ebenen sie gestaltet wird, welche Ziele sie aus Sicht der Beteiligten und der Beteiligenden verfolgt und Sie können damit ihre Relevanz in Bezug auf Raum und speziell Großprojekte erläutern.

Sie können Partizipation nach dem Intensitätsgrad unterscheiden und Beispielformate für die Umsetzung nennen.

Sie kennen die Verfahrensebenen bis zum Baurecht von raumbedeutsamen Maßnahmen und städtebaulichen Projekten und wissen, welche Beteiligungsformate jeweils rechtlich vorgeschrieben sind.

Sie wissen, wie das Stakeholdermanagement sinnvoll in die Aufbauorganisation integriert wird und kennen das Vorgehen für das Basisinstrument, die Stakeholderanalyse.
Sie kennen formelle und informelle Partizipationsformate und können diese im Hinblick auf die Intensität der Partizipation einschätzen und einsetzen.

9.1 Partizipation

9.1.1 Partizipation

9.1.1.1 Partizipation

Als *Partizipation* (lat. particeps = teilhabend) „werden in demokratisch verfassten Ländern i. d. R. alle Tätigkeiten verstanden, die Bürger freiwillig mit dem Ziel unternehmen, Entscheidungen auf den verschiedenen Ebenen des politischen Systems zu beeinflussen." (Kaase 1995, S. 521)

Partizipation gehört zu den zentralen Grundlagen der Demokratie, „Alle Staatsgewalt geht vom Volke aus." (§ 20 Abs. 2 S. 1 GG) Ohne eine aktive und vor allem ungezwungene, also freiwillige, Beteiligung der Bürger an politischen Entscheidungen, ist die Herrschaft durch das Volk infrage gestellt. Politikverdrossenheit, immer weniger teilhabende Menschen an politischen Veränderungsprozessen, entziehen damit der Herrschaft des Volkes die Legitimationsgrundlage. (vgl. Senatsverwaltung Berlin 2011, S. 17 f.) Entsprechend wurde der Begriff insbesondere in der Politikwissenschaft behandelt und beschränkte sich zunächst auf die Partizipationsmöglichkeiten bei politischen Entscheidungsprozessen innerhalb formeller Strukturen (z. B. Wahlsystem) und vorgegebener Rechte und Möglichkeiten (z. B. passives und aktives Wahlrecht, Volksbegehren und Volksentscheide, Mitgliedschaft in Parteien und andere Formen bürgerlichen Engagements wie Ehrenämter). Mit der Zunahme bürgerlicher Protestbewegungen ab den 60er Jahren wurde der Partizipationsbegriff jedoch erweitert, da alternative Formen (z. B. Bürgerproteste) bis hin zur Verweigerung der reglementierten Partizipation (z. B. Wahlboykott) politische Veränderungsprozesse beeinflussen. (vgl. Brockhaus 2006, 21, S. 65 f.) Die Partizipation, vormals nur eine Funktion des politischen Systems, entwickelte sich mit ihren unkonventionellen, innovativen bis hin zu illegalen Formen (z. B. ziviler Ungehorsam) zusätzlich zu einem Korrektiv des politischen Systems. Ein aktuelles Beispiel politischer Partizipation sind die „Fridays for Future"-Demonstrationen, die den bewussten Verstoß gegen die rechtliche Norm der Schulpflicht als symbolisch vollzogenen zivilen Ungehorsam einsetzen, um das Recht und die „moralische Pflicht" auf Partizipation hinsichtlich klimapriorisierender politischer Entscheidungen anzuzeigen, und einen Veränderungsprozess einzuleiten. Partizipation hat durch die technischen Entwicklungen eine andere Dimension bekommen: Mobilisierungsprozessen über die Gruppenzugehörigkeit wird durch die mögliche Vernetzung Größe, Koordination von Aktionen und damit Macht verliehen. Von einem Konsumenten der Presse zur Meinungsbildung kann man zum Handelnden, zum Meinungsmacher werden, wie das aktuelle Video „Die Zerstörung der CDU" des YouTubers Rezo mit aktuell fast 15 Mio. Aufrufen zeigt. Partizipation erfolgt aber auch vermehrt über Verbraucherentscheidungen (Konsumentenboykott, Konsumentenkompetenz) im „Kleinen", z. B. die

Aktion einer Gruppe Veganer auf dem Wilhelm-Leuschner-Platz in Leipzig im Mai 2019, der übersät mit großen Kreide-Beschriftungen mit der Aufforderung des Verzichts von Fleischkonsum war, und im „Großen", z. B. der Boykott von Shell-Tankstellen wegen der 1995 politisch genehmigten Versenkung der Öl-Plattform Brent Spar im Atlantik oder aktuell der Boykott von Apple in China wegen des Banns auf Huawei-Produkte in den USA. Partizipation kann auch über künstlerische Aktionen erfolgen wie z. B. durch die „Organisation für direkte Demokratie durch Volksabstimmung", die u. a. Joseph Beuys 1971 in Düsseldorf gründete.

Zur Differenzierung von Partizipation wurden zuerst begriffliche Gegensatzpaare verwendet: verfasst (institutionell verbindlich verankert z. B. in der Verfassung)/konventionell/legal versus unverfasst/unkonventionell/illegal. Die Unterteilung in fünf Ebenen nach Uehlinger wird favorisiert:

1. Staatsbürgerrolle (z. B. Wählen),
2. Problemspezifische Partizipation (z. B. mitwirken in einer Bürgerinitiative),
3. Parteiorientierte Partizipation (z. B. Parteimitgliedschaft),
4. Ziviler Ungehorsam (z. B. Hausbesetzungen) (also nicht verfasst, unkonventionell, illegal),
5. Gewalt (gegen Personen und Sachen). (vgl. Kaase 1995, S. 523 ff.)

Partizipation ist grundsätzlich nicht auf politische Systeme beschränkt und findet sich z. B. auch in der Organisationssoziologie (z. B. Gewerkschaften). Kaase hat eine weitere Definition von in seinen Augen in letzter Konsequenz immer politischen Partizipation vorgeschlagen, die interdisziplinär gängiger ist:

Partizipation ist „ein auf kollektive Ziele hin orientiertes soziales Verhalten, das in einem komplexen Zusammenspiel zwischen institutionellen Strukturen, konkreten politischen Ereignissen, Gruppeneinbindungen und individuellen Merkmalen zustande kommt." (Kaase 1995, S. 525 f.)

Als Voraussetzung für Partizipation sind demnach folgende Ebenen zu gestalten:

1. *Makroebene*: die politisch-gesetzlichen Rahmenbedingungen
2. *Mesoebene*: die organisatorisch-institutionellen Strukturen
3. *Mikroebene*: die individuellen Voraussetzungen zur Durchführung (vgl. Straßburger 2014, S. 52).

9.1.1.2 Intensität

Partizipation ist nicht nur ein interdisziplinäres Forschungsgebiet, das neben der eigenständigen Partizipationsforschung z. B. in der Politikwissenschaft, der Kommunikationswissenschaft oder der (empirischen) Sozialforschung bearbeitet wird, sondern die für Partizipation zuständigen Institutionen finden sich auch unter verschiedenen Begriffen wie Kommunikationsmanagement, Stakeholdermanagement oder Public Relations.

Der Wirkungsgrad der Partizipation hängt im Wesentlichen von zwei interdependenten Faktoren ab, der

1. *Intensität* der möglichen Partizipation und dem
2. *Zeitpunkt* des Eingriffs im Transformationsprozess.

Straßburger und Rieger (vgl. 2014, S. 12 ff.) entwickelten zur Veranschaulichung der Intensität die *Partizipationspyramide*, die aus zwei Perspektiven betrachtet wird, nämlich

professionell-institutionelle Perspektive - Beteiligende	aktiv-bürgerschaftliche Perspektive - Beteiligte		Intensität	
	7	Zivilgesellschaftliche Eigenaktivitäten		
Stufen der Partizipation				
Entscheidungsmacht übertragen	6	Entscheidungsfreiheit ausüben	3	Mitgestaltung
Entscheidungskompetenz teilweise abgeben	5	Freiräume der Selbstverantwortung nutzen		
Mitbestimmung zulassen	4	an Entscheidungen mitwirken		
Vorstufen der Partizipation				
Lebensweltexpertise einholen	3	umfassende Beiträge generieren	2	Konsultation
Meinung erfragen	2	Mitdenken, Meinung äußern		
Informieren	1	sich informieren	1	Information

Abb. 9.1 Intensität von Partizipation und Bürgerbeteiligung

der professionellen, die Partizipationsprozesse managt und der aktiven, die tatsächlich partizipiert. Sie zeigt die Entwicklung die Intensität in sieben Stufen, von der Minimalbeteiligung bis zur Entscheidungsmacht, wobei die Pyramidenspitze der Funktion des selbstständig aktiv werdenden Bürgers vorbehalten ist. In den Unterlagen der öffentlichen Hand (z. B. BMVI 2014, Senatsverwaltung Berlin 2011) werden Beteiligungsverfahren in die drei Intensitätsgrade Information, Konsultation und Mitgestaltung (bzw. Mitbestimmung) aufgeteilt. Der Begriff Konsultation ist im Kontext des europäischen Rechts der Überbegriff für die Beteiligung an Planungs- und Entscheidungsprozessen, bei der eine wechselseitige Kommunikation zwischen den Entscheidungsträgern und Beteiligten erfolgt, wie z. B. bei Stellungnahmen oder Bürgerversammlungen (vgl. Rademacher und Lintemeier 2015, S. 24). Sieht man die beiden Abstufungen nebeneinander (s. Abb. 9.1) stellt man fest, dass Straßburger/Rieger nur von Partizipation sprechen, wenn tatsächlich die Möglichkeit der Mitgestaltung vorliegt. Die Differenzierung von *Bürgerbeteiligung* und Partizipation ist insofern relevant, dass ein Konfliktrisiko durch das Frustrationspotenzial entsteht, wenn „Beteiligung" versprochen wird, aber eine ausschließliche Information ohne Gestaltungsmacht geboten wird.

▪▪ Information

Information steht bei der klassischen Öffentlichkeitsarbeit im Vordergrund, wobei die Partizipation im Sinne einer politischen Beteiligung der Öffentlichkeit kaum eine Rolle spielt. Relevant ist sie jedoch, da sie die Basis für eine Meinungs- und Einstellungsbildung zu einem Projekt bildet. Die Menge der Information muss ausgewogen zwischen einer suspekt wirkenden, zu sparsamen Information, und einer Informationsüberflutung sein. Inhalt und Menge der Information müssen auf die unterschiedlichen Interessen der Stakeholder zugeschnitten sein. (vgl. Schmalz 2019, S. 117) Information ist unilateral, das heißt sie geht vom Sender zum Empfänger ohne avisiertes Feedback. Ebenfalls zu differenzieren sind Bring- und Holschuld: Betroffene sind an einigen Prozessstellen konkret anzuschreiben, Interessierte müssen sich aktiv Informationen einholen. In diesem Sinne gehören bezahlte Werbeaktionen auch zur Information. Übliche Informationsformate sind z. B.:

- Webseite (z. B. mit Webcam von der Baustelle, Sachstand Genehmigungsprozess, Planungsunterlagen)
- Newsletter, Flyer, Infobroschüren

- Stellungnahmen (Pressemitteilungen, Videos)
- Fachartikel
- Sticker, Buttons, Plakate
- Informationsbüro vor Ort
- Events mit Freizeitcharakter (Führungen über das Projektgelände, Kinderprogramm, Wanderungen, Vorträge, Tag der offenen Tür)
- Integration in Vor-Verfahren (z. B. im Rahmen des Scoping Bürger als Zuschauer zulassen)
- Veröffentlichung von Planungsunterlagen und Prozessschritten

■ ■ Konsultation

Eine Konsultation ist ein Kommunikationsformat mit mittlerem Öffentlichkeitseinfluss, das die Möglichkeit zu Feedback und Dialog bietet. Dadurch wird eine stärkere Vermittlung zwischen den unterschiedlichen Interessen möglich, und damit die Identifikation kritischer Themen. Die Auswahl sollte adressatengerecht sein. (vgl. Schmalz 2019, S. 120 f.) Typische Konsultationsformate sind z. B.:

- Chat-Funktion auf der Webseite
- Soziale Medien
- Direktkontakt (persönliche Gespräche, Schriftverkehr)
- Dialogformate z. B. Fokusgruppen mit zielgerichteten Gruppendiskussionen
- Diskussionen im Rahmen von Sitzungen (Gremien, Vereine, Parteien)

■ ■ Mitgestaltung

Die Mitgestaltung bietet die höchste Einflussmöglichkeit für die Öffentlichkeit. Werden diese Partizipationsformate nicht vorab zur Planung eingesetzt bzw. um Visionen oder Ideen zu entwickeln, werden sie bei Großprojekten insbesondere nötig, wenn die Akzeptanz schwindet und sich Konflikte manifestieren. Wichtig bei Formaten der Mitgestaltung, bei denen es nicht um ein kreatives Generieren von Ideen wie im Brainstorming geht, sondern um die tatsächliche Planung, ist, dass bei allen Beteiligten vorab entsprechende Kompetenzen aufgebaut werden. Durch Partizipationsprozesse herbeigeführten Entscheidungen wird Realitätsnähe zugeschrieben. (vgl. Schmalz 2019, S. 123 ff.) Partizipationsformate sind z. B.:

- Runder Tisch (bei der Bearbeitung von Konflikten)
- Ideenwerkstatt
- Open Space
- Planungszelle
- Zukunftskonferenz
- Integration in Vor-Verfahren (z. B. Bürger mit spezifischem Fachwissen beteiligen)

Der mögliche Intensitätsgrad der Partizipation ist stark abhängig vom Eingriffszeitpunkt innerhalb des Transformationsprozesses. Möglich, neben der Kontinuität, sind die Varianten

- vorher
- mittendrin
- prozessbegleitend

- prozesssteuernd
- nachher.

Mit einer zivilgesellschaftlichen Eigenaktivität kann man entweder einen neuen Transformationsprozess anstoßen (vorher), oder die Entwicklungsrichtung eines laufenden Prozesses korrigieren (mittendrin). Wenn die Entscheidung für einen anstehenden Veränderungsprozess bereits von anderer Stelle gefällt wurde, kann der Einsatz von Entscheidungskompetenz und das Zulassen der Mitbestimmung prozesssteuernd wirken. Eine Mitgestaltung des Prozesses, allerdings nur begleitend, ist durch das Einholen der Lebensweltexpertise möglich, ein Aufwand der nur sinnvoll ist, wenn die Ergebnisse auch in die Veränderung mit einfließen. Etwas schwieriger gestaltet es sich mit den Punkten Entscheidungsmacht, Meinung erfragen und Informieren. Die Entscheidungsmacht als ein Veto-Recht kann auch ganz am Ende eines Prozesses eingeholt werden. Da bei einer Ablehnung der vorherige Aufwand vergeblich wäre, ist eine integrative Zusammenarbeit sinnvoll, ein Ausüben der Entscheidungsmacht nicht erst nach dem Prozess (nachher), sondern in iterativen Schritten prozesssteuernd. Auch die Meinung erfragen und Informieren kann vorab, mehrmals im Prozess oder aber erst am Ende erfolgen. Gerade das Element des Informierens kann strategisch eingesetzt werden: informiere ich zu Beginn eines Prozesses, bei dem ich mit Ablehnung rechne, haben die Bürger Zeit sich zu organisieren und mit unkonventionellen partizipativen Methoden einzugreifen. Informiert man erst danach, kann der Prozess an sich ohne den hohen Kommunikationsaufwand schnell realisiert werden. Je nachdem wie stark sich das Ergebnis auf die Betroffenen auswirkt, führt das entweder zu einer erheblichen Gegenwehr oder aber zu Frustration.

9.1.1.3 Akzeptanz

Eine individuell empfundene Mitgestaltungsmacht bei Großprojekten mit tausenden Betroffenen ist schwierig, wodurch neben der Partizipation „Akzeptanz" zum zentralen Begriff im Zusammenhang mit Großprojekten wird. Je mehr die Einstellung gegenüber einem Projekt Richtung vollkommene Ablehnung tendiert, desto größer ist die Motivation für ein aktives, abwertendes oder boykottierendes Handeln und Verhalten (vgl. Schmalz S. 44 ff.). Diese Nicht-Akzeptanz ist gleichzusetzen mit sozialen Konflikten.

> **!** **Im Zusammenhang mit Großprojekten kann der Begriff des Sozialen Konfliktes also erweitert werden: „Formen von Nicht-Akzeptanz, die mit sozialer Interaktion in Form von aktivem Verhalten oder Handeln einhergeht, werden als sozialer Konflikt verstanden." (Schmalz 2019, S. 45)**

Die Partizipations- bzw. die Kommunikationsarchitektur im Sinne einer Konflikt-Prävention muss daher mindestens zur Aufgabe haben, durch eine Transparenz zu Planungsentscheidungen die Einstellung Beteiligter und Betroffener in eine zustimmende, akzeptierende zu lenken.

9.1.2 Intention von Partizipation

Vitruv beschreibt den Baumeister in dem wohl ersten Standardwerk zur Architektur als einen Theoretiker und Praktiker und in allen Wissenszweigen der Antike versierten

Menschen (Vitruv 2009, S. 1 ff.). Dass eine über die Bildung erreichte elitäre Position zu fraglos akzeptierten (Fach-) Wahrheiten beruft, ist seit Beginn der Aufklärung jedoch zweifelhaft geworden. Heute weist die Individualisierungsthese darauf hin, „dass im Kern der Transformation der Moderne eine neuartige Sozialfigur entsteht: Es ist der Anspruch auf sowie der Zwang zur Gestaltung eines eigenen Lebens." (Poferl 2010, S. 293) „Der Einzelne gilt nicht mehr nur als eine Adresse in Kommunikationsprozessen. Vielmehr wird das Individuum vor allem als Gestalter seiner sozialen Welt gesehen. Die Autonomie des Einzelnen rückt in den Mittelpunkt der Aufmerksamkeit. Geht man von autonomen Individuen aus, dann zeigt sich die Brisanz der […] Fragen nach der Gesellschaft, in der wir leben wollen, denn die unterschiedlichen Vorstellungen müssen gesellschaftlich und politisch ausgehandelt werden." (Junge 2002, S. 9) Die Individualisierung der Gesellschaft fordert also nicht nur dazu auf, fachliche Entscheidungen für den Laien transparent zu gestalten, sondern geht einen Schritt weiter: Partizipation bis hin zur Gestaltungsmacht muss den Betroffenen von Raumkonzeptionen gewährt werden, um Akzeptanz zu erreichen. Diese gesellschaftliche Transformation macht Konfliktkompetenz zu einer Schlüsselqualifikation für Bauprojektmanager: „Die Vorstellung, dass einer alles lösen kann, […] allein die Idee eines Masterplans an sich ist verrückt." (Gehl 2012, DVD)

Die Intention von Partizipation – aus Sicht derjenigen, die partizipieren – ist die Erfüllung eines *Partizipationsbedürfnisses*, das sich auf verschiedenen Ebenen der Bedürfnishierarchie nach Maslow befindet: zum einen ist das Sicherheitsbedürfnis tangiert, weil die Information über und der Einfluss auf Veränderung die Angst vor unbestimmtem Neuen nimmt, zum anderen das Bedürfnis nach Wertschätzung, weil die eigene Meinung geachtet wird und einem die Kompetenz zugetraut wird, sein Leben selbstständig zu gestalten, und letztlich auch die Selbstverwirklichung, seinem Leben im gesellschaftlichen Zusammenhang Sinn zu geben. Diese Intention kann nur umgesetzt werden, wenn das Empowerment, also die Übertragung von Verantwortung, in den partizipativen Transformationsprozessen erstens zu einem Zeitpunkt erfolgt, wenn das Ergebnis noch zu beeinflussen ist, und zweitens eine Rückkopplung erfolgt, welcher der eingebrachten Punkte in den Prozess in welcher Form in das Ergebnis eingeflossen ist.

Bürgerbeteiligung und Partizipation haben auch aus der Perspektive der Vorhabenträger und der Politik im Allgemeinen eine Intention. Auf Projektebene können zum einen spezifisches (z. B. regionales) Wissen in die Planungen integriert und zum anderen insbesondere für Terminrisiken (z. B. durch Klagen in Bezug auf die Planfeststellung) Gegenmaßnahmen eingeplant werden. Aus politischer Sicht erhalten Projekte, bei denen Rückmeldungen der Bürger entweder einfließen oder transparent begründet abgelehnt werden, einen höheren Legitimationsstatus und Akzeptanz. In Summe stärkt das die demokratische Kultur und das Vertrauen in die Politik. Entsprechend einer Umfrage 2015 wird bei der Funktion einer frühen Öffentlichkeitsbeteiligung zu 63 % das vertrauensbildende Element für den Bürger gesehen, zu 53 % die Möglichkeit einer aktiven Partizipation und zu 42 % ein Frühwarnsystem zur Risikominimierung für spätere Rechtsstreitigkeiten (vgl. Rademacher und Lintemeier 2015, S. 11).

Das Spannungsfeld das sich hier auftut ist klar: wie bei dem Strukturwandel von einer hierarchischen Organisation zu einer agilen, geht es bei der Partizipation um eine Umverteilung von Macht. Es geht um ein neues Bild der Professionalisierung und Elitenbildung durch Wissen (z. B. Architekt) und Institutionalisierung u. a. durch Informationsmacht (z. B. das politische Amt), die mit der geforderten Partizipation der einzelnen (Bürger) noch in einem latenten Konflikt, durch einerseits Versuche die Kontrolle zu erlangen und andererseits diese nicht zu verlieren, liegen.

9.1.3 Architektursoziologie

Die *Architektursoziologie* hat sich mittlerweile als eigenständige wissenschaftliche Disziplin mit folgendem Aufgabenfeld etabliert: „Architektursoziologie untersucht die Zusammenhänge von gebauter Umwelt und sozialem Handeln unter Berücksichtigung vorherrschender technischer, ökonomischer und politischer Voraussetzungen. Hierbei kommt den schichten- und kulturspezifischen Raumnutzungsmustern und der Relevanz von architektonischen Symbolsystemen besondere Bedeutung zu. Weitere Untersuchungsfelder sind die Strukturen des Bauprozesses, die Formen der Partizipation sowie die Architektur als Beruf." (Schäfers 2015, S. 23) Während die Architekturkommunikation durch das Hervorrufen emotionaler Resonanz Architektur vermitteln will, geht die Architektursoziologie mit dem Erforschen und Beeinflussen des sozialen Verhaltens durch den gebauten Raum in die Realität über. Neben der Architektursprache und dem Thema Symbole/Zeichen, die wesentliche Grundlagen beider Disziplinen ist, basieren Konzepte der Architektursoziologie wie das partizipative Bauen zusätzlich auf Erkenntnissen der Psychologie (Beeinflussung des sozialen Verhaltens durch Raum und Strukturelemente) und Geschichte (Identitätsbildung durch Architektur in den historischen Epochen). Dabei stellt sich die Architektursoziologie den Anspruch, das Partizipationsbedürfnis des Einzelnen durch eine „Übersetzung" der architektonischen Fachsprache zu ermöglichen.

Ein psychologischer Ansatz ist das *Behaviour Setting*, bei dem davon ausgegangen wird, dass sich nicht nur Form und Ausstattung des Raumes, sondern auch die den Nutzern bekannte Funktion (z. B. Beten in der Kirche), die Bedingungen des Zugangs (z. B. Schuluniform, Alter) und weitere Besonderheiten auf das Verhalten auswirken. Daraus ergibt sich die Chance, das durch einen spezifisch gebauten Raum intendierte Verhalten auch tatsächlich zu provozieren. (vgl. Schäfer 2015, S. 36 f.) Eine historische Betrachtung ist die nationalsozialistische Herrschaftsarchitektur, die als Zeichen der Macht und Stabilität Jahrtausende überdauern sollten. Typische Elemente sind hier zum einen die Überladung mit Symbolik (z. B. Eichenlaub, Adler) und zum anderen Pfeilerreihen, oft vor hohen Hallen, die sich immer symmetrisch an einer Achse ausrichten. Im Wesentlichen wirken zwei psychologische Faktoren: Die Symmetrie, in vielen despotischen Gesellschaften eingesetzt, zeigt Ausgeglichenheit, äußere Geschlossenheit, ein harmonisches Verhältnis der Teile mit einem einheitlichen Zentrum, und wirkt damit stabilisierend auf das innere Gleichgewicht des Menschen. Eine einheitliche Architektursprache, ein Stil, schafft eine verbindende Gemeinsamkeit mit anderen Menschen, eine Gruppenzugehörigkeit, hat Identifikationsmacht. (vgl. Schäfer 2015, S. 22, 126 f.)

9.1.4 Partizipative Raumgestaltung

Architektur ist Baukunst, eine fachliche Gratwanderung zwischen Konstruktion und Kunst. Vitruv unterteilt das Bauen in öffentliche und private Bereiche und erteilt der Architekturtheorie die Basisbegriffe *firmitas* (Festigkeit), *utilitas* (Zweckmäßigkeit) und *venustas* (Schönheit, Anmut) (vgl. Vitruv 2009, S. 36 f.). Bauen und Denken, Kunst und Wissenschaft bilden zusammen ein wissenschaftliches Handwerk, wobei immer wieder die Psychologie der Architektur, die emotionale Reaktion des Einzelnen auf die gebaute Ordnung als gestaltete Realität, eine Rolle spielt. Architektur ist eine „Willenssphäre, die der Mensch im *Raum* ausbreitet, um sich in der Welt zu behaupten. Architektur ermuntert also den modernen Menschen, der zu werden, der er ist, nämlich sich aufzurichten und sich als eigener Bauherr und Baumeister Maß und Gesetz zu geben. Moderne Baukunst […] ist eine vom Individuum ausgehende Organisation und Steigerung der Natur, vorzüglich der eigenen, zur harmonischen Form." (Neumeyer 2002, S. 11 f.) Die geschaffene Raumgestalt kommuniziert mit dem Betrachter und löst emotionale Reaktionen aus. Konzeptionen von Partizipation in Bezug auf Planen, Bauen und Nutzen von Raum im städtebaulichen Kontext berühren vor allem das ausgeprägte Verhältnis von Macht und Raum. Raum ist Verhandlungsgegenstand und Verhandlungsort von Macht, denn im Raum sedimentieren sich ökonomische, politische und soziale Machtverhältnisse. Kritisch verstandene Partizipation stellt die Fragen des Eigentums und der Verfügungsgewalt über Raum und die Ausrichtung des nationalen, bürgerlichen und wirtschaftlichen Selbstverständnisses zur Disposition. (vgl. Fezer und Heyden 2004, S. 16)

Partizipative Mitgestaltung von Raum ist ein altes Phänomen, das bereits in mittelalterlichen Städten angewendet wurde, wobei der Bürger mit Mitsprache männlich war und über Kapital, Grundbesitz und sonstige planungsrelevanten Rechte verfügte. Ein historisches Beispiel ist die jahrelange und von Kontroversen begleitete Beteiligung des Großen Rates in Siena bei der Gestaltung des Campo. Den Anstoß zur Mitbestimmung mit dem Ziel der Durchsetzung des Prinzips der Öffentlichkeit bei Bau- und Planungsprozessen in Deutschland gaben die Forderungen nach mehr politischer Teilhabe in den 60er Jahren. Sie verstärken sich in den 70er/80er Jahren im Zusammenhang mit der Funktionalismuskritik, die die Resultate des funktionalistischen (= kapitalistischen) Wohnungs- und Städtebaus im Visier hatte und eine umfassende Mitsprache Betroffener zum Wohle der Mehrheit forderte. (vgl. Schäfers 2015, S. 194 ff.) Bei der Forderung nach Partizipationsprozessen vermischen sich oft die Begriffe Demokratisierung, Mitbestimmung und Partizipation, wohingegen differenziert Demokratisierung für politische Prozesse, Mitbestimmung für den Arbeitsbereich und Partizipation für Bau- und Planungsprozesse steht (vgl. Schäfers 2015, S. 197).

Für die Betrachtung der partizipativen Raumgestaltung muss eine Differenzierung nach der *Reichweite* der Projekte, also der Größe des betroffenen Raums und der damit betroffenen Belange vorgenommen werden. Dazu werden folgende drei Bauprojektarten der öffentlichen Hand betrachtet:

1. *Raum: „Raumbedeutsame Planungen und Maßnahmen"* ist ein feststehender Begriff aus dem Raumordnungsgesetz (ROG, § 3 Abs. 1 S. 6). Gemeint sind Vorhaben, die teilweise länderübergreifend Raum einnehmen und die Entwicklung oder Funktion eines Gebietes beeinflussen, z. B. durch Auswirkungen auf die Umwelt. Das betrifft insbesondere die Großbau-Projekte *infrastruktureller Versorgungsnetze* wie z. B. Schienenstrecken, Einkaufszentren oder Abfalldeponien.

2. *Region/Gebiet: Städtebauliche Projekte* befassen sich mit der Raumgestaltung von zusammenhängenden Gebieten in Siedlungen auf dem Land und in Städten, die öffentliche Räume wie z. B. Straßen und Plätze integrieren und gesellschaftspolitische Ziele berücksichtigen. Das Instrument zur Erstellung dieser Strukturen

ist die Bauleitplanung, die im BauGB geregelt wird. Die Beteiligung der Öffentlichkeit ist entsprechend § 3 BauGB, die Beteiligung der Behörden, deren Aufgabenbereiche berührt werden, in § 4 festgelegt.

3. *Punktuell: Im öffentlich geförderten Wohnungsbau* ist die Partizipation zukünftiger Bewohner für ein Mehrparteienhaus oder ein Wohnhausensemble und eine Teilhabe der Anwohner für die Integration in die Gemeindestruktur nicht zwingend vorgeschrieben und damit schwierig in der Finanzierung.

Gesetzlich vorgeschriebene, formelle Bürgerbeteiligungen können auf allen Verfahrensebenen durch informelle Maßnahmen ergänzt werden.

> ❗ **Wichtig**
> **Qualitätsmerkmale einer guten Bürgerbeteiligung sind dabei**
> — **Frühzeitigkeit,**
> — **Kontinuität und**
> — **Transparenz. (vgl. BMVI 2014, S. 11)**

Während die Notwendigkeit der frühen Öffentlichkeitsbeteiligung, und damit auch der Mehraufwand in Projektplanung und -durchführung, für die Akzeptanz von Großprojekten mehrheitlich angekommen ist, wird dabei besonders auf den kritischen Punkt hingewiesen, dass entscheidend ist, die Ergebnisse der Beteiligung in das Projektmanagement zu integrieren, respektive verbindlich zu machen (vgl. Rademacher und Lintemeier 2015, S. 10 und 20).

> **Exkurs Guerilla Gardening**
>
> Guerilla Gardener „besetzen" oft kleine Flächen wie Mauerritzen oder Baumrabatten im öffentlichen Stadtraum mit Setzlingen oder Saatbomben. Das heimliche Pflanzensetzen soll ein politisches Zeichen sein: gegen die Vernachlässigung der Stadt, Aktivität und Wille, die Lebensqualität durch eine Aufwertung des Lebensraums zu erhöhen, und Selbstverantwortung und Partizipation des Bürgers, seine unmittelbare Umwelt aktiv mitzugestalten. (vgl. Kuhn 2014, S. 13 f.) Diese Aktionen starten illegal, werden aber häufig von den Behörden toleriert oder sogar unterstützt, wie der Wettbewerb der Stadtgärtnerei Basel 2016 zeigt, die Baumrabatten an Paten vergeben haben und die schönste prämierten. Auf dem folgenden Foto (◘ Abb. 9.2) finden Sie ein Beispiel aus Leipzig.

> ❓ **Reflexions-Aufgabe**
> Ist Graffiti eine Form der partizipativen Gestaltung urbanen Raumes? Beurteilen Sie Graffiti als Sachbeschädigung oder eher als Street/Urban Art? Wo ziehen Sie die Grenzen?

◻ Abb. 9.2   Guerilla Gardening in Leipzig-Connewitz 2019. (Quelle: eigenes Bild)

9.2 Makroebene: Rahmenbedingungen

9.2.1 Grundlagen

Grundsätzlich sind zentrale *Beteiligungsrechte* und -pflichten in den Verfassungen der nationalen und supranationalen demokratischen Strukturen des 21. Jahrhunderts geregelt. Sozusagen als demokratische Grundregeln die Menschenrechte, z. B. mit dem Recht auf freie Meinungsäußerung in Art. 19 und dem Recht, sich friedlich zu versammeln in Art. 20. Oder die EU Grundrechtecharta, die mit dem Vertrag von Lissabon 2009 in Kraft getreten ist. Weitere rechtliche Regelungen zur Partizipation finden sich z. B. auch in den nationalen Arbeits- und Sozialgesetzgebungen. (vgl. Anastasiadis 2019, S. 23) Auf Basis der demokratischen Grundstrukturen geht es auf der Makroebene der Partizipation für Bauprojekte um die politisch-rechtlichen Rahmenbedingungen, die eine Beteiligung innerhalb der Planungs- und Genehmigungsverfahren gesetzlich vorschreiben. Während u. a. das Bauvertragsrecht, Architekten- und Ingenieursvertragsrecht zum privaten Baurecht gehören, handelt es sich hierbei um das öffentliche Baurecht, bei dem insbesondere das Subordinaritätsverhältnis geregelt wird, d. h. die hoheitliche Entscheidung durch die zuständige Behörde unter Abwägung privater und öffentlicher Belange (vgl. Wirth und Schneeweiß 2019, S. 1).

Das Vorgehen, bis ein Bauprojekt tatsächlich realisiert werden kann, ist projektspezifisch und wird über Gesetze aus verschiedenen Rechtsbereichen und Hierarchieebenen heraus beschrieben. Vorgaben werden teilweise von EU-Ebene, über Bundesebene bis auf die Landesgesetzgebung heruntergebrochen. Die berührten Themengebiete sind Vorschriften für die Raumordnung, Angaben zu den Verfahren, das allgemeine Baurecht, das spezifische Fachplanungsrecht und die Einbindung umweltrechtlicher Belange. In Gesamtheit geben sie den Ablauf vor, mit verschiedenen Formen der Beteiligung auf verschiedenen *Verfahrensebenen*.

Raumordnung findet bereits auf europäischer Ebene (Europäisches Raumentwicklungskonzept) statt. Das Bundes-Raumordnungsgesetz (ROG) enthält die rahmenrechtlichen Vorgaben und insbesondere Leitvorstellungen der Raumordnung mit den Grundsätzen für die gesamträumliche Entwicklung und den Verweis auf die Zuständigkeit der Länder für die Landesplanung mit entsprechender Landes-Gesetzgebung.

Das *Verwaltungsverfahrensgesetz (VwVfG)* ist ein Bundesgesetz, das die allgemeinen Bestimmungen für die Verwaltungsverfahren zusammenfasst, nach denen sich alle Behörden richten müssen. Es ist Basis für die Verwaltungsverfahrensgesetze der Länder und die Verfahrensgesetze für spezielle Bereiche.

Das *Baugesetzbuch (BauGB)* als Bundesgesetz überträgt die regionalbezogene Planungshoheit in § 1 Abs. 3 BauGB auf die Gemeinden, die sich dabei allerdings an der übergeordneten Raumordnung zu orientieren haben. Dabei sind die Gemeinden nicht verpflichtet, Vorgaben über einen Bauleitplan zu machen, sondern laut Art. 1 Abs. 3 BauGB nur, „sobald und soweit es für die städtebauliche Entwicklung und Ordnung erforderlich ist". Im Rahmen eines Bauleitplanungsverfahrens werden der Flächennutzungsplan als vorbereitender Bauleitplan und der Bebauungsplan als verbindlicher Bauleitplan aufgestellt. Die planerischen Ziele sind, ähnlich der Leitlinien im ROG, im BauGB angegeben.

Fachplanungsgesetze sind spezialgesetzliche Regelungen für die Zulassung von Projekten in herausgehobener Bedeutung, wozu z. B. Eisenbahnen, Müllverbrennungsanlagen, Flussvertiefungen oder Flughäfen gehören. Die Vorhabenzulassungen werden in den Fachplanungsgesetzen ergänzend zu den Regelungen im VwVfG geregelt. Dabei gibt es *privilegierte Fachplanungen*, die nach § 38 BauGB Vorrang vor der Bauleitplanung haben (von der Bindung an die planungsrechtliche Zulässigkeit von Vorhaben nach §§ 29 bis 37 BauGB befreit bzw. der Umfang der Bindung über die jeweiligen Fachplanungsrecht geregelt). Nicht privilegierte Fachplanungen müssen sich der Bauleitplanung unterordnen. Privilegiert ist eine Fachplanung, wenn das Vorhaben überörtliche Bedeutung hat und das Baurecht über das Durchlaufen eines Planfeststellungsverfahrens erreicht wird. Die Fachplanung ist eine sektorale Planung. Der Gegensatz dazu ist die *Querschnittsplanung*, die sich fächerübergreifend auf alle im Raumgebiet wirksamen Vorhaben, Entwicklungen und Maßnahmen bezieht, wie es z. B. die Bauleitplanung, Regionalplanung oder Landesplanung der Fall ist. (vgl. Stüer und Probstfeld 2016, S. 1 f.) Privilegierte Fachplanungsgesetze, z. B. in der Schieneninfrastruktur, sind das Allgemeine Eisenbahngesetz (AEG), in dem die Beteiligungsverfahren im Rahmen der Genehmigung vorgegeben werden, und das Bundeseisenbahnverkehrsverwaltungsgesetz (BVVG), das dem Eisenbahn-Bundesamt (EBA) als Planfeststellungs- und Anhörungsbehörde die Verfahrensführung in § 3 Abs. 2 überträgt (durch eine Auflage aus dem

Gesetz zur Beschleunigung von Planungs- und Genehmigungsverfahren im Verkehrsbereich 2018).

Bei bestimmten Vorhaben ist eine wirksame *Umweltvorsorge* verpflichtend, bei der die Auswirkungen des Vorhabens auf die Umwelt frühzeitig systematisch erfasst, beschrieben und bewertet werden, um die Ergebnisse so früh wie möglich bei den behördlichen Entscheidungen berücksichtigen zu können. Diese Prüfungen sind keine selbstständigen Verfahren, sondern Verfahrenselemente, die in die Aufstellungs- und Genehmigungsverfahren integriert werden. Im Rahmen behördlicher Programmaufstellungsverfahren (z. B. Bundesverkehrswegeplan (BVWP)) ist das die *Strategische Umweltprüfung (SUP)*, der frühzeitig das sogenannte *Scoping* vorangestellt wird, um Inhalt und Umfang für die SUP festzulegen. Im Rahmen insbesondere von Raumordnungs- und Planfeststellungsverfahren übernimmt die Prüfung der Umweltauswirkungen eines Vorhabens die *Umweltverträglichkeitsprüfung (UVP)*. (vgl. Rademacher und Lintemeier 2015, S. 24 f.)

Die partizipativen Elemente in der Gesetzgebung auf dem Weg zum Baurecht bestehen aus formellen und informellen Beteiligungsverfahren, die sich in die Planungsebenen integrieren. Formelle Verfahren wie das Anhörungsverfahren haben dabei einen hohen Formalisierungsgrad, Abläufe, Fristen und Zuständigkeiten sind genau vorgegeben. Aus Perspektive der Partizipation besonders interessant ist jedoch die frühe Öffentlichkeitsbeteiligung als informelles Partizipationsverfahren. Dass diese durchgeführt werden soll ist rechtlich vorgegeben, allerdings ist das Wie, das Vorgehen, nur geringfügig rechtlich geregelt und lässt damit dem Durchführenden Spielräume – auch in Bezug auf den Intensitätsgrad der Partizipation. (s. a. ▶ Abschn. 9.4.2)

9.2.2 Formelle Beteiligungsformate

Im Wesentlichen tauchen alle formalisierten Beteiligungselemente der verschiedenen Verfahrensebenen im *Anhörungsverfahren* nach § 18 VwVfG auf. Das Anhörungsverfahren an sich ist Teil des Planfeststellungsverfahrens und umfasst die öffentliche Auslegung der Planunterlagen, die schriftliche Beteiligung von Behörden und derjenigen, die direkt von dem Vorhaben betroffen sind, und in der Regel einem Erörterungstermin.

Die *Auslegung* bedeutet das Zugänglichmachen der physischen Planunterlagen und aller zugehörigen Dokumente eines Vorhabens für jeden interessierten Bürger. Die dazu getroffenen Regelungen betreffen die Art und Weise der Ankündigung der Auslegung („ortsüblich", z. B. Amtsblatt), die Zuständigkeit und wo und wie lange die Auslegung zu erfolgen hat. Zusätzlich zu den maßgeblichen physischen Unterlagen soll die Behörde die Unterlagen über das Internet zugänglich machen (vgl. § 27a Abs. 1 VwVfG).

Stellungnahmen und Einwendungen Träger öffentlicher Belange und betroffener Bürger sind form- und fristgebundene Äußerung im Rahmen des formellen Verfahrens. Die für die Durchführung zuständige Behörde ist nicht verpflichtet zu prüfen, ob bei dem Einwanderhebenden tatsächlich Betroffenheit vorliegt. Die Zustellung der Entscheidung über die Einwendung kann über eine individuelle Benachrichtigung oder durch eine öffentliche Bekanntmachung bei mehr als 50 Benachrichtigungen erfolgen. (vgl. Stüer und Probstfeld 2016, S. 123 f.)

Der *Erörterungstermin*, ebenfalls ein Element des Anhörungsverfahrens im Planfeststellungsverfahren, wird von den Vorhabenträgern organisiert und durchgeführt.

Die während der Stellungnahmefrist eingereichten Einwendungen und abgegebenen Stellungnahmen werden vorgestellt und in ihrem Zusammenhang mit der Planung erläutert. Ziel ist es, die Einwände aufzuklären und auszuräumen. Je nach Menge der eingeladenen Personen und Menge der (geclusterten) Stellungnahmen kann sich ein solcher Termin über mehrere Tage erstrecken.

Im Folgenden werden die rechtlich geforderten Verfahren in ihrem grundlegenden Ablauf vorgestellt, um den Schwerpunkt auf die Beteiligungs-Verfahrenselemente zu legen. Selbstverständlich gibt es dazu projektspezifisch einige rechtlich geregelte Änderungen der Verfahrensabläufe, insbesondere auch in Bezug auf parallel oder vorab laufende Verfahren, die sich inhaltlich mit den Beteiligungsformen z. B. bei den Umweltprüfungen überscheiden.

9.2.3 Raumbedeutsame Vorhaben

9.2.3.1 Infrastrukturprojekte

Infrastruktur ist seit Beginn der 60er Jahre ein in den Wirtschaftswissenschaften und verwandten Bereichen gebräuchlicher Begriff für die Gesamtheit der Anlagen, Einrichtungen und Gegebenheiten, die den Wirtschaftseinheiten als Grundlage ihrer Aktivitäten vorgegeben sind. Dabei wird unterschieden zwischen personeller Infrastruktur (Humankapital), institutioneller Infrastruktur (Normen und Verhaltensweisen, Einrichtungen und Verfahrensweisen) und materieller Infrastruktur (social overhead capital). Letztere, d. h. die Infrastruktur im eigentlichen Sinne, umfasst die Gesamtheit der staatlichen und privaten Einrichtungen, auf denen die wirtschaftliche Entwicklung einer Gesellschaft bzw. einer Region basiert, und gliedert sich in die technische und soziale Infrastruktur. (vgl. Brockhaus 2006, 13, S. 290) Zu der materiell-technischen Infrastruktur gehören die Verkehrswege, Energieversorgungsnetze, Datentransfernetze und Entsorgungsstrukturen für Abfallstoffe. Planerische Überlegungen für diese Netze beschränken sich dabei nicht auf Wirtschaftseffekte (z. B. Transportkostensenkung, erhöhtes Wirtschaftswachstum), sondern beziehen u. a. Umwelteffekte (z. B. Zerschneidungswirkungen, lokale Belastungen aus Lärm und Schadstoffen), Verkehrssicherheit, Zeitgewinne und verbesserte Erreichbarkeit mit ein (vgl. Schulz et al. 2016, S. 45). Neben den Parametern der Projektdefinition gelten für Infrastrukturprojekte weitere Besonderheiten, u. a. (vgl. Spang 2016a, S. 7 f.):

- Hoher Kapitalbedarf: Finanzierung aus Steuergeldern, eng gesteckte Kostenrahmen als „politische" Budgets und oft massive Überschreitung der ursprünglichen Kalkulation führen zu Widerstand und kritischer Begleitung durch die Bürger
- Große Bauwerke (lange und massive Störungen durch Baustellen und Logistik) mit langer Lebensdauer
- Lange Vorlauf- und Planungszeiten bis zum Baubeginn (Projektidee, Variantenuntersuchungen, Wirtschaftlichkeitsrechnungen, Machbarkeitsstudien, etc.), insbesondere auch durch die starken Eingriffe in Umwelt und Gesellschaft, woraus eine Vielzahl Betroffener mit oft rechtlichen Ansprüchen entsteht
- Definition des Projektumfangs (Bausoll) durch die langen Laufzeiten volatil (Teilprojekte kommen hinzu oder fallen weg, Einführung von Innovationen zur technischen Weiterentwicklung, rechtliche Änderungen, etc.)

- Technische Unteilbarkeit (z. B. EU: grenzüberschreitende technische Infrastrukturen in den Bereichen Verkehr, Telekommunikation und Energietransport als Transeuropäische Netze) führt zu politischen Entscheidungskriterien
- Hohes Konfliktpotenzial durch eine Vielzahl von Beteiligten mit inhomogenen Interessen und Definitionen der Projektziele (Bauherr, Ingenieurbüros, Gutachter, Baufirmen, Behörden, betroffene Privatpersonen; so z. B. bei der NBS Köln-Rhein/Main mit ca. 28.000 Beteiligten im Vergleich zum Neubau einer Bankzentrale in Frankfurt mit ca. 700 Beteiligten)
- Fokus der Öffentlichkeit

Die Schaffung gleichwertiger Lebensbedingungen für die Bevölkerung sind Ziel staatlicher Infrastruktur-Politik, deren Leitbild in § 1 Abs. 2 ROG als „nachhaltige Raumentwicklung, die die sozialen und wirtschaftlichen Ansprüche an den Raum mit seinen ökologischen Funktionen in Einklang bringt und zu einer dauerhaften, großräumig ausgewogenen Ordnung mit gleichwertigen Lebensverhältnissen in den Teilräumen führt" klargestellt wird. Im Folgenden wird das prozessuale Vorgehen inklusive der partizipativen Verfahren bis zum Vorliegen des Baurechts anhand der verkehrlichen Infrastruktur mit Beispielen aus der Schieneninfrastruktur aufgezeigt.

9.2.3.2 Ebene 1: Bedarfsplanung

❗ **Die Bedarfsplanung der Bundesverkehrswege legt im Ergebnis, dem Bundesverkehrswegeplan, fest, *OB* eine Maßnahme realisiert werden soll.**

Ziel & Ergebnis: Ziel der *Bedarfs- bzw. Bundesverkehrswegeplanung* ist eine grundsätzliche Analyse – strategisch und langfristig ausgelegt – und eine Priorisierung des zukünftigen, gesamtwirtschaftlich vorteilhaften Bedarfs an Verkehrsinfrastruktur in Deutschland. Betrachtet werden das Bestandsnetz und Neu- und Ausbauprojekte von Schiene, Straße und Wasserstraße. Auf einer hohen planerischen Abstraktionsebene (z. B. noch keine Festlegung der Linienführung von Strecken) und einem weit gefassten Entscheidungsspielraum wird geprüft und gegeneinander abgewogen, ob und in welcher Dringlichkeit eine infrastrukturpolitische Maßnahme notwendig und sinnvoll ist. (vgl. BMVI 2019a, online) Die Überlegungen beschränken sich dabei nicht ausschließlich auf die Wirtschaftlichkeit (Kosten-Nutzen-Analyse), sondern beziehen u. a. z. B. Umwelteffekte (z. B. Zerschneidungswirkungen) mit ein. Das Ergebnis der Planung ist der *Bundesverkehrswegeplan (BVWP)*, der als Planungsinstrument die Verkehrsinfrastrukturpolitik der nächsten 10 bis 15 Jahre ausrichtet. Der BVWP 2030 sieht Investitionen von 132,8 Mrd. € in Straße, 112,3 Mrd. € in Schiene und 24,5 Mrd. € in Wasserstraßen von 2016 bis 2030 vor. (vgl. BMVI 2019b, Online)

Rechtliche Basis: Die Bedarfsplanung der Bundesverkehrswege ist im Zusammenhang mit der Daseinsvorsorge eines sozialen Bundesstaats (Art. 20 Abs. 1 GG) zu verstehen, so muss der Bund zum Wohl der Allgemeinheit z. B. gewährleisten, den Verkehrsbedürfnissen in Bezug auf den Ausbau und Erhalt des Schienennetzes Rechnung zu tragen (Bundesschienenwege: Art. 87e GG, Bundeswasserstraßen: Art. 89 Abs. 2 GG, Bundesfernstraßen: Art. 90 GG). Das Gesamtverfahren der Bundesverkehrswegeplanung ist rechtlich nicht geregelt. Eine übergreifende Koordination ist auch durch die Vorgaben der EU zu transeuropäischen Verkehren notwendig, selbst wenn grundsätzlich je nach

Art und Eigentum der Verkehrsinfrastruktur Bund, Länder und Kommunen für den Bau und Erhalt verantwortlich sind (vgl. Schulz et al. 2016, S. 48).

Verantwortliche: Prozessverantwortung trägt das BMVI.

Vorgehen: Der erste Schritt ist die Vorbereitung des BVWP mit den Projektanmeldungen, Projektvorschläge, die die Vorhabenträger (für die Schiene z. B. die DB Netz AG) im BMVI einreichen. Im zweiten Schritt werden diese vom BMVI geprüft und mit gutachterlicher Unterstützung der BVWP als Gesamtkonzept erarbeitet. Auf Basis des BVWP werden die Bedarfspläne der einzelnen Verkehrsträger aufgestellt und vom Bundeskabinett beschlossen, sie haben zu diesem Zeitpunkt aber weder Gesetzescharakter noch bilden sie einen Finanzierungsplan. Der dritte Schritt ist das Gesetzgebungsverfahren, indem die Unterlagen als Basisentwürfe für die Änderungen der jeweiligen Ausbaugesetze Straße und Schiene mit den dazugehörigen Bedarfsplänen in den Deutschen Bundestag eingebracht und dort verbindlich beschlossen werden. Der BVWP hat Gültigkeit, bis ein neuer aufgestellt wird, dennoch findet alle 5 Jahre eine Bedarfsplanprüfung statt. (vgl. BVWP 2030, S. 7 f.)

Rechtliche Vorgaben zu partizipativen Elementen: Das Verfahren des BVWP ist insofern eine mittelbare Partizipationsform, da indirekt durch die Wahl aufgestellte politische Vertreter agieren. Rechtlich sind in dem Prozess auf den ersten Blick keine direkten Partizipationsformen zur Beteiligung der Öffentlichkeit vorgesehen. Allerdings ist der BVWP ein Programm, für das in das Aufstellungsverfahren eine obligatorische Strategische Umweltprüfung (SUP) integriert werden muss (UVPG § 35, Anlage 5 Punkt 1.1). Bei der SUP ist die Beteiligung der Behörden über Stellungnahmen (§ 41 UVPG) und eine „wirksame" Beteiligung der Öffentlichkeit durch eine Auslegung der Pläne und einer Äußerungsfrist von mindestens einem Monat (§ 42 UVPG) formell vorgesehen. Das Gesetzgebungsverfahren durch den Deutschen Bundestag als dritter Schritt des Verfahrens entzieht sich direkten Beteiligungsverfahren (vgl. BVWP 2030, S. 45).

Beispiel für die Umsetzung: Das Konzept zur Öffentlichkeitsbeteiligung wurde für den BVWP 2030 entsprechend den Forderungen nach mehr Transparenz und Möglichkeiten zur Mitwirkung ausgeweitet. Für den ersten BVWP unter aktiver Beteiligung der Öffentlichkeit wurden folgende Ebenen betrachtet:
- Wer: Bürger, Fachwelt (organisiert z. B. in Verbänden), Verwaltung
- Wann: Aufteilung des Prozesses bis zum Kabinettsbeschluss in Prognosephase, Konzeptphase, Bewertungsphase und Referentenentwurf; kontinuierliche und punktuelle Beteiligungsformate in den einzelnen Phasen;
- Mittel: Veröffentlichung über eine Internetseite, Informationsveranstaltungen, Konsultationsgespräche, Gelegenheit zur schriftlichen Stellungnahme

Im Rahmen der SUP konnten beim BVWP 2030 zwischen dem 21. März und 2. Mai 2016 alle natürlichen oder juristischen Personen mit Wohnsitz in Deutschland zu dem zuvor veröffentlichten Entwurf des BVWP 2030 und dem Umweltbericht Stellung beziehen. Ergänzend dazu konnten sich auch Behörden und die Öffentlichkeit aus den Nachbarstaaten schriftlich und in ihrer Landessprache am Entwurf des BVWP 2030 beteiligen. Auf Grundlage der ausgearbeiteten Stellungnahmen wurde der Entwurf überarbeitet. (vgl. BMVI 2019b, online)

9.2.3.3 Ebene 2: Raumordnung

❗ **Die Raumordnung ermittelt im Raumordnungsverfahren, *WO* eine Infrastrukturtrasse verlaufen soll.**

Ziel & Ergebnis: Das *Raumordnungsverfahren (ROV)* ist ein Verwaltungsverfahren (§ 15 ROG und landesplanerischen Vorschriften) zur Prüfung der Raumverträglichkeit einer raumbedeutsamen Maßnahme und basiert auf den Entwurfsplanungen des Vorhabenträgers. Zu den Aufgaben bei der Abwägung öffentlicher und privater Belange (vgl. § 7 Abs. 2 ROG) gehört z. B. die Zusammenarbeit mit der EU beim Ausbau Transeuropäischer Netze (vgl. § 2 Abs. 2 Punkt 8 ROG), Ausgeglichenheit der Verhältnisse im Gesamtraum Deutschland und seinen Teilräumen (§ 2 Abs. 2 Punkt 1 ROG) sowie Berücksichtigung der Ergebnisse der Umweltprüfung (vgl. § 8 ROG) und der Stellungnahmen aus dem Beteiligungsverfahren (vgl. § 9 ROG). Häufig werden in ROV z. B. Trassenalternativen auf ihre Auswirkungen hin überprüft und gegeneinander abgewogen (für den Neubau von Bundesfernstraßen und Bundeswasserstraßen folgt dem ROV das Verfahren der Linienbestimmung, bei dem das BMVI die Trassenführung festlegt). Nach der Erstellung der zusammenfassenden, überörtlichen und fachübergreifenden Raumordnungspläne endet das Verfahren mit einer Landesplanerischen Beurteilung. Diese ist rechtlich nicht bindend muss aber bei der Zulassung der folgenden Verfahrensebene Berücksichtigung finden. (vgl. BMVI 2019a, online)

Rechtliche Basis: Die *Raumordnungsverordnung (RoV)* präzisiert die Vorhaben, für die ein Raumordnungsverfahren entsprechend ROG durchgeführt werden muss. Raumordnungsplanungen des Landes nach § 13 ROG und Raumordnungsplanungen des Bundes nach § 17 ROG sind SUP-pflichtig (Anlage 5, Punkt 1.5 und 1.6 UVPG), in der Regel wird eine Umweltverträglichkeitsprüfung (UVP) durchgeführt (vgl. BMVI 2014, S. 36).

Verantwortliche: Prozessverantwortung tragen die für die Raumordnung zuständigen Behörden der Länder.

Vorgehen: Das ROV kann in drei Verfahrensschritte unterteilte werden, die frühe Planungsphase (Ideenphase), die fortgeschrittene Planungsphase mit der Erstellung der Raumordnungsunterlagen und die Durchführung des formellen behördlichen Verfahrens auf Basis der Unterlagen bis zur Beurteilung (vgl. BMVI 2014 S. 10, 35).

Rechtlich vorgeschriebene partizipative Elemente: Die Beteiligung bei der Aufstellung von Raumordnungsplänen ist in § 9 ROG beschrieben und bezieht sich auf die Öffentlichkeit, in ihren Belangen berührte öffentliche Stellen und von den Auswirkungen betroffene Nachbarstaaten. Für die Beteiligung der Öffentlichkeit sind insbesondere Information, Auslegung der Unterlagen und Möglichkeit zur Stellungnahme benannt. Im Rahmen der UVP wird die Beteiligung umfänglicher in den §§ 17 ff. mit Verweis auf § 73 Abs. 3 S. 1 und Abs. 5–7 VwVfG festgelegt.

In der Regel erfolgt die formelle Beteiligung durch die Landesplanungsbehörde, das BMVI verweist jedoch auf die besondere Bedeutung des ROV für eine frühe Bürgerbeteiligung, da hier erstmals die räumliche Lage und die damit verbundene Betroffenheit für Einzelne deutlich wird. Es empfiehlt daher informelle Beteiligungsverfahren durch den Vorhabenträger im Vorfeld zu den formellen Beteiligungsverfahren, weil in der Planungsphase noch große Entscheidungsspielräume offen sind. (vgl. BMVI 2014, S. 16, 35)

Beispiel für die Umsetzung: Im April 2019 führte die DB Netz AG als Vorhabenträger drei Bürgerdialogveranstaltungen für Anwohner und interessierte Bürger in unterschiedlichen Gemeinden durch, bei denen das Projekt Eisenbahn-Neubaustrecke Dresden-Prag vorgestellt wurde und die Landesdirektion Sachsen über Sinn und Zweck sowie den Ablauf des ROV informierte. Am 8. Mai führte die Landesdirektion Sachsen dann die Antragskonferenz durch, die sich nicht an die Öffentlichkeit, sondern die vom Vorhaben berührten Gemeinden, den Landkreis Sächsische Schweiz-Osterzgebirge, den Regionalen Planungsverband Oberes Elbtal/ Osterzgebirge, die in Sachsen anerkannten Naturschutzvereinigungen sowie weitere Träger öffentlicher Belange richtete. Nach der Projektinformation durch die DB Netz AG über das Neubauprojekt erhielten die anwesenden Gemeinden und Institutionen die Gelegenheit, Stellung zum Vorschlag der Antragsunterlagen zu nehmen und Hinweise zur Planung zu geben. Im Ergebnis der Antragskonferenz und auf Basis der in das ROV eingebrachten Trassenvorschläge legt die Landesdirektion Sachsen Inhalt und Umfang der Unterlagen für das Raumordnungsverfahren fest, die von der DB Netz zu erarbeiten sind. Das ROV mit Beteiligung der Öffentlichkeit wird voraussichtlich im Oktober 2019 beginnen. Dazu werden die Unterlagen in den vom Vorhaben berührten Gemeinden ausgelegt sowie im Internet veröffentlicht. Betroffene Bürger haben dann die Möglichkeit, Ihre Hinweise und Anregungen an die Landesdirektion Sachsen zu richten. (vgl. Medienservice Sachsen 2019, online) Die Inbetriebnahme der Neubaustrecke ist für 2035/36 geplant (vgl. ▸ sachsen.de 2019, online). Die Beteiligung der Öffentlichkeit beginnt hier also 17 Jahre vor geplanter Fertigstellung.

9.2.3.4 Ebene 3: Planfeststellung

❗ **Das Planfeststellungsverfahren ermittelt für eine baurechtliche Zulassung das *WIE* des Vorhabens.**

Ziel & Ergebnis: Im *Planfeststellungsverfahren (PFV)* wird über die parzellenscharfe Lage und Ausführung eines Infrastrukturprojektes inklusive aller notwendigen Nebenmaßnahmen entschieden. Die Entscheidung wird unter Abwägung öffentlicher und privater Belange gefällt, ist abschließend und hat umfassende Rechtswirkung (vgl. Stüer und Probstfeld 2016, S. 388 f.):

- eine *Genehmigungswirkung* zur Ausführung des Vorhabens (Baurecht),
- eine *Konzentrationswirkung,* d. h. es ist kein weiteres Genehmigungsverfahren mehr notwendig, es müssen keine weiteren Erlaubnisse eingeholt werden,
- eine *Gestaltungswirkung,* d. h. durch den Beschluss werden alle öffentlich-rechtlichen Beziehungen zwischen dem Träger des Vorhabens und den Betroffenen rechtsgestaltend geregelt und
- eine *Ausgleichswirkung,* d. h. die PF-Behörde kann dem Vorhabenträger Schutzmaßnahmen oder Entschädigungszahlungen für die Betroffenen auferlegen.

Rechtliche Basis: Das PFV wird allgemein in §§ 72–78 VwVfG geregelt. § 74 Abs. 6 VwVfG verweist auf die Möglichkeit des einfacheren und damit schnelleren *Plangenehmigungsverfahrens.* Das Innovationsforum Planungsbeschleunigung empfiehlt ausdrücklich den Einsatz dieser Variante so weit wie möglich auszunutzen, um die Dauer des Planungsprozesses zu optimieren.§ 75 Abs. 4 VwVfG schränkt die „Haltbarkeit" eines PF-Beschlusses ein: „Wird mit der Durchführung des Plans nicht innerhalb von fünf Jahren nach Eintritt der Unanfechtbarkeit begonnen, so tritt er außer Kraft." Eine Konsequenz daraus ist das bekannte Phänomen der „So-Da-Brücken", die, kommt ein Projekt aus politischen oder finanziellen Gründen ins Stocken, als Baubeginn gewertet werden und einen Verfall und damit ggf. neues PFV verhindern.

Verantwortliche: Mit dem *Planungsbeschleunigungsgesetz (PBG)* 2018, das die Ergebnisse des Innovationsforums aufgegriffen hat, wurde das Bundeseisenbahnverkehrsverwaltungsgesetzes (BEVVG) dahingehend geändert, dass das Eisenbahn-Bundesamt (EBA) sowohl Anhörungs- als auch Planfeststellungsbehörde ist. Vorher waren die Länder für den Verfahrensschritt der Anhörung verantwortlich. Zeitersparnis soll entstehen, wenn sich nur eine Behörde in die Panunterlagen einarbeiten muss.

Vorgehen: Der Vorhabenträger beantragt die Durchführung eines PFV bei der zuständigen Behörde. Das PFV kann a) auf einer abgeschlossenen Vorentwurfsplanung, b) einer abgeschlossenen Entwurfsplanung oder c) einer noch nicht abgeschlossenen Entwurfsplanung basieren, die vom Vorhabenträger bei der Anhörungsbehörde eingereicht wird. Variante c) wird oft bevorzugt, da einerseits die Planungstiefe für die beteiligten Behörden ausreichend ist und andererseits die Änderungen, die sich aus dem Verfahren ergeben, noch eingearbeitet werden können. (vgl. Spang 2016b, S. 17 f.) Das PFV kann, findet eine integrierte, vertiefende UVP statt, in vier wesentliche Prozessschritten eingeteilt werden. Zuerst erfolgt ein Scoping (Bestandteil der UVP), indem der Untersuchungsrahmen mit den Anforderungen an die einzureichenden Unterlagen festgelegt wird, dann folgt das Anhörungsverfahren, das Feststellungsverfahren und im Falle von Klagen die gerichtliche Überprüfung.

Rechtlich vorgeschriebene partizipative Elemente: In einem UVP-pflichtigen PFV erfolgt eine formelle Beteiligung durch die Anhörungsbehörde entsprechend § 73 VwVfG und §§ 17 ff. UVPG in folgenden Schritten (vgl. BMVI 2014 S. 64 f.):

- Ortsübliche Bekanntmachung und Auslegung der Planunterlagen in den Gemeinden, in denen sich das Vorhaben auswirkt
- Einreichen schriftlicher Stellungnahmen und Einwendungen bei der Anhörungsbehörde durch die betroffenen Bürger („Betroffenenbeteiligungsverfahren", d. h. es kann zwar jeder die Unterlagen einsehen, Einwendung können jedoch nur konkret betroffene Bürger, Behörden und Umweltverbände einreichen)
- Erörterungstermin, durchgeführt von der Anhörungsbehörde gemeinsam mit den Behörden und Einwendern
- Zusammenstellung der Ergebnisse des Anhörungsverfahrens durch die Anhörungsbehörden mit Stellungsnahmen zu nicht geklärten Einwendungen und Weitergabe an die Planfeststellungsbehörde

Beispiel für die Umsetzung: Bekanntmachung der Stadt Quedlinburg auf dem Internetportal der Stadt zum Anhörungsverfahren ohne UVP-Pflicht: „[…] Anhörungsverfahren nach § 18 a Allgemeines Eisenbahngesetz (AEG) i. V. m. § 73 des Verwaltungsverfahrensgesetzes (VwVfG) i. V. m. § 1 Abs. 1 Satz 1 VwVfG des Landes Sachsen-Anhalt im Rahmen des Planfeststellungsverfahrens gem. § 18 AEG i. V. m. §§ 72–78 VwVfG i. V. m. § 1 Abs. 1 Satz 1 VwVfG LSA für das Vorhaben „Bahnhof Quedlinburg – Erneuerung Hausbahnsteig und Personentunnel" der Strecke 6405 Wegeleben – Thale Hbf. bei Bahn-km 76,590 bis 77,020 in der Gemarkung Quedlinburg, Landkreis Harz." (Stadt Quedlinburg 2019, online) In der Bekanntmachung sind folgende Informationen zu finden:

- Zuständige Behörden und Vorhabenträger, rechtliche Bezugnahme zu einzelnen Vorgaben
- Wann, wo, wie lange und für wen (Allgemeinheit, Vereinigungen) die Planunterlagen physisch ausgelegt werden und die Adresse für einen Internetzugriff auf die Unterlagen (mit dem Hinweis, dass diese nur informatorisch sind und nicht die Auslegung ersetzen)

- Fristen, Mindestinhalt und Adresse zur Abgabe für die Einwendungen Betroffener
- Vorgehen beim Erörterungstermin, falls einer stattfindet (Anhörungsbehörde kann auf eine Erörterung der rechtzeitig erhobenen Stellungnahmen und Einwendungen verzichten (§ 18 a Nr. 1 Satz 1 AEG))
- Keine Kostenerstattung für die Teilnehmer (Zeit, Anfahrt)
- Hinweis auf gesonderten Entschädigungstermin, falls Entschädigungsansprüche entstehen
- Verfahren zur Rückmeldung (Entscheide zu Stellungnahmen und Planfeststellungsbeschluss)
- Erläuterungen zum Verzicht auf UVPG
- Hinweis auf Veränderungssperre (Mit dem Beginn der Auslegung des Planes tritt die Veränderungssperre nach § 19 Abs. 1 AEG in Kraft. Ab diesem Zeitpunkt dürfen auf den vom Plan betroffenen Flächen bis zu ihrer Inanspruchnahme wesentlich wertsteigernde oder die geplanten Maßnahmen erheblich erschwerende Veränderungen nicht vorgenommen werden.) und Vorkaufsrecht der betroffenen Flächen durch den Vorhabenträger.

Die ◘ Abb. 9.3 fasst die Beteiligungsverfahren auf den verschiedenen Verfahrensebenen zusammen.

❓ Praxis-Aufgabe

Suchen Sie im Internet eine Bekanntmachung für ein Anhörungsverfahren, das für Sie relevant ist (Wohnort, Urlaubsort).

- Prüfen Sie, wo diese Bekanntmachung überall zu finden ist (z. B. Internetseite des Vorhabenträgers, Printmedien).
- Gehen Sie die Inhalte der Bekanntmachung durch: Wie bewerten Sie die einzelnen Punkte des Verfahrens in Bezug auf eine wirksame Partizipation?
- Recherchieren Sie, welche partizipativen Elemente das Projekt im Vorfeld hatte und in welchen Jahren diese stattgefunden haben. Gab es Elemente der Mitbestimmung?
- Gehen Sie zu einer Auslegung der Unterlagen. Wie bewerten Sie das Umfeld? (Ist das Setting einladend? Sind die Unterlagen verständlich für den Laien? Steht jemand für Rückfragen zur Verfügung? …)

❓ Reflexions-Aufgabe

Vergleichen Sie die Innovationsvorschläge im Abschlussbericht 2017 des Innovationsforums Planungsbeschleunigung in Bezug auf die Öffentlichkeitsbeteiligung mit den gesetzlichen Forderungen im Gesetz zur Beschleunigung von Planungs- und Genehmigungsverfahren im Verkehrsbereich (29.11.2018) (Sie können sich auf die Umsetzung in einem Verkehrsbereich, z. B. Schiene mit §§ 2 f. beschränken). Beziehen Sie bei dem Vergleich auch die Änderungen des VwVfG (insbesondere § 25 Abs. 3, § 27a) durch das Gesetz zur Verbesserung der Öffentlichkeitsbeteiligung und Vereinheitlichung von Planfeststellungsverfahren (PlVereinhG) vom 31.05.2013 mit ein. Wie verhält es sich mit dem Zeitpunkt und dem Intensitätsgrad der Partizipation? Sehen Sie die Intention des Innovationsforums umgesetzt? Welche Chancen und welche Risiken sehen Sie für die Akzeptanz von Großprojekten auf Basis der aktuellen gesetzlichen Vorgaben zur Beteiligung?

Verfahrens-ebene	Planungsstufen bzw. Verwaltungsverfahren	Bürgerbeteiligung
BEDARFS-PLANUNG - "OB"	Vorbereitung der BVWP und Projektanmeldungen	informelle Bürgerbeteiligung durch BMVI und / oder Länder
	Aufstellung des BVWP bis Kabinettsbeschluss	**Formelle Beteiligung im Rahmen der SUP**
	Aufstellung von Bedarfsplänen, Gesetzgebungsverfahren zu Ausbaugesetzen Straße bzw. Schiene	
RAUM-ORDNUNG - "WO"	Voruntersuchungen, Erstellung der Raumordnungsunterlagen	informelle Beteiligung durch Vorhabenträger
	Raumordnungsverfahren (ROV)	**in der Regel formelle Beteiligung durch Landesplanungsbehörde**
		Informelle Beteiligung durch Vorhabenträger
ZULASSUNG - "WIE"	Linienbestimmung (bei Bundesfernstraßen und Bundeswasserstraßen)	ggf. formelle Beteiligung im Rahmen der UVP (soweit kein ROV bzw. ein ROV ohne UVP stattfindet)
	Entwurfsplanung, Genehmigungsplanung, Erstellung der Planfeststellungsunterlage	informelle Beteiligung durch Vorhabenträger
	Planfeststellungsverfahren	**formelle Beteiligung durch Anhörungsbehörde**
		informelle Beteiligung durch Vorhabenträger
BAU	Ausführungsplanung	informelle Beteiligung durch Vorhabenträger
	Bauausführung	informelle Beteiligung durch Vorhabenträger

◘ Abb. 9.3   Verfahrensebenen und Bürgerbeteiligung. (Adaptiert nach BMVI 2014, Handbuch für eine gute Bürgerbeteiligung)

9.2.4 Städtebauliche Vorhaben

9.2.4.1 Ebene 1: Landesentwicklungsplanung

❶ Der Landesentwicklungsplan entwickelt auf Basis der Raumordnung des Bundes eine *LEITLINIE, WAS* sich *WO* im Bundesland entwickeln soll.

Ziel & Ergebnis: Die Landesentwicklungsplanung ist ein strategisches Instrument zur Sicherung und Ordnung der Entwicklung des Landes und seiner Regionen in Bezug auf überregional bedeutsame Themen. Das Ergebnis, der Landesentwicklungsplan (LEP), enthält dann u. a. eine Vorausschau der Entwicklung von Bevölkerung und Wirtschaft, Festlegungen von Raumkategorien und Zentren, Darstellungen zu Trassen und Standorten der Infra- und Freiraumstruktur und das Landschaftsprogramm (entspr. §§ 9,10 Bundesnaturschutzgesetz) (vgl. § 3 Abs. 2 HLPG).

Rechtliche Basis: Das ROG als Bundesrecht überträgt in § 13 die Verantwortung für die Landesentwicklungsplanung den Ländern, die einen „Raumordnungsplan für das Landesgebiet (landesweiter Raumordnungsplan)" aufzustellen haben. Das Verfahren zur Aufstellung des LEP ist dann im Landesrecht in Anlehnung an das übergeordnete Bundesrecht geregelt, z. B. im Hessischen Landesplanungsgesetz (HLPG).

Verantwortliche: Verantwortlich für die Umsetzung bzw. Fortschreibung von Landesentwicklungsplänen sind die Bundesländer, in Hessen z. B. gehört die Obere Landesplanungsbehörde (O LPB) zum Hessisches Ministerium für Wirtschaft, Energie, Verkehr und Wohnen.

Vorgehen (Bsp. Hessen): Ein LEP ist fortzuschreiben, sodass sein Inhalt den Entwicklungen entspricht und er als Grundlage für die Regionalplanung dienen kann. Die O LPB erstellt die Entwurfsunterlagen inkl. des Umweltberichtes (§ 9 ROG) und legt sie der Landesregierung zur Beschlussfassung über die Einleitung der Beteiligung (§ 10 ROG) vor. Dann erfolgen die Beteiligungsverfahren auf Ebene der Institutionen und Träger öffentlicher Belange und auf Ebene der Öffentlichkeit. Ggf. erfolgt eine Überarbeitung der Unterlagen unter Berücksichtigung der Ergebnisse der Beteiligung. Der LEP wird mit Zustimmung des Landtags von der Landesregierung durch Rechtsverordnung festgestellt. (vgl. § 4 HLPG)

Rechtlich vorgeschriebene partizipative Elemente (Bsp. Hessen): Der von der Landesregierung gebilligte Entwurf des LEP wird gesetzlich festgelegten Institutionen und Trägern öffentlicher Belange (TÖB) für eine Stellungnahme zugeleitet. Dazu gehören z. B. Bund, benachbarte Länder, kommunale Gebietskörperschaften und ihre Spitzenverbände, Organisationen der Wirtschaft, Gewerkschaften, anerkannten Naturschutzvereinigungen im Sinne des § 63 Abs. 2 auch in Verbindung mit § 74 Abs. 3 des Bundesnaturschutzgesetzes, Integrationsbeirat, Landesarbeitsgemeinschaft der hessischen Frauenbeauftragten (vgl. § 4 Abs. 3 HLPG). Die Beteiligung der Öffentlichkeit nach § 10 ROG erfolgt über eine angekündigte Auslegung der Unterlagen in der Behörde und Einstellung im Internet mit der Möglichkeit für schriftliche Stellungnahmen (vgl. § 4 Abs. 4 HLPG). Falls die Berücksichtigung der Ergebnisse der Beteiligung zu erheblichen Entwurfsänderungen führt, findet eine erneute Beteiligung statt.

Beispiel für die Umsetzung: Bei der Änderung des LEP in Hessen 2017 ist eine extrem hohe Anzahl von Stellungnahmen aus dem Beteiligungsverfahren zum Thema Luftverkehr eingegangen. Diesen konnte z. B. entnommen werden, dass der Text gegensätzlich im Bereich des Nachtflugverbots interpretiert wurde. Nach der Kabinettentscheidung erfolgt die formale Bekanntmachung für die erneute Auslegung inklusive Fristen für die Stellungnahmen im Staatsanzeiger für das Land Hessen. (vgl. Hessisches Ministerium für Wirtschaft, Energie, Verkehr und Wohnen 2017, online)

9.2.4.2 Ebene 2: Regionalplanung

❗ **Die Regionalplanung konkretisiert das *WAS* und *WO* der Landesentwicklungsplanung für eine Region im Bundesland.**

Ziel & Ergebnis: In der Regionalplanung werden regionale Entwicklungspläne für eine bestimmte Region, ein Teilgebiet der Länder, aufgestellt. Die Regionen sind z. B. im

HLPG festgelegt mit Nordhessen, Mittelhessen und Südhessen. Inhaltlich konkretisieren Regionalpläne den LEP z. B. mit Festlegungen zu Grundzentren, Infrastrukturstandorten, Gebieten für Naturschutz, Landschaftspflege, Waldgebiete oder Flächen zur landwirtschaftlichen Nutzung, für den Ausbau erneuerbarer Energien oder Denkmalschutz.

Rechtliche Basis: Das Verfahren zur Erstellung der Regionalpläne ist im Landesrecht geregelt, z. B. in Hessen ebenfalls im HLPG.

Verantwortliche: In den Planungsregionen werden Regionalversammlungen in bestimmter Zusammensetzung gebildet, die über die Aufstellung des Entwurfs des Regionalplans, die Billigung des Entwurfs des Regionalplans, die Einleitung der Beteiligung und über den Regionalplan beschließen, wodurch sie verfahrenssteuernd wirken (vgl. § 14 Abs. 2 S 1 HLPG). Die Genehmigung eines Regionalplans erfolgt über die Landesregierung (vgl. § 7 Abs. 1 HLPG).

Vorgehen: Das Vorgehen für die Aufstellung der Regionalpläne ist durch die Schnittstelle zwischen Regionalversammlung (RV) und O LPB etwas komplizierter als bei den LEP. Die RV beschließt, dass ein Regionalplan aufzustellen ist, woraufhin die O LPB die Unterlagen für den Regionalplan erstellt. Der Entwurf wird dann in den Ausschüssen beraten und der RV zur Billigung und zum Entscheid über die Einleitung der Beteiligung nach § 10 ROG vorgelegt. Dann erfolgen die Beteiligungsverfahren auf den zwei Ebenen. Anschließend legt die Geschäftsstelle der RV der RV den Entwurf mit den Ergebnissen der Beteiligungen zur Beratung und Entscheidung vor, ob der Entwurf beschlossen wird oder Änderungen entsprechend der Stellungnahmen notwendig sind. Der beschlossene Regionalplan ist von der Geschäftsstelle der RV mit einer Stellungnahme zu den Anregungen und Bedenken insbesondere des Bundes und der benachbarten Länder, denen nicht gefolgt wurde, der O LPB vorzulegen. Die O LPB prüft die Unterlagen auf Stimmigkeit mit den übergeordneten Vorgaben und legt sie der Landesregierung zur Genehmigung vor. (vgl. §§ 6, 7 HLPG).

Rechtlich vorgeschriebene partizipative Elemente: Die zwei Beteiligungsstufen, Institutionen, Träger öffentlicher Belange inkl. der O LPB und benachbarten Planungsregionen und der Öffentlichkeit erfolgen analog zum LEP-Verfahren. Allerdings werden die Unterlagen zusätzlich zur O LPB in den Kreisverwaltungen und den kreisfreien Städten für die Dauer von zwei Monaten öffentlich ausgelegt und zur Stellungnahme aufgefordert.

Beispiel für die Umsetzung: Wie kritisch Beteiligungsverfahren auf Regionalplanverfahren wirken könne, zeigen der Regionalplan Nordhessen und Südhessen (Teilregionalplan Energie) 2018. In Nordhessen wurde nach erneuter Entwurfsänderung auf Offenlegung und eine dritte Beteiligungsrunde der Öffentlichkeit verzichtet. Die Eilanträge zweier nordhessischer Kommunen gegen den Teilregionalplan wurden zwar abgelehnt, aber es erfolgte eine kritische Einschätzung des Hessischen Verwaltungsgerichtshofes VGH, indem die Richter in der Begründung erkennen ließen, dass die Streichung bzw. Verkleinerung von 44 Vorranggebieten für die Windenergienutzung ohne eine weitere Öffentlichkeitsbeteiligung als kritisch angesehen wird. (vgl. Regierungspräsidium Kassel 2019, online) Bei der Regionalplanung in Südhessen stehen sich politisch extrem unterschiedliche Positionen zum Thema Windenergie gegenüber, was sich enorm auf die Verfahrensdauer auswirkt (vgl. Hetrodt 2018, online).

❷ Konzept-Aufgabe

Recherchieren Sie Abläufe und Hintergründe zu den Regionalplanverfahren in Nordhessen und Südhessen (Teilregionalpläne Energie) (z. B. Südhessen: ▶ https://www.faz.net/aktuell/rhein-main/unmut-ueber-windenergie-in-hessen-waechst-15913011.html; Nordhessen: ▶ https://fdp-fraktion-hessen.de/meldung/beim-regionalplan-in-nordhessen-zeichnet-sich-fiasko-ab/).
Analysieren Sie den Konflikt und die Beteiligten von beiden Beispielen. Welches Vorgehen schlagen Sie für eine Konfliktauflösung vor?

9.2.4.3 Ebene 3: Bauleitplanung

❶ Die Bauleitplanung legt mit dem Bebauungsplan konkret fest, *WIE* in einem Stadtgebiet ein Vorhaben realisiert werden soll.

Ziel & Ergebnis: Die *Bauleitplanung* ist das Instrument der Gemeinden zur Steuerung der städtebaulichen Ordnung und Entwicklung auf Basis der Leitlinien der Raumordnung. Das Verfahren läuft in zwei Stufen ab.

1. In der ersten Stufe wird ein Flächennutzungsplan als vorläufiger Bauleitplan für das ganze Gemeindegebiet aufgestellt und mit dem Feststellungsbeschluss durch eine höhere Verwaltungsbehörde (für Leipzig z. B. durch die Landesdirektion Sachsen) genehmigt. Als Leitbild für die Stadtentwicklung gibt er die gebietsweise Art der Bodennutzung nach den voraussichtlichen Bedürfnissen der Gemeinde vor, z. B. Areale zur Bebauung, für Infrastruktureinrichtungen, Grün-, Wasser- und Landwirtschaftsflächen.

2. In der zweiten Stufe werden Bebauungspläne für Gemeindeareale als verbindliche Bauleitpläne aufgestellt und von der Gemeinde als Satzung beschlossen. Bebauungspläne machen konkrete Angaben u. a. zu Art und Maß der baulichen Nutzung, zur Bauweise oder der spezifischen Nutzung einzelner Flächen wie öffentliche und private Grünflächen. (Inhalte von Bebauungsplänen s. § 9 BauGB).

Rechtliche Basis: Das Verfahren der Bauleitplanung ist in Summe im BauGB geregelt, spezifisch der Flächennutzungsplan als vorbereitender Bauleitplan in §§ 5 bis 7 BauGB und der Bebauungsplan als verbindlichen Bauleitplan in §§ 8 bis 10 BauGB. Nach § 8 ROG kann der Flächennutzungsplan in den Ländern Berlin, Bremen und Hamburg die Funktion eines Landesentwicklungsplans übernehmen. Das Vorgehen zur Beteiligung der Öffentlichkeit ist in §§ 3-4b BauGB geregelt.

Verantwortliche: Das Verfahren wird auf Gemeinde – bzw. Kommunalebene geleitet.

Vorgehen und rechtlich vorgeschriebene partizipative Elemente (entspr. BauGB): Entsprechend der Planungshoheit der Gemeinden kommt der Anstoß zum Aufstellen oder Ändern des Bauleitplans von der Gemeinde. Steht dieser Beschluss, startet eine frühe Beteiligung durch eine öffentliche Unterrichtung. Bereits in dieser Vorplanungsphase ist auf Basis von Ziel, Zweck, möglichen Varianten und wahrscheinlichen Auswirkungen der Planung die Möglichkeit zur Stellungnahme und Erörterung zu geben. Dies kann jedoch ausgesetzt werden, wenn nur eine geringfügige Betroffenheit vorliegt oder das Prozedere bereits im Rahmen eines anderen Verfahrens erfolgt ist. Ebenso wie in den anderen Genehmigungsverfahren erfolgt die Beteiligung auf den zwei Ebenen:

Behörden, TÖB, betroffene Nachbargemeinden und Öffentlichkeit. Behörden und sonstigen TÖB, deren Aufgabenbereich durch die Planung berührt werden kann, müssen unterrichtet, und zur fristgerechten Äußerung auch im Hinblick auf den erforderlichen Umfang und Detaillierungsgrad der Umweltprüfung aufgefordert werden. Nach Erarbeitung der Bauleitplanentwürfe muss erst mindestens eine Woche vorab die Information über die Auslegungskonditionen, und dann die öffentliche Auslegung selbst, mindestens für die Dauer von 30 Tagen, erfolgen. In dieser Zeit können alle Bürger Stellungnahmen zu dem Entwurf abgeben, die folgend von der Gemeinde geprüft und entsprechende Ergebnisse veröffentlicht werden (bei mehr als 50 Stellungnahmen mit vergleichbarem Inhalt, kann aufgefordert werden, eine Mitteilung über die Möglichkeit zur Einsicht in das Ergebnis zu geben). Wirksame Bauleitpläne sind öffentlich einsehbar und sollen im Internet über ein zentrales Portal des Landes zur Verfügung stehen.

Beispiel für die Umsetzung: Die Senatsverwaltung für Stadtentwicklung und Wohnen Berlin bietet eine Übersicht zu allen Bebauungsplänen im Verfahren und dem aktuellen Verfahrensstand der Öffentlichkeitsbeteiligung, z. B. (Senatsverwaltung für Stadtentwicklung und Wohnen Berlin 2019, Online):

— Titel 5-113; Geltungsbereich: für die Grundstücke Gartenfelder Straße 61, 63, 65 und Paulsternstraße 31 im Bezirk Spandau, Ortsteil Haselhorst: Verfahrensstand: Archiv: Öffentliche Auslegung: 29.10.–29.11.2018; erneute Öffentliche Auslegung: 14.01.–28.01.2019
— Titel: II-201da; Geltungsbereich: für das Gelände zwischen Alexanderufer, Kapelle-Ufer, Hugo-Preuß-Brücke, Rahel-Hirsch-Straße, Friedrich-List-Ufer einschließlich des Stadtbahnviaduktes sowie einem Abschnitt des Alexanderufers (Humboldthafen); frühzeitige Beteiligung der Öffentlichkeit: 16.01.–12.02.1995; 19.03.–19.04.2007; öffentliche Auslegung: 29.10.–29.11.2012

> ❓ **Reflexions-Aufgabe**
> An dem letzten, etwas älteren Beispiel aus Berlin können Sie die zeitliche Abfolge bzw. die Abstände zwischen den einzelnen Beteiligungselementen sehen. Wie schätzen Sie die Wirkung dieser kontinuierlichen Partizipationsmöglichkeiten ein in Bezug auf die konkret betroffenen Bewohner vor Ort und die Dauer solcher Projekte?

9.2.5 Punktuelle Vorhaben

Das erste Modell partizipativen Bauens in der Wohnraumplanung initiierte der Architekt Rolf Spille in den 70er Jahren. Steilshoop bei Hamburg wurde als öffentlich geförderter Wohnungsbau durch intensive Zusammenarbeit von Architekten und zukünftigen Bewohnern geplant und gebaut. Bei dem zweijährigen Planungsprozess bestimmten ca. 40 Familien und Wohngemeinschaften Grundrisse der Wohnungen und Gemeinschaftsbereiche mit (vgl. Schäfer 2015, S. 197). Das Ideal des selbstverantwortlichen Zusammenlebens scheiterte dann aber an der Realität der Bewohner, von denen die ersten schon nach wenigen Jahren wieder auszogen. Gründe waren u. a. der enorm hohe Aufwand der notwendigen Kommunikationsprozesse bei einer zu ambitionierten

Größe des Projektes und ein hoher, kaum integrierbarer Anteil an sozialen Problemfällen (vgl. Diedrich 2013, online).

Ein wesentlich erfolgreicheres Partizipationsmodell, die *Planungszelle (PZ)*, entwickelte Peter C. Dienel Anfang der 70er Jahre. Dabei ist die PZ mit fixen und variablen Bausteinen und definierten Arbeitsprozessen als grundsätzliches Modell für politische Beteiligungsverfahren zu verstehen und nicht speziell für den öffentlichen Wohnungsbau. Eine Gruppe von max. 25, im Zufallsverfahren ausgewählte Laienplanern, von ihrer Erwerbstätigkeit freigestellt und von öffentlicher Hand vergütet, erarbeiten gemeinsam mit Fachressorts und Prozessbegleitern (professionellen Kommunikatoren) Lösungen (vgl. Schäfers 2015, S. 198). Der Output eines PZ-Projektes ist ein Bürgergutachten, das Lösungsvorschläge und deren Bewertung zusammenfasst. Der wesentliche Unterschied zu den demokratischen Ansätzen der Konfliktlösung entweder durch Professionelle (z. B. Parlament, Verwaltung) oder Betroffene (z. B. Bürgerinitiativen, Runder Tisch, Mediation) ist die lösungsorientierte Arbeit eines als tatsächlich neutral wahrgenommenen Teams, weil die Teilnehmer in Bezug auf Team, Lösung oder Prozess keine Abhängigkeiten wie z. B. Beförderungen, Wiederwahl, Eigeninteressen haben. Aus diesem Grund werden die Aussagen aus der PZ als sachorientierte Rationalität auf Basis eines Allgemeininteresses wahrgenommen und finden Akzeptanz. PZ-Projekte werden zumeist von Städten beauftragt, z. B. „Zukunft der Innenstadt", um Visionen für die Stadt Apolda zu entwickeln, „Bürger planen Meiningen" oder „Perspektiven für Regensburg". (vgl. Dienel 2002, S. 278 ff.) Der Einsatz einer PZ bringt allerdings auch Probleme mit sich: Manipulation der Laienplaner, z. B. durch gesteuerte Information durch die Fachplaner, ist zwar kein rein PZ-spezifisches Problem, muss aber dennoch mit Regelungen vermieden werden. Die Integration der PZ-Arbeit in die Projektrealisierung muss, z. B. bei städtebaulichen Prozessen, in die verfahrensrechtlichen Rahmenbedingungen einbaubar sein. Und zuletzt der schwierigste Punkt: das PZ-Verfahren kostet Geld, es ist teurer als manche Befragung oder Fachgutachten und das ohne, dass es als Beteiligungsverfahren an einer Stelle vorgeschrieben wäre. Der Einsatz dieser öffentlichen Mittel muss also immer gerechtfertigt werden. (vgl. Dienel 2002, S. 12, 100 f.)

> **❓ Reflexions-Aufgabe**
> Stellen Sie sich vor, Sie sind der Fachplaner in einer Planungszelle für ein Projekt des öffentlichen sozialen Wohnungsbaus. Wie würden Sie Ihre Rolle beschreiben (eine Art Arbeitsanleitung)? Wie würden Sie sich in dieser Rolle fühlen? Was denken Sie wären die persönlichen Herausforderungen für Sie, woran messen Sie Ihre Erfolge bei dieser Arbeit?

9.2.6 Status in Deutschland

Die enorme Planungsdauer von Infrastrukturprojekten, für die grundsätzlich öffentlich-rechtliche Planungsverfahren vorgeschrieben sind, wird seit langem kritisiert. In diesem Kontext, also einem zeitlichen Kriterium, tauchen in den Gesetzesnovellen immer wieder die Partizipationsverfahren mit auf. Eine erste Maßnahme war das Verkehrswegeplanungsbeschleunigungsgesetz (VerkPBG) von 1991, das auf 17

„Verkehrsprojekte der Deutschen Einheit" beschränkt war, und z. B. den Verzicht auf einen Erörterungstermin und die erstinstanzliche Zuständigkeit des Bundesverwaltungsgerichts festlegte. Auf Basis der guten Erfahrung wurde das Gesetz als Planungsvereinfachungsgesetz (PlVereinfG) für das gesamte Bundesgebiet übernommen und in Kombination mit weiteren Gesetzen (Investitionserleichterungs-, Wohnbauland-, Genehmigungsverfahrensbeschleunigungsgesetz) mit verfahrensstraffenden Möglichkeiten versehen. Das PlVereinfG ist ein Artikelgesetz, d. h. es enthält keine eigenen Regeln, sondern Vorgaben zur Anpassung der verschiedenen Verkehrswegegesetze des Bundes. 2006 erfolgte eine weitere Anpassung durch das Infrastrukturplanungsbeschleunigungsgesetz (IPlBG), mit dem das VerkPBG außer Kraft getreten ist. 2013 folgte das Planungsvereinheitlichungsgesetz (PlVereinhG), das übergreifend für Bund und Länder gilt. (vgl. Stüer und Probstfeld 2016, S. 2 ff.) Das PlVereinhG 2013 hatte zum Ziel, die Planung von Vorhaben zu optimieren, Partizipationsmöglichkeiten und Transparenz für die betroffene Öffentlichkeit zu schaffen und damit die Akzeptanz von PF-Entscheidungen zu fördern. In diesem Sinne wurde die Frühe Öffentlichkeitsbeteiligung rechtlich eingeführt, wodurch der Vorhabenträger dazu angehalten wird, bereits vor Eröffnung des eigentlichen PFV eine Öffentlichkeitsbeteiligung durchzuführen. Dadurch sollen mögliche Konflikte bereits im Vorfeld erkannt und entschärft und das anschließende Verwaltungsverfahren entlastet werden. (vgl. EBA 2019, Online) Die aktuellste Gesetzesanpassung, das Gesetz zur Beschleunigung von Planungs- und Genehmigungsverfahren im Verkehrsbereich, Planungsbeschleunigungsgesetz (PBG), vom November 2018, ist wiederum ein Artikelgesetz. Es implementiert für den Bereich der Schieneninfrastrukturgesetze einen „Projektmanager" für die Koordination des Anhörungsverfahrens, ermöglicht eine Plangenehmigung für UVP-pflichtige Vorhaben (in deren Rahmen die Beteiligung der Öffentlichkeit durchgeführt wird), verweist auf eine Veröffentlichung der Unterlagen im Internet durch den Vorhabenträger falls dies nicht anderweitig erfolgt und setzt das EBA als verantwortliche Behörde für das Planfeststellungs- und das Anhörungsverfahren ein.

Auch der DBGT greift das Thema Partizipation als Schlüsselthema für die Realisierbarkeit von Infrastrukturvorhaben seit 2012, im Zusammenhang mit Stuttgart 21, auf. Bereits 2012 empfiehlt er eine frühe Bürgerbeteiligung deren Verfahren zur Vermeidung von Einengungen allerdings nicht formalisiert werden soll (insgesamt eine Stärkung der informellen Verfahren), um zeitintensive Gerichtsverfahren zu vermeiden und Kosten zu senken. Interessant ist die Forderung, dass es Aufgabe und eine Bringschuld der planenden Verwaltung ist, die Beteiligungsverfahren attraktiv zu gestalten, sie anschaulich, transparent und unmittelbar sowohl auf der Planungs-, als auch der Zulassungsebene einzusetzen. Nur von 50 % der Teilnehmer des DBGT empfehlen, erstens die erheblichen Kosten umfassender und früher Öffentlichkeitsbeteiligung auf eine klare Finanzierungsregelung zu stellen, und zweitens die Mediation nur begleitend vor der Zulassungsentscheidung für eine (für die hoheitliche Planungsbehörde unverbindliche) mitgestaltende Einflussnahme der Öffentlichkeit einzusetzen. (vgl. DBGT 2012)

? **Reflexions-Aufgabe**
Sie haben bereits das Konzept der Agilität kennengelernt. Wie agil sind die
Verfahrensabläufe bis ein ggf. raumbedeutsames Projekt in Deutschland
Genehmigungsreife hat? Kann Partizipation agil sein?

9.3 Mesoebene: Organisation

9.3.1 Parameter für die Organisation

Auf der Mesoebene der Partizipation geht es um die Organisationsstruktur, die für die
konkrete Umsetzung eines Partizipationskonzeptes aufgebaut werden muss. Der Aufbau der Kommunikationsstrategie für ein Projekt kann in acht Prozessschritten erfolgen,
wobei die beiden letzten Schritte zur Umsetzung bereits auf der Mikroebene liegen (vgl.
Immerschitt 2017, S. 19):

1. Initialisierung: Erstellung der Aufbauorganisation, Identifizierung des Teams, Festlegung der Zuständigkeiten, Meilensteinterminplan und Kick-Off-Termin
2. Umfeld-/Projektanalyse: Eruierung der kritischen Themen im und durch das Projekt
3. Stakeholderanalyse: Identifizierung der Stakeholder und ihren Erwartungen,
   Zuordnung zu Dialoggruppen
4. Bestimmung der Kommunikationsziele: Wahrnehmungs-, Einstellungs- und Ver-
   haltensziele (z. B. Einflussnahme auf das Klageverhalten im Planfeststellungsverfahren)
5. Positionierung und Kernbotschaften: Festlegung der inhaltlich-strategischen Ausrichtung
6. Erstellung eines integrierten Kommunikationskonzeptes bzw. einer Partizipationsarchitektur: Maßnahmenplanung für interne und externe Vorhaben (Kostenplan,
   Zeitplan, Qualität der Partizipation)
7. Umsetzung der Maßnahmen: Aufbau der Projektkultur, Aufbau der Netzwerke,
   Öffentlichkeitsarbeit
8. Evaluation: Maßnahmenprüfung, regelmäßige Kontrollschleifen insbesondere in
   Bezug auf die Stakeholderanalyse

Bevor also die Wahl und Konzertierung der Einzelaktionen erfolgen kann, müssen einige grundlegende, interdependente Parameter für den projekt- und budget-
abhängigen Organisationsaufbau des Stakeholder- oder Kommunikationsmanagements
geklärt werden:

1. Projekttyp
   - Raumbedeutendes Infrastrukturprojekt
   - Lokales Infrastrukturprojekt (z. B. Müllverbrennungsanlage, kommunale Straße)
   - Stadtentwicklung/Quartiersentwicklung
   - Wohnungsbau

Der Projekttyp wirkt sich auf die folgenden Parameter aus. In Zusammenhang mit dem Projektinhalt lässt sich insbesondere im Abgleich zu vorangegangenen ähnlichen Vorhaben auf das Konfliktpotenzial und mögliche Gegner für die Stakeholderanalyse schließen. Die Konfliktträchtigkeit eines Projektes lässt auch Rückschlüsse auf den notwendigen Aufwand für die Partizipation zu.

2. Zeithorizont Projekt
    - Kurzfristig (ca. 1–3 Jahre)
    - Mittelfristig (ca. 3–7 Jahre)
    - Langfristig (ca. 7–30 Jahre)
    - Dauerhaft

Von der Projektdauer hängt die Auswahl der vor allem aus wirtschaftlicher Sicht sinnvollen Beteiligungsformate ab: Für ein langfristiges Infrastrukturprojekt wie z. B. das Verkehrsprojekt der Deutschen Einheit Nr. 8 rentieren sich Aufbau und kontinuierliche Pflege einer eigenen Homepage (▶ http://www.vde8.de/), während über lokale kurz- und mittelfristige Infrastrukturprojekte wie die Straßenbaustellen im Landkreis Leipzig gesammelt auf einer Plattform informiert wird (▶ https://www.landkreisleipzig.de/strassenbaustellen.html). Mit dauerhaften Projekten (was nicht der Definition eines Projektes entspricht) sind z. B. Transformationsprozesse in Stadtquartieren gemeint, die zwar Schwerpunktphasen haben, sich aber grundsätzlich kontinuierlich weiterentwickeln. Hier ist im Rahmen des Organisationsaufbaus z. B. eine dauerhafte Anlaufstelle für partizipationswillige Bürger sinnvoll.

3. Intensitätsgrad
    - Information
    - Konsultation
    - Mitgestaltung

Der Intensitätsgrad der Partizipation ist eine Entscheidung, u. a. entsprechend dem politischen Willen und abhängig von der Haltung treibender Akteure, die ganz am Anfang steht, weil von dieser Entscheidung die Einsatzzeitpunkte und verwendeten Formate zur Partizipation abhängig sind. Diese Entscheidung sollte eine Leitlinie im Projekt darstellen und Teil der Projektkultur werden. Information ist unilateral, das heißt die Kommunikation bewegt sich nur in eine Richtung. Der Aufwand für konsultatorische Formate hingegen ist erheblich größer, denn es muss ein Dialog stattfinden wie z. B. im Rahmen eines projektbegleitenden Online-Chats für interessierte Bürger, der personaltechnisch stetig bedient werden muss, um nicht als Farce begriffen zu werden. Mitgestaltung verlangt nicht nur projektbezogenes Fachwissen (ein Online-Chat kann koordiniert aus dem Projekt heraus erfolgen), sondern auch verfahrenstechnisches Wissen und damit ggf. gesonderte Aufträge an entsprechende Dienstleister. Zudem müssen die Ergebnisse in die Planung einfließen und Feedback-Schleifen erfolgen.

4. Projektphase
    - Ideenphase
    - Entwurfsphase
    - Genehmigungsphase (inkl. notwendige Entwurfsanpassungen)
    - Bauphase
    - Analysephase (Auswirkungen)

Die Projektphasen bestimmen die Möglichkeiten des Intensitätsgrades und damit die zielführenden Formate. Die Möglichkeit der Mitgestaltung nimmt von der Ideenphase bis zur Genehmigungsphase ab. Die Genehmigungsphase wird aufgefangen von formellen Beteiligungsformaten. Nach der Genehmigungsphase ist an der Durchführung des Projektes keine mitgestaltende Partizipation mehr möglich. Allerdings kann es bei der Durchführung der Bauarbeiten (Baulärm, Schmutz, Bauzeiten, etc.) zu Konflikten kommen, für die ad hoc eine Kommunikation stattfinden muss. Eine an das Projektende anschließende Analysephase kann für den Vorhabenträger als Lerneffekt eingesetzt werden, indem unerwartete Auswirkungen eines Projektes auf Betroffene aufgenommen und ggf. Lösungen gesucht werden.

5. Vorgeschrieben Beteiligungsformate
   - Frühe Öffentlichkeitsbeteiligung
   - Auslegung
   - Stellungnahmen
   - Erörterung
   - Keine

Zeitpunkt, Ziel und Umfang der vorgeschriebenen Formate müssen auf den geplanten Einsatz der informellen Formate abgestimmt werden und ein Gesamtkonzept bilden. Zudem ist über die frühe Beteiligung Inhalten der formalen Formate vorauszugreifen, um Konflikte vor einer Eskalation im Genehmigungsverfahren vorwegzugreifen und das Zeitrisiko für das Projekt zu minimieren.

6. Zuständigkeit
   - Behörden und Ämter
   - Vorhabenträger
   - Bürgerinitiativen, Vertreter vor Ort

Die Zuständigkeit für die Durchführung eines Verfahrens hat zwei Aspekte. Zum einen können bestehende Strukturen für ein Projekt ggf. mit genutzt werden, z. B. kann es ein, dass eine Bürgerinitiative einen Veranstaltungsraum hat, der für ein Beteiligungsformat genutzt werden kann und dem Vorhabenträger Organisation und Kosten einspart. Durch solche Abstimmungen und kooperative Zusammenarbeit können auch bei geringem Budget viele Formate umgesetzt werden. Das zweite Thema ist der notwendige Koordinationsaufwand: Wenn mehrere Verantwortliche über mehrere Kanäle zu einem Projekt informieren, muss über ein gutes Informationsmanagement der gleiche Sachstand sichergestellt und doppelter Aufwand vermieden werden.

7. Zeithorizont Beteiligungsformat
   - Punktuell (geplant/ad hoc)
   - Mittelfristig
   - Dauerhaft (institutionalisiert)

Der Zeithorizont der Beteiligungsformate ist abhängig von dem Ziel des Formats und hat insbesondere Auswirkungen auf die Kosten. Ein punktuelles Format kann geplant und angekündigt sein, wie z. B. einer Bürgerversammlung, oder ein Runder Tisch ad hoc im Konfliktfall. Diese punktuellen Formate können auch kontinuierlich in regelmäßigen Abständen erfolgen, wie z. B. ein halbjährlicher Sachstandsbericht in der lokalen Presse. Mittelfristige Formate begleiten ein Projekt über einen längeren Zeitraum, z. B. ein Bürgerpanel mit aufeinander aufbauenden Befragungen über mehrere Jahre oder ein Informationszentrum während der Bauzeit. Dauerhafte Formate sind z. B. projektbegleitende Webauftritte oder Bürgerbüros.

8. Budget und Finanzierung

Das Budget und die Finanzierung müssen vorab geklärt sein, damit die Partizipationsarchitektur für ein Projekt für den gesamten Zeitraum entwickelt werden kann.

Insgesamt baut sich eine nachhaltige und sinnvolle Partizipationsarchitektur aus einer Mischung der Formate auf und bildet ein Netzwerk, das koordiniert werden muss. Basis ist die Stakeholderanalyse.

9.3.2 Organisationsstruktur

Die Organisationsstruktur bzw. die Aufbauorganisation für das Stakeholdermanagement kann als dreidimensionale Matrix (Trensor-Organisation) visualisiert werden, da drei wesentliche Ausrichtungen bedient werden müssen:

- Gesellschaft (politisch-hierarchische Ebenen mit unterschiedlichen Interessen)
- Projekt (projektbezogene technische und kaufmännische Fachkenntnisse z. B. Finanzierung, Grundstücksmanagement, Umweltplanung, etc.)
- Kommunikation (Moderation, Webdesign, Veranstaltungsmanagement, etc.)

Die Schnittstellen sind gerade im Informationsfluss wichtig, um stichhaltige Kernbotschaften entwickeln zu können und einheitlich in der Kommunikation aufzutreten.

Zudem benötigt die Aufbauorganisation eine raffinierte Mischung an Stetigkeit und Flexibilität. So kann Stetigkeit bei dem „Gesicht", das das Projekt vertritt, zu einer kontinuierlichen Beziehung und Vertrauen führen. Flexibilität ist bei einigen durchführenden Organisationseinheiten notwendig, z. B. Informationsbüros vor Ort während der Bauphase. Zudem besteht, insbesondere bei städtebaulichen Projekten, bereits eine Struktur, in die die Organisation für aktuelle Maßnahmen integriert werden kann. Bei bestehenden Strukturen muss klar sein, wer Informationen nach außen geben darf oder von welcher gemeinsamen Plattform Information stammen müssen, damit keine Dopplungen auf unterschiedlichen Ständen zu Irritationen und Vertrauensverlust führen. Auf die Einbindung des Stakeholdermanagements als Organisationseinheit in die Projektorganisation wird bei der Projektanalyse ▶ Abschn. 9.3.3.2 kurz eingegangen.

9.3.2.1 Gesellschaft

Um zu veranschaulichen, wie die Kommunikation für die verschiedene Gruppen in der *Gesellschaft* strukturiert werden kann, wird auf zwei Beispiele, die Struktur der internationalen Friedensdiplomatie und die Partizipationsräume der Sozialen Arbeit, zurückgegriffen.

Diplomatische Friedensbemühungen (Prävention bewaffneter Konflikte und Stabilisierung nach Kriegen) arbeiten auf vier sogenannten Tracks, die in einer Multi-Track-Diplomacy aufeinander abgestimmt und koordiniert werden müssen.

1. Track-One-Diplomacy verläuft in offiziellen, formalen Strukturen zwischen hochrangigen Amtsinhabern wie Diplomaten, Regierungschefs oder auch der UN oder dem Vatikan. Vorteil ist die politische Macht und der Zugang zu den Ressourcen, diese durchzusetzen. Nachteil ist das Gebundensein an offizielle Vorgaben und Inhalte und persönliche Interessen wie z. B. Wiederwahlen. (vgl. Mapendere 2005, S. 67 f.)
2. Track-One-and-a-Half-Diplomacy sind Gespräche zwischen offiziellen Amtsinhabern, die formell oder informell geführt werden und von einem nicht an

staatliche Aufgaben gebundenen Dritten gesteuert werden. Dieser Dritte ist zwar kein politischer Repräsentant, aber dennoch eine Person mit hohem Einfluss. Das können ehemalige Präsidenten sein, Medienstars oder Nobel-Preisträger, die sowohl national als auch international hoch angesehen sind und Vertrauen genießen. (vgl. Mapendere 2005, S. 69 ff.)

3. Track-Two-Diplomacy bezieht sich auf Verhandlungen und Interessenausgleiche auf informellen Wegen zwischen Anführern bestimmter Gruppen, z. B. religiöse Anführer, die die öffentliche Einstellung beeinflussen. Vorteil ist, dass hier die konkrete Standpunkte Betroffener vorgebracht werden können und eine direkte Verbindung zur „grassroot" besteht. Ein Nachteil dieser Ebene ist die Koordination der einzelnen Gruppen untereinander. (vgl. Mapendere 2005, S. 68 f.)
4. Mit dem Grassroot-Track ist die „unterste" Ebene in Bezug auf die Einflussnahme auf andere gemeint, der einzelne Bürger. Elemente der Einstellungssteuerung können hier z. B. Theaterstücke oder die Gestaltung der Schulbücher sein.

Anastasiadis (vgl. 2019, S. 71 ff.) identifiziert im Rahmen der Sozialen Arbeit fünf Räume partizipativen Handelns, die sich analog zu den Planungsebenen auch auf die Arbeitsebenen des Stakeholdermanagements übertragen lassen:

1. EU-Programme und Strategien benötigen ein internationales Netzwerkt auf global-politischem Niveau. Das Interesse, und damit die Einbindung dieses Stakeholders, ist bilateral: Die EU benötigt Informationen, ob ihre Programme umgesetzt werden, der Bund will Programme, die umsetzbar und sinnvoll für den Bund sind.
2. Nationale Programme und Gesetze benötigen ein nationales Netzwerk z. B. über die Integration großer Verbände. Auf der politischen Ebene sind z. B. engagierte Unterstützer für ein Projekt ein Multiplikator für eine positive Einstellung zu dem Projekt.
3. Die regionalpolitische Umsetzung muss durch ein regionales Netzwerk unterstützt werden, das strategische Ansprechpartner für das Engagement im Rahmen des Projektes identifiziert und betreut.
4. Regionale Gruppen wie z. B. Bürgerinitiativen bzw. Betroffenennetzwerke, denen evtl. ein Leistungsanspruch aus den Projektauswirkungen entsteht, benötigen dann das professionelle Netzwerk und den direkten Kontakt mit konkretem Direktbezug. Auch hier ist die Identifizierung von Ansprechpartnern und Multiplikatoren wichtig.
5. Die letzte Ebene ist die operative mit dem direkten Adressaten-Bezug z. B. bei der Durchführung der Partizipationsformate. Auf dieser Ebene wirkt die Partizipation als Handlungsprinzip.

Jede Ebene hat eigene Interessen, verlangt ein eigenes Vorgehen und einen unterschiedlichen Content. Dennoch müssen die Inhalte aufeinander abgestimmt sein, dürfen sich nicht widersprechen und sollten auf ein Ziel ausgerichtet sein.

9.3.2.2 Projekt

Die Integration fachlicher Expertise aus dem Projekt heraus ist in vielerlei Hinsicht gefragt. Das betrifft z. B. Veröffentlichungen in Fachmedien, die direkte Kommunikation z. B. in Bezug auf betroffene Grundstückseigentümer oder in Dialogverfahren mit spezifischen Gruppen, z. B. Umweltorganisationen. Die Inhalte der gesamten Informationspalette müssen fachlich belastbar sein.

9.3.2.3 Kommunikation

Die einzelnen Organisationseinheiten des Stakeholdermanagements müssen unterschiedliche Schwerpunkte bedienen können. Eine Strategieentwicklung mit Zieldefinition muss differenzierte Vorgehen für

- Multiplikatoren wie Politiker und Medien (Befürworter mit Einfluss, Informationskanäle),
- interne Dialoggruppen aus z. B. Auftraggeber, Planer, ausführende Bauunternehmen (Identifikation von Konfliktpotenzialen, Aufarbeitung von Fachthemen, Abstimmung des Contents) und die
- Anspruchsgruppen (subjektiv und objektiver Anspruch) wie Bürgerinitiativen und betroffene Grundstückseigner (vgl. Immerschitt 2017, S. 23)

entwerfen. Weitere Themen sind z. B. das Informationsmanagement (Pressearbeit, Interne Dialoge), das Veranstaltungsmanagement (Planen, Einladen, Darstellung und Verwertung der Ergebnisse), Kommunikationsexperten (Moderation für Großgruppenformate, Mediation für Runde Tische) oder Grafikdesigner (Corporate Identity, Webseiten, Präsentationen).

9.3.3 Stakeholdermanagement

Die Überzeugung von einem Projekt und das Vertrauen in den Vorhabenträger durch das gesamte Projektumfeld ist wie bereits beschrieben ein ausschlaggebendes Kriterium für den Projekterfolg. Die Berücksichtigung dieses Umfelds – Beteiligte, Betroffene und Interessierte als Stakeholder des Projekts – erfolgt durch das *Stakeholdermanagement*, das dazu u. a. die folgenden Instrumente nutzen kann.

9.3.3.1 Stakeholderanalyse

Die *Stakeholderanalyse* oder Akteursanalyse ist das am Beginn stehende, zentrale Instrument für die Entwicklung einer Partizipationsarchitektur und den daran anschließenden Aufbau der Organisation. Als Basisinformation sollte sie z. B. bei raumbedeutenden Maßnahmen im Vorfeld der Planungsphase zum ROV erfolgen. Das Ergebnis ist wie eine Konfliktanalyse nicht statisch zu betrachten, sondern im Projektverlauf fortzuschreiben. Analog der Konfliktanalyse, und daher mit Ähnlichkeiten im Vorgehen und insbesondere der Visualisierung, dient sie dazu, das

- Projektumfeld zu verstehen,
- Information zu organisieren,
- die Themen, die im Kommunikationsprozess gelöst werden müssen, klarzustellen und zu priorisieren und
- eine angemessene Prozessgestaltung mit adressatengerechten Beteiligungsformaten auszuwählen.

Aus Sicht deutscher Politiker sind Nachbarn und Anwohner, die direkt von der Maßnahme betroffen sind, die wichtigsten Stakeholder. Ihnen folgen in absteigender Wichtung (vgl. Rademacher und Lintemeier 2015, S. 19):

- Parlamente und politische Fraktionen und kommunaler/regionaler Ebene
- Vorhabenträger
- Exekutive auf lokaler Ebene (Bürgermeister, Landräte, etc.)
- Bürgerinitiativen und Umweltgruppen
- Medien und Presse
- lokale Institutionen und Vereine
- Genehmigungs- und Aufsichtsbehörden
- betroffene Unternehmen und deren Konkurrenten
- Wissenschaftler und Gutachter (Fachwelt)

Daneben sind, teilweise projektspezifisch, weitere typische Stakeholder-Gruppen zu
identifizieren (vgl. Spang und Clausen 2016, S. 223 f.):

- Kapitalgeber
- Nutzer und Betreiber (z. B. Fahrgäste, Spediteure, Fluggesellschaften)
- ausführende Unternehmen (Bauindustrie)
- Bürger und Unternehmen mit subjektiver Betroffenheit
- Lobbyvereinigungen (z. B. Verbraucherschutz, Auto, Fahrgastverband)
- Politiker (Ebene EU, Bund, Land)
- Fachbehörden (z. B. Denkmalschutz, Archäologie)

▪▪ Stakeholder – Identifizierung

Im ersten Schritt müssen die Stakeholder identifiziert werden, um Transparenz zu
den relevanten Personengruppen und ihren Ansprechpartnern herzustellen. Das können z. B. Einzelpersonen, einzelne Politiker, Leiter von Bürgerinitiativen, Verbänden,
Kammern oder Parteien sein. Um zusätzlich die Wichtigkeit der Gruppe für das Projekt festzustellen, kann z. B. mit einer Matrix-Analyse gearbeitet werden, die in den
Spaltenüberschriften die Gruppenbezeichnung trägt (z. B. Kapitalgeber) und darunter
die einzelnen entsprechenden Stakeholder listen. Eine Bewertung der einzelnen führt
dann in Summe zur Bewertung der Gruppe. Besonders wichtig für ein Projekt ist z. B.
der Auftraggeber, der die Projektziele definiert. Da interne und externe Kommunikation aufeinander abgestimmt sein müssen, ist auch das Projektteam (Planer, Bauleiter,
etc.) mit einzubeziehen.

▪▪ Stakeholder – Bewertung

In einem zweiten Schritt muss für die einzelnen Akteure die Haltung gegenüber dem
Projekt recherchiert werden, also zugeordnet werden, ob es sich um Befürworter,
Kritiker, Nutznießer oder „Influencer" handelt. In Anlehnung an die Positionen, die
sie vertreten, bzw. die Interessen, die sie in Bezug auf das Projekt haben, muss über-
legt werden, welches die größte Risikogruppe für das Projekt ist. Zusätzlich zur
Kategorisierung der Relevanz der Interessen, können ggf. Nebenschauplätze mit ver-
deckten Konflikten eruiert werden. Die Relevanz für das Projekt hängt auch von der
Macht des Stakeholders ab, der Gruppengröße und dem Hintergrund einzelner mit
Ressourcen (z. B. Geld für Klagen, Zeit zur Mobilisierung), Einflussmöglichkeiten
(z. B. Journalist der Lokalpresse) Kompetenzen und Erfahrungen im Fachbereich. Um

eine frühe Öffentlichkeitsbeteiligung gezielt einzusetzen, ist ein weiteres Kriterium, in wie weit der Stakeholder später in den rechtlich geforderten Beteiligungsprozess eingebunden werden muss.

❓ Konzept-Aufgabe

Entwickeln Sie eine Bewertungsmatrix für die Stakeholder-Bewertung, die Sie analog der Kreativitätstechniken in einem Workshop durch die Aufgabe leitet und das Ergebnis strukturiert.

▪▪ Stakeholder – Mapping

Die Visualisierung des *Stakeholder-Mappings* ist eine Kombination aus einer Art SWOT-Matrix und dem Conflict-Mapping. Entsprechend der Bewertung können die Stakeholder in einer Matrix mit einem ähnlichen Aufbau wie der SWOT-Matrix hinterlegt werden. Bei der Matrix befindet sich auf der X-Achse die Einstellung der Akteure zum Projekt von kritisch bis befürwortend, auf der Y-Achse ihre Macht von hoch bis niedrig. Auf diese Weise entstehen vier Felder, die die Akteure und die Tendenz für die Richtung der Maßnahmen ableiten lassen:

- kritische und unkritische Stakeholder mit wenig Macht stehen weniger im Fokus,
- Befürworter mit großer Macht (Einfluss) sollten für das Projekt „gewonnen" werden, damit sie als Multiplikator das Projekt kommunikativ unterstützen, während
- starke Kritiker intensiv in die Beteiligungsverfahren eingebunden werden müssen.

Die Darstellung der Stakeholder erfolgt wie beim Conflict-Mapping mit Kreisen, bei der je ein weiteres Kriterium über die Kreisgröße (z. B. die Anzahl der zugehörigen Personen zu diesem Stakeholder) und die Farbe (z. B. eine Clusterung der Interessen wie Umweltthemen in grün) abgebildet werden kann. Diese Art der Darstellung wurde von der Boston Consulting Group entwickelt, um Produkte in einem Marktumfeld darzustellen bzw. für die Ableitung der weiteren Strategie zu bewerten, und wird daher BCG-Matrix genannt. Im letzten Visulisierungsschritt werden die Verbindungen zwischen den Stakeholdern analog zum Conflict-Mapping eingesetzt, also Allianzen, Einflussnahmen, gestörte Verbindungen und Konflikte.

9.3.3.2 Projektanalyse

Die Projektanalyse ist Basis für die Kommunikationsstrategie. Dazu gehören nicht nur Inhalte, sondern auch die „Gesichter", wer also aus dem Projekt heraus kommuniziert. Die Aufgabe der Projektkommunikation nach innen besteht in der Aufrechterhaltung eines Dialogs der Beteiligten und im Auffangen von Entwicklungen projektgegnerischer Gruppierungen. Die Aufgabenstellung nach außen besteht im Übermitteln kommunikationsrelevanter Inhalte an die Stakeholder auf den unterschiedlichen Kommunikationsebenen.

▪▪ Team – Identifizierung

Ein organisatorischer Vorschlag ist, die Projektkommunikation direkt an das kaufmännische und technische Projektmanagement anzudocken, weil dort alle Informationsstränge zusammenlaufen. Diese Konzentration an der Projektspitze ist

Voraussetzung, dass sowohl die interne als auch die externe Kommunikation als relevant und aktuell eingeschätzt werden, und ihr Vertrauen geschenkt wird. Die Aufbereitung der Inhalte, Beratung der eingesetzten Kommunikatoren und Umsetzung externer Kommunikationsmaßnahmen kann in der eigenständigen Organisationseinheit des Stakeholdermanagements erfolgen. Wie bei privaten Bauprojekten sind auch die Großprojekte öffentlicher Hand in die Auftraggeber-Organisation und die Auftragnehmer-Organisation getrennt. Wesentlich ist, dass die Kommunikationsverantwortlichen aller drei Organisationseinheiten (Bauherr, Projektmanagement, Stakeholdermanagement) wie bei der Matrix-Organisation ihre Informationen koordinieren und aus dem Projekt-Kernteam heraus mit Content für die Öffentlichkeitsarbeit in den jeweiligen Projektphasen versorgt werden. (vgl. Immerschitt 2017, S. 15 ff.) Die Frage ist also, wer konkret aus den drei operativen Teams in die projektspezifischen Partizipationsprozesse eingebunden werden kann, wer neben der fachlichen auch die kommunikative Expertise und das Charisma besitzt, um ggf. auch langfristig neben der Projektarbeit die Verfahren zu begleiten.

▪▪ Projekt – Bewertung

Bei der Projekt-Bewertung werden öffentliche (vorwiegend Nutzen) und private (vorwiegend Kritikpunkte) Belange vorab in den Abwägungen der Genehmigungsverfahren prognostiziert und anhand derer eine Kommunikationsstrategie (Argumentationskette, Schwerpunkte für die Informationsformate) aufgebaut. Auch diese Analyse kann in Form einer SWOT-Analyse gemeinsam in einem interdisziplinären Team und auf Basis der Ergebnisse der Stakeholderanalyse gemacht werden. Die Ebenen sind der regionale und überregionale Nutzen des Projektes und das Konfliktpotenzial (Risiken), das projektintern und -extern besteht.

Lokaler und überregionaler Nutzen kann ein z. B. ein verkehrlicher durch eine Verbesserung der Anbindungen an Zentren sein, ein wirtschaftlicher Nutzen durch eine bessere Abbildung logistischer Notwendigkeiten oder ein ökologischer. Nachhaltig sind solche Argumente natürlich nur, wenn sie konkret untersetzt werden.

Projektinterne Risiken sind z. B. die Absicherung der Finanzierung für eine kontinuierliche Realisierung, aber vor allem Auswirkungen durch Lärm, auf die Landschaft, auf die Umwelt und auf Kulturgüter, die (technische) Kompensation notwendig macht. Auch die Projektorganisation in Hinsicht auf Projekt- und Kommunikationsmanagement und deren Zusammenarbeit kann ein Risiko darstellen.

Konfliktpotenzial durch das externe Projektumfeld ergibt sich vor allem daraus, wie die politische Einstellung (auf EU-, bundes-, landes-, lokaler Ebene) gegenüber dem Projekt ist, aber auch wie hoch das Konfliktpotenzial durch aktive Bürger vor Ort, ggf. veranlasst durch die Projekthistorie, ist.

▪▪ Inhalts-Mapping

Die Projektbewertung unterstützt beim Formulieren der Kernbotschaften, die als Leitfaden die inhaltliche Grundlage für alle Kommunikationsformen sind. Die Kernbotschaften können wie Werbeslogans für das Projekt, z. B. „Wirtschaftswachstum für die Region" genutzt werden, müssen für aber inhaltlich untersetzt sein und nicht leere und schnell widerlegbare Floskeln. Durch die Identifizierung der einzelnen Mitarbeiter können die Teams spezifisch für die jeweiligen Partizipationsformate oder Zuarbeit der Informationen aufgestellt werden und der zeitliche Einsatz kalkuliert werden.

❷ Konzept-Aufgabe

Suchen Sie über das Internet ein aktuelles Bebauungsplanverfahren in einer für Sie relevanten Gemeinde (Wohnort, Studienort). Erstellen Sie eine Stakeholderanalyse für dieses Vorhaben. (Sie können sich bei der detaillierten Bewertung der Stakeholder auf 3–4 beschränken.)

9.3.3.3 Partizipationsarchitektur

In der Partizipationsarchitektur werden die einzelnen Maßnahmen, abgestimmt auf den Zeitplan der Projektrealisierung und formale Genehmigungsverfahren, dargestellt. Die Visualisierung, wie sie schematisch und beispielhaft in der ❏ Abb. 9.4 dargestellt wird, ist das Ergebnis der vorab beschriebenen Vorüberlegungen.

❷ Konzept-Aufgabe

Entwickeln Sie eine Partizipationsarchitektur für das nächste städtebauliche Projekt (oder Wohnungsbau), das Sie im Rahmen Ihres Studiums entwerfen. Differenzieren Sie dabei erstens ein Konzept für eine frühe Öffentlichkeitsbeteiligung und zweitens ein Konzept während der Umsetzungsphase. Überlegen Sie dabei insbesondere, wie viel Mitgestaltung Sie zulassen wollen. Stellen Sie anschließend eine Kostenschätzung für die beiden Konzepte auf (u. a. z. B. über Tagessätze für das notwendige Team).

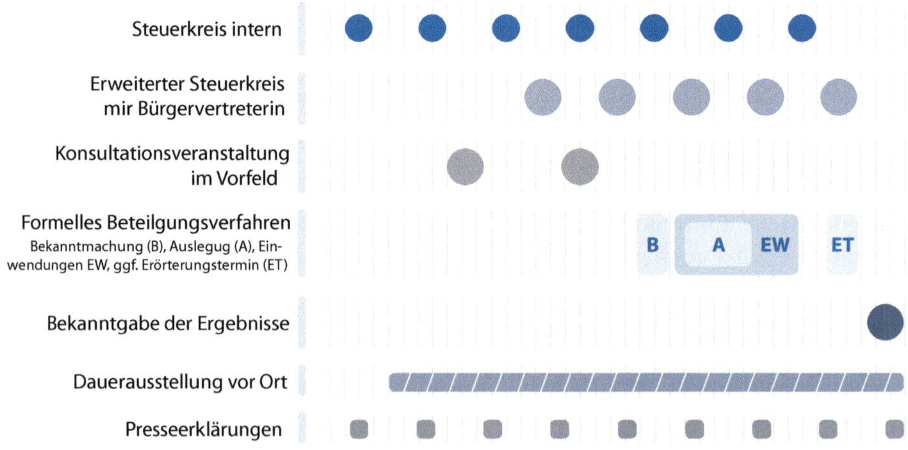

❏ **Abb. 9.4**   Partizipationsarchitektur. (Adaptiert nach BMVI 2014, Handbuch für eine gute Bürgerbeteiligung)

9.4 Mikroebene: Durchführung

9.4.1 Parameter für die Durchführung

Für Beteiligungsverfahren wurden u. a. folgende Qualitätskriterien identifiziert (vgl. Klages 2014, S. 123 ff.):

- Aktivierung auch „unpolitischer" Bürger, „Offenheit für Alle"
- Attraktivität des Vorgangs
- Attraktivität des Ergebnisses
- Notwendigkeit der Institutionalisierung
- Konstengünstigkeit und einfache Handhabung
- Eignung des Verfahrens für komplexe Sachfragen

Neben den Qualitätskriterien gibt es ebenso wie für die Organisation einige Rahmenparameter zur Auswahl und Durchführung der Formate.

1. Voraussetzungen bei den Beteiligten

Die Voraussetzungen für den einzelnen Beteiligten wurden bereits in Vertragsverhandlung (s. ▶ Abschn. 5.3.3) umrissen. Hinzu für Partizipationsverfahren kommt eine umfassende Sachkenntnis (durch Informationen vorab) zu dem Projekt und natürlich der Wille, seine Partizipationsmacht, so weit diese auch reichen mag, auszuüben. Hier ist das Zusammenspiel mit den Beteiligenden notwendig, denn ein Qualitätskriterium für die Verfahren ist, tatsächlich „offen für alle" zu sein, und auch schwer erreichbare Bevölkerungsgruppen (bildungsferne Unterschicht, Migrationshintergrund) einzubeziehen, um aus dem „2%-Ghetto der Beteiligten" herauszukommen (vgl. Klages 2014, S. 125).

2. Voraussetzungen bei den Beteiligenden

Die Beteiligenden benötigen ebenso wie bei der Konfliktkompetenz die entsprechende Haltung und die Empathie, um sich in die Interessen und berührten Bedürfnisse der Beteiligten einzufühlen. Die fachlich-kommunikativen Kompetenzen beziehen sich stark auf den Einsatzbereich entsprechen der Organisationseinheit, aber die Kompetenz Netzwerke aufzubauen und langfristig zu bedienen, sollte vorhanden sein. Fachlich Beteiligte sollten im Rahmen ihrer Professionalisierung die Integration der Vorstellungen Betroffener als Bestandteil Ihrer Aufgabe berücksichtigen.

3. Ziele des Formats:
- Informieren
- Meinung erfragen
- Lebensweltexpertise einholen
- Mitbestimmung
- Entscheidungskompetenz
- Entscheidungsmacht

Die Ziele des Formats müssen insbesondere auf die Intensität der Beteiligung allen transparent gemacht werden.

4. Adressatenkreis
- Alter
- Bildungsniveau

- Fachexpertise (projektbezogen)
- Informationsstand
- Interessen

Für eine adressatengerechte Ausgestaltung der Formate müssen die entsprechenden Kriterien (wie die beispielhaft aufgezählten) identifiziert werden. Das steht auch im Zusammenhang mit der Attraktivität der Formate, will man z. B. die arbeitende Bevölkerung erreichen, ist ein Format das Anwesenheit verlangt sehr unattraktiv, wenn dafür ein Urlaubstag genommen werden muss.

5. Budget/Organisation

Die einzelne Maßnahme muss im Rahmen der Finanzplanung budgetiert werden. Die Organisation der Durchführung sollte sich daran orientieren. Das scheint im ersten Ansatz im Kontrast zu stehen mit der Forderung der Attraktivität des Verfahrens. Allerdings kann z. B. statt einer bezahlten Verpflegung bei einer Veranstaltung ein lokaler Verein eingebunden werden, der z. B. mit einem Kuchenbuffet seine Vereinskasse aufbessert. Für eine solch kooperative Durchführung von Partizipationsverfahren ist ein gutes lokales Netzwerk ausschlaggebend

9.4.2 Frühe Öffentlichkeitsbeteiligung

Die *Frühe Öffentlichkeitsbeteiligung* wurde 2013 mit dem Planungsvereinheitlichungsgesetz (PlVereinhG) (s. a. ▸ Abschn. 9.2.6) eingeführt und wird z. B. im BauGB (§ 3 Abs. 1) und VwVfG gefordert: „Die Behörde wirkt darauf hin, dass der Träger bei der Planung von Vorhaben, die nicht nur unwesentliche Auswirkungen auf die Belange einer größeren Zahl von Dritten haben können, die betroffene Öffentlichkeit frühzeitig über die Ziele des Vorhabens, die Mittel, es zu verwirklichen, und die voraussichtlichen Auswirkungen des Vorhabens unterrichtet (frühe Öffentlichkeitsbeteiligung). Die frühe Öffentlichkeitsbeteiligung soll möglichst bereits vor Stellung eines Antrags stattfinden. Der betroffenen Öffentlichkeit soll Gelegenheit zur Äußerung und zur Erörterung gegeben werden. […]" (§ 25 Abs.3 VwVfG).

Der frühen Öffentlichkeitsbeteiligung unterliegen also alle Vorhaben, die nicht nur unwesentliche Auswirkungen auf die Belange einer größeren Zahl von Dritten haben. Die verfahrensführende Behörde hat auf eine frühe Beteiligung der betroffenen Öffentlichkeit hinzuwirken, indem sie z. B. den Vorhabenträger über das Instrument informiert. Informationsmaterial für die Durchführung ist z. B. das „Handbuch für eine gute Bürgerbeteiligung des Bundes". Ebenfalls weist die verfahrensführende Behörde darauf hin, dass der Vorhabenträger die Ergebnisse aus der frühen Öffentlichkeitsbeteiligung und den sich daraus ergebenden Konsequenzen für die Planungen der betroffen Öffentlichkeit und der Behörde mitteilen soll. Diese Beteiligung soll dem Fortschritt der Planung entsprechend kontinuierlich, aus mehreren Beteiligungs- und Informationsterminen bestehen. Allerdings besteht kein Anspruch auf eine frühe Öffentlichkeitsbeteiligung und der Vorhabenträger kann in eigener Verantwortung entscheiden, wie groß der Rahmen der Beteiligung ist. Ebenso stellen die Äußerungen von Bürgern im Rahmen der frühen Öffentlichkeitsbeteiligung keine Einwendung gegen den Plan wie im Rahmen des Anhörungsverfahrens nach § 73 Abs. 4 VwVfG dar. (vgl. Stüer und Probstfeld 2016, S. 8 f.) Während Fachgremien wie das Innovationsforum Planungsbeschleunigung des

BMVI eine Verstärkung der frühen Öffentlichkeitsbeteiligung in Bezug auf Zeitpunkt (in der Ideenphase, analog zu Dänemark) und den Intensitätsgrad der Partizipation (Mitgestaltung durch Planungswettbewerbe) (vgl. BMVI 2017, S. 30 f.) fordern, ist dahingestellt, ob dem Gebot der Frühzeitigkeit rechtliche Verbindlichkeit zukommt oder es sich um einen Programmsatz handelt (vgl. Stüer und Probstfeld 2016, S. 122 f.).

§ 3 Abs. 1 BauGB weist für die frühe Öffentlichkeitsbeteiligung explizit darauf hin, dass auch Kinder und Jugendliche Teil der Öffentlichkeit sind. Das ist aus Sicht der Partizipation relevant, denn die hier möglichen informellen Beteiligungsformate müssen adressatengerecht zugeschnitten sein.

9.4.3 Informelle Partizipationsformate

Dabei sind die wenigsten Formate klar definiert und abgrenzbar. Die individuelle Ausgestaltung sollte sich an den Rahmenparametern und den Auswahlkriterien analog der Kreativitätstechniken orientieren (s. ▶ Abschn. 6.2.6). Neben den bereits vorgestellten Möglichkeiten in der Moderation handelt es sich hier um Großgruppen-Gesprächsformate.

> **Beispiel**
>
> Film: Jan Gehl: The Human Scale. Bringing Cities To Life.

9.4.3.1 Information – Brettspiel

▪▪ Einsatz
Je Fokus kann das *Brettspiel* als spielerische Methode generationenübergreifend eingesetzt werden, um über ein Vorhaben zu informieren und entweder bereits vorhandene Ideen zu bewerten oder neue Ideen zu generieren. Schwerpunkt liegt auf dem Austausch zu Ideen und Wünschen für ein Planungsgebiet, wobei das Brettspiel auch anderweitig, z. B. zum Vertrautmachen von Mitarbeitern mit einer neuen Unternehmensvision, eingesetzt werden kann.

▪▪ Vorgehen
Ein auf das Planungsgebiet (das Unternehmen) abgestimmter Spielplan gibt einen Weg für die Spielfiguren durch das Gebiet vor. Entsprechend des Spielfeldes, auf dem der Spieler landet, wird eine Ereigniskarte zugeordnet. Die Karten können z. B. farblich in Kategorien wie Wissen zum Gebiet („Von welcher Baumart wird der Platz gesäumt?"), utopischen Veränderungsvorschlägen (Wunderfrage: „Sie haben drei Wünsche frei, die sie in dem Gebiet verwirklichen dürfen. Was würden Sie tun?") bis hin zur Aktivierung („Was könnten Sie persönlich zu der Entwicklung beitragen?") eingeteilt werden. Üblicherweise gewinnt beim Brettspiel, wer mit seiner Figur zuerst am Ziel ist. Aber auch hier entscheidet das Konzept, wenn die Fragen zur Beantwortung für das Team konzipiert sind, und z. B. die Tische gegeneinander auf Zeit spielen.

Um einen angeregten Austausch zu gewährleisten, sind etwa 6 Teilnehmern je Brettspiel sinnvoll. Das Brettspiel kann bei entsprechender Organisation auch mit

Großgruppen durchgeführt werden, indem z. B. in einer Halle an 20 Tischen á 6 Personen spielen. Eine Tischzuteilung kann über ein Losverfahren am Anfang erfolgen.

Eine Moderation ist in beiden Fällen notwendig. Sie übernimmt die Rolle des Spielführenden mit Erklärung der Abläufe und Spielregeln, bei einer Gruppe z. B. mit dem Vorlesen der Ereigniskarten, bei Großgruppen z. B. durch eine Moderation des Feedbacks und Austauschs am Ende des Spiels.

■■ **Zeitansatz**

Das Brettspiel benötigt mind. 4 Wochen Vorbereitungszeit für die Entwicklung und Fertigung der Spielunterlage mit den Ereigniskarten und einen Probelauf. Ein Spieldurchgang sollte für 1–2 h konzipiert sein. Mit der Koordination vorab und der gemeinsamen Auswertung danach sollte mind. ein halber Tag einkalkuliert werden.

9.4.3.2 **Konsultation – World Café**

■■ **Einsatz**

Das *World Café* ist eine Kreativitätsmethode, bei der sich in entspannter Atmosphäre intensiv zu einem bestimmten, vorgegebenen Thema unterhalten werden soll. Über den Meinungsaustausch sollen Ideen generiert werden.

■■ **Vorgehen**

In einem vorbereiteten Raum stehen möglichst runde Tische mit Papiertischdecken bezogen, auf denen das Thema bzw. die Fragestellung steht und Stifte zur Verfügung liegen. Je Konzept kann das jeweils die gleiche Fragestellung sein oder eine andere.

Eine im Prinzip beliebige Zahl Teilnehmer verteilt sich an Tischen mit je etwa 5–8 Personen. Nach vorgegebenen Diskussionszeiten, z. B. 15–30 Min., wechseln die Teilnehmer den Tisch und mischen sich neu, sodass wechselnde Personengruppen miteinander ins Gespräch kommen. Die Ergebnisse und Ideen können direkt auf den Tischen aufgeschrieben werden und die Papierdecken zur späteren Dokumentation eingesetzt werden. Die Stichpunkte der Vorgänger können dabei zu weiteren Diskussionen anregen.

Eine Moderation ist unbedingt notwendig, um den zeitlichen Ablauf mit den Wechseln zu zu organisieren und die Ergebnisse je Runde oder je Tisch zusammenzufassen. Wenn die Kleingruppen größer als 6 Personen sind können auch Regeln aufgestellt werden, z. B. kann ein Themen-/Tischmoderator bestimmt werden, der über den gesamten Verlauf an dem Tisch bleibt und später die Ergebnisse gesammelt vorträgt, oder man steuert es über die Stiftfarbe, der mit dem roten Stift moderiert den Tisch und schreibt das Zugerufene auf.

■■ **Zeitansatz**

Das Setting muss atmosphärisch zu entspannter Diskussion einladen, indem z. B. Getränke und Kleinigkeiten zum Essen bereitstehen, Licht und Raumtemperatur angenehm sind. Die Organisation inkl. der Einladungen sollte mind. ein halbes Jahr vorab erfolgen, die Vorbereitung benötigt etwa 2–3 Wochen. Das Format kann auf 2 h begrenzt sein oder sich auf mehrere Tage erstrecken.

9.4.3.3 Konsultation – Bürgerpanel

■■ Einsatz

Das *Bürgerpanel* ist ein Langzeitformat, bei dem eine repräsentative Auswahl von Bürgern intensiv zu ihrer Meinung bezüglich kommunalpolitischer Themen befragt wird.

■■ Vorgehen

Eine Auswahl der Teilnehmer kann per Stichprobe erfolgen. Die Durchführung hat dann drei Phasen: In der Informationsphase werden Kommunalpolitiker für die Idee gewonnen und mit den Teilnehmenden Themen gefunden, auf denen die Konzeption der Umfrage in Abstimmung zwischen dem beauftragten Unternehmen und den Auftraggebern (z. B. Kommune) beruht. In der Befragungsphase werden die Daten erhoben (schriftlich, online, direkt) und ausgewertet. Dann folgt die Kommunikationsphase mit der Rückkopplung der Ergebnisse und ggf. Eruierung des Handlungsbedarfs an die politischen Entscheider und Bürger. (vgl. Senatsverwaltung Berlin 2011, S. 323)

■■ Zeitansatz

Durch die notwendigen politischen Abstimmungen und die Auswahl einer repräsentativen (Berücksichtigung sozialdemografischer Strukturen) Gruppe von 500–1000 Personen benötigt die Vorbereitung etwa 1 Jahr. Die Durchführungszeit erstreckt sich über mehrere Jahre mit aufeinander aufbauenden und die Vorergebnisse verwertenden, regelmäßigen Erhebungen. Die Kosten für die Langzeitbetreuung, Erhebung, Aufarbeitung und ggf. in anderen Formaten Weiterverarbeitung der Daten sind entsprechend hoch. (vgl. Senatsverwaltung Berlin 2011, S. 323)

9.4.3.4 Mitgestaltung – Open Space

■■ Einsatz

Auch das *Open Space* ist ein Großgruppenverfahren, um Meinungen auszutauschen und Ideen zu generieren. Allerdings mobilisiert es bereits zu Beginn die Teilnehmer selbst aktiv zu werden, da die zu behandelnden Themen durch die Teilnehmer eingebracht werden (müssen). Durch die Aktivierung auf Basis der Selbstverantwortung des Einzelnen ist avisiert, Verabredungen zu weiteren Handlungsschritten in neu entstehenden Kleingruppen anzuregen.

■■ Vorgehen

Die Methode startet im Plenum, das aufgefordert wird Vorschläge für Themen z. B. auf Karten aufzuschreiben und vorne anzupinnen. Wie bereits in den bekannten Moderationsmethoden werden diese geclustert und ggf. über eine Punktabfrage priorisiert. Dann erfolgt die Zuordnung. Derjenige, der das Thema eingebracht hat, kann z. B. die Moderation des Themas übernehmen. Dem Thema wird ein mit Moderationsmaterial ausgestatteter Raum zugewiesen, die Karte mit der Überschrift kann z. B. an die Tür gepinnt werden, eine Liste der Themen und Räume wird im Plenumssaal zur Verfügung gestellt. Ein Zeitplan gibt vor, wann man das Thema wechseln kann. Dabei ist jedem Teilnehmer freigestellt, bei welchem Punkt er mitdiskutieren möchte oder auch ob er dauerhaft bei einem Thema bleibt.

Ein professioneller Moderator muss für die Organisation und Steuerung der Gruppe eingesetzt werden. Zudem muss er sehr schnell während der Veranstaltung agieren, z. B. die Themenlisten mit Raumzuweisung fertigen. Am Ende können die Ergebnisse, insbesondere die geplanten Gruppenaktivitäten für die Zukunft zusammengefasst im Plenum dargestellt werden.

■■ Zeitansatz

Durch den Aufwand an Räumlichkeiten, Verpflegung und Definition des Leitthemas muss ein Open Space mind. ein halbes Jahr im Voraus geplant werden (je Teilnehmerkreis auch länger, um eine Teilnahme sicherstellen zu können). Als Durchführungszeit sind 1–3 Tage sinnvoll.

> **Link-Tipp**
>
> **Normen**
> **ROG:** Raumordnungsgesetz. ▸ https://www.gesetze-im-internet.de/rog_2008/index.html#BJNR298610008BJNE000401360
> **RoV:** Raumordnungsverordnung. ▸ http://www.gesetze-im-internet.de/rov/index.html#BJNR027660990BJNE000209116
> **VwVfG:** Verwaltungsverfahrensgesetz. ▸ https://www.gesetze-im-internet.de/vwvfg/
> **BauGB:** Baugesetzbuch. ▸ http://www.gesetze-im-internet.de/bbaug/index.html#BJNR003410960BJNE003515116
> **Berichte/Thesenpapiere**
> BMVI: Innovationsforum Planungsbeschleunigung. Abschlussbericht. ▸ https://www.bmvi.de/SharedDocs/DE/Publikationen/G/innovationsforum-planungs-beschleunigung-abschlussbericht.html?nn=12830
> **BMVI:** Handbuch für eine gute Bürgerbeteiligung. Planung von Großvorhaben im Verkehrssektor. ▸ https://www.bmvi.de/SharedDocs/DE/Artikel/G/handbuch-buerger-beteiligung.html
> **BMVI:** Bundesverkehrswegeplan 2030. ▸ https://www.bmvi.de/DE/Themen/Mobilitaet/Infrastrukturplanung-Investitionen/Bundesverkehrswegeplan-2030/bundesverkehrs-wegeplan-2030.html
> **Weiteres:**
> VDE 8: Verkehrsprojekt der Deutschen Einheit Nr. 8. ▸ http://www.vde8.de/
> **Portale für Bekanntmachungen zu Beginn von Beteiligungsverfahren für UVP-pflichtige Vorhaben** (vgl. § 20 UVPG): **Länderportal** (alle UVP-pflichtigen Vorhaben, die durch Landesbehörden oder örtliche/regionale Behörden durchgeführt werden): ▸ www.uvp-verbund.de/startseite. **Bundesportal** (alle Verfahren, die von Bundesbehörden durchgeführt werden): ▸ www.uvp-portal.de
> **Zugegriffen: 20.06.2019**

❓ Wissens-Aufgaben

Beschreiben Sie die Relevanz von Partizipation aus Sicht der Beteiligten und der Beteiligenden bei Großbauprojekten. Über welche drei Ebenen muss die Partizipation dazu gestaltet werden?

Beschreiben Sie die Unterschiede von der drei Intensitätsgrade von Beteiligung und nennen Sie jeweils drei Beispiele für ein Format zur Umsetzung. Bei welchen würden Sie von Beteiligungsformaten, bei welchen von Partizipationsformaten sprechen?

Skizzieren Sie die Verfahrensebenen von der Ideenphase bis zum Baurecht für raumbedeutsame Vorhaben und für städtebauliche Projekte. Welche formellen Beteiligungsformate sind jeweils vorgeschrieben? Welche gesetzliche Grundlage beschreibt das Vorgehen dazu?

Welche drei wesentlichen Ausrichtungen sollten für die Organisationsstruktur bzw. Aufbauorganisation des Stakeholdermanagements berücksichtigt werden?

Beschreiben Sie das Vorgehen für – und die Visualisierung des Ergebnisses von – einer Stakeholderanalyse und nennen Sie je drei mögliche Ergebnisse für Identifizierung und Bewertung.

Beschreiben Sie die Bestandteile des Anhörungsverfahrens als formelles Verfahren und drei informelle Partizipationsformate. Wann im Projektverlauf setzen Sie diese ein?

Literatur

Anastasiadis M (2019) Soziale Organisationen als Partizipationsräume. Zwischen Aktivierung, Ökonomisierung und Gestaltung: Perspektiven für die Soziale Arbeit. Beltz, Weinheim

BMVI (Hrsg) (2014) Handbuch für eine gute Bürgerbeteiligung. Planung von Großvorhaben im Verkehrssektor. ► https://www.bmvi.de/SharedDocs/DE/Artikel/G/handbuch-buergerbeteiligung.html. Zugegriffen: 13. Juni 2019

BMVI (Hrsg) (2017) Innovationsforum Planungsbeschleunigung. Abschlussbericht. ► https://www.bmvi.de/SharedDocs/DE/Publikationen/G/innovationsforum-planungsbeschleunigung-abschlussbericht.html?nn=12830. Zugegriffen: 27. Juni 2019

BMVI (2019a) Ausbaugesetze und nachgeordnete Planungsverfahren. ► https://www.bmvi.de/SharedDocs/DE/Artikel/G/BVWP/bundesverkehrswegeplanung-ausbaugesetze-und-nachgelagerte-planungsverfahren.html. Zugegriffen: 08. Juni 2019

BMVI (Hrsg) (2019b) Artikel: Bundesverkehrswegeplan 2030. ► https://www.bmvi.de/DE/Themen/Mobilitaet/Infrastrukturplanung-Investitionen/Bundesverkehrswegeplan-2030/bundesverkehrswegeplan-2030.html. Zugegriffen: 14. Juni 2019

Brockhaus (2006) Enzyklopädie, vol 13, 21. Aufl. Brockhaus, Leipzig

DBGT (Hrsg) (2012) 4. Deutscher Baugerichtstag. Hamm 11./12.05.2012. Die Empfehlung des Kongresses. ► https://baugerichtstag.org/wordpress/wp-content/uploads/2019/03/4ak_alle.pdf. Zugegriffen: 27. Juni 2019

Diedrich O (2013) „Assis" und Akademiker: Konnte das gut gehen? ► https://www.ndr.de/kultur/geschichte/chronologie/Hamburg-Steilshoop-Ein-gewagtes-Experiment,steilshoop107.html. Zugegriffen: 07. Juni 2019

Dienel PC (2002) Die Planungszelle. Der Bürger als Chance. Westdeutscher Verlag, Wiesbaden

EBA (2019) Thema: Infrastruktur. Planfeststellung. ► https://www.eba.bund.de/DE/Themen/Planfeststellung/planfeststellung_node.html;jsessionid=3E28C3CCE64B578A32023BBE0D52818D.live21301#Start. Zugegriffen: 27. Juni 2019

Fezer J, Heyden M (2004) Hier entsteht. Strategien partizipativer Architektur und räumlicher Aneignung. In: Fezer J, Heyden M (Hrsg) metroZones3. Hier entsteht. Strategien partizipativer Architektur und räumlicher Aneignung. B_books, Berlin

Gehl J (2012) The human scale. Bringing cities to life. Dalsgaard AM (Regie). DVD. Final Cut For Real APS, Berlin

Hessisches Ministerium für Wirtschaft, Energie, Verkehr und Wohnen (2017) Landesentwicklungsplan wird erneut ausgelegt. ► https://wirtschaft.hessen.de/pressearchiv/pressemitteilung/landesent-wicklungsplan-wird-erneut-ausgelegt. Zugegriffen: 24. Juni 2019

Hetrodt E (2018) Fehler und Ungereimtheiten: Die Pläne zur Windenergie liegen auf Eis. ► https://www.faz.net/aktuell/rhein-main/unmut-ueber-windenergie-in-hessen-waechst-15913011.html. Zugegriffen: 24. Juni 2019

Immerschitt W (2017) Kommunikationsmanagement von Bauprojekten. Meinungsbildung statt Stimmungsmache in Projektkultur und Public Relations. Springer, Wiesbaden

Junge M (2002) Individualisierung. Campus, Frankfurt

Kaase M (1995) Partizipation. In: Nohlen D (Hrsg) Wörterbuch Staat und Politik. Piper, München

Klages H (2014) Qualitätskriterien der Planungszelle. In: Dienel H-L, Franzl K, Fuhrmann RD, Lietzmann HJ, Vergne A (Hrsg) Die Qualität von Bürgerbeteiligungsverfahren. Evaluation und Sicherung von Standards am Beispiel von Planungszellen und Bürgergutachten. Oekom, München

Kuhn J (2014) Urban Farming und die Schweiz. ► http://urbanagriculturebasel.ch/wp-content/uploads/2014/05/Maturarbeit-Urban-Farming-und-die-Schweiz-Jessica-Kuhn-2013-4.pdf. Zugegriffen: 29. Juni 2019

Mapendere J (2005) Track one and a half diplomacy and the complementarity of tracks. Culture of Peace Online Journal. 2.1/2005:66-81. ► https://pdfs.semanticscholar.org/4ed0/f69423fe5651611f44210f-1411b659ecf022.pdf?_ga=2.62949039.1809897978.1561829383-511496503.1561829383. Zugegriffen: 28. Juni 2019

Medienservice Sachsen (Hrsg) (2019) Antragskonferenz zum Raumordnungsverfahren für die Eisenbahn-Neubaustrecke Dresden-Prag findet Anfang Mai statt. ► https://www.medienservice.sachsen.de/medien/news/225384. Zugegriffen: 14. Juni 2019

Neumeyer F (2002) Nachdenken über Architektur. Eine kurze Geschichte ihrer Theorie. In: Neumeyer F (Hrsg) Quelltexte zur Architekturtheorie. Prestel, München

Poferl A (2010) Die Einzelnen und ihr Eigensinn. Methodologische Implikationen des Individualisierungskonzepts. In: Berger PA, Hitzler R (Hrsg) Individualisierungen. Ein Vierteljahrhundert "jenseits von Stand und Klasse"?. Springer, Wiesbaden

Rademacher L, Lintemeier K (2015) Smarte Partizipation?! Warum es noch kein Erfolgsmodell für Beteiligung und Dialog gibt. Dialog Gesellschaft, Berlin

Regierungspräsidium Kassel (2019) Ausschuss empfiehlt der Regionalversammlung: Erneute Offenlegung für geänderte Vorranggebiete. ► https://rp-kassel.hessen.de/pressemitteilungen/erneu-te-offenlegung-f%C3%BCr-ge%C3%A4nderte-vorranggebiete. Zugegriffen: 24. Juni 2019

Sachsen.de (Hrsg) (2019) Eisenbahn-Neubaustrecke Dresden-Prag. ► http://www.nbs.sachsen.de/13670.html. Zugegriffen: 14. Juni 2019

Schäfers B (2015) Architektursoziologie. Grundlagen – Epochen – Themen. Springer, Wiesbaden

Schmalz IM (2019) Akzeptanz von Großprojekten. Eine Betrachtung von Konflikten, Kosten- und Nutzenaspekten und Kommunikation. Springer, Wiesbaden

Schulz G, Monse J, Haßheider H (2016) Verkehrsinfrastruktur, Bundesverkehrswegeplan. In: Spang K (Hrsg) Projektmanagement von Verkehrsinfrastrukturprojekten. Springer, Berlin

Senatsverwaltung für Stadtentwicklung Berlin (Hrsg) (2011) Handbuch zur Partizipation. Kulturbuch, Berlin

Senatsverwaltung für Stadtentwicklung und Wohnen Berlin (2019) Planen. Bebauungspläne im Verfahren. ► https://www.stadtentwicklung.berlin.de/planen/b-planverfahren/de/plaene.shtml. Zugegriffen: 27. Juni 2019

Spang K (2016a) Einführung und Grundlagen. In: Spang K (Hrsg) Projektmanagement von Verkehrsinfrastrukturprojekten. Springer, Berlin

Spang K (2016b) Aufgaben und Beteiligte. In: Spang K (Hrsg) Projektmanagement von Verkehrsinfrastrukturprojekten. Springer, Berlin

Spang K, Clausen W (2016) Stakeholdermanagement. In: Spang K (Hrsg) Projektmanagement von Verkehrsinfrastrukturprojekten. Springer, Berlin

Stadt Quedlinburg (Hrsg) (2019) Anhörungsverfahren nachisenbahngesetz im Rahmen des Planfeststellungsverfahrens für das Vorhaben „Bahnhof Quedlinburg – Erneuerung Hausbahnsteig und Personentunnel". ► http://www.quedlinburg.de/de/bekanntmachungen/ueber-das-anhoerungsverfahren-nach-18-a-allgemeines-eisenbahngesetz-aeg-i-v-m-73-des-verwaltungsverfahrensgesetzes-vwvfg-i-v-m-1-abs-1-satz-1-vwvfg-des-landes-sachsen-anhalt-im-rahmen-des-planfeststellungsverfahrens-gem-18-aeg-i-v-m-.html. Zugegriffen: 15. Juni 2019

Straßburger G (2014) Individuelle, institutionelle und politisch-rechtliche Voraussetzungen für Partizipation. In: Straßburger G, Rieger J (Hrsg) Partizipation kompakt. Für Studium, Lehre und Praxis sozialer Berufe. Beltz, Weinheim

Stüer B, Probstfeld W (2016) Die Planfeststellung. Fachplanung in der Praxis. Beck, München

Vitruv i. d. Ü. v. Reber F (2009) Zehn Bücher über Architektur. De architectura libri decem. Marixverlag, Wiesbaden

Wirth A, Schneeweiß A (2019) Öffentliches Baurecht praxisnah. Basiswissen mit Fallbeispielen. Springer, Wiesbaden

Serviceteil

Sachverzeichnis

A

B

C

D

E

Manipulation 137
Matrix
– Analyse 242
– Organisation 270
Mauer 178
Medarb 61
Mediation 56
Mehr-Punkt-Abfrage 241
Mehrfachfrage 128
Mengenabweichung 308
Mesoebene 340
Metakommunikation 96
Metamodell 85
Mikroebene 340
Mikroexpression 179
Mindmap 238
Mini-Kontrakt 129
Mitgestaltung, *342*
Moderation 200
Monolog 113
Motivation 40

N

Nachtrag 305
Nachtragsmanagement 306
Nachtragsursache 308
Neid 36
Netzwerk 272
Normenhierarchie 288
Norming 42
Nudge 139
Nullsummenspiel 192
Nutzungsversprechen 153

O

Objektkennzeichnung 291
Öffentlichkeitsbeteiligung, frühe 376
Ökologiecheck 85
Online Dispute Resolution (ODR) 7
Online-Moderation 207

Open Space 379
Organigramm 265
Organisation 261

P

Pacing 144
Paraphrasieren 105
Partizipation 339
Partizipationsbedürfnis 344
Partizipationspyramide 340
Partnering 316
Paternalismus, libertärer 139

Pauschalvertrag 304
Pause 95
Performing 42
Persönlichkeitstyp 142
Perspektivwechsel 122
Persuasiv 113
Perturbation 126
Planfeststellungsverfahren (PFV) 355
Plangenehmigungsverfahren 355
Planung und Maßnahme, raumbe-
deutsame 346
Planungsbeschleunigungsgesetz
(PBG) 356
Planungszelle (PZ) 363
Plausibilitätsargumentation 147
Pokerface 176
Position 133
Prädisposition 85
Präsentation 216
Privatautonomie 300
Problem-Analyse-Matrix 245
Professionalisierungsgrad 11
Programmierung, neurolinguistische
(NLP) 84
Project Partnering Contract (PPC) 325
Projekt 4
Projekt-Charta 319
Projektabwicklung, integrative 321
Projektentwickler 302
Projektkultur 319
Projektleitung 16
Projektmanagement 16
Projektmoderation 203
Projektsteuerung 16
Protokoll 282
Prozess 116
Prozessbegleiter 17
Prozessdesign 184
Psychologie 32
Public-Private-Partnership-Mo-
delle 325
Pull-Prinzip 274
Punkt-Abfrage 239

Q

QKLT plus alpha-Methodik 190
Qualifikationsrahmen 11
Qualitätsoptimierung 181
Querschnittsplanung 349

R

Rahmungseffekt 35
Rapport 85
Raum, *346*

Raumordnung 349
Raumordnungsverfahren (ROV) 354
Raumordnungsverordnung (RoV) 354
Referenzkennzeichnung 291
Reframing 35
Regionalplanung, *359*
Relationsfrage 126
Repräsentationssystem 143
Repräsentationstechnik 71
Repräsentativitätsheuristik 34
Ressource State 140
Revisionssicherheit 285
Revisionsunterlage 286
Rhetorik 113
Rührei-Taktik 177

S

Sachebene 74
Salami-Taktik 175
Schiedsgerichtsverfahren 61
Schiedsgutachten 60
Schlichtung 59
Schlüsselkompetenz 12
Schlussfrage 122
Schlussregel 149
Schnittstelle 280
Schuldvertrag 299
Scoping 350
SCRUM 272
SEKT 204
Selbstreflexion 45
Sender-Empfänger-Modell 72
Separator State 140
Setting 214
Sitzordnung 214
Skalenfrage 125
SMARTe Zieldefinition 43
Spieltheorie 171
Sprint 274
Stakeholderanalyse 370
Stakeholdermanagement 370
Stakeholder-Mapping 372
Standard 288
Standing Board 60
State-Management 140
Stellungnahme 350
Storming 42
Strategie 153
Streitlöser 17
*Streitlösungsordnung für das Bauwesen
(SL Bau)* 56
Stuck State 140
Suggestivfrage 127
SWOT-Analyse-Matrix 245
Systemrisiko 311